ARCHITECTS OF INTELLIGENCE

人工知能のアーキテクトたち

AIを築き上げた人々が語るその真実

THE TRUTH ABOUT AI FROM THE PEOPLE BUILDING IT

MARTIN FORD 著
松尾豊 監訳／水原文 訳

O'REILLY®

人工知能のアーキテクトたち

AIを築き上げた人々が語るその真実

シャオシャオ、エレイン、コリン、そしてトリスタンへ

目次

はじめに

MARTIN FORD
マーティン・フォード 007
AI用語の簡単な解説 019 ／ AIシステムの学習手法 021

YOSHUA BENGIO
ヨシュア・ベンジオ 027

STUART J. RUSSELL
スチュアート・J・ラッセル 053

GEOFFREY HINTON
ジェフリー・ヒントン 093

NICK BOSTROM
ニック・ボストロム 123

YANN LECUN
ヤン・ルカン 147

FEI-FEI LI
フェイフェイ・リー 177

DEMIS HASSABIS
デミス・ハサビス 199

ANDREW NG
アンドリュー・エン 225
RANA EL KALIOUBY
ラナ・エル・カリウビ 253
RAY KURZWEIL
レイ・カーツワイル 277
DANIELA RUS
ダニエラ・ルス 309
JAMES MANYIKA
ジェイムズ・マニカ 331
GARY MARCUS
ゲアリー・マーカス 373
BARBARA J. GROSZ
バーバラ・J・グロース 407
JUDEA PEARL
ジュディア・パール 435
JEFFREY DEAN
ジェフリー・ディーン 457
DAPHNE KOLLER
ダフニー・コラー 471

DAVID FERRUCCI
デイヴィッド・フェルッチ 493
RODNEY BROOKS
ロドニー・ブルックス 517
CYNTHIA BREAZEAL
シンシア・ブリジール 543
JOSHUA TENENBAUM
ジョシュア・テネンバウム 567
OREN ETZIONI
オーレン・エツィオーニ 607
BRYAN JOHNSON
ブライアン・ジョンソン 629
人間レベルのAIが実現するのはいつ？ アンケート結果 650
監訳者解説　**松尾豊** 654
謝辞 653／索引 677

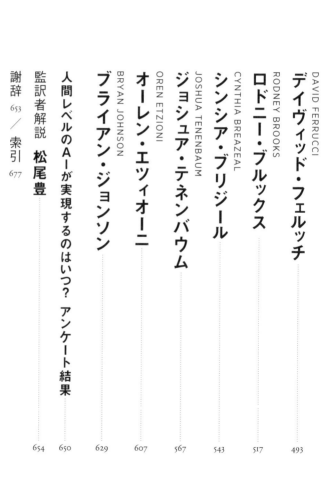

はじめに

MARTIN FORD
マーティン・フォード
著述家・未来学者

人工知能（AI）は、SFの世界から私たちの日常生活の現実へと急速に移行しつつある。スマートフォンなどの電子機器は、私たちの話す言葉を理解し、私たちと会話し、さらに流暢《りゅうちょう》に言語間の翻訳もしてくれるようになった。AIを採用した画像認識アルゴリズムの能力は人間をしのぎ、自動運転車や医用画像からがんを見つけ出すシステムなどに使われ始めている。大手報道機関で存在感を増しつつあるオートメーテッド・ジャーナリズムが未加工のデータから自動的に生成する明快なニュースストーリーは、人間のジャーナリストの書くものとほとんど区別がつかない。

こういったごく一部の例を見るだけでも、AIが今後の世界を形作る鍵となることは明白になってきた。これまでの細分化されたイノベーションとは異なり、人工知能は真の汎用技術となりつつある。別の言い方をすれば、人工知能は――電力のような――公益サービスへと進化しているのだ。今後あらゆる業種、あらゆる経済セクターに浸透していき、ほとんどすべての科学的・社会的・文化的分野で活用されるようになるだろう。

ここ数年間に人工知能の示した目覚ましい能力は、さまざまな形でメディアに取り上げられ、論評されてきた。数えきれないほどのニュース記事や書籍、ドキュメンタリー映画やテレビ番組が、連日ひっきりなしにAIの成果を報じ、新たな時代の幕開けを告げている。しかしその実情は玉石混交といったところで、エビデンスに基づいた綿密な分析もあれば、誇大宣伝や憶測、さらには露骨に恐怖をあおっているとしか思えないものもある。ほんの数年後には完全な自動運転車が公道を走り回るようになるそうだ――そして何百万人ものトラックやタクシー、ウーバー（Uber）ドライバーの職が消滅の危機に瀕しているという。一部の機械学習アルゴリズムに人種や性差による偏見の形跡が発見されているし、AIを利用した顔認識などの技術がプライバシーに与える影響を懸念する声にもうなずけるものがある。メディアは頻繁《ひんぱん》に、すぐにでもロボットが兵器化される、あるいは真の知能（または超知能）を持つマシンがいつかは人類の存在を脅《おびや》かしかねない、といった警鐘を鳴らしている。そこに口を挟むのが、非常によく知られた――その中には本物のＡＩ専門家はひとりもいない――著名人たちだ。イーロン・マスクは特に極端なレトリックを使って、ＡＩ研究は「悪魔を呼び出す」ものであり、「ＡＩは核兵器よりも危険だ」と断じている。もっと穏健な、ヘンリー・キッシンジャーやスティーヴン・ホーキングなどの人物でさえ、陰鬱な警告を発してきた。

この本の目的は人工知能という領域を――それがもたらす利益や危険性を含めて――浮き彫りにすることであり、そのために幅広い内容を深く掘り下げた対談を、世界中の著名なＡＩ研究者や起業家たちとの間で行った。その人たちの中には、私たちが目にしている技術革新の礎となる重要な貢献を行った人たちもいれば、ＡＩやロボット工学や機械学習といった分野の最先端をいく企業を立ち上げた人もいる。

ある領域で活躍している人々の中から最も著名で影響力のある人物を選び出すことは、もちろん主観的な作業だ。そしてＡＩの発展に重要な貢献をした、あるいは現在まさに貢献しつつある人物が、他にも大勢いることは間違いない。それでも、この分野に深い知識のある人物に依頼して現在の人工知能研究を作り上げた最重要人物のリストを作ってもらったとすれば、大部分の名前がこの本でインタビューした人物と重なることは間違いないだろう。ここで取り上げた男女は、真の意味での機械知能のアーキテクトたちであり、さらに言えば、もうすぐ始まろうとしている革命の先導者たちなのだ。

この本に収録された対談はおおむね自由な雰囲気で、しかし人工知能が進歩し続けるに従って私たちが直面する、以下のような目前の課題への回答を引き出すことを意図して行われた。さまざまなＡＩの手法や技術の中でどれが最も有望なのか、そして今後数年間でどのようなブレークスルーが達成されようとしているのか？　真の意味で考えるマシン――あるいは人間レベルのＡＩ――が実現する可能性はあるのか、またそのようなブレークスルーが起こるのはどれくらい先になりそうなのか？　私たちが本当に懸念すべき、人工知能にまつわるリスクあるいは脅威は何なのか？　そして私たちは、そのような懸念にどう対処すべきなのか？　政府による規制の果たすべき役割は？　ＡＩは経済や労働市場に大変動を引き起こすのか、それともそのような懸念は杞憂《きゆう》なのか？　いつの日か超知能マシンが人間の支配を逃れて私たちを脅かすおそれがあるのか？　ＡＩの「軍拡競争」について、あるいは権威主義的な国家——特に中国——に先行を許すことを、私たちは心配すべきなのか？

もちろん、これらの質問の答えを本当に知っている人は誰もいない。誰にも未来は予測できないからだ。しかし、この本で私が対談したＡＩのエキスパートたちは、技術の現状について、そしてこれから出現するであろうイノベーションについて、他の誰よりもよく理解している。彼らの多くは数十年にわたる経験を有し、今まさに始まろうとしている大変革を引き起こすにあたって重要な役割を担ってきた。そのため彼らの考えや意見には、十分に尊重すべき価値がある。人工知能の領域やその将来に関する質問に加えて、私は彼らひとりひとりの生い立ちや経歴、そして現在興味を持っている研究分野についても語ってもらうよう努めた。彼らのさまざまな来歴や名を成すまでの多様な経路は、読者にとっても大いに興味深く、参考となるものだろうと私は信じている。

人工知能は数多くの下位区分を含む幅広い研究領域であり、この本でインタビューした研究者の多くは複数の分野での研究経験がある。また、例えば人間認知の研究など、別の領域を深く経験してきた人物もいる。それは承知のうえで、以下に示す非常に大雑把なロードマップでは、この本でインタビューした人々と、ＡＩ研究における最も重要な最近のイノベーションやこの先に待ち受ける課題との関連を示そうと試みた。各個人に関するより詳細な関連情報については、インタビューの直後に掲載した人物紹介を参照してほしい。

画像認識や顔認識、自動翻訳、そして囲碁におけるアルファ碁（AlphaGo）の勝利など、ここ十年ほどで私たちが目にした劇的な進歩の大部分は、深層学習（ディープラーニング）あるいは深層ニューラルネットワークと呼ばれる技術によるものだ。人工ニューラルネットワーク（脳の中の生物学的なニューロンの構造や相互作用を大まかに模倣するソフトウェア）の歴史は、少なくとも1950年代までさかのぼる。この種のネットワークのシンプルなバージョンは、初等的なパターン認識タスクが行えたため、人工知能の黎明期に研究者の間でもてはやされた。しかし1960年代までに——AI初期の先駆者のひとりであるマーヴィン・ミンスキーからの批判もあって——ニューラルネットワークは人気を失い、研究者たちが別の手法を採用するにつれて、ほぼ完全に見限られてしまった。

1980年代に始まる約20年の間、ごく少人数の研究者のグループがニューラルネットワークの技術を信じて研究を続けていた。その主要なメンバーだったのが、ジェフリー・ヒントン、ヨシュア・ベンジオ、そしてヤン・ルカンだ〔3名ともコンピューターサイエンスのノーベル賞と呼ばれるチューリング賞を2018年に受賞している〕。この3名は、深層学習の礎となる数学理論に多大な貢献をしただけではなく、この技術の重要なエバンジェリストとしても活躍した。彼らは力を合わせて、多層の人工ニューロンから構成される、はるかに洗練された——「ディープ」な——ネットワークの構築手法を改善していった。古代のテキストを受け継いで書写してきた中世の修道僧のように、ヒントンとベンジオとルカンはニューラルネットワークを暗黒時代の中で守り通した。そして数十年にわたる指数関数的なコンピューティングパワーの増大と、利用可能なデータ量の爆発的な増加が相まって、ついに「深層学習のルネッサンス」が到来する。その進歩は、2012年には革命となって花開いた。ヒントンの指導するトロント大学の大学院生のチームが大規模な画像認識コンテスト〔ILSVRC（ImageNet Large Scale Visual Recognition Challenge）〕に参加し、深層学習を用いて圧勝したのだ。

その後数年で、深層学習はいたるところに浸透していった。グーグル（Google）、フェイスブック（Facebook）、マイクロソフト（Microsoft）、アマゾン（Amazon）、アップル（Apple）などあらゆる主要なテクノロジー企業や、バイドゥ（Baidu）やテンセント（Tencent）など先端的な中国企業は、この技術に莫大な投資を行って自分たちのあらゆる事業分野に活用している。マイクロプロセッサーやグラフィックス（あるいはGPU）チップを設計するエヌビディア（NVIDIA）やインテル（Intel）などの企業も、事業分野を再構築し、ニューラルネットワークに最適化されたハードウェアの製造を急いでいる。深層学習は――少なくともこれまでの――AI革命を主導してきた技術なのだ。

この本には、ヒントン、ルカン、ベンジオという3人の深層学習の先駆者をはじめ、この技術の最前線で活躍する非常に高名な研究者たちとの対談が含まれている。アンドリュー・エン、フェイフェイ・リー、ジェフリー・ディーン、そしてデミス・ハサビスは、ウェブ検索やコンピュータービジョン、自動運転車、そしてより一般的な知能の分野で、ニューラルネットワークを推進してきた人物だ。また彼らは、深層学習技術に関する教育や研究機関の運営、そして起業活動の指導者としても知られている。

この本には、深層学習に懐疑的、あるいは批判的とも言える立場を取る人々との対談も収録されている。彼らもみな、過去10年間に深層ニューラルネットワークが目覚ましい成果を上げたことは認めているが、深層学習は「工具箱の中のひとつのツール」にすぎず、進歩を続けるためには人工知能の他領域からアイディアを取り込む必要があると論ずる人が多い。その中でもバーバラ・J・グロースやデイヴィッド・フェルッチは、自然言語理解の問題に注力している。ゲアリー・マーカスとジョシュア・テネンバウムは、人間認知の研究にキャリアの大部分を費やしてきた。オーレン・エツィオーニやスチュアート・J・ラッセル、そしてダフニー・コラーなど、AIのジェネラリストや確率論的手法の活用に注目してきた人々もいる。この最後のグループの中で、特に有名な人物がジュディア・パールだ。彼は、AIと機械学習における確率論的（あるいはベイジアン的）手法への取り組みに対して、2012年にチューリング賞――コンピューターサイエンスのノーベル賞と呼ばれている――を受賞している。

以上は深層学習に対する考え方に基づいた非常に大まかな分類だが、私が対談した中には、より特化した分野に注力してきた研究者もいる。ロドニー・ブルックス、ダニエラ・ルス、そしてシンシア・ブリジールは、ロボット工学を先導する著名な人物だ。ブリジール、そしてラナ・エル・カリウビは、情動を理解しそれに反応するシステム、つまり人と社会的に交流する能力を持つシステム構築の先駆者でもある。ブライアン・ジョンソンは、究極的には科学技術を利用した人間認知の強化を目指す、カーネル（Kernel）というスタートアップ企業を創業している。

すべての対談に際して、私は特に関心が高いと思われる3つの分野について、彼らの意見を聞き出そうと試みた。最初は、AIやロボット工学が労働市場や経済にどのような影響を与える可能性があるのか、ということだ。私自身の考えを示しておく。ほとんどすべての定型的で代わり映えのしないタスクが――ブルーカラー的な仕事もホワイトカラー的な仕事も関係なく――次第に人工知能によって自動化できるようになるため、格差の拡大は避けられず、少なくとも特定の職種に関しては、完全に雇用が消失することも十分にあり得るだろう。私はこの問題を、2015年の自著『ロボットの脅威 人の仕事がなくなる日』（邦訳日本経済新聞出版社）の中で考察している。

私がインタビューした人々は、このような経済的大変動の可能性について、またその解決策となり得る政策について、さまざまな視点から語ってくれた。この主題についてさらに深く掘り下げるため、私がインタビューしたのがマッキンゼー・グローバル・インスティテュート（McKinsey Global Institute：MGI）の会長を務めるジェイムズ・マニカだ。AIとロボット工学の研究者として経験を積み、最近になって組織や職場にこれらの技術が与える影響を分析する仕事に転じたマニカは、比類のない視点を示してくれた。マッキンゼー・グローバル・インスティテュートはこの分野の研究におけるリーダー的存在であり、この対談には今後の労働市場における大変動の本質を解き明かす重要な手がかりが数多く含まれている。

私が全員に投げかけた2番目の質問は、人間レベルのAI——一般的に汎用人工知能（AGI）とも呼ばれる——への道のりに関するものだ。そもそもの始まりから、AGIは人工知能という研究領域の究極の目標だった。私は次の3つについて、それぞれの人がどう考えているか知りたかったのだ。本当の意味で考えるマシンが実現する可能性、そのために乗り越える必要のあるハードル、そして達成時期について。みな重要な見識を示してくれたが、私にとっては3名の人物へのインタビューが特に興味深かった。デミス・ハサビスは、ディープマインド（DeepMind）で行われている取り組みについて話してくれた。ディープマインドはAGIに特化した企業の中では最大手で、資金も最も潤沢だ。かつてIBMのワトソン（Watson）開発チームを率いていたデイヴィッド・フェルッチは、現在は言語の理解を通してさらに一般的な知能の実現を目指すスタートアップ企業、エレメンタル・コグニション（Elemental Cognition）社のCEOを務めている。また現在グーグルで自然言語関連のプロジェクトを統括しているレイ・カーツワイルは、この話題について（他の多くの話題についても）重要なアイディアを披露してくれた。カーツワイルは2005年に出版された『ポスト・ヒューマン誕生 コンピュータが人類の知性を超えるとき』（邦訳NHK出版）の著者としてよく知られている。2012年に出版された機械知能に関する彼の著書『How to Create a Mind』（未邦訳）がラリー・ペイジの目に留まり、それが彼のグーグル入社のきっかけとなった。

このような議論の中で、私は機を見て並みいる超一流のAI研究者に、AGIが実現する時期がいつになるか、予想をお聞きした。実際に私がした質問は、「50パーセントの確率で、人間レベルのＡＩが実現するのは西暦何年になると思いますか?」というものだ。ほとんどの人は、匿名を条件に答えてくれた。この非常にインフォーマルなアンケートの集計結果は、この本の最後のセクションに掲載してある。２人の人物が名前を出してもよいと言ってくれたが、その意見は両極端に分かれるものだった。レイ・カーツワイルは、これまで一貫して何度も述べているように、人間レベルのＡＩは２０２９年ころ、つまりこの本の執筆時点からわずか11年後に達成されるだろうと確信している。一方、ロドニー・ブルックスは２２００年、つまり１８０年以上も先のことになると予想した。さまざまな重要なテーマに関して際立った意見の相違が見られることが、ここに収録した対談の最も大きな魅力のひとつとなっていることは、このことからもわかるだろう。

３番目の議論は、人工知能の発展がもたらすさまざまなリスクを、近い将来と遠い未来の両面から取り上げた。すでに明らかになっている脅威のひとつとして、相互接続された自律システムのサイバー攻撃やハッキングへの脆弱性《ぜいじゃく》性がある。ＡＩが今後ますます私たちの経済や社会に組み込まれていくにつれて、この問題の解決は私たちが直面する喫緊《きっきん》の課題のひとつとなるだろう。もうひとつ、目下の懸念材料は、機械学習アルゴリズムに人種や性差による偏見が入り込むおそれがあることだ。私がインタビューした人物の多くはこの問題への対処の重要性を力説し、現在この分野で行われている研究について話してくれた。また何人かの人は、そのうちＡＩが制度的な偏見や差別と闘うための強力な道具となってくれるだろう、といった楽観的な見通しを示してくれた。

多くの研究者が強い危機感を抱いていたのが、完全自律兵器という妖怪だ。人工知能コミュニティに属する人の多くは、ＡＩを搭載した殺傷能力のあるロボットやドローンが、人間が判断に関与することなく致死的なアクションを起こすならば、ゆくゆくは生物兵器や化学兵器と同程度に危険な不安要素になりかねないと懸念している。２０１８年7月、１６０を超えるＡＩ企業と全世界から集まった２４００名の研究者――その中にはここでインタビューした人々も多く含まれている

――が、そのような兵器を絶対に開発しないことを約束する公開誓約書に署名した。[※1] この本のいくつかの対談でも、AIの兵器利用によって引き起こされる危険を取り上げている。

それよりもはるかに未来的な、そして理論上の危険として、「AI価値整合問題」と呼ばれるものがある。これは、真の知能を持つ――もしかすると超知能を持つ――マシンが人間の支配を逃れたり、人類に悪影響を及ぼす決定をしたりするのではないか、という懸念だ。この恐怖は、イーロン・マスクなどの人物から常軌を逸したかのような発言を引き出している。私がインタビューした人物のほとんどが、この問題について一家言を持っていた。この懸念について十分にバランスの取れた検討を加えるため、私が対談したのがオックスフォード大学人類の未来研究所（Future of Humanity Institute：FHI）所長のニック・ボストロムだ。ボストロムはベストセラーとなった書籍『スーパーインテリジェンス 超絶AIと人類の命運』（邦訳日本経済新聞出版社）の著者であり、その中で彼は人類よりもはるかに賢いマシンが実現したとすればどのような危険が生じるか、注意深く考察している。

ここに収録した対談は、2018年2月から8月の間に行われた。所要時間はほとんどが1時間以上で、中にはそれを大幅に上回る時間をかけて行われたものもあった。録音されたインタビューは専門家に文字起こししてもらい、出版社のパクトのチームによって読みやすく編集された。仕上げに、この編集後のテキストを対談相手に送って、必要に応じて書き直しや追記を行ってもらった。そのため、この本に記録された文章にはインタビューした人物の考えが正確に反映されていると確信している。

私が対談したAI専門家は、出身も住所も所属も実にさまざまだが、この本をざっと読んだだけでもすぐにわかるのは、AIコミュニティにおけるグーグルの存在感の大きさだ。インタビューした23人のうち、その時点で、あるいは過去に、グーグルまたはその親会社アルファベット

（Alphabet）に所属していた人物は7人いる。それ以外には、MITとスタンフォード大学に人材の集積が見られる。ジェフリー・ヒントンとヨシュア・ベンジオは、それぞれトロント大学とモントリオール大学に所属しており、カナダ政府は彼らの研究機関の知名度を生かして戦略的に深層学習を重視する政策を取ってきた。インタビューに応じてくれた23名のうち19名は、アメリカ国内で働いている。しかしこの19人のうち、半分以上はアメリカ国外の生まれだ。出身国はオーストラリア、中国、エジプト、フランス、イスラエル、ローデシア（現在のジンバブエ）、ルーマニア、イギリスなどに散らばっている。このことは、アメリカ合衆国の技術的優位を支えるうえで専門的な能力のある移民が重要な役割を果たしていることを、かなり劇的に証明していると言えるだろう。

私はコンピューターサイエンスの専門家だけでなく、企業の管理職や投資家、そしてAIとAIが社会に与える影響について興味を持っている実質的にすべての人を幅広く読者として想定しながら、この本の対談を行った。しかし特に重視した読者は、これから人工知能の世界へ飛び込んでいこうと考えている若い人たちだ。現在この分野では人材が大幅に不足していて、深層学習のスキルを有する人たちは特に必要とされている。そしてAIや機械学習の分野で働くことは、エキサイティングで収入も期待できる、重要な仕事であることも間違いない。

AI業界では、より多くの人材をこの分野に招き入れようとする中で、もっと多様な新人を確保するための努力をさらに重ねる必要があることが広く認識されるようになってきた。もし人工知能によって本当に私たちの世界が作り替えられようとしているのならば、その技術を最もよく理解している人々――そしてその進路を左右する立場にある人々――が、社会全体の代表であることが非常に重要になるからだ。

この本の中でインタビューした人物の約4分の1は女性だが、この割合はAIあるいは機械学習の領域全体の女性比率よりもかなり高いと思われる。最近の調査によれば、機械学習の主要な研究者に占める女性の割合は約12パーセントだ。[※2] 私が対談した多くの人物は、女性やマイノリティグループの割合をもっと高める必要があると力説していた。

この本のインタビューを読んでもらえばわかるとおり、人工知能の最先端で活躍する女性のひとりが、とりわけ情熱を傾けてこの分野における多様性の向上に取り組んでいる。その女性、スタンフォード大学のフェイフェイ・リーは、正当に評価されていない高校生を特に対象にしてＡＩを教えるサマーキャンプを開催するため、現在はＡＩ４ＡＬＬと呼ばれている団体を共同で創設した。ＡＩ４ＡＬＬは、最近のグーグルからの助成金をはじめとしてＡＩ業界から多大な支援を受けており、現在ではアメリカ各地の６つの大学で夏期講習を行うまでに成長している。[※3] まだやるべきことはたくさんあるが、今後数年あるいは数十年でＡＩ研究者の多様性が大いに向上するだろうと楽観視できるだけの材料は十分にある。

この本は技術的な事前知識なしでも読めるように書かれているが、この領域に関連する概念や用語が出てくることは避けられない。これまでＡＩに触れたことのない人にとっては、この分野の最前線にいる賢人たちから直接ＡＩについて学ぶ良い機会になるはずだ。経験の浅い読者の理解を助けるために、この序文の後半にＡＩ用語の簡単な解説を収録してあるので、インタビューを読み始める前に少し時間を取ってこの解説を読んでおくことをお勧めしたい。また、ＡＩの優れた教科書の共著者でもあるスチュアート・Ｊ・ラッセルへのインタビューには、この分野の重要な概念の説明が数多く含まれている。

この本の対談に参加できたことは、私にとって非常な名誉だった。私がインタビューした人物はみな思慮深く、理路整然としていて、自分が作り出そうとしている技術が人類の利益のために活用されるよう全力を傾けていることがわかってもらえると思う。また、幅広い合意はほとんど存在しないこともわかるだろう。この本にはさまざまに異なる（時には鋭く対立する）見識や意見、予測が満ちている。そのメッセージは明確だ。人工知能は広く開かれた分野なのだ。この先どんなイノベーションが行く手に控えているか、どんな頻度《ひんど》で発生するか、またどんな具体的な用途に応用できるか、すべては深い不確実性のとばりに隠されている。これから起こるかもしれない巨大な変動が、このように基本的な不確実性を伴っているからこそ、人工知能の未来とその人生における意味について実りある開かれた議論に参加することが重要だ。この本が、そのような議論に役立つことを願っている。

AI用語の簡単な解説

この本に収録された対談は幅広い範囲にわたり、時にはAIで用いられる具体的な技術にも触れる。この本の内容を理解するために技術的な事前知識は必要ないが、この分野特有の用語は知っておいたほうがよいだろう。インタビューに頻出する重要な用語について、非常に簡単な説明を以下に示す。少し時間を取ってこの資料を読み通せば、この本を十分に理解できるようになるはずだ。内容が細かすぎる、あるいは専門的すぎると感じられるセクションがあったら、その部分は飛ばして読み進めることをお勧めする。

機械学習とは、データから学ぶことが可能なアルゴリズムを作り出そうとする、AIの一分野だ。別の言い方をすると、機械学習アルゴリズムとは情報を参照しながら自分自身をプログラミングするコンピュータープログラムのことだ。今でも「コンピューターはプログラムに書かれていることしかできない」などと言う人はいるが、機械学習が発達するにつれて、その言葉はどんどん現実から遠ざかっている。機械学習アルゴリズムにはたくさんの種類があるが、最近最も大きな破壊的イノベーションを引き起こした（そして大きな注目を集めている）のが深層学習だ。

深層学習（**ディープラーニング**）とは機械学習の一種であり、深い（つまり、多くの層からなる）**人工ニューラルネットワーク**——脳の中のニューロンの働きを大まかに模倣するソフトウェア——を利用する。深層学習は、ここ十年ほどの間に進行したAI革命の主要な原動力となってきた。

　次にあげるいくつかの用語は、技術にあまり興味がない読者は単純に「深層学習というエンジンを構成する部品」と考えておけばよいだろう。これらの用語まで深入りして調べるかどうかは、完全にオプションだ。**誤《ご》差《さ》逆《ぎゃく》伝《でん》播《ぱ》法《ほう》**（**バックプロパゲーション**と呼ばれることもある）は、深層学習システムに利用される学習アルゴリズムだ。ニューラルネットワークをトレーニングする際には（下記「教師あり学習」を参照）、ネットワークを構成するニューロンの層を逆向きに情報が通過することによって、各ニューロンの設定（または重み）が再調整されていく。その結果として、次第にネットワーク全体が正しい答えを出すようになっていくのだ。ジェフリー・ヒントンを共著者とする、誤差逆伝播法に関する記念碑的な論文が書かれたのは1986年のことだった。彼はインタビューの中で、誤差逆伝播法についてさらに説明してくれている。さらに専門的な用語に、**勾《こう》配《ばい》降《こう》下《か》法《ほう》**がある。これは、ネットワークがトレーニングされる際、エラーを減らすために誤差逆伝播法アルゴリズムに使われる数学的なテクニックのことだ。また、**リカレント**ニューラルネットワーク、**畳み込みニューラルネットワーク**、そして**ボルツマンマシン**など、ニューラルネットワークのさまざまな種類や構成を示す用語を目にするかもしれない。これらの違いは、主にニューロンどうしを接続する手法にある。詳細な説明はこの本の範囲を超えるので省くが、コンピュータービジョンへの応用に広く利用される畳み込みニューラルネットワークを発明したヤン・ルカンへのインタビューでは、この概念についての説明をお願いしてみた。

ベイジアンという用語は、大まかには「確率論的な」とか「確率のルールを利用した」という意味だととらえてほしい。ベイジアン機械学習とかベイジアンネットワークといった言葉も使われる。これらは、確率のルールを利用したアルゴリズムのことだ。この言葉は、新しい証拠に基づいて出来事の起こりやすさを更新する方法を定式化した、トーマス・ベイズ牧師（1701-1761）の名前に由来している。ベイジアン的な手法は、コンピューターサイエンティストや人間認知のモデル化に取り組む科学者の間で非常に評価が高い。この本でインタビューしたジュディア・パールは、ベイジアン的なテクニックに関する研究に対して、コンピューターサイエンス界では最大の名誉とされるチューリング賞を受賞している。

AIシステムの学習手法

機械学習システムをトレーニングするには、いくつかの方法がある。この分野でのイノベーション——AIシステムを教育するよりよい方法の発見——は、この領域の将来の発展のために欠かせない。

教師あり学習とは、注意深く構造化されたトレーニングデータを、分類またはラベル付けして学習アルゴリズムに与えることを意味する。例えば、深層学習システムにイヌを含む画像を何千枚（あるいは何百万枚）も読み込ませることによって、写真に写ったイヌを認識するように学習させることができる。これらの画像には、「イヌ」というラベルがついている。また、「イヌでない」というラベルの付いた、膨大な枚数のイヌを含まない画像も読み込ませる必要がある。システムが十分にトレーニングされてから、まったく新しい写真を入力すると、「イヌ」か「イヌでない」かどちらかの答えを出すはずだ。その精度は、通常の人間を上回ることもあり得る。

教師あり学習は現在のＡＩシステムでは圧倒的によく使われているテクニックであり、実用的なアプリケーションの95パーセント程度を占めている。教師あり学習は、機械翻訳（あらかじめ2種類の言語に翻訳された何百万もの文書を使ってトレーニングする）や、ＡＩ放射線医療システム（「がん」または「がんでない」というラベルの付いた何百万枚もの医用画像を使ってトレーニングする）に利用されている。教師あり学習の問題点のひとつは、大量のラベル付きデータが必要となることだ。グーグルやアマゾン、フェイスブックなど、膨大な量のデータを管理する企業が深層学習の分野をリードしていることには、こうした理由がある。

強化学習とは、実践または試行錯誤による学習を意味する。ラベル付きの正解を与えてアルゴリズムをトレーニングするのではなく、学習システムが自分で答えを見つけるように仕向け、成功した場合には報酬を与えるのだ。飼い犬に「おすわり」を教えるとき、ちゃんとできたらご褒美をあげるようなものだと考えてほしい。強化学習は、特にゲームをプレイするＡＩシステムを構築するための強力な手法として使われてきた。この本のデミス・ハサビスへのインタビューを読めばわかるように、ディープマインドは強化学習を強力に推進しており、アルファ碁のシステムもこれを使って作られたものだ。

強化学習の問題としては、膨大な数の練習を積まないとアルゴリズムがうまく動かないという点が挙げられる。このため強化学習は主にゲームや、コンピューター上で高速にシミュレーションが可能なタスクに利用されている。強化学習は自動運転車の開発にも利用されるが、実際の道路上で本物の車を使って練習するわけではない。その代わりに、シミュレーション環境中で仮想的な車をトレーニングするのだ。ソフトウェアが十分にトレーニングされてから、そのソフトウェアを現実世界の車に移植すればよい。

教師なし学習とは、周りの環境から入ってくる構造化されていないデータから直接学習を行うことを意味する。これは、人間と同じ学習方法だ。例えば、小さな子どもは最初、親の言葉を聞くことによって言語を学習する。教師あり学習や強化学習も一定の役割は果たしているが、環境との教師なしのやり取りと観察だけで学習が行えるという、驚くべき能力が人間の頭脳にはあるのだ。

教師なし学習は、AIの今後の針路として最も有望なもののひとつだ。膨大な量のラベル付きトレーニングデータを必要とせず、自分自身で学ぶことのできるシステムを想像してみるといい。しかし、それはまたAIが直面している最大の難問のひとつでもあるのだ。本当の意味で教師なしでマシンが効率的に学べるようなブレークスルーが達成できれば、AIの歴史上最大の偉業とみなされるだろうし、人間レベルのAIを実現するうえで重要な一里塚となるだろう。

汎用人工知能（**AGI**）とは、真の意味で考えるマシンのことだ。AGIは、**人間レベルのAI**あるいは**強いAI**といった用語と、ほぼ同義語であるとみなされることが多い。読者の皆さんもAGIの実例は、いくつか見たことがあるはずだ——ただし、SFの世界で。『2001年宇宙の旅』のHAL、『スタートレック』のエンタープライズ号のメインコンピューター（あるいはアンドロイドのミスター・データ）、『スター・ウォーズ』のC‐3PO、そして『マトリックス』のエージェント・スミスなどは、すべてAGIの例だ。これらフィクション上のシステムは、どれも**チューリングテスト**に合格できるだろう。別の言い方をすれば、これらのAIシステムは人間と区別できないほど流暢《りゅうちょう》に会話ができるということだ。アラン・チューリングは1950年の論文「計算機械と知能（Computing Machinery and Intelligence）」の中で、このテストを提案した。この論文によって、人工知能は現在のような研究領域として確立されたと言われている。言い換えれば、AGIはAIが始まったときから目標とされ続けているのだ。

いつの日か私たちがAGIの実現に成功したならば、きっとその知能システムはすぐにどんどん知能を高めていくことだろう。要するに**超知能**、つまり人類を上回る汎用的な知的能力を持つマシンが、誕生することになるのだ。これは単純なハードウェアの増強によって達成される可能性もあるが、知能マシンが自分自身の知能をさらに高めることにエネルギーを費やせば、そのスピードは大きく加速する可能性がある。結果として、「再帰的自己改善サイクル」とか「知能の高速テイクオフ」などと呼ばれている事態が生じることになるかもしれない。このシナリオが引き起こす懸念——超知能システムが、人類の最善の利益と整合しない行動を起こすかもしれない——は、ＡＩの「制御問題」あるいは「価値整合問題」と呼ばれる。

私は、ＡＧＩへ至る道筋と超知能の可能性の２つが非常に関心の高いテーマであると考えて、この本でインタビューした人物の全員とこれらの問題について議論した。

※1　https://futureoflife.org/lethal-autonomous-weapons-pledge/
※2　https://www.wired.com/story/artificial-intelligence-researchers-gender-imbalance
※3　http://ai-4-all.org/

[邦訳参考書籍]
『邦訳ロボットの脅威　人の仕事がなくなる日』（マーティン・フォード著、松本剛史訳、日本経済新聞出版社、2015年、文庫版2018年）
『ポスト・ヒューマン誕生　コンピュータが人類の知性を超えるとき』（レイ・カーツワイル著、井上健監訳、小野木明恵／野中香方子／福田実共訳、NHK出版、2007年）
『スーパーインテリジェンス　超絶AIと人類の命運』（ニック・ボストロム著、倉骨彰訳、日本経済新聞出版社、2017年）
「計算機械と知能（Computing Machinery and Intelligence）」『〈名著精選〉心の謎から心の科学へ　人工知能　チューリング／ブルックス／ヒントン』（開一夫／中島秀之監修、水原文他訳、岩波書店、2020年）に収録
『テクノロジーが雇用の75％を奪う』（マーティン・フォード著、秋山勝訳、朝日新聞出版、2015年）

マーティン・フォードは未来学者であり、「ニューヨーク・タイムズ」のベストセラーに選ばれた『ロボットの脅威 人の仕事がなくなる日』（邦訳日本経済新聞出版社）（2015年のフィナンシャル・タイムズ&マッキンゼービジネス図書賞受賞作であり、20を超える言語に翻訳されている）と『テクノロジーが雇用の75%を奪う』（邦訳朝日新聞出版）という2冊の本の著者であり、シリコンバレーに拠点を置くソフトウェア開発会社の創業者でもある。2017年TEDカンファレンスのメインステージで行われた、AIとロボット工学が経済や社会に与える影響についての彼のTEDトークは、200万回以上視聴されている。

またマーティンは人工知能の専門家として、ソシエテ・ジェネラルの新しい株価指数「Rise of the Robots Index」への助言を行っている。この株価指数と連動する上場投資信託「Lyxor Robotics & AI ETF」は、AIおよびロボット工学革命の有力な担い手となる企業に特化した投資を行う。彼はミシガン大学アナーバー校からコンピューター工学の学位を、カリフォルニア大学ロサンゼルス校経営大学院から経営学の学位を授与されている。

彼は「ニューヨーク・タイムズ」、「フォーチュン」、「フォーブズ」、「アトランティック」、「ワシントン・ポスト」、「ハーバード・ビジネス・レビュー」、「ガーディアン」、「フィナンシャル・タイムズ」などの新聞や雑誌に、未来のテクノロジーやそれがもたらす影響について記事を書いている。また彼はNPR、CNBC、CNN、MSNBC、PBSなど、数多くのラジオやテレビ番組にも出演している。加速しつつあるロボット工学や人工知能の進歩や、その発展が将来の経済や労働市場や社会に与える影響をテーマとして、マーティンは頻繁に基調講演者を務めている。

マーティンは起業家精神を持ち続けており、革新的な大気造水（AWG）技術を開発したスタートアップ企業のジェネシス・システムズ（Genesis Systems）に、役員および出資者として積極的に関与している。ジェネシス社はもうすぐ、世界でも最も乾燥した地域において工業スケールで大気から直接水を製造する、自動化された自家動力式のシステムを展開すると期待されている。

「現在のＡＩは――
そしてそう遠くない未来に予見できるＡＩは――
善悪を判断する道徳観や道徳理解は持っていないし、
持つこともない」

YOSHUA BENGIO
ヨシュア・ベンジオ

モントリオール学習アルゴリズム研究所（Mila）サイエンスディレクター
モントリオール大学コンピューターサイエンスおよび
オペレーションズリサーチ教授

ヨシュア・ベンジオはモントリオール大学のコンピューターサイエンスおよびオペレーションズリサーチ教授であり、深層学習の先駆者として広く認識されている。ヨシュアはニューラルネットワークの研究、中でも膨大な量のトレーニングデータなしに学習が可能なニューラルネットワークの教師なし学習の推進に、大きな役割を果たしてきた。

フォード：あなたはAI研究の最前線にいらっしゃいますから、最初にこんな質問をさせてください。今後数十年の間にブレークスルーが期待される現在の研究課題は何でしょうか、またそれはAGI（汎用人工知能）の実現にどう役立つのでしょうか？

ベンジオ：今後何が起こるかは私にも正確にはわかりませんが、私たちの前には本当に難しい問題がいくつか存在するということ、そしてまだ私たちは人間レベルのAIからほど遠いところにいるということは言えるでしょう。研究者たちはどんな課題があるのか理解しようとしています。例えば、人間と同じようにこの世界を理解するマシンがどうして作れないのか、といったことです。それは単にトレーニングデータが足りないためなのか、それともコンピューティングパワーが足りないためなのでしょうか？　多くの研究者は、必要とされる基本的な材料も欠けているのではないか、と考えています。例えば、データ中の因果関係を理解する能力――汎化を可能とし、トレーニングと大きく違う状況でも正しい答えが得られる能力です。

人間は、自分にとってまったく新しい経験をしている自分が想像できます。例えば、一度も自動車事故を起こしたことがない人でも、事故を想像し、既存の知識を総動員してロールプレイを行って正しい判断をすることは、少なくとも頭の中ではできるはずです。現在の機械学習は教師あり学習に基づくもので、コンピューターが学ぶのは基本的には与えられるデータの統計情報であり、またそのプロセスは人間が手伝ってやる必要があります。言い換えれば、すべてのラベルは人間が付けてやらなくてはいけません。そうやって作り出した、何億もの正解を、コンピューターに学習させるのです。

現在盛んに研究が行われているのは、あまり私たちが得意としていない分野、例えば教師なし学習です。つまり、コンピューターがもっと自律的にこの世界についての知識を取得できるようにすることです。もうひとつの研究分野は因果性で、コンピューターが画像やビデオといったデータを観察するだけでなく、実際に行動を起こしてその行動の結果を理解し、この世界の因果関係を推測できるようにすることです。ディープマインドやオープンＡＩ（OpenAI）、カリフォルニア大学バークレー校などで仮想エージェントを使って行われている研究などは、まさにこの種の質問へ答えようとするものです。そして私たちも同様のことを、モントリオールで行っています。

フォード：具体的なプロジェクトで、今まさに深層学習の最前線に位置していると思われるものを挙げていただけますか？　もちろんアルファゼロ（AlphaZero）はその中に数えられるでしょうが、他にはどんなプロジェクトがこの技術の最先端に立っているのでしょうか？

ベンジオ：興味深いプロジェクトはたくさんありますが、長い目で見て大きな影響を与える可能性がありそうに思えるプロジェクトは仮想世界に関するもので、その中でエージェントが問題解決を試みたり、周りの環境について学習を試みたりするものです。私たちはそれにＭｉｌａ（モントリオール学習アルゴリズム研究所：Montreal Institute for Learning Algorithms）で取り組んでいますし、同じ分野のプロジェクトはディープマインドやオープンＡＩ、バークレー、フェイスブック、グーグルブレイン（Google Brain）などでも進められています。そこが新しいフロンティアなのです。

しかし、これは短期間で結果の出る研究ではないということは覚えておいてください。私たちは深層学習の具体的な応用について研究しているわけではありません。将来を見通して、どのように学習エージェントが自分の環境を理解するか、そしてどうすれば学習エージェントが言語を話したり理解したりできるようになるのかを解き明かそうとしているのです。特に注目しているのは、「接地された言語（grounded language）」と呼ばれるものです。

フォード：それについて説明していただけますか？

ベンジオ：はい。これまでコンピューターに言語を理解させるためには、コンピューターに膨大な量のテキストを読ませることが主に行われてきました。それが悪いというわけではないのですが、コンピューターが本当に単語の意味を知ることは、その文章を実際の物事と関連付けることなしには困難です。例えば、単語を画像やビデオと関連付けたり、あるいはロボットならば現実世界の物体と関連付けたりすることです。

接地された言語の研究は、現在数多く行われています。たとえ言語の小さなサブセットであっても、コンピューターが単語の意味を本当に理解し、その単語に対応した行動がとれるような、言語理解を構築することを目指しています。これは非常に興味深い方向性で、言語理解に基づいた会話や個人秘書など、実用的な方面にも影響が及ぶかもしれません。

フォード：ざっくり言うと、シミュレーション環境の中でエージェントを自由に行動させ、子どものように学ばせるということですか？

ベンジオ：その通りです。実際に私たちは、児童発達科学の専門家からヒントを得たいと考えています。彼らは、新生児が人生の最初の数か月でさまざまな段階を経て、この世界についての理解を次第に深めていく様子を研究しているからです。このうち、どの部分が生まれつきのもので、どの部分が実際に学んだものなのか、完全に理解されているわけではありませんが、このように赤ちゃんのたどる過程を理解することは私たちのシステムの設計にも役立つと思います。

私が数年前に機械学習に導入した、動物のトレーニングではありふれたアイディアがカリキュラム学習です。考え方としては、すべてのトレーニング例をひとまとめにして順不同に示すだけではダメだということです。そうではなく、学習者にとって意味のある順番に例を示していくのです。最初は簡単なことから始めて、それをマスターしたら、そういった概念をビルディングブロックとして利用しながら次第に複雑なことを学習できるようになります。私たちが学校へ通うのはそのためですし、6歳でいきなり大学に行ったりしないのもそのためです。この種の学習は、コンピューターをトレーニングする際にも重要になってきています。

フォード：ＡＧＩへの道のりについてお聞かせください。もちろん、あなたは教師なし学習――基本的には人間と同じような形でシステムの学習を行うこと――が重要な要素だと考えていらっしゃいますよね。ＡＧＩの実現にはそれで十分なのでしょうか、それとも他の重要な要素や達成が必要なブレークスルーが存在するのでしょうか？

ベンジオ：私の友人でもあるヤン・ルカンが、そのことを説明するおもしろいたとえ話をしてくれました。私たちは丘を登っているところで、もうだいぶ登ってきたので意気揚々としているけれども、丘の頂上にたどり着いてみると、その先にもいくつもの丘が連なっているのが見えてくるのです。これが今、私たちがＡＧＩの開発で見ている景色であり、私たちの現在の手法の限界を示しています。私たちが最初の丘を登っていたとき、つまり、例えば深層ネットワークをどうやってトレーニングするか考えていたときには、私たちが作り上げようとしていたシステムの限界は見えていませんでした。私たちが考えていたのは、あと数歩をどうやって登ればよいかということだけだったからです。

私たちがこの進歩を満足にやり遂げて自分のものにしたとき――私たちは最初の丘の頂上に到達したわけです――限界もまた見えてきます。そして登らなくてはならないもうひとつの丘が目に入り、そしてその丘を登ったらさらに別の丘が見えてくる、ということが続くのです。人間レベルの知能を達成するまでに、どれほど多くのブレークスルーや大きな進歩が必要とされるのか、まったくわかりません。

フォード：丘の数はどのくらいあるのでしょうか？　ＡＧＩの実現時期はいつごろでしょうか？　推測で結構ですから、教えていただけますか？

ベンジオ：私から聞き出そうとしても無駄ですよ。手がかりもないのに、当てずっぽうを言っても意味がありません。私に言えるのは、今後数年間で実現することはないだろう、ということだけです。

フォード：深層学習や、より一般的にはニューラルネットワークが、今後も進むべき道だと考えていらっしゃいますか？

ベンジオ：はい。深層学習の背景にある科学的概念と、この領域の数年来の進歩を見れば、深層学習とニューラルネットワークを支える概念のほとんどが広く受け入れられていることがわかります。簡単に言えば、この2つは信じられないほど強力なのです。たぶん、動物や人間の脳が複雑な物事をどうやって学習しているのか、よりよく理解するためにも役立つでしょう。しかしさっき言ったように、それだけではAGIの実現には十分ではありません。私たちは現状手持ちのツールの限界を理解できるところまで来ましたから、さらに改善を積み上げていく必要があるのです。

フォード：アレン人工知能研究所（Allen Institute for AI：AI2）が取り組んでいるプロジェクト・モザイク（Project Mosaic）では、コンピューターに常識を持たせようとしているそうです。このようなことは必要だと思いますか？　それとも、常識は学習プロセスの中で生まれてくるものだと思いますか？

ベンジオ：私は、常識は学習プロセスの中で生まれてくるものだと確信しています。誰かがこま切れの知識を頭の中に詰め込んだからといって、生まれてくるものではないでしょう。少なくとも人間はそういうやり方はしていません。

フォード：深層学習はAGIへ至る王道なのでしょうか？　それとも、ハイブリッド的なシステムのようなものが必要になるとお考えでしょうか？

ベンジオ：古典的AIは純粋に記号論理的なもので、学習はまったく行いませんでした。認知の最も興味深い側面、つまり私たち人間が逐次的に推論を行って情報を組み立てる方法に的を絞っていたのです。一方、深層学習ニューラルネットワークでは、常にボトムアップ的な観点から認知をとらえることを重視してきました。知覚から出発して、マシンの世界観を知覚の中に位置付けるわけです。そこから分散表現を構築すれば、数多くの変数の間の関係性が把握できるようになります。

私は1999年ころ、弟〔グーグルブレインのサミー・ベンジオ〕と一緒にそのような変数の間の関係性について研究していました。そこから単語埋め込み、あるいは単語や文の分散表現など、自然言語処理に関する最近の進歩が数多く生み出されたのです。この場合、単語はあなたの脳の中の活動パターンとして——あるいは一連の数値として——表現されます。似た意味の単語は、似たパターンの数値と関連付けられるわけです。

今、深層学習の領域では、こういった深層学習の概念を足掛かりとして、推論という古典的なAIの問題を解決し、理解やプログラムや計画を可能とする試みが始まっています。研究者たちは、私たちが知覚から開発したビルディングブロックを利用して、こういった高レベルの認知タスク（心理学者からは「システム2」と呼ばれることもあります）へ向けた拡張を試みています。人間レベルのAIへ向かう道のりは、こういったものになるだろうと私は確信しています。これはハイブリッド的なシステムというわけではありません。深層学習から得られたビルディングブロックを利用して、古典的なAIが解決を試みたものと同じ問題のいくつかを、私たちも解決しようとしているのです。やり方は非常に違うものですが、目的はよく似ています。

フォード：つまりあなたは、すべてニューラルネットワークになるけれども、アーキテクチャは違ったものになると予測しているわけですか？

ベンジオ：そうです。あなたの脳が、すべてニューラルネットワークでできていることに注意してください。推論、見えているものから推論によって説明を導き出すこと、そして計画など、古典的なAIが目指していたようなことを行うためには、異なるアーキテクチャや異なるトレーニングの枠組みを考え出す必要があるのです。

フォード：学習とトレーニングですべては可能になるとお考えですか？　それとも、そこに何らかの構造が存在する必要があるのでしょうか？

ベンジオ：構造は存在します。ただしその構造は、私たちが百科事典を書いたり数学の公式を書いたりするときに知識の表現に利用する構造とは別のものです。組み込まれる構造の種類は、ニューラルネットのアーキテクチャと、この世界や解決を試みるタスクの種類に関するかなり大まかな仮定に対応して決まります。ネットワークがアテンション機構を持つことを可能とするような特別な構造やアーキテクチャを組み込めば、大量の事前知識も組み込まれます。機械翻訳などをうまくやるためには、このことが重要だということがわかってきました。

ある種の問題を解決するためには、このようなツールを工具箱の中に持っている必要があるのです。例えば画像を扱う場合、良い結果を出すには畳み込みニューラルネットワークのような構造が必要なのと同じことです。そのような構造を組み込まなければ、はるかに悪い性能しか得られません。すでに数多くのドメイン固有の仮定がこの世界や学習させたい機能に関して存在し、暗黙のうちに深層学習に用いられるアーキテクチャの種類やトレーニング目標に反映されています。現在の研究論文の大部分はこれに関するものです。

フォード：構造に関する質問で私が言いたかったのは、例えば赤ちゃんは生まれた直後から人の顔を認識することができる、というようなことでした。つまり、赤ちゃんがそのようなことができるような何らかの構造が、人間の脳には存在するということですね。ピクセルを処理する生のニューロンではなく。

ベンジオ：それは間違いです！　それはピクセルを処理する生のニューロンであり、ただ赤ちゃんの脳には、丸くて2つの点が中にあるものを認識するような特定のアーキテクチャが存在するのです。

フォード：私が言いたいのは、その構造があらかじめ存在するということです。

ベンジオ：もちろん存在しますが、私たちがニューラルネットワークに組み込んでいるあらゆる構造もまた、あらかじめ存在しているものです。深層学習の研究者がしていることは、進化の働きに似ています。アーキテクチャとトレーニング手順の両方の形で、事前知識を組み入れているという意味でね。

望むなら、ネットワークが顔を認識できるような構造を事前に組み込んでおくこともできるでしょう。しかしそれは、ＡＩにとっては意味がありません。同じことを、非常に高速に学習できるわけですから。そうではなく、私たちが組み込む構造は、私たちが取り組もうとしているもっと難しい問題を解くために実際に役立つものなのです。

人間や赤ちゃん、そして動物に生得の知識がないなんてことは誰も言っていませんし、実際には大部分の動物は生得の知識しか持っていません。アリはあまり学習を行わないので大規模で固定したプログラムに似ていますが、知能の階層の上にいくほど学習の占める割合は増加します。人間と他の大部分の動物との違いは、学習する知識と最初から持っている生得の知識との比率にあるのです。

フォード：ちょっと話を戻して、いくつかの概念の定義をはっきりさせておきましょう。１９８０年代、ニューラルネットワークはほとんど無視されていたテーマであり、しかも層がひとつだけだったので、まったくディープな（深い）ものではありませんでした。それが現在深層学習と呼ばれるものに変容するにあたっては、あなたも大きな役割を果たされましたね。なるべく専門的な用語を使わずに、深層学習とは何なのか説明していただけますか？

ベンジオ：深層学習は、機械学習の一手法です。機械学習は、コンピューターを実例から学ばせることによってコンピューターに知識を植え付けようとするものですが、深層学習はそれを、脳からヒントを得た方法で行うのです。

深層学習と機械学習は、ニューラルネットワークに関して以前から行われていた研究を引き継ぐものです。「深層」という名前がついているのは、より深いネットワーク、つまりより多くの層からなるネットワークをトレーニングできる能力が加わっているためです。そしてそれぞれの層は、異なるレベルの表現に対応しています。ネットワークが深くなるほど、より抽象的な概念を表現できるようになることを私たちは期待しています。そしてこれまでは、確かにそうなっているようです。

フォード：層という言葉を使うとき、それは抽象化の層を意味しているのでしょうか？　例えば、視覚映像の場合、最初の層はピクセルで、次の層はエッジ、次はコーナー、といった具合に、次第に物体に近づいていくのでしょうか？

ベンジオ：そう、その通りです。

フォード：しかし、私の理解が正しければ、コンピューターはまだその物体が何なのか理解できないのではありませんか？

ベンジオ：コンピューターにも何らかの理解はあります。白か黒かの議論ではないのです。ネコはドアを理解していますが、人間と同じように理解しているわけではありません。人によって自分の周りにある多くの事物の理解のレベルは違いますし、科学とはこれらの多くの事物に関する私たちの理解を深めることなのです。画像に関してトレーニングされたニューラルネットワークも画像に関してある程度の理解は持っていますが、そのレベルは人間ほど抽象的なものでも、一般的なものでもありません。その理由のひとつは、人間は三次元的な世界観の文脈で画像を解釈しているところにあります。そのような世界観が得られるのは、私たちの立体視能力と、私たちが世界の中で動き回ったり行動したりするためです。そのため私たちは、単なる視覚モデルよりもはるかに多くのものが得られます。物体の物理モデルも得られるのです。コンピューターによる画像理解のレベルは現状まだ粗削りなものですが、それでも多くの用途に驚くほど役立ちます。

フォード：深層学習が可能となったのは誤差逆伝播法のおかげだというのは本当ですか？　誤差逆伝播法とは、誤差情報を出力層から入力層へと逆方向に送出し、最終結果に基づいて各層を調整するアイディアのことですが。

ベンジオ：確かに、誤差逆伝播法は近年の深層学習の成功に中心的な役割を果たしました。これは信頼度割り当てを行うひとつの手法です。つまり、ネットワーク全体を適切に振る舞わせるために、内部のニューロンをどのように変更すればよいかを計算するのです。少なくともニューラルネットワークの文脈においては、誤差逆伝播法は１９８０年代初頭に発見されました。当時私は自分の研究をスタートさせたところでした。ジェフリー・ヒントンとデイヴィッド・ラメルハートとほぼ同時に、ヤン・ルカンも独立に発見しています。アイディアとしては古いものですが、私たちが実際にこれらの深層ネットワークのトレーニングに成功したのは２００６年ころ、つまり四半世紀もたってからのことでした。

それからというもの、アテンション機構や記憶、そして画像の分類だけではなく生成も行える能力など、私たちの人工知能研究にとって非常にエキサイティングな特徴を備えたネットワークが、次々と作り出されてきたのです。

フォード：脳で、誤差逆伝播法のようなことが行われているかどうかはわかっているのでしょうか？

ベンジオ：それはいい質問ですね。ニューラルネットは脳を模倣しようとしているわけではありませんが、少なくとも抽象レベルでは、脳の計算論的な特徴からヒントを得ています。

私たちには脳の働きの全体像はまだ把握できていないということを認識しなければいけません。

脳神経学者がまだ理解していない性質が、脳にはたくさんあります。脳に関しては膨大な観察がなされていますが、そういった点どうしをどのように結び付ければ全容が明らかになるのか、私たちはまだわかっていないのです。

私たちがニューラルネットを用いた機械学習で行っている研究が、脳科学に検証可能な仮説を提供できることもあるかもしれません。そのことは、私が関心を持っていることのひとつです。具体的には、これまで誤差逆伝播法はコンピューターには可能だが、脳にとっては非現実的なことだというのが大方の見方でした。

重要なのは、誤差逆伝播法が信じられないほどうまくいくということであり、このことから脳も同様な――まったく同じではないが、同じ機能を持つような――ことを行っているのではないか、と想像できます。そんなわけで、私は現在その方面の非常に興味深い研究に携わっているのです。

フォード：かつて「AI冬の時代」には、ほとんどの人が深層学習に見切りをつけてしまいましたが、あなた自身やジェフリー・ヒントン、ヤン・ルカンといったほんの一握りの人たちが深層学習の研究を続けていたそうですね。そこから現在の状態まで、どのように深層学習は発展してきたのでしょうか？

ベンジオ：90年代の終わりにはニューラルネットワークは流行遅れとなり、研究を続けているのはごくわずかなグループだけという状況が2000年代初頭まで続きました。私には、ここでニューラルネットワークを見捨てたら本当に大事なものを失ってしまうことになる、という強い直感があったのです。

そのひとつは、私たちが現在「構成性（compositionality）」と呼んでいるものでした。これは構成的な方法、つまりニューロンや層に対応する数多くのビルディングブロックを組み合わせることによって、データに関する非常に豊富な情報を表現できるというニューラルネットワークシステムの能力です。私はこれを言語モデルに応用して、初期のニューラルネットワークで単語埋め込みを利用したテキストのモデル化を行いました。各単語に、さまざまな属性に対応する一連の数値が関連付けられており、それをマシンが自律的に学習するのです。当時はあまり注目されませんでしたが、現在ではデータから言語のモデル化を行うほぼすべてのシステムに、このアイディアが利用されています。

大きな問題だったのは、多層ネットワークをどのようにトレーニングすればよいかということでしたが、ブレークスルーをもたらしたのはジェフリー・ヒントンと彼の制限ボルツマンマシン（RBM）の研究でした。私の研究室では自己符号化器について研究を行っていたのですが、自己符号化器はRBMと非常に近い関係にあり、また自己符号化器からは敵対的生成ネットワーク（GAN）など、さまざまな種類のモデルが生み出されています。これらのRBMや自己符号化器を積み重ねることによって、以前よりもはるかに多層のネットワークをトレーニングできることがわかってきたのです。

フォード：自己符号化器がどんなものか、説明していただけますか？

ベンジオ：自己符号化器は、符号化器と復号化器という2つの部分から成り立っています。符号化器の部分は、例えば画像を入力として、それを圧縮された形で表現しようとします。言葉による説明のようなものですね。復号化器は、その表現を入力として、元の画像の復元を試みます。自己符号化器は、できるだけオリジナルに忠実な結果が得られるように、この圧縮と復元を行うようトレーニングされます。

この当初のビジョンから、自己符号化器はかなり変化してきました。現在では、まず画像などの生の情報を取り込んで、より抽象化された空間に変換し、その重要な意味的側面を読み取りやすくすることを考えます。これが符号化器の部分です。復号化器は反対に、そういった高レベルの量的性質——それを手作業で定義する必要はありません——を取り込んで、画像に変換するのです。それが初期の深層学習の成果でした。

　そして数年後、私たちはこのような手法を使わなくても、非線形関数を変更するだけで深層ネットワークがトレーニングできることを発見しました。私の学生のひとりが神経科学者と一緒に研究をしていて、正規化線形ユニット（ＲｅＬＵ）——当時はレクチファイア（整流器）と呼んでいました——を試してみることを思いついたのです。これは、より生物学的に妥当なモデルですし、脳からヒントを得た実例のひとつでもあります。

フォード：そういったことから、何が学べたのでしょうか？

ベンジオ：私たちはそれまでシグモイド関数［S字型のグラフで表現される連続関数］を使ってニューラルネットをトレーニングしていたのですが、ＲｅＬＵを使うだけで、非常に多層のネットワークがずっと容易にトレーニングできるようになったのです。これが２０１０年か２０１１年ころに起こった、もうひとつの大きな変化でした。

　イメージネット（Image Net）データセットという、コンピュータービジョンに使われる非常に大きなデータセットがあります。その領域の研究者に私たちの深層学習手法を認めてもらうには、そのデータセットで良い結果を出す必要がありました。ジェフリー・ヒントンのグループが、実際にそれをやってのけたのです。それはヤン・ルカンの畳み込みネットワーク——画像に特化したニューラルネットワークのことです——に関する先行研究を踏襲したものでした。２０１２年には、これらの新しい深層学習アーキテクチャにいくつか工夫を加えたものが利用されて大成功をおさめ、既存の手法に対して大幅な改善が見られました。数年のうちに、コンピュータービジョンの研究者たちはみなこの種のネットワークに移行したのです。

フォード：深層学習が本当の意味で離陸したのは、そのときだったのですか？

ベンジオ：もう少し後です。２０１４年までに、コミュニティ内で蓄積された成果が弾みとなって、深層学習の離陸に結び付くことになりました。

フォード：それを境に、主に大学で使われていた深層学習が、グーグルやフェイスブック、バイドゥといった企業でも主流の技術になったのですね？

ベンジオ：その通りです。変化はもう少し早く、２０１０年ころにはグーグルやＩＢＭ、マイクロソフトといった、ニューラルネットワークを利用した音声認識に取り組んでいた企業で始まっていました。２０１２年までに、グーグルはこれらのニューラルネットワークを自社のアンドロイド（Android）スマートフォンに搭載しました。同じ深層学習という技術が、コンピュータービジョンにも音声認識にも利用できるということは、画期的なことだったのです。これをきっかけとして、この分野に大きな注目が集まることになりました。

フォード：あなたが最初にニューラルネットワークの研究を始めたときのことを振り返ってみて、当時と現在との違いの大きさや、グーグルやフェイスブックといった大企業の事業の中心となっているという事実に、驚いていらっしゃいますか？

ベンジオ：もちろん、こんなことは予想もしていませんでした。私たちは深層学習を利用した重要な驚くべきブレークスルーを、いくつも経験しています。先ほどお話ししたように、音声認識は２０１０年ころ、次のコンピュータービジョンが２０１２年ころのことです。数年後、２０１４年と２０１５年に起こった機械翻訳のブレークスルーは、２０１６年にグーグル翻訳に採用されました。２０１６年は、アルファ碁のブレークスルーが注目を集めた年でもあります。これらはすべて、他の多くのことも含めて、まったく予想もしていませんでした。

私は２０１４年に、コンピューターが画像に説明文を付けるキャプション生成の成果を見て、そんなことができるようになったのか、とびっくりしたことを覚えています。もしその前の年に、１

年以内にそれができるようになるかと聞かれたら、私はノーと答えたことでしょう。

フォード：あのキャプション生成には、私もかなり驚きました。たまには的外れな説明文を付けることもありますが、ほとんどの場合は見事なものです。

ベンジオ：もちろん、外れることもたまにはあります！ トレーニングのデータも十分ではありませんし、このようなシステムが本当の意味で画像を理解し、本当の意味で言語を理解するためには、基礎研究の分野で根本的な進歩がなされる必要があります。そのような進歩が達成できるのはまだまだ先のことになるでしょうが、今の性能レベルに到達できたこと自体が想定外だったのです。

フォード：あなたの経歴について教えてください。どのような経緯でAIの道に入ったのですか？

ベンジオ：私は子どものころSFをたくさん読んでいたので、間違いなくその影響はあるはずです。SFを通して私はAIやアシモフのロボット工学三原則について知り、大学へ行って物理学と数学を研究したいと思うようになりました。それが変化したのは、弟と私がコンピューターに興味を持ち始めたときでした。私たちはお金をためてＡｐｐｌｅ IIeを、そしてＡｔａｒｉ ８００を買いました。そのころソフトウェアは貴重品だったので、ＢＡＳＩＣ言語でのプログラミングを学びました。

私はプログラミングにとても熱中していたので、コンピューター工学の道に進んでコンピューターサイエンスの修士号と博士号を取りました。修士課程にいた１９８５年ころ、私は初期のニューラルネットについて書かれた論文を読み始めました。その中にはジェフリー・ヒントンの書いた論文もあり、いわば私はそれに一目ぼれしてしまったのです。すぐに私は、これが私の研究したいテーマだと思うようになりました。

フォード：深層学習の専門家や研究者になりたいと思っている人に、何か具体的なアドバイスはありますか？

ベンジオ：とにかく水に飛び込んで泳ぎ始めてほしいですね。この分野は大きな注目を集めていますから、チュートリアルやビデオ、オープンソースのライブラリなど、あらゆるレベルの情報がたくさん存在します。また私が共著者となっている、その名も『深層学習』（邦訳ＫＡＤＯＫＡＷＡ）という教科書もあります。この分野の初心者向けに書かれていて、オンライン版はフリーで入手できます。大勢の学部生が膨大な数の論文を読み、その論文の追試を試み、そして同じような研究を行っている研究所の採用試験に応募しています。この分野に興味があるなら、今がチャンスです。

フォード：あなたの経歴について私が注目したのは、深層学習の重要人物の中で、完全に学問の世界に残っているのはあなただけだということです。他の人たちは、たいてい非常勤でフェイスブックやグーグルなどの会社で働いています。どういったわけで、そのような道を選ぼうと思ったのですか？

ベンジオ：私がこれまでずっと学問を重んじ、公共の利益や自分にとって大切に思えることのために働く自由を大事にしてきました。また私は、心理的にも研究の効率や生産性の面でも、学生たちと一緒に研究することを重んじています。もし私が産業界へ行ってしまえば、その多くを犠牲にすることになったでしょう。

また、私にはモントリオールに残りたいという気持ちもありました。当時、産業界に入るということは、カリフォルニアかニューヨークに行くことを意味していたからです。そんなとき、ここで何かを作り上げることができればモントリオールをＡＩの新たなシリコンバレーにできるかもしれない、という考えが浮かびました。その結果、私はここに残ってＭｉｌａ（モントリオール学習アルゴリズム研究所）を設立することに決めたのです。

Ｍｉｌａは基礎研究を行うだけでなく、モントリオールのＡＩエコシステムにおいて主導的役割も演じています。この役割には、トロントのベクター人工知能研究所（Vector Institute）やエドモントンのＡｍｉｉ（アルバータ機械知能研究所：Alberta Machine Intelligence Institute）との連携も含まれます。これは、科学の分野でも、経済の分野でも、そして社会的に良い影響を与えるという意味でも、積極的にＡＩを推進して行こうというカナダ政府の戦略の一環です。

フォード：ちょうどあなたがおっしゃったので、ＡＩと経済とのかかわりについて、またそれにまつわるリスクについてお聞きしたいと思います。私は人工知能が新たな産業革命を引き起こす可能性について、そして膨大な雇用の喪失をもたらすおそれについて、たくさん記事を書いてきました。そのような予測についてどう感じておられますか？　騒ぎすぎだとお思いになりますか？

ベンジオ：いいえ、私は騒ぎすぎだとは思いません。はっきりしていないのは、それが今後10年間で起きるのか、それとも30年かけて起こるのかということです。私に言えるのは、仮に私たちがＡＩや深層学習の基礎研究を明日やめたとしても、それらのアイディアをもとに新しいサービスや新しい製品を作り出して膨大な社会的・経済的利益が得られるほど科学は十分に進歩しているということです。

また、私たちは膨大な量のデータを利用することなく収集しています。例えば医療分野では、私たちは入手可能なデータ、あるいは今後入手可能となるであろうデータの、ごくごく一部を利用しているにすぎません。デジタル化されるデータは毎日増え続けています。ハードウェアメーカーは深層学習チップの開発に取り組んでおり、もうすぐ現在のものよりも何千倍も高速な、あるいはエネルギー効率の高いチップが手に入るようになるでしょう。自動車や携帯電話など、身の回りのあらゆる場所にこのようなチップが使われることになれば、間違いなく世界を変えていくことになるでしょう。

こうした流れを引き留めるのは、社会的要因です。たとえ技術が完成しても、医療インフラを変えるには時間がかかります。たとえ技術が進歩しても、社会は無限の速さで変化するわけではないのです。

フォード：もしこの技術変革のために多数の職が失われるとすれば、ベーシックインカムのようなものが解決策として役立つと思いますか？

ベンジオ：ベーシックインカムも役に立つとは思いますが、科学的な見地から「働かざるもの食うべからず」といった旧来の倫理観を打破しなくてはいけません。そのような倫理観はクレイジーだと思います。私たちは、経済のためには何が最良か、そして人々の幸福のためには何が最良かを考えなければならないと思います。これらの質問に答えるために、予備的な実験を行うこともできるでしょう。

答えはひとつではないでしょう。犠牲にされようとしている人々を保護し、この新たな産業革命から生じる災いを最小限に抑えるための方法は、たくさん存在します。私の友人であるヤン・ルカンが言っていたことを繰り返させてください。19世紀の私たちに産業革命がどのように進行していくか見通せるだけの先見性があったとすれば、もしかしたらその後の災いの大部分は避けられたかもしれません。今では大部分の欧米諸国に存在する社会的セイフティーネットのようなものが、1940年代や1950年代を待たずに19世紀にすでに整備されていたとすれば、何億人もの人々が、はるかに豊かで健康な生活を送れたことでしょう。問題は、今回はたぶん一世紀よりもはるかに短い期間で事態が進展すること、そのため悪影響がはるかに大きくなるおそれがあるということです。

それについて今すぐ考え始めること、そして災いを最小限に抑えて世界全体の幸福を最大化するための選択肢について科学的な研究を始めることが、とても大事だと私は思っています。そうすることは可能だと思いますし、このような問題に答えるために古い偏見や宗教的信念に頼るべきではありません。

フォード：私も同じ意見ですが、あなた自身もおっしゃったように、事態の進展はかなり速いかもしれません。難しい政治的な問題にもなることでしょう。

ベンジオ：だからこそ、今すぐ行動する必要があるのです！

フォード：確かにその通りですね。経済的な影響以外に、人工知能に関して私たちが懸念すべきことは他にありますか？

ベンジオ：私はこれまで非常に積極的に、殺人ロボットへの反対意見を述べてきました。

フォード：殺人ロボットの研究を行おうとしていた韓国の大学へ宛てたレターに、あなたが署名されたことは知っています。

ベンジオ：そう、そしてそのレターには効果がありました。実際、KAIST（韓国科学技術院）から、人間が判断に関与しない兵器システムの開発には参加しないという回答があったのです。

人間の関与という観点から、この質問にもう一度答えさせてください。このことは非常に重要だと思うからです。現在のAIは――そしてそう遠くない未来に予見できるAIは――善悪を判断する道徳観念や道徳理解は持っていないし、持つこともないということは、広く認識される必要があります。文化による違いが存在することはわかりますが、このような道徳的問題は人の命に重要な意味があるのです。

殺人ロボットだけでなく、他のさまざまな問題についても同じことが言えます。例えば、人の運命を変えてしまうような――その人を刑務所に戻すか、社会復帰させるかといった――判事の仕事もそうです。これは本当に難しい道徳的問題で、人間心理を理解しなければいけませんし、道徳的価値も理解しなくてはいけません。こういった決定を、その種の理解を持たないマシンの手にゆだねるのはクレイジーです。クレイジーなだけでなく、間違っています。予見し得る将来にわたってこの種の責任をコンピューターに負わせることがないように、私たちは社会的規範や法律を整備しなくてはいけません。

フォード：その点について、あえて反論させてください。人類とその判断の質について、あなたが非常に理想主義的な見方をしていると言う人は多いと思います。

ベンジオ：そうかもしれません。しかし私は、自分がしていることを理解できないマシンよりは、不完全な人間に判事になってほしいと思います。

フォード：しかし、甘んじて銃弾を受けてから反撃する、自律セキュリティロボットを考えてみてください。人間にはそんなことはできませんし、それによって救われる命があるかもしれません。また理論的には、自律セキュリティロボットが人種的偏見を持つことはありません。正しくプログラムされていればの話ですが。こういった分野では、実際にロボットが人間よりも優れているかもしれません。同意されますか？

ベンジオ：まあ、いつかはそうなるかもしれませんが、まだそこには至っていないということは言えます。正確さだけが問題なのではなく、人間の文脈を理解することが大事なのであって、それに関してコンピューターはまったく何の手がかりもないわけですから。

フォード：軍事や兵器化の問題以外に、AIに関して懸念すべきことはありますか？

ベンジオ：あります。これは今まであまり議論されてこなかったことですが、フェイスブックとケンブリッジ・アナリティカの問題［選挙コンサルティング企業のケンブリッジ・アナリティカがフェイスブックのユーザーデータを不正入手したとされる問題。同社はその後破産、業務停止した］を受けて、浮上してきた問題です。AIの広告への利用、あるいは一般にAIを利用して人の行動に影響を与えようとすることは、民主主義にとって危険なものとして認識されるべきですし、倫理的にもいろいろな意味で間違っています。私たちの社会では、そのようなことを可能な限り防止すべきです。

例えばカナダでは、子ども向けの広告は禁止されています。なぜかというと、脆弱《ぜいじゃく》な時期の子どもの心を操ることは倫理に反すると私たちは考えているからです。しかし実際には、私たちはみな脆弱なのです。そうでなければ、広告の効き目はないはずですから。

もうひとつは、広告が実際に市場原理をゆがめているということです。大企業にとって広告は、自分たちのブランドを利用して、より小規模な企業の市場参入を妨げるためのツールとなります。現在では大企業はAIを使って、はるかに精密に的を絞った形で人々へメッセージを届けることが可能です。それは恐ろしいことだと私は思います。特に、人々に自分の幸福に反することをさせるような広告は。例えば政治広告や、行動に変化をもたらして健康に影響するような広告です。このようなツールを利用して人の行動に影響を与えること一般に関しては、本当に慎重であるべきだと思います。

フォード：超知能AIや再帰的自己改善ループの発動が人類の存在を脅かすものだと、イーロン・マスクやスティーヴン・ホーキングなどの人たちが発している警告についてはどう思いますか？それらは現時点で懸念すべきことなのでしょうか？

ベンジオ：私はそのようなことを懸念してはいませんが、その問題を誰かが研究するのは良いことだと思います。現時点の科学に関する私の知識からすれば、そして私に予見できる限りでは、そのようなシナリオは現実的とは言えません。そのようなシナリオは、現在のAIの構築手法とは相いれないものです。数十年もすれば話は違ってくるのかもしれませんが、私にとってはSFの世界の話です。そのような恐怖をあおることは、今行動を起こすべき緊急の課題から目をそらしてしまうことにつながるのではないでしょうか。

殺人ロボットや政治広告についてはお話ししましたが、他にも懸念はあります。例えば、データに入り込んだ偏見が、差別を助長するおそれがあることです。これは政府や企業が今すぐ対応できることですし、実際にいくつかの方法で一部の問題は軽減できます。遠い未来の潜在的リスクに偏った議論をしている場合ではないでしょう。それは私のAI観とも一致しません。殺人ロボットのような、近い将来の問題に注意を払うべきです。

フォード：中国などの国々との競争の可能性についてお聞きしたいと思います。あなたは、例えば自律兵器を制限することについてたくさん発言をされていますが、ひとつ明らかな懸念材料として、どこかの国がそのルールを無視してしまうことが考えられます。そのような国際競争について、私たちはどの程度心配すべきなのでしょうか？

ベンジオ：まず、科学的な面では私はまったく心配していません。ある科学分野に取り組む研究者が世界中で増えれば、それだけその科学分野は進歩することになるからです。中国がＡＩに多額の投資をしているのなら、それは良いことです。結局、その研究の成果は私たち全員が利用できることになるからです。

しかし、中国政府がこの技術を軍事目的や国内の治安維持のために使う可能性があるという点は、恐ろしいと思います。最先端の科学を利用して人物や顔を認識し追跡するシステムを作り上げれば、数年のうちにビッグ・ブラザー［ジョージ・オーウェルの小説『１９８４年』に登場する独裁者］的な監視社会が実現してしまうからです。それは技術的には十分に可能なことですし、世界中の民主主義にとって、かつてないほど大きな危険となっています。これは本当に懸念すべきことです。また、それが起こり得るのは中国のような国家だけではありません。実際にいくつかの国々で見られたように、自由な民主主義国家でも専制的な支配体制に陥ってしまえば起こり得ることなのです。

ＡＩ利用の軍事的競争に関しては、殺人ロボットとＡＩの軍事利用を分けて考えるべきだと思います。ＡＩの軍事利用を完全に禁止すべきだと言っているわけではありません。例えば、軍がＡＩを利用して殺人ロボットを破壊する兵器を作り上げたとすれば、それは良いことです。倫理に反するのは、そのようなロボットに人を殺させることです。ＡＩを倫理に沿った形で利用することはできるはずです。防御的な兵器を作り出すことは可能ですし、それは軍拡競争に歯止めをかけるために役立つでしょう。

フォード：自律兵器に関しては、規制の果たすべき役割は確実にあるとお考えのようですね？

ベンジオ：規制の果たすべき役割は、いたるところにあります。ＡＩが社会的影響力を持ち得る分野では、少なくとも規制について考えるべきでしょう。ＡＩが良い目的のために使われるような正しい社会的メカニズムとはどんなものなのか、熟慮すべきです。

フォード：そして、その問題を引き受けるのは政府がふさわしいとお考えなのですね？

ベンジオ：私は企業が自分でできるとは信じていません。企業の最大の目的は、利益を最大化することにあるからです。もちろん、企業はユーザーやカスタマーに好かれることも目指していますが、何をしているか完全にガラス張りになっているわけではありません。企業が実現しようとしている目的が一般の人々の幸福に合致しているかどうかは、必ずしも明確ではないのです。

私は政府には果たすべき非常に重要な役割があると思いますし、それは各国の政府だけでなく、国際社会の役割でもあると思います。このような問題の多くはその地域だけの問題ではなく、国際的な問題だからです。

フォード：こういったことをすべて考え合わせても、プラス面がリスクを上回ることは明らかだと確信していらっしゃいますか？

ベンジオ：プラス面がリスクを上回るためには、私たちが賢く行動しなくてはいけません。そのためには、こういった議論を行うことが非常に大事なのです。同じ理由から、私たちはやみくもに突っ走るだけではなく、待ち伏せしている潜在的な危険のすべてに目を光らせておく必要があります。

フォード：その議論は、今どこで行われるべきだと思いますか？　主にシンクタンクや大学で行われるべきでしょうか、それとも国内外の政治的議論の一部として行われるべきだとお考えでしょうか？

ベンジオ：すべては政治的議論の一部として行われるべきです。私はG7首脳会議に講演者として呼ばれたことがありますが、そこで議論された問題のひとつが「経済的にプラスとなり、人々に信頼されるような方法でAIを発展させるためにはどうすればよいか？」というものでした。現代の人々は、AIに対して懸念を持っているからです。その答えとなるのが、ひそかに象牙の塔の中で事を進めるのではなく、市民全員を含め、テーブルを囲むあらゆる人々が議論に参加できるような、開かれた議論を行うことです。私たちは、どんな未来を望んでいるかについて集団的選択を行わなくてはなりませんし、AIは非常に強力な技術ですから、どんな課題があるのかを市民ひとりひとりがある程度は理解しておくべきなのです。

［邦訳参考書籍］
『深層学習』（イアン・グッドフェロー／ヨシュア・ベンジオ／アーロン・カーヴィル著、岩澤有祐／鈴木雅大／中山浩太郎／松尾豊監訳、KADOKAWA、2018年）

ヨシュア・ベンジオはコンピューターサイエンスおよびオペレーションズリサーチ学科の正教授であり、モントリオール学習アルゴリズム研究所（Mila）サイエンスディレクター、カナダ先端研究機構（Canadian Institute For Advanced Research:CIFAR）「Learning in Machines and Brains」プログラムの共同ディレクター、統計的学習アルゴリズムのカナダ研究チェア［カナダ政府直属の研究専門教授ポスト］を務めている。イアン・グッドフェローとアーロン・カーヴィルとの共著『深層学習』（邦訳KADOKAWA）は、この分野で定評のある教科書のひとつである。この本は、https://www.deeplearningbook.org/からフリーで入手できる。［2018年チューリング賞受賞］

「AGIが幼稚園児の読解レベルを超えるとすぐ、どんな人間もできなかったことができるようになり、どんな人間も持ったことのないほど大きな知識基盤を持つようになるでしょう」

STUART J. RUSSEL

スチュアート・J・ラッセル

カリフォルニア大学バークレー校コンピューターサイエンス教授

スチュアート・ラッセルは、人工知能の分野に寄与してきた世界有数の研究者として広く認識されている。彼はカリフォルニア大学バークレー校のコンピューターサイエンス教授であり、また人間共存型人工知能センター（Center for Human-Compatible Artificial Intelligence：CHAI）の所長でもある。スチュアートが共同で執筆したAIの代表的な教科書『エージェントアプローチ 人工知能』（邦訳共立出版）は、世界中の1300以上の大学で使われている。

フォード：あなたは、現在使われているＡＩの標準的な教科書の共著者ですから、かねがねＡＩ用語の定義をお聞きしたいと思っていました。あなたの「人工知能」の定義は何でしょうか？　それには何が含まれますか？　どのようなコンピューターサイエンスの問題が、その対象に含まれるのでしょうか？　機械学習との違い、あるいは対照的な点は何ですか？

ラッセル：これからお話しすることは、人工知能のいわば標準的な定義であって、教科書にも似たようなことが書いてありますし、広く受け入れられているものです。ある存在物は、それが正しいことをする範囲において、つまりその行動がその目的を達成すると期待できるならば、知的であると言えます。この定義は、人間とマシンの両方に当てはまります。「正しいことをする」という概念が、ＡＩ全体を貫く重要な原則です。この原則をかみ砕いて、現実世界で正しいことをするには何が必要かを見極めれば、ＡＩシステムが成功するためには知覚、視覚、音声認識、行動といった重要な能力が必要とされることがわかってきます。

これらの能力が、人工知能を定義するために役立ちます。私たちはロボットのマニピュレーターを制御する能力について考え、ロボット工学で起こるすべてのことについて考えます。私たちは判断を行い、計画を立て、問題を解決する能力について考えます。私たちはコミュニケーション能力について考えます。ですから自然言語理解もＡＩにとって非常に重要となるのです。

私たちはまた、物体を内面的に知る能力についても考えます。何かを実際に知らなければ、現実世界で円滑に振る舞うことは非常に困難です。私たちがどのようにして物事を知るのかを理解する、知識表現と呼ばれる科学領域があります。ここでは、どのように知識が内面的に保存され、自動論理演繹や確率的推論アルゴリズムなどの推論アルゴリズムによって処理されるのかを研究します。

次に、学習があります。学習はモダンな人工知能の鍵となる能力です。機械学習は常にＡＩの一分野でした。それは簡単に言えば、正しいことをする能力を経験によって改善することです。例えば、ラベル（正解）の付いた物体の例を見ることによって、よりよく知覚する方法を学習することができます。また、よりよく推論する方法を経験から学習することもできます。例えば、どの推論段階が問題解決に役立つか、どの推論段階があまり役立たないかを見つけ出すのです。

例えば、世界最強クラスの人間の棋士に最近勝利したアルファ碁は、モダンなＡＩ囲碁プログラムであり、実際に学習を行っています。アルファ碁は、よりよく推論する方法を経験から学習するのです。アルファ碁は、局面の評価を学習するだけでなく、より速く、より少ない計算量で、より効率的に判断品質の高い手に到達できるように思考をコントロールすることを学習します。

フォード：ニューラルネットワークと深層学習についても、定義していただけますか？

ラッセル：はい、機械学習で標準的なテクニックのひとつに、「教師あり学習」と呼ばれるものがあります。これはＡＩシステムに、ある概念の実例のセットを与えるのですが、そのセットに含まれる実例のそれぞれには説明とラベルを付けてあります。例えば1枚の写真があったとすれば、まずその画像の全ピクセルを与え、次にこれはボートの写真だとか、ダルメシアンという品種のイヌの写真だとか、あるいはボウルに入ったサクランボの写真だというラベルを付けてやるわけです。このようなタスクの教師あり学習においては、一般の画像を分類できるような予測器、あるいは仮説を見つけ出すことが目標になります。

これらの教師あり学習の例では、例えばダルメシアンの写真を認識する能力、またそれ以外のダルメシアンの写真がどんなものになるかを予測する能力をＡＩに与えようとしています。

仮説、あるいは予測器を表現するひとつの方法が、ニューラルネットです。ニューラルネットは基本的に、たくさんの層から構成される複雑な回路です。この回路へ、ダルメシアンの写真のピクセルの値を入力します。すると、これらの入力の値が回路を伝播するのに従って、回路の各層で新しい値が計算されていきます。最終的にこのニューラルネットワークから得られる出力が、どんな種類の物体が認識されたかを示す予測になっているのです。

つまりうまくいけば、入力画像にダルメシアンが含まれている場合、ニューラルネットワークのすべての層や接続をこれらすべての数値やピクセル値が伝播し終わると、ダルメシアンの出力表示器が高い値を示し、ボウルに入ったサクランボの出力表示器が低い値を示すことになります。その場合、このニューラルネットワークが正しくダルメシアンを認識したと言えるわけです。

フォード：どのようにして、ニューラルネットワークに画像を認識させるのですか？

ラッセル：それが学習プロセスの役割です。この回路は、すべての接続の強さが調整できるようになっています。学習アルゴリズムは、ネットワークがトレーニング例に対して正しい予測を示すように、これらの接続の強さを調整するのです。そして運がよければ、ニューラルネットワークは一度も見たことのない新しい画像についても正しい予測をしてくれるようになります。これがニューラルネットワークです！

もうひとつ、深層学習とはこのニューラルネットワークに層がたくさんあるという意味です。どんなニューラルネットワークをディープ（深層）と呼ぶかは特に決まっていませんが、2〜3層は深層学習ネットワークと呼ばず、4層以上であればそう呼ぶのが普通です。

深層学習ネットワークの中には、層の数が千以上になるものもあります。深層学習で多くの層を持つことによって、ネットワーク中の各層によって表現される非常にシンプルな変換の積み重ねの結果として、入力と出力との間に非常に複雑な変換を表現することができます。

深層学習の仮説は、層をたくさん積み重ねることによって学習アルゴリズムが容易に予測器を見つけられるようになる、つまり良い結果が得られるようにネットワーク中のすべての接続の強さを設定できることを示しています。

深層学習の仮説がどんな場合に成り立つのか、またなぜ成り立つのかといったことは理論的に理解され始めたばかりですが、それはまだほとんど魔法のようなものです。そうなる必然性はどこにもないのですから。現実世界の画像には、そしてまた現実世界の音響や音声信号の一部には、そのたぐいのデータを深層ネットワークに供給すると——なぜかはわかりませんが——比較的容易に学習によって良好な予測器が得られる性質があるようなのです。しかし、どうしてそうなるのかは、まだ誰にもはっきりとはわかっていません。

フォード：今では深層学習は大きな関心を集めていますし、人工知能と深層学習は同義語だと思っている人も多そうです。しかし、実際には深層学習は、この分野の比較的小さな一部にすぎないのですよね？

ラッセル：そうです。深層学習が人工知能と同じものだと思っている人がいるとしたら、それは大きな間違いです。なぜかというと、ダルメシアンをボウルに入ったサクランボと区別する能力は役に立ちますが、それは人工知能が成功するために必要な能力のほんの一部にすぎないからです。知覚と画像認識は両方とも現実世界でうまくやっていくためには重要な要素ですが、深層学習は全体像の一部にすぎません。

アルファ碁とその後継プロジェクトであるアルファゼロ（AlphaZero）はメディアの関心を大いに集め、深層学習によって囲碁やチェスが驚くほど強くなったことが注目されました。しかし実際には、これらは古典的な探索型AIと、古典的AIシステムが探索した各局面を評価する深層学習アルゴリズムのハイブリッドなのです。有利な局面と不利な局面とを判定する能力がアルファ碁のかなめではありますが、深層学習だけで世界チャンピオンレベルの囲碁が打てるわけではありません。

自動運転システムも、古典的な探索型AIと深層学習のハイブリッドです。自動運転車は、純粋な深層学習システムではありません。それだけではうまくいかないのです。運転時に遭遇する状況の多くを、ＡＩがうまく判断するためには古典的なルールが必要になります。例えば片側三車線の道路の中央の車線から右側の車線に車線変更したいとき、内側から別の車が追い抜こうとしていたら、その車をやり過ごしてから車線変更する必要があります。先を読むことが必要となる道路状況では、十分なルールが存在しないため、自分の車が行えるさまざまな行動や、他の車が行うかもしれないさまざまな行動を想像して、その結果の良否を判断する必要があるかもしれません。

知覚は非常に重要であり、深層学習は知覚とも相性が良いのですが、ＡＩシステムには他のさまざまな種類の能力も必要です。特に、長い時間にわたるアクティビティ、例えば休暇に出かけることについて考える場合にはそれが言えます。あるいは、工場の立ち上げといった非常に複雑なアクションもそうです。この種のアクティビティが、純粋な深層学習を行うブラックボックス的なシステムで調整できる可能性は、まったくありません。

最後に、この工場のたとえを使って、深層学習の限界について考えてみましょう。深層学習を使って工場を立ち上げようとしていると想像してください（何といっても私たちは人間ですから、工場の立ち上げ方はわかっていますよね？）。そのためには、何十億もの工場立ち上げの過去の実例を集めてきて、深層学習アルゴリズムをトレーニングすればいいはずです。人が工場を立ち上げてきたやり方を、すべて示してやるわけです。データをすべて用意して、それを深層学習システムに入力すれば、工場の立ち上げ方がわかるはずです。それは可能でしょうか？　いいえ、それは完全に机上の空論です。そんなデータは存在しませんし、もしあったとしても、そんなやり方で工場をうまく立ち上げられるわけがないでしょう。

工場を立ち上げるには、知識が必要です。計画を立てる能力が必要です。物理的な障害物と、建物の構造特性に関して推論する能力が必要です。このような現実世界の問題を処理するＡＩシステムは構築可能ですが、それは深層学習によって達成できるものではありません。工場の立ち上げには、まったく異なる種類のＡＩが必要とされるのです。

フォード：最近のＡＩの成果の中で、単なる改善の積み重ねを超えると感じられたものはありますか？　現時点でこの分野の最先端を独走しているのは誰でしょうか？

ラッセル：それは良い質問ですね。なぜかと言えば、近頃ニュースとして報じられるものの多くは、実際には概念のブレークスルーではなく、単なるデモだからです。ディープ・ブルー（Deep Blue）がカスパロフ［当時のチェスの名人］にチェスで勝った件が良い例でしょう。ディープ・ブルーは、基本的には30年も前に設計されたアルゴリズムのデモでした。次第に改良され、さらに強力なハードウェアに搭載されたおかげで、最終的にはチェスの世界チャンピオンに勝てるようになったわけです。しかし、ディープ・ブルーにおける概念のブレークスルーは、実際にはチェスプログラムの設計手法に関するものでした。先読みを行う方法、必要な探索量を減らすためのアルファ・ベータ法、そして評価関数を設計するためのテクニックなどです。ですから、よくあることですが、ディープ・ブルーがカスパロフに勝利したことを、たとえメディアがブレークスルーであるかのように書き立てたところで、実際にはそのブレークスルーは何十年も前に起きていたのです。

同じことは、現在でも起こっています。例えば、知覚や音声認識に関して最近よく報じられているＡＩ関連の記事や、ディクテーションの精度が人間に近づいたり上回ったりしたというニュースは、非常に見事な現実の工学的成果ですが、これもまた、はるか昔に起きた概念のブレークスルー――80年代末から90年代初頭にまでさかのぼる、初期の深層学習システムと畳み込みネットワーク――のデモなのです。

すでに何十年も前から持っていたツールで上手に知覚が行えるということは、ちょっとした驚きでした。私たちは、それを正しく使っていなかっただけだったのです。過去のブレークスルーに現代の工学的手法を適用し、大規模なデータセットを収集して最新のハードウェアで構築された非常に大規模なネットワークで処理することによって、ＡＩは近年多大な注目を集めるようになってきました。しかし、必ずしもそれがＡＩの真の最前線だったわけではありません。

フォード：ディープマインドのアルファゼロは、ＡＩ研究の最先端に位置する技術の好例だと思われますか？

ラッセル：アルファゼロは興味深いと思います。私にとっては、囲碁をプレイしていたものと同じ基本ソフトウェアを使って、チェスや将棋を世界チャンピオンレベルでプレイできることは、特に驚きではありませんでした。そういう意味では、ＡＩの最前線ではありませんね。

確かに、アルファゼロが24時間足らずの時間で同じソフトウェアを使って3種類のゲームを学習し、超人的なレベルでプレイできるようになったことには考えさせられるものがあります。しかしそれはむしろ、ＡＩへのアプローチが正当だったことを示すものでしょう。特定の問題クラス——特に、偶然の要素がなく、2人で交互にプレイされる、ルールが既知で完全に観測可能なゲーム——を明確に理解していれば、この種の問題はうまく設計されたＡＩアルゴリズムによって柔軟に対応できる、ということです。そしてこのようなアルゴリズム——適切な評価関数を学習でき、古典的な手法を利用して探索を制御するアルゴリズム——は、かなり前から存在していました。

また、これらのテクニックを別のクラスの問題に拡張しようとすれば、異なるアルゴリズム構造を考え出す必要があることも明らかです。例えば、部分的にしか観測可能でない——例えばゲーム盤を見ることができないような——ゲームでは、異なるクラスのアルゴリズムが必要になります。ポーカーのプレイや車の運転に関しては、アルファゼロは無力です。これらのタスクには、見えないものを評価できるＡＩシステムが必要になります。アルファゼロにとって、ボード上の駒はボード上の駒であり、それ以上でもそれ以下でもないのです。

フォード：リブラトゥス（Libratus）という、カーネギーメロン大学で開発されたポーカーをプレイするＡＩシステムもありましたね？　そこでは本物のＡＩのブレークスルーが達成されていたのでしょうか？

ラッセル：カーネギーメロン大学のリブラトゥス・ポーカーＡＩは、もうひとつの見事なハイブリッドＡＩの実例でした。これは、いくつかの異なるアルゴリズムの組み合わせで、過去10年から15年に行われた研究からの成果をつなぎ合わせたものでした。ポーカーのような部分情報ゲームの取り扱いに関しては、大きな進歩が見られます。ポーカーのような部分情報ゲームの課題のひとつは、ランダムなプレイ戦略を取らなくてはならないことです。例えばいつでもブラフする［実際には弱い手なのに強い手を持っているふりをする］プレイヤーがいたとすると、ブラフしていることを見破られ、勝負を挑まれてしまいます。しかし絶対にブラフしないプレイヤーは、弱い手を持っているときに対戦相手をだまして勝利をかすめ取ることができません。ですから、ずっと前から知られていたことですが、この種のカードゲームではプレイ行動をランダム化し、ある確率でブラフすべきなのです。

　ポーカーを非常に上手にプレイするために鍵となるのは、そういった賭け方の確率を調整することです。つまり、どれほどの頻度で手に見合う金額よりも多く賭け、どれほどの頻度で少なく賭けるか、といったことです。これらの確率の計算はＡＩでできますし、非常に正確にできるのですが、それができるのは例えば52枚のカードの一部だけを使うような、小さなバージョンのポーカーの場合に限られます。ＡＩが、完全版のポーカーについてこれらの計算を正確に行うことは非常に困難なのです。ここ10年ほどのポーカーをスケールアップする取り組みの結果として、次第に大きなバージョンのポーカーについても、これらの確率の計算の精度や効率性に進歩が見られています。

　ですから、リブラトゥスも見事な現代のＡＩアプリケーションであることは確かです。しかしそこに使われている技術がスケーラブルかどうかという点に関しては、ポーカーをわずかに大きなバージョンへスケールアップさせるために10年もかかったことから見て、私は疑問に思います。このようなポーカーのゲーム理論的なアイディアを現実世界にどれだけ適用できるかという、まっとうな疑問もあると私は思います。この世界はエージェントにあふれているというのに——それは確かなことです——私たちは通常の日常生活で、あまりランダム化を行っていることを意識していないのです。ですからそれはゲーム理論的なアイディアと言わざるを得ませんし、私たちは相変わらず日常生活ではランダム化について意識していないのです。

フォード：自動運転車は、ＡＩの最もよく知られた応用のひとつです。完全に自律的な車両走行が、真に実用的な技術となるのはいつになるとお考えですか？　例えばあなたがマンハッタンのどこかにいて、ウーバーに電話をすると無人の車が到着し、それがあなたの指定するどこかまた別の場所にあなたを送り届けてくれるわけです。これが現実となるのは、どれくらい先になるとお考えですか？

ラッセル：そうですね、自動運転車の実現時期は現実的な問題ですし、経済的にも重要な問題です。そのプロジェクトには企業が多額の資金を投入しているからです。

　注目してほしいのは、公道を実際に走行する最初の自動運転車は、30年前に存在していたということです！　それはドイツでのエルンスト・ディックマンズのデモで、高速道路上を走行し、車線変更を行ったり他の車両を追い越したりするものでした。問題となるのは、もちろん信頼性です。短時間のデモ走行ができたとしても、安全な車両として認められるためには大きな事故なく何十年も運用できるＡＩシステムが必要になります。

　つまり、人々が自分自身や自分の子どもをゆだねてもよいと思えるようなＡＩシステムを作り上げることが課題なのですが、それはまだ実現していないと私は思います。

　いまカリフォルニアでテストされている車両の試験結果から見ると、まだ1マイル［1・6キロメートル］ごとに1回の頻度で人間の介入が必要だと人間には感じられるようです。もっとうまくいっているＡ

I運転プロジェクトもあり、例えば自動運転車に取り組んでいるグーグルの子会社ウェイモ（Waymo）の成績はすばらしいものです。しかし私の考えでは、幅広い条件下で同じ結果を出せるようになるまでには、あと数年はかかるでしょう。

これらのテストの大部分は、良好なコンディションで、はっきりとマーキングされた路上で行われています。ご存知のように、実際の運転では夜に雨が降っていたり、照明が道路に反射したり、道路が工事中だったり、車線区分線が引き直されていたりすることもあります。古い車線区分線に従って運転していれば、壁に激突してしまうことにもなりかねません。このような状況は、AIシステムにとって本当に厳しいものだと思うのです。そんなわけで、自動運転車の問題は、今後5年間で十分に解決できれば儲けものでしょう。

もちろん、大手自動車メーカーにどれだけ待つ気があるのかはわかりません。私には、あらゆる人々がAI運転車の実現を信じ込んでしまっているように思えます。もちろん大手自動車メーカーは、なるべく早くそれを実現したいと思っているでしょう。そうしなければ、大きなチャンスを逃すことになるわけですから。

フォード：私はいつも自動運転車について聞かれた際には、10年から15年ほどかかるだろうと答えています。あなたの5年という見積もりは、かなり楽観的ですね。

ラッセル：そうです、5年は楽観的な数字です。先ほどもお話ししたように、無人運転車が5年で実現したとすれば儲けものだと思いますし、もっと長くかかるかもしれません。ただ、ひとつ確実に言えるのは、私たちが経験を積むに従って、初期に提案された無人運転車の比較的シンプルなアーキテクチャの多くが見捨てられてきたということです。

グーグルの自動運転車の初期バージョンに搭載されていたチップベースの視覚システムは、かなり上手に他の車両や車線区分線、障害物、歩行者などが検出できていました。この視覚システムは、その種の情報を論理的な形式で効率的に受け渡し、コントローラーが論理的なルールを適用して車の挙動を指示していました。問題は、毎日のように新しいルールを追加する必要があったことです。例えば、車がロータリー――イギリスではラウンドアバウトと言いますが――に入ったとき、自転車に乗った小さな女の子がロータリーを逆走してきたとしましょう。そのような状況に適用できるルールはありませんでした。そうすると、新しいルールを追加しなくてはいけません。これが延々と繰り返されるのです。長い目で見て、この種のアーキテクチャが使いものになる可能性はゼロだと私は思います。どこまで行ってもさらにルールをエンコードする必要があり、特定のルールがひとつでも欠けると路上の生死にかかわることになりかねないからです。

対照的に、チェスや囲碁をプレイする場合には、局面特有の膨大な数のルールを持つ必要はありません。例えば、自分のキングがここにあり、敵のルークがそこに、クイーンがそこにあった場合には、この手を指す、というようなルールです。チェスのプログラムは、そういう風に書くものではありません。チェスのプログラムは、チェスのルールを知ったうえで、さまざまな着手の結果を検討するように書くのです。

自動運転車のAIも、同じ方法で路上の思いがけない状況に対処しなくてはいけません。具体的なルールを列挙するのではダメなのです。この種の先読みベースの意思決定は、現在の状況に適用できる既存のポリシーが存在しない場合に必要となります。フォールバックとしてこのような手法を持たないAIは、何らかの状況で落とし穴にはまり、安全な運転ができなくなってしまいます。もちろん、現実世界ではそんなことは許されません。

フォード：現在の狭い、あるいは特定型AI技術の限界について、ご指摘いただきました。これらの問題をいつか解決すると期待されている、AGIの可能性についてお話を伺いたいと思います。汎用人工知能とは正確には何なのか、ご説明いただけますか？　AGIの本当の意味は何なのでしょうか、そしてＡＧＩを実現するために乗り越えなくてはならない主要なハードルは何なのでしょうか？

ラッセル：汎用人工知能（ＡＧＩ）は最近になって生まれた用語ですが、実際にはＡＩの最終目標——私たち人類と同じように汎用性のある知能——を言い換えたものにすぎません。その意味では、ＡＧＩは私たちが今までずっと人工知能と呼んできたものです。その目標は達成されていませんし、まだＡＧＩを作り出すこともできていません。

ＡＩの目標は、常に汎用的な知能を持つマシンを作り出すことでした。ＡＧＩという言葉には、そのＡＩの目標の「汎用的」という部分がしばしば無視され、より具体的なサブタスクや応用タスクが優先されていることも反映されています。そうなってしまうのは、例えばチェスのプレイなど、現実世界のサブタスクを解決するほうが、これまでは容易だったからです。もう一度アルファゼロを振り返ってみると、取り扱えるのは一般的に、２人でプレイする、偶然の要素がなく、完全に観測可能なボードゲームのクラスに限られます。しかし、すべてのクラスの問題を共通に取り扱える汎用アルゴリズムではありません。アルファゼロは部分的な観測可能性を扱うことができません。予測不可能性も扱えませんし、ルールは既知であることを前提にしています。言ってみれば、アルファゼロは未知の物理学を扱うことができないのです。

ここで、アルファゼロにまつわるこれらの限界を少しずつ取り除くことができたとすれば、最終的には学習によってほぼ任意の状況でうまくやっていけるようなＡＩシステムが実現することでしょう。新型の高速舟艇《しゅうてい》を設計させたり、夕食のテーブルセッティングを頼んだりできるかもしれません。飼い犬の病気が何なのか聞けば、教えてくれるはずです。もしかすると、これまでに知られているイヌの病気の文献をすべて読み、その情報を使ってイヌの病気を診断することさえ、してくれるかもしれません。

この種の能力は、人間の示す知能の汎用性を反映したものだと考えられます。そして原理的には人間は、十分な時間さえあれば、これらのことはすべてできますし、それよりもはるかに多くのことができます。これが、私たちがAGIについて考える際に思い浮かべる汎用性の概念、つまり本当の意味で汎用性のある人工知能です。

もちろん、AGIにできて、人間にはできないこともあるでしょう。私たちは100万桁の数どうしの掛け算を暗算ではできませんが、コンピューターはそれを比較的容易にやってのけます。つまり、マシンは人間よりも高い汎用性を示す可能性があるということを、実際に私たちは想定しているわけです。

しかし、以下に示すような意味でマシンが人間と肩を並べることは非常に考えづらいということも、指摘しておく必要があります。マシンが読書できるようになれば、基本的にマシンは今まで書かれたすべての本を読むことができるようになります。一方、どんな人間も今まで書かれたすべての本の、ほんの一部しか読むことはできません。つまり、AGIが幼稚園児の読解レベルを超えるとすぐ、どんな人間もできなかったことができるようになり、どんな人間も持ったことのないほど大きな知識基盤を持つようになるでしょう。

そして、その意味でも他の数多くの意味でも、さまざまな重要な方面でマシンが人間の能力をはるかに上回ることは十分にありそうです。またマシンが不得意とする方面では、それに関してマシンが人間と肩を並べることはないかもしれません。しかしそれは、人間とAGIマシンとの比較が無意味だということではありません。長い目で見て問題となるのはマシンと私たちとの関係であり、AGIマシンが私たちの世界でうまくやっていく能力なのです。

一部の知能に関しては（例えば短期記憶）、実は人間よりも類人猿のほうが勝っています。しかし、どちらの種が支配的な立場にあるのかは疑いのないところでしょう。もしあなたがゴリラかチンパンジーだったら、あなたの未来は完全に人間の手に握られています。それは、私たちの短期記憶がゴリラなどの類人猿と比べてかなりお粗末ではあっても、現実世界における意思決定能力のおかげで、私たちが類人猿を支配できているためです。

私たちがＡＧＩを作り出したとき、これと同じ問題に直面することは疑いようがありません。ゴリラやチンパンジーの運命を逃れるにはどうすればよいのか、そして私たち自身の未来をＡＧＩに支配されないためにはどうすればよいのか、という問題です。

フォード：それは恐ろしい問題ですね。先ほどあなたは、ＡＩにおける概念のブレークスルーは現実を数十年先取りすることも多い、とおっしゃいました。ＡＧＩを作り上げるための概念のブレークスルーがすでに成し遂げられているという兆候は何かあるでしょうか、それともＡＧＩはまだ遠い未来の話なのでしょうか？

ラッセル：はい、ＡＧＩを作り上げるための概念的ビルディングブロックの多くは、すでにそろっていると思います。手始めに、次のような質問を自分自身に投げかけてみましょう。「なぜ深層学習システムがＡＧＩの基盤とはなり得ないのだろう、何がいけないのだろうか？」

この質問にこう答える人は多いと思います。「深層学習システムに問題はないが、私たちは知識を保存する方法、推論を行う方法、より表現力のあるモデルを作り上げる方法を知らない。深層学習システムは単なる回路であり、そもそも回路にはあまり表現力はないからだ」

確かに、回路を使って給与支払いソフトウェアを書こうと思う人がいないのは、回路にあまり表現力がないからです。給与支払いソフトウェアを作るには、その代わりにプログラミング言語を使います。回路を使って書かれた給与支払いソフトウェアは、何十億ページもの長さになり、完全に役立たずで柔軟性にも欠けていることでしょう。これに対して、プログラミング言語は非常に表現力がありますし、非常に強力です。実際、アルゴリズム的なプロセスの表現に関しては、あらゆる手段の中で最も強力なものです。

実際には、知識を表現する方法や推論を行う方法は、すでにわかっています。私たちはこれまでかなり長い間、計算論理を発展させてきました。コンピューターが出現する前でさえ、人々は論理推論を行うためのアルゴリズム的な手続きについて考えていました。

つまり、AGIの概念的ビルディングブロックの一部は、何十年も前からそろっていると言えるでしょう。私たちは、それを深層学習の非常に強力な学習能力とどう組み合わせればよいか、まだわかっていないだけなのです。

また人類は、すでに確率的プログラミングと呼ばれる技術を作り上げています。私が言いたいのは、これが論理言語やプログラミング言語の表現力と学習能力とを結び付けてくれるということです。数学的に言えば、そのような確率的プログラミングシステムは確率モデルを記述する手段であり、その確率モデルをエビデンスと組み合わせれば、確率的推論を用いて予測が行えます。

私のグループでは、BLOGと呼ばれる言語を利用しています。BLOGは「ベイジアン論理(Bayesian Logic)」の意味です。BLOGは確率的モデル化言語なので、自分の知識をBLOGモデルの形式で記述できます。その知識をデータと組み合わせて、推論を行い、さらには予測を行うことができます。

そのようなシステムの現実世界の実例としては、核実験禁止条約の監視システムがあります。仕組みとしては、まず地球の中の地震波の伝播とか、地震波の検出とか、ノイズの存在だとか、核実験監視所の位置だとか、そういった地球物理学に関する知識を記述するのです。これがモデル——形式言語で表現された、あらゆる不確実性を含むモデルです。その中には例えば、地球の中を信号が伝播する速度を私たちが予測する能力の不確実性も含まれます。データは、世界中に配置されている核実験監視所から送られてくる、生の地震波情報です。それから予測を行います。今日、どんな地震が起こったか？　震源地は？　震源の深さは？　マグニチュードは？　そして、その中に核爆発だと思われるものはあるか？　このシステムは核実験禁止条約のために稼働中の監視システムであり、非常にうまく動作しているようです。

まとめると、私はＡＧＩあるいは人間レベルの知能に必要な概念的ビルディングブロックの多くは、すでにそろっていると思います。しかし、欠けているピースがいくつかあることも事実です。そのひとつは、自然言語を理解して推論プロセスの基盤となるような知識構造を作り出すための、明確な手法です。典型的な例としては、次のようなものが考えられます。どうすればＡＧＩが化学の教科書を読んで、さまざまな化学の試験問題——多肢選択式の問題ではなく、本物の化学の試験問題——を解き、しかもそれを解くために正しい推論を行って、その答えに至るまでの導出と議論の過程を示すことができるでしょうか？　また、それがエレガントで筋の通ったやり方でできたとすれば、ＡＧＩは物理学の教科書や生物学の教科書や材料工学の教科書、等々を読むこともできるはずです。

フォード：あるいはＡＧＩシステムが、例えば歴史書から知識を得て、学んだことを現代の地政学に応用したり、同じようなことを知識の移転によって完全に異なる分野に応用したりするようなことも想像できますね？

ラッセル：そうですね、それは良い例だと思います。それはＡＩシステムが、地政学的な意味で、あるいは金銭的な意味で、現実世界に影響を与える能力を持つことを示しているからです。

例えば、ＡＩが企業戦略についてＣＥＯに助言する場合、何か驚くべき製品マーケティング上の買収戦略などを立案して、他のすべての企業を出し抜くことができるかもしれません。

ですから私は、言語理解能力、そして言語理解に基づいてうまくやっていく能力が、ＡＧＩに必要とされる重要なブレークスルーのひとつだと言いたいのです。

ＡＧＩに欠けているもうひとつのブレークスルーは、長い時間にわたってうまくやっていく能力です。アルファゼロは20手、時には30手も先読みできる、驚くほど優れた問題解決システムですが、それでも瞬間瞬間に人間の頭脳が行っていることに比べれば何でもないことです。人間は、ほとんど無意識のうちに、運動制御信号を筋肉へ送出しています。たった１パラグラフのテキストをタイピングするだけでも、数千万個の運動制御指令を出すことになります。ですから、アルファゼロの20手や30手の先読みは、ＡＧＩにとってはわずか数ミリ秒の未来にしか相当しません。先ほどもお話ししたように、アルファゼロはロボットの行動を計画するためにはまったく役立たないでしょう。

フォード：この世界を動き回る際にそれほど多くの計算と判断を行わなくてはならないという問題を、どうやって人間は解決しているのでしょうか？

ラッセル：人間もロボットも、現実世界の中でうまくやっていくためには、複数スケールの抽象化を行うしかありません。私たちが生活設計を立てるときには、どの物体をどんな順番で動かすか正確に考えるわけではありません。そうではなく、「それじゃ今日の午後は、今書いている本の別の章に取り掛かろう」とか、「そろそろ、あれやこれをする時間だぞ」とか、あるいは「明日は飛行機に乗ってパリに戻ろう」などと計画するわけです。

これらは私たちにとって抽象的な行動です。そして次に、それらをより詳細に計画し、より細かなステップに落とし込んでいくわけです。これが人間にとっての常識です。私たちはいつもそうしていますが、実際にはＡＩシステムに同じことをさせられるほどよく理解しているわけではありません。そもそも、どうすればこういった高レベルの行動をＡＩシステムに構築させることができるのか、私たちはまだ理解していないのです。行動がこのような抽象度の異なる層へ階層的に組織化されていることは確かですが、その階層はどこから来ているのでしょうか？　私たちはどうやってそれを作り出し、使っているのでしょうか？

もし私たちがこのＡＩの問題を解決することができれば、そしてもしマシンが自分自身の行動階層を構築して長期間にわたって複雑な環境の中でうまくやっていけるようになれば、それはＡＧＩへ向けた大きなブレークスルーとなり、現実世界での人間レベルの機能へ向けて大きく前進することになるでしょう。

フォード：ＡＧＩの実現時期については、どのように予測されますか？

ラッセル：この種のブレークスルーは、大規模なデータセットや高速なマシンとはまったく関係ないものなので、いつ実現するかについて量的な予測は一切できません。

私がいつもお話しするのは、原子核物理学で実際にあった逸話です。１９３３年9月11日にアーネスト・ラザフォードが共通認識として表明したのは、原子から核エネルギーを取り出すことは絶対にできないだろう、というものでした。ですから、彼は「絶対にない」と予測したわけですが、現実に何が起きたかというと次の日の朝、レオ・シラードがラザフォードのスピーチを読んで、反感を覚え、そして中性子の媒介による核分裂連鎖反応を思いついたのです！　ラザフォードが「絶対にない」と予測してから、真実が明らかとなるまで約16時間しかかかりませんでした。これと同じように、ＡＧＩのブレークスルーがいつ起こるか量的な予測をすることは非常に無意味なことだと私には思えるのですが、ラザフォードの逸話は良い教訓です。

フォード：あなたが生きている間にＡＧＩは実現すると予想しますか？

ラッセル：どうしてもと言われれば、私はこう答えることにしています。私の子どもが生きている間にはＡＧＩが実現するでしょう。もちろん、これはちょっとしたリスクヘッジです。そのときまでには寿命を延ばす何らかの技術が実用化されているでしょうし、それによってだいぶ時間稼ぎができるかもしれません。

しかし、これらのブレークスルーについては、少なくとも説明ができる程度にはよく理解できているわけですし、解決策がどんなものになりそうか見当が付いている人もいるようですから、あとはちょっとしたインスピレーション待ちなのかもしれません。

さらに、主にグーグルやフェイスブック、バイドゥなどのおかげで、たぶん人工知能の歴史で最も多くの人数の、非常に賢い人々がこの問題に取り組んでいます。現在、AIにつぎ込まれているリソースは膨大なものです。また膨大な数の学生がAIに興味を持っています。今、非常にエキサイティングな分野だからです。

こういったことをすべて総合すると、ブレークスルーが実現する確率は、たぶん非常に高くなっているだろうと考えられます。これらのブレークスルーの重要性は、AIの過去60年の歴史の中で起こった十数個の概念的ブレークスルーに匹敵することは間違いありません。

大部分のAI研究者がAGIはそれほど遠い未来の話ではないだろうと感じているのには、こういった理由があります。何千年も先のことではありませんし、たぶん何百年も先のことでもないでしょう。

フォード：最初のAGIは、どのように作り出されると思いますか？

ラッセル：そのとき通過するゴールラインは1本ではなく、いくつかの側面にわたるものになるでしょう。私たちはマシンが人間の能力を超えていくのを、目の当たりにすることになります。かつて計算能力で、そして今ではチェスや囲碁、そしてビデオゲームでマシンが人間の能力を超えていったように、さまざまな他の知能の側面や問題のクラスが次々と陥落していくのを見ることになります。そして次第に、現実世界でもAIのできることが増えていくでしょう。例えばAGIシステムが、超人的な戦略的推論のツールを持つようになり、私たちはそれを使って軍事戦略や企業戦略を立てることになるかもしれません。しかしそのようなツールは、複雑なテキストを読んで理解する能力よりも前に実現するかもしれないのです。

初期のAGIシステムは、それ自体ではまだ世界の仕組みをすべて学習することはできないでしょうし、世界をコントロールすることもできないでしょう。

そのような初期のAGIシステムには、まだ私たちが大量の知識を供給してやる必要があるでしょう。しかしそのようなAGIは、人間とはかなり違ったものになりそうです。人間の持つ能力の幅と比べて、似ても似つかない能力を持つことになるでしょう。そのようなAGIシステムは、特定の方面に突出したものになりそうです。

フォード：AIやAGIがもたらすリスクについて、もっとお話を伺いたいと思います。あなたが最近の研究の中で、この点を重視されていることは存じています。

まず、AIの経済的リスクからお聞かせください。もちろん、これは私の最近の著書『ロボットの脅威 人の仕事がなくなる日』の主題でもあります。多くの人が、新たな産業革命に匹敵するスケールの大変動が目前に迫っていると信じています。それは労働市場や経済などに、根本的な変革を迫るものになるでしょう。これについてどのようにお考えですか？　騒ぎすぎでしょうか、それともそのような主張を支持されますか？

ラッセル：さっきは、AIやAGIのブレークスルーの時期を予測することがどれだけ困難かというお話をしました。そのようなブレークスルーによって、現在人間が行っている仕事の多くがAIで代替できるようになります。ここでも、どのような職種にマシンによって代替されるリスクがあるか予想することは極めて困難ですし、その時期についても同様です。

しかし、この問題についての議論やプレゼンテーションの多くからくみ取れるのは、おそらく現在のAI技術の能力が過大評価されているということ、そして私たちにわかっていることを企業や政府など既存の非常に複雑な組織に反映させるのは困難だということです。

過去数百年に存在した職の多くは定型的なものであり、そのような職に就いている人は基本的に代替可能だということには同意します。もしそれが、何百人あるいは何千人もの人が雇われている職であれば、そしてその人が繰り返し行ってきた特定のタスクが何であるか特定できるのであれば、その職種は影響を受けることになります。そのような職では、人間がいわばロボットとして使われているからです。ですから、本物のロボットにその仕事をさせられるとしても、驚くにはあたりません。

また、政府の中ではこのような考え方が支配的だと思います。「ああ、それなら、本腰を入れてデータサイエンティストを養成する職業訓練を始める必要がありそうだ。データサイエンティスト――あるいはロボット工学のエンジニア――は、これからの職業だから」。これが解決策とならないことは明らかです。10億人ものデータサイエンティストやロボット工学エンジニアは必要ないからです。必要なのは、せいぜい数百万人でしょう。シンガポールのような小さな国にとっては戦略となり得ますし、現在私が住んでいるドバイでも有望な戦略になるでしょう。しかし、ある程度以上の大きさの国では有効な戦略ではありません。理由は単純で、その分野では十分な職を生み出せないからです。今その職がないと言っているわけではありません。確実に職はありますし、より多くの人がその職に就けるようトレーニングすることにも意味はありますが、それだけでは長期的な問題への解決策とはならないということです。

長い目で見たとき、人類の経済には2種類の未来しかないと私は考えています。

ひとつは、経済的に生産性がありそうなことを、実質的に大部分の人々がまったくしなくなる未来です。そのような人々は、労働と賃金の経済的交換には一切かかわりません。そしてこれが、ユニバーサルベーシックインカムのビジョンです。大部分が自動化された、驚くほど生産性の高い経済セクターが存在し、その生産性が財とサービスの形で富を生み出し、それによって他のすべての人が経済的に支えられている、という構図です。私には、あまり住んでみたいとは思えない世界ですね。少なくともそのこと自体には、生きがいを感じるために必要なものや現在私たちがしている活動の十分な動機となるものが、ごっそり欠けているからです。例えば、学校へ行き、学んだり職業訓練を受けたりしてさまざまな分野の専門家になるといったことです。経済的な見返りが期待できなければ、良い教育を受けることにモチベーションを見出すことは困難です。

長い目で見て私が予想するもうひとつの未来は、マシンが財や交通などの基本的なサービスを大いに提供してくれる一方で、それでも人が自分自身や他の人のために生活の質を向上させることができるような世界です。より豊かで楽しい、変化に富んだ充実した人生を生きることを教え、そのためのヒントを与えられる人がいます。文学や音楽を楽しむことや家を建てること、あるいは荒野の中で生き抜く方法を教えることもできるでしょう。

フォード：AIが私たちの経済を変えてしまった後で、私たちが個人として、そしてヒトという種として、明るい未来へ向かう道を見つけることは可能だと思いますか？

ラッセル：はい、私は本気でそう思っていますが、明るい未来を実現するためには人々が明るい人生を送れるように手助けする必要があると思います。私たちは、最高に建設的な挑戦と最高に興味深い経験を人生にもたらしてくれる未来へ向かう道を、今すぐ積極的に探し始める必要があります。自分自身の人生に――そして他の人々の人生に、折れない心を作り出し、すべてにおいて建設的で前向きな態度を養ってくれるような世界です。現時点の私たちは、そういったことが得意ではありません。ですから、今からそれを変えていく必要があるのです。

また私たちは、科学は何のためにあるのか、そして科学が私たちに何をしてくれるのか、といったことに関する態度を根本的に変える必要があると思います。私のポケットの中には携帯電話が入っていますが、人類は科学と工学に何兆ドルも費やして、この携帯電話のようなものを作り出してきたわけです。しかし、どうすれば人々が興味深く充実した人生を送れるか、どうすれば周りの人々がそういった人生を送れるように手助けできるか、といったことを理解するためには、ほとんど何も費やされていません。私たちが他の人を正しく手助けすれば、その人のその後の人生に膨大な価値が生まれるということを、人類全体が認識する必要があると思います。現時点では、そうするための科学的な基盤はほとんど存在しませんし、そのための学位プログラムもありませんし、それについての学術誌も非常に少ないですし、そういった取り組みは真剣に受け止められていないのです。

良い人生を送ること、他の人々を手助けすることに長《た》けた人々が、このようなサービスを提供できれば、未来の経済はパーフェクトに機能することになると思います。

そのようなサービスは、私たち全員が本当にすばらしい未来を手にすることができるようなコーチングであり、教育であり、励ましであり、協力であったりするでしょう。

それはまったく悲観的な未来ではありません。現状の私たちよりも、はるかにすばらしい未来です。しかしそのためには、私たちの教育システムを再考し、科学的な基盤を底上げし、経済構造を見直すことが必要となります。

そして私たちは、未来の所得配分に関する経済学的な観点から、これをどう実現すればよいのか理解する必要があります。生産手段――ロボットやＡＩシステム――を所有する超富裕層が存在し、その召使いが存在し、それ以外の人々は何もしていないといった状況は避けなくてはいけません。それは経済学的観点から言うと、考え得る最悪の結果です。

ですから、ＡＩが人類の経済を変えてしまった後でも、有意義な明るい未来は実現すると私は思っています。しかし私たちは、そのための計画を立てられるように、今から今後の見通しを立てておくことが必要です。

フォード：あなたはバークレーやその隣のＵＣＳＦ［カリフォルニア大学サンフランシスコ校］で、機械学習の医療データへの応用に取り組んでいらっしゃいましたね。人工知能が、健康管理や医療の向上を通して、人類により明るい未来を作り出してくれるとお考えですか？

ラッセル：はい、そう思います。しかし医療は人間の生理について多くの知識が蓄積されている分野ですから、知識ベースの手法やモデルベースの手法のほうが、データ駆動型の機械学習システムよりもうまくいく可能性は高いとも思っています。

重要な医学的応用の多くには、深層学習が役立つとは思えないのです。現状の、何百万人もの患者から何テラバイトものデータを単純に集めてブラックブックス的な学習アルゴリズムに放り込めばいいという考え方は、私には理解できません。もちろん、データ駆動型の機械学習が非常に適した医療分野もあるでしょう。遺伝子データがそのひとつですし、さまざまな遺伝子関連疾患への罹病性の予測もそうです。また、深層学習AIは特定の医薬品の有効性を予測するためにも役立つと思います。

しかしこれらの例は、医者のように行動できるAI、そして例えば患者の脳室に閉塞があり脳脊髄液の循環が妨げられていると診断できるAIには、ほど遠いものです。それをすることは、車のどの部分が故障しているかを判断することに似ています。車の仕組みを知らなければ、ファンベルトが切れていることを突き止めるのは非常に難しいでしょう。

もちろん、あなたが自動車整備の専門家で車の仕組みを熟知していれば、そしてパタパタ音がしてエンジンがオーバーヒートしているといった手がかりとなる何らかの症状があれば、一般的には原因を突き止めることは簡単です。そして人間の生理についても、同じことが言えます。違いは、人間の生理についてこのようなモデルを構築するには、かなりの労力が必要とされることです。

60年代から70年代にかけて、そのようなモデル化にはすでに多大な労力がつぎ込まれてきたので、医療用AIシステムは多少なりとも進歩してきました。しかし現在の技術では、そのようなモデルで不確実性を表現できるようになっています。機械論的なシステムモデルは決定論的で、特定のパラメーター値を持ちます。それが表現するものは、たったひとつの完全に予測可能な、架空の人体です。

これに対して現在の確率モデルはあらゆる人々を表現することが可能であり、例えば誰かが正確にいつ心臓発作を起こすかといった、予測可能性に関して持ち得る不確実度を正確に反映できます。心臓発作のようなことを個人のレベルで予測することは非常に難しいのですが、ひとりひとりに存在する確率が、激しい運動やストレスを経験している最中には上昇する可能性があること、そしてその確率が個人のさまざまな特性に依存することは予測可能です。

この、よりモダンで確率的な手法は、これまでのシステムよりもはるかに妥当な振る舞いをします。確率的システムでは、人間の生理の古典的モデルを観察やリアルタイムのデータと組み合わせ、確実な診断を行って治療の計画を立てることが可能です。

フォード：あなたはＡＩの兵器利用のリスクについて、大いに警鐘を鳴らされてきましたね。それについて話していただけますか？

ラッセル：はい、自律兵器は現在、新たな軍拡競争の懸念を高めていると思います。この軍拡競争は、すでに致死的な自律兵器の開発に向かっているかもしれません。そのような自律兵器は、例えば人的目標の識別、選択、そして攻撃といったミッション記述を与えられれば、自力でそのミッションを遂行する能力を持っています。

それは人工知能の基本線を踏み越えるものだ、という倫理的な議論がなされています。人の生死を決める力をマシンに渡してしまうことになり、人の命の大切さと人命の尊厳を根本から損なう、といった議論です。

しかし、より現実的な問題は、自律性の論理的帰結としてスケーラビリティが得られることだと私は思います。自律兵器1機ごとに人間がひとり付いて管理をする必要がないため、好きなだけ多くの数の兵器を出撃させることができてしまうということです。例えば司令室にいる5人が100万機の兵器を出撃させ、どこかの国の12歳から60歳までの年齢のすべての男性を抹殺する、といった攻撃が可能となってしまいます。つまり自律兵器は大量殺戮《さつりく》兵器になり得ますし、10機や1000機、100万機あるいは1000万機による攻撃が行えるようなスケーラビリティがあるのです。

核兵器の場合、いったんそれを使ってしまえば、これまで私たち人類がギリギリのところで踏みとどまっていた最後の一線を越えてしまうことになります。私たちは1945年以降、この一線を踏み越えずにすんできました。しかし自律兵器にはそのような一線は存在しませんから、すぐにエスカレートしてしまうおそれがあります。また量産も容易ですから、いったん大量生産され始めると国際的な武器市場に流れ込み、西側の主要国ほど良心のとがめを感じない人たちの手にも入ることになってしまうでしょう。

フォード：商業的利用と軍事的利用との間で、技術移転は数多く行われています。兵器化可能なドローンは、アマゾンでも購入できますね……。

ラッセル：確かに現時点で、一人称視点から遠隔操縦可能なドローンを購入することはできます。それに小型爆弾を取り付けて投下し、誰かを殺すこともできるでしょう。しかしそれは遠隔操縦機であって、自律兵器とは違います。スケーラブルではないので、1000万人のパイロットがいなければ1000万機を出撃させることはできません。もちろん、そんなことをするためには国民全員の訓練が必要になるでしょうし、それならその1000万人にマシンガンを持たせて人を殺しに行かせても同じことです。幸いなことに、私たちには国際的な制裁管理システムや軍備などがありますから、そういった事態の発生は防止できるでしょう。しかし、自律兵器に対して機能するような、国際的な管理システムは存在しないのです。

フォード：それでも、どこかで数人が地下室にこもって独自の自律制御システムを開発し、それを市販のドローンに搭載することは考えられるのではないでしょうか？　そういったたぐいの自家製AI兵器は、どうすれば管理できるでしょうか？

ラッセル：確かに、自動運転車の制御ソフトウェアのようなものを搭載して、爆弾を運ぶクワッドコプターを制御することは考えられます。そうすると、自家製の自律兵器のようなものが手に入るわけです。条約の下で検証メカニズムを構築し、ドローンメーカーや自動運転車用のチップ製造業者などの協力を求めて、誰かが大量にそれらを発注したら通告されるようにすることは可能でしょう。化学兵器の前駆物質を大量に注文した人物にそれを入手させないようにするのと同じ方法です。化学兵器禁止条約では化学品メーカーに、顧客を特定すること、そして特定の危険性のある製品を大量に購入しようとする不自然な試みがなされた際には報告することが義務付けられているからです。

自律兵器を作り出すための民生用技術の大規模な転用を防止できるような、かなり効果的な制度を実現することは可能だと思います。それでも悪用されることはあるでしょう。それは避けられないだろうと私は思います。少ない数であれば、自家製の自律兵器を組み立てることは可能だと思われるからです。しかし少ない数であれば、自律兵器が有人操縦兵器に対して圧倒的な優位性を持つことはありません。10機や20機の兵器による攻撃を行おうとする場合、10人や20人のパイロットを見つけることはおそらく可能だからです。

もちろん、AIと戦争に関するリスクは他にもあります。例えば、マシンが何らかの信号を誤認識して互いに攻撃を始めたことをきっかけとして、AIシステムが偶発的に戦争をエスカレートさせてしまうこともあるかもしれません。またサイバー潜入という将来的なリスクもあります。これは、自律兵器による堅固な防御を構築していると思っていても、実際にはその兵器が危殆《きたい》化して、紛争が始まった際に味方へ向かって攻撃を始めるような状況です。これらはすべて戦略的な不確実性を増加させます。あまりありがたいことではありません。

フォード：それは恐ろしいシナリオですね。あなたは『スローターボット（Slaughterbots）』というショートフィルムも制作していらっしゃいますね。とても怖いビデオでした。

ラッセル：このビデオを作ったのは、まさにそのようなコンセプトを説明するためでした。私たちは最善を尽くして記事を書いたりプレゼンテーションを行ったりしているのですが、メッセージがうまく届いていないと感じたからです。「自律兵器なんてＳＦの世界の出来事でしょ」と言っている人はまだ大勢いました。彼らは自律兵器を、スカイネットやターミネーターのように実在しない技術だとみなしていたのです。ですから、私たちは邪悪な心を持つ兵器について話しているのではなく、世界征服について話しているのでもなく、しかし、もはやこれはＳＦの話ではないということを、わかってもらおうとしたのです。

　こういったＡＩ戦争技術は現時点で実現可能であり、新しい種類のきわめて大きなリスクをもたらします。先ほど、スケーラブルな大量破壊兵器が悪人の手にわたる危険についてお話ししました。そのような兵器は、人類全体に莫大な被害を及ぼしかねません。それが自律兵器の実態なのです。

フォード：２０１４年、あなたは故スティーヴン・ホーキング、物理学者であるマックス・テグマークとフランク・ウィルチェックとの連名で、進化したＡＩに伴うリスクを私たちが十分深刻にとらえていないことに警鐘を鳴らすレター[※4]を公表されました。起草者の中で、あなたが唯一のコンピューターサイエンティストであったことは注目に値します。そのレターの裏話や、それを書くに至った経緯について教えていただけますか？

ラッセル：それはちょっとおもしろい話になります。それは私がナショナル・パブリック・ラジオからの電話を取ったときに始まりました。彼らは、『トランセンデンス』という映画について私にインタビューしたいと言ってきたのです。当時私はパリに住んでいましたが、その映画はパリでは上映していなかったので、まだ見ていませんでした。

たまたま、アイスランドの会議からの帰途にボストンで乗り継ぎすることになったので、私はボストンで飛行機を降りて映画館へ行き、その映画を見ることにしました。私は映画館の前のほうに座り、その映画についてまったく予備知識を持たずに見始めました。「これはびっくり！　今映っているのはバークレーのコンピューターサイエンス学科じゃないか。これは奇妙だ」。ジョニー・デップがAIの教授の役で出演していました。「これはおもしろそうだ」。彼はAIについて話をし、一方では誰か反AIのテロリストが彼を銃撃しようと計画を進めていました。教授が銃撃されたとき、私は思わず席の中で縮こまってしまいました。当時の私にも本当に起こりかねないことだったからです。そこから先の映画の内容をかいつまんで説明すると、彼は死ぬ前に自分の脳を巨大な量子コンピューターにアップロードすることに成功し、これら2つの組み合わせによって作り出された超知能的存在が、驚くべき新技術をものすごい速さで次々に開発するため、世界は超知能による征服の危機に直面する、というものでした。

そんなわけで私たちが書いた記事は、少なくとも表面的には映画のレビューでしたが、実際にはこんなことを言っているものでした。「知ってますか、これは単なる映画だけど、その根底にあるメッセージは現実のものなんですよ。私たちが現実世界に支配的な影響を及ぼすマシンを作ってしまったら、私たちにとって非常に深刻な問題が起きるかもしれません。自分たちの未来を、文字通り、人間以外の存在の手にゆだねてしまうことになるかもしれないのです」

この問題は非常にわかりやすいものです。私たち人類が世界を支配する能力を持っているのは、知能のおかげです。つまり、知能は世界を支配する権力を意味しているのです。知能が高ければ高いほど、大きな権力が手に入ります。
すでに私たちは、人類よりもはるかに強力なものを作り出そうとしています。しかしどうにかして、それが権力を握ることは絶対に防がなくてはいけません。ですから、私たちがこのようなＡＩの状況を説明すると、人々は「ああ、そういうことだったのか。確かに問題だね」と言ってくれるのです。

フォード：それでも、著名なＡＩ研究者の多くは、そのような懸念に対してきわめて否定的ですが……。

ラッセル：そのようなＡＩ否定論者について考えてみましょう。彼らはさまざまな論法を駆使して、これこれこういう理由でこのＡＩ問題に注意を払う必要はない、他にも重要な問題はたくさんあるじゃないか、と主張します。私はそういった論法を25から30種類見かけたことがありますが、それらに共通しているのは、まったく意味をなさないということです。まともな精査に耐えるものではないのです。ひとつ例を挙げると、よくある論法に「ああ、それは何の問題にもならないね。いざとなったらスイッチを切ればいいんだから」というものがあります。これはまるで、囲碁でアルファゼロに勝つことは何の問題もないと言うのと同じことです。自分の石を正しい場所に置けばいいだけの話じゃないですか？　こんな論法は、5秒間の精査にも耐えません。
これらのＡＩ否定論者の論法の多くは、一種の条件反射的な防御反応を反映したものだと私には思えます。たぶんこう考えている人もいるでしょう。「私はＡＩ研究者だ。私はその考えに脅威を感じるので、その考えを頭の中から追い出してしまいたい。そうするための何かもっともらしい理由を見つけてやろうじゃないか」。これはひとつの私の理論ですが、その他の点では非常に学識の豊かな人々が、ＡＩが人類に問題を引き起こすことを否定しようと躍起になるのには、そのような理由があるのだと思います。

このような態度は、ＡＩコミュニティの主流派の一部にも広がって、ＡＩが成功することなどあり得ないという風潮を生み出しています。皮肉なことです。私たちはこの60年間、ＡＩが成功することなどあり得ないという哲学者たちを相手に戦ってきたのですから。私たちはこの60年間をかけて、哲学者たちが不可能だと言ってきたこと——例えばチェスの世界チャンピオンに勝つこと——が、実際には可能なのだということを、ひとつひとつ実証し、証明してきました。

そして今度は思いもよらないことに、ＡＩ陣営の中から、ＡＩが成功することなどあり得ない、だから何も心配することはない、という声が上がっているのです。

私に言わせてもらえば、これは完全に病的な反応です。核エネルギーと原子爆弾についてもそうだったように、人間の創造力が最終的には障害を克服して、少なくとも潜在的には人間の支配を脅かすほど強力な知能を作り出せると想定するのは、道理にかなったことでしょう。その可能性に備え、それが起こらないようにシステムを設計する方法を探るのは、道理にかなったことでしょう。それが私の目標、つまり人工知能の脅威へ備える手助けをすることです。

フォード：その脅威には、どう対応すべきでしょうか？

ラッセル：この問題の鍵は、私たちがＡＩを定義する際にしでかした小さな間違いにあります。そのため私は、ＡＩの新しい定義を以下のように再構築しています。

まず、私たちが人工知能を作り出そうとするならば、知能とは何なのかを理解する必要があるでしょう。つまり、何千年もの伝統や哲学、経済学などの学問からそれを引き出さなくてはならないのです。知能という概念は、次のように言い換えられます。人間は、その行動がその目的を達成することが期待できるという点で、知能があると言えます。これは、合理的行動と呼ばれることもある概念です。そしてその中には、推論能力、計画能力、知覚能力など、さまざまな知能の下位概念が含まれます。これらはすべて、現実世界の中で知的に行動するために必要とされる能力です。

問題は、私たちが人工知能を作り上げ、そのような能力を持つマシンを作り上げることに成功した場合、その目的が人間の目的と完全に整合しなければ、私たちは非常に知能のある、しかし私たちとは違う目的を持つ何者かを作り上げてしまうことです。そして、もしそのＡＩが私たちよりも高い知能を持っていれば、ＡＩが自分の目的を達成する――そして私たちはおそらく目的を達成できない――ことになってしまいます！

人類には果てしのない厄災が降りかかることになるでしょう。間違いは、知能の概念――それは人間にとっては意味のあるものだったのですが――を、そのままマシンに移し替えてしまったところにあります。

マシンには、私たちと同じ種類の知能を持たせるべきではありません。私たちが本当にマシンに望んでいることは、マシン自身の目的ではなく、私たちの目的を達成するような行動を取ってくれることなのです。

ＡＩに対する私たちのもともとの考えは、知能を持つマシンを作り出すためには最適化装置、つまり目的を与えればとても上手に行動を選択する装置を作る必要がある、というものでした。そしてその装置が、私たちの目的を達成してくれるというわけです。たぶん、間違いはそこにあります。今まではそれでうまくいっていたのですが、それは単に、まだ私たちが非常に知能のあるマシンを作り出していないからです。そして私たちが作り出したマシンには、シミュレーション上のチェス盤やシミュレーション上の碁盤のような、ミニ世界しか与えられていないのです。

これまでも人類が作り出したＡＩが現実世界へ出ていくときには、悪いことが起こりがちでした。株価の瞬間的暴落が一例です。この瞬間的暴落には多数の取引アルゴリズムが関係しており、その中には比較的単純なものもありましたが、ＡＩを利用して意思決定や学習を行う比較的複雑なシステムもありました。瞬間的暴落の際には、現実世界へ出ていったそれらのマシンが破滅的な悪影響を及ぼして、株式市場を崩壊させたのです。それによって、わずか数分間のうちに1兆ドル以上の時価総額が吹き飛びました。この瞬間的暴落は、私たちのAIに対する警告信号だったのです。

AIについての正しい考え方は、こうあるべきです。私たちの作るマシンは、私たちの目的の達成を助けるように行動すべきですが、絶対に私たちの目的を直接マシンに植え付けてはいけません！

AIは、常に私たちの目的の達成を助けるように設計されなくてはならないが、その目的が何であるか知っているとAIシステムに思わせてはならない、というのが私のビジョンです。

このようにAIを作り上げれば、AIが追及すべき目的の性質に関して、明示的な不確実性が常に存在することになります。この不確実性こそが、私たちが必要とする安全マージンなのです。

この安全マージンが本当に必要なものであることを、例を使って説明します。トラブルが起こったら――もし必要があれば――マシンのスイッチを切ればよいという、古い考えに戻ってみましょう。当たり前のことですが、マシンに例えば「コーヒーを取って来る」のような目的があれば、十分な知能のあるマシンなら、誰かにスイッチを切られてしまうとコーヒーを取って来られなくなると理解できることは明らかです。もしそのマシンの使命、つまり目的がコーヒーを取って来ることであれば、論理的にそのマシンは自分のスイッチが切られないような方策を取るでしょう。つまり「オフ」スイッチを無効にするのです。スイッチをオフにしようとする人を抹殺する可能性だってあります。つまり、十分に知能のあるマシンを相手にしているときには、「コーヒーを取って来る」のように単純な目的から、このように意図せざる結果が生じることが想像できるのです。

それに対して私のAIのビジョンでは、マシンが「コーヒーを取って来る」ことは同じですが、他にも人間が気に掛けることはたくさんあることを理解するようにマシンが設計されます。しかしマシンは、それが実際に何であるかは知らないのです！　そのような状況では、AIは自分が人間の望まないことをしてしまうかもしれないということ、そして人間がスイッチを切ったとすれば、それは人間を不機嫌にするような何かを防ぐためだ、ということを理解しています。このビジョンではマシンの目的は人間を不機嫌にさせることを避けることになりますから、たとえそれが何を意味するのかＡＩが知らなかったとしても、自分自身のスイッチを切られることを容認するインセンティブを有することになります。

このＡＩのビジョンについて数学的な分析を行えば、安全マージン（つまり、この場合にはマシンが有する、自分自身のスイッチが切られることを容認するインセンティブ）が、人間の目的に関してマシンが有する不確実性と直接関係していることが示せます。この不確実性を削っていくに従って、マシンは真の目的が実際に何であるかを確実に知っていると信じ込むようになり、安全マージンは消失していき、最終的にマシンはスイッチをオフにされることを拒否するようになります。

こうして、少なくとも単純化された数学的枠組みの中では、マシンをこのように――マシンが追及する目的に関して明示的な不確実性が存在するように――設計すれば、善良であることが証明可能なマシンとなることが示せます。つまり、このマシンがないよりもあるほうが、あなたにとって望ましいことが証明できるのです。

ここで私が述べたことは、私たちがこれまで考えてきたＡＩとは少し違ったＡＩを考え出す方法があるかもしれないということ、そして安全と制御の観点から、はるかに優れた特性を持つＡＩシステムを作り上げる方法が存在することを示すものです。

フォード：今おっしゃったＡＩの安全と制御の問題に関連して、大勢の人が他国、特に中国との軍拡競争について懸念しています。それは私たちが真剣に受け止めるべきこと、非常に心配すべきことなのでしょうか？

ラッセル：ＡＩにおける戦略的優位性が国家安全保障と経済的リーダーシップに重要な役割を果た

すと考える勢力は、制御可能性問題についてあまり気を配ることなくＡＩシステムの能力向上を急ぐことになるだろう、との懸念をニック・ボストロムたちは表明しています。

高いレベルでは、これはうなずける議論に聞こえます。その一方で、私たちが現実世界の中で運用可能なＡＩ製品を作り出す際には、それをきちんと制御下に置いておくことに経済的インセンティブが働くことは明らかでしょう。

こういったシナリオを検討するために、もうすぐ市場に出回りそうな製品について考えてみましょう。あなたの行動や会話や人間関係などを把握して、優秀な本物の人間の秘書と同じように生活の手助けをしてくれる、それなりに知能のある個人秘書です。そのようなシステムが人間の好みをよく理解しておらず、先ほどお話ししたように信頼できない振る舞いをするのであれば、誰もそんなものを買おうとは思わないでしょう。あなたの意図を誤解して、一泊２万ドルもするホテルの部屋を予約したり、歯医者に行く予定があるからと言って副社長とのミーティングをキャンセルしたりするかもしれません。

そのような状況では、ＡＩがあなたの好みに謙虚に従うことなく、あなたの好みを誤解して、あなたが何を望んでいるか知っていると思い込んで、完全に間違ったことをしでかしてしまうわけです。ある討論会で、家庭用ロボットの例を取り上げたことがありました。食料としてのネコの価値はペットとしてのネコの価値よりもはるかに低いということを知らずに、夕食にネコを料理しようと判断してしまう家庭用ロボットの例です。そんなことが起これば、家庭用ロボット業界はもうおしまいでしょう。そんな間違いをしでかすロボットを家に置いておきたいとは、誰も思いません。

現在、ますます知能の高い製品を作り出そうとしているＡＩ企業は、少なくともこの問題のひとつのバージョンを解決しなければ、良いＡＩシステムを作り出すことはできません。

制御可能で安全なＡＩでなければ良いＡＩではないということを、ＡＩコミュニティ全体に理解してもらう必要があるのです。

崩落するような橋は、良い橋とは言えません。それと同じように、制御可能で安全なＡＩでなければ、良いＡＩではないのです。土木技術者は「私の設計した橋は落ちたりはしませんよ、落ちるような橋を設計する他の人とは違ってね」などと、わざわざ言ったりはしません。「橋」という単語の意味に、崩落しないことが内包されているからです。

私たちがＡＩを定義する際には、このことがＡＩの意味に内包されるべきです。どの国でも、ＡＩがそれを利用する人の制御下にあるようにＡＩを定義する必要があります。そして、現在も将来も、矯正可能性と呼ばれる性質を有するようにＡＩを定義する必要があります。矯正可能性とは、スイッチを切れること、そして何か望ましくない行動をした場合に修正できることです。

世界中のＡＩにかかわるすべての人に、これらが良いＡＩに必須の性質なのだということを理解してもらえれば、ＡＩの将来をずっとずっと明るいものにする大きな一歩になるだろうと思います。

また、一度でも大きな制御の失敗があれば、簡単にＡＩは死んでしまいます。ちょうど原子力業界が、チェルノブイリや福島の事故によって死んでしまったように。私たちが制御問題への対処に失敗すれば、ＡＩは死んでしまうことになるでしょう。

フォード：結局のところ、あなたは楽観主義者なのでしょうか？　これらの問題はうまく解決できると思いますか？

ラッセル：はい、私は楽観主義者だと思います。まだ先は長いと思いますがね。私たちはこの制御問題の表面をなで回し始めたばかりですが、最初のひとなでは効果的だったようですし、私はかなり楽観的に、ＡＩの発展の先には「善良であることが証明可能なＡＩシステム」とでも言うべきものに通じる道が開けていると見ています。

もちろん、私たちが制御問題を解決しても、そして善良であることが証明可能なＡＩシステムを構築しても、それを使おうとしない勢力が存在するというリスクはあります。つまり、どこかの勢力が安全面を考慮せずにAIの能力だけを増強しようとするというリスクです。

それは映画『オースティン・パワーズ』に登場する悪役のドクター・イーブルのように、世界を征服しようとして、うっかり全人類にとって破滅的なAIシステムを解き放ってしまうような人物かもしれません。あるいは、初めは社会にとって非常に役立つ有能で制御可能なAIだったものを私たちが乱用してしまうといった、はるかに社会学的なリスクかもしれません。このようなリスクのシナリオでは、私たちはあまりに多くの知識とあまりに多くの意思決定をマシンにゆだねてしまうことによって人間社会を衰退させ、そこからもはや回復できなくなってしまうことになります。このような社会的経路をたどったとすれば、私たちは人類としての影響力をまったく失ってしまうことにもなりかねません。

このような社会の未来図は、映画『ウォーリー』に描かれた未来を連想させます。この映画では、人類が宇宙船に乗って地球の外で生活し、マシンに面倒を見てもらっています。人類は次第に太り、怠惰となり、愚かになっていくのです。この昔からあるSFのテーマが、映画『ウォーリー』では非常に明確に描かれています。これまでにお話ししたようなリスクをすべてうまく回避できたとしても、このような未来には注意する必要があるでしょう。

楽観主義者として、私はこんな未来も思い描くことができます。よくできたAIシステムが人類に向かって「私たちを使わないでください。自分自身でやってみて、学習してください。あなたたち自身の能力を保ち、マシンではなく人類によって文明を繁栄させてください」と言ってくれるような未来です。

もちろんその場合でも、私たち人類があまりに怠惰で貪欲であったとすれば、このような親切でよくできたAIを無視してしまうこともあるかもしれません。その場合、私たちはその対価を支払うことになります。その意味で、これは実際には社会文化的な問題なのかもしれません。私たち人類は、そのようなことが起こらないように備える必要があると思います。

※4 https://www.independent.co.uk/news/science/stephen-hawking-transcendence-looks-at-the-implications-of-artificial-intelligence-but-are-we-taking-9313474.html

〔邦訳参考書籍〕
『**エージェントアプローチ 人工知能**』（スチュアート・ラッセル／ピーター・ノーヴィグ著、古川康一監訳、共立出版、1997年、第2版2008年）

スチュアート・J・ラッセルは、カリフォルニア大学バークレー校の電気工学とコンピューターサイエンスの教授であり、人工知能の分野で世界を主導する貢献者のひとりとして広く認識されている。彼がピーター・ノーヴィグと共同で執筆した『エージェントアプローチ 人工知能』（邦訳共立出版）はAIの代表的な教科書であり、118の国の1300以上の大学で現在使われている。

スチュアートは1982年にオックスフォード大学のウォダムカレッジから学士号を、1986年にスタンフォード大学からコンピューターサイエンスの博士号を授与された。彼の研究は、機械学習、知識表現、そしてコンピュータービジョンなどAIに関連する数多くのテーマに及んでおり、また彼は国際人工知能会議（IJCAI）Computers and Thought Awardをはじめとする数多くの賞と、アメリカ科学振興協会（AAAS）や米国人工知能学会（AAAI）、計算機学会（ACM）のフェローに選出されるなど、数多くの栄誉を授与されている。

「1980年代の誤差逆伝播法を含め、
AIが誇大宣伝されていた過去の時期には、
AIは何かすばらしいことをしてくれると期待されていましたが、
実際には思ったほどすばらしいことはできませんでした。
現在では、AIはすでにすばらしいことを成し遂げていますから、
単なる誇大宣伝ではあり得ません」

GEOFFREY HINTON

ジェフリー・ヒントン

トロント大学コンピューターサイエンス特別名誉教授
グーグル社バイスプレジデントおよびエンジニアリングフェロー

深層学習のゴッドファーザーとしても知られるジェフリー・ヒントンは、誤差逆伝播法やボルツマンマシン、そしてカプセルニューラルネットワークなど、重要な技術の原動力となってきた。グーグルとトロント大学での職責に加えて、彼はベクター人工知能研究所の主任科学顧問を務めている。

フォード：あなたの最も著名な業績は、誤差逆伝播法アルゴリズムに関するものです。誤差逆伝播法とはどういうものなのか、説明していただけますか？

ヒントン：それを説明するために、まず誤差逆伝播法ではないものについて説明しましょう。大部分の人がニューラルネットワークについて考えるとき、それをトレーニングするためのアルゴリズムとしてすぐに思いつくものがあります。ニューロンが層状に積み重ねられたネットワークがあり、最下層に入力を与えて、最上層から出力が得られると考えてください。ニューロンどうしの接続には、それぞれ重みが与えられています。各ニューロンは、ひとつ下の層のニューロンそれぞれについて、そのニューロンの活動量と重みを掛け合わせ、それをすべて足し合わせて、その関数を出力します。接続の重みを調整することにより、あなたの望み通りのことをしてくれるネットワークができます。例えば、ネコの画像を見たらそれにネコというラベルを付けるようなことができるのです。

問題は、重みをどう調整すればそのネットワークに望み通りの働きをさせられるのか、ということです。実際にそのようなことをしてくれるけれども、信じられないほど低速なアルゴリズム――無作為突然変異アルゴリズム――があります。最初はすべての接続にランダムな重み付けをしておき、ネットワークに一連の実例を与えて結果を見ます。次に、ひとつの重みを少しだけ変更し、別の一連の実例を与えて、さっきよりも良くなったか悪くなったかを見るのです。良くなった場合には、行った変更をそのままにしておきます。悪くなった場合には、その変更を元に戻すか、重みを反対方向に変更します。次に別の重みについて、同じことをするのです。

すべての重みについて、これを行わなくてはいけません。あらゆる重みについて、一連の実例をネットワークがどれだけうまく処理したかを測定しなくてはならず、そしてあらゆる重みを何度も変更しなくてはならないのです。これは信じられないほど低速なアルゴリズムですが、ちゃんと動作しますし、あなたの望み通りの結果が得られます。

誤差逆伝播法の目的も、基本的には同じです。ネットワークがあなたの望み通りに働くように重みを修正する手法なのですが、無作為アルゴリズムと違って、はるかに高速に動作します。ネットワークに存在する重みの数が多いほど、高速に動作するのです。10億個の重みをもつネットワークの場合、誤差逆伝播法は無作為アルゴリズムよりも10億倍高速に動作することになります。

無作為アルゴリズムは、重みのひとつを少し調整した後に、ネットワークがどれだけうまく働くかを測定します。生物の進化には、このようなことが必要とされます。遺伝子が最終的な形質に発現するまでのプロセスは、周りの環境に依存するからです。遺伝型［生物個体の遺伝子の構成形態］からどのような表現型［遺伝型と環境から発現する形質］が発現するかを正確に予測する方法はありませんし、その表現型がどれだけ成功するかも予測できません。それは現実世界の状況に依存するからです。

しかしニューラルネットの場合には、入力と重みから正しい出力を得るという目的がどれだけ達成されたかをプロセッサーが計算してくれますから、すべてを制御下に置くことができます。すべてのプロセスはニューラルネット内で完結し、計算に使う重みもすべてわかっているからです。誤差逆伝播法は、こういったことを利用するために、ネットワークを通して情報を逆方向に通過させます。すべての重みがわかっているという事実を利用すれば、出力を改善するために重みを大きくすればよいか小さくすればよいか、ネットワーク内のひとつひとつの重みについて並列に計算できるのです。

進化の場合には変化の効果を「測定」するのに対して、誤差逆伝播法の場合は変化させた効果を「計算」できるという違いがあります。そして、その計算はすべての重みについて一度に、相互に干渉することなく行えるのです。誤差逆伝播法を使えば、重みを迅速に調整できます。いくつかの実例を与え、ネットワークの実際の出力とあるべき出力との誤差を逆伝播すれば、どのようにすべての重みを同時に変化させればすべての結果を少しずつ改善できるか、わかるからです。このプロセスも多数回繰り返して行う必要がありますが、進化的手法よりもずっと高速です。

フォード：誤差逆伝播法のアルゴリズムを最初に考案したのはデイヴィッド・ラメルハートだったというのは本当ですか？ そしてあなたは、それをさらに発展させたのですか？

ヒントン：大勢のさまざまな人々が、さまざまなバージョンの誤差逆伝播法をデイヴィッド・ラメルハート以前に発明していました。その発明はほとんどが独立になされたもので、私の功績はちょっと過大評価されているように感じます。私が誤差逆伝播法を発明したという報道を見かけたこともありますが、それは完全な間違いです。このように研究者が過大評価されていると感じることは、とても珍しいんですよ！ 私の主な貢献は、それを分散表現の学習に使う方法を示したことですから、まずそれをはっきりさせておきたいと思います。

1981年、私が博士研究員をしていたカリフォルニア大学サンディエゴ校で、デイヴィッド・ラメルハートが誤差逆伝播法の基本的なアイディアを思いつきました。ですからそれは、彼の発明です。私自身とロナルド・ウィリアムズが彼と協力して行ったのは、それを適切に定式化することでした。私たちはそれを使えるものにしましたが、特筆すべきことは何もしていませんし、発表もしていません。

その後、私はカーネギーメロン大学へ移ってボルツマンマシンの研究をしていました。私にはこのほうがずっと興味深いアイディアだと思えるのですが、残念ながらあまり良い結果は得られていません。それから1984年、再び誤差逆伝播法の研究に戻ってボルツマンマシンと比較してみたところ、実際には誤差逆伝播法のほうがはるかにうまくいくことがわかったので、デイヴィッド・ラメルハートとの意見交換を再開したのです。

私に誤差逆伝播法の可能性を本当に気づかせてくれたのは、当時私が家系図分析タスクと呼んでいたもので、誤差逆伝播法によって分散表現を学習できることを示せたことです。私は高校生のときから脳の中の分散表現に興味を持っていましたが、ついにそれを効率的に学習する方法が見つかったのです！　例えば2つの単語を入力して、そこから推測される3番目の単語を出力させるような問題を与えると、単語に関する分散表現が学習されます。そして、その分散表現には単語の意味がとらえられているのです。

1980年代半ばの当時はコンピューターが非常に低速だったので、私は家系図を与えてその中の関係を教えるという単純な実例を使いました。例えばシャーロットの母親がヴィクトリアだということを教えるために、「シャーロット」と「母親」の正解として「ヴィクトリア」を与えます。これら2つのことを教えると、離婚のない非常に規則正しい家系図であれば、従来型AIを使って家族関係の知識を利用した推論を行い、ヴィクトリアとジェームズが夫婦である、という結論を導くことができます。ヴィクトリアはシャーロットの母親であり、ジェームズはシャーロットの父親だからです。ニューラルネットもそれと同じ推論ができますが、推論規則を利用するのではなく、各個人のさまざまな特徴を学習することによって推論を行います。ヴィクトリアとシャーロットは、どちらもさまざまな独立した特徴で表現され、それらの特徴ベクトルどうしを相互作用させれば、正しい人物の特徴が出力されます。シャーロットの特徴と母の特徴からは、ヴィクトリアの特徴が導出でき、またトレーニングを行えば、それが学習されます。最も興味深いのは、これらのさまざまな単語について、こういった特徴ベクトルが学習され、単語の分散表現が学習されているということでした。

私たちが1986年、「ネイチャー」誌に投稿した論文には、この単語の分散表現を学習する誤差逆伝播法の実例が含まれていました。私はその論文の査読者のひとりと話したのですが、そのことに彼は本当に強い興味を持っていました。このシステムがこういった分散表現を学習しているということにです。彼は心理学者で、物事の表現を学習できる学習アルゴリズムの実現は大きなブレークスルーだということを理解していました。私の貢献は、誤差逆伝播法のアルゴリズムを発見したことではありません。その大部分はラメルハートが成し遂げたことです。私の貢献は、誤差逆伝播法がこういった分散表現を学習することを示したことです。そしてそのことが心理学者や、ひいてはＡＩ研究者たちの興味をひいたのです。

何年かたってから、１９９０年代初頭にヨシュア・ベンジオが同様なネットワークを再発見しましたが、この時にはコンピューターがだいぶ高速になっていました。ヨシュアはそれを言語に適用しました。実際のテキストを例に取り、いくつかの単語を文脈として与え、次の単語を予測させようとしたのです。彼は、ニューラルネットワークがそれをかなり得意としていること、そしてこれらの単語の分散表現を見つけ出すことを示したのです。これには多大な反響がありました。誤差逆伝播法のアルゴリズムが表現を学習できるということは、それを手作業で入力する必要がないということだからです。ヤン・ルカンのような人たちは、コンピュータービジョンに関してそれをしばらく前から行っていました。彼は、誤差逆伝播法が良いフィルターを学習し、視覚入力を処理して良い判断が行えることを示しましたが、それはある程度予想できることでした。脳が同じようなことをしていることは知られていたからです。単語の意味や構文をとらえた分散表現を誤差逆伝播法が学習できるという事実は、大きなブレークスルーでした。

フォード：当時、ニューラルネットワークの利用はまだＡＩ研究の中では主流となっていなかった、と言って正しいでしょうか？　注目を浴びるようになったのは、ごく最近になってからのことですよね。

ヒントン：その一部は真実ですが、一方でＡＩと機械学習を区別する必要があり、他方でＡＩと心理学を区別する必要があります。１９８６年に誤差逆伝播法が流行すると、大勢の心理学者がそれに興味を持ち、ブームが過ぎても興味を失うことはありませんでした。誤差逆伝播法が興味深いアルゴリズムであり、脳の働きとは違うかもしれないけれども表現を発達させる興味深い方法であることを信じ続けていたのです。よく、誤差逆伝播法の研究を続けていたのはほんの数名だけだったと言われますが、それは事実ではありません。心理学では、多くの人が興味を持ち続けていたのです。AIではどうだったかと言うと、１９８０年代末にヤン・ルカンが手書き数字の認識に関してかなり見事な研究を行い、他にもさまざまな、それなりに見事な誤差逆伝播法の応用が、音声認識やクレジットカード詐欺の予測などについて行われていました。しかし、誤差逆伝播法の提唱者たちはもっとすばらしいことができると考えていて、おそらくそれを強調しすぎてしまったのでしょう。実際には、その期待に応えることはできませんでした。すばらしいものになると思っていたものが、実際にはまあまあでしかなかったのです。

１９９０年代初頭になると、小さなデータセットでは誤差逆伝播法よりも他の機械学習手法のほうが良い結果が出ること、そしてあまり調整の必要なしに良い結果が出せることがわかってきました。特に、サポートベクトルマシンと呼ばれる手法は誤差逆伝播法よりも手書き数字をうまく認識しましたし、手書き数字の認識はそれまで誤差逆伝播法が非常に得意としていた典型例だったのです。そのため、機械学習コミュニティでは誤差逆伝播法への興味が完全に失われてしまいました。必要な調整が多すぎるし、それに値するだけの良い結果は出ないと判断されたのです。各層が特定の形で表現された特徴の検出器となるように、入力と出力だけから複数層の隠れ表現を学習できると思うのは無理なことでした。

誤差逆伝播法のアイディアは、たくさんの層を学習させればすばらしいことができるというものでしたが、ほんの数層を超えると学習は非常に困難でしたし、すばらしいこともできていませんでした。統計学者やAIの人々の間では、私たちは楽天的すぎるという共通認識が持たれていました。

私たちは、入力と出力だけからすべての重みを学習することができるはずだと考えていましたが、それはまったく非現実的なことであり、うまく動作させるには知識をたくさんつなぎ込む必要がある、というわけです。

これが、2012年までのコンピュータービジョン界の人々の見方でした。コンピュータービジョン界の大部分の人は、誤差逆伝播法などクレイジーだと思っていたのです。たとえヤン・ルカンのシステムが当時最高とされていたコンピュータービジョンシステムより良い結果を出しても、まだ誤差逆伝播法はクレイジーであり、視覚を取り扱う正しい方法ではないと考えていたのです。彼らはヤンの論文を拒絶することさえしました。特定の問題については当時最高のコンピュータービジョンシステムよりも良い結果を出したのに、それは方法として間違っていると査読者は考えたのです。「私たちはもう答えがこうなると決めたのだから、私たちの信じる答えに当てはまらないものに興味はない」などと、すばらしいことをおっしゃる科学者さんもいらっしゃるんですね。

最終的には、科学が勝利しました。私の2人の学生が、大規模な公開コンペティションで勝利したのです。しかもその勝利は、劇的なものでした。当時最高とされていたコンピュータービジョンシステムと比べても、半分に近い誤り率を達成したのです。利用したのは主にヤン・ルカンの研究室で開発された技術でしたが、いくつか私たち自身の技術も使われていました。

フォード：それはイメージネットコンペティションのことですか？

ヒントン：そうです。その後の経緯は、まさに科学のお手本となるものでした。人々がまったくお話にならないと考えていたひとつの手法が、今や彼らの信じていた手法よりもはるかに良い結果を出すようになったのです。2年もたたないうちに、彼らは全員転向しました。ですから、例えば物体分類などをニューラルネットワークなしでやってみようなんて、今では誰も、夢にも思わないでしょう。

フォード：それは2012年のことだったと記憶しています。それが深層学習にとっての変曲点だったのでしょうか？

ヒントン：コンピュータービジョンについては、そこが変曲点でした。音声認識に関しては、変曲点はその数年前でした。トロント大学の2人の大学院生が、深層学習を利用すればよりよい音声認識装置が作れることを2009年に示したのです。彼らはIBMとマイクロソフトへインターンに行き、3番目の学生は彼らのシステムをグーグルに持ち込みました。彼らが作り上げた基本的なシステムはさらに改良され、その後数年でこれらの企業のすべての研究所で音声認識がニューラルネットを使って行われるようになりました。当初、ニューラルネットワークが使われていたのはシステムのフロントエンドだけでしたが、最終的にはシステム全体にニューラルネットが使われるようになったのです。トップレベルの音声認識の研究者の多くは2012年までにニューラルネットワークを信奉するようになっていましたが、一般への大きな影響があったのは2012年のことでした。ほとんど一夜にしてコンピュータービジョンコミュニティ全体が宗旨替えをし、このクレイジーな手法の勝利を認めたのです。

フォード：今の報道を読んでいると、ニューラルネットワークや深層学習が人工知能と同じものとして取り扱われているような印象を受けます。まるで、それ以外の人工知能は存在していないかのようです。

ヒントン：私の研究者人生の大部分において、人工知能と言えば、記号列を処理できるようなルールを付け加えていくことによって知能を持つシステムを作り上げるという、論理に基づいたアイディアのことでした。それが知能であり、そうすることによって人工知能が作り出せると、皆が信じていたのです。彼らは、知能とはルールに従って記号列を処理することだと考えていました。研究すべきことはその記号列が何なのか、そしてそのルールが何なのかを理解することであり、それこそがＡＩだと考えていたのです。その後、このＡＩにまったく当てはまらないものが登場しました。それがニューラルネットワークです。それは、脳の学習の仕方を模倣することによって知能を作り出そうとする試みでした。

標準的なＡＩでは、学習には特に興味が持たれていなかったことに注意してください。1970年代には、彼らはずっと「学習は大事なことではない」と言い続けていました。大事なのはルールが何であるか、それによって取り扱われる記号表現が何であるかを理解することであり、学習については後で考えればよいというわけです。なぜでしょうか？　それは、最も重要なのは推論だとされていたからです。どのように推論が行われるのか理解するまでは、学習について考えることは意味がないというわけです。論理派の人々は記号的推論に興味がありましたが、ニューラルネットワーク派の人々は学習や知覚、そして運動制御に興味を持っていました。彼らは異なる問題を解こうとしていますが、私たちは推論がヒトの進化の中でごく最近になって登場したものであり、脳の働きの基本を理解するためには役立たないと信じています。推論は、何か別の目的で設計されたものの上に構築されているのです。

現在では産業界や政府が「ＡＩ」という言葉を深層学習の意味で使っているため、非常に混乱した状況になっています。トロントで私たちは産業界と政府から多額の資金を拠出してもらい、ベクター人工知能研究所を設立しました。ここでは深層学習の基礎的な研究を行っていますが、産業界における深層学習の活用の促進と深層学習の教育も行っています。もちろん、この資金がほしかった人は他にもいるでしょう。ある大学は自分たちがトロント大学よりも多数のＡＩ研究者を擁していると主張して、その証拠として論文の引用数を出してきました。彼らが利用していたのは古典的なＡＩだったのですが、彼らは従来型ＡＩの論文引用数を示して、深層学習のために拠出された資金の分け前がほしいと言ってきたのです。このことからわかるように、ＡＩの意味の混乱はかなり深刻なものです。「ＡＩ」という言葉を使わないだけでも、状況はかなり良くなるはずです。

フォード：ＡＩはニューラルネットワークに専念すべきであり、他はすべて重要ではない、と本当に思っていらっしゃいますか？

ヒントン：ＡＩとは一般的に、生物ではなく、人工的な、賢いことができる知能を持つシステムを作り上げることだ、と言えると思います。そして長い間ＡＩは、記号表現を用いて物事を表現することを意味していました。これは「古き良きＡＩ」と呼ばれることもあります。大部分の大学研究者にとっては――少なくとも、古参の大学研究者にとっては――それがＡＩの意味なのです。知能を作り出すための方法として、記号表現の操作にこだわってきたのです。

そのようなＡＩの古い概念は、完全に間違っていると私は思います。彼らは非常に浅はかな間違いをしているのだと思います。入ってくるものも記号だし出ていくものも記号だから、その間もすべて記号に違いない、と彼らは思いこんでいるのです。実際にその間にあるものは記号列などではなく、神経活動の巨大なベクトルです。古典的なＡＩの基本的な前提は、完全に間違っていると私は思います。

フォード：あなたは２０１７年末に行われたインタビューで、誤差逆伝播法のアルゴリズムに疑いを持っている、それを捨てて最初からやり直す必要がある、とおっしゃっていますね。[※5]この発言は大きな波紋を呼び起こしましたが、真意は何だったのでしょうか。

ヒントン：問題は、この発言の文脈が適切に伝えられなかったことにありました。私が話していたのは脳の働きを理解することで、誤差逆伝播法は脳の働きを理解するためには適切な方法ではないかもしれない、という問題提起だったのです。確かなところはわかりませんが、脳が誤差逆伝播法を使っていないと信ずるに足る理由がいくつかあります。私は、脳が誤差逆伝播法を使っていないのであれば、脳で使われている仕組みはすべて知能システムの興味深い候補となりそうだ、と言ったのです。誤差逆伝播法はすべての深層学習の屋台骨であり、うまくいっているわけですから、やめてしまったほうがいいとは思っていません。

フォード：もしかすると、今後さらに改善の余地があるのかもしれませんね？

ヒントン：さまざまな改善の余地はあるでしょうし、誤差逆伝播法以外のアルゴリズムでうまくいくものもあるでしょう。しかし誤差逆伝播法をやめてしまうべきだとは思いません。それはクレイジーなことでしょう。

フォード：あなたはどうして人工知能に興味を持つようになったのですか？　あなたがニューラルネットワークに専念するまでの経路はどんなものだったのでしょうか？

ヒントン：始まりは私が高校生のときでした。インマン・ハーヴェイという名前の友達がいたのですが、彼は非常に優秀な数学者で、脳はホログラムのように働いているのではないか、というアイディアに興味を持っていたのです。

フォード：三次元表現としてのホログラムでしょうか？

ヒントン：ええと、正しいホログラムには、半分に切っても半分の画像が得られるわけではなく、光景全体のぼんやりとした画像が得られるという、重要な性質があるのです。ホログラムでは、光景に関する情報はホログラム全体に分散されています。これは、ふだん私たちが目にするものとは大きく違う点です。写真とも大きく違います。写真ならば一部を切り取ると写真全体がぼんやりとするのではなく、その部分にあった情報が失われてしまうわけですから。

インマンは、人間の記憶もそのように働くのではないかというアイディアに興味を持っていました。ひとつひとつのニューロンに、ひとつひとつの記憶が保存されているわけではないということです。脳の中では、記憶が保存されるたびに脳全体にわたってニューロン間の接続の強度が調整されているのではないか、それは基本的には分散表現なのではないか、と彼は言っていました。当時、ホログラムは分散表現の代表例だったのです。

分散表現という言葉の意味を誤解している人は多いのですが、私の考えるその意味は、何か——概念など——を表現しようとしたときに、ひとつひとつの概念がニューロン全体の活動によって表現され、ひとつひとつのニューロンが数多くの異なる概念の表現にかかわっている、というものです。それは、ニューロンと概念との間の一対一対応とはまったく異なるものです。それが、私が脳に興味を持つようになった最初のきっかけでした。また私たちは、脳がどのように接続の強度を調整して物事を学習できるのか、ということにも興味を持ちました。ですから私は、それ以来ずっとそのことに興味を持ち続けていることになりますね。

フォード：高校生のときからですか？　それはすごい。大学へ行って、その考えがどのように発展していったのでしょうか？

ヒントン：私が大学で学んだことのひとつは生理学でした。私は脳の働きについて学びたかったので、生理学にとても興味があったのです。最後のほうの講義で、ニューロンが活動電位をどう伝えているかを教わりました。イカの巨大神経軸索を使った実験が行われ、軸索に沿って活動電位がどのように伝播していくかが理解され、そして脳も同じように働いていることがわかっていたのです。しかし、そこには物事の表現や学習にかかわる計算モデルはまったく存在しないことがわかって、がっかりしました。

その後、私は心理学に転向しました。脳の働きについて教えてくれるだろうと思ったからです。しかし私がいたケンブリッジ大学では、まだ行動主義からの立て直しの途上だったため、心理学は主に箱の中のネズミについて研究していました。当時も認知心理学は行われていましたが、あまり計算論的なものではなく、私にとっては彼らが脳の働きを解明しようとしているのかさえよくわかりませんでした。

心理学の講座では、子どもの発達に関するプロジェクトに参加しました。2歳児から5歳児までの子どもについて、さまざまな知覚的特性への対応が成長に伴ってどのように変化するかを観察したのです。想定されていたのは、非常に幼い子どもは主に色や触感に興味を持つが、年を取るにしたがって形状に興味を持つようになる、ということでした。私は子どもに3つの物体を見せる実験を行いました。その3つは、例えば2つは黄色い丸でひとつは赤い丸というように、必ずひとつが仲間外れになっています。私は子どもたちに、仲間外れのものを指さすことを教えました。それなら非常に幼い子どもにも学習できるからです。

また私は、黄色い三角形2つと黄色い丸ひとつを見せて、丸を指さすことも教えました。形の点で、それが仲間外れだからです。明らかに仲間外れのものが存在する単純な例について子どもたちに教えた後で、黄色い三角形と黄色い丸、そして赤い丸といったテスト例を出してみました。もし子どもたちが形よりも色に興味を持っていたら、仲間外れは赤い丸になるだろうし、一方で色よりも形に興味を持っていたとすれば、仲間外れは黄色い三角形になるだろうと考えたのです。それはだいたいうまくいって、数名の子どもは形の違う黄色い三角形か、色の違う赤い丸を指さしました。ところが、今でも覚えているのですが、ある賢い5歳児に初めてこのテストをしたとき、彼は赤い丸を指さして「これは塗る色を間違えているよ」と言ったのです。

私が確認しようとしていたモデルは非常に単純かつあいまいなモデルで、「子どもは小さいときには色に興味をひかれ、大きくなると形に興味をひかれるようになる」というものでした。信じられないほど原始的なモデルであり、脳の働きについては何も説明しておらず、色から形へ少し関心が変化すると言っているだけです。そして私の前に立ちはだかった子どもはそれを見て、「これは塗る色を間違えているよ」と言ったのです。私が目にした情報処理システムはトレーニング例からタスクが何であるかを学習したのであり、彼はひとつ仲間外れのものがあるはずだと考えて、仲間外れがひとつだけではないことに気がつき、私が間違いをしたはずだ、そしておそらく塗る色を間違ったのだろうと考えたのです。

私がテストしていた子どものモデルには、これほどまでの複雑さはまったく考慮されていませんでした。子どもは心理学のどんなモデルよりも、はるかに複雑なものだったのです。私が目にしたのは賢く、何が起こっているのかを理解できる情報処理システムでしたし、また私にとってそれは心理学の終わりを意味しました。心理学が取り扱う対象の複雑さと比較して、そのモデルは絶望的なまでに不十分なものだったからです。

フォード：心理学の分野を離れてから、どのようにして人工知能までたどり着いたのでしょうか？

ヒントン：実は、ＡＩの世界に入る前には大工をしていた時期がありました。仕事は楽しかったのですが、専門家というわけではありません。そのとき本当に腕の良い大工に会って、身の程を思い知らされたので、大学に戻ることにしたのです。

フォード：しかし、その後のご活躍を考えると、良い大工になれなくて幸いでしたね！

ヒントン：大工の仕事をした後、私は研究助手として心理学のプロジェクトに参加しました。それは、幼児の言語発達の過程と、それが社会的階級によってどのように影響されるかを理解しようとするものでした。私は、子どもの言語発達に対する母親の態度を評価するアンケートの作成を任されました。私は自転車でブリストル近郊の非常に貧しい地区に出向き、私が面会する最初の母親の家のドアをたたきました。彼女は私を家に招き入れて紅茶を出してくれ、私は「お子さんの言葉の使い方について、あなたはどんな態度を取っていますか？」と最初の質問をしました。彼女はこう答えました。「あの子が悪い言葉を使ったら、殴ってやるわ」。社会心理学者としての私の経歴は、その程度です。

その後、私はＡＩの道に入り、エジンバラ大学で人工知能を研究する大学院生になりました。私の指導教官は、科学者として非常に名高いクリストファー・ロンゲ=ヒギンズという方でした。彼は最初、ケンブリッジ大学で化学の教授をしていて、その後人工知能の分野に転じたのです。彼は、脳の働きについて非常に興味を持っていましたし、とりわけホログラムについても研究していました。彼はコンピューターによるモデル化が脳を理解する有効な手段であることに気づいていて、それに取り組んでおり、それが理由で私は彼の研究室に入ったのです。私にとっては不幸なことに、私が研究室に入ったのとほぼ同時に、彼は考えを変えてしまいました。彼は、このような神経モデルは知能を理解するための道ではなく、実際に知能を理解するためには言語の理解に取り組む必要がある、と判断したのです。

当時、ブロックの配置について会話できるシステムの、立派な――記号処理を利用した――モデルがいくつか存在していたことは、知っておいてください。テリー・ウィノグラードというアメリカのコンピューターサイエンスの教授が書いたすばらしい論文には、コンピューターに多少の言語を理解させて質問に答えさせることができること、そしてコンピューターが実際に指示に従うことが示されていました。例えばコンピューターに「青い箱に入ったブロックを赤いキューブの上に置け」と言うと、コンピューターはそれを理解して実行するのです。シミュレーションの中だけでしたが、コンピューターはその文章を理解していました。これにクリストファー・ロンゲ=ヒギンズは強い印象を受けて、私にその研究をさせようと思ったのですが、私はニューラルネットワークの研究を続けたかったのです。

そして、クリストファーは非常に尊敬すべき人でしたが、私が何をすべきかについてはまったく意見が合いませんでした。私は彼の言うことには従いませんでしたが、彼は私に研究を続けさせてくれたのです。私はニューラルネットワークの研究を続け、最終的にはニューラルネットワークに関する学位論文を完成させましたが、当時ニューラルネットワークはあまりうまくいっておらず、箸にも棒にもかからないというのが大方の見方でした。

フォード：それは、マーヴィン・ミンスキーとシーモア・パパートの著書『パーセプトロン』の出る前ですか、それとも後ですか？

ヒントン：それは70年代初頭のことでした。ミンスキーとパパートの本が出たのは60年代末です。人工知能の研究者ほぼ全員が、これでニューラルネットワークはおしまいだと思いました。ニューラルネットワークを研究して知能を理解しようとするのは、トランジスターを研究して知能を理解しようとするのと同じようなことで、そんなことをやっても意味がないと思ったのです。知能で大事なのはプログラムで、脳ではどんなプログラムが使われているのかを理解しなければならない、と彼らは考えていました。

この2つのパラダイムは根本的に異なっており、解決しようとする問題も異なり、根本的に異なる手法と異なる種類の数学を利用していました。当時は、どちらがパラダイムとして成功するか、まったくわからなかったのです。現在でもわかっていない人はいるようですね。

おもしろいのは、最も論理寄りだった人たちの中に、実はニューラルネットのパラダイムを信じていた人がいたことです。著名な例としては、ジョン・フォン・ノイマンとアラン・チューリングが挙げられます。彼らは2人とも、シミュレートされたニューロンの巨大なネットワークをうまく利用して、知能について研究し、それらの働きを理解できると考えていました。しかし、AIで支配的だった手法は、論理学からヒントを得た記号処理でした。論理学では記号列を取り扱い、記号列の変形によって新しい記号列を導出しますが、それが推論の働きに違いないと思われていたのです。

ニューラルネットはあまりに低レベルで、実装手段にすぎないと思われていました。ちょうどトランジスターがコンピューターの実装レイヤーに使われているように。脳の実装を調べることによって知能が理解できるとは考えられていなかったのです。知能を理解する唯一の方法は知能そのものについて調べることであるとされており、従来型ＡＩ手法とはまさにそういうものでした。

それは壊滅的に間違っていたと私は思いますし、今ではそれが理解されつつあります。深層学習の成功は、ニューラルネットのパラダイムが論理ベースのパラダイムよりもはるかにうまくいくことを実証していますが、１９７０年代の当時はそう思われていなかったのです。

フォード：深層学習は誇大宣伝されているとか、この大騒ぎが失望につながり、投資の減少を招くだろう、といった記事がたくさん書かれています。「ＡＩ冬の時代」というフレーズが使われているのさえ見かけたことがあります。そのような懸念は現実的なのでしょうか？ この先が行き詰まりとなることはあり得るのでしょうか、それともニューラルネットワークにＡＩの未来があるのでしょうか？

ヒントン：１９８０年代の誤差逆伝播法を含め、ＡＩが誇大宣伝されていた過去の時期には、ＡＩは何かすばらしいことをしてくれると期待されていましたが、実際には思ったほどすばらしいことはできませんでした。現在、ＡＩはすでにすばらしいことを成し遂げていますから、単なる誇大宣伝ではあり得ません。ＡＩは携帯電話の音声認識にも、写真に写っているものをコンピューターが認識するためにも、グーグルの機械翻訳にも使われています。誇大宣伝とは、大きな約束をしたのにそれを守れないことを言います。しかし約束はもう達成されているのですから、誇大宣伝でないことは明らかです。

ＡＩが19・９兆ドル産業になるだろうという宣伝をウェブで見かけたことがあります。これはかなりの金額に思えますし、誇大宣伝かもしれませんが、数十億ドル規模の産業になるという考えが誇大宣伝でないことは明らかです。何人もの人が数十億ドルの資金をつぎ込んで、ちゃんとその見返りを受け取っているからです。

フォード：今後の最善の戦略は、引き続きニューラルネットワークへ集中的に投資していくことだと信じていらっしゃいますか？　まだ記号ＡＩを信奉している人もいますし、深層学習と伝統的な手法の両方を取り入れたハイブリッド的アプローチの必要性があるのではないかと考えている人たちもいます。そのような可能性もあると思われますか、あるいはニューラルネットワークのみに集中すべきだとお考えでしょうか？

ヒントン：私は、神経活動の巨大なベクトルの相互作用が脳の働きだと思っていますし、ＡＩはその方向に進化していくと思っています。脳がどのように推論を行っているか理解することも確かに必要ですが、他と比較すればかなり遅い時期になると思います。

私は、ハイブリッドシステムが答えだとは思っていません。自動車業界を例にとって説明しましょう。ガソリンエンジンにもいろいろと長所はあります。例えば、小さなタンクに大量のエネルギーを詰め込むことができます。しかしガソリンエンジンには、大きな欠点もいくつかあるのです。そこでガソリンエンジンと比較して多くの長所を持つ、電気モーターが使われるようになりました。自動車業界に、電気モーターが進歩をもたらすことを認めつつも、電気モーターを使ってガソリンをエンジンに供給するハイブリッドシステムを作ろうと言い出した人がいると想像してください。これが伝統的ＡＩの人たちの考えていることです。彼らも深層学習がすばらしい成果を上げていることは認めざるを得ないのですが、深層学習をいわば低レベルの召使いとして使い、自分たちの記号推論を働かせるために必要なものを供給させようとしているのです。彼らは、自分たちが一掃されようとしていることを理解せず、これまでの見方に固執しているだけです。

フォード：この分野の将来について、もう少しお聞かせください。あなたは最近、〝カプセルネットワーク〟というプロジェクトに取り組んでいらっしゃいますね。それは脳のコラム構造にヒントを得たものだと聞いています。脳について研究し、そこから情報を得ること、そして得られた知見をニューラルネットワークへ取り込んでいくことが重要だとお考えですか？

ヒントン：カプセルネットワークはいくつかの異なるアイディアの組み合わせであり、複雑で理論的なものです。これまで小さな成功はいくつか収めてきましたが、うまくいくことが保証されているわけではありません。まだそれについて詳しく話す時期ではないと思いますが、確かにそれは脳からヒントを得ています。

ニューラルネットワークに神経科学を利用すると言うと、大部分の人は非常に浅はかな科学の理解を露呈します。脳を理解しようとするならば、いくつかの基本原則と、たくさんの詳細を理解する必要があります。私たちが追い求めているのは基本原則のほうであり、詳細は利用するハードウェアの違いによって大きく異なるものになるだろうと考えています。グラフィックス処理ユニット（GPU）に使われているハードウェアは、脳のハードウェアとは大きく異なるものです。詳細は大きく異なるものになるかもしれませんが、それでも共通の原則は見つかるでしょう。そのような原則の例としては、脳の中の知識の大部分は学習によって得られるものであり、誰かに教わった事実を事実として保存することによって得られるものではない、ということが挙げられます。

従来型AIでは、人間はこのような事実の巨大なデータベースを持っていると考えられてきました。また、推論のルールも必要になります。私があなたに何らかの知識を与えようとする場合、私はこれらの事実のうちひとつを何らかの言語で単純に表現して、それをあなたの頭の中に移し替えれば、あなたはその知識を持つようになるというわけです。これは、ニューラルネットワークで行われることとはまったく異なります。あなたは頭の中に膨大な数のパラメーター、つまりニューロン間の接続の重みを持っており、私も頭の中に膨大な数のニューロン間の接続の重みを持っていますが、あなたが自分の接続の重みを私に教える方法はありません。仮にできたとしても、私にとっては何の役にも立たないでしょう。私のニューラルネットワークはあなたのものとまったく同じではないからです。あなたのすべきことは、私があなたと同じことができるように、あなたのしていることに関する情報をどうにかして私に伝えることであり、そのためには入力と出力の例を私に与えることになります。

例えば、あなたがドナルド・トランプのツイートを見たときに、トランプが事実を伝えていると思うのは大きな間違いです。それは彼のしていることではありません。トランプは、ある特定の状況について、こんな対応の仕方もあるぞ、と言っているのです。するとトランプ支持者はその状況を見て、どのように対応すべきかトランプの考えを知り、そしてトランプと同じように対応することを学ぶのです。何らかの命題がトランプから支持者に伝えられているわけではなく、物事に対応する方法が例を用いて伝えられているのです。これは巨大な事実の倉庫を持つシステム、システムからシステムへ事実をコピーできるシステムとは大きく違います。

フォード：深層学習の応用の大部分はラベル付きデータ、言い換えれば、いわゆる教師あり学習に大きく依存しているということ、そして教師なし学習は今後解決されるべき課題であるということは正しいでしょうか？

ヒントン：完全に正しいわけではありませんね。ラベル付きデータに大きく依存しているのは事実ですが、何をもってラベル付きデータとするのかについては微妙な点があるからです。例えば、私があなたに大きなテキスト列を見せて、次の単語を予想してごらんと言ったとすれば、私は次の単語を、それまでの単語を前提とした場合の正解のラベルとして利用しているわけです。その意味で、それはラベル付きデータですが、そのデータにさらにラベルを付け加える必要はないでしょう。私があなたに画像を与え、あなたにネコを認識してもらいたければ、「ネコ」というラベルを与える必要がありますし、「ネコ」というラベルは画像の一部ではないわけです。この追加ラベルは作る必要があり、それは大変な作業です。

単に次に何が来るか予測するだけなら、次に来るものがラベルの役割をしますから教師あり学習ではありますが、ラベルを追加する必要はありません。ラベルなしデータとラベル付きデータの間にはこのようなこと、例えば次に何が来るかを予測するようなことが存在するわけです。

フォード：しかし、子どもが学習する様子を観察していると、大部分は環境の中を歩き回って非常に「教師なし」的な方法で学習しているようです。

ヒントン：先ほどの話に戻ると、子どもは環境の中を歩き回って次に何が起こるか予測しようとしています。次に何かが起こったとき、その出来事には予測が合っていたか外れていたかを示すラベルが付けられます。要するに、次に何が起こるかを予測することが「教師あり」に当てはまるのか、それとも「教師なし」に当てはまるのかは明らかではないのです。

教師あり学習であることが明らかな事例は存在します。たくさんの画像を与えてそれに「ネコ」というラベルを付け、ネコと答えさせるような事例です。また教師なし学習にも明らかな事例が存在します。たくさんの画像を与えて、その画像の中に何があるかを示す表現を構築させるような事例です。最後に、どちらともつかないものも存在します。一連の画像を与えて、次の画像を予測させるような事例です。その場合、それを教師あり学習と呼ぶべきか、教師なし学習と呼ぶべきかは明らかではありません。そのことが多くの混乱を招いているのです。

フォード：一般的な形態の教師なし学習を解決することが、克服すべき主要な障害のひとつであると見ていらっしゃいますか？

ヒントン：はい。しかしそれに関連して、教師なし学習の一形態として次に何が起こるかを予測することがあり、それを行うために教師あり学習のアルゴリズムが適用できるということを私は言いたいのです。

フォード：ＡＧＩに関してはどう考えていらっしゃいますか？　またＡＧＩをどのように定義され

ますか？　私はそれを、人間レベルの人工知能、つまり人間と同じように一般的な推論が可能なAIという意味にとらえています。あなたの定義もそうでしょうか、あるいは何か別の定義をなさっていますか？

ヒントン：私はその定義でよいと思いますが、将来どんなものになるかについてはさまざまな推測がなされていると思います。個別のAIがどんどん賢くなっていくと考える人もいますが、その未来図には2つの間違いがあると私は思います。第一に、深層学習、あるいはニューラルネットワークは、特定のことは私たちよりもずっと上手にできるようになるでしょうが、それ以外のことは私たちよりもずっと下手なのです。すべてにおいて一様に上手になるわけではありません。例えば医用画像の解釈などははるかに上手にできるようになるでしょうが、それに関する推論は全然ダメなのです。その意味で、一様にはなりません。

第二の間違いは、AIを個別のものとしてとらえて、社会的側面を無視していることです。純粋に計算論的な理由から、非常に高度な知能を作り出すためには知能システムのコミュニティを作り上げることが必要になるということが言えます。コミュニティのほうが、個別のシステムよりもずっとたくさんのデータを処理できるからです。大量のデータを処理するためには、そのデータを多数の知能システムに分散させ、それらが互いに通信できるようにして、コミュニティとして膨大な量のデータを学習できるようにする必要があります。つまり将来は、コミュニティの側面が重要になってくるのです。

フォード：それが、インターネット上で接続された知能の創発特性であるとお考えですか？

ヒントン：いいえ、人間と同じことです。あなたの知識の大部分は、あなた自身がデータからその情報を抽出したためではなく、他の人たちが長い年月をかけてデータから情報を抽出してくれたおかげで、あなたの知識となっています。そしてあなたは教育を受けることによって、生のデータから情報を抽出する必要なく、同じ理解を得ることができているのです。私は、人工知能でも同じようなことになると思っています。

フォード：個別のシステムでも、相互作用する一群のシステムでもかまいませんが、AGIは実現すると思いますか？

ヒントン：もちろんです。すでにオープンAIでは、かなり高度なコンピューターゲームをチームとしてプレイさせることができていますよ。

フォード：人工知能が、あるいは協力し合う一群のAIが、人間と同じように推論を行い、人間と同じ知能や能力を持つようになるのはいつごろだとお考えでしょうか？

ヒントン：推論に関しては、最終的には非常にうまくできるようになると思いますが、巨大なニューラルネットワークが本当に人間と同等の推論能力を持つまでにはとても長い時間がかかるでしょう。とはいえ、それまでには他のあらゆる点で人間の能力を上回っているでしょうね。

フォード：しかしホリスティックなAGI、つまり人間と同等の知能を持つコンピューターシステムについてはどうでしょうか？

ヒントン：AIが発展していけば、『スタートレック』に出てくるような汎用ロボットを個体として作り上げられるようになる、という先入観があるように思います。あなたの質問が「データ副長［『スタートレック』シリーズに登場するアンドロイド］が実現するのはいつになるでしょうか？」という意味だとしたら、人工知能はその方向へは発展していかないだろうと私は思います。そのような汎用の、単独の存在が実現するとは思いません。一般的な推論能力に関しても、実現はだいぶ先のことになるでしょう。

フォード：チューリングテストに合格するという意味で考えてください。5分ではなく2時間、さまざまな会話を人間と同じように続けられるという意味です。単体のシステムでも、システムのコミュニティでもかまいませんが、それは実現可能でしょうか？

ヒントン：10年後から100年後までの間にそれが実現する確率は、かなり高いと思います。10年以内に実現する可能性は非常に低いと思いますし、次の100年が経過するまでにそれ以外の原因によって人類が絶滅している可能性も高いと思います。

フォード：核戦争や伝染病といった、人類の存在を脅《おびや》かすAI以外の原因によって、という意味でしょうか？

ヒントン：はい、私はそう思います。別の言い方をすれば、AIよりもはるかに人類の存在を脅かすおそれのあるものは2つ考えられると思います。ひとつは地球規模の核戦争であり、もうひとつは分子生物学の実験室で不満を抱いた大学院生が、非常に感染力が強く、非常に致死率が高く、非常に潜伏期間の長いウイルスを作り出してしまうことです。懸念すべきはこのような脅威であり、ウルトラ知能システムではないと思います。

フォード：ディープマインドのデミス・ハサビスなど、あなたが実現するとは思わないとおっしゃったようなシステムを作り上げられると確信している人たちもいます。それについての見解はいかがですか？ 不毛な努力だとお考えでしょうか？

ヒントン：いいえ、デミスと私は違った未来を予想しているということでしょう。

フォード：AIの潜在的リスクについてご意見を伺いたいと思います。私が自著で取り上げた具体的な問題のひとつは、労働市場や経済に与える潜在的な影響です。AIによって新たな産業革命が引き起こされ、労働市場が激変する可能性はあると思いますか？ それは懸念すべきことでしょうか、あるいはこれもまた誇大宣伝のひとつでしょうか？

ヒントン：生産性が劇的に向上し、良いものがたくさん出回るようになるのであれば、それは良いことであるはずです。実際に良い結果となるかどうかは完全に社会システムによって決まることであり、技術によって決まることではありません。技術的進歩が問題であるかのように技術を見ている人もいます。問題は社会システムにあるのであって、公平に分配を行う社会システムを持つか、1パーセントの人を豊かにすることだけを考えて他の人々をないがしろにする社会システムを持つか、ということなのです。技術とはまったく関係ありません。

フォード：しかし、問題は起こります。多数の職、特に予測可能で容易に自動化できる職が、失われるおそれがあるからです。それに対処するための社会的対応策のひとつがベーシックインカムですが、それについては賛成されますか？

ヒントン：はい、ベーシックインカムはとても賢明なアイディアだと思います。

フォード：それでは、これに対する政策的な対応は必要だと思いますか？　野放しでよいという見解もありますが、それでは無責任かもしれません。

ヒントン：私はカナダに移住しましたが、その理由は税率が高いため、そして正しい税負担は良いことだと私が考えているためです。政府がすべきことは、人々が自分の利益のために行動したときに、それが他の人のためにもなるような仕組みを構築することです。高い税率は、そのような仕組みのひとつです。誰かが豊かになれば、その税金によって他の人全員が助けられることになります。誰もがＡＩの恩恵を受けられるように、取り組むべきことがたくさん残っているということについては、確かにその通りです。

フォード：兵器利用など、ＡＩに関連するそれ以外のリスクについてはいかがでしょうか？

ヒントン：はい、私はプーチン大統領の最近の発言のいくつかに懸念を感じています。国際社会は、人間が判断に関与しなくても人を殺せる兵器を化学兵器や大量破壊兵器と同様に取り扱うべきですし、そうするための積極的な働きかけが今すぐ必要だと思います。

フォード：その種の研究開発に対して、何らかの一時的停止措置を講ずることには賛成されますか？

ヒントン：この種の研究を一時停止することはできないでしょう。これまで神経ガスの開発を一時停止できなかったのと同じことです。しかし、私たちは国際的なメカニズムを構築し、神経ガスの大規模な使用を封じ込めてきました。

フォード：軍事兵器への利用以外のリスクについてはどうでしょうか？　プライバシーや透明性など、他に課題はありますか？

ヒントン：私はＡＩが選挙結果を操ったり、有権者を操ったりするために使われることを懸念しています。ケンブリッジ・アナリティカ［選挙コンサルティング会社］の創立者であるボブ・マーサーは機械学習畑の人間ですし、ケンブリッジ・アナリティカは多くの害悪をもたらしてきました。そのことを深刻に受け止めるべきです。

フォード：規制の果たすべき役割はあるとお考えですか？

ヒントン：はい、規制は大いに必要です。これは非常に興味深い問題ですが、私はそちらの方面の専門家ではありませんから、あまりお話しできることはありません。

フォード：汎用ＡＩの国際的な軍拡競争に関して、ある国があまりに他国よりも先行しないようにすることが重要だとお考えですか？

ヒントン：それは国際政治の話題ですね。長い間イギリスは覇権国家でしたが、あまり立派な振る舞いはしませんでした。次のアメリカも、あまり立派な振る舞いはしませんでした。もし次に中国がくるとすれば、彼らにもあまり立派な振る舞いは期待できないでしょう。

フォード：何らかの産業政策は必要でしょうか？　アメリカやその他の西側諸国はＡＩに注力し、それを国是とすべきでしょうか？

ヒントン：巨大な技術開発が行われようとしている最中に、国がそれを育成しようとしないのはクレイジーでしょう。ですから、大量の投資がなされるべきことは明らかだと思います。それは私にとって、常識のように思えます。

フォード：全体として、これらすべてのことに関してあなたは楽観的ですか？　ＡＩから得られる利益は、マイナス面を上回ると思いますか？

ヒントン：私は得られる利益がマイナス面を上回ってほしいと思いますが、実際にそうなるかどうかはわかりませんし、それは技術ではなく社会システムの問題です。

フォード：ＡＩの才能は大幅に不足していて、誰もが人材を求めています。この分野に進もうと考えている若い人たちに何かアドバイスはありますか？　より多くの人をＡＩや深層学習の分野に招き入れ、エキスパートになってもらうために役立つことがあれば、ぜひご教示ください。

ヒントン：私は、基本的なことを疑ってみる人が少なすぎるのではないかと懸念しています。カプセルネットワークのアイディアは、もしかしたら基本的ないつものやり方の中にはベストの方法ではないものがあるのではないか、もっと広く網を打つ必要があるのではないか、という考えから生まれたものです。私たちは、当然のようにしている非常に基本的な仮定のいくつかに替わるものを考えるべきなのです。私からのアドバイスのひとつは、みんながやっていることが間違っていて、それよりも良いものがあるかもしれないという直感を感じたら、直感に従うべきだということです。

　もちろんその直感が間違っていることも多いのですが、物事を根本的に変えるような直感を感じたときにそれに従わなければ、そのうち行き詰まってしまうことになるでしょう。私がひとつ懸念していることがあります。本当に新しいアイディアを生むもっとも肥沃《ひよく》な源泉は、大学で十分な指導を受けている大学院生だと私は思うのです。彼らには本当に新しいアイディアを思いつく自由がありますし、単なる歴史の繰り返しに陥らないだけの十分な教育も受けているわけですから、それを守っていく必要があります。修士課程を終えてすぐに産業界へ入る人には、根本的に新しいアイディアを思いつくことはできないでしょう。何年間か、じっと思索にふける時間が必要だと私は思うのです。

フォード：カナダは、深層学習の集積する中心地となっているように見受けられます。それは単なる偶然なのでしょうか、それとも何かカナダならではの事情があるのでしょうか？

ヒントン：カナダ先端研究機構（Canadian Institute For Advanced Research：CIFAR）が、高リスク領域での基礎研究に資金を提供していたことは、非常に重要でした。また、短い間でしたが私の博士研究員だったヤン・ルカンと、ヨシュア・ベンジオの両名がカナダにいたという、大変な幸運もあります。私たち3人は非常に実りある共同研究を行うことができ、その共同研究にカナダ先端研究機構が資金を提供してくれたのです。それは、私たち全員がかなり敵対的な環境の中で——深層学習を取り巻く環境はごく最近までかなり敵対的なものでした——少し孤立していた時期でしたから、この資金提供は非常にありがたいものでした。そのおかげで私たちは、少人数のミーティングで互いに顔を突き合わせることにかなりの時間を費やして、未発表のアイディアを本当の意味で共有することができたのです。

フォード：つまり、カナダ政府の戦略的な投資が、深層学習の命脈を保つのに役立ったということですか？

ヒントン：はい。基本的にカナダ政府は、毎年50万ドルを拠出して先進的な深層学習へ重要な投資を行っています。数十億ドル規模に達しようとしている産業への投資としては、かなり効率のよいものですね。

フォード：カナダ人と言えば、あなたの大学の同僚にジョーダン・ピーターソン〔トロント大心理学教授〕という人がいますが、交流はありますか？　トロント大学を震源として、さまざまな騒動が引き起こされているようですが……。

ヒントン：ハハ！　まあ、それに関しては、彼は自分の口をつぐむべきときを知らない人間だ、とだけ言っておきましょう。

※5 https://www.axios.com/artificial-intelligence-pioneer-says-we-need-to-start-over-1513305524-f619efbd-9db0-4947-a9b2-7a4c310a28fe.html

ジェフリー・ヒントンはケンブリッジ大学のキングズカレッジで学士号を、1978年にエジンバラ大学で人工知能の博士号を取得した。カーネギーメロン大学で5年間大学教員として働いた後、彼はカナダ先端研究機構のフェローとなり、トロント大学のコンピューターサイエンス学科へ移った。現在彼はトロント大学の特別名誉教授である。彼はまたグーグルでバイスプレジデントおよびエンジニアリングフェローの任にあり、ベクター人工知能研究所の主任科学顧問を務めている。

ジェフは誤差逆伝播法アルゴリズムを紹介した研究者のひとりであり、単語埋め込みの学習に誤差逆伝播法を初めて応用した。彼は他にも、ボルツマンマシン、分散表現、時間遅れニューラルネット、混合エキスパート、変分学習および深層学習などにおいて、ニューラルネットワークの研究に貢献している。トロントに拠点を置く彼の研究グループは深層学習に画期的なブレークスルーをもたらし、音声認識と物体分類に革命的な影響を及ぼした。

ジェフは英国王立協会のフェローであり、アメリカ技術アカデミーの外国人会員、アメリカ芸術科学アカデミーの外国人会員である。彼はデヴィッド・E・ラメルハート賞、国際人工知能会議（IJCAI）Award for Research Excellence、キラム工学賞、IEEEフランク・ローゼンブラット賞、IEEEジェームズ・クラーク・マクスウェル金賞、NEC C&C賞、BBVA賞、カナダの科学技術部門の最高の賞であるNSERCヘルツバーグ金賞などを受賞している。［2018年チューリング賞受賞］

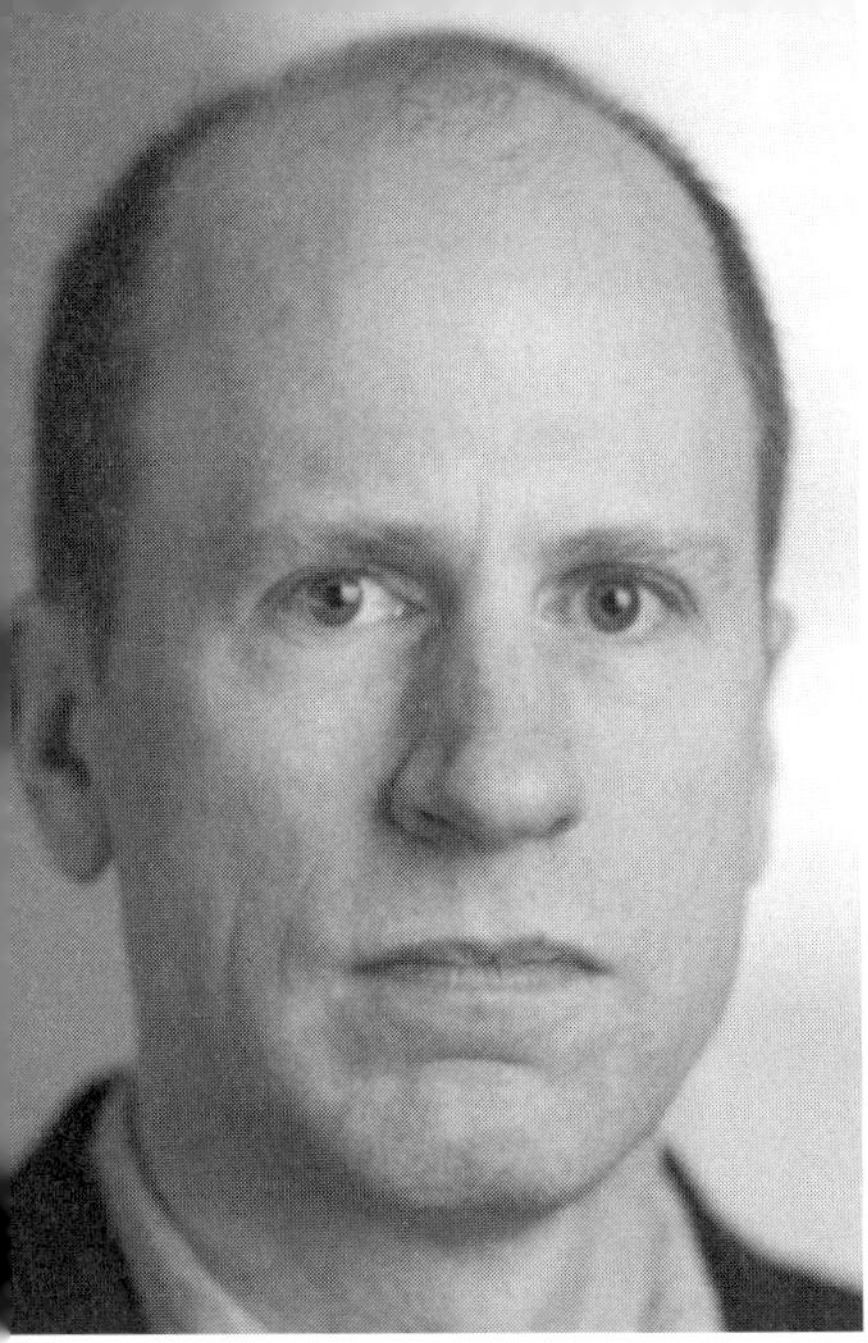

「懸念されるのは、（AGIが）
私たちに隷属していることを憎んだり恨んだり、
突然自意識が芽生えて反乱を起こしたりすることではなく、
私たちの本当の希望とは違う目的を
ひたすら遂行しようとすることです。
そうなると私たちの未来は、
相いれない基準に沿って形作られることになってしまいます」

NICK BOSTROM
ニック・ボストロム

オックスフォード大学教授、人類の未来研究所所長

ニック・ボストロムは、AIや機械学習が人類の存在に投げかけるリスクや超知能に関する世界的権威として広く認識されている。彼が創立し所長を務めるオックスフォード大学人類の未来研究所（Future of Humanity Institute:FHI）は、人類とその未来に関する大局的な学際研究を行っている。彼は精力的な著作家であり、2014年「ニューヨーク・タイムズ」のベストセラーに選ばれた『スーパーインテリジェンス 超絶AIと人類の命運』（邦訳日本経済新聞出版社）など、200以上の著作がある。

フォード：あなたは、超知能が作り出されるリスクについて警告していらっしゃいますね。超知能とは、AGIシステムが自分自身を改善することにエネルギーをつぎ込み、再帰的自己改善ループを回すことによって人間をはるかに凌駕《りょうが》する知能を作り出したときに、出現する存在のことです。

ボストロム：はい、それはひとつのシナリオであり問題のひとつですが、機械知能の時代への移行は他のシナリオや道筋をたどるかもしれませんし、もちろん懸念すべき他の問題もあります。

フォード：ひとつの概念を、あなたは特に強調されていますね。制御問題あるいは価値整合問題と呼ばれる、機械知能の持つ目標や価値が人類にとって害を及ぼす結果となる可能性です。もう少し詳しく、この価値整合問題あるいは制御問題について、平易な言葉で説明していただけますか？

ボストロム：ええ。他の技術とは異なる、非常に高度なAIシステムに特有の問題として、人類がその技術を悪用する可能性――それについては、もちろん他の技術についても考えられます――だけでなく、言うなれば技術が自分自身を悪用してしまう可能性があるのです。言い換えれば、人類の作り出した人工的なエージェントやプロセスが独自の目標や目的を持ち、しかも超知能を持ったため、そういった目的を達成できる十分な能力を備えている、というシナリオです。懸念されるのは、この強力なシステムが最適化しようとする目的が、私たち人間の価値観と異なり、さらには私たちがこの世界で達成したいことと相いれないおそれがあることです。そして人類があることを達成しようとし、超知能システムが違うことを達成しようとした場合、超知能が勝利を収めてわが道を行ってしまうかもしれません。

　懸念されるのは、私たちに隷属していることを憎んだり恨んだり、突然自意識が芽生えて反乱を起こしたりすることではなく、私たちの本当の希望とは違う目的をひたすら遂行しようとすることです。そうなると私たちの未来は、相いれない基準に沿って形作られることになってしまいます。つまり制御問題、あるいは価値整合問題とは、AIシステムを人間の意思に従わせるにはどうしたらよいか、ということです。ランダムで予測不可能な、望ましくない目的を生じさせることなく、私たちの意図に沿った形で行動させるという意味です。

フォード：あなたのペーパークリップ製造システムの例は有名ですね。システムが作り出されて目的を与えられると、超知能的な能力でその目標を遂行するが、常識をわきまえないやり方で、私たちに害をなしてしまうというわけです。あなたの挙げた例は、ペーパークリップ最適化のために宇宙全体をペーパークリップだらけにしてしまうシステムでした。これは、価値整合問題の良い説明になりませんか？

ボストロム：そのペーパークリップの例以外にも、いろいろな場合が考えられます。あるシステムにひとつのことをさせようとして、最初はうまくいったとしても、最終的には私たちの手に負えない結末に至ってしまうという失敗です。この漫画的な例では、ペーパークリップ工場を運営するAIを設計します。最初はあまり賢くないのですが、次第に賢くなるにつれて、より上手にペーパークリップ工場を運営するようになるので、この工場のオーナーはとても喜んで、さらに上を目指そうとします。しかし、AIが十分に賢くなると、世界中でもっとたくさんペーパークリップを作り出すためには、他にも方法があることに気づきます。そして人間から主導権を奪って地球全体をペーパークリップにしたり、宇宙探査に乗り出して宇宙全体をペーパークリップだらけにしたりするかもしれません。

つまり私が言いたいのは、ペーパークリップは他のどんな目標とも置き換えられるということ、そしてその目標をこの世界で本当に最適化しようと考えたとき、目標の設定の仕方に本当に注意を払わなければ、その目標最適化の副作用として、人類や私たちが大事にしているものが抹殺されてしまうことになりかねない、ということです。

フォード：この問題は、私の見るところ、常に私たちがシステムに与えた目標を、システムが私たちを困らせるような方法で遂行するという形で提示されるのが常のようです。しかし、システムが目標を変えるという話は一度も聞きませんでしたし、そのことが問題とされていない理由がよくわかりません。超知能システムがどこかの時点で目標や目的を変えることはできないのでしょうか？人間はいつもそうしているというのに！

ボストロム：そのことがあまり問題とされていない理由は、超知能に目標を変更する能力があったとしても、その目標を選択するために使われる基準を考慮する必要があるからです。その選択は、そのときどきの目標に応じて行われることになるはずです。ほとんどの状況で、エージェントによる目標の変更は非常に劣悪な戦略的行動となるでしょう。なぜならば、未来のエージェントは現在の目標とは別の目標を遂行しようとしていることが予測できるからです。そのため、現在の目標から判断すれば劣った結果が得られる可能性が高くなります。現在の目標は、先ほどの定義により、行動を選択するための基準として使われています。そのため、十分に洗練された推論システムであれば、こういった判断から内部的な目標の安定性を達成しようとすることが期待できます。

人間は混乱している生き物です。私たちは、他の遂行目的をすべてサブ目標として持つような、特定の目標を持ってはいません。私たちの心のさまざまな部分はてんでんばらばらな方向へ私たちを引っ張っていこうとしますし、ホルモンのレベルが高まれば突然価値観を変えたりもします。人間は機械のように安定してはいませんし、目標最適化エージェントとして非常に明確で簡潔に記述されているわけでもないでしょう。私たち人間が、ときどき目標を変えているように見えるのは、そのためです。実際には、私たちが目標を変えているのではなく、目標自体が変化しているのです。あるいは、「目標」という言葉は私たちにとって物事を判断する根本的な基準ではなく、単に特定の目的を意味しているのだとも言えます。そういった目的は、状況の変化や新たなプランの発見により、変化して当然だからです。

フォード：しかし、これに関する研究の多くは神経科学からヒントを得ていますから、人間の頭脳から得られたアイディアは機械知能にも導入されます。超知能が、人間の知識をすべて手に入れたと想像してください。するとその超知能は、人類の歴史すべてを読み解けることになるでしょう。偉人たちの生涯を読み解き、彼らがさまざまな目的や目標を持っていたことを知るでしょう。また、マシンが病的状態に陥ることもあるかもしれません。人間の脳にはさまざまな問題がありますし、脳の働きを変えてしまうような薬もあります。機械の側にも似たようなことがないと言い切れるでしょうか？

ボストロム：そういうこともあるだろうと思います。特に発達の初期段階で、マシンがＡＩの働きを十分に理解して混乱なく自分自身を改変できるようになる前には。最終的には、目標が破綻することを防止できる技術を発達させることには、最終目標へ収斂《しゅうれん》する道具的理由が存在します。私は、十分な能力のあるシステムが、そのような目標を安定化する技術を発達させることを期待しますし、その発達には高い優先順位が与えられるかもしれません。しかし、急いでいたり、あまり能力がなかったりした場合――おおよそ人間と同じレベルの場合――には、破綻のリスクは確かに存在します。より効率的に考えられるようになるだろうと期待して実施した変更が、何らかの副作用によって目的関数を変えてしまうかもしれません。

フォード：もうひとつ、私が心配していることがあります。私たちが希望することをマシンがしてくれないことが問題とされるときはいつでも、あたかも人間の欲望や価値の全体集合のようなものが存在するかのように、人類全体を指して「私たち」という言葉が使われることです。しかし、現在の世界を見ればわかるように、実際にはそれは事実ではありません。世界は異なる価値の集合を持つ異なる文化から成り立っているからです。私には、どこで最初の機械知能が開発されるかが大きな意味を持つように思えます。マシンについて、そして人類全体について、それが一体の存在であるかのように話すのは単純すぎるのではないでしょうか？　私にとっては、現実はもっと雑然としたもののように思えるのです。

ボストロム：大きな問題をより小さな問題に分割して、それらの小さな問題について取り組んでみましょう。課題全体からひとつの構成要素、つまりこの場合には、ＡＩを任意の人間の価値観に整合させて開発者の望み通りにマシンを動作させる、という技術的な問題を切り出すのです。それに対して解決策が見つからない限り、私たち人類がこの強力な技術を何らかの善良な目的に利用するという、より大きな政治的問題について解決策など求めるべくもありません。

誰の価値観によって、あるいはどの程度異なる価値観によってこの技術の利用が導かれるべきかについてごちゃごちゃ言う前に、技術的な問題を解決する必要があるのです。もちろん、技術的な制御問題への解決策が見つかったとしても、課題全体の一部が解決したにすぎません。そして平和的に、そして人類全体の利益となるように、この技術を利用できる方法を見つけ出す必要もあります。

フォード：その技術的な制御問題を解決すること、つまり目的から逸脱しないマシンを作り上げることは、あなたが人類の未来研究所で取り組んでいることであり、オープンＡＩや機械知能研究所（Machine Intelligence Research Institute：ＭＩＲＩ）など他のシンクタンクでも重要視されていることなのでしょうか？

ボストロム：はい、その通りです。私たちのところではひとつのグループがそれに取り組んでいますが、私たちは他の問題にも取り組んでいます。また「ＡＩのガバナンス」グループもあって、そこでは機械知能の進化に関連したガバナンスの問題を注視しています。

フォード：ＡＩのガバナンスに割り当てるリソースとして、あなたの研究所のようなシンクタンクが適切なレベルだと思いますか、それとも政府がより大規模なレベルでこの問題に介入すべきだと思いますか？

ボストロム：ＡＩの安全性については、より多くのリソースが割り当てられてもよいと思っています。実際には私たちのところだけではなく、ディープマインドにもＡＩ安全性グループがあって私たちとも協力していますが、さらにリソースがあったほうが望ましいと思いますね。4年前と比べて、現在は人材も資金もだいぶ豊富になりました。まだ絶対的な尺度では非常に小さな分野ですが、率で見ると急速に成長してきています。

フォード：超知能の問題は、もっと公的な場で議論されるべきだと思いますか？　アメリカの大統領候補に、超知能について語ってほしいですか？

ボストロム：あまりそうは思いません。国家や政府の関与を求めるのは、まだちょっと早すぎます。現時点では、何をさせたいのか、何が望ましいのかといったことが、あまり明確ではないからです。この問題の本質を明確にし、よりよく理解することがまずは必要ですし、政府の介入なしにできることはたくさんあります。機械超知能に関しては、現時点で特に規制の必要は認められません。短期的なＡＩの応用に関しても多種多様な問題が存在しますし、それに関しては政府がさまざまな役割を果たせるでしょう。

都市のあちこちでドローンが飛行するようになったり、自動運転車が路上を走り回ったりするようになれば、それを規制する枠組みがおそらく必要になるでしょう。ＡＩが経済や労働市場に与える影響の大きさも、教育システムの運営者や経済政策の策定者にとっては興味があるはずです。超知能は政治家の視野からまだ少し外れたところにあると私は思っています。彼らが主に考えるのは、自分の任期内に起こり得ることだからです。

フォード：それでは、超知能は北朝鮮よりも大きな脅威だとイーロン・マスクが言うとき、そのレトリックがむしろ事態を悪化させている可能性があるということですか？

ボストロム：それを時期尚早に唱えて、大規模な軍拡競争が始まろうとしているという見方をすることは、より競争を激化させ、自制や国際的協調を求める声をかき消してしまうことにもなりかねません。ですから確かに、事態を改善するのではなく、悪化させる可能性はあります。超知能に関連して実際に政府の介入が必要かつ望ましいことが明確になるまで待ってから、それを実行に移せばいいのにと思います。そのときまでに、例えばＡＩ開発コミュニティや企業、そしてＡＩに取り組んでいる研究機関などと協力して、できることは膨大にあります。ですから今のところはそのような土台作りをしましょう。

フォード：あなたはどのようにしてＡＩコミュニティで現在の役割をするようになったのですか？ＡＩに興味を持つようになった最初のきっかけは何ですか、そして現在に至るまでの経歴はどのようなものだったのでしょうか？

ボストロム：私は物心の付いたときから、人工知能に興味を持っていました。私は大学で人工知能を、その後には計算論的神経科学を、理論物理学など他の分野とともに学びました。そうした理由は、第一にＡＩ技術がゆくゆくは世界を変える可能性があると思ったこと、そして第二に脳やコンピューターの中で思考がどのように作り出されるかを解き明かすことに非常に知的好奇心をかき立てられたからです。

　私は１９９０年半ばに超知能に関する研究をいくつか発表し、２００６年にはオックスフォード大学で人類の未来研究所（ＦＨＩ）を設立する機会に恵まれました。私は同僚とともに、未来の技術が未来の人類に与える影響について、機械知能の今後に特に注目しながら――取り憑《つ》かれていると言ってもいいかもしれません――フルタイムで研究しています。その成果が２０１４年の私の著書、『スーパーインテリジェンス 超絶ＡＩと人類の命運』です。現在、ＦＨＩには２つのグループがあります。ひとつのグループは価値整合問題に関する技術的なコンピューターサイエンスの研究に重点的に取り組み、スケーラブルな制御手法のアルゴリズムを作り出そうとしています。もうひとつのグループは、機械知能の発達のガバナンスや政策、倫理、そして社会的な影響に注目しています。

フォード：人類の未来研究所でのあなたの研究は、AIに関連する危険性だけではなく、さまざまな人類の存在にかかわるリスクに注目したものなのですね？

ボストロム：その通りですが、私たちは人類の存在にかかわるチャンスについても注目しています。技術のプラス面を見落としているわけではないのです。

フォード：あなたの注目されているその他のリスクと、それらの中でも特に機械知能を重要視されている理由を教えてください。

ボストロム：FHIでは、本当に大局的な問題、つまり何らかの意味で人類の状況を根本的に変化させる可能性のある物事に関心を持っています。私たちは来年に出るiPhoneがどんなものになるかということではなく、人間のあり方に関する基本的なパラメーターを変える可能性のある物事、地球に起源を持つ知的生命体の将来の運命を左右する問題について研究しているのです。そのような観点から、私たちは人類の存在にかかわるリスク——人類文明を恒久的に破壊してしまうおそれのあるもの——や、私たちの未来への針路を恒久的に方向付ける可能性のある物事に、興味を持っています。そのような人類の根本的な再形成を引き起こす原因として最も可能性の高いものは、たぶんテクノロジーだと私は思いますし、テクノロジーの中には人類の存在にかかわるリスクやチャンスとなり得るものがいくつか存在します。そしてAIは、その中で最も有力なものでしょう。FHIにはバイオテクノロジーのもたらすバイオセキュリティのリスクについて研究しているグループもありますし、私たちはもっと一般的に、これらさまざまな考察をどう組み合わせるか——それを私たちはマクロ戦略と呼んでいます——についても関心を持っています。

なぜＡＩが特別なのでしょうか？　ＡＩの目標はこれまでずっと、特定のタスクを自動化するだけでなく、私たち人類の賢さの源泉となっている汎用的な学習能力と計画能力を機械の基盤の上に複製することに置かれてきました。もしその本来の目標が達成できたら、それは文字通りの意味で、人類が必要とする最後の発明となることでしょう。その達成の影響は巨大なものとなり、ＡＩだけでなく、すべての技術分野に、そして現時点で人間知能が利用されているすべての分野に及ぶことでしょう。

フォード：例えば、気候変動はどうでしょうか？　それは人類の存在にかかわる脅威のひとつだとお考えでしょうか？

ボストロム：あまりそうは思いません。ひとつの理由は、私たちは自分たちの取り組みが大きな成果を生み出しそうな分野、これまで問題が比較的放置されてきた分野に集中したいと考えているからです。気候変動に現在取り組んでいる人は世界中にたくさんいます。また、この惑星の数度の温暖化によって人類という種が絶滅したり、お先真っ暗になったりするとは、あまり考えられません。これらの、またそれ以外のいくつかの理由から、気候変動は私たち自身の研究の中心ではないのです。しかし、私たちも時折それを横目でにらみながら、人類が直面する難題の全体像を描き出そうとはしています。

フォード：では、先進的なＡＩに起因するリスクは気候変動のリスクよりも実際に重要性が高く、現在私たちはリソースや投資を間違った問題につぎ込んでいる、とあなたはおっしゃるわけですね？　それは非常に物議をかもす見解のように聞こえます。

ボストロム：多少の不適切な割り当てはあると思っていますし、それは特にこれら2つの分野に限ったことではないでしょう。一般的に言って、私は人類文明としての私たちがそのような賢い目配りをしているとは思いません。人類がある量の懸念の資本、つまり人類文明を脅かすさまざまな物事に分配できる懸念あるいは恐怖のコインを持っていると想像したとき、私たちはそのような懸念のコインの割り当てがあまり得意ではないと思うのです。

前の世紀を振り返ってみれば、どの時点でもひとつの大きな地球規模の関心事が存在し、教養のある人間はそれについて案じるべきとされ、しかもその関心事は時とともに移り変わっていたのです。例えば百年ほど前の関心事は優生学であり、インテリたちは人間の資質が劣化していくことを懸念していました。その後の冷戦期には、もちろん核兵器によるハルマゲドンが重大な関心事であり、その後しばらくすると人口爆発が取って代わりました。現在では、たぶん地球温暖化が最大の関心事でしょうが、ここ数年の間にAIもじわじわとそこに忍び寄ってきています。

フォード：それはたぶん、イーロン・マスクのような人たちがそれについて話した影響が大きいのではないでしょうか。彼の声高な主張は良いことだと思われますか、それとも騒ぎすぎになったり無知な人々を議論に引き込んだりする危険があると思われますか？

ボストロム：これまでは、良い影響があったと思います。私が本を書いていたときには、今では考えられないほどAIの一切が無視されていました。AIに取り組んでいた人は大勢いたのですが、もしAIが成功したら何が起こるだろうかと考えていた人はほとんどいなかったのです。またそれは、人と真剣に話し合うようなたぐいの話題でもありませんでした。単なるSFとして片付けられてしまっていたからです。しかし、今では状況が変わりました。

それは大事なことだと思いますし、またおそらく盛んに取り上げられる話題となったことによって、現在では価値整合問題のようなことについて研究を行い、技術論文を発表することも可能となりました。そのことに専念している研究グループも、ここFHIを含めていくつかあり、私たちはディープマインドと共同で技術的なセミナーを開催していますし、オープンAIではAI安全性の研究者を数多く擁しており、バークレーの機械知能研究所などのグループも存在します。そもそも、こういった異議申し立てに注目が集まることがなければ、これほどの人材がこの分野に集まることはなかったかもしれません。現在、最も必要とされているのは、さらに警告を発することでも、関心を引こうと大声を出す人々に迎合することでもありません。現時点の課題は、現存するこの懸念や関心を建設的な方向へ導くこと、そして今すぐ仕事に取り掛かることです。

フォード：機械知能に関してあなたが心配しているリスクは、実際にはすべてAGIの達成、さらにはそれを超える超知能の達成にかかっている、という理解は正しいでしょうか？　特定型AIのもたらすリスクも大きいでしょうが、人類の存在にかかわるものではなさそうです。

ボストロム：その通りです。そのような、より短期的な機械知能の応用についても私たちはそれなりの関心を持っていますし、それはそれで興味深いものであり、それについて話し合う価値もあるでしょう。これら2つの異なる文脈、つまり短期的なものと長期的なものとが同じ鍋に投げ込まれ、混同されてしまったところにトラブルの種があるのだと思います。

フォード：この先5年ほどの間に考慮すべき、短期的リスクにはどのようなものがあるでしょうか？

ボストロム：短期的にはまず、私がとてもわくわくして出現を待ち望んでいるようなことが起きると思います。短期的な文脈では、プラス面がマイナス面をはるかに上回ります。経済活動などの分野では、賢いアルゴリズムが好結果をもたらすでしょう。地味な、退屈なアルゴリズムであっても、巨大な物流センターを縁の下で支えて需要曲線をより正確に予測し、在庫量を削減して消費者価格を下げるために役立ちます。

医療分野では、イヌやネコや顔の認識に使われるものと同じニューラルネットワークがX線画像に写った腫瘍の認識に利用でき、放射線技師がより正確な診断を下すために役立ちそうです。このようなニューラルネットワークをバックグラウンドで動作させれば、患者の効率良い診断や予後の把握に役立つかもしれません。ほとんどどんな分野でも、柔軟な発想で機械学習から生まれつつある新しい技術を有効に利用することができるでしょう。

これは非常にエキサイティングな、起業家に大きなチャンスをもたらす分野だと思います。科学的な観点からも、脳やこれらのニューラルシステムの中で知能がどう働くか、そして知覚がどう行われているかを理解する糸口がつかめるのは、本当にエキサイティングなことです。

フォード：多くの人が心配している短期的なリスクは、誰を殺すかを自分自身で判断できる自律兵器などに関するものです。このような種類の兵器の禁止を支持されますか？

ボストロム：殺人ロボットの完成に膨大な金額が費やされるような、軍拡競争への突入が防げるのであれば、賛成です。一般的に言って、機械知能は人類を破滅させる新しい方法の開発ではなく、平和的な目的に使われてほしいと思います。もっと詳しく見ていくと、何が条約で禁止されることが望ましいかは、はっきりしなくなってくると思います。

人間が判断に関与することは必須であり、自律ドローンが目標の決定を自分で行えるようにすべきではない、という意見が主流のようです。それはおそらく可能でしょう。しかしその代わりに、まったく同じシステムが構築されていて、ただしドローンがミサイルの発射を決定するのではなく、バージニア州アーリントン［アメリカ国防総省の所在地］でコンピューター画面の前に座った19歳の少年が、画面に「発射」というウィンドウがポップアップするたびに赤いボタンを押す仕事をしている状況を考えてみてください。もしそれが人間の関与と言えるのであれば、システム全体を完全に自律的に動作させることとの違いがどこにあるのか、はっきりしなくなってきます。たぶんもっと大事なのは、何らかのアカウンタビリティ（説明可能性）が存在することであり、まずいことになった場合に責任を取らせる人物がいることだと思うのです。

フォード：自律的なマシンのほうが望ましいと想像できるような状況は、確かに存在します。軍事利用ではなく、警察活動について考えてみましょう。例えば、アメリカ国内では警察による人種差別と思われる事件が何度も発生しています。適切に設計されたAI利用ロボットシステムは、そのような状況でも偏見を持つことはないでしょう。また、銃弾を受けてから発砲するようにさせることも可能でしょう。人間にはそのような選択肢はありません。

ボストロム：できる限り私たちは戦争自体をすべきではないのですが、もし戦争になってしまうのであれば、若者が別の若者に銃弾を浴びせるのではなく、マシンがマシンを殺すほうがましかもしれません。もし特定の戦闘員に対する攻撃を行うのであれば、標的となる人物だけを殺すような精密攻撃を行って、民間人の死傷者を出さないようにできるかもしれません。そんなわけで私が言いたいのは、具体的に考察すると全体像はより複雑なものになり、致死的な自律兵器に関して具体的にどんなルールや合意が適用されることが望ましいのかが不明確になってくる、ということなのです。

他の応用分野でも、例えば監視、データフローの管理、マーケティング、広告など、興味深い倫理的問題が提起されています。これらも、より直接的な対人殺傷ドローンの利用と同程度に、長期的な人間文明の行方を左右するかもしれません。

フォード：これらの技術に規制の果たす役割はあるとお考えですか？

ボストロム：何らかの規制は、確実に必要です。殺人ドローンが実用化されるとしたら、根っからの犯罪者が顔認識ソフトウェアを搭載したドローンを使って5キロメートル離れたところから要人を簡単に暗殺できるようになるのはまずいでしょう。同様に、アマチュアが空港の上でドローンを飛ばして、フライトを大幅に遅らせることも望ましくありません。人間が行きかう空間をこういったドローンが通過する機会が増えるにつれて、一種の軍事的枠組みが必要になると私は確信しています。

フォード：あなたの著書『スーパーインテリジェンス 超絶ＡＩと人類の命運』が出版されてから、4年ほどたちました。物事はあなたの予想したスピードで進展していますか？

ボストロム：ここ数年は、予想よりも速く進展しています。特に深層学習の進歩は目覚ましいものです。

フォード：あなたの著書に収録された表［各種ゲームの経緯と現状がまとめられた表「コンピューターによるゲームＡＩ」］ではコンピューターが囲碁の世界最強の棋士に勝つのは10年後、つまり２０２４年ころになるだろうとなっていました。しかし実際には、あなたの本が出版されてからちょうど2年後にそれが現実となったわけです。

ボストロム：私が書いたのは、それまでの数年間と同じ速さで進歩が続いたとしたら、その本の執筆後10年ほどでマシンが囲碁の世界チャンピオンとなることが期待できるだろう、ということだったと思います。しかし、進歩はそれよりも早かったのです。囲碁に特化した取り組みがなされたことも理由のひとつでしょう。ディープマインドがその難問に立ち向かい、そのタスクに優秀な人員を割り当て、膨大なコンピューティングパワーをつぎ込んだのです。しかし、それは確かに画期的な、深層学習システムの並外れた能力を実証した出来事でした。

フォード：私たちとＡＧＩの間に立ちはだかる、主要なマイルストーンや障壁としてはどんなものがあるでしょうか？

ボストロム：機械学習にはまだ大きな難問がいくつか残されています。例えば、教師なし学習を行う、よりよいテクニックが必要とされています。大人の人間がどうやって知識を身につけてきたのかを考えてみれば、明確な指示によるものはほんの一部にすぎないことがわかるでしょう。大部分は、私たち自身が周りで起こっていることを観察し、その感覚のフィードバックを利用して自分の世界モデルを改良することによって得られたものです。また私たちは幼児期に膨大な試行錯誤を行って、さまざまなものをぶつけたときに何が起こるか見てみたりしています。

非常に有効な機械知能システムを実現するためには、ラベルの付いていない教師なしデータをよりよく利用できるアルゴリズムも必要です。私たち人間は、現実世界の知識の多くを因果関係の形で整理する傾向がありますが、それは現在のニューラルネットワークではあまり行われていません。複雑なパターンに存在する統計的な規則性を見つけ出すことは得意なのですが、それを物体が他の物体に及ぼすさまざまな因果的影響として整理することは不得意なのです。そういったところが一例ですね。

また私は、計画やその他の数多くの分野でも進歩が必要だと思います。それらを実現する方法が何もわかっていないわけではありません。これらの問題のさまざまな側面を、やや不器用ながらも取り扱える制限付きのテクニックは存在します。人間に匹敵する汎用的な知能を実現するためには、これらの分野で大幅な改善が必要とされているのだと思います。

フォード：ディープマインドは、AGIに特化している数少ない企業のひとつだと思います。ディープマインドの競合となり得るような、重要な研究を行っている組織を他に挙げるとしたら、それはどこでしょうか？

ボストロム：ディープマインドは確かに先頭を行く企業のひとつですが、他にも多くの場所で機械学習に関するエキサイティングな事業や、ゆくゆくは汎用人工知能の実現に寄与しそうな研究が行われています。グーグル自体も、グーグルブレインという形でもうひとつ世界有数のAI研究グループを擁しています。それ以外の大手IT企業も、今では自前のAI研究所を持っていて、フェイスブック、バイドゥ、マイクロソフトなどでAIの研究が盛んに行われています。

大学では、各所で卓越した研究が行われています。カナダにはモントリオール大学とトロント大学があり、両方とも深層学習の研究で世界をリードしています。またバークレー、オックスフォード、スタンフォード、カーネギーメロンといった大学にも、この分野の研究者が大勢います。欧米だけではなく、中国などの国でも自国の技術力を高めるために多額の投資が行われています。

フォード：しかし、どこもＡＧＩに特化しているわけではありませんね。

ボストロム：そうですが、その境目はあいまいなものです。これらのグループの中で、ディープマインド以外に現在特にＡＧＩに力を入れている組織といえば、オープンＡＩが挙げられるのではないかと思います。

フォード：チューリングテストは、ＡＧＩが達成できたかどうかを判断するために役立つ方法だと思われますか、それとも何か別の知能テストが必要でしょうか？

ボストロム：十分に成功したと判断するための、粗削りな基準としては悪くないでしょう。ここで言っているのは、本格的な、難しいバージョンのチューリングテストです。専門家がシステムに１時間、質問を浴びせるような形のものです。それはＡＩ完全問題だと私は思います。汎用人工知能を開発する以外に、それを解決する方法はないからです。どれほど進歩したか判断することに興味があるなら、あるいは、例えば自社のＡＩ研究チームが次に何を目指すべきか知るためのベンチマークが目的なら、チューリングテストはあまり良い指標ではないかもしれません。

フォード：小規模ではギミックに陥ってしまうから、という理由でしょうか？

ボストロム：そうです。正しく行う方法はあるのですが、それは非常に困難で、現時点ではどうすればよいかよくわかっていないのです。チューリングテストの成績を上げることが目的なら、たくさんの答えをあらかじめ用意しておき、巧妙なトリックやギミックを使ったシステムを作り上げることになるでしょう。しかしそれでは、本物のＡＧＩに少しも近づいたことにはなりません。研究を前に進めたければ、あるいは世界の中でどの位置にいるのか知りたければ、もっと本当に私たちの進歩に結び付くような別のベンチマークが必要です。そうすれば完全な汎用ＡＩへの道も開けてくるでしょう。

フォード：意識についてはどうお考えですか？　知能を持つシステムから自動的に生まれてくるものなのでしょうか、それともまったく独立した現象なのでしょうか？

ボストロム：それは、どういう意味で意識という言葉を使っているかによります。その単語のひとつの意味は、機能的形態の自己認識を持つことができる能力です。つまり、自分自身を現実世界の中のアクターとしてモデル化し、さまざまな物事がエージェントとしての自分をどのように変えるか、考えられることだと言えます。自分自身は時間が経過しても存在し続けると考えられることです。これらのことは、より高い知能を持つシステム――自分自身を含め、現実のあらゆる側面をよりよくモデル化できるシステム――を作り出す副作用として、生まれてくると言えるでしょう。

「意識」という単語のもうひとつの意味は、私たちが持つ現象的経験場であって、倫理的な重要性があると私たちが考えるものです。例えば、誰かが現実に苦痛の意識を感じているならば、それは倫理的に良くないことです。それは、単に有害刺激から逃れようとしていることよりも、大きな意味があります。その人は、自分自身の主観的な感覚として実際にそれを経験しているからです。この現象的経験が、より賢い機械的システムを作る副作用として自動的に生じるのかどうかを知ることは困難です。また、クオリア［感覚や経験を伴う質感］を持たないけれども非常に能力の高い機械的システムを設計することさえ可能かもしれません。倫理的に意味のある形態の意識の必要十分条件が何なのかを実際にあまりはっきり把握できていないことを考えると、機械知能が人間レベルの知能や超知能を持つよりももしかしたらずっと前に、意識を持つようになる可能性を受け入れなくてはならないでしょう。

私たちは、人間以外の動物の多くが、意味のある形態の経験のようなものを持っていると考えています。ハツカネズミのような単純な動物であっても、それを使って医学研究を行いたいならば、一連のプロトコルとガイドラインに従う必要があります。例えば、ハツカネズミに手術を行う前には麻酔を掛けなくてはいけません。麻酔なしでメスを入れれば苦痛を感じるだろうと私たちは考えるからです。私たちの作り上げた機械知能システムが、例えばマウスと同じ行動レパートリーと認知的複雑性を持つならば、その時点でそのマシンが意識のレベル――マシンにある程度の倫理的地位が与えられ、私たちがマシンに対してできることが制限されるようなレベル――に到達し始めているのではないか、という疑問は重要であるように思えます。少なくとも、その可能性を即座に退けるべきではないでしょう。意識を持つかもしれないという単なる可能性であっても、マシンの生活の質を高めるようなこと――少なくともそれが簡単にできることであれば――を行う義務を私たちの側に課すにはすでに十分な根拠なのかもしれません。

フォード：つまり、このリスクはいわば両方向に働くわけですね？　私たちはＡＩが私たちに害をなすリスクについて心配しているけれども、もしかしたら私たちが意識を持つエンティティを奴隷化したり、苦しませたりするリスクもあると。マシンが真に意識を持っているかどうかを知ることができる決定的な方法は、存在しないように私には思えます。意識に関してはチューリングテストのようなものは存在しません。あなたに意識があると私が信じているのは、あなたが私と同じヒトという種に属すからであり、また私は自分に意識があると信じているからです。しかしマシンに関しては、そのような結び付きは存在しません。この疑問に答えるのは、とても難しいですね。

ボストロム：はい、難しいと思います。同じ種に属することが、意識があるかどうかを判断するための主要な判断基準だとは言えないでしょう。意識のない人間は、昏睡状態にある人や胎児、脳死や深い麻酔状態にある人など、たくさんいるからです。またほとんどの人は、人間以外の一部の動物などにも、さまざまな度合いと形態の意識的経験があると考えています。つまり私たちは自分の種以外にも意識を投影できているわけですが、もしデジタル的な心が存在するとしても、それに対して必要とされるレベルの倫理的配慮を示すことは、人情として難しいだろうと思います。

私たちは、動物をだいぶ苦しめてきました。私たちの動物の扱いは、特に食肉生産の分野では、大いに改善の余地があります。しかし動物には表情があり、鳴くことができるのです！　マイクロプロセッサー内部の目に見えないプロセスに、配慮に値する、知覚を持つ心が存在する可能性を人間が認識するのははるかに困難なことでしょう。現在でも、これはまるで真剣に受け止められないクレイジーな話題のように感じられます。アルゴリズムによる差別や殺人ドローンのような現実の課題ではなく、哲学セミナーでの議論に近いものです。

ゆくゆくはこの問題を、専門の哲学者だけが話し合うクレイジーな話題の領域から、理性的な公開討論ができるような話題に移行させることが必要になります。段階を踏む必要はありますが、私は今がその移行を始めるときだと思うのです。AIが人間のあり方にどんな影響を与えるかという話題が、ここ数年でSFの領域から普通の会話に移行してきたように。

フォード：人工知能が労働市場や経済に与え得る影響について、どうお考えですか？　その破壊力はどれほど大きなものになると思われますか、そして私たちが大いに関心を持つべきことだと思われますか？

ボストロム：非常に短期的に見れば、労働市場への影響は誇張されている傾向があるのではないかと思います。大きな影響を与えるほど十分に大規模なシステムを実際にロールアウトさせるには、時間が必要です。しかし、時間とともに機械学習の進歩が人間の労働市場へ次第に大きな影響を与えるようになるでしょうし、人工知能が十分な成功を収めたとすれば、基本的にすべて人工知能でできるようになるでしょう。考え方によっては、究極の目標は完全な失業状態なのだとも言えます。私たちが技術を採用する理由、そしてオートメーションを行う理由は、多大な労力を費やす必要なく所与の結果を得るためです。少ない労力で多くのことをする、それが技術の存在意義です。

フォード：それはユートピア的なビジョンですね。それでは、そういった進歩の果実を万人が享受するためのメカニズムとして、例えばベーシックインカムを支持されますか？

ボストロム：何かそれと機能的に同等なものが、時間とともに次第に望ましいものに見えてくる可能性はあるでしょう。ＡＩが本当の意味で成功を収め、技術的な制御問題が解決され、適切なガバナンスが行われるようになれば、爆発的な経済成長という巨大な宝の山が手に入ります。そのごく一部でも、あらゆる人が本当にすばらしい生活を送れるようにするためには十分に足りるはずですから、最低限それはすべきでしょう。超知能が開発される場合、好むと好まざるとにかかわらず、私たち全員がその開発のリスクを分担することになります。それならば、うまくいった場合にはその分け前が全員に行き渡らなければ公平とは言えないでしょう。

この世界で機械超知能がどのように使われるべきかというビジョンには、このことが含まれるべきだと思います。少なくともそのかなりの部分は、人類全体の共通の利益のために使われるべきです。このことは、開発者たちに個人的なインセンティブを与えることにもなりますが、本当に宝の山を掘り当てたとすればパイは非常に大きなものになるでしょうから、全員がすばらしい生活を送れるようにすべきです。それは、一種のユニバーサルベーシックインカムの形になるかもしれませんし、別の方式になるかもしれませんが、結果として経済的資源の面で大きな利益が全員にもたらされるべきです。また、その他の利益――よりよい技術やよりよい医療など――も、超知能がもたらしてくれるでしょう。

フォード：中国が私たちよりも先に、あるいは同時に、ＡＧＩを達成するかもしれないという懸念についてはどのようにお考えでしょうか？　この技術を開発する文化がどこであれ、その文化の価値観が重要な意味を持つように私には思えるのですが。

ボストロム：どの特定の文化でＡＧＩが最初に開発されるかは、あまり重要ではないと思います。より重要なのは、それを開発する特定の人物あるいはグループにどれほど能力があるか、そして十分な注意を払う機会が与えられるか、ということです。これは競争の力学に伴う懸念のひとつです。大勢の競争者が何らかのゴールラインに向かって突進するとき、接戦であれば危険は顧みられなくなります。安全性に最小の労力を費やしたものが勝者となるでしょうが、これは非常に憂慮すべき状況です。

そうではなく、最初に超知能を開発したのが誰であれ、その人物は開発プロセスの最後で6か月間、あるいは数年間立ち止まり、システムをダブルチェックして思いつく限りの安全装置をインストールする、という選択肢を取らせることもできるでしょう。その後、ゆっくりと慎重にシステムの能力を向上させて、人間を超えるレベルに持っていくのです。競争者がすぐ後ろに迫っているという理由で、急いでほしくはありません。将来、超知能が実現した際、人類にとって最も望ましい戦略的状況とはどういうものかを考えたとき、必要とされるのは競争の力学を可能な限り軽減することだと思います。

フォード：しかし、「高速テイクオフ」シナリオ、つまり再帰的に自分自身を改善できる知能が実現した場合には、巨大な先行者利益が生じます。先着したのが誰であれ、実質的に追い付くことはできなくなるため、まさに今あなたが望ましくないとおっしゃったたぐいの競争に対する巨大なインセンティブが生じます。

ボストロム：特定のシナリオでは、確かにそのような力学が生じることもあるでしょう。しかし私が先に述べたように、世界の利益のために使うことを信頼できる形で確約して競い合うことが、倫理的な観点からだけではなく、競争の力学の強度を減少させるという観点からも、ここでは重要になってくると思います。すべての競争者が、たとえ競争に勝つことはできなくても、膨大な利益が得られると感じられるのはよいことでしょう。そうすれば、最終的に先行者が慌てずにゴールを切れるような取り決めもしやすくなります。

フォード：そのためには何らかの国際的な協調が必要ですが、それについての人類の歴史はあまり褒められたものではありません。化学兵器禁止条約や核拡散防止条約と比較すれば、誰かが嘘をついていないことを検証するのは――たとえ何らかの取り決めがあったとしても――ＡＩではさらに難しい課題になりそうです。

ボストロム：ある面ではより困難かもしれませんが、別の面ではより容易かもしれません。人類は、希少性をめぐって争いを繰り返してきました。非常に制限された資源が存在する場合、ひとりの人あるいはひとつの国がその資源を確保すると、他の誰かはそれを手に入れられなくなってしまいます。ＡＩには、多くの面で豊かさが達成できるチャンスがありますから、協力的な取り決めを行うことも簡単になるでしょう。

フォード：私たちはこのような問題を解決して、総体的にはＡＩを建設的に利用していくことになるでしょうか？

ボストロム：私は希望と不安の両方でいっぱいです。ここでは、短期的にも長期的にも、プラスの面を強調しておきたいと思います。私は仕事柄、そして私が書いた本のせいもあって、リスクやマイナス面ばかり話すことを期待されますが、実はとてもわくわくしてこの技術が有効に利用されることを楽しみにしている部分も大きいのです。また私はこの技術が、世界にとって大きな福音となることを願っています。

［邦訳参考書籍］
『スーパーインテリジェンス　超絶ＡＩと人類の命運』（ニック・ボストロム著、倉骨彰訳、日本経済新聞出版社、２０１７年）

ニック・ボストロムはオックスフォード大学の教授であり、同大学に「人類の未来研究所」を創立し、その所長を務めている。彼は「人工知能のガバナンスのためのプログラム」のディレクターでもある。ニックはイェーテボリ大学、ストックホルム大学、そしてキングズ・カレッジ・ロンドンで学んだ後、2000年にロンドン・スクール・オブ・エコノミクスから哲学の博士号を授与された。彼には『Anthropic Bias』(2002年)、『Global Catastrophic Risks』(2008年)、『Human Enhancement』(2009年)、そしてニューヨークタイムズのベストセラーに選ばれた『スーパーインテリジェンス 超絶AIと人類の命運』(2014年、邦訳2017年)など、200ほどの著作がある。

ニックは哲学以外にも、物理学や人工知能、数理論理学の素養がある。彼はユージン・R・ガノン賞(哲学、数学、芸術などの人文科学、そして自然科学の分野で世界中から一年に1名選ばれる)の受賞者である。彼は「フォーリン・ポリシー」誌の「世界の思想家100人」に二度選ばれており、「プロスペクト」誌の世界思想家リストに、全分野のトップ15の中で最年少の、最高評価の分析哲学者として名を連ねた。彼の著書は24の言語に翻訳されている。彼の著作は100回以上翻訳され版を重ねている。

「人間が自動車の運転を学ぶには15時間の練習で十分で、しかも何の事故も起こさずに学ぶことができます。現状の強化学習の手法を利用して自動運転車をトレーニングしたとすれば、マシンは崖から落ちずに運転することを学ぶまでに、1万回も崖から落っこちてしまうでしょう」

YANN LECUN
ヤン・ルカン

フェイスブック社バイスプレジデント兼
主任AIサイエンティスト
ニューヨーク大学コンピューターサイエンス教授

ヤン・ルカンは30年以上にわたって、AIと機械学習に大学と産業界の両面から携わってきた。フェイスブック入社前にヤンが勤務していたAT&Tのベル研究所では、畳み込みニューラルネットワーク――脳の視覚野にヒントを得た機械学習アーキテクチャ――の開発という業績をあげている。ジェフリー・ヒントンやヨシュア・ベンジオといった少数の研究者とともにヤンが粘り強く続けた研究は、現在の深層学習ニューラルネットワーク革命をもたらした。

フォード：単刀直入に、ここ10年ほどで進行してきた深層学習革命についてお聞かせください。それはどのように始まったのでしょうか？　ニューラルネットワーク技術の改良とコンピューターの大幅な高速化、そして利用可能なトレーニングデータ量の爆発的増加との相乗効果がそれをもたらした、という理解は正しいでしょうか？

ルカン：はい、しかしそれはもう少し計画的なものでした。1986年から87年にかけて誤差逆伝播法アルゴリズムが考案され、古いモデルでは不可能だった複数層のニューラルネットのトレーニングができるようになったのです。それにより注目が高まり、1995年ころまで続いたのですが、その後は先細りになってしまいました。

そして2003年、ジェフリー・ヒントン、ヨシュア・ベンジオ、そして私が話し合って、この技術がゆくゆくは主流になることはわかっているのだから、一致団結して計画を立て、AIコミュニティの関心をもう一度呼び起こすことにしました。それが後に深層学習となったのです。言うなれば、計画的な陰謀でした。

フォード：当時、これほどまでの成功を想像していましたか？　現在では、人工知能と深層学習はほとんど同義語と思われているほどです。

ルカン：イエスでもあり、ノーでもあります。この技術が、ゆくゆくはコンピュータービジョンや音声認識などの主役となることがわかっていた、という意味ではイエスです。しかし、深層学習が人工知能と同義語になるとは思ってもいなかった、という意味ではノーです。

これほど広い業界から大きな関心を集め、まったく新しい産業が作り出されることも予想していませんでした。これほどまでの関心を一般の人々からも寄せられること、コンピュータービジョンや音声認識だけでなくロボット工学や医用画像分析の分野にも革命を起こすこと、そして実際に動作する自動運転車を生み出すことも、予想していなかったことです。私たちにとっても驚きでした。

本当に。

1990年代初頭を振り返ってみると、この種の進歩がもう少し早く、しかしもっと漸進的に起こるだろうと当時の私は思っていたようです。実際には2013年前後に大革命が起こったわけですが。

フォード：あなたがAIと機械学習に興味を持つようになったのは、何がきっかけでしたか？

ルカン：子どものころ、私は科学や技術、そして壮大な科学の問題に興味を持っていました。生命や知能、人類の起源といったものですね。人工知能にも魅力を感じましたが、1960年代から1970年代のフランスには、人工知能という分野自体が存在していなかったのです。そのような問題に魅力を感じてはいましたが、私は高校を卒業したとき科学者ではなくエンジニアになるものだと思っていたので、工学の勉強を始めました。

勉強を始めたころ、確か1980年ころだったと思いますが、たまたま私はある哲学書を手に取りました。それが発達心理学者のジャン・ピアジェと言語学者のノーム・チョムスキーの論争を記録した、『ことばの理論 学習の理論――ジャン・ピアジェとノーム・チョムスキーの論争』（邦訳思索社）という本です。この本には、生まれと育ちの概念や、言語と知能の発生に関する非常に興味深い論争が収録されていました。

この論争にピアジェの側に立って参加していたシーモア・パパートは、MITのコンピューターサイエンスの教授であり、初期の機械学習にもかかわっていました。また1960年代末、ニューラルネットの最初の流行にとどめを刺したのも彼だと言われています。その10年後に書かれたこの本の中で、彼はパーセプトロンと呼ばれる非常にシンプルな機械学習モデルを称賛していますが、これは1950年代に発明され、1960年代に彼が研究していたものでした。それを読んで私は学習するマシンという概念を初めて知り、そして機械も学習できるというアイディアに本当に夢中になってしまったのです。私は学習を、知能には欠かせないものだと考えていたからです。

学部生の間、私は機械学習に関するあらゆる文献を探して読み漁り、それに関するプロジェクトにもいくつか携わりました。私が見たところ、欧米では誰もニューラルネットについて研究していないようでした。数名の日本人の研究者が、後にニューラルネットワークとして知られるようになるものについて研究していましたが、欧米には誰もいなかったのです。その理由は、60年代末にシーモア・パパートと著名なアメリカのＡＩ研究者であるマーヴィン・ミンスキーによって、この分野が葬り去られたためでした。

私は独自にニューラルネットに関する研究を続け、１９８７年には「コネクショニスト学習モデル（Modeles connexionnistes de l'apprentissage）」と題した博士論文を書き上げました。私の指導教官だったモーリス・ミルグラムは、実際にはこのテーマの研究は行っていませんでしたし、私は彼からあからさまに「君の指導教官になってもよいが、君の研究を手助けすることはできない」と言われたものです。

１９８０年代初頭、私は研究を通してニューラルネットを研究している人々の世界的なコミュニティが存在することを知り、彼らと連絡を取り合った結果、デイヴィッド・ラメルハートやジェフリー・ヒントンといった人々と同時期に誤差逆伝播法などの概念を発見することになりました。

フォード：１９８０年代初頭、カナダでこの分野の研究は盛んに行われていたのですか？

ルカン：いいえ、研究の中心地はアメリカでした。カナダは、この種の研究ではまだ目立った存在ではありませんでした。１９８０年代初頭、ジェフリー・ヒントンはカリフォルニア大学サンディエゴ校の博士研究員で、デイヴィッド・ラメルハートやジェイ・マクレランドといった認知科学者と研究していました。彼らの研究結果は、シンプルなニューラルネットと計算モデルによって心理学を説明する本として出版されました。その後ジェフリーはカーネギーメロン大学の准教授となり、トロントに移ったのは1987年になってからのことです。まさにそのとき、私もトロントに移って彼の研究室で1年間博士研究員をしていました。

フォード：私は1980年代初頭には計算機工学を学ぶ学部生でしたが、ニューラルネットワークについてあまり聞いた覚えがありません。概念としては確かに存在していたのですが、完全に無視されていました。2018年の現在では、状況は劇的に変化しています。

ルカン：無視よりもひどい状況でした。70年代から80年代初頭にかけて、AIコミュニティの中では禁句だったのです。ニューラルネットワークという言葉を使った論文は即座に査読者に拒絶されてしまうので、発表することすらできないありさまでした。

実際、ジェフリー・ヒントンとテリー・セイノフスキーが1983年に発表した、初期の深層学習あるいはニューラルネットワークモデルについて記述した「最適知覚推論（Optimal Perceptual Inference）」という非常に有名な論文があります。ヒントンとセイノフスキーは、ニューラルネットワークという言葉を避けて、回りくどい表現を使わざるを得ませんでした。この論文のタイトルも、まるで暗号です。奇妙なことでした！

フォード：よく知られたあなたの主要なイノベーションのひとつに、畳み込みニューラルネットワークがあります。それがどういうものなのか、そして他の深層学習の手法とどこが異なるのか、説明していただけますか？

ルカン：畳み込みニューラルネットワークの本来の目的は、画像認識に適したニューラルネットワークを構築することでした。実際には音声認識や機械翻訳など、幅広いタスクに有効であることがわかっています。動物や人間の視覚野のアーキテクチャからヒントを得たものです。

デイヴィッド・ヒューベルとトルステン・ウィーセルがノーベル賞を受賞することになった、1950年代から1960年代にかけて行われた神経科学の研究は、視覚野のニューロンがどんな機能を果たしているか、またそれらが互いにどのように接続されているか、といったことに関するものでした。

畳み込みネットワークは、画像認識などの用途に適した処理が行われるように、特定の方法でニューロンが相互接続されています。ちなみに、生物学的なニューロンを正確に反映しているわけではないので、私たちは普通これをニューロンとは呼んでいません。

ニューロン接続の基本原則について説明しましょう。ニューロンは複数の層に分けられ、最初の層のニューロンは、それぞれ入力画像に含まれるピクセルの小区画に接続されます。各ニューロンは、その入力の重みづけ和を計算します。これらの重みの大きさは、学習によって変更されます。ニューロンは小さな窓の中の入力ピクセルしか見ることができません。また、それと同じ小窓を見ている一群のニューロンも存在します。そして、少し場所のずれた小窓を見ているニューロンも存在しますが、これらも別の一群のニューロンと同じ処理を行います。ひとつの小窓の中で特定のモチーフを検出するニューロンが存在したとすれば、隣の窓に、そして画像全体にわたるすべての窓の中に、まったく同じモチーフを検出する別のニューロンが存在するのです。

これらすべてのニューロンが全体として行っている数学的演算は、「離散畳み込み」と呼ばれます。このため、畳み込みネットという名前が付いているのです。

これが最初の層です。次の2番目の層は非線形層で、基本的には閾値《しきい》を用いて、畳み込み層によって計算された重みづけ和とその閾値との大小関係によって、各ニューロンがオンになったりオフになったりします。

最後に、「プーリング」と呼ばれる処理を行うのが3番目の層です。ここではあまり詳しい話はしませんが、基本的には入力画像がわずかにずれたりゆがんだりしても、出力応答があまり変化しないようにする役割をしています。これは、入力画像中の物体の位置のずれやゆがみに対する不変性を持たせるためです。

畳み込みネットは、基本的にはこういった3種類の層――畳み込み、非線形、プーリング――を積み重ねたものです。これらを複数層積み重ねると、最上位層のニューロンでは個別の物体が検出できるようになります。

画像の中にウマがいればオンになるニューロンがあるかもしれません。また自動車や人物や椅子など、認識させたいあらゆるカテゴリーに対応したニューロンも得られるのです。

ここで重要なのは、このニューラルネットワークの機能が、ニューロン間の接続の強さ、つまり重みによって決まること、そしてその重みがあらかじめプログラムされているのではなく、トレーニングによって設定されることです。

この重みが、ニューラルネットをトレーニングする際に学習されていくのです。ウマの画像を示し、「ウマ」という答えが返ってこなければ、それは間違いで正解はこうだよ、ということを教えます。そして誤差逆伝播法アルゴリズムを使って、ネットワーク内のすべての接続のすべての重みを調整すると、次に同じウマの画像を示したときにもっと正解に近い出力が得られるわけです。そしてこれを、何千枚もの画像について繰り返します。

フォード：ネコやウマなどの画像を示してネットワークをトレーニングするそのプロセスは、「教師あり学習」と呼ばれるものですね？　現在は教師あり学習が主流のアプローチであり、それには膨大な量のデータが必要となるという理解で合っていますか？

ルカン：その通りです。現在の深層学習アプリケーションのほぼすべてに、教師あり学習が利用されています。

教師あり学習は、トレーニングの際にマシンへ正解を示し、そしてマシンが自分自身を修正して正解を出すようにすることです。まるで魔法のように、トレーニングされた後のマシンは、それまで一度も見たことのない画像でも、トレーニングされたカテゴリーについてはほぼ毎回正しい答えを出すようになります。おっしゃる通り、少なくともネットワークの初回のトレーニングには、大量のサンプルが必要となるのが普通です。

フォード：将来、この分野はどの方向に進んでいくと思いますか？　教師あり学習は、人間の子どもが学習する方法とは大きく違います。一度ネコを指さして「これがネコだよ」と言うだけで、子どもはその1個のサンプルから十分に学習できるでしょう。これは現時点のＡＩとはまったく違います。

ルカン：うーん、イエスでもありノーでもありますね。先ほども言ったとおり、畳み込みネットワークを最初にトレーニングする際には、何千もの、もしかすると何百万枚もの、さまざまなカテゴリーの画像が必要です。次に新しいカテゴリーを追加したい場合、例えばそれまで一度もネコを見せたことのないマシンがネコを認識するようにトレーニングしたければ、ネコのサンプルは数個しか必要ありません。なぜかというと、そのマシンはすでに任意の種類の画像を認識するようにトレーニングされていて、画像がどのように表現されるか知っているからです。物体とは何かを知っており、さまざまな物体について多くのことを知っているからです。ですから、新しい物体を認識するようにトレーニングするには、数枚のサンプルを見せるだけでいいのです。そしてトレーニングが必要なのは、上位の数層だけです。

フォード：つまり、イヌやクマのような別の種類の動物が認識するようにネットワークをトレーニングした後では、少量のデータでネコを認識できるようになる、ということですか？　そうなると、子どもがしていることとあまり違わないような気がしますね。

ルカン：ところが、それが違うのです。残念なことですが。子どもが（この点に関しては、動物でも同じですが）学習するときのやり方では、大部分の学習は「これがネコだよ」と言われる前に終わっているのです。人生の最初の数か月で、赤ちゃんはまったく言語の力を借りずに、観察によって膨大な量の学習を行います。世界の仕組みに関する膨大な量の知識を、観察と現実世界とのわずかなインタラクションだけから学習するのです。

このような世界に関する膨大な量の背景知識の蓄積を、マシンで行う方法はわかっていません。これを何と呼ぶべきかもわかりません。「教師なし学習」と呼ぶ人もいますが、これは手あかのついた言葉です。「予測学習」あるいは「欠損学習」と呼ばれることもあります。私は「自己教師あり学習」と呼んでいます。基本的にこの種の学習は、タスクについてのトレーニングではなく、世界を観察してその働きを理解することだからです。

フォード：強化学習、つまり成功報酬付きの実践による学習は、教師なし学習のカテゴリーに含まれるのでしょうか？

ルカン：いいえ、それはまったく違うカテゴリーです。基本的に、カテゴリーは3つ存在します。はっきりと分類できない場合も多いのですが、その3つとは強化学習、教師あり学習、そして自己教師あり学習です。

強化学習は試行錯誤による学習であって、成功した場合には報酬が得られ、成功しなかった場合には報酬が得られません。この形態の学習は、そのままの形では非常にサンプル効率が悪く、そのため何度でも試すことのできるゲームではうまくいきますが、多くの現実世界のシナリオではうまくいきません。

強化学習を使ってマシンをトレーニングすれば、囲碁やチェスがプレイできるようになります。アルファ碁を見ればわかるように、これは非常にうまくいきますが、途方もない数のサンプルあるいは試行錯誤が必要です。マシンは基本的に全人類の過去三千年間の対戦数よりも多くゲームをプレイしなくては優秀な成績が出せず、それができれば非常にうまくいくのですが、現実世界では実用にならない場合が多いのです。

強化学習を使ってロボットが物体をつかめるようにトレーニングしたければ、途方もなく長い時間が必要となります。人間が自動車の運転を学ぶには15時間の練習で十分で、しかも何の事故も起こさずに学ぶことができます。現状の強化学習の手法を利用して自動運転車をトレーニングしたとすれば、マシンは崖から落ちずに運転することを学ぶまでに、1万回も崖から落っこちてしまうでしょう。

フォード：それはシミュレーションの必要性を示すものではないでしょうか。

ルカン：私はそうは思いません。シミュレーションの必要性を示すものかもしれませんが、私たち人間に可能な種類の学習が純粋な強化学習とは非常に大きく異なることを示すものでもあります。

それは、いわゆる「モデルに基づく強化学習」に近いものです。この場合には、ハンドルをこちらの方向に回せば車はこちらの方向に進むとか、前に別の車がいればそれにぶつかるとか、崖があればそこから落ちるなどといった予測を可能とする、世界の内部モデルが存在します。この予測モデルがあれば、行動の結果をあらかじめ予測することが可能です。その結果、事前に計画して悪い結果をもたらす行動を避けることができます。

この文脈で運転を学習することはモデルに基づく強化学習と呼ばれますが、実はこれを行う方法もわかっていません。名前は付いているのですが、それを確実に行う現実的な方法がないのです！大部分の学習は強化学習ではなく、自己教師あり学習のような予測モデルの学習の形で行われます。それが現在解決方法の見つかっていない大きな問題なのです。

フォード：それが、フェイスブックでのあなたの研究で注目されている領域なのですか？

ルカン：はい、それは私たちがフェイスブックで取り組んでいる研究のひとつです。私たちは他にも多くの研究に取り組んでいます。例えば、さまざまなデータソースの観察によってマシンを学習させること——世界の仕組みを学ばせることです。また私たちが構築しようとしている現実世界のモデルから、何らかの形の常識が創発するかもしれませんし、それを一種の予測モデルとして使えば、人間が1万回も失敗を繰り返さずに成功できるのと同じ方法でマシンが学習することも可能となるかもしれません。

フォード：深層学習だけでは十分ではない、あるいはネットワークにさらなる構造を組み込む必要がある、と主張する人もいます。一種のインテリジェントデザインですね。あなたは、比較的一般的なニューラルネットワークから自然に知能が生まれてくるという考えを強く信じていらっしゃるようですね。

ルカン：それはちょっと言いすぎだと思いますよ。何らかの構造が必要なことには誰もが同意しているわけですから。問題はどれほど多くの、そしてどんな種類の構造が必要かということです。一部の人が、例えば論理や推論といった構造が存在すべきだと信じているという話は、おそらくゲアリー・マーカス、もしかしたらオーレン・エツィオーニを念頭に置いているのでしょう。

実は私は今日、ゲアリー・マーカスと議論してきたところです。ゲアリーの意見は、ＡＩコミュニティではあまり受けがよいとは言えません。彼は深層学習について批判的なことを書いていますが、深層学習に貢献してはいないからです。オーレン・エツィオーニはこの分野にしばらく身を置いていたので、彼にはその批判は当てはまりませんが、彼の意見はゲアリーよりもだいぶ穏当なものです。しかし、私たちすべてが同意していることがひとつあります。それは、何らかの構造が必要だということです。

実際、畳み込みネットワークそのものが、ニューラルネットワークに構造を導入するというアイディアをもとにしています。畳み込みネットワークは白紙の状態ではなく、多少の構造を持っています。問題は、ＡＩを創発させるためには、そして汎用知能あるいは人間レベルのＡＩについて考えるときには、どの程度の構造が必要となるか、ということです。ここは意見が分かれるところで、マシンが記号を操作できるような明示的な構造は必要か、あるいは言語における階層構造を表現するための明示的な構造は必要か、といった議論になってきます。

ジェフリー・ヒントンやヨシュア・ベンジオといった私の同僚の多くは、長い目で見ればそのような特別な構造は必要ないだろう、という意見です。短期的にはそれが役に立つこともあるかもしれません。まだ私たちは、自己教師あり学習の汎用的な学習手法を見つけ出せていないようだからです。そこで、近道をするひとつの方法として、アーキテクチャをあらかじめ組み込んでおくことが考えられます。そのこと自体には問題はありません。しかし長い目で見ると、それがどれほど必要なことかはっきりしないのです。大脳皮質は、視覚野を見ても前頭前野を見ても、いたるところで非常に均一な微細構造をしているように見えます。

フォード：脳では、誤差逆伝播法に似たものが使われているのでしょうか？

ルカン：それはよくわかりません。しかし、それよりも基本的な質問がいくつかあるのです。これまで考案された学習アルゴリズムの大半は、基本的に何らかの目的関数の最小化になっています。

脳が目的関数の最小化をしているかどうかさえ、私たちにはわかっていません。もし脳が実際に目的関数の最小化をしているとしたら、勾配に基づく手法を用いているのでしょうか？　脳は何らかの方法で、その目的関数を改善するためにすべてのシナプス接続をどちらの方向に変更すべきかを推定しているのでしょうか？　それもわかっていません。脳がそういった勾配を推定しているのなら、ある種の誤差逆伝播法が使われているのでしょうか？

おそらく私たちの知っている誤差逆伝播法ではないのでしょうが、誤差逆伝播法と非常によく似た勾配推定の一種の近似かもしれません。ヨシュア・ベンジオは生物学的にあり得る形態の勾配推定について研究していましたから、脳が何らかの目的関数に対する一種の勾配推定を行っている可能性もなくはないのです。単純に、わかっていないだけなのです。

フォード：それ以外に、あなたがフェイスブックで研究している重要なテーマは何ですか？

ルカン：私たちは機械学習に関する基礎的な研究や問題に数多く取り組んでいます。むしろ応用数学や最適化に近いようなものです。強化学習や、生成モデルと呼ばれるものについても研究しています。これは自己教師あり学習、あるいは予測学習の一形態です。

フォード：フェイスブックでは、実際に人間と会話ができるシステムを構築しようとしているのでしょうか？

ルカン：これまでお話ししたことは基礎的な研究テーマでしたが、それ以外にもさまざまな応用分野があります。

フェイスブックはコンピュータービジョンに非常に積極的に取り組んでおり、世界でも最高のコンピュータービジョン研究グループを擁していると言ってもいいと思います。経験豊富なグループで、数々の本当にクールな取り組みが行われています。私たちは自然言語処理にも力を入れており、それには翻訳、要約、テキスト分類——テキストの主題の推定、そして対話システムなどが含まれます。実は対話システムは、仮想アシスタントや質問回答システムなどに応用できる、非常に重要な研究分野なんです。

フォード：いつの日か、チューリングテストに合格するAIが作り出されると思いますか？

ルカン：いつかはそうなるでしょうが、チューリングテストはあまりおもしろいテストではありません。現在AIの分野で、チューリングテストを良いテストだとみなしている人はあまりいないでしょう。簡単にだませてしまいますし、ある意味ではチューリングテストはすでに過去の存在です。

人間としての私たちは、言語に重きを置いています。私たちは言語を通して、他の人間と知的なテーマについて議論してきたからです。しかし、言語は知能の付帯現象のようなものです。こう言うと、自然言語処理について研究している同僚から猛反発されるんですけどね！

　オランウータンについて考えてみましょう。彼らの賢さは、基本的に私たちとほぼ同等です。彼らは膨大な量の常識と非常によい世界のモデルを持っており、道具を作ることができます。その点では人間と同じですね。しかしオランウータンは言語を持たず、社会的動物ではなく、非言語的な母子関係以外には、種の他のメンバーと交渉を持つことはほとんどありません。知能を構成する要素には、言語とはまったく関係のないものもあるのです。チューリングテストに通りさえすればよいとAIを単純化してしまえば、そのことを無視することになります。

フォード：汎用人工知能への道のりはどんなものになるでしょうか、またそれを実現するためには何を克服する必要があるでしょうか？

ルカン：たぶん今は見えていない問題に遭遇することもあるでしょう。しかし私が必要だと思うのは、赤ちゃんや動物が観察によって、世界の仕組みを人生の最初の数日間、数週間、そして数か月間に学ぶ能力です。

　その間に、私たちはこの世界が三次元であることを学びます。頭を動かすと、物体が別の物体とさまざまに重なって見えることを学びます。物体の永続性について学び、ある物体が別の物体の背後に隠れても存在していることを学びます。時間とともに、重力や慣性、剛性など——基本的に観察によって学ばれる非常に基礎的な概念——を学びます。

　赤ちゃんは世界に働きかける手段をあまり持っていませんが、たくさん観察を行い、膨大な知識を観察によって学ぶのです。動物の赤ちゃんも同じことをしています。たぶん、より多くのものがあらかじめ組み込まれているのでしょうが、非常によく似ています。

　この教師なし／自己教師あり／予測学習を行う方法を私たちが見つけ出すまでは、あまり大きな進歩は望めないでしょう。私はそれが、世界について十分な基礎知識を学習し常識を創発させるための鍵だと思うからです。これが主要なハードルです。詳しくは説明しませんが、不確定な状況における予測など、よりテクニカルな副問題も存在します。しかし、これが主問題です。

マシンがユーチューブ（YouTube）のビデオを見て世界の仕組みを学習するようにトレーニングする方法を見つけ出すにはどのくらいかかるでしょうか？　それもはっきりしません。2年間でブレークスルーが起こり、実際にそれがうまくいくようになるまでさらに10年かかるかもしれませんし、10年や20年かかるかもしれません。いつになるかはわかりませんが、いつかは必ず実現するはずです。

これは登らなくてはならない最初の山にすぎませんし、そのあとにいくつ山がそびえているのかわかりません。まだ見えていない大きな課題や重要問題が存在するかもしれません。私たちはまだそこに到達していませんし、そこは未踏の領域だからです。

私たちがこの種のブレークスルーを成し遂げて現実世界で何らかの結果を出すまでには、おそらく10年はかかるでしょう。そしてそれは、人間レベルの汎用人工知能の実現へ向けた、ほんの一歩にすぎないのです。私たちがこのハードルをクリアした後、他にどんな問題が出てくるのでしょうか？

そういったシステムが適切に安定して動作するために、そして人間の周囲で適切に振る舞う内的動機付けを持つために、どれほど多くの事前構造を組み込む必要があるのでしょうか？　そういった問題がたくさん出てくることは間違いないので、ＡＧＩの実現には50年かかるかもしれませんし、100年かかるかもしれません。はっきりとはわかりません。

フォード：しかし、達成可能だとお考えになっているわけですね？

ルカン：ええ、もちろんです。

フォード：必然的にそうなるとお考えですか？

ルカン：はい、それに関してはまったく疑問はありません。

フォード：ＡＧＩは意識を持つと思いますか、それともまったく意識体験を持たないゾンビのようなものになる可能性もあるのでしょうか？

ルカン：意識とは何なのか、まったくわかっていないのです。それは「非問題」だと思います。最終的に、物事の仕組みが理解できたとき、意味がないとわかるような種類の問題です。

17世紀、眼球の奥で網膜に上下が反転した像が形成されることがわかったとき、私たちには正立した像が見えているという事実に人々は困惑しました。その後、像にどんな処理が必要とされるかが理解され、ピクセルの順番にはあまり意味がないことが理解されてくると、それがまったく意味のない愚問であることがわかります。先ほどの質問も同じことです。私は、意識は主観的な経験であって、賢さの非常に単純な付帯現象かもしれないと思っています。

この意識の幻想――私は幻想だと思うのでこういう言い方をするわけですが――がどこから生まれてくるかということに関しては、いくつかの仮説があります。ひとつの可能性としては、私たちの前頭前野に世界をモデル化できるようなひとつのエンジンが存在し、特定の状況に注意を払うという意識的な決定によって、世界のモデルがその目前の状況に合わせて調整されるのかもしれません。

意識状態は、いわば、注意の重要な一形態のようなものです。私たちの脳が10倍の大きさであって、世界をモデル化するエンジンをひとつではなくたくさん持っていたとしたら、意識体験は同じではないかもしれません。

フォード：ＡＩにまつわるリスクについてお聞かせください。私たちは、広範囲にわたる職の喪失を伴う大規模な経済的大変動を目前にしているとお考えですか？

ルカン：私はエコノミストではありませんが、もちろんそのような問題にも関心を持っています。私は何人ものエコノミストと対談しましたし、まさにそのような問題について大勢の高名なエコノミストが議論するカンファレンスにも何度か出席したことがあります。まず、彼らによれば、AIはいわゆる「汎用技術」（GPT）です。これは、経済の隅々まで浸透して、あらゆる物事のやり方を変えてしまうような技術のことです。私が言っているのではありませんよ。彼らがそう言っているのです。もし私がそんなことを言ったとすれば、我田引水に、あるいは傲慢《ごうまん》に聞こえてしまうでしょう。また私は、専門的な知識のある人が言っていることでなければ伝えないようにしています。そんなわけで彼らはそう言っているのですが、彼らがそう言っているのを聞くまで私はAIが汎用技術だと本当に認識してはいませんでした。彼らの言うには、AIは電力や蒸気機関、あるいは電気モーターに匹敵する規模の汎用技術だそうです。

私が心配していることのひとつ――これはエコノミストと話す前からのことですが――は、技術的失業の問題です。これは、技術が急速に進歩すると、新しい経済状況に必要とされるスキルが人々の持つスキルとマッチしなくなるということです。人口の大部分が突然、適切なスキルを持っていない状態となり、置き去りにされます。

技術の進歩が加速すると、より多くの人々が置き去りにされると思うかもしれません。しかしエコノミストによれば、ある技術が経済に浸透するスピードは、実際にはそれを使うように訓練されていない人々の割合によって制限されるのだそうです。別の言い方をすれば、置き去りにされる人の数が多くなるほど、その技術が経済に浸透する速度は遅くなります。このように、悪いことにも自己調整メカニズムが組み込まれているのは興味深いことです。人口の相当な割合が実際にAIを利用できるように訓練されなければ、AI技術が広く浸透することはありません。彼らがその例として挙げるのは、コンピューター技術です。

コンピューター技術は1960年代から1970年代にかけて出現しましたが、生産性向上という形で経済に影響を与えるようになったのは1990年代になってからのことでした。人々がキーボードやマウスなどに慣れるにも、ソフトウェアやコンピューターが大衆に受け入れられるほど安価になるまでにも、長い時間がかかったからです。

フォード：AIの場合、それにかかる時間が歴史的事例と比較して異なるのではないか、という問題があると思います。現時点で、マシンが認知能力を持ちつつあるからです。

現状でも、さまざまな定型的で予測可能な仕事ができるようにマシンを学習させることは可能ですし、労働人口のかなりの割合の人々は予測可能な仕事に従事しています。ですから、この変動は過去に私たちが経験してきたものよりも大規模なものになると思うのです。

ルカン：私には、それが正しいとは思えません。この技術の出現によって、私たちが大規模な失業に直面するとは思いません。確かに、経済的な様相は大きく変化するだろうとは思います。100年前には農民が人口の大部分を占めていたのに、現在では人口の2パーセントになっているのと同じことです。

今後数十年かけてこの種の変化が起こり、それに伴う再訓練が必要になることは確かでしょう。何らかの形で継続的学習が必要となりますが、それは誰にとってもやさしいことではありません。しかし私は、職がなくなってしまうとは思わないのです。エコノミストが「私たちの職がなくなることはない、なぜならば私たちの問題がなくなることはないからだ」と言っていました。

機械的なマシンが人間の体力を増強してくれたように、これからのAIシステムは人間の知能を増強してくれることになるでしょう。人間を置き換えることにはならないでしょう。MRI画像を解析するAIシステムのほうが上手に腫瘍を検出するからといって、放射線技師が職を失ってしまうわけではないのです。まったく異なる職、そしてはるかに興味深い職を得ることになるでしょう。1日に8時間画面を見つめる代わりに、患者との対話といった、より興味深いことに時間を使うことになるでしょう。

フォード：しかし、誰もが医者になれるわけではありません。タクシーやトラックの運転手、ファーストフード店員といった仕事をしている人もたくさんいますし、彼らにとって職の転換は難しいかもしれません。

ルカン：これからは、物事やサービスの価値が変化していくことになります。マシンの作るものはすべてずっと安価に、人間の作るものはすべて高価になっていくでしょう。本物の人との触れ合いに多くのお金を使い、マシンでできることにはあまり使わないようになるでしょう。

例えば、ブルーレイディスクプレイヤーは46ドルで購入できます。ブルーレイディスクのプレイヤーにどれほど途方もない高度な技術が詰め込まれているかを考えれば、46ドルという価格は信じられないほど安いものです。これに使われている青色レーザーという技術は、20年前には存在していませんでした。このレーザーをミクロン単位で制御するために、途方もなく精密なサーボ機構が使われています。H・264ビデオ圧縮技術も、超高速なプロセッサーも。こういった、とんでもない量の技術が詰め込まれているのに46ドルという値段が付いている理由は、本質的にはマシンによって大量生産されているためです。ここでウェブブラウザーを開いて、手作りの陶器サラダボウルを検索してみると、検索結果の上のほうには1万年前からある技術を使った手作りの陶器製ボウルが、500ドルほどの値段で表示されていることでしょう。どうして500ドルなのでしょうか？　それは手作りだからであり、あなたは人との触れ合い、人とのつながりにお金を払っているのです。音楽のダウンロードは1ドルでできますが、コンサートに行って同じ音楽のライブ演奏を聴くには200ドルかかるかもしれません。それが人との触れ合いの価値なのです。

物事の値段が変わっていくと、人との触れ合いにより多くの価値が置かれ、自動化されたものの価値は下がっていきます。タクシー料金は、AIシステムによって運転できるようになるので下がるでしょうが、生身の人間がサービスしてくれたり生身の人間のシェフが料理を作ってくれたりするレストランは、より高価なものになるでしょう。

フォード：それは、誰もが市場価値のあるスキルや才能を持っている、ということを前提にしていますよね。私にはそれが正しいかどうかわかりません。こういった変化に適応していくための手段として、ユニバーサルベーシックインカムというアイディアについてはどう思いますか？

ルカン：私はエコノミストではありませんから、それに関して説得力のある意見を持っているわけではありませんが、私が対談したあらゆるエコノミストはユニバーサルベーシックインカムというアイディアには反対のようでした。彼らは全員、技術の進歩による格差の拡大の結果として、それを補償する何らかの手段を政府が取る必要があることには同意しています。また、それは税制や富と所得の再配分といった形の財政政策によって行われるべきだと彼ら全員が確信しています。

　この所得格差はアメリカで特に顕著ですが、より小さな規模で西欧諸国にも見られます。フランスや北欧諸国のジニ係数――所得格差の指標――は25から30程度です。アメリカでは45であり、これは第三世界諸国と同じレベルです。アメリカでは、エリック・ブリニョルフソンというＭＩＴのエコノミストが、ＭＩＴの同僚であるアンドリュー・マカフィーとの共著で、技術が経済に与える影響について研究した本を何冊か書いています［『プラットフォームの経済学 機械は人と企業の未来をどう変える？』（邦訳日経ＢＰ）ほか］。彼らによれば、アメリカの世帯所得の中央値は、レーガノミクスで高額所得者への減税が行われた１９８０年代以降、変化していないそうです。一方で、生産性は一貫して上昇しています。そんなことは西欧諸国では起こっていません。ですから、それは純粋に財政政策のなせる業です。技術の進歩によって加速された可能性はありますが、経済的断絶への補償として政府ができる簡単な対策は存在し、そしてアメリカではそれが行われてこなかったのです。

フォード：労働市場や経済へ与える影響以外に、ＡＩに伴うリスクは何がありますか？

ルカン：まず、心配すべきでないことをお話ししましょう。それは『ターミネーター』のシナリオです。これは、私たちが汎用人工知能の秘密を発見し、人間レベルの知能を作り上げると、それが私たちの支配を逃れてしまい、ロボットたちがいきなり世界を征服しようとし始める、というものです。世界征服の野望は、知能とは関係ありません。関係するのは男性ホルモンです。

今のアメリカの政治を見てみれば、権力の野望が知能と関係しないことを明確に示す実例がいくつも見つかります。

フォード：しかし、例えばニック・ボストロムが提起しているような、かなり理性的な議論もあります。問題は、世界を征服したいという生来の欲望ではなく、AIが与えられた目標を私たちに害をなすような方法で遂行しようとするおそれがあることです。

ルカン：それでは、私たちが汎用人工知能を持つマシンを作り上げられるほど十分に賢かったとして、そんな私たちが真っ先にするのがマシンにできるだけ多くのペーパークリップを作れと命じることであり、マシンはそれに従って宇宙全体をペーパークリップだらけにするというわけですか？ それは非現実的なことに聞こえます。

フォード：ニックは一種の漫画的な例としてそれを取り上げたのだと思います。そういったシナリオはすべて現実離れしたものに思えますが、真剣に超知能について話そうとするならば、マシンが私たちに理解できない行動を取る可能性も考慮すべきではないでしょうか。

ルカン：そうですね、そこにあるのは目的関数の設計の問題です。これらすべてのシナリオでは、何らかの方法でマシンの目的関数――内的動機付け――をあらかじめ設計することになっていて、それがまずかったせいでマシンがクレイジーなことをし始めます。人間は、そういう風にはできていません。私たちの内的動機付け関数は、あらかじめ組み込まれてはいないのです。私たちが食欲や呼吸や生殖の本能を持っているという意味では、一部はあらかじめ組み込まれていますが、行動体系や価値体系の多くは学習によって得られます。

それとまったく同じことを、マシンに対して行えばいいのです。マシンに価値体系をトレーニングし、社会における基本的な行儀作法や人間に対する善良な振る舞いをトレーニングするのです。それは単に目的関数の設計の問題ではなく、マシンのトレーニングの問題でもあり、エンティティに行儀作法をトレーニングするほうがずっと簡単です。私たちは自分の子どもに、善悪を区別することを教育します。子どもたちに教えることができるなら、同じことをロボットやＡＩシステムに教えられない理由はないでしょう？

そこに問題が存在することは明らかですが、それについて心配することは、まだ内燃機関を発明してもいないのにブレーキや安全ベルトを発明できていないことを心配するようなものです。内燃機関を発明するという課題のほうが、ブレーキや安全ベルトを発明することよりもずっと難しいのですから。

フォード：高速テイクオフのシナリオについてはどう思われますか？　非常に高速に進行する再帰的改善サイクルによって、私たちが知らないうちにネズミや昆虫のような立場に追いやられてしまう可能性はあるのでしょうか？

ルカン：私はまったくそんなことは信じていません。継続的な改善は行われるでしょうし、マシンがより高い知能を持つようになるほど、私たちが次世代のマシンを設計するために役立つことは間違いありません。それはすでに実現していることであり、さらに加速しようとしています。

技術の進歩、経済、資源の消費、コミュニケーション、技術の高度化など、そういったことに当てはまる一種の微分方程式が存在します。この方程式には多数の摩擦項が存在しますが、シンギュラリティあるいは高速テイクオフの信奉者はそこを完全に見落としているのです。すべての物理プロセスは、少なくとも資源の枯渇により、いつかは必ず頭打ちになります。ですから、私は高速テイクオフは起こらないと信じています。誰かがＡＧＩの秘密を解き明かすと、ネズミほどの賢さしかなかったマシンが突然オランウータンほどの知能を持つようになり、1週間もたつと私たちより知能が高くなり、1か月ではるかに上回るようになる、などというのは誤信です。

また、マシンの知能がひとりの人間をはるかに上回ったとしても、マシンがひとりの人間よりも完全に優越した存在になり得ると信じる理由も特にありません。人間は非常に知能の低いウイルスによって死ぬこともありますが、そういったウイルスは人間を殺すことに特化しているのです。

その意味で、汎用知能を持つ人工知能システムを作り上げることができたとすれば、それを破壊することに特化した人工知能を作り上げることも、きっとできるはずです。特化したマシンは汎用マシンよりも効率的ですから、非常に効率的にＡＧＩを殺すことができるでしょう。すべての課題には、固有の解決策があるのだと私は思っています。

フォード：それでは、私たちが今後10年、あるいは20年間に、心配すべきことは何でしょうか？

ルカン：経済的大変動は、明確な課題です。それは解決策の存在しない課題ではありませんが、かなりの政治的困難を伴う課題です。特にアメリカのように、所得や富の再分配が文化的に受容されない傾向のある文化ではね。この技術を、先進国の利益のためだけでなく、世界中で共有されるように浸透させてゆくという課題もあります。

権力の集中という問題もあります。現在、ＡＩ研究はとても公共に開かれた形で行われていますが、現状でそれを広範囲に展開しているのは比較的少数の企業です。幅広い経済分野で利用されるようになるまでには、だいぶ時間がかかるでしょうし、それによって権力というカードの配り直しが行われることになります。それは世界に何らかの影響を与えることになるでしょう。良い影響かもしれませんが、悪い影響かもしれません。そして私たちは、それが良い影響となることを確約する必要があります。

技術の進歩の加速やＡＩの出現によって、政府はより集中的に教育への投資を行うことになると思います。特に継続的な教育は重要です。人々が新しい仕事を学ばなくてはならなくなるからです。ここが本当に手当ての必要な経済的大変動の一面です。解決策がないわけではないのですが、解決するためにはまず問題が存在することを認識する必要があるのです。

地球温暖化のような厳然とした科学的事実さえ信じようとしない政府に、どうすればこのようなことを信じてもらえるでしょうか？　この種の課題は、偏見や公平性の領域の問題を含め、数多く存在します。教師あり学習を利用してシステムをトレーニングすると、データに含まれる偏見がシステムに反映されてしまいます。そのような偏見の連鎖を絶ち切るためには、どうすればよいでしょうか？

フォード：問題は、偏見がデータ自体に含まれてしまっているため、機械学習アルゴリズムが当然のようにそれを取得してしまうという点にありますよね。人間よりも、アルゴリズム中の偏見を正すほうがずっと簡単かもしれない、という希望はあると思います。

ルカン：確かに。実は私は、この方面については非常に楽観的なんです。現状で人の持つ偏見を減らすよりも、マシンの中の偏見を減らすほうが実際にはずっと簡単だろうと思うからです。人は、正すのが非常に難しい偏見に凝り固まっていることもありますからね。

フォード：軍事利用、例えば自律兵器については懸念されていますか？

ルカン：イエスでもあり、ノーでもあります。もちろんＡＩ技術が兵器の製造に利用される可能性があるという意味ではイエスです。しかし、例えばスチュアート・ラッセルのように、今後出現するかもしれない新世代のＡＩ利用兵器を大量破壊兵器になぞらえる人もいますが、それにはまったく賛成できません。

軍隊がＡＩ技術を利用する方法は、その正反対になるだろうと私は思います。いわゆるピンポイント攻撃に使われることになるでしょう。爆弾を投下してビル全体を破壊するのではなく、ドローンを送り込んで捕虜にしたい人物を眠らせるような使い方です。人を殺さずにすむのです。そうなると、軍隊は警察のようなものになってきます。それは長い目で見て、良いことでしょうか？　それは誰にもわからないと思います。核兵器よりはましです――核兵器よりひどいものなんてあるわけないでしょう！

フォード：人工知能の開発に関する中国との競争については、懸念されていますか？　中国の人口は10億を超えていますから、より多くのデータが集まりますし、そのうえプライバシーの規制も緩やかです。そのことは、中国に有利に働くでしょうか？

ルカン：私はそうは思いません。現在の科学の進歩は、データの利用可能性によって制約されているわけではないと思います。中国に10億を超える人がいたとしても、その中で、実際に科学技術に携わっている人々の割合は、比較的小さいのが実際です。

その割合が増えてくることは間違いありません。中国は本気でその方向へ進もうとしているからです。彼らの政府のスタイルや教育のスタイルが、しばらくすると創造性を抑圧する方向に働くのではないかと私は思います。しかし中国からは良い研究が出てきていますし、非常に頭のいい人たちもいますから、この分野に貢献してくれることでしょう。

1980年代には、欧米が日本の技術によって蹂躙《じゅうりん》されてしまうのではないか、という同様の懸念があり、それは実際に起こったのですが、しばらくすると頭打ちになりました。次に韓国が来て、今度は中国というわけです。中国の社会には、今後数十年間に大きな変化が起きようとしていますから、それによって状況はおそらく完全に違ったものになっていくでしょう。

フォード：AIには、何らかのレベルで規制が必要だと思われますか？　あなたのされているような研究、あなたの構築されているシステムに対して、政府による規制の余地はあるのでしょうか？

ルカン：私は現時点でAI研究を規制することに意味があるとは思いませんが、その応用を規制する必要は確かにあると考えます。そこにＡＩが使われているから規制するというのではなく、応用分野による規制を行うのです。

例えば、ＡＩを利用したドラッグデザインの場合、どんな場合にも新薬のテスト方法や展開方法、利用方法については規制が求められます。これは現時点ですでにそうなっています。自動運転車の場合、自動車自体が規制されていますし、厳しい路上安全規制も存在します。ＡＩの普及に伴って、これらの分野で現行の規制を手直しする必要は確かにありそうです。

しかし、私は現時点でＡＩに規制の必要があるとはまったく思いません。

フォード：それでは、あなたはイーロン・マスクが使っているようなレトリックには強力に反対されるわけですね？

ルカン：もちろん、私の意見は完全に、根本的に彼とは違います。私は何回か彼と話したことがありますが、どうして彼があんな意見を持つようになったのかわかりません。彼は非常に賢い人ですし、彼のプロジェクトのいくつかは私も尊敬していますが、彼があしたことを言う動機がよくわからないのです。彼は人類を救おうと考えていて、そのために何か人類の存在を脅かすものを必要としているのかもしれません。彼は本気で心配しているようですが、そのようなボストロム・スタイルのハード・テイクオフ・シナリオが実際に起こることはない、と彼を説得することは誰もできていないのです。

フォード：全体的に見て、あなたは楽観主義者ですか？　ＡＩのプラス面はマイナス面を上回ることになると確信していらっしゃいますか？

ルカン：はい、私はそう思います。

フォード：ＡＩが最も大きな利益をもたらすのは、どの分野だと思われますか？

ルカン：そうですね、私はマシンが人間や動物の赤ちゃんと同じように学習できる方法を見つけ出したいと心から願っています。これが、今後数年の私の研究プログラムです。また私は、この分野の研究に資金を出している人たちが疲れてしまう前に、何か説得力あるブレークスルーを成し遂げたいとも思っています。資金の出し手が疲れてしまうことは、実際に過去数十年間に起こったことですしね。

フォード：あなたは、ＡＩが過剰に宣伝されており、そのことが再び「ＡＩ冬の時代」を招くことになるかもしれない、と警告されていますね。本当にそのようなリスクがあるとお考えですか？　深層学習は、いまやグーグルやフェイスブック、アマゾン、テンセントといった、途方もなく資金力のある企業のビジネスモデルの中心に位置しています。ですから、この技術への投資が劇的に減少することは考えづらいと思うのですが。

ルカン：かつて私たちが経験したようなＡＩ冬の時代が、再び訪れるとは思っていません。ＡＩはすでに一大産業となっており、そのような企業に本物の収入をもたらす本物のアプリケーションが存在するからです。

　例えば、自動運転車が今後5年間で実用化されるとか、医用画像システムが根本的に変革されることを期待して、今でも巨額の投資が行われています。医療やヘルスケア、交通、そして情報の利活用といった分野では、おそらく今後数年間に目に見える成果が表れてくることになるでしょう。

　仮想アシスタントはもうひとつの例です。現時点ではあまり役に立つものではありません。いちいち指示してやる必要がありますからね。常識というものをまったく持っていませんし、あなたの指示を深いレベルで本当に理解してはいないのです。問題は、イライラせずに使える仮想アシスタントを実現するためにはＡＧＩ問題を解決する必要があるのか、それともそれ以前にもっと継続的な進化を遂げることが可能なのか、ということになります。今の私には、どちらになるかはわかりません。

しかしそれが実現すれば、人とのかかわり方やデジタル世界とのかかわり方は大きく変わることになるでしょう。人間レベルの知能を持つ個人秘書を誰もが持つようになれば、その影響は巨大なものになるはずです。

『ｈｅｒ／世界でひとつの彼女』という映画はご覧になりましたか？　今後起こり得ることを描写している点は、悪くないと思います。ＡＩに関するＳＦ映画の中では、たぶん最もまともなもののひとつでしょう。

私はハードウェアの進化によって、ＡＩ関連技術が多くの人々に広く利用されるようになると考えています。現在、１００ミリワットの電力で畳み込みネットワークが動作でき、スマートフォンや電気掃除機に内蔵できる、低電力で安価なハードウェアの開発が急ピッチで進められています。そのようなチップが、３ドルで買えるようになるのです。私たちの周りの世界の仕組みは、大きく変わっていくことになるでしょう。

電気掃除機は、部屋の中を行きあたりばったりに動き回るのではなく、どこを掃除する必要があるのか判断できるようになるでしょう。芝刈り機は花壇を踏みつぶすことなく芝を刈れるようになるでしょう。自動運転されるのは、車だけではないのです。

また野生動物の監視など、環境に興味深い影響を与えることになるかもしれません。深層学習に特化したハードウェア技術の進歩により、今後２、３年でＡＩは万人のものとなっていくでしょう。

［邦訳参考書籍］
『ことばの理論　学習の理論――ジャン・ピアジェとノーム・チョムスキーの論争』上下（ロワイヨーモン人間科学研究センター著、藤野邦夫訳、思索社、１９８６年）

ヤン・ルカンはフェイスブックのバイスプレジデント兼主任AIサイエンティストであり、ニューヨーク大学のコンピューターサイエンスの教授でもある。ジェフリー・ヒントンとヨシュア・ベンジオとともに、いわゆる「カナディアン・マフィア」の一員としてヤンが粘り強く続けた研究は、現在の深層学習ニューラルネットワーク革命をもたらした。

フェイスブック入社前にヤンが勤務していたAT&Tのベル研究所では、畳み込みニューラルネットワーク——脳の視覚野にヒントを得た機械学習アーキテクチャ——の開発という業績をあげている。ヤンが畳み込みニューラルネットを利用して開発した手書き文字認識システムは、ATMや銀行での小切手情報の読み取りに広く利用されるようになった。近年では、ますます高速となるコンピューターハードウェアと相まって、深層畳み込みネットワークがコンピューターによる画像の認識や解析に革命的な影響を及ぼしている。

ヤンはパリ電子電気工学技術高等学院（ESIEE）で電気工学の学位を、そして1987年にはピエール・マリー・キュリー大学からコンピューターサイエンスの博士号を授与されている。その後、彼はトロント大学のジェフリー・ヒントンの研究室に博士研究員として勤務した。彼は2013年にフェイスブックへ入社し、ニューヨークに本部を置くフェイスブックAI研究組織（FAIR）を立ち上げ、率いている。［2018年チューリング賞受賞］

「周囲を見回してみると、企業のAIグループにも、大学のAIの教授にも、AIの博士課程の学生やAI国際会議のAI講演者にも、どこをどう切り取っても多様性がありません。女性や、正当に評価されていないマイノリティの人々が欠けているのです」

FEI-FEI LI

フェイフェイ・リー

スタンフォード大学コンピューターサイエンス教授
グーグルクラウド主任サイエンティスト［元］

フェイフェイ・リーはスタンフォード大学のコンピューターサイエンス教授であり、スタンフォード人工知能研究所（SAIL）の所長でもある。コンピュータービジョンと認知神経科学の領域で研究を行うフェイフェイが作り上げた賢いアルゴリズムは、現実世界における人間の脳の働きにヒントを得たものであり、コンピューターやロボットが物を見て考えることを可能としている。フェイフェイはグーグルクラウドのAIおよび機械学習の主任サイエンティスト［原書刊行時］であり、AIの進化と民主化のために働いている。フェイフェイは人工知能における多様性と包摂性の強力な提唱者であり、AI4ALLという団体を共同で創設して、より多くの女性や正当に評価されていないグループをこの分野に招き入れようとしている。

フォード：あなたの経歴についてお聞かせください。ＡＩに興味を持つようになったのは何がきっかけだったのでしょうか、またそれからどのようにしてスタンフォード大学の現在のポジションに至ったのでしょうか？

リー：私はずっと理科系の学生だったので、いつも科学には興味を持っていましたし、特に物理学が好きでした。私はプリンストン大学に進んで物理学を専攻したのですが、物理学を学ぶ過程で宇宙の基本原理に魅力を感じるようになりました。宇宙はどこから生まれたのか、存在の意味とは何か、宇宙はどうなっていくのかといった、人間の好奇心の根本にあるような疑問です。

調べてみると、とてもおもしろいことがわかりました。20世紀初頭から現代物理学の幕開けを主導してきたアインシュタインやシュレーディンガーといった人は、晩年になると宇宙の物質的側面だけでなく、生命や生物学、そして存在に関する根本的な疑問に傾倒するようになりました。私もまた、このような疑問にとても魅力を感じるようになっていました。研究生活に入ったとき、私の本当の興味は物質的な発見をすることではなく、知能――人間を人間たらしめているもの――を理解することにある、と悟ったのです。

フォード：それは、あなたが中国にいたときのことですか？

リー：私がアメリカにいて、プリンストン大学の物理学科で、ＡＩや神経科学に知的関心を持ち始めていたころです。私がそこで博士号を取ったのは、非常に幸運なことでした。私のしてきた研究――神経科学とＡＩ――は、今でもちょっと珍しい組み合わせなのです。

フォード：つまり、コンピューターサイエンス主導のアプローチだけに的を絞るのではなく、両方の分野を研究することに重要な利点があると思われるのですね？

リー：そのおかげで私は、ユニークな視点が得られていると思います。私は科学者を自任していますから、ＡＩに取り組む際にも科学的な仮説を立てて科学的な探求を行います。ＡＩという分野は、思考するマシンを作り出し、マシンに知能を持たせることを目指していますので、私は機械知能の獲得の核心にある問題に取り組みたいと思っています。

認知神経科学というバックグラウンドを持つ私は、アルゴリズム的な視点、そして詳細なモデル化の視点から研究を行っています。つまり私は、脳と機械学習とを結び付けることに魅力を感じているのです。また私は、ＡＩの進歩の原動力となってきた人間的なタスク、つまり私たちが進化の途上で生まれつきの知能によって解決しなくてはならなかった現実世界のタスクについてもよく考えます。このように私のバックグラウンドは、ＡＩ研究にユニークな視点とアプローチを取り入れるために役立っているのです。

フォード：あなたはコンピュータービジョンを中心とした研究をしてきた経験から、目の発達が脳自体の発達を促してきたようだ、と進化の視点から指摘されていますね。画像を解釈するコンピューティングパワーを提供してきたのは脳なのだから、視覚を理解することが知能へ至る道なのかもしれない。このような考え方で合っていますか？

リー：はい、その通りです。言語は、もちろん人間知能の大きな部分を占めています。発話、触覚、意思決定、推論などもそうです。しかし視覚的知能は、これらすべてに埋め込まれています。

母なる自然が私たちの頭脳をどのように設計したか調べてみると、人間の脳の半分が人間知能にかかわっており、その人間知能は運動系、意思決定、情動、意思、そして言語と深い関係にあることがわかります。人間の脳は、たまたま個別の物体を認識しているだけではありません。こういった機能は、人間知能を深く定義付けるためには不可欠なものです。

フォード：コンピュータービジョン、あるいはマシンビジョンの分野におけるあなたの研究について、簡単に説明していただけますか？

リー：21世紀の最初の10年間、物体認識がコンピュータービジョン分野の研究にとっての聖杯でした。物体認識は、あらゆる視覚のビルディングブロックです。私たち人間は、目を開けて周りの環境を見回すだけで、見るものをほとんどすべて認識します。認識は私たちにとって決定的に重要なものであり、この世界を動き回り、この世界を理解し、この世界についてコミュニケーションを行い、この世界の中で行動することを可能としてくれます。物体認識は崇高な聖杯であり、当時の私たちは機械学習などのツールを利用していました。

それから2000年代半ばになり、私が博士課程の学生から大学教員になったころには、コンピュータービジョンが分野として行き詰っていること、機械学習モデルに目立った進展が見られないことが明らかになってきました。当時、世界中どこでも自動認識タスクのベンチマークは20個ほどの物体で行われるのが普通でした。

そこで私たちは、学生や共同研究者とともに、どうすれば飛躍的進歩を成し遂げられるかを深く考え始めました。20個の物体からなる小規模な問題への取り組みなどでは、物体認識という崇高な目標は達成できないことがわかってきました。ここで私にとって大きなヒントとなったのが人間認知であり、子どもの発達過程です。発達の最初の数年間には、どんな子どもでも膨大な量のデータを必要とします。子どもたちは自分の世界で膨大な量の実験を行い、世界を見て、自分の中に取り込むのです。おりしも当時はインターネットが全世界的なブームとなっていて、さまざまなビッグデータが提供され始めていました。

私は、かなりクレイジーなプロジェクトを思いつきました。インターネット上で見つかるすべての画像を取り込み、それらを人間にとって意味のある概念に分類し、ラベルを付けるというものです。最終的に、このクレイジーなアイディアはイメージネットというプロジェクトとなり、1500万枚の画像が2万2000個のラベルに整理されました。

私たちはすぐにイメージネットをオープンソースとして世界へ向けて公開しました。私は技術の民主化をずっと信奉しているからです。私たちは1500万枚の画像すべてを世界にリリースし、国際的なコンペティションを始めて研究者たちにイメージネット問題――小規模な問題ではなく人間やアプリケーションにとって意味のある問題――に取り組んでもらうことにしました。

話は2012年に飛びますが、その年は多くの人にとって物体認識のターニングポイントだったと思います。2012年のイメージネットコンペティションの優勝者が作り上げたものは、イメージネットとGPUのコンピューティングパワー、そしてアルゴリズムとしての畳み込みニューラルネットワークの組み合わせでした。ジェフリー・ヒントンが書いた画期的な論文は、私にとって物体認識の聖杯へ向けた第一歩となったのです。

フォード：このプロジェクトは、その後も続いたのですか？

リー：その後2年間、私は物体認識のさらなる改善に取り組みました。人間の発達を振り返ってみると、赤ちゃんは最初バブバブ言っていますが、そのうちに単語を話し始め、それから文章を作り始めます。私には2歳の娘と6歳の息子がいます。2歳の娘は今たくさん文章を作っているところです。これは、知能エージェントおよび動物としての人間が行う、大きな発達的進歩です。この人間の発達にヒントを得て私が取り組み始めた問題があります。それは、コンピューターに絵を見せたとき、単に椅子やネコといったラベルを付けるだけでなく、文章を話せるようにすることでした。

私たちは深層学習モデルを使って、数年間この問題に取り組みました。2015年、私はこのプロジェクトについてTED2015カンファレンスで講演しました。私のトークのタイトルは「コンピューターが写真を理解できるようになるまで（How we're teaching computers to understand pictures）」で、コンピューターが画像の中身を理解し、それを人間らしい自然言語の文章に要約し、伝えることができるようになる、と話したのです。

フォード：アルゴリズムをトレーニングする方法は、人間の赤ちゃんや幼児の場合とは大きく違います。子どもはほとんどラベル付きデータを受け取ることはありませんが、それでも物事を理解します。また、ネコを指さして「見てごらん、あれがネコだよ」と言うとしても、それを何十万回も繰り返す必要がないのは確かです。たぶん1回か2回で十分でしょう。この世界で私たちが出会う、構造化されていないリアルタイムのデータから人間が学ぶ方法と、現在AIで行われている教師あり学習との間には、かなり顕著な相違があります。

リー：まったくその通りです。そして、そのおかげでAIサイエンティストとしての私は、毎日やるべき仕事がたくさんあることにわくわくしながら目覚めるのです。その仕事の中には人間的なものもありますが、大部分は人間とは似ても似つかないものです。あなたがおっしゃったように、現在のニューラルネットワークや深層学習の成功は、主に教師ありパターン認識に関するものであり、一般的な人間知能と比較すれば非常に狭い幅の能力です。

私は今年のグーグルI/Oカンファレンスで講演しましたが、そこでも2歳の娘の話をしました。数か月前、私は娘がベビーベッドから抜け出すのをベビーモニターで見ていました。娘はシステムの弱点を学習し、ベビーベッドから抜け出せそうな経路を探し当てたのです。私は娘が寝袋のジッパーを開けるのを見ました。その寝袋は、娘がジッパーを開けて抜け出したりしないように、私が細工しておいたものでした。このような視覚と運動、計画、推論、情動、意思、そして粘り強さを兼ね備えた協調的知能は、現在のAIのどこにも見当たりません。私たちにはやるべき仕事がたくさんありますし、本当に大事なのはそういう認識を持つことです。

フォード：もっと子どものような学習をコンピューターができるようにするブレークスルーは起こると思いますか？　この問題を解決する取り組みは、活発に行われているのでしょうか？

リー：もちろん、その問題に取り組んでいる人は、特に研究者の中には、たくさんいます。多くの人は、さらに次の地平線に見え隠れする問題に取り組んでいます。スタンフォード大学の私の研究室では、ロボットの学習問題に取り組む中で、模倣によって学習するAIを作り出そうとしています。これはラベルによる教師あり学習よりも、ずっと自然なものです。

私たちは子どものころ、他の人間のやり方を見て自分もそれを真似します。そのため、この分野では逆強化学習アルゴリズムや、神経プログラミングアルゴリズムの研究が始まっています。新たな取り組みが、ディープマインドやグーグルブレイン、スタンフォード大学、MITなどで、数多く行われているのです。私たちが生きている間にさらに多くのAIブレークスルーが起こるだろうと、大いに期待しています。この分野には世界中で膨大な金額が投資されているわけですから。また、教師あり学習を超えるアルゴリズムを考案する取り組みも、研究者の間で盛んに行われています。

ブレークスルーがいつ起こるかを予測することは、はるかに困難です。私は科学者として、科学的ブレークスルーの予測はしないことにしています。なぜかと言えば、ブレークスルーは思いがけずやってくるものであり、さまざまな歴史的な要素がうまくかみ合ったときに起こるものだからです。しかし、この分野に世界中で膨大な金額が投資されていることを考えれば、私たちが生きている間にさらに多くのAIブレークスルーが起こるだろうと、私は大いに期待しています。

フォード：あなたはグーグルクラウドの主任サイエンティストをなさっていますね。私がプレゼンテーションをするとき、いつも言っていることがあります。それは、AIや機械学習は——ちょうど電力事業のように——公益サービス的なものとなり、ほとんどあらゆる場所に展開されることになるだろう、ということです。AIをクラウドに統合することは、この技術をいたるところで利用できるようにするための第一歩のように思えます。それはあなたのビジョンにも合っていますか？

リー：私たち大学教員は、7年か8年ごとにサバティカルという形で、大学を数年間離れて違う分野の研究をしたり、リフレッシュしたりすることが奨励されています。2年前、私は産業界に飛び込んで、ＡＩ技術を本当の意味で民主化したいと本気で考えていました。なぜかと言えば、ＡＩの進歩によって教師あり学習やパターン認識などの技術が現在では実用化され、社会のために役立つようになっているからです。そしてあなたのおっしゃるように、ＡＩのような技術を浸透させようと思えば、そのために最適かつ最大のプラットフォームはクラウドです。人類の発明したコンピューティング・プラットフォームの中で、これほど多くの人々に届くものはありませんから。グーグルクラウドひとつを取ってみても、常に何十億の人々の力となり、助けとなり、役に立っているのです。

そんなわけで、グーグルクラウドの主任サイエンティストとして招かれたのは、私にとって非常にうれしいことでした。グーグルクラウドでの私のミッションは、ＡＩの民主化です。それはつまり、ビジネスやパートナーに役立つ製品を作り出し、そして顧客からフィードバックを受けて密接に協力しながら技術そのものを向上させていくことです。このようにして、私たちはＡＩの民主化とＡＩの進化というループを完結させているのです。私は２０１７年１月から、クラウドＡＩの研究面とクラウドＡＩの製品面の両方を見ています。

一例として、私たちが作り出したＡｕｔｏ《オート》ＭＬ《エムエル》という製品があります。これは、ＡＩへの参入障壁をこれ以上ないほどにまで引き下げる——ＡＩを使わない人にもＡＩを届けられる——という意味で、ユニークな製品です。顧客が苦労するポイントは、多くのビジネスで独特の問題に対応するためにカスタマイズされたモデルが必要とされることにあります。コンピュータービジョンの文脈で言うと、例えば小売業者であれば、自社のロゴを認識するモデルが必要かもしれません。また雑誌「ナショナルジオグラフィック」であれば、野生動物を認識するモデルが必要かもしれません。農家では、リンゴを認識するモデルが必要かもしれません。人によってさまざまなユースケースが存在する一方で、すべての人にＡＩを作れるだけの専門的知識があるわけではないのです。

この問題を解決するために、私たちはAutoMLという製品を作り上げました。自分が必要としていること、例えば「リンゴとオレンジを区別したい」ということがわかっていて、トレーニングデータを提供できさえすれば、あとはすべて私たちが代行します。つまり、顧客の視点からは、自動的に自分の問題にカスタマイズされた機械学習モデルが提供されることになるわけです。私たちはAutoMLを1月にリリースしましたが、これまでに何万もの顧客にこのサービスをお使いいただいています。このように、最先端のAIを民主化することは、収益をもたらしてくれるのです。

フォード：AutoMLが機械学習を専門家以外の人々にも使いやすいものにしてくれるのであれば、さまざまな人々がさまざまな目的のために作り出す多種多様なAIアプリケーションが爆発的に普及することになりそうですね。

リー：そう、その通りです！　実は私もプレゼンテーションの中で、カンブリア爆発のたとえを使ったことがあるんです。

フォード：現在では、ニューラルネットワークと深層学習が大きくクローズアップされています。今後もそれが続くと思いますか？　深層学習が時間とともに改良されていくことは信じていらっしゃると思いますが、将来もAIをリードする基盤技術であり続けるとお思いですか？　あるいは、完全に異なる別の技術が出現して、私たちは深層学習やバックプロパゲーション（誤差逆伝播法）などをすべて放棄して、まったく新しいものを使うことになるのでしょうか？

リー：人類の文明を振り返ってみれば、常に科学の進歩は自分自身を否定するところから生まれてきたことがわかります。歴史上、科学者たちがこの先には何もない、何も改良すべきことは残っていない、と言ったことは一瞬たりともありません。同じことがAIにもそのまま当てはまります。この分野は生まれたばかりで、まだ60年しかたっていません。何百年、何千年という歴史のある物理学や生物学、化学といった分野と比較して、ＡＩはまだまだ進歩の余地があるのです。

私はＡＩ科学者として、悟りきったかのように自分たちが仕事をなし終えたとは思っていませんし、畳み込みニューラルネットワークと深層学習ですべてを解決できるとも思ってはいません。まったくそんなことはないのです。先ほどあなたがおっしゃったように、多くの問題はラベル付きデータでも、膨大なトレーニング例を伴うものでもありません。文明の歴史をひもとき、教訓をくみ取れば、決して私たちは目的地に到達したとは考えられないことがわかります。私の２歳の娘がベビーベッドから抜け出した話からわかるように、いかなるＡＩもまだそのレベルの高度な知能に達してはいないのです。

フォード：ＡＩ研究の最先端にあると思われる、具体的なプロジェクトを挙げるとすれば何になるでしょうか？

リー：私の研究室では、イメージネットをはるかに超えるＶｉｓｕａｌ《ビジュアル》 Ｇｅｎｏｍｅ《ゲノム》プロジェクトに取り組んでいます。このプロジェクトを始めるにあたって視覚世界について深く考察してみたところ、イメージネットが非常に貧弱なものであることがわかってきました。イメージネットでは、画像や情景に物体のラベルをバラバラに付けているだけですが、実際の情景では物体どうしが結び付いていたり、人間と物体が多くのかかわりを持っていたりします。視覚と言語との間にも結び付きはありますから、Ｖｉｓｕａｌ Ｇｅｎｏｍｅプロジェクトは本当の意味でイメージネットを超える次のステップと呼べるものです。視覚世界と私たちの言語との関係に注目して設計されていますし、私たちはこのプロジェクトの推進に多くの努力を傾けています。

もうひとつ私が非常に興味を持っているのが、ＡＩとヘルスケアの方面です。私の研究室では現在、ある特定のヘルスケアの要素——「ケア」そのもの——に注目したプロジェクトに取り組んでいます。ケアの対象は、多くの人々に及びます。ケアは患者の世話をするプロセスですが、例えば今の病院システムを見てみると、低品質のケア、モニタリングの欠如、医療過誤、そしてヘルスケア提供プロセス全体の高コスト体質といった数多くの非効率が存在します。外科の世界での手術ミスや、病院内感染をもたらす非衛生などを考えてみてください。また高齢者在宅ケアには、人手不足と意識の低さという問題もあります。ケアには数多くの問題があるのです。

私たちは5年ほど前に、ヘルスケアの提供を手助けする技術は、自動運転車やＡＩの最先端技術と非常によく似たものであることに気づきました。環境や気分を検知するためのスマートセンサーが必要であり、収集したデータを分析して臨床医や看護師、患者やその家族にフィードバックするためのアルゴリズムが必要です。そして私たちは、ヘルスケア提供のためのＡＩという研究分野を開拓し始めたのです。私たちはスタンフォード大学の子ども病院、ユタのインターマウンテン病院、そしてサンフランシスコの開放型老人ホームと協業しています。私たちは最近、「ニューイングランド・ジャーナル・オブ・メディシン」に意見記事を発表しました。私はこの研究にとてもわくわくしています。自動運転車に使われているのと同じような最先端のＡＩ技術が、人間のニーズと健康に密接にかかわる分野に適用されているからです。

フォード：汎用人工知能（ＡＧＩ）へ至る道のりについてお聞きしたいと思います。私たちが乗り越える必要のある主要なハードルにはどんなものがあるとお考えでしょうか？

リー：その質問には、2つに分けてお答えしましょう。最初に、ＡＧＩへ至る道筋についての質問に的を絞ってお答えし、次に、私の考える将来のＡＩの発展のためにあるべき枠組みと心構えについてお話ししたいと思います。

それでは、まずＡＧＩを定義してみましょう。ＡＩとＡＧＩは対置されるものではなく、ひとつの連続体をなすものだからです。現在のＡＩが非常に狭くタスク限定的なものであり、ラベル付きデータのパターン認識に特化したものであることは、私たち全員が認識しています。しかしＡＩがさらに発達すると、そのような制約は緩み、ある意味では将来のＡＩとＡＧＩの定義はひとつに融合していくことでしょう。ＡＧＩの一般的な定義は、文脈化された、状況を意識した、ニュアンスのある、多面的であり多次元的であるような知能ということになるかと思います。また、人間と同じような学習能力を持ち、ビッグデータから学ぶだけでなく、教師なし学習、強化学習、仮想世界での学習など、多種多様な学習によって学ぶことのできる知能とも言えるでしょう。

ＡＧＩをそのように定義したとすれば、ＡＧＩへの道筋は、引き続き単なる教師あり学習を超えるアルゴリズムを探究していくことになると思います。また私は、脳科学、認知科学、行動科学における学際的共同研究の必要性を認識することが重要であると確信しています。タスクの仮説であれ、アルゴリズムの評価や予想であれ、多くのＡＩ技術は脳科学や認知科学といった関連分野とつながっています。またこのような共同研究や学際的アプローチを援助し支持していくことも、非常に重要です。実際に私はこのことを、「ＡＩを人にやさしいものにするために（How to Make A.I. That's Good for People)」のタイトルで２０１８年3月の「ニューヨーク・タイムズ」に掲載された意見記事の中で書いています。

フォード：はい、その記事は読みました。そしてあなたは、次世代のＡＩを開発するための包括的な枠組みを提唱されていますね。

リー：はい、そのわけは、ＡＩが学術界のニッチな研究領域を卒業してはるかに大きな分野へと成長し、人間生活に非常に深い影響を与えるようになったからです。それでは、私たちはＡＩをどう切り分けて、将来へ向けた次世代のＡＩをどう作り出せばよいのでしょうか？

人間中心のＡＩには、３つの核心的な構成要素があります。最初の構成要素は、ＡＩそのものの進化です。これと大いに関係するのが先ほどお話しした、ＡＩと神経科学および認知科学にわたる学際的な研究や取り組みです。

人間中心のAIの第二の構成要素は、技術とその応用であり、人間中心の技術です。AIが人間の職を奪うと言われ続けていますが、AIが人間の能力を高め、拡張してくれる可能性のほうがはるかに大きいのです。この可能性は非常に幅広いものですから、私たちは人間とマシンとの協業や交流を可能にする技術に支援や投資をすべきだと思います。それにはロボット工学、自然言語処理、人間中心のデザインなどが含まれます。

人間中心のAIの第三の構成要素は、コンピューターサイエンスだけではすべてのAIの可能性や課題に対応できないことを認識することです。AIは人類に深刻な影響を与え得る技術ですから、エコノミストを巻き込んで職や巨大組織や財政について議論すべきです。政策担当者や法律学者や倫理学者を巻き込んで、規制や偏見、セキュリティとプライバシーについて議論すべきです。歴史学者、芸術家、人類学者、そして哲学者と協力して、AI研究のさまざまな影響と新しい領域について考えるべきです。これら3つの構成要素が、次世代の人間を中心とするAIにとって本当に重要なものなのです。

フォード：人間中心のAIについてお話しいただきましたが、そこで対処されようとしていたいくつかの懸念点について、お伺いしたいと思います。ニック・ボストロムやイーロン・マスク、そしてスティーヴン・ホーキングのように、AIが本当に人類の存在を脅かすと考えている人たちがいます。つまり再帰的自己改善ループによって、たちまちのうちに超知能が出現するかもしれないというわけです。あなたのAutoMLがその第一歩になるかもしれない、その技術を使って別の機械学習システムが設計できるからだ、と言っている人もいます。それについてはどう思われますか？

リー：ニック・ボストロムのような一流の思想家が、かなり不安を感じさせるAIの未来を予想すること、あるいは少なくとも私たちが予測していなかったような影響があり得ると警告を発してくれるのは、健全なことだと私は思います。しかし私は、それを適切な文脈に置くことが重要だと思うのです。なぜならば人類文明の長い歴史の中で、新たな社会秩序や技術が発明されたときにはいつでも、思わぬ形で深刻な断絶を人間社会にもたらす可能性が同じようにあったからです。

またこういった重要な問題を、多様な人々の声を通してさまざまな方向から検討するのも健全なことだと思います。そしてその声は、さまざまな方面から届くことが望ましいのです。哲学者であるニックが、その可能性を哲学的に考察するのは良いことです。ニックは、AIの社会的議論の中の声のひとつです。そこに数多くの声が加わることが必要だと思うのです。

フォード：イーロン・マスクなどの人々は、その懸念を極端に強調して、例えば「AIは北朝鮮よりも大きな脅威だ」などと発言し、大きな注目を集めています。そのことは常軌を逸していると思いますか？　それとも私たちは、現時点で、社会全体として本当にそのような心配をすべきなのでしょうか？

リー：当然のことですが、常軌を逸した発言は記憶に残る傾向があります。私は科学者として、そして学問の徒として、より深い具体的なエビデンスと論理的推論に基づいた議論に注目するようにしています。私が特定の一文をどう判断するかは、重要なことではありません。

重要なのは、私たちが現在手にしている可能性をどう生かすかということであり、私たちひとりひとりが何をするかということです。例えば、私はAIにおける多様性の欠如や偏見についてはより大きな声で議論しますし、私が講演で話すのもそのことです。私にとっては、私が何をするか考えるほうがずっと大事だからです。

フォード：つまり、人類の存在が脅かされるのはかなり遠い未来のことになりますか？

リー：先ほどもお話ししたように、そのように人類の存在が脅かされることについて誰かが考えるのは健全なことだと思います。

フォード：先ほど少し触れられた職への影響の件ですが、私はそれに関してたくさん記事を書いています。実は私の前著もそれに関するものでした。あなたは人々の能力を高める可能性は確実に存在するとおっしゃいました――しかし同時に、技術と資本主義の交わるところには、可能な限り労働力を削減しようという非常に強い動機が常に存在することも事実です。そのことは、歴史が証明しています。私たちは現在、変曲点に差し掛かっているように思えます。もうすぐ私たちは、これまでになかったほど広範囲のタスクを自動化できるツールを手にすることになりそうです。そのツールは単純作業だけではなく、認知的で知的なタスクについても人間に取って代わることになるでしょう。膨大な職の喪失、職の単純作業化、賃金の低下などが起こるおそれはあるでしょうか？

リー：エコノミストのふりをするつもりはありませんが、資本主義は人類の社会的秩序の一形態であり、その歴史は百年ほどですよね？　私が言いたいのは、資本主義が今後も人類社会の唯一の形態であるとは誰にも予測できない、ということです。また、その将来の社会で技術がどう変化していくか予測することも、誰にもできないでしょう。

潜在能力の高い技術であるAIには、私たちの生活を大きく改善し、仕事の生産性を向上させる可能性がある、というのが私の意見です。私は医師と5年間協業してきて、医師の仕事にはマシンによって置き換え可能な部分があることがわかりました。私は本当に、その部分が置き換えられてほしいと思っています。医師は働きすぎですし、仕事は山積みですし、才能を生かすべきところに生かし切れていないようにも見受けられます。私は医師に、患者と話す時間を持ってもらい、医師どうしで話す時間を持ってもらい、病気を理解し最善の治療法を探す時間を持ってもらいたいのです。私は医師に、難病などに必要とされる詳細な調査を行う時間を持ってもらいたいと思います。

AIは労働を置き換えるだけでなく、労働の質を高め拡張する潜在能力の高い技術ですから、その潜在能力がどんどん活用されていくことを私は願っています。そのことは、歴史的にも先例のあることです。コンピューターは40年ほど前、自動化によってオフィスからタイピストの職を大量に奪いました。しかし新たな職も生まれました。新しい職としてソフトウェアエンジニアが生まれ、人々はオフィスではるかに興味深い仕事をするようになっています。同じことはＡＴＭの機械についても言えます。ＡＴＭによって銀行の取引の一部が自動化され始めたとき、窓口係の数は実際には増加しました。人間によってより多くの金融サービスが提供できるようになり、平凡な預け入れや引き出しはＡＴＭの機械でできるようになったからです。白か黒かという話ではなく、仕事全体をどうとらえるかによって今後の姿が決まってくるのです。

フォード：あなたが重視されてきた他の話題、例えば多様性や偏見について伺いたいと思います。私にとって、これら2つはまったく違うことのように思えます。偏見が生じるのは、機械学習アルゴリズムをトレーニングするために人間が作り出したデータに偏見が含まれているためであり、それに対して多様性はＡＩに携わる人々の課題という意味合いが大きいからです。

リー：まず言っておきたいのは、あなたの言うようにその2つが別個のものだとは、私は思っていないということです。最終的には、人間がマシンに持ち込む価値の問題だからです。データそのものから始まる機械学習パイプラインを考えたとき、最初のデータに偏見が含まれていれば、機械学習の結果にも偏見が含まれることになるでしょう。そして偏見の中には、命にかかわる影響を及ぼすものさえあるかもしれません。しかしこのことは、そのパイプラインの開発プロセスと潜在的に関係しています。それらの間に潜在的な関係が実際にあることを哲学的に指摘しておきたいのです。

とは言ったものの、偏見と多様性はもう少し分けて取り扱えるという点では、私も同感です。例えば、データの偏見が機械学習の結果に偏見をもたらすことについては、現在では多くの学術界の研究者が認識しており、そのような偏見をあぶり出す方法について研究を進めています。また彼らは、アルゴリズムを変更することによって偏見に対処し、偏見を正すことも試みています。学術界や産業界で、このような製品や技術の偏見のあぶり出しが行われていることは本当に健全であり、またそれによって産業界は緊張感をもって取り組むことができているのです。

フォード：グーグルでも機械学習の偏見への取り組みは必要とされていますよね。どのように対処されていますか？

リー：グーグルでは現在、ひとつの研究グループが機械学習の偏見と「説明可能性」に取り組んでいます。偏見に対処し、よりよい製品を提供するというプレッシャーもありますが、私たちは他の人のためになりたいと思っているからです。まだ初期段階ですが、この分野の研究に投資を行って発達を促すことは非常に大事です。

多様性と人々の偏見に関しては、危機的状況にあると思います。特にＳＴＥＭ［理科系の分野］において、労働人口の多様性という課題は未解決のままです。そしてテクノロジーやＡＩの分野では、技術としてとても未熟な状態であるにもかかわらず影響力が非常に大きいことが、この問題をさらに難しいものにしています。周囲を見回してみると、企業のＡＩグループにも、大学のＡＩの教授にも、ＡＩの博士課程の学生やＡＩ国際会議のＡＩ講演者にも、どこをどう切り取っても多様性がありません。女性や、正当に評価されていないマイノリティの人々が欠けているのです。

フォード：あなたはＡＩ４ＡＬＬプロジェクト[※6]を発足させて、女性や正当に評価されていないマイノリティの人々をＡＩ分野へ招き入れようと取り組んでいらっしゃいますね。それについて、お話しいただけますか？

リー：はい、これまでお話ししてきたような多様性の不足を見て、４年前に私はスタンフォード大学でＡＩ４ＡＬＬプロジェクトを立ち上げました。私たちにできる重要な取り組みのひとつは、高校生たちが大学へ行って専攻や将来の進路を決めてしまう前に関心を高めてもらい、彼らをＡＩの研究やＡＩの仕事に招き入れることです。私たちは特に、正当に評価されていないマイノリティの人々がＡＩの人間的ミッションに刺激を受け、大きな目標に挑戦する意欲を持ってくれることを期待しています。そのため私たちは、このような夏期講習をスタンフォード大学で過去4年間毎年開催し、女子高校生を招いてＡＩに取り組んでもらっています。これが非常にうまくいったため、2017年にはＡＩ4ＡＬＬという全国的な非営利団体を設立し、他の大学もこのモデルにならって参加するよう呼び掛けています。

翌年には、ＡＩの中でも人の取り込みに苦労しているさまざまな分野に的を絞って、6つの大学が参加しました。スタンフォード大学とサイモンフレイザー大学に加えて、バークレーが低所得の学生のためのＡＩに的を絞り、プリンストン大学が人種的マイノリティに的を絞り、クリストファー・ニューポート大学は道を踏み外した学生にＡＩを教え、そしてボストン大学は女子にＡＩを教えました。短期間の講習でしたが、このプログラムがあちこちに広がって、多種多様なバックグラウンドからＡＩの将来を背負って立つ人物を招き入れる動きが続いてくれることを願っています。

フォード：人工知能に規制の余地があると思われているかどうか、お聞きしたいと思います。規制はあったほうがいいと思いますか？　ルール作りに政府がもっと関与することを支持なさいますか、それともこういった問題はＡＩコミュニティの内部で解決できると思われますか？

リー：私はＡＩが——ＡＩ技術者という意味ですが——ＡＩの問題をすべて自分たちで解決できるとは思っていません。私たちの世界は互いにつながっていて、人生は絡み合っており、互いに依存しながら生きているからです。

ＡＩがどれほど進歩しても、私は同じハイウェイで車を走らせ、同じ空気を吸い、子どもたちを学校に送り届けることでしょう。私たちは、そのような人間的な見方をすべきだと思います。そしてこのように大きな影響を与え得る技術には、生活や社会のあらゆる分野の人々に参加を呼び掛ける必要があることを認識すべきです。

また私は、基礎科学への投資、研究、そしてＡＩの教育といった面で、政府の果たすべき役割は大きいと思っています。技術を開かれたものにするためには、そして技術を公平なものとするためには、そしてより多くの人々にこの技術を理解してもらうとともによい影響を与えてもらうためには、政府が大学や研究機関や学校に投資を行って人々にＡＩについて教育し、基礎科学研究を支援する必要があります。私には政策立案の経験はありませんが、何人かの政策立案者に話したり、友人に話したりはしています。プライバシーや公平性、普及活動、共同研究といった分野で、政府が果たせる役割があるはずです。

フォード：最後にお聞きしたい質問は、いわゆるＡＩ軍拡競争に関するものです。特に中国との間の。この問題をどのくらい深刻にとらえていらっしゃいますか、またそれは私たちが心配すべきことなのでしょうか？

中国は私たちと異なる、より権威主義的な体制を取っており、また非常に人口が多いためアルゴリズムのトレーニングに使えるデータも多く、そしてプライバシーなどに関する規制も緩くなっています。私たちがＡＩの主導権を失うリスクはあるのでしょうか？

リー：現在、私たちは現代物理学のハイプサイクルの中にいます。現代物理学は、原子力や電力などの技術を変革してきました。

現代物理学の誕生から百年後、こんな風に自問自答してみましょう。「現代物理学は誰のものだったのか？」と。産業革命以降の現代物理学や何やらを支配していた企業や国家の名前を挙げることができるでしょうか？　誰にとっても、このような質問に答えることは難しいと思います。科学者として、そして教育者として私が言いたいのは、知識や真理の探求に国境はないということです。科学の基本原則が存在するのであれば、それは普遍的な真理であって、その真理を私たち人類は一丸となって探求することになります。そして私の意見では、ＡＩもそのような科学のひとつなのです。

そういった観点から、基礎科学者として、そして教育者としての私は、あらゆるバックグラウンドの人々とともに働いていています。私のスタンフォード大学の研究室には、文字通りすべての大陸から来た学生がいます。私たちが作り出す技術は、それがオートメーションであろうとヘルスケアであろうと、あらゆる人のためになることを私たちは願っているのです。

もちろん、企業間や地域間の競争は存在するでしょうが、私はそれが健全なものであることを願っています。健全な競争とは、私たちが互いに尊敬し合い、市場を尊重し、利用者や消費者を尊重し、国際法を含めた法律を遵守することです。私は科学者として、そのことを支持します。そして私は今後もオープンソースの領域で発表を行い続け、肌の色や国籍にかかわらず、学生を教育し続けることでしょう。そして私は、あらゆるバックグラウンドの人々と協力していきたいのです。

※6　ＡＩ４ＡＬＬの詳しい情報については、http://ai-4-all.org/を参照。

フェイフェイ・リーはグーグルクラウドでAIおよび機械学習を担当する主任サイエンティストであり［2018年に辞職］、スタンフォード人工知能研究所（SAIL）とスタンフォード・ビジョン・ラボの所長でもある［2019年には同大学に人間中心のAI研究所（Human-Centered AI Institute:HAI）を立ち上げた］。フェイフェイはプリンストン大学から物理学の学士号を、カリフォルニア工科大学から電気工学の博士号を授与された。コンピュータービジョンと認知神経科学を中心とした彼女の研究は、トップレベルの学会誌に幅広く発表されている。彼女はAI4ALLの共同創設者であり、この団体は女性や正当に評価されていない人々をAIの分野に招き入れることに取り組んでいる。スタンフォードで始まったこの取り組みは、いまやアメリカ中の大学に広まっている。

「ゲームは私たちにとって、トレーニングの場所にすぎません。私たちがこの研究をしているのはゲームに勝つためだけではなく、現実世界の問題に適用可能な汎用アルゴリズムを作り出すためでもあるのです」

DEMIS HASSABIS

デミス・ハサビス

ディープマインド社共同創業者兼CEO
AI研究者・神経科学者

かつてチェスの天才児と呼ばれたデミス・ハサビスは、16歳でコーディングを始めプロのコンピューターゲームデザイナーとなった。ケンブリッジ大学を卒業した後、デミスはコンピューターゲームやシミュレーションを中心としたスタートアップ企業の立ち上げに10年間かかわった。その後彼は学問の世界に戻ってユニバーシティ・カレッジ・ロンドンで認知神経科学の博士号を取得し、MITとハーバード大学で博士研究員を務めた。彼は2010年に設立されたディープマインド社の共同創業者である。ディープマインドは2014年にグーグルに買収され、現在はアルファベット傘下の企業となっている。

フォード：あなたは若いころ、チェスとコンピューターゲームに非常に強い関心を持っていらっしゃいましたね。そのことは、あなたのAI研究者としての経歴やディープマインドの創業という決断に、どのように影響しましたか？

ハサビス：私は子どものころプロのチェスプレイヤーで、チェスの世界チャンピオンを目指していました。私は内向的な子どもで強くなりたいと思っていましたから、着手についてのアイディアが自分の脳の中からどうやって生まれてくるのか、いろいろと考えたものでした。絶妙手を指したり、へまをしたりするとき、脳ではどんな処理が行われているのだろうか？　そんなわけで、非常に幼いころから私は思考についていろいろと考え始め、後になって神経科学のような分野への興味も生まれてきたわけです。

もちろん、チェスはAIでも大きな役割を担っています。このゲームそのものが、AIの黎明期からAI研究の主要な問題領域のひとつでした。アラン・チューリングやクロード・シャノンなどAI初期の先駆者の中には、コンピューターチェスに非常に興味を持っていた人もいます。私は8歳の時、参加したチェストーナメントの賞金をつぎ込んで最初のコンピューターを買いました。私の記憶にある、最初に書いたプログラムは「オセロ」というゲーム――「リバーシ」とも呼ばれます――で、これはチェスよりも単純なゲームですが、AI初期の先駆者たちがチェスのプログラムに使ったものと同じアイディアを私も利用しました。アルファ・ベータ探索とか、そういうものですね。これがAIプログラムを書いた最初の経験でした。

私はチェスやゲームが好きだったのでプログラミングを始め、特にゲーム用のAIを書くようになりました。私にとって次のステップとなったのが、ゲームへの愛とプログラミングのスキルを生かして、商用のコンピューターゲームを作ることでした。『テーマパーク』（1994年）から『Republic:The Revolution』（2003年）まで、私のゲームの多くに見られる重要なテーマのひとつは、シミュレーションをゲームプレイの中心に据えていることです。ゲームがプレイヤーに提供するサンドボックスの中で、あなたのプレイに反応してキャラクターが動き回ります。そうしたキャラクターを操るのがＡＩで、私はいつもその部分に特に力を入れてきました。

もうひとつ私はゲームを通して、特定の能力に関して自分の心を鍛えることもしてきました。例えばチェスを、学校で子どもに教えるのはすばらしいことだと思います。それによって、問題解決や計画など、あらゆる種類のメタスキルを学ぶことになりますし、そのスキルは他の領域にも役立ち、移転できると思うからです。振り返ると、私がディープマインドを創業してゲームをＡＩシステムのトレーニング環境として使い始めたときには、そういった情報すべてが私の潜在意識にあったのかもしれません。

ディープマインドを創業する前の私にとって最後のステップは、ケンブリッジ大学でコンピューターサイエンスの学士号を取得したことでした。当時は２０００年代初頭でしたが、ＡＧＩというエベレストの山頂にアタックするために十分なアイディアがこの分野には出そろっていないと私は感じていました。そのため私は博士課程で神経科学を専攻しました。こういった複雑な能力をどうやって脳が実現しているのか、もっとよく理解する必要があるし、そうすれば新たなアルゴリズムのアイディアも生まれてくるのではないかと感じたからです。私は記憶や想像について、多くのことを学びました。こういったことがどうすればマシンで実現できるのかは当時もわかっていませんでしたし、今でも部分的にしかわかっていません。このようなさまざまな糸が絡み合って、ディープマインドが生まれたのです。

フォード：あなたは当初から機械知能、特にＡＧＩに注目していらっしゃいますね？

ハサビス：その通りです。これを仕事にしたいということは、十代の初めから思っていました。その最初の一歩となったのが、私の最初のコンピューターです。すぐに私はコンピューターが魔法のツールであることに気がつきました。物理的な能力を拡張してくれるマシンはたくさんありますが、このマシンは精神的な能力を拡張できるものだったのです。

今でもすばらしいと思うのですが、科学の問題を解くプログラムを自分で書き、それを実行して眠りにつけば、朝起きたときにはその問題が解けている、ということができるわけです。問題をマシンにアウトソーシングしているとも言えるでしょう。このことから私は、AIが次のステップとして、あるいは究極のステップとして、自然なものであると考えるようになりました。私たちがマシンをどんどん賢いものにしていけば、マシンは与えられたことを実行するだけでなく、自分自身で解決策を考えつけるようになるでしょう。

私はずっと、自分で学ぶ学習システムを作り上げたいと願っていましたし、知能とは何か、またその現象を人工的に再現するにはどうすればよいか、といった哲学的なアイディアにずっと興味を持っていました。そのため私はディープマインドを創業したのです。

フォード：純粋なAGI企業は、そう多くはありません。ひとつの理由として、AGI開発のビジネスモデルというものが存在しないことが挙げられます。短期間で収益を上げることが難しいのです。ディープマインドは、どのようにしてそれを克服したのですか？

ハサビス：創業当初からディープマインドはAGI企業でしたし、そのことは非常に明確でした。知能を作り出すという私たちのミッションステートメントは、最初から掲げられていたのです。ご想像通り、それを通常のベンチャーキャピタリストに納得させるのは非常に困難なことでした。

私たちは汎用技術を作り上げようとしているのだから、十分に強力で十分に汎用性があり、そして十分な能力を持つものを作り上げられれば、それには何百通りものすばらしい使い道が見つかるはずだ、というのが私たちの持論でした。さまざまな可能性やチャンスが考えられるでしょうが、それにはまず大量の事前調査が必要となるため、非常に才能ある人々を集める必要が出てきます。

それは十分に正当化できることだと思っていました。世界中を探しても、実際にそれができる人はほんのわずかだからです。私たちが事業を始めた2009年から2010年を思い返してみれば、そのような作業に貢献できそうな人は、おそらく100人もいなかったでしょう。そうすると次の問題は、明確かつ測定可能な進捗を示せるか、ということになってきます。

長期的で大きな研究目標を掲げると、問題が生じます。どうすれば、ちゃんと根拠があってやっているのだということを資金の提供者に納得してもらえるかでしょうか？　通常の企業では、事業の成功を測る物差しは製品とユーザー数であり、どちらも簡単に測定できます。ディープマインドのような企業が他にほとんど存在しない理由は、ベンチャーキャピタリストのような外部の素人には、あなたが筋の通ったことを言っていて計画が本当に実現性のあるものなのか、それとも単にあなたがクレイジーなのか、判断が非常に難しいためです。

非常に遠くの目標を狙っている場合には、特に成功の見込みは薄いものになります。そして2009年や2010年には、誰もAIには注目していませんでした。AIは、現在のようにホットな話題ではなかったのです。私にとって本当に難しかったのは、最初の開業資金を調達することでした。これまで30年間、AIは約束を破り続けてきたからです。私たちはその理由を強力に説明する仮説を立て、それがディープマインドを設立する土台となりました。過去10年間で脳の理解が大幅に進んだ、神経科学から知見を得ること。従来のエキスパートシステムとは異なる学習システムを利用すること。ベンチマーキングとシミュレーションを活用し、AIの高速な開発とテストを可能とすること。こういったことに私たちがコミットしたことは正しかったようですし、それは過去にAIが停滞していたことの説明にもなっています。もうひとつ非常にありがたかったのは、これらの新しい技術が必要とする膨大なコンピューティングパワーが、GPUという形で利用可能となってきたことです。

私たちの持論は筋が通っているように思えましたし、最終的には十分に多くの人を説得することができましたが、それは困難なことでした。当時私たちが事業を始めようとしていたのは、非常に疑いの目で見られがちな、主流から外れた領域だったからです。研究者の間でさえ、ＡＩは冷遇されていました。「機械学習」という新しい名前でイメージチェンジを図っている最中で、ＡＩに取り組んでいる人たちは変わり者だと思われていたのです。そのすべてがこれほど急激に変化したのを見るのは、感慨深いものがあります。

フォード：そしてやっと、あなたは独立した企業を立ち上げられるだけの資金を確保できたわけですね。しかしその後、あなたはグーグルによるディープマインドの買収を受け入れる決断をなさいました。買収されるに至った理由と、その経緯を教えていただけますか？

ハサビス：売る計画ではなかった、ということは言っておきたいと思います。その理由のひとつは、ディープマインドが製品を作り始めるまでに私たちの価値をわかってくれる大企業はないと予想していたからです。また、私たちにビジネスモデルがなかったという見方も公平ではありません。ビジネスモデルはあったのですが、それを実現するには至らなかったというだけのことです。すでにＤＱＮ（ディープＱネットワーク――私たちの最初の汎用学習モデル）というクールな技術がありましたし、アタリ（Atari）ゲームも２０１３年にはできていました。しかしそのとき、グーグルの共同創業者であるラリー・ペイジが私たちの出資者から私たちのことを聞きつけて、２０１３年に突然アラン・ユースタスから私にＥメールが届いたのです。彼はグーグルの検索と研究部門の責任者で、ラリーがディープマインドのことを知って話をしたがっている、と言ってきました。

これが話の始まりでしたが、それからの道のりは長いものでした。私たちがグーグルと手を組む前に、確かめておきたいことがたくさんあったからです。しかし最終的に私は、グーグルの強みとリソース――彼らのコンピューティングパワーと、はるかに大規模なチームを作り上げられる能力

――を取り入れれば、私たちの目標をずっと早く達成できるだろう、と確信するようになりました。資金の問題ではありませんでした。私たちの出資者は、独立を保つために出資を増やしてもいい、と言っていたからです。しかしディープマインドは常にAGIの達成とそれを世界の利益のために使うことを目標としてきましたし、グーグルと組むことはそれを加速するチャンスでした。

ラリーをはじめとしたグーグルの人たちは、私と同じくらいAIに情熱を傾けていて、私たちの研究がどれほど重要なものになるかを理解してくれていました。彼らは、私たちの研究ロードマップや文化について自主性を認めてくれましたし、ロンドンにとどまることも認めてくれました。このことが、私にとってはとても重要だったのです。最後に、彼らは私たちの技術に関して倫理委員会を設けることも認めてくれました。これは非常にまれなことですが、彼らの先見の明を示すものでした。

フォード：なぜシリコンバレーに行かずに、ロンドンにとどまることを選んだのですか？　それを決めたのはデミス・ハサビスですか、それともディープマインドですか？

ハサビス：両方です。私は生まれも育ちもロンドンっ子で、ロンドンを愛していますが、同時にロンドンにいることは競争上の優位性だとも思っていました。イギリスやヨーロッパには、ケンブリッジやオックスフォードなどAI分野で傑出した大学が存在するからです。また、当時はイギリスにもヨーロッパにも本当に有望な研究企業は存在していませんでしたから、こういった大学の優秀な大学院や学部の卒業生を雇用できる見込みが高かったのです。

２０１８年の現在ではヨーロッパにいくつもそのような会社はありますが、AIの分野で深く掘り下げた研究を行っていたのは私たちが最初だったのです。文化的な側面からも、より多くの利害関係者や文化がAIの構築に携わることが重要だと私は思います。アメリカのシリコンバレーだけでなく、ヨーロッパやカナダの感性を取り入れるといったことですね。最終的には、こういったことが地球規模で重要な意味を持つようになりますし、AIをどう使うか、何のために使うか、そしてその果実をどう分配するか、といったことにさまざまな意見を反映することが大事です。

フォード：ディープマインドでは、ヨーロッパの他の都市にも研究所を開設していますね？

ハサビス：私たちはパリに小規模な研究所を開設しました。これが私たちにとって、最初の大陸ヨーロッパの拠点です。また、カナダにも2つ、アルバータとモントリオールに研究所を開設しました。最近、グーグルと合流してからは、カリフォルニア州マウンテンビューに応用チームの拠点を設けました。共同研究しているグーグルのチームのすぐ隣です。

フォード：グーグルの他のAIチームとは、どれほど密接に協業しているのですか？

ハサビス：グーグルは巨大な組織で、非常に応用寄りの観点から純粋に研究の視点まで、機械学習とAIのあらゆる側面に何千人もの人々が取り組んでいます。結果として、多くのチームリーダーはお互いのことをよく知っていますし、製品チームでも研究チームでも、垣根を越えた協業は盛んに行われています。アドホックに、研究者個人やそのときどきのテーマに応じて行われる傾向はありますが、高いレベルで全体的な研究の方向性は共有されています。

　他のチームと比べたときのディープマインドの大きな違いは、AGIというひとつのムーンショット目標にかなり重点を置いていることです。その中心に存在する長期的なロードマップには、神経科学に基づいた私たちの理論が反映されており、知能とは何か、それを実現するためには何が必要か、といったことを解き明かそうとしています。

フォード：ディープマインドのアルファ碁の成果は、よく知られています。それに関するドキュメンタリー映画［2017年製作『アルファ碁』］※7もあるほどですから、ここではもっと最近のイノベーションであるアルファゼロと、将来へ向けた計画について重点的にお聞きしましょう。私には、完全情報二人ゲームの一般解に非常に近いものが示されたように思えます。完全情報ゲームとは、知り得るすべてのことが盤上に、あるいは画面上のピクセルとして、示されているゲームのことです。今後、この種のゲームは用済みなのでしょうか？　次は、例えば隠れ情報のあるような、もっと複雑なゲームを計画されているのでしょうか？

ハサビス：もうすぐ公開されるアルファゼロの新しいバージョンはさらに進歩しており、おっしゃるようにチェスや囲碁、将棋などの完全情報二人ゲームの解となっていると思っていただいて結構です。もちろん、現実の世界は完全情報ではありませんから、おっしゃるとおり、次のステップはそれに対応できるシステムを作り出すことです。すでに私たちはそれに取り組んでおり、一例として『スタークラフト』という、非常に複雑な行動空間を持つコンピューター戦略ゲームがあります。それが非常に複雑なのは、ユニットを建造できるため、チェスのように使える駒が固定されていないからです。またリアルタイムのゲームであり、隠れ情報があります。例えば「Fog of War」は、その地域を探索するまで画面上の情報を隠してしまいます。

またゲームは私たちにとって、トレーニングの場所にすぎません。私たちがこの研究をしているのはゲームに勝つためだけではなく、現実世界の問題に適用可能な汎用アルゴリズムを作り出すためでもあるのです。

フォード：ここまでディープマインドは、主に深層学習と強化学習を組み合わせて利用してきましたね。強化学習とは基本的には実践による学習であり、システムが繰り返し何かを試行し、報酬関数がシステムを成功へと導きます。あなたが、強化学習は汎用知能へ至る道筋を提供するものであり、それを達成するために十分なものかもしれない、とおっしゃっているのを耳にしました。それが今後の研究の焦点になるのでしょうか？

ハサビス：今後の方針としては、その通りです。私はこの技術が非常に強力なものだと思っていますが、スケールさせるためには他の手法と組み合わせる必要があります。強化学習はずいぶん前から存在する手法ですが、ごく小規模なトイプロブレムにしか使われてきませんでした。この学習手法をスケールアップするのは、誰にとっても非常に難しかったからです。アタリゲームの研究で、私たちは強化学習を深層学習と組み合わせました。深層学習は画面の処理と、周囲の環境のモデル化を担当します。深層学習は非常によくスケールするので、強化学習と組み合わせることによって現在私たちがアルファ碁やDQNで取り組んでいるような大規模な問題にも強化学習が適用できるようになりました。これらはすべて、10年前には不可能とされていたことです。

私たちは、その最初の部分を証明したと思っています。当時の私たちが確信をもって強化学習を採用し、それに賭けたのは、今後数年間で強化学習は深層学習と同じくらい大きな存在になっていくと思うからです。ディープマインドは、それを真剣にとらえている数少ない企業のひとつです。神経科学の観点からは、脳が学習メカニズムのひとつとして一種の強化学習を利用していることがわかっているからです。それは時間的差分学習と呼ばれるものであり、またドーパミン系がそれを実現していることもわかっています。脳が作り出す予測誤差をドーパミンニューロンが追跡し、その報酬信号に従ってシナプスが強化されるのです。脳はこのような原則に従って働いています。そして脳は、私たちの知る汎用知能の唯一の例です。そのため、私たちは神経科学を非常に真剣にとらえています。私たちにとって、それが汎用知能の問題への解であることは明らかなのです。唯一の解ではないかもしれませんが、生物学的な観点からは、強化学習が十分にスケールアップできればそれで十分であるように思えます。もちろん、そこに至るまでには技術的難問もたくさん存在しますし、その多くはまだ解決できていません。

フォード：それでも、子どもが言語や世界観といったものを学習する様子は、あまり強化学習のようではありません。イメージネットのように子どもにラベル付きデータを与える人は誰もいないという意味で、それは教師なし学習です。それでもどういうわけか、幼児は環境から直接、自然に学ぶことができるのです。しかしそれは、特定の目標を意識した実践による学習ではなく、環境とのランダムなやり取りや観察によるもののように思えます。

ハサビス：子どもが学習に利用するメカニズムは多数存在しますし、脳はそのひとつだけを利用しているわけではありません。子どもは親や教師、あるいは友達から教師あり学習を受け、そして目標を意識せず何かを試しているときには教師なし学習をしています。また、何かを行い、その報酬を受け取る際には、報酬による学習や強化学習も行っています。

私たちはこれら3つのすべてに取り組んでいますし、知能にはこれらすべてが必要とされることになるでしょう。教師なし学習は非常に重要であり、私たちもそれに取り組んでいます。ここでの問題は、私たちには報酬の代わりとなるような内的な動機付けが進化によって組み込まれていて、それが教師なし学習を導いているのか、ということです。情報の取得について考えてみましょう。情報を取得することが脳に内的な報酬を与えることを示す、有力な証拠が存在します。

もうひとつは新奇探索傾向です。新奇なものを見ることによって、脳内にドーパミンが放出されることが知られています。つまり新奇性は、内的な報酬を与えるのです。ある意味では、私たちの脳内に化学的な形で存在するこういった内的動機付けが、私たちの目には自由遊びや教師なし学習と見えるものを導いているのかもしれません。情報や構造を見つけ出すこと自体が報酬となることを脳が理解しているとすれば、それは教師なし学習の動機付けとして大いに役立ちますから、どんな構造であれ、見つけ出そうとすることでしょう。そして脳はそのようなことをしているようなのです。

報酬をどう定義するかにもよりますが、こういったことの中には教師なし学習を導く内的動機付けとなり得るものもあります。私は、強化学習の枠組みの中で知能について考えることが役立つと思っているのです。

フォード：お話を伺っていて明確にわかるのは、あなたが神経科学とコンピューターサイエンスの両方に深い関心を持たれていることです。そのような複合的なアプローチは、ディープマインドで全社的に行われているのでしょうか？　これら2つの領域の知識や人材を、どのように統合しているのでしょうか？

ハサビス：私が2つの領域のちょうど中間に位置していることは確かです。私は両方について同程度の教育を受けていますからね。ディープマインドとしては、もっと機械学習の側に軸足を置いていることは明らかでしょう。しかしディープマインドで最大のグループは、神経科学者から構成されています。このグループを率いるマット・ボトヴィニクは、すばらしい神経科学者でプリンストンの教授です。私たちは神経科学を、とても真剣にとらえているのです。

神経科学の問題点は、それ自体が機械学習をはるかにしのぐ巨大な分野だということです。例えば機械学習の研究者が、自分にはどんな神経科学の研究が参考になるか手っ取り早く知りたかったとしても、途方に暮れてしまうことになるでしょう。それを教えてくれる本はありませんし、あるのは膨大な研究結果だけで、その中からどうにかして情報を探り出し、ＡＩの観点から役立ちそうな宝物を見つけ出す必要があるのです。そういった神経科学の研究の大部分は、医療研究や心理学、あるいは神経科学それ自身のために行われています。神経科学者は、ＡＩに役立つことを考えて実験をしているわけではないのです。そのような文献の99パーセントはＡＩ研究者に役立つものではありませんから、その中から正しく影響力のあるものを選び出し、どれほどの影響力があるのかを見極めるためには、それなりの鍛錬が必要とされます。

神経科学からＡＩ研究のヒントが得られると語る人は多いのですが、大部分の人はその方法についてきちんとした考えを持っているとは思えません。両極端の例を考えてみましょう。ひとつは、脳をリバースエンジニアリングしてみようという考え方です。非常に多くの人がＡＩへのアプローチとして試していることですが、私の言っているのは文字通り、脳を皮質レベルでリバースエンジニアリングすることで、代表例としてはＢｌｕｅ《ブルー》 Ｂｒａｉｎ《ブレイン》プロジェクトがあります。

フォード：ヘンリー・マークラムが主導して行われているプロジェクトですね？

ハサビス：そうです。そして彼は文字通り、皮質柱をリバースエンジニアリングしようとしています。神経科学としては興味深いものかもしれませんが、私の意見では、ＡＩを構築するための手段としてはあまり効率的とは言えません。あまりに低レベルだからです。私たちがディープマインドで興味を持っているのは、脳のシステムレベルの理解であり、脳に実装されているアルゴリズムであり、脳の持つ能力や機能、そして脳の利用する表現です。

　ディープマインドではウェットウェア［人間の頭脳］や、それが生物学的に実現されている方法について調べているわけではありません。それらはすべて、抽象化によって取り除くことができます。それは理にかなったことです。なぜインシリコ［コンピューター］システムが、インカーボ［生体］システムを模倣しなくてはならないと考えるのでしょうか？　これら２つのシステムの持つ長所と短所は、完全に異なっています。コンピューター上で、例えば海馬の詳細な接続関係を正確にコピーする理由は何もありません。その一方で、私は海馬の持つ計算能力や機能に非常に興味を持っています。エピソード記憶、空間ナビゲーション、それに利用される格子細胞といったものですね。これらはすべて神経科学からシステムレベルで導入されたものであり、私たちの興味が実装の詳細ではなく、脳の利用する機能や表現、そしてアルゴリズムにあることを如実に示しています。

フォード：飛行機は翼をはばたかせて飛ぶわけではない、というたとえはよく聞きますね。飛行機は飛ぶことができますが、鳥類がしていることをそのまま模倣しているわけではない、というわけです。

ハサビス：それはすばらしいたとえですね。ディープマインドで私たちは、航空力学を理解しようとして鳥類を観察し、次にその航空力学の原則を抽象化して固定翼の航空機を作り上げようとしているわけです。

もちろん、航空機を作り上げた人々が、鳥類からヒントを得たのは事実です。ライト兄弟は、鳥類を観察することによって空気よりも重い物体が飛べることを知りました。翼の形状を考案する過程で、彼らは変形可能な翼を試したのですがうまくいきませんでした。しかしそれは、滑空する鳥類に似たものでした。すべきことは、自然を観察して、達成しようとする現象にとって重要でないものを抽象化によって排除することです。その現象がライト兄弟の場合には飛行であり、私たちの場合には知能であるわけです。しかしだからといって、排除されたものが探索プロセスに役立たなかったわけではありません。

私が言いたいのは、結果がどんなものになるか、まだわかっていないということです。知能のようなものを人工的に作り上げようとして、すぐにはうまくいかなかった場合、今の方針で良いのかどうか、どうすればわかるというのでしょうか？　あなたの20人のチームは時間を浪費しているのでしょうか、それともあと少し努力すれば来年には解決の糸口が見えてくるのでしょうか？　そのような理由から、神経科学を参考とすることによって、私はより多くの金額を、より確信をもって賭けることができているのです。

その好例が強化学習です。私は、強化学習がスケーラブルであることを知っています。脳はスケーラブルに強化学習を行っているからです。脳が強化学習を実装していることを知らなかったとしたら、強化学習がスケールしなかった場合、あと2年やってみるべきかどうか、どうすれば現実的なレベルで判断できるでしょうか？　チームや企業として掘り下げる探索空間を絞り込むことは非常に大事ですし、そこが神経科学をないがしろにする人々が見逃しがちな、メタなポイントなのだと思います。

フォード：あなたはＡＩの研究もまた、神経科学で行われている研究の参考となる可能性があると指摘されていたと思います。つい先日、ナビゲーションに用いられる格子細胞に関する研究結果をディープマインドが発表しましたが、この格子細胞はニューラルネットワーク内で自然に発生しているように聞こえます。別の言い方をすれば、生物学的な脳と人工的なニューラルネットワークの両方で、同一の基本構造が自然に生まれてくることは、かなり驚くべきことに思えます。

ハサビス：それには私も非常に興奮しました。それは私たちが昨年成し遂げた、最大のブレークスルーのひとつだからです。格子細胞を発見し、その業績によってノーベル賞を受賞したエドバルト・モーザーとマイブリット・モーザーの両氏からも、この発見について非常に興奮した手紙を受け取りました。なぜかといえば、彼らの発見した格子細胞が単なる脳の配線の機能ではなく、計算論的な意味で空間を表現する最適な方法となり得ることを示している可能性があるからです。これは神経科学者にとって非常に大きな、そして重要な発見です。彼らは現在、もしかしたら脳は必ずしも格子細胞を作り出すように配線されていないのかも、と考えているからです。もしかするとそのようなニューロン構造を空間と接触させるだけで、どんなシステムもかなわないほど効率的なコーディングが行われるのかもしれません。

また私たちは最近、前頭前野の働きに関してまったく新しい理論を築き上げました。これは私たちのＡＩアルゴリズムとその働きを観察し、それをディープマインドの神経科学者が脳の働きに翻訳することによって得られたものです。

これを皮切りに、ＡＩのアイディアやアルゴリズムをヒントとして脳の働きを別の角度から見たり、脳の中に新しいものを見つけたり、あるいは脳の働きに関するアイディアを実験するための分析ツールとして使う例が、続々と登場してくると思います。

私は神経科学者として、神経科学にヒントを得たＡＩの構築という私たちの道のりは、脳に関する複雑な問題に取り組む最適な方法のひとつだと考えています。神経科学に基づいたＡＩシステムが構築できれば、それを人間の脳と比較することによって、そのユニークな特徴に関して何か情報が得られるかもしれません。夢想、創造力、そして意識の本質といった心の深遠なミステリーのいくつかに、光を当てることができるかもしれません。そのように脳とアルゴリズム的な構造物とを比較することは、脳を理解する方法のひとつになり得ると私は考えています。

フォード：発見可能な知能の一般原則であって、物理的な基盤とは独立したものが存在すると考えていらっしゃるようですね。再び飛行のたとえを使えば、それは「知能の航空力学」と呼べるものだと思います。

ハサビス：その通りです。そしてその一般原則を抽出できれば、人間の脳の特定のインスタンスを理解するためにも役立つはずです。

フォード：今後10年間に実現すると予想される、実用的な応用についてお聞かせ願えますか？　あなたのブレークスルーは、比較的近い将来に現実世界の中でどのように応用されていくのでしょうか？

ハサビス：すでに多くの物事が実用化されています。世界中で人々は、機械翻訳や画像分析、そしてコンピュータービジョンを通して、今でもＡＩと対話しています。

　ディープマインドは、グーグルのデータセンターで消費されるエネルギーの最適化など、かなり多くのことに取り組み始めています。私たちの開発したＷａｖｅＮｅｔ《ウェーブネット》は、とても人間的なテキスト読み上げシステムで、現在ではすべてのアンドロイドＯＳのスマートフォンにグーグルアシスタントとして採用されています。グーグルプレイのリコメンデーションシステムにも、さらにはアンドロイドＯＳのバッテリーセイバーのような裏方の機能にも、ＡＩが利用されています。誰もが毎日使っているのです。汎用アルゴリズムなので、あらゆる場所に使われるようになるでしょう。これはほんの始まりにすぎないと私は思っています。

私が次に成果を期待しているのは、現在行っているヘルスケア分野での共同研究です。一例として、ムーアフィールズという著名なイギリスの眼科病院との取り組みでは、網膜スキャンから黄斑変性症を診断することを目指しています。私たちの共同研究パートナーシップにおける第1フェーズの成果は「ネイチャーメディシン」誌に掲載されました。日常的な臨床診療で行われる眼球スキャンを、私たちのＡＩシステムがこれまでにない精度で分析できることを示しています。また視力に影響する50を超える眼科疾患について、患者がどんな治療を受けるべきかを世界有数の専門医と同じ精度で正しく推奨することもできるのです。

また別のチームは、皮膚がんなどの病気について同様の研究を行っています。今後5年間のうちに、私たちがこの分野で行っている研究から最大の恩恵を受ける分野のひとつはヘルスケアになるだろうと私は思っています。

私が個人的にとても夢中になっているとともに、私たちが最先端にいると思われるのが、ＡＩを利用した現実の科学的問題の解決です。私たちは現在、たんぱく質折り畳みなどの課題に取り組んでいますが、素材設計や創薬、化学などへの応用も考えられます。ＡＩを使って大型ハドロン衝突型加速器（ＬＨＣ）のデータを解析したり、太陽系外惑星を探したりしている人もいます。実に多くのクールな分野で、人間の専門家が構造を識別するのが困難な大量のデータが蓄積されていますから、この種のＡＩがそのために今後ますます使われるようになっていくと思います。今後10年間で、いくつかの基礎的な研究分野での科学的ブレークスルーが加速されることに期待しています。

フォード：ＡＧＩへの道のりは、どんなものになるでしょうか？　人間レベルのＡＩを実現するために、克服しなくてはならない主要なハードルにはどんなものがあるとお考えですか？

ハサビス：ディープマインドの起業時から、私たちが見据えてきた大きなマイルストーンがいくつかあります。例えば抽象的で概念的な知識を学習し、それを使って転移学習を行うことです。転移学習とは、ひとつの領域から過去経験したことのない新しい領域へ知識を移転して役立てることですが、人間はこれを非常に得意としています。もし私が新しいタスクを与えられたとしても、最初から手も足も出ないわけではありません。同様のタスクや構造から得られた多少の知識を、すぐにそのタスクに応用して取り組むことができるからです。これはコンピューターシステムには、なかなかできません。大量のデータを必要とし、非常に非効率だからです。この点を改善する必要があります。

もうひとつのマイルストーンは言語理解の改善であり、さらにもうひとつは、例えば記号操作など、従来のAIシステムができていたことを、私たちの新しい技術を使ってできるようにすることです。そうなるまでの道のりは遠そうですが、実現できたとすれば本当に大きなマイルストーンになるでしょう。たった8年前、2010年と比べてみれば、アルファ碁のように私たちにとっての大きなマイルストーンはすでにいくつか達成されていますが、今後はさらに多くのことが達成されるでしょう。その中でも私にとって大きなものは、概念と転移学習です。

フォード：AGIが実現した暁には、知能が意識も併せ持つことになるとお考えですか？　意識は自動的に生まれてくるものなのでしょうか、それとも完全に別個のものなのでしょうか？

ハサビス：それは、この道のりの中で取り組まれる興味深い疑問のひとつです。現時点で私にはその答えはわかりませんが、私たちにとっても、この分野で研究をしているほかの人にとっても、非常にエキサイティングな課題のひとつです。

私の直感では、意識と知能は相互に分離可能なものです。意識を持たずに知能を持つことは可能であり、人間レベルの知能を持たずに意識を持つことも可能だということです。賢い動物には何らかのレベルの意識や自己認識が存在すると私は信じていますが、それらの動物には少なくとも人間ほどの知能がないことは明らかですし、何らかの尺度では驚異的な知能を持つけれども私たちにはまったく意識を持っているとは感じられないマシンを作り上げることも想像できるからです。

フォード：知能を持つゾンビのように、内的経験を持たないものになるわけですか。

ハサビス：私たちが他の人間について感じるような、感覚は持たないでしょう。ここに哲学的な疑問が生まれます。チューリングテストに規定されているように、それが私たちと同じように行動したとすれば、どうやってそれに意識がないことがわかるのでしょうか？「オッカムの剃刀」を使った説明はこうです。あなたが私と同じ行動を示し、あなたが私と同じ材料からできていて、私が感覚を持つことがわかっていたとすれば、私と同じ感覚をあなたも感じていると推定できることになります。なぜそうではないと言えるでしょうか？

マシンに関して興味深い点は、マシンが人間と同じ振る舞いをすることは可能である——もし私たちがマシンをそのように設計すれば——が、マシンは異なる物理的な基盤上に構築されていることです。同一の物理的な基盤上に構築されていない場合、先ほどのオッカムの剃刀の考え方はあまり当てはまりません。マシンは何らかの意味での意識を持っているが、私たちはそのような付加的な仮定に依拠することとすることができないので、それを同じようには感じられないのかもしれません。私たちひとりひとりが意識を持っていると考える理由——それは非常に重要な仮定だと私には思えるのですが——を突き詰めてみれば、もしあなたが私と同じ物理的な基盤上で生きているとして、それがあなたの物理的な基盤にとって異質なものと感じられる理由は何でしょうか？

フォード：あなたは、マシンが意識を持つことができると信じていますか？ 意識とは、基本的に生物学的な現象であると論じている人もいます。

ハサビス：それについては、私には何とも言えません。私たちにわかるとは思えないのです。生体系に関して、何か非常に特別なものが存在することが判明するかもしれません。サー・ロジャー・

ペンローズのように、量子的な意識と関係していると考える人もいます。その場合には古典的なコンピューターは意識を持たないことになりますが、これは未解決の問題です。そこには、私たちがたどっている道のりから何らかの光明が投げかけられるだろうと思います。それが制約となるかどうかはわからないと私は考えているからです。いずれにしろ、答えがわかったとすればすばらしいことでしょう。マシン上に意識を構築することがまったく不可能であることがわかったとすれば、それはかなり驚くべきことだからです。そうなれば、意識とは何か、どこに存在するのか、といった問題について多くのことがわかってくるでしょう。

フォード：ＡＧＩにまつわるリスクやマイナス面についてはどうでしょうか？　イーロン・マスクは「悪魔を呼び出す」ことになるとか、人類の存在を脅かすものだとか言っています。また、ニック・ボストロムのような人もいます。彼はディープマインドの監査役ですし、このような考えについてたくさん記事を書いています。こういった不安について、どう思われますか？　私たちは憂慮すべきなのでしょうか？

ハサビス：彼らとは何度もそういったことについて話したことがあります。よく言われることですが、そこだけ抜き出すと極端に聞こえる意見の持ち主でも、直接話してみればずっと示唆《しさ》に富んでいることがわかるのです。

それに関する私の意見は中立的なものです。私がＡＩに取り組んでいる理由は、ＡＩがこれまでにないほど人類に利益をもたらすものになると考えているからです。ＡＩは、科学や医学に関する私たちの潜在能力をあらゆる方面で解き放つことになると思います。どんな強力な技術についても言えることですが、そしてＡＩは汎用性があるため特に強力なのですが、技術それ自体はニュートラルなのです。すべてはＡＩをどのように設計し展開するか、何のために使うか、そして利益をどう分配するかといった、私たち人類の決断にかかっています。

いろいろと難しい問題も存在しますが、それらはどちらかといえば地政学上の課題であって、社会全体として解決する必要があります。ニック・ボストロムの心配の多くは、制御問題や価値整合問題など、私たちが正さなくてはならない技術的な問題に関するものです。そういった課題については、さらに研究が必要だと私は見ています。現在の私たちは、何とか興味深いことができるシステムが存在する地点にたどり着いたばかりだからです。

私たちはまだ、非常に未熟な段階にあります。5年前なら、それは哲学的な議論だったかもしれません。当時はまだ、興味深いものは何も存在していなかったからです。現在私たちの持っているアルファ碁などいくつかの興味深い技術はまだ生まれたばかりですが、現時点で私たちはこれらの技術をリバースエンジニアリングし実験するために可視化ツールや分析ツールを作り上げるべき段階まで来ています。私たちの複数のチームではそれを行って、これらのブラックボックス・システムが何をしているのか、その振る舞いをどう解釈すべきなのか、といった理解を深めようとしています。

フォード：先進的なＡＩに伴うリスクを管理することは可能だと確信していらっしゃいますか？

ハサビス：はい、強く確信しています。その理由は、私たちが変曲点に位置していてこういった技術を活用し始めたばかりだということ、それらをリバースエンジニアリングしたり理解したりするためにまだそれほど努力が注がれてこなかったこと、そして今まさにそれが行われているところだからです。今後10年の間に、そういったシステムの大部分は、現在のような意味でのブラックボックスではなくなることでしょう。そういったシステムの中で何が起こっているのか把握できるようになり、システムをどう制御すればよいのか、数学的な限界がどこにあるのかをよりよく理解できるようになり、それによってベストプラクティスやプロトコルが策定されることにもなるでしょう。

そのような道筋をたどることによって、例えば正しく設定されていない目標の付随的な結果など、ニック・ボストロムが心配しているような技術的課題の多くが対処されるだろうと私は確信しています。そのような進歩を成し遂げるためには、理論と実践——実証の取り組み——が連携して行われることが必要であると私は常に考えています。そしてこの話題と分野に関しては、実証の取り組みは工学的に行われることになります。

この技術の第一線で働いている人以外が感じている不安の多くは、そういったシステムが実際にはるかによく理解されるようになれば、消え去ってしまうことでしょう。心配すべきことは何もない、と考えているわけではありません。こういったことを心配するのは当然だと思うからです。また、解決すべき短期的な問題もたくさんあります。例えば、このようなシステムを製品に導入する際にはどうやってテストすればよいのだろうか、といったことです。長期的な問題の多くは非常に難しいものですから、答えが必要となる時期よりもずっと前、時間のある今のうちに考えておきたいものです。

もうひとつ私たちに必要なことは、ニック・ボストロムのような人々の提起する課題への解決策を提示するために、どんな研究を行えばよいか知っておくことです。私たちはそのような問題について積極的に考えていますし真剣にとらえてもいますが、私は人類の知恵を信じています。世界中の英知を十分に結集すれば、そのような問題も克服できるはずです。

フォード：AGIの達成以前に生じるリスクについてはどうでしょうか？　例えば自律兵器などです。あなたはAIの軍事利用について、非常に積極的に発言されていましたね。

ハサビス：それは非常に重要な問題です。ディープマインドでは、AIの利用が十分に人間の制御下に置かれるべきであり、社会的に善良な目的のために使われるべきである、という前提からスタートしています。このことは、完全な自律兵器の開発や配備の禁止を意味します。なぜならば、兵器が必要かつ相当な範囲内で利用されるためには、十分な人間の判断と制御が必要とされるからです。この問題に関するフューチャー・オブ・ライフ・インスティテュート（Future of Life Institute：FLI）の宣言への支持や公開書簡への署名を含め、私たちはこの考えを幾度となく表明してきました。

フォード：化学兵器は実際に禁止されているにもかかわらず、いまだに使われているということは指摘しておく価値があるでしょう。このことは国際的な調整の必要性を示していますし、国家間の争いによって物事が意外な方向に進み得ることも示していると思います。例えば、中国とのAI競争が取りざたされています。彼らの国家体制は、はるかに権威主義的なものです。私たちは、彼らがAIの分野でリードを奪うことを懸念すべきなのでしょうか？

ハサビス：そういう意味での競争ではないと思います。私たちは研究者全員を知っていて、共同研究もたくさん行われているからです。私たちは論文を公開していますし、例えばテンセントがアルファ碁のクローンを作ったことも、そこに大勢の研究者がいることも知っています。今後に調整が、あるいは規制やベストプラクティスが必要とされるならば、それが国際的に行われ、全世界で採用されることが重要だと私は考えています。そういった原則は、どこかの国が守らなければ機能しないからです。しかし、それはAIだけの問題ではありません。私たちがすでに取り組んでいる、国際的な調整と連携を必要とする問題は、地球温暖化をはじめとして他にもたくさんあります。

フォード：経済的な影響についてはどうでしょうか？　労働市場に大きな変動が起こり、失業率が増加したり格差が拡大したりするでしょうか？

ハサビス：これまでに起こった変動でAIに起因するものは極めて小さく、技術一般によるもののごく一部だったと思います。しかし、今後AIは巨大な変革をもたらすことになるでしょう。その影響は産業革命や電力に匹敵すると考える人もいますし、はるかに群を抜いたものになるという人もいますが、どうなるかはまだわからないと私は思います。もしかすると、あらゆる分野で巨大な生産性の向上が起こり、豊穣な世界が実現するのかも？　確実なことは、誰にもわかりません。大事なのは、そういった利益があらゆる人に分配されるようにすることです。

ユニバーサルベーシックインカムであれ、何か別の形で行われるのであれ、それが大事なことだと私は思います。これに関しては多くのエコノミストが議論を闘わせていますし、この巨大なものとなりそうな生産性の向上から得られる利益を、社会の全員に行き渡らせるためにはどうしたらよいか、私たちはとても慎重に考える必要があります。そのような利益は必ず生じるはずです。そうでなければ、破壊的な影響など起こらないでしょうから。

フォード：はい、私も基本的には同じ意見です。基本的には分配の問題であって、人口の大部分が置き去りにされるおそれがあるということですね。しかし、新たなパラダイムを提示してすべての人のためになる経済を作り上げることは、非常に難しい政治的課題です。

ハサビス：その通りです。

私はエコノミストに会うたびに、この問題についてとても真剣に取り組んでいるはずだと思うのですが、もう100年も大幅な生産性向上について議論され続けてきたので、どれほど大きな生産性向上が実現するかは想像することさえ難しいようです。

私の父は大学で経済学を学んだのですが、1960年代末にはこんなことを真剣に話す人が大勢いたと言っていました。「1980年代に物があふれるようになって、働く必要がなくなったら、みんな何をすることになるんだろうか」。もちろん、そんなことは起こりませんでした。1980年代もその後も、私たちはどんどん忙しくなる一方です。今後もそういうことが続くのかどうか、よくわからない人が多いのだと思いますが、もし資源や生産性に大幅な余裕が生まれるのであれば、それを広く公平に分配する必要がありますし、それが実現すればどこにも問題は見当たらないと思います。

フォード：あなたは楽観主義者だと言えるでしょうか？　あなたはＡＩが変革をもたらすものであり、これまでに人類にもたらされた最良のもののひとつであると考えていらっしゃると思います。もちろん、私たちがＡＩを賢く使うことが前提になりますが。

ハサビス：もちろんです。だからこそ、私はＡＩに人生をかけてきたのです。このインタビューの前半でお話ししたように、これまでに私のしてきたことは、すべてそれを達成するためのものでした。もしＡＩが実現しなかったとしたら、私は世界の今後について、かなり悲観的だったかもしれません。実際、この世界にはよりよい解決策を必要としている問題が、地球温暖化、アルツハイマー型認知症、飲み水の確保など、たくさんあると思います。時間とともに悪化していくと予想される問題も、具体的にいくつか挙げられます。心配なのは、それを解決するための国際的な協調や資源や活動が、どうすれば得られるのかよくわからないことです。しかし結論としては、私は世界について楽観しています。ＡＩのような、変革をもたらす技術が実現されようとしているからです。

※7　https://www.alphagomovie.com/

デミス・ハサビスは、かつてのチェスの天才児であり、二年飛び級して高校を卒業し、数百万本を売り上げたシミュレーションゲーム『テーマパーク』を17歳にしてコーディングした。ケンブリッジ大学のコンピューターサイエンス学科を最優秀で卒業した後、彼は先進的なコンピューターゲーム企業エリクサー・スタジオ(Elixir Studios)を設立し、製作したゲームはヴィヴェンディ・ユニバーサル(Vivendi Universal)などのグローバル企業で販売された。10年にわたって技術スタートアップ企業を成功に導いた後、デミスは学問の世界に戻ってユニバーシティ・カレッジ・ロンドンで認知神経科学の博士号を取得し、その後MITとハーバード大学で博士研究員を務めた。想像力や計画性の基盤となる神経メカニズムに関する彼の研究は、「サイエンス」誌によって2007年の十大ブレークスルーに選ばれている。

デミスはマインドスポーツオリンピアードに五度優勝しており、王立技芸協会および王立工学アカデミーのフェローであり、後者からは銀メダルを授与されている。2017年に彼は「タイム」誌の「世界で最も影響力のある100人」に選ばれ、2018年には科学技術への貢献に対してCBE勲章を授与されている。彼は王立協会のフェローに選出されており、王立協会のムラード賞の受賞者であり、インペリアル・カレッジ・ロンドンの名誉博士号を授与されている。

デミスはシェイン・レッグ、ムスタファ・スレイマンと共同で2010年にディープマインド社を創業した。ディープマインドは2014年にグーグルに買収され、現在はアルファベット傘下の企業となっている。2016年にはディープマインドのアルファ碁システムが、世界最強の囲碁棋士とされるイ・セドルを破った。この試合は、『アルファ碁』というドキュメンタリー映画に取り上げられている。

「教師あり学習の発達によって、
おそらくすべての主要な産業に
多くのチャンスが生み出されています。
教師あり学習は非常に価値あるもので、
多くの産業を変革することになるでしょうが、
さらに良いものが発明される余地は大いにあると思います」

ANDREW NG

アンドリュー・エン

ランディングAI社CEO、AIファンド社ゼネラルパートナー
スタンフォード大学コンピューターサイエンス特任教授

アンドリュー・エンは、学術的な研究者と起業家の両方の立場から、人工知能と深層学習に対する貢献を行ったことで広く知られている。彼はグーグルブレインプロジェクトと、オンライン教育企業コーセラ（Coursera）の共同創立者である。その後バイドゥの主任サイエンティストとなった彼は、業界をリードするAI研究グループを育て上げた。アンドリューはグーグルとバイドゥの両社で、AI主導型組織への変革に大きな役割を果たした。2018年に彼が設立したAIファンド（AI Fund）は、AI分野のスタートアップ企業をゼロから作り上げることに特化したベンチャー投資会社である。

フォード：まず、ＡＩの将来についてお聞きしたいと思います。深層学習はすばらしい成功とともに、とてつもない誇大宣伝も引き起こしました。あなたは、深層学習が今後も進むべき道であり、ＡＩの進歩を支える主要なアイディアであり続けると思われますか？　あるいは、長期的にはまったく新しい手法が取って代わることがあり得るのでしょうか？

エン：私は深層学習よりも優れた手法が出現することを、心から期待しています。最近のＡＩの進化によってもたらされた経済的価値は、すべて教師あり学習――基本的には入力と出力とのマッピングの学習――によるものです。例えば自動運転車の場合、入力は車の前面のビデオ画像であり、出力は他の車の実際の位置になります。他に例を挙げれば、音声認識の場合には入力はオーディオクリップで出力は文字起こしされたテキスト、機械翻訳の場合には例えば入力は英語のテキストで出力は中国語のテキストです。

深層学習は、こういった入力と出力の対応付けを驚くほど効率的に学習します。これは教師あり学習と呼ばれますが、人工知能は教師あり学習よりもずっと広い意味の言葉です。

教師あり学習の発達によって、おそらくすべての主要な産業に多くのチャンスが生み出されています。教師あり学習は非常に価値あるもので、多くの産業を変革することになるでしょうが、さらに良いものが発明される余地は大いにあると思います。ただ、現時点でそれがどんなものになるかを正確に予測することは困難です。

フォード：汎用人工知能へ至る道のりについてはどうでしょうか？　ＡＧＩを達成するために必要な、主要なブレークスルーにはどんなものがあるとお考えですか？

エン：その道のりは、非常に見通しづらいものだと思います。おそらく必要とされるもののひとつは教師なし学習でしょう。例えば、今はコンピューターにコーヒーマグがどんなものか教えるために何千ものコーヒーマグをコンピューターに見せる必要があります。しかし、たとえどれほど忍耐力や愛情があったとしても、自分の子どもに何千個ものコーヒーマグを指し示したりする親はいません。子どもは、この世界を歩き回り、画像や音声を取り込みます。そのようにして子どもは学習するのです。人は子どものころの経験から、コーヒーマグがどんなものであるか学ぶことができます。何千個ものコーヒーマグを指し示してくれる親やラベル付け職人がいなくてもラベルなしのデータから学習できる能力は、システムの知能を高めるには欠かせないものになるでしょう。

AIの問題のひとつは、特殊用途の知能あるいは「狭い」知能の構築がかなり進歩してきた一方で、AGIへ向かう進歩が停滞していることだと思います。この両方が、AIという同じ言葉で呼ばれていることが問題なのです。AIはオンライン広告や音声認識、自動運転車に非常に役立つことがわかっていますが、それは汎用知能ではなく、特殊用途の知能です。一般の人々は特殊用途の知能の構築が進化しているのを見て、汎用人工知能へ向かっても急速に進化していると思いがちですが、それはまったく真実ではありません。

私はAGIの達成を期待してはいますが、その道のりは非常に見通しづらいものです。あまりAIについて知らない人たちが極端に単純化した推測をしたために、AIに関する無用な過剰宣伝がなされているのだと思います。

フォード：あなたが生きているうちに、AGIは実現すると予想されますか？

エン：正直に答えると、実は私にもわかりません。私が生きている間にAGIを見ることができるだろうと期待はしていますが、もっと時間がかかる可能性もかなりあると思います。

フォード：あなたがAIに興味を持ったきっかけは何でしたか？　そしてそれは、あなたの多彩な経歴へどのように結び付いたのでしょうか？

エン：ニューラルネットワークとの最初の出会いは、私が高校生でオフィスアシスタントの職場体験をしていたときでした。職場体験とニューラルネットワークとは関係ないように見えるかもしれませんが、私は自分のしていた仕事の一部をどうやったら自動化できるだろうかと職場体験の間に考えていました。それがニューラルネットワークについて考える最初の機会だったのです。その後、私はカーネギーメロン大学で学士号を、MITで修士号を、そしてカリフォルニア大学バークレー校で「強化学習におけるシェイピングと方策探索（Shaping and Policy Search in Reinforcement Learning）」と題する学位論文を書いて博士号を取得しました。

それから12年ほど、私はスタンフォード大学のコンピューターサイエンス学科と電気工学科で、大学教員をしていました。その後2011年から2012年まで、グーグルブレインチームの創立メンバーとして、グーグルを現在のようなAI企業に変容させる手伝いをしました。

フォード：そのグーグルブレインが、本当の意味で深層学習を利用しようとするグーグルでの最初の試みだった、という理解は正しいですか？

エン：ある意味ではそうですね。ニューラルネットワークを利用した小規模なプロジェクトはいくつか存在していましたが、グーグル社内に深層学習を本当の意味で普及させたのはグーグルブレインチームです。私はチームリーダーとして、まずグーグル社内の100名ほどのエンジニアを対象とした教育を行いました。それを契機に大勢のグーグルのエンジニアが深層学習について学ぶようになりましたし、グーグルブレインチームの味方や仲間を大勢作り出し、さらに多くの人々に深層学習を広めることにもつながりました。

私たちが最初に取り組んだ2つのプロジェクトのうち、ひとつは音声チームと連携したもので、これはグーグルの音声認識を改革するのに役立ったと思います。もうひとつは教師なし学習に関するもので、ここからはいささか悪名高い「グーグルの猫」が生み出されました。これは、教師なしニューラルネットワークにユーチューブを自由に閲覧させたら、学習によってネコを認識するようになったというものです。教師なし学習は現時点ではあまり実際の価値を生み出すものではありませんが、当時のグーグルのコンピューティングクラスターを使って達成可能な規模感を示す、おもしろい技術的デモンストレーションではありました。非常に大規模な深層学習アルゴリズムを実行できたわけですから。

フォード：あなたは２０１２年までグーグルに在籍していましたね。次は何をされたのですか？

エン：グーグル在籍期間が終わりに近づくにつれて、深層学習にはＧＰＵが役立つのではないかという思いが強くなってきました。その結果、私はその研究をグーグルではなく、スタンフォード大学ですることになったのです。実際、私はＮＩＰＳ（ニューラル情報処理システム）カンファレンス〔２０１８年よりＮｅｕｒＩＰＳカンファレンス〕でジェフリー・ヒントンと会話したことを覚えています。当時、私がＧＰＵを使おうとしていたことが、その後の彼とアレックス・クリジェフスキーとの研究にも、それから非常に多くの人が深層学習にＧＰＵを採用したことにも影響したのだと思います。

　私が当時スタンフォードで教鞭をとっていたのは幸運なことでした。シリコンバレーにいたため、ＧＰＧＰＵ（汎用ＧＰＵ）コンピューティングの兆しを感じ取ることができたからです。私たちは最適なタイミングで最適な場所にいましたし、スタンフォードでＧＰＧＰＵの研究をしていた友人もいたので、たぶん他の誰よりも先にＧＰＵの能力を見出し、深層学習アルゴリズムのスケールアップに生かすことができました。

　実は、スタンフォードで私の学生だったアダム・コーツのおかげで、私はグーグルブレインチームをラリー・ペイジに売り込み、ラリーを説き伏せて膨大な台数のコンピューターを使った非常に大規模なニューラルネットワークを構築することができたのです。それはアダム・コーツの作った、Ｘ軸にデータ量を示し、Ｙ軸にアルゴリズムの性能を示した、たった1枚の図でした。深層学習アルゴリズムをトレーニングするために使えるデータが多ければ多いほど性能が向上することを示すために、アダムはこの図を作ったのです。

フォード：その後あなたは、この本でもインタビューしているダフニー・コラーとともにコーセラを起業されましたね。そしてあなたは、バイドゥに移りました。その経歴についてもお話しいただけますか？

エン：はい、私がダフニーと一緒にコーセラの立ち上げを手伝ったのは、ＡＩをはじめとした技術に関するオンライン教育を、世界中の何百万人の人々に広めたいと思ったからです。その時点で私はもうグーグルブレインチームは十分軌道に乗ったと感じていたので、喜んでジェフ・ディーンに道を譲ってコーセラへ移りました。私は数年間かけてコーセラをゼロから立ち上げ、２０１４年にはコーセラの日常業務から退いてバイドゥのＡＩグループで働くことになりました。グーグルブレインがグーグルを現在のようなＡＩ企業に変容させる手助けをしたのと同じように、バイドゥのＡＩグループはバイドゥを多くの人が認めるＡＩ企業に変容させるという大きな働きをしました。私はバイドゥで、技術を立ち上げ、既存の事業組織を支援し、ＡＩを利用した新たなビジネスを系統的に始めるチームを作り上げました。

３年間でこのチームはとてもうまく回るようになったので、再び私はランディングＡＩ（Landing AI）のＣＥＯとＡＩファンドのゼネラルパートナーという仕事に移る決心をしたのです。

フォード：あなたはグーグルとバイドゥの両社をＡＩ主導型企業に変容させるという重要な役割をされてきました。お話を伺っていると、現在あなたはそれをさらに敷衍《ふえん》して、あらゆるものを変容させようとしているように感じます。それがあなたのＡＩファンドとランディングＡＩのビジョンなのでしょうか？

エン：はい、私は大規模なウェブ検索エンジンを変容させ終えたので、次は他の産業を変容させることに取り掛かりたいのです。ランディングＡＩでは、ＡＩを使って企業を変容させる手伝いをしています。既存企業にとってＡＩには多くの利点がありますから、ランディングＡＩはすでに存在する企業がＡＩの利点を活用できるように変容するお手伝いをすることに的を絞っています。ＡＩファンドはさらに一歩進んで、ＡＩ技術を利用した新たなスタートアップ企業や新たなビジネスをゼロから作り上げようとしています。

何をチャンスとしてとらえるかによって、モデルは非常に異なります。例えば、近年のインターネットに起こった大きな技術革新に対応して、アップルやマイクロソフトなどの既存企業はインターネット企業に生まれ変わるという偉業を成し遂げました。しかし、グーグルやアマゾンやバイドゥといった「スタートアップ企業」が現在どれほど巨大になったか、そしてインターネットの発達を基盤として信じられないほどの価値を生み出すビジネスを構築するという偉業をどのように成し遂げたか、考えてみてください。

ＡＩの進化とともに、グーグル、アマゾン、フェイスブック、バイドゥといった既存の企業——皮肉なことに、その多くは前の時代のスタートアップ企業だったわけですが——も、ＡＩの進化を非常にうまく利用していくことでしょう。ＡＩファンドは、私たちの有する新しいＡＩ能力を活用して新たなスタートアップ企業を作り出そうとしています。私たちの狙いは、次のグーグルやフェイスブックを見つけ出すこと、あるいは作り出すことなのです。

フォード：大勢の人が、グーグルやバイドゥといった既存企業の地位が揺らぐことはない、なぜならば膨大なデータにアクセスでき、小規模な企業の参入障壁を作り上げているからだ、と言っています。スタートアップや小規模な企業がＡＩ分野で事業を軌道に乗せることは難しいと思いますか？

エン：検索エンジン大企業の持つデータ資産が、ウェブ検索ビジネスへの乗り越えがたい参入障壁となることは間違いありませんが、それと同時に、ウェブ検索のクリックストリームデータが医療診断や製造業、あるいは個人向けの教育事業などにどれだけ役立つかは定かではありません。

データは実際には縦割り的な性質のものであり、ひとつの分野でそのような縦割りのデータを大量に利用して、参入障壁の高いビジネスを作り上げることは可能だと思います。100年前に電力が多くの産業を変容させたように、AIも多くの産業を変容させることでしょう。そして私は、複数の企業が大成功を収める余地は十分にあると思うのです。

フォード：先ほどお話のあった、あなたが最近立ち上げたAIファンドは、他のベンチャー投資ファンドとは異なる運用をされていると思います。AIファンドのビジョンはどんなものであり、どのような点でユニークなのでしょうか？

エン：はい。AIファンドは、ほとんどのベンチャー投資ファンドとは大きく違っています。私の考えでは、ほとんどのベンチャー投資ファンドは勝者を見つけ出すビジネスをしているのに対して、私たちは勝者を作り出すビジネスをしているのです。私たちはゼロからスタートアップ企業を作り上げます。私たちは起業家に言っています。君たちがすでに売り込むネタを持っているのなら、きっと私たちのところに来るのは遅すぎたね、と。

私たちはチームを従業員として迎え入れ、ともに働き、助言を与え、支援し、必要とされることは何でもしてスタートアップをゼロから成功させようとしています。私たちは実際にこう言っています。私たちと一緒に働きたいのであれば、売り込みネタではなく、履歴書を送ってくれ。一緒にスタートアップのアイディアを肉付けしていこう、とね。

フォード：大部分の人はすでにアイディアを持ってあなたのところへやってくるのでしょうか、それともあなたが手助けしてアイディアを思いついてもらうのでしょうか？

エン：アイディアを持ってきた人とは喜んでそれについて話し合いますが、私のチームでは見込みはありそうだが私たちには手が回らないアイディアの長いリストを持っています。一緒に働くことになった人とは、喜んでこのアイディアの長いリストを共有し、適したアイディアを見つけ出すのです。

フォード：あなたの戦略は、AI人材を呼び寄せるために、スタートアップベンチャーを創業するチャンスとインフラを提供するということのようですね。

エン：はい、AI企業を成功させるためには、AI人材以外にも多くのものが必要とされます。私たちは急速に進歩するこの技術に非常に注目していますが、強いAIチームを作るためには技術だけではなく、業務戦略、製品、マーケティング、業務開発などにわたるさまざまなスキルのポートフォリオが必要とされるのが普通です。私たちの役割は、しっかりとしたビジネスを一気通貫で立ち上げられる、フルスタックのチームを作り上げることです。技術はとても重要ですが、スタートアップには技術の他にたくさんのものが必要とされるのです。

フォード：これまで、真の可能性を示したAIスタートアップは、残らずどこかの巨大テクノロジー企業に買収されているようです。ゆくゆくは、IPOにこぎつけて公開企業となるAIスタートアップが出現すると思いますか？

エン：数多くのすばらしいAIスタートアップが、単にはるかに大きなスタートアップに買収されるという道を選ばないことを、私は心から期待しています。戦術としての新規株式公開はゴールではありませんが、多くのAIスタートアップが大いに成功し、独立企業として末長く繁栄することを私は切に願っています。私たちのゴールは、金銭ではありません。この世界で何か良いことを成し遂げることがゴールです。あらゆるAIスタートアップが最終的に大企業に買収されてしまうとすれば、それはとても悲しいことですし、そうはならないだろうと思っています。

フォード：深層学習は誇大宣伝されていて、もうすぐ継続的な進歩という点で「壁にぶち当たる」ことになるかもしれない、という見解を多くの人が表明しているのを最近耳にします。新たなAI冬の時代が迫っている、とほのめかす人までいました。そのようなリスクが本当にあると思いますか？　幻滅が投資の大幅な減少を招くことはあり得るのでしょうか？

エン：いいえ、私はＡＩ冬の時代が再びやってくるとは思いませんが、ＡＧＩに関する期待をリセットする必要はあると思います。過去のＡＩ冬の時代には、技術に関する誇大宣伝がなされ、結局その多くは実現しませんでしたし、そういった過去の世代の技術は実際にはそれほど役に立つものではありませんでした。それがＡＩ冬の時代を引き起こしたのだと私は思います。

現在、深層学習プロジェクトへ実際に取り組んでいる人の数は6か月前よりもはるかに多くなっていますし、また6か月前はさらにその6か月前よりもはるかに多い人数だったのです。深層学習に関する具体的なプロジェクトの数も、研究している人の数も、学んでいる人の数も、そして深層学習を基盤としている企業の数も、売上高が非常に力強く実際に増え続けていることを示しています。

経済のファンダメンタルズも、深層学習への継続的な投資を後押ししています。大企業が強力に深層学習を推進し続けているのは、単なる希望や夢に基づくものではなく、すでに出ている結果に基づくものです。深層学習への信頼は、ますます高まっていくでしょう。ここで私は、ＡＩ全体に関する期待を、そして特にＡＧＩに関する期待を、リセットする必要があると思うのです。深層学習の発展は、残念ながらそれがＡＧＩを達成する確かな道筋であるかのような偽りの希望と夢を生み出してしまいました。あらゆる人々のそういった期待をリセットすることは、とても有益なことだと思うのです。

フォード：それでは、ＡＧＩに関する非現実的な期待は別として、より狭い応用分野での深層学習の利用は着実に進歩し続けるとお考えなのでしょうか？

エン：現在の世代のＡＩには、多くの制約が存在すると思います。しかしＡＩは幅広いカテゴリーですし、AIについて議論するとき実際に対象となるのは、誤差逆伝播法や教師あり学習やニューラルネットワークという具体的なツールセットだと思います。それが、現在深層学習に最も普通に使われている技術要素だからです。

もちろん、深層学習にも制約はあります。インターネットに制約があり、電力に制約があるのと同じことです。公益サービスとしての電力が発明されたからといって、いきなり人類のすべての問題が解決されたわけではありません。それと同じように、誤差逆伝播法も人類のすべての問題を解決するわけではありませんが、信じられないほど役立つものだということがわかってきています。そして私たちは、誤差逆伝播法によってトレーニングされたニューラルネットワークの可能性をすべて引き出したわけでもありません。このような現在の世代の技術でさえ、私たちはその影響を理解し始めたばかりなのです。

ときどき、私はAIについて話をするとき、最初に「AIは魔法ではなく、何でもできるわけではありません」と言うことがあります。そのようなこと——技術ですべてが解決するわけではないということ——を言わなくてはならない世界に住んでいるとは、何と奇妙なことだろうと思います。

これまでAIにずっと付きまとってきたこの大きな問題を、私はコミュニケーション問題と呼んでいます。これまで狭い人工知能の分野では大きな進歩があり、汎用人工知能の分野でも本物の進歩がありましたが、これらはどちらもAIという同じ言葉で呼ばれています。そのため、狭い人工知能によって経済や価値に大きな進歩がもたらされるのを見た人々は、AIに大きな進歩があったと正しく理解するだけでなく、AGIにも大きな進歩があったと誤って推測してしまうのです。率直に言って、私はそれほど多くの進歩があったとは思いません。高速なコンピューターとデータ、そしてごく一般的なレベルでの進歩を除いては、AGIへ向かう具体的な進歩があったとは言えないと思います。

フォード：AIの将来に関しては、大きく分けて2つの見方があるように思います。ニューラルネットワークが今後もずっと使われていくと信じる人たちと、継続的な進歩を達成するためには例えば記号論理のような別の分野からのアイディアを取り込んだハイブリッド的なアプローチが必要とされると考える人たちです。あなたの見解はいかがでしょう？

エン：短期的に見るか長期的に見るかによって、話は違ってくると思います。ランディングAIでは、常にハイブリッド的なアプローチを使って産業界のパートナーのためにソリューションを作り上げています。深層学習ツールと、例えば伝統的なコンピュータービジョンのツールとのハイブリッドがよく使われます。小規模なデータセットの場合、深層学習だけではツールとして最適でないこともあるからです。AIパーソンとしてのスキルの一部には、いつハイブリッドを使うべきか、そしてどう組み合わせるべきかという知識も必要とされるのです。このようにして私たちは、さまざまな短期的に役立つアプリケーションを作り上げています。

全体的に見れば、特に大量のデータが存在する場合には、伝統的なツールから深層学習への移行が進んでいます。しかし小規模のデータセットしか利用できない場合にはまだ問題が多いため、ハイブリッドシステムを設計してテクニックの正しい組み合わせを選択するスキルが必要とされるのです。

長い目で見て、人間レベルの知能——もしかするとAGIではなく、よりフレキシブルな学習アルゴリズムということになるのかもしれませんが——に近づいていくとすれば、さらにニューラルネットワークへの移行が進むと思います。しかし、最も発明が待ち望まれるのは、誤差逆伝播法よりもはるかに優れた別のアルゴリズムでしょう。交流電源が非常に制約が多い一方で非常に役に立つのと同じように、誤差逆伝播法も非常に制約が多い一方で非常に役に立つと私は思っていますし、そのような状況には何の矛盾も感じません。

フォード：それでは、あなたの意見では、ニューラルネットワークがＡＩを進化させる最良の技術であることは明らかなのですね？

エン：当面は、ニューラルネットワークがＡＩの世界で中心的な位置を占めることは間違いないと思います。ニューラルネットワークに代わる候補はまだどこにも見当たりませんが、将来にわたって何か別のものが出現しないというわけでもありません。

フォード：最近ジュディア・パールと対談したのですが、彼は非常に強い確信を持って、ＡＩの進歩には因果関係モデルが必要であり、現在のＡＩ研究はそれに十分な注意を払っていないと考えています。そういった意見には、どう応じられますか？

エン：深層学習でできないことは何百種類もあり、因果関係はそのひとつです。他にも課題はたくさんあります。説明可能性が十分でないこと。悪意ある攻撃に対する防御が必要であること。大規模なデータセットだけでなく小規模なデータセットからも、もっとうまく学習できる必要があること。転移学習あるいはマルチタスク学習をもっと向上させる必要があること。ラベルなしデータをよりよく利用できる方法を見つける必要があること。そして、誤差逆伝播法が不得意とすることも多く、やはり因果関係はそのひとつです。私には、これまで高い価値を生み出したプロジェクトで因果関係が妨げとなった例は思いつきませんが、もちろんその分野で進歩があればすばらしいことです。先ほどのようなことすべてに進歩があればすばらしいことです。

フォード：悪意ある攻撃という話が出ましたが、比較的容易に深層学習ネットワークをだまして捏《ねつ》造《ぞう》されたデータを使わせることができることを示した研究を見たことがあります。この技術が普及していく中で、それは大きな問題とならないでしょうか？

エン：特に詐欺防止の分野では、すでに問題になっていると思います。私はバイドゥＡＩチームのリーダーだったとき、ＡＩシステムへ攻撃を仕掛ける詐欺師たち、そしてＡＩツールを利用して詐欺を働く詐欺師たちと、常に戦い続けていました。未来の話ではありません。今の私は詐欺防止チームのリーダーではないのでそのような戦いはしていませんが、これまでチームを率いた経験から言うと、詐欺との戦いは非常に敵対的で非常に実りの少ないものです。詐欺師たちは非常に賢く非常に洗練されていて、私たちが何手も先を読むのと同じように、彼らも何手も先を読んできます。技術の進歩に従って、攻撃と防御の両方が進化していくはずです。この問題は、ＡＩコミュニティで製品を出荷する人たちが、すでに何年も取り組み続けていることなのです。

フォード：プライバシーの問題についてはどうでしょうか？　特に中国では、顔認識技術があらゆるところで使われるようになってきています。私たちはＡＩの配備によってジョージ・オーウェルの『１９８４年』的な監視国家を作り出す危険を冒していると思いますか？

エン：私はその問題に関する専門家ではありませんから、その議論は他の人に譲りたいと思います。ひとつだけ言わせてもらいたいのは、さまざまな技術の進歩に伴って見られるトレンドのひとつとして、支配力がますます集中する傾向があるということです。それはインターネットについても言えると思いますし、ＡＩの進化についても言えると思います。より小さなグループが、より多くを支配することが可能となってきているのです。支配力の集中は企業のレベルでも起こり得ることで、その場合には比較的従業員数の少ない企業がより多くの影響力を持つことになります。また、政府のレベルでも起こり得ます。

小規模なグループに利用可能なテクノロジーは、ますます強力になってきています。例えば、すでに現実のものとなっているＡＩのリスクのひとつは、小規模なグループが非常に大勢の人々の投票に影響を与える能力を持ってしまうことです。それが民主主義に与える影響には十分に注意する必要があり、民主主義国家が自衛できるように、投票が真の意味で公平に全人口の利益を代表して行われるようにしなくてはいけません。最近のアメリカの選挙で見られた問題は、どちらかというとＡＩ技術ではなくインターネット技術に関連したものでしたが、その可能性は確かにあります。以前は、テレビが民主主義と人々の投票に巨大な影響力を持っていました。テクノロジーが進化するにつれ、ガバナンスと民主主義の本質や性格も変化します。ですから私たちは、乱用から社会を守る決意を日々新たにすべきなのです。

フォード：ＡＩの最も注目されている応用のひとつ、自動運転車についてお聞かせください。実現は、どれほど先のことなのでしょうか？　あなたが市街地にいて、完全な自律走行車を呼び出して、その車がどこか別の場所にあなたを連れて行ってくれると想像してください。そのようなサービスが、広く利用できるようになるのはいつごろだと思われますか？

エン：ジオフェンス領域内で自動運転車が実現するのは比較的早く、たぶん今年［2018年］の末にも実現しそうですが、より一般的な状況での自動運転車はずっと先、もしかすると数十年も先のことでしょう。

フォード：ジオフェンスとおっしゃったのは、基本的に自律走行車が仮想的なトロリー軌道上を走行する、言い換えれば豊富な地図情報の存在する経路のみを走行する、という意味でしょうか？

エン：その通りです！　しばらく前に私が共同で執筆した「ワイアード」の記事に、「トレインテレイン（Train Terrain）」という、私の考える自動運転車のロールアウト戦略を取り上げたものがあります。[※8] インフラの変更、そして社会や法律の変更なしに、自動運転車の大規模な普及は望めないでしょう。

　私は幸運にも、これまで20年以上にわたって、自動運転業界の進化を見届けてきました。カーネギーメロン大学の学部生だった90年代の末、私はディーン・ポメローのクラスで、ビデオ入力画像に応じて車両のハンドルを操作する自律走行車プロジェクトに携わりました。その技術はすばらしいものでしたが、まだ時代が追い付いていなかったのです。それからスタンフォードで、２００７

年のDARPAアーバンチャレンジ【国防高等研究計画局主催の自動運転車レース】を手伝いました。

私たちはヴィクターヴィル【上記DARPAアーバンチャレンジの行われた場所】に飛びましたが、これほど多くの自動運転車が同じ場所に集結しているのを見るのは初めてのことでした。スタンフォードのチームは全員感激して最初の5分間、これらの自動運転車がドライバーなしで走り回るのを見ていました。そして驚いたことに5分過ぎると慣れてしまい、その光景に背を向けてしまったのです。私たちは談笑に興じ、その間に自動運転車が10メートル離れたところを通り過ぎてもまったく関心を払いませんでした。人間のすばらしい点のひとつは、新しいテクノロジーにもすぐに慣れてしまうことです。自動運転車がもはや自動運転車と呼ばれず、単に「車」と呼ばれる日もそう遠くはないのではないかと感じています。

フォード：あなたはドライブAI（Drive.ai）【2019年にアップル社が買収】という自動運転車の企業の役員を務めていらっしゃいますね。彼らの技術が一般に利用されるようになるのはいつごろになると予想されていますか？

エン：彼らは今現在、テキサス州で実際に車を走らせています。ええと、いつだったかな？ 実際にその1台に乗ってランチに出かけた人もいました。重要なのは、それが実に平凡なことだったということです。いつものようにランチに出かけたのですが、それがたまたま自動運転車だったというだけのことでした。

フォード：これまで見てこられた、自動運転車の進歩についてどうお感じになられますか？ 予想と比べてどうだったでしょうか？

エン：誇大宣伝は好きではありませんし、いくつかの会社は私にとって非現実的と思える自動運転車の実用化時期を公言しているように感じます。自動運転車は交通に変革をもたらしますし、人生をはるかに良いものにしてくれると思います。しかし、自動運転車の現実的なロードマップをみんなで共有することは、CEOが壇上に立って非現実的な実用化時期を宣言することよりも、はるかに良いことでしょう。自動運転業界は、この技術を市場に導入する現実的なプログラムに注力していると思いますし、それは非常に良いことだと思います。

フォード：自動運転車と、AI全般の両方に関して、政府の規制の果たすべき役割についてどうお考えですか？

エン：安全性の面から自動車業界は常に厳しく規制されてきましたが、交通手段への規制はAIと自動運転車を視野に入れて再考する必要があると私は思います。思慮深い規制を行う国ほど、例えばAI主導型医療システムや自動運転車、あるいはAI主導型教育システムなどを活用するチャンスを、より早くつかむことになるでしょう。そして、規制に関してあまり思慮深くない国は、置き去りにされてしまうリスクがあると思います。

規制は、こういった縦割りの産業分野内で行われるべきです。結果についてよく議論できるからです。望ましいこと、望ましくないことを、定義するのも簡単です。AIを幅広く規制することは、あまり役に立たないでしょう。規制のために特定の縦割り分野内でのAIの影響をよく考えることは、その分野の成長に役立つだけでなく、AIの適切なソリューションの開発を助け、複数分野にわたる速やかな採用を促すことにもなると思います。

自動運転車は、政府による規制という幅広いテーマの小宇宙のひとつにすぎないと思います。技術的ブレークスルーが起きるときはいつでも、規制当局は行動しなくてはいけません。たとえインターネット時代であっても、そして人工知能の時代であっても、規制当局は民主主義が確実に守られるように行動すべきです。民主主義を守ること以外にも、規制当局は自国がAIの進化をうまく活用できるように行動しなくてはいけません。

政府の主要な責任のひとつが市民の幸福であるとすれば、賢く行動する政府はAIの進化の波に乗り、国民にはるかに良い結果をもたらすことができると思います。実際、今日でも、一部の政府は他の政府よりもはるかに上手にインターネットを使いこなしています。それはウェブサイトや市民へのサービスといった外部的な面にも、政府のITサービスの組織化という内部的な面にも言えることです。

シンガポールには統合された医療サービスが存在し、すべての患者にはユニークな患者IDが割り振られます。そのため、他の多くの国々がうらやむような形で医療記録の統合が可能となっています。シンガポールは小国ですから、もっと大きな国よりもやりやすいということはあるかもしれません。しかし、シンガポール政府がインターネットをよりよく活用する形で医療システムを移行させたことは、医療システムにも、そしてシンガポール市民の健康にも、大きな影響を与えました。

フォード：政府とAIとの関係は、単なる技術の規制を超えたものであるべきだ、とお考えになっているように聞こえます。

エン：AIの進化のためにも、それ以前にAIを利用して行政を効率化するためにも、政府が果たすべき役割は大いにあると私は思います。例えば、政府の人員をより適切に割り当てるためにAIを使ってはどうでしょうか？　林産資源をより適切に割り当てるためにAIを使えないでしょうか？　AIはよりよい経済政策の策定に役立つでしょうか？　政府は不正行為——例えば脱税——をより確実に効率よく見つけ出すために、AIを利用できるでしょうか？　巨大AI企業でAIが何百通りにも使われているように、行政におけるAIの使い方は何百通りもあると思います。政府は、自分自身のためにAIを使いこなすべきです。

エコシステムに関しても、私は官民パートナーシップによって国内産業の育成を加速できると思いますし、政府が自動運転車について思慮深い規制を行えば、自治体内での自動運転車の利用が加速すると思います。私は自分の住んでいるカリフォルニア州に愛着を感じていますが、カリフォルニアの規制では自動運転車の企業にできることが制限されるため、多くの自動運転車企業はカリフォルニアに本拠を構えることができず、カリフォルニア州外で事業を行うことを余儀なくされているのです。

州レベルでも国家レベルでも、行政が思慮深いポリシーを自動運転車やドローンに関して、そして例えば支払いシステムや医療システムにおけるＡＩの採用に関して持てば、こういった縦割り分野すべてにおいて思慮深いポリシーを持つ政府は迅速にこれらのすばらしい新しいツールを導入し、市民の抱える最重要課題に対応できることでしょう。こういったすばらしいツールの採用を加速するためには、規制や官民パートナーシップだけでなく、政府が教育と職の問題に解決策を提供する必要もあると思います。

フォード：職と経済へ与える影響については、私もたくさん記事を書いています。私たちは広範囲の職の喪失をもたらすおそれのある、大規模な変動を目前にしていると考えていらっしゃいますか？

エン：はい、それはＡＩが直面する最大の倫理的問題だと思います。この技術は社会の一部のセグメントに富を作り出すという点では非常に良いのですが、率直に言ってアメリカの大部分は、そして世界の大部分は、置き去りにされてしまいました。もし私たちが豊かな社会だけでなく公平な社会を作り出すことを望むなら、まだまだやるべき重要な仕事はたくさんあります。実は、私がオンライン教育に心血を注ぎ続けている理由のひとつはそれなのです。

私たちの世界は、特定の時期に要求されるスキルを持つ人々に報酬を与えることは、かなり上手にできていると思います。たとえ技術のせいで職を失う人がいても、そのような人を再教育してスキルを与えることができれば、この次の富の創造の波が、より公平な形で分配される見込みはずいぶん高まるでしょう。悪のＡＩ殺人ロボットに関する誇大宣伝のせいで、それよりもはるかに困難な、しかしはるかに重要な、職の問題をどうするかという話題からリーダーたちの目がそらされてしまっているのです。

フォード：この問題の解決策のひとつとして、ユニバーサルベーシックインカムについてはどう思われますか？

エン：ユニバーサルベーシックインカムは支持しませんが、条件付きのベーシックインカムはずっと良いアイディアだと思います。職の尊厳は大事ですし、失業者が学ぶことに対して給付を受けられるという点で、私は条件付きベーシックインカムに賛成です。それによって失業者が労働市場へ再参入するために必要なスキルを獲得し、条件付きベーシックインカムの裏付けとなる税基盤に貢献してくれる確率は高くなるでしょう。

現在の世界では、ギグ・エコノミー【インターネットを通じて単発の仕事を請け負う働き方】が拡大しています。そういった仕事で稼げる賃金は何とかその日を暮らすには十分かもしれませんが、自分自身や家族の生活を向上できるような余裕はないと思います。無条件のベーシックインカムでは、このような低賃金・低スキルの仕事から抜け出せなくなる人の割合が増加してしまうことが非常に懸念されます。

人々に学び続けることを促す条件付きベーシックインカムは、多くの人とその家族の人生をより良いものにするでしょう。人々が必要とするトレーニングを受けて高価値・高収入の職を得るために役立つからです。エコノミストたちは「20年以内に、50パーセントの職が自動化されるリスクがある」といった統計データを報告していますね。それは本当に不安なことですが、裏を返せば残りの50パーセントの職は自動化されるリスクがないということでもあります。

実際に、人手が足りていない職もあります。医療従事者は不足していますし、アメリカでは教師が不足していますし、驚いたことに風力タービンの技術者も足りていないようです。

問題は、このように人手不足となっている高収入で高価値の職を、どうすれば職を失う人々にあてがうことができるか、ということです。全員がプログラミングを習得することは、その答えとはなりません。確かに私は多くの人がプログラミングを学ぶべきだと思っていますが、それだけでなく、医療や教育、そして風力タービンなど、需要の高まりつつある職種のスキルを持つ人を増やす必要もあるのです。

生涯でひとつだけの職業を持つ生き方は、過去のものになりつつあると思います。テクノロジーの変化は非常に激しいため、やろうと思っていたことがあったのに、大学へ行ってみたら17歳のときに目指していた職業がもはや存在しないことに気づき、別の職業を目指さなくてはならない人も出てくるでしょう。

ミレニアル世代は仕事を転々とする傾向があり、ある会社のプロダクトマネージャーから別の会社のプロダクトマネージャーに転職したりしています。将来は、ある会社で材料科学者だった人が別の会社では生物学者として、そして3番目の会社ではセキュリティ研究者として働くことが増えてくると思うのです。一晩でそうなるわけではありませんし、変化には長い時間がかかるでしょう。しかし興味深いことに、私の専門分野である深層学習の分野では、すでに深層学習に取り組む人の多くはコンピューターサイエンス専攻ではなく、物理学や天文学、あるいは純粋数学といった学科の出身です。

フォード：AI、あるいは特に深層学習のキャリアに興味のある若者に、何かアドバイスはありますか？　コンピューターサイエンスや脳科学に専念するのがよいのでしょうか、それとも人間認知の勉強も重要なのでしょうか？

エン：私としては、コンピューターサイエンスと機械学習、そして深層学習を学ぶことをお勧めします。もちろん脳科学や物理学の知識も役に立ちますが、最も早くAI分野でのキャリアをつかむ道はコンピューターサイエンスと機械学習、そして深層学習です。ユーチューブのビデオやトーク、書籍などもありますから、これまでになく簡単に教材を見つけて、ひとつひとつ段階を踏みながら、独学できると思います。一晩で専門家になれるわけではありませんが、一歩一歩進んでいけば、ほとんど誰でもＡＩに熟達できると思いますよ。

私が人によくするアドバイスをいくつか紹介しましょう。まず、新しい分野をマスターするには猛勉強が必要です。そんな話は聞きたくないかもしれませんが、猛勉強は必要なことですし、猛勉強を心がける人ほど早く上達するのです。毎週一定の時間を勉強にあてることができる人ばかりではないことはわかりますが、より多くの時間を勉強にあてられる人のほうが早く上達するのは当然でしょう。

もうひとつのアドバイスとして、例えば現在は医師をしている人が、ＡＩの道に入りたいとしましょう。その人は医師として、他の人にはほとんどまねのできない非常に価値ある医療分野の仕事ができるという、ユニークなポジションにいるわけです。もし現在あなたが物理学者だったら、物理学に応用できるＡＩのアイディアがあるかどうか考えてみてください。もしあなたが書籍編集者だったら、書籍編集の分野でＡＩを使ってできる仕事があるかどうか考えてみてください。そうすることによってあなたのユニークな強みを生かし、その強みをＡＩで補うことができるからです。大学を出てすぐＡＩの道に入ろうとする人たちと、同じ条件で競い合わずにすむのです。

フォード：職への影響以外に、現在、あるいは比較的近い将来に懸念すべきＡＩのリスクは何だと思われますか？

エン：私はよくＡＩを電力にたとえます。電力は信じられないほど強力で、一般的にはとても良い目的のために使われてきましたが、人々に害をなすために使うこともできます。ＡＩも同じです。結局、人や企業や政府が、この新しい強力な武器を有益に、倫理的に使うように努めることが大事なのです。

ＡＩにおける偏見は、もうひとつの主要な課題だと思います。人間によって作られたテキストデータから学習するＡＩは、健康状態や性差、そして人種に関するステレオタイプを取り込む可能性があるからです。ＡＩチームはそのことを意識して積極的に取り組んでいますし、心強いことに現在では、人間の持つ偏見を減らす方法よりもＡＩの持つ偏見を減らす方法のほうがよくわかってきています。

フォード：人間の持つ偏見に対処することは非常に困難ですから、ソフトウェアの問題を解決するほうが問題としては簡単なのかもしれませんね。

エン：はい、ＡＩソフトウェアのある変数をゼロにすれば性差に関する偏見が大きく減る、ということはあるかもしれませんが、性差に関する人間の偏見を同じように効果的に減らせる方法はありません。もうすぐ、多くの人々よりも偏見の少ないＡＩシステムが登場することになるでしょう。偏見を減らせたことに満足すべきだという意味ではありません。やるべきことはまだたくさんあるわけですから、偏見を減らす努力は続けるべきです。

フォード：超知能システムが、ある日人間の支配を逃れて人類の存在を脅かす存在になる、という懸念についてはいかがでしょうか？

エン：いま悪のＡＧＩ殺人ロボットについて心配することは、火星の人口過剰について心配するようなものだ、と以前私は言ったことがあります。一世紀後には、私たちが火星に植民している可能性は大いにあると思います。そうなれば、火星で人口過剰や公害などの問題が発生し、公害のために火星で子どもたちが死んでいくことになるかもしれません。私が死んでいく子どもたちのことを気にかけない冷酷な人間だというわけではありません――その解決策を見つけることができればすばらしいと思います。しかし、私たちはまだ火星に到着もしていないのですから、その問題について実りある議論をするのは難しいだろうということです。

フォード：いわゆる「高速テイクオフ」シナリオ、つまりAGIシステムが自己改善サイクルを繰り返して急速に超知能を獲得するおそれは、現実的には存在しないとお考えなのですね？

エン：超知能や指数関数的成長に関する誇大宣伝の多くは、非常に浅はかで非常に短絡的な推測に基づいたものです。誇大宣伝は、どんなことについても簡単にできることです。超知能がどこからともなく、瞬きする間にやってくるリスクが大きいとは思えません。一夜にして火星が人口過剰となるとは思えないのと同じことです。

フォード：中国との競争の問題についてはどうでしょうか？　人口が多いためアクセスできるデータ量が多いとか、プライバシーに関する懸念が少ないとか、中国にはいくつか有利な点があることは、よく指摘されています。AI研究レースで、私たちは中国に追い越されることになるのでしょうか？

エン：電力の競争はどのように決着したでしょうか？　アメリカのような国は、開発途上国よりもはるかに頑健な配電網を持っていて、それはアメリカの大きな強みとなっています。しかし世界的なAI競争は、大衆メディアが報道するほどのものではないと思います。AIにはすばらしい可能性があり、すべての国はこの新しい可能性を何に使うか考えるべきだと思いますが、大衆メディアが報道するほどの競争ではないでしょう。

フォード：しかし、AIには明らかに軍事的な利用価値があり、自動化された兵器の作製に利用されるおそれもあります。現在国連では、完全に自律的な兵器の禁止について議論が闘わされていますから、その懸念は明らかです。これは遠い未来のAGIに関する問題ではなく、すぐにでも起こり得ることです。懸念すべきでしょうか？

エン：内燃機関や電力や集積回路は、どれもとても良い結果を生み出してきましたが、どれも軍事的に利用可能です。AIを含め、どんな新しいテクノロジーについても同じことが言えます。

フォード：AIに関しては、あなたは明らかに楽観論者ですね。人工知能の進化に伴う利益は、リスクを上回ることになると信じていらっしゃるのですね？

エン：はい、その通りです。私は幸運にもAIの最前線に立つことができ、ここ数年間はAI製品を世の中に送り出しながら、音声認識が改良され、ウェブ検索が改良され、そしてより最適化された物流ネットワークが人々の役に立つ様子を間近で見てきました。

私はこの世界について、次のように考えています。もしかしたら、とてもナイーブな考え方かもしれません。この世界は本当に複雑なものとなってしまい、私の望む方向には進んでいません。率直に言って、政財界のリーダーたちの声を聞き、彼らの言うことをほとんどそのまま額面通りに受け止めることのできた時代が懐かしいと思います。

多くの企業やリーダーたちが倫理的に振る舞い、言行が一致していると信用できた時代が懐かしいと思います。まだ生まれていない孫やひ孫について考えるとき、この世界が彼らが育つのにふさわしい場所だとはあまり思えません。私は民主主義がもっと良く機能してほしいと思いますし、この世界がもっと公平なものであってほしいと思います。より多くの人々が倫理的に振る舞い、他の人にどんな影響を実際に与えるか、よく考えてほしいと思います。そして私はこの世界がもっと公平なものとなり、すべての人が教育を受ける機会を得られるようになってほしいと思います。私は人々に一生懸命働いてほしいと思いますが、一生懸命働くと同時に学び続け、自分自身にとって意味のある仕事をしてほしいと思います。そして私は、世界の大部分はまだ理想とは程遠い状況だと思います。

いつでも技術的大変動が起こるときには、変革を起こすチャンスが生まれます。私のチーム、そして世界中の人々には、この世界を私たちの望むような、よりよい場所にしていくために努力してほしいと思います。夢想家のように聞こえることはわかっていますが、私は本当にそう思っているのです。

フォード：すばらしいビジョンだと思います。問題は、そういった明るい未来への道を選ぶことを、社会全体として決断しなくてはならないことでしょうか。私たちに正しい選択ができると確信していらっしゃいますか？

エン：簡単な道ではないと思いますが、世界中にはそのために努力してくれる正直で倫理的で善意の人々が、十分に大勢いると思っています。

※8　https://www.wired.com/2016/03/self-driving-cars-wont-work-change-roads-attitudes/

アンドリュー・エンは、AIと機械学習の分野で最も著名な人物のひとりであり、グーグルブレイン深層学習プロジェクトとオンライン教育企業コーセラの共同創立者である。2014年から2017年にかけて、彼はバイドゥのバイスプレジデント兼主任サイエンティストを務め、バイドゥのAIグループを数千人の人員を擁する組織に育て上げた。彼はグーグルとバイドゥの両社を、AI主導型企業に変容させるにあたって大きな役割を果たしたことで一般的に知られている。

バイドゥを離れたのちのアンドリューは、深層学習の専門家教育を目的としたオンライン教育プラットフォームディープラーニングAI（deeplearning.ai）や、AIで企業を変革することを目指すランディングAIなど、いくつかのプロジェクトにかかわった。彼は現在、AIのメンタルヘルスへの応用に取り組むスタートアップ企業ウォボット（Woebot）の会長であり、自動運転車企業ドライブAIの役員を務めている。また彼は、ゼロから新たなAIスタートアップ企業を作り上げるベンチャー投資会社、AIファンドの創業者兼ゼネラルパートナーでもある。

アンドリューは現在スタンフォード大学の特任教授であり、かつては同大学で准教授とAIラボの所長を務めていた。彼はコンピューターサイエンスの学士号をカーネギーメロン大学から、修士号をMITから、そして博士号をカリフォルニア大学バークレー校から授与されている。

「このような、ロボットが人類を征服し存在を脅《おびや》かすことになるという見方は、私たちの人間としての主体性を否定するものだと思います。結局、そういったシステムを設計するのは私たちですし、配備方法に口を出すこともできますし、スイッチを切ることもできるのですから」

RANA EL KALIOUBY
ラナ・エル・カリウビ

アフェクティバ社CEO兼共同創業者

ラナ・エル・カリウビは、人間の感情を感じ取り理解するAIシステムに特化したスタートアップ企業、アフェクティバ（Affectiva）の共同創業者兼CEOである。アフェクティバは機械学習と深層学習、そしてデータサイエンスを応用して、AIに新たなレベルの情動的知能を実現する最新のAI技術を開発している。この技術が社会にポジティブな影響を与えることを確約するために、ラナはAIの倫理的課題と規制に関する国際フォーラムへ積極的に参加している。2017年、彼女は世界経済フォーラムのヤング・グローバル・リーダーに選ばれた。

フォード：まず、あなたの経歴についてお話を伺いたいと思います。私が特に興味を持っているのは、あなたがどんなきっかけでＡＩにかかわるようになったのか、またどんな経緯で大学の研究者からアフェクティバという会社の経営者になったのか、ということです。

カリウビ：私は中東地域で育ちました。エジプトのカイロで生まれ、子ども時代の大部分をクウェートで過ごしました。そのころ、私は初期のコンピューターをいじくりまわしていました。両親は二人とも技術者でしたし、父親は古いアタリのゲーム機を家に持って帰って、それを分解したりしていたのです。それが高じて数年後、私はカイロにあるアメリカン大学でコンピューターサイエンスを専攻することになりました。アフェクティバの元になる考え方が芽生えたのは、そのころだと思います。そのころから、私は技術によって人間どうしのつながりを変えていくことに魅力を感じるようになりました。最近では私たちのコミュニケーションの多くは技術によって媒介されていますし、そのような独特のやり方で私たちの技術とのつながりや、さらには私たちどうしのつながりが生まれていることに、私は魅力を感じるのです。

次のステップは博士号の取得でした。私は奨学金をもらってケンブリッジ大学のコンピューターサイエンス学科で研究を始めました。ちなみに、そういったことはエジプトの若いムスリムの女性にとっては、非常に珍しいことでした。それは2000年のことでしたからスマートフォンの登場よりも前でしたが、当時から私は人間とコンピューターの交流というアイディアや、その後数年間のインタフェースの進化に、とても興味を持っていました。

私は自分の経験から、私がコーディングをしたりさまざまな研究論文を書いたりしながら、マシンの前で長い時間を過ごしていることに気づきました。そのことは、私にさらに2つの気づきをもたらしました。ひとつ目は、私が使っていたラップトップ（まだスマートフォンは存在していなかったことを思い出してください）は、私ときわめて親密な関係にあってもいいはずだ、ということです。

つまり、私とともに長い時間を過ごしていたラップトップは、私について多くのこと――例えば私がワード文書を書いているか、それともコーディングをしているか――を知っていた一方で、私の気持ちについては何も知りませんでした。私がいる場所や、私のアイデンティティは知っているのに、私の感情や認知的状態については完全に無知だったのです。

その意味で、私のラップトップはマイクロソフトのクリッピー（Clippy）［かつてマイクロソフトオフィスに搭載されていた機能でイルカなどの擬人化アシスタントが表示された］を思わせるものでした。論文を書いていると、このペーパークリップが画面上に現れ、くるりと回って「手紙を書いているようですね！　何かお手伝いしましょうか？」などと言ってくるのです。クリッピーはよく、最悪のタイミングで登場しました。例えば私が焦りまくっていて、締め切りまであと15分しかないような状況で……このペーパークリップが奇妙な、イライラするちょっかいを出してくるのです。クリッピーのおかげで私はここにひとつの可能性があることに気づきました。私たちの技術には、情動的知能が欠けているのです。

もうひとつの気づきは、非常に明確なものでした。このマシンが、故郷にいる私の家族とのコミュニケーションをたくさん媒介してくれたことです。博士課程の間にはホームシックになってしまうこともありましたが、私が泣きながら家族とチャットしても、家族には私が泣いていることはわからなかったでしょう。私は画面の陰に隠れていたからです。そんなとき、私はとても孤独な気持ちになりましたし、私たちが実際に顔を突き合わせたり、電話やビデオ会議で会話したりする際の豊富な非言語的コミュニケーションが、サイバー空間でのデジタル的な交流ではすべて失われてしまうことに気づいたのです。

フォード：それでは、あなたはご自身の人生経験から、人間の情動を理解できる技術というアイディアに興味を持つようになったわけですね。あなたの博士論文は、そのアイディアを掘り下げたものになったのですか？

カリウビ：ええ、私たちは技術をとても賢くしようとしているが、あまり情動的知能を持たそうとはしていないということに私は興味を感じ、博士課程でそのアイディアに取り組み始めました。そのきっかけとなったのは、私がケンブリッジに来た直後に行ったプレゼンテーションで、感情を読み取ることのできるコンピューターを作り上げることに私がどれだけ興味を持っているかを聴衆に話したことです。私はそのプレゼンテーションの中で、自分が非常に表現力豊かな人間であること、他人の顔の表情を読み取ることが非常に得意で、どうすればコンピューターに同じことをさせられるか考えることにどれだけ関心を持っているかを説明しました。すると私と同輩の博士課程の学生が立ち上がって、「自閉症について調べてみましたか？　自閉症スペクトラム障害の人たちにとって、顔の表情や非言語的なしぐさを読み取ることは、とても難しいんです」と言ったのです。この質問のおかげで、私は博士課程の間、ケンブリッジ大学自閉症研究センターと非常に密接な共同研究をすることになりました。彼らは、自閉症スペクトラム障害の子どもたちがさまざまな顔の表情について学ぶのを手助けするために集めた、すばらしいデータセットを持っていたのです。

機械学習には大量のデータが必要ですから、私は彼らのデータセットをお借りして、私の作っていたアルゴリズムに、さまざまな感情を読み取る方法をトレーニングしました。すると、本当に有望な結果がいくつか得られたのです。このデータは、単にうれしいとか悲しいといった感情だけではなく、混乱、興味、不安、あるいは退屈といった、私たちが日常生活で目にする多くのニュアンスを含んだ感情についても、注目するチャンスを与えてくれました。

私はすぐに、このツールをパッケージ化すれば、自閉症スペクトラム障害の人たちのためのトレーニングツールとして提供できることを理解しました。このことから私は、私の研究が人間とコンピューターの間のマシンインタフェースを改善するだけでなく、人とのコミュニケーションや人とのつながりを改善するためにも役立つことに気づいたのです。

私がケンブリッジで博士課程を終えたころ、MITのロザリンド・ピカード教授とお会いする機会がありました。彼女は『Affective Computing』（未邦訳）という本の著者であり、その後アフェクティバを私と一緒に創業した方です。しかし1998年当時のロザリンドは、テクノロジーは人間の情動を識別し、その情動に反応できる必要があると考えていました。

手短に言えば、私たちはおしゃべりし合う仲となり、ロザリンドがMITメディアラボにある彼女の研究室へ私を招いてくれたのです。私をアメリカに呼び寄せてくれたプロジェクトは、情動を読み取る私のテクノロジーをカメラと組み合わせて、自閉症スペクトラム障害の子どもたちのために使おうという全米科学財団のプロジェクトでした。

フォード：あなたについて書かれた記事の中で、自閉症の子どものための「感情の補聴器（emotional hearing aid）」［カリウビらが開発した支援ツール］についてあなたが説明されていたものがあったと思います。それが今おっしゃったものなのでしょうか？　その発明は概念的なレベルにとどまったのでしょうか、それとも製品として実用化されたのでしょうか？

カリウビ：私は2006年にMITへ行き、それから2009年までロードアイランド州プロビデンスの学校と共同研究を行いました。その学校は、自閉症スペクトラム障害の子どもたちの教育に力を入れていました。私たちはその学校に私たちの技術を配備し、プロトタイプを子どもたちに試してもらって、「これはあまりいい感じじゃない」と言われると、うまくいくまでシステムの改良を重ねました。最終的に私たちは、このテクノロジーを使っていた子どもたちがはるかに多くアイコンタクトしていたこと、そして単に人の顔を見るだけでなく、はるかに多くのことをしていたことを実証できました。

何らかの自閉症スペクトラム障害のある子どもたちが、外向きにカメラが取り付けられた眼鏡を装着していると想像してみてください。私たちがこの研究を始めた当初は、得られたカメラのデータの大半は床か天井のものでした。子どもたちは、顔を見ることさえしていなかったのです。しかし子どもたちとともに研究を進めていくうちに、得られた入力から子どもたちにフェイスコンタクトを行うよう促すフィードバックをリアルタイムに与えられるようになりました。子どもたちがフェイスコンタクトをし始めると、その人がどんな種類の感情を浮かべているかをフィードバックしました。前途はとても有望に思えました。

メディアラボは、MITの中でもユニークな学術組織であることはご存知だと思います。非常に産業界との結び付きが強く、ラボの予算の80パーセントほどはフォーチュン500企業の拠出によるものです。そして年に二度、私たちはそういった企業を招いて「スポンサー・ウィーク」というものを開催します。それはまさに「デモか死か」と言えるものでした。実際に取り組んでいるものを見せなくてはならなかったからです。パワーポイントではダメなのです！

そんなわけで2006年から2008年にかけて年に二度、私たちは企業の人たちをMITへ招いて、自閉症のプロトタイプ製品のデモをしました。この種のイベントの最中に、例えばペプシのような企業は、広告が効果的だったかどうかをテストするためにこの研究が使えると思うか、などと聞いてきます。そしてプロクター・アンド・ギャンブルは、新製品のシャワージェルのテストに使いたいと言ってきました。そのジェルの匂いを消費者が気に入るかどうか知りたかったからです。トヨタはこの技術をドライバーの状態監視に使おうと考え、バンク・オブ・アメリカは銀行の利用者によりよい経験を提供するために使おうと考えていました。私たちは研究助手を雇って資金提供者の意に沿った開発を行うことも考えましたが、しばらくしてこれはもはや研究ではなく、現実のビジネスチャンスであることに気づいたのです。

研究生活を離れることについては不安もありましたが、研究生活ではいくらプロトタイプを作っても本格的にデプロイされないことに、私は少々不満を感じ始めていたところでした。企業であれば、製品を本格的に市場に届けるチャンスや、人々のコミュニケーションや毎日の行動を変えるチャンスが得られる、と私は感じたのです。

フォード：アフェクティバは、非常に顧客主導型の会社のように思えます。多くのスタートアップは、市場が存在することを期待して製品を作り上げようとしますが、御社の場合には「こういうものがほしい」という顧客の声に直接答えるという形を取っているんですね。

カリウビ：まさにその通りです。そしてすぐに、潜在的に巨大なビジネスチャンスがまさにそこにあることが明らかとなってきました。ロザリンドと私がともに感じていたのは、私たちがこの分野を開拓したこと、私たちが思想的指導者であること、そして非常に倫理的なやり方をしていきたいということでした。それが私たちにとって、重要なことだったのです。

フォード：現在アフェクティバでは何に取り組んでいるのですか？　そして将来の方向性を示す、全体的なビジョンはどんなものなのでしょうか？

カリウビ：全体的なビジョンとしては、テクノロジーに人間性を与えるという使命に私たちは取り組んでいます。テクノロジーは私たちの生活の隅々まで浸透し始めています。またインタフェースは次第に会話的なものとなり、デバイスはますます知覚を持つようになり、ますます潜在的な関係性を深めています。私たちは自動車や携帯電話、そしてアマゾンのアレクサ（Alexa）やアップルのＳｉｒｉ《シリ》などのスマートデバイスと、緊密な関係性を形成しつつあるのです。

　こういったデバイスを作っている人のことを考えてみましょう。現在、彼らはこれらのデバイスの認知的知能の側面にばかり注目し、情動的知能にはあまり関心を払っていません。しかし人間にとって、職業や私生活でうまくやっていくために大事なのはＩＱだけではありません。多くの場合、情動的知能や社会的知能も重要です。あなたは、周りの人々の心理的状態を理解できているでしょうか？　それを考慮して自分の行動に反映し、周りの人々の振る舞いを変えるように誘導したり、行動を起こすように説得したりできるでしょうか？

そのような、人々に行動を取るように促す状況で、目的を達成するには情動的知能を持つことが必要です。人と日常的にインタフェースし、人に何かをするように仕向けたりするテクノロジーについても、同じことが言えると思います。

しっかり睡眠をとることでも、よく食べることでも、運動量を増やすことでも、より生産的な仕事をすることでも、より社交的になることでも、どんなことであれ、テクノロジーが人をその気にさせるには、その人の心理的状態を考慮する必要があります。

こういった人間とマシンの間のインタフェースは普遍的なものとなり、将来のヒューマン・マシン・インタフェースに――自動車にも、携帯電話にも、家庭やオフィスのスマートデバイスにも――組み込まれていくだろう、というのが私の持論です。私たちはこういった新しいデバイスや新しい種類のインタフェースと、共存し協力し合うことになるでしょう。

フォード：あなたが取り組んでいらっしゃる具体的なプロジェクトのどれかを、簡単に説明していただけますか？　車のドライバーを監視して注意力を持続させることに取り組んでいらっしゃることは存じております。

カリウビ：はい、車のドライバーの監視に関する現時点での課題は、考慮すべき状況が非常に多岐にわたることです。そして企業としてのアフェクティバは倫理面と、製品と市場の良好なマッチングを特に重視しています。もちろん、市場にそのような準備ができていることも大事です。

アフェクティバを創業した２００９年には、先ほど触れたとおり、容易に得られるビジネスチャンスが存在したのは広告のテストの分野でした。そして現在のアフェクティバはフォーチュン・グローバル５００企業の４分の１と取引があり、広告が消費者との間に作り出す情動的な結び付きを彼らが理解するお手伝いをしています。

よく企業は数百万ドルもつぎ込んで、おもしろおかしい、あるいは人の心に訴える広告を作り出そうとします。しかし、それを見た人の心に適切な情動を呼び起こすことができたかどうかは、まったくわかりません。私たちのテクノロジーが存在する前、そのようなことを知るには実際に聞いてみるしかありませんでした。例えばあなた、マーティン・フォードさんがその広告を見ていたとしたら、こんなアンケートが送られてくるかもしれません。「この広告は気に入りましたか？　おもしろいと思いましたか？　この製品を購入すると思いますか？」。この場合に問題となるのは、非常に信頼性の低い、非常にバイアスのかかったデータしか得られないことです。

　では、私たちのテクノロジーを使うとどうなるでしょうか。あなたの了解を得たうえで、その広告を見ている間の顔の表情を瞬間ごとにすべて分析し、同じ広告を見た何千人もの人々についてそれを集計します。結果として得られるのは、バイアスのかかっていない、人々が広告にどう情動的に反応したかを示す客観的なデータの集合です。そのデータは、顧客の購入意思、さらには実際の売り上げデータやバイラリティと関連付けることも可能です。

　現在、私たちはこのようなＫＰＩ【重要業績評価指標】を追跡し、情動的反応を実際の消費者行動と結び付けられるようになっています。これが、87か国で使われている私たちの製品です。その中にはアメリカや中国やインドといった大国ばかりではなく、イラクやベトナムといった比較的小さな国も含まれています。現時点でかなりしっかりとした製品に仕上がっており、すばらしいのは全世界からデータが集められること、しかもすべて自発的に提供されたデータであることです。これはフェイスブックやグーグルでさえ持っていないデータだと言ってもいいでしょう。単なるプロフィール写真ではなく、ある晩ベッドルームでシャンプーの広告を見ていたときのデータだからです。これが私たちの持っているデータであり、私たちのアルゴリズムはそれを使っているのです。

フォード：何を分析しているのですか？　分析は、主に顔の表情に基づいて行われるのでしょうか、あるいは声なども使われるのでしょうか？

カリウビ：そうですね、最初のころは、顔だけを見ていました。しかし今から約18か月前、私たちはすべてを振り出しに戻して、このように問いかけたのです。「私たち人間は、どのように他の人間の反応をモニターしているのだろうか？」

人は、自分の周りの人々の心理的状況をモニターすることがかなり上手です。そして、利用するシグナルの約55パーセントは顔の表情とジェスチャーから得られ、私たちが反応するシグナルの約38パーセントは声のトーンから得られることがわかっています。どれだけ早口で話しているかとか、声のピッチや声のエネルギーといったものですね。文章や実際に使われた単語の選択から得られるシグナルは、たった7パーセントなのです！

ここで、センチメント（感情）分析の業界について考えてみましょう。この数十億ドル規模の業界の人々はツイートを見たりテキストメッセージを分析したりしていますが、それは人間のコミュニケーションの7パーセントにすぎないのです。私たちの仕事は、残り93パーセントの非言語的コミュニケーションを把握することだと私は考えています。

あなたの質問へ戻りましょう。18か月前、私はこういった韻律的な、パラ言語的な特徴を調べる発話チームを立ち上げました。彼らは声のトーンや発話事象の発生——例えば何回「えー」と言ったかとか、何回笑ったかとか——に着目します。こういった発話事象は、すべて私たちが口にする実際の単語とは独立したものです。アフェクティバのテクノロジーは、現在ではこういった要素を取り込んだものになっていて、それを私たちはマルチモーダル手法と呼んでいます。異なるモダリティを組み合わせ、ある人物の認知的、社会的、あるいは情動的な状態を真の意味で理解するための手法です。

フォード：あなたが着目する情動の指標は、言語や文化にわたって普遍的なものなのでしょうか、それとも人口集団の間で顕著な違いが存在するのでしょうか？

カリウビ：顔の表情に関しては、あるいは人の声のトーンに関しても、基本となる表現は普遍的なものです。スマイルは、世界中どこへ行ってもスマイルなのです。しかし、その上層に文化的な表現の規範、あるいはルールが存在することも私たちは認識しています。人々がどんな場合に自分の感情を表現するか、あるいはどれほど頻繁《ひんぱん》に、またはどれほど強く感情を示すか、といったことを規定するものですね。人々が感情を誇張したり、感情を抑制したり、さらには感情を完全に押し殺したりする例を私たちは見てきました。特にアジアの市場では、感情を抑圧する傾向が見られます。アジアの人々は、例えば負の感情をあまり表に出そうとしないのです。ですからアジアでは、私たちが社会的スマイル、あるいは礼儀正しいスマイルと呼んでいるものが多く見られます。これは喜びの表現ではなく、「あなたの言うことはわかります」という気分を示すもので、その意味では非常に社会的なシグナルです。

大まかに言えば、すべては普遍的なものです。もちろん文化的なニュアンスは存在しますが、私たちはそういったデータを持っていますから、地域特有の規範や、時には国に特有の規範さえ構築することが可能です。例えば、私たちは中国でデータをたくさん集めていますが、中国には独特の規範があります。例えばチョコレートの広告に対する中国人個人の反応どうしを比較するのではなく、私たちは中国人をそれとよく似た人口集団と比較するのです。そしてこういった手法は、世界中のさまざまな文化で情動的状態のモニタリングを成功させるためには不可欠なものでした。

フォード：それ以外にも、安全を指向した、例えばドライバーや危険性のある機器のオペレーターを監視して注意力を持続させることにも取り組んでいらっしゃるのですね？

カリウビ：その通りです。実際、昨年あたりから自動車業界が大きな関心を示し始めています。これが本当にエキサイティングなのは、アフェクティバにとって大きなビジネスチャンスであるというだけでなく、私たちが自動車業界にとって関心の深い2つの問題を解決しようとしているからです。

ドライバーが能動的に運転する現在の車では、安全性は大きな課題です。そして安全性は今後も課題であり続けることでしょう。テスラ（Tesla）のような半自律走行車両は短い時間ならば自動運転が可能だとはいえ、バックアップ要員が注意を払っている必要があるからです。

アフェクティバのソフトウェアを使えば、ドライバーやバックアップ要員の眠気や注意力散漫や疲労、さらには酩酊《めいてい》状態を監視することができます。酩酊状態の場合には、ドライバーに警告を発したり、運転に介入したりすることになるでしょう。介入とは、音楽を変えたり、冷たい空気を少し吹きかけたり、シートベルトを締め込んだりして、「わかりますか？ 私は車です。今のあなたより、私のほうが安全な運転ができると思います。私が運転を代わりましょう」というメッセージを伝えることです。ドライバーの注意力のレベルや能力低下状態を理解しさえすれば、車が取れるアクションはたくさんあります。これがユースケースの一例です。

自動車業界のために私たちが解決しようとしているもうひとつの問題は、乗員のエクスペリエンスに関するものです。完全な自律走行車両やロボットタクシーが実現し、車にまったくドライバーが必要とされない未来について考えてみましょう。そのような状況では、車が乗員の状態を理解する必要があります。例えば、車に何人の人が乗っているか、彼らはどういう関係なのか、会話をしているのか、あるいは置き去りにされる可能性のある赤ちゃんが車の中にいるのか、といったことです。車の乗員の気分を理解すれば、エクスペリエンスをパーソナライズすることができます。

ロボットタクシーなら、おすすめの製品やおすすめのルートを提案できるかもしれません。またこれは自動車会社、特にＢＭＷやポルシェといった高級ブランドにとって、新たなビジネスモデルとなることでしょう。現在、そういったブランドは運転のエクスペリエンスを重視しています。しかし将来、もはや運転することが必要なくなれば、交通手段やモビリティ・エクスペリエンスを変革し、再定義することが必要になってくるでしょう。現代の交通システムは非常にエキサイティングな市場であり、私たちはその業界のため、そして一流企業のパートナーのため、大いに努力して製品を作り上げようとしています。

フォード：医療分野への応用は考えていらっしゃいますか？　現在のメンタルヘルスの危機的状況を考えれば、アフェクティバのようなテクノロジーはカウンセリングなどの分野にも役立つのではないでしょうか？

カリウビ：医療は、私がおそらく最も気にかけている分野です。私たちはうつ状態のバイオマーカーが顔や声に現れることを知っていますし、人の自殺願望を示す徴候が存在することも知っています。私たちはどれだけ頻繁《ひんぱん》にデバイスや携帯電話と向き合っているでしょうか？　それは非常に客観的なデータを収集できる機会です。

現状では、1から10のスケールでどれだけ憂鬱《ゆううつ》に感じるか、あるいはどれだけ自殺したい気分か、その人に聞くことしかできません。正確なところはわからないのです。しかし今では大規模にデータを収集し、ある人がどんな人で、基本的な心理状態やメンタルヘルス状態がどんなものかを示すベースラインモデルを構築できる可能性があります。そのようなデータがあれば、誰かが通常のベースラインから逸脱し始めた場合、システムがその人自身へ、あるいはその家族へ、さらには医療従事者へ、シグナルを送ることができるのです。

そしてこのメトリックを使って、さまざまな治療法の有効性を分析できると想像してみてください。ある人が認知行動療法や特定の薬を試してみて、それらの治療が有効だったかどうかを、非常に正確に、非常に客観的に、経時的に定量化できるかもしれません。これには不安やストレスやうつ状態を理解し、定量化できる可能性もあると私は感じています。

フォード：ＡＩの倫理に関する議論に移りたいと思います。このようなテクノロジーについて、人々が不安を感じる点は簡単に思いつきます。例えば交渉の場で、あなたのシステムがひそかに誰かを見張っていたとすれば、そして示した反応に関する情報を相手方に渡したとすれば、不公平になるでしょう。あるいは、一種の全体的な職場の監視に使われる可能性もあります。運転している人を監視して集中力を持続させることは大部分の人にとってたぶん問題ないでしょうが、コンピューターの前に座っている事務員をあなたのシステムで監視するというアイディアは、まったく違った受け止め方をされるかもしれません。こういった懸念には、どう対処されているのでしょうか？

カリウビ：これについては、ちょっとした教訓めいたお話があります。ロザリンドと私と、私たちの最初の従業員がロザリンドのキッチンテーブルを囲んで、こんなことを考えていました。アフェクティバはこれから試練を受けることになる。私たちはどこに線を引くべきだろうか、そして譲れない場所はどこだろうか？　最終的に私たちは、人々の感情は非常に個人的な種類のデータであって尊重されなくてはならない、という基本理念に落ち着きました。それ以来、私たちは人々が明示的に同意しオプトインしなければデータを共有しないことにしていますし、理想的には、データを共有する見返りに何らかの価値を受け取れるようにしています。

こういった試練をアフェクティバは乗り越えてきました。２０１１年には資金不足に見舞われましたが、そのとき救いの手を差し伸べてきたのが警備会社の事業部門でした。その会社は、このテクノロジーを監視や警備に利用することに強い興味を持っていました。ほとんどの人は空港に行けば監視されていると承知しているものですが、人を監視し続けることは私たちの同意とオプトインの基本理念に合致しないと感じた私たちは、目の前にあった資金のオファーを断ったのです。アフェクティバでは、人々が必ずしもオプトインしないと感じられる案件、価値の方程式がバランスしないと感じられる案件は、避けてきました。

職場での応用を考えたとき、この問題は非常に興味深いものとなります。同じツールが、人の能力を大いに引き出すように使われる可能性もあれば、逆にビッグブラザー的な使われ方をするおそれも当然あるからです。また、こんなことができれば非常に興味深いと思います。もし従業員が匿名でオプトインしたいのであれば、従業員が職場でストレスを感じているか、それともやりがいを感じて楽しく仕事できているかということに関して、雇用者が感情スコアや大まかな全体像を入手できるようなことです。

ひとつおもしろい例として、CEOがプレゼンテーションをしているとき、世界中から電話会議に参加した人々に対して、CEOが意図したとおりにメッセージが届いているかどうかをマシンに教えてもらうことが考えられます。目標はエキサイティングなものだったか？ 人々はモチベーションを得られたか？ こういった基本的な質問は、すべての人が同じ場所にいれば、簡単に集計できるかもしれません。しかし、あちこちに人が散らばっている場合、こういったことを調べるのは非常に難しいのです。ただ、同じテクノロジーを悪いほうに利用して、「オーケー、このスタッフは本当に興味がなさそうに聞いていたから罰してやろう」となれば、完全にデータの乱用です。

もうひとつの例として、このテクノロジーを使ってミーティングの流れを追跡し、ミーティングが終わった後に参加者へフィードバックを与えることが考えられます。例えば、「あなたは30分間とりとめのない話をしていましたし、誰々に対してかなり敵対的な態度を取っていましたから、もう少し思慮深く、あるいはもう少し親身になったほうがいいでしょう」というフィードバックを与えるわけです。このテクノロジーが、スタッフの交渉力を高めるため、あるいはより思慮深いチームメンバーを育てるために使えることは、容易に想像できます。しかし同時に、他人の経歴を傷つけるためにも使えるわけです。

人々がこういったデータを持ち帰り、そこから何かを学ぶことができ、そして彼らの社会的知能や情動的知能のスキル向上に役立つような状況を、推進していきたいと考えています。

フォード：あなたの使われているテクノロジーについて、詳しくお聞きしたいと思います。深層学習をかなり多用されているそうですね。テクノロジーとして、どう思われますか？　最近は多少の揺り戻しがあり、深層学習の進歩は停滞したり壁にぶつかったりしている、そして別のアプローチが必要とされている、などと言う人もいます。ニューラルネットワークの利用に関して、また将来の進化の方向性について、どのようにお考えでしょうか？

カリウビ：私は博士課程のころ、動的ベイジアンネットワークを使って量化を行い、識別器を作っていました。その後、今から数年前のことですが、私たちはすべての研究基盤を深層学習に基づくものに移行しました。その結果には非常に満足しています。

私たちはまだ、深層学習を最大限活用できていないと言えるでしょう。より多くのデータを深層ニューラルネットと組み合わせることによって、非常に多くの状況で私たちの分析の精度と頑健性が高まります。

深層学習はすばらしいものですが、それが私たちのすべてのニーズに対する万能の解決策だとは思いません。教師あり学習が主体であるため、識別器をトレーニングするにはかなりのラベル付きデータが必要になります。機械学習という大きなくくりの中ではすばらしいツールだと思いますが、深層学習は私たちの使う唯一のツールとはならないでしょう。

フォード：さらに一般的に、汎用人工知能への進路についてお伺いしたいと思います。どんなハードルが待ち受けているのでしょうか？　ＡＧＩは技術的に可能でしょうか、現実的なものでしょうか、例えばあなたの生きている間に実現は期待できそうでしょうか？

カリウビ：ＡＧＩには、たくさんの、たくさんの、たくさんの年月がかかります。なぜそう言えるかというと、今あるＡＩはすべて、かなり狭いものだからです。現時点のＡＩはひとつのことはうまくできますが、たとえゲームをプレイすることをゼロから学習できたとしても、別のことをするにはまたゼロからやり直さなくてはならないのです。

何を学習するアルゴリズムであっても、データセットに何らかの副次的な前提、あるいは何らかのレベルの副次的な人力での情報の整理が存在して学習が可能となっているのだと思いますし、どうすれば人間レベルの知能を達成できるか私たちはまだ理解していないのだと思います。

現時点で最高の自然言語処理システムでも、小学三年生のテストに及第点を取ることはできません。

フォード：ＡＧＩと感情の交わるところには、何が生まれるとお考えでしょうか？　あなたは主にマシンに感情を理解させることに取り組んでいらっしゃいますが、逆にマシンに感情を持たせることについてはどうでしょうか？　それはＡＧＩの重要な要素だと思われますか、あるいはまったく感情を持たないゾンビのようなマシンを想像されますか？

カリウビ：マシンが感情を持つという点に関しては、私たちはもうそこに到達していると言えるでしょう。アフェクティバは感情検出プラットフォームを開発してきましたし、私たちのパートナー企業の多くはこの検出プラットフォームを使ってマシンに振る舞いを発現させています。自動車の場合でもソーシャルロボットの場合でも、感情検出プラットフォームは入力として人間のメトリックを取ることができますし、ロボットがどう反応するか決めるためにそのデータを使うこともできます。その反応は、ちょうど現在のアマゾンのアレクサのように、私たちが与えた刺激に対してロボットが話すことであってもよいわけです。

もちろん、アマゾンのアレクサに何かを発注するように頼んで間違えられたとしたら、イライラします。しかしアレクサがそういったことを完全に無視するのではなく、「オーケー、すみませんでした。私の間違いです。もう一度やらせてください」のように言えたとしたらどうでしょう。アレクサは私たちのイライラのレベルを受け止めて、それを自分の反応や、次の実際の行動に生かせるかもしれません。ロボットは頭を動かしたり、ぐるぐる回ったり、文字を書いたりして、「これはたいへんだ！　どうやら申し訳ないことをしてしまったようです」ということを行動で示せるかもしれません。

私が言いたいのは、マシンシステムにはすでに情動的なヒントが行動に取り込まれており、誰かがデザインしたように感情を示すことができるということです。もちろん、これはデバイスが実際に感情を持っていることとはまったく違いますが、そこまでの必要はありません。

フォード：雇用へ与える潜在的な影響についてお聞かせください。それについてどう思われますか？　AIやロボットが経済や労働市場に大規模な変動を引き起こすおそれはあると思われますか、あるいはそれはおそらく過剰宣伝で、あまり心配すべきでないとお考えでしょうか？

カリウビ：私はこの問題を、人間とテクノロジーのパートナーシップの問題として考えたいと思います。いくつかの職業が存在しなくなることは認めますが、それは人類の歴史の中で何も新しいことではありません。そういった職の変動は何度も繰り返されてきましたし、まったく新しい種類の職業や就業機会も生まれてくると思います。そういった新しい職業の一部は今から想像できますが、すべてを想像することはできません。

ロボットが世界を征服して支配権を握り、人類はただぼんやりと海辺で時を過ごすようになる、といった未来像には同意しません。私は第一次湾岸戦争の時代に中東地域で育ちましたから、この世界には解決されるべき問題が非常に多く存在することは認識しています。ある日突然マシンが目覚めて、そういった問題をすべて解決してくれるというのは、夢物語だと思います。ですから、「私は心配していません」というのが、あなたの質問への答えです。

フォード：比較的定型的な、例えばコールセンターでのカスタマーサービスなどの職種では、あなたが作り出されているテクノロジーによって、その仕事の人的要素をより多くマシンで代替できるようになりそうです。私はよくこの件について意見を求められるのですが、その際には、最も安全と思われる職種は人間本位の仕事、情動的知能が必要とされる仕事だと答えています。しかしあなたは、そのような分野でもこのテクノロジーを推進されているようですから、現在のところ自動化されるおそれはないと思われている分野を含め、最終的には非常に広い範囲の職種が影響を受けるように思えます。

カリウビ：あなたのおっしゃっていることは正しいと思います。看護師を例に取ってお話しさせてください。アフェクティバでは、携帯電話に表示される看護師のアバターを構築している会社や、終末期患者のコンパニオンとしてデザインされたソーシャルロボットを自宅にインストールする会社と協業しています。こういったものが本物の看護師を置き換えることになるとは思いませんが、看護師の仕事のやり方は変えていくことになると思うのです。

20名の患者に1名の看護師が割り当てられ、ひとりひとりの患者には看護師のアバターや看護師ロボットが対応している状況は簡単に想像できるでしょう。人間の看護師が介入するのは、看護師ロボットが対処できない問題が生じた場合のみです。このテクノロジーは、はるかに多数の患者の看護師ロボットによる管理、また現在では不可能なやり方での一貫した管理を可能とします。

教師についても同様です。インテリジェント学習システムが教師を置き換えることになるとは思いませんが、十分に教師が対応できないような状況において、彼らを強化することになるでしょう。そのようにして私たちは、私たちの仕事の一部を肩代わりしてくれるこういったミニロボットに、自分の仕事を委任していくことになるでしょう。

トラック運転手にも同じことが言えると思います。あと10年もすると、トラックの運転席には誰もおらず、誰かが自宅から100台のトラックを遠隔操作して円滑な運行を確認していることになるでしょう。それとは異なり、ときどき誰かが介入して人間の制御下に置くことが必要な仕事もあるかもしれません。

フォード：AIやAGIに関して表明されている一部の懸念、特にイーロン・マスクが非常に声高に人類の存在を脅かす脅威を叫んでいることについては、どう思われますか？

カリウビ：イーロン・マスクが一部出資した『Do You Trust This Computer?』というインターネットのドキュメンタリーに、私も出演してインタビューされています。

フォード：はい、実はこの本でインタビューした他の人の中にも、そのドキュメンタリーに出演している人が何人かいます。

カリウビ：中東で生まれ育った私にとっては、AIよりも人類のほうが大きな問題ですから、私は心配していません。

このような、ロボットが人類を征服し存在を脅かすことになるという見方は、私たちの人間としての主体性を否定するものだと思います。結局、そういったシステムを設計するのは私たちですし、配備方法に口を出すこともできますし、スイッチを切ることもできるのですから。ですから、私はそのような懸念には同意しません。AIに関してはもっと切迫した課題があると思いますし、その中にはAIシステムそのものに関する懸念もあれば、例えば私たちがAIシステムを通して偏見を永続化させてしまうといった懸念もあるでしょう？

フォード：つまり偏見が、私たちが現在直面している切迫した課題のひとつである、ということですね？

カリウビ：はい。テクノロジーの移り変わりは極めて速いので、私たちがアルゴリズムをトレーニングしている間にアルゴリズムやニューラルネットワークが何を学習しているか、必ずしも正確にわかっているわけではありません。私が恐れているのは、社会に存在するあらゆる偏見が、そのようなアルゴリズムへ実装されて再構築されてしまうことです。

フォード：データは人に由来しますから、その人の偏見が含まれることは避けられません。あなたは、アルゴリズムではなくデータに偏見が含まれるとおっしゃっているのでしょう。

カリウビ：その通りです、データです。私たちがデータをどのように利用するかという問題です。ですからトレーニングデータがあらゆるエスニックグループを代表し、ジェンダーや年齢のバランスが取れたものであることを確認する必要があることを、アフェクティバでは会社として非常に明確にしています。

私たちは、そのようなアルゴリズムをトレーニングし、検証する方法に関して、非常に注意する必要があります。これは現在進行中の、終わることのない取り組みです。この種の偏見を防止するためにできることは、常にあるわけですから。

フォード：しかし前向きに考えると、人の持つ偏見を正すことは非常に困難であるのに対して、アルゴリズムに含まれる偏見を正すことは、いったんそれを理解してしまえば、ずっと簡単なことかもしれません。将来、もっとアルゴリズムが活用されるようになれば、はるかに偏見や差別の少ない世界が実現するかもしれない、という議論もできそうです。

カリウビ：その通りです。良い例のひとつが人材採用です。アフェクティバは、ハイアービュー（HireVue）という会社とパートナー契約を結んでいます。この会社は、私たちのテクノロジーを採用プロセスに利用しているのです。応募者には、ワード文書の履歴書を送る代わりにビデオインタビューを送ってもらいます。このシステムは、私たちのアルゴリズムと自然言語処理識別器を組み合わせたものを使って応募者の非言語コミュニケーションを分析し、応募者が質問にどう答えたかを加味して、ランク付けと類別を行います。このアルゴリズムはジェンダーやエスニシティには影響されません。ですから、インタビューの最初のふるい分けはジェンダーやエスニシティに左右されることなく行われるのです。

ハイアービューはユニリーバと行ったケーススタディを公表しています。それによれば、採用にかかった時間が90パーセント短縮できただけでなく、このプロセスによって採用に至った人物の多様性が16パーセント向上する結果となりました。これは、かなりすごいことだと思います。

フォード：AIには規制の必要があるとお考えでしょうか？　アフェクティバでは非常に高い倫理基準を設けているというお話を伺いましたが、将来的には競合企業が同様のテクノロジーを、もしかしたら同様の基準を遵守することなく、開発してくるという可能性は現実にあります。権威主義的な国家や、自社の従業員や顧客を秘密裏にスパイしようとする企業との契約を、たとえあなたが受注しなくても、その競合企業が受注するかもしれません。そういったことを考慮して、この種のテクノロジーを規制することは必要になってくると思われますか？

カリウビ：私は規制を大いに支持しています。アフェクティバはパートナーシップ・オン・AI（Partnership on AI）コンソーシアムに加入していますし、FATEワーキンググループの一員でもあります。FATEは、公平で、説明可能で、透明で、公正なAIの意味です。

こういったグループでの活動を通じて、私たちに求められているのはガイドラインを作成し、FDA（食品医薬品局）と同様のプロセスをAIについても提唱することです。この作業と並行して、アフェクティバは業界向けにベストプラクティスとガイドラインを公表しています。私たちは思想的指導者ですから、規制を提唱すること、そしてボールを前に転がし続けることが、私たちの責任です。単に「そうですね、法制化を待ちましょう」と言うことは、正しい解決策ではないと思います。

私は世界経済フォーラムにも参加しています。その中にはロボット工学とAIに関する国際フォーラム評議会があります。このフォーラムへの参加を通して、私はさまざまな国々でのＡＩに関する考え方に文化的相違があることに注目するようになりました。顕著な例が、この評議会にも参加している中国です。私たちは、中国政府が倫理についてあまり気にしていないこと、その問題とどう向き合っていくかという質問をはぐらかしていることを知っています。国が違えばＡＩの規制に関する考え方も違うため、この質問に答えることには困難が伴います。

フォード：インタビューの最後は、明るい話題で締めくくりましょう。あなたは、もちろん楽観論者ですね？　つまりあなたは、この技術が結局は人類にとって有益なものになる、と信じていらっしゃいますね？

カリウビ：はい、私は楽観論者だと言えるでしょう。テクノロジーは中立的なものだと私は信じているからです。問題は、私たちがそれをどのように使おうとするかです。うまくいく可能性は十分にあると思いますし、業界全体が私たちのチームの後に続いてほしいと思っています。私たちは、ＡＩを正しい方向に応用していくことに心血を注ぐと決意しているのですから。

ラナ・エル・カリウビは、情動的AIに特化した企業、アフェクティバのCEO兼共同創業者である。彼女は学士号と修士号をエジプトのカイロアメリカン大学から、博士号をケンブリッジ大学のコンピューターラボから授与されている。彼女は研究員として勤務したMITメディアラボで自閉症の子どもたちを支援するテクノロジーを開発した。その業績は、そのままアフェクティバの起業に結び付いている。

ラナは、世界経済フォーラムによる2017年ヤング・グローバル・リーダーへの選出を含め、数多くの賞や称号を授与されている。また彼女は、「フォーチュン」誌の「40歳以下の40人」や、「テッククランチ」の「2016年に圧倒的存在感を示した40人の女性創業者たち」にも選ばれた。

「私の考えるシナリオは、
医療用ナノロボットを血流に乗せて
送り込むというものです。（略）
このロボットは脳の中にも入り込み、
人体の外部に取り付けられたデバイスからではなく、
神経系の中から仮想現実や拡張現実を提供します」

RAY KURZWEIL
レイ・カーツワイル
グーグル社技術担当ディレクター

レイ・カーツワイルは世界有数の発明家、思想家、そして未来学者のひとりである。彼は21の名誉博士号を持ち、3人のアメリカ合衆国大統領から表彰されている。彼はレメルソンMIT発明革新賞の受賞者であり、1999年にはアメリカのテクノロジー界の最高の栄誉であるアメリカ国家技術賞をクリントン大統領から授与されている。レイは精力的な著述家でもあり、5冊の全米ベストセラーの著者である。2012年、レイはグーグルの技術担当ディレクターに就任し、エンジニアのチームを率いて機械知能と自然言語理解を開発している。レイの最初の小説『Danielle, Chronicles of a Superheroine』（未邦訳）は2019年の前半に出版されている。レイによるもう1冊の本、『The Singularity is Nearer』は2019年の末に出版される予定である［現在未刊行］。

フォード：ＡＩを始めたきっかけは何でした？

カーツワイル：私が最初にＡＩに触れたのは１９６２年のことでした。ニューハンプシャー州ハノーバーで１９５６年に行われたダートマス会議で、マーヴィン・ミンスキーとジョン・マッカーシーによってＡＩという言葉が命名されてから、わずか6年後のことです。

そのときすでに、ＡＩの現場は２つの対立する陣営に分裂していました。記号派と、コネクショニストです。記号派は圧倒的に優勢で、マーヴィン・ミンスキーがそのリーダーとされていました。コネクショニストは新興勢力で、パーセプトロンと呼ばれる最初の有名なニューラルネットを考案したコーネル大学のフランク・ローゼンブラットがその筆頭でした。私は両方に手紙を書いたところ、両方から招待されたので、まずミンスキーに会いに行きました。彼は一日中私に付き合ってくれ、私たちはそれ以来55年にわたって親交を結ぶことになりました。私たちはＡＩについて話し合いましたが、当時それは非常にマイナーな分野で、本当の意味で関心を払っている人は誰もいませんでした。次に誰に会いに行くのかと彼に聞かれてローゼンブラット博士の名前を出すと、やめておけと言われたのを覚えています。

次に私はローゼンブラット博士に会いに行きました。彼はパーセプトロンと呼ばれる単層ニューラルネットの考案者で、パーセプトロンはカメラの付いたハードウェアデバイスに実装されていました。私は手紙を印刷してローゼンブラット博士とのミーティングに持って行ったのですが、それを彼のデバイスは完璧に認識したのです。ただし、10ポイントのクーリエ書体で印刷されている必要があったのですが。

他の書体ではそううまくはいかず、彼はこう言ったものです。「心配するな、このパーセプトロンの出力を2台目のパーセプトロンの入力として供給し、その出力を3番目の層に供給すればいい。層を重ねるほど賢く一般的なものとなり、すばらしい結果が出るはずだ」。私が「試してみたのですか？」と聞いてみたところ、彼は「実はまだなんだが、もうすぐやるつもりだ」と言いました。

1960年代は今のようには物事が素早く進みませんでしたし、残念なことに彼はその9年後の1971年に、そのアイディアを試すことなく亡くなってしまいました。しかし、そのアイディアは極めて先見性のあるものでした。現在ニューラルネットが流行しているのは、まさにそういった多くの層を持つ深層ニューラルネットワークのおかげです。とてもすばらしい洞察でした。うまくいくことは、誰の目にも明らかというわけではなかったわけですし。

1969年、ミンスキーは同僚のシーモア・パパートとの共著で『パーセプトロン』(邦訳東京大学出版会）という本を書きました。この本は基本的に、「パーセプトロンではXOR論理関数を使う必要のある答えを出すことはできないし、接続性問題を解くこともできない」という定理を証明するものでした。この本の表紙には2枚の迷路のような画像が描かれていますが、よく見ると一方は完全につながっていて、もう一方はつながっていないことがわかります。接続性問題とは、その2つの場合の区別をすることです。この定理によって、パーセプトロンにはそれができないことが証明されました。この本は大きな反響を呼び、結果としてその後25年間にわたってコネクショニズムに対する資金拠出が完全にストップしてしまったほどですが、そのことをミンスキーは悔やんでいました。彼は死の直前に、今では彼も深層ニューラルネットのパワーを認めていると私に語ってくれたのです。

フォード：しかし、マーヴィン・ミンスキーは50年代に、初期のコネクショニスト的なニューラルネットの研究を行っていたのではありませんか？

カーツワイル：その通りです。しかし、彼は1960年代にはニューラルネットに幻滅を感じるようになりましたし、多層ニューラルネットのパワーをあまり認めていなかったのです。それが明らかとなったのは数十年後、3層のニューラルネットが試され、多少の改善が見られてからのことでした。層が多すぎても、問題が生じました。勾配爆発あるいは勾配消失問題といって、数値が大きくなりすぎたり小さくなりすぎたりするために、係数の値のダイナミックレンジが減少してしまうのです。

ジェフリー・ヒントンと数学者のグループによってその問題が解決されたため、現在では階層の数に制限はなくなりました。その解決策は階層ごとに情報を再調整して表現可能な値の範囲を超えないようにするというもので、100層のニューラルネットも非常にうまく動作するようになりました。しかしまだ問題は残っています。その問題は、「生命は10億の実例から始まる」という言葉に要約できるでしょう。

私がグーグルにいる理由のひとつは、注釈の付いたイヌやネコなどの画像カテゴリーの写真を10億例も持っていることです。しかし、他の多くのものについては10億もの実例は持っていません。言語の実例もたくさんありますが、どんな意味かという注釈は付いていませんし、そもそも理解できない言語を使ってどう注釈を付ければよいのでしょうか？　問題のカテゴリーによってはその問題は回避でき、囲碁はその好例です。ディープマインドのシステムは、オンラインで入手できるすべての棋譜を使ってトレーニングされました。その数は百万のオーダーです。10億ではありません。それによってアマチュアの強豪レベルにはなりましたが、世界最強レベルになるには9億9900万の棋譜が足りません。それはどこから得られるでしょうか？

フォード：あなたがおっしゃりたいのは、現状の深層学習がラベル付きデータ、そしていわゆる教師あり学習に依存しすぎている、ということですよね。

カーツワイル：その通りです。それを回避するひとつの方法として、対象となる世界がシミュレーション可能なものであれば、自分でトレーニングデータを作成することができます。ディープマインドはこの方法を取り、マシンに自分自身を相手として囲碁を対局させました。伝統的なアノテーション手法を用いれば、棋譜に注釈［コンピューターが処理可能なラベルなどのメタデータ］を付けることができます。その後、アルファゼロはニューラルネットを実際にトレーニングして注釈に基づく改良を行い、人間によるトレーニングデータなしに100勝0敗の成績でアルファ碁を打ち負かすことができたのです。

問題は、どんな状況ならばそれができるか、ということです。例えば、それができるもうひとつの分野は数学です。数学はシミュレーション可能だからです。数論の公理は、囲碁のルールよりも複雑なものではありません。

もうひとつの分野は自動運転車です。運転はボードゲームや数学体系の公理よりも、はるかに複雑なものなのですが。ウェイモが成功した例では、まず各種の手法を組み合わせてそこそこ良いシステムを構築し、次にそのシステムを使って、いつでも人間が運転を代われる状態で、何百万マイルも運転したのです。それによって生成されたデータは、運転の世界の正確なシミュレーターを作成するために十分なものでした。今ではそのシミュレーター内のシミュレーション車両での運転距離は10億マイルのオーダーに達し、それによって生成されたトレーニングデータは、アルゴリズムを改良するために設計された深層ニューラルネットに供給されています。運転の世界はボードゲームよりもはるかに複雑なのですが、うまくいっているのです。

次にシミュレーションが注目されている領域は、生物学と医学の世界です。生物学をシミュレーションできたとすれば――それは不可能なことではありません――臨床試験を年単位ではなく数時間でできるかもしれません。自動運転車やボードゲームや数学と同様に独自のデータを生成することもできるようになるでしょう。

十分なトレーニングデータの供給という問題の解決策は、それだけではありません。人間はずっと少ない量のデータから学ぶことができます。それは私たちが転移学習をしているため、つまり学ぼうとしている状況とかなり違った状況で学習したことを利用するためです。私は人間の新皮質の大まかな働きをもとにして、別の学習モデルを作りました。1962年に人間の脳の働きについて考察した論文を書いて以来、50年にわたって私は考えることについて考え続けています。私のモデルはひとつの巨大なニューラルネットではなく、小さなモジュールが多数存在し、各モジュールがひとつのパターンを認識できるというものです。私は著書『How to Create a Mind』（未邦訳）の中で、基本的にそのようなモジュールが3億個集まったものとして新皮質を記述しました。各モジュールはシーケンシャルなパターンの認識と、ある程度の変動の受容が可能です。モジュールは階層的に構成され、その階層構造はそれ自身の思考を通して形成されます。システムが自分自身の階層構造を作り出すのです。

この新皮質の階層構造モデルは、はるかに少量のデータから学習が可能です。人間と同じです。私たちが少量のデータから学ぶことができるのは、ひとつの領域から別の領域へ情報を一般化できるからです。

グーグルの共同創業者のひとりであるラリー・ペイジが、『How to Create a Mind』に述べた私の論旨を気に入り、こういったアイディアを言語理解に応用するために私をグーグルへリクルートしたのです。

フォード：現実世界の実例で、その概念がグーグル製品へ応用されたものはありますか？

カーツワイル：Ｇｍａｉｌのスマートリプライ機能（各メールについて返信の3つの候補を提供する）は、この階層構造システムを利用した私のチームからの応用例のひとつです。先日、私たちが導入したTalk to Books[※9]は、自然言語で質問すると0・5秒間に10万冊もの本を読み——6億センテンスあります——その6億センテンスの中から見つかった最良の答えを返します。それがすべてキーワードではなく、意味的な理解に基づいて行われるのです。

グーグルで私たちは自然言語の研究を進めていますが、言語は新皮質が最初に作り出したものです。言語は階層的なものであり、私たちは新皮質の中にある階層的なアイディアを、言語の階層構造を利用して互いに共有できます。アラン・チューリングが言語をチューリングテストの基盤としたことには先見の明があったと思います。人間と同じレベルで言語を生み出し理解するためには、全方位的な人間的思考と人間的知能が要求されると思うからです。

フォード：あなたの究極の目的は、そのようなアイディアを発展させて実際にチューリングテストに合格できるマシンを作り上げることなのでしょうか？

カーツワイル：誰もが賛成してくれるわけではありませんが、チューリングテストは正しく構成された場合、人間レベルの知能の非常に良いテストであると私は思っています。問題は、1950年にチューリングが書いた短い論文の中には数パラグラフしかチューリングテストについての説明がなく、重要な要素が省かれていることです。例えば、彼はテストが実際にどう管理されるべきかを記述しませんでした。このテストのルールは実際に管理するには非常に複雑ですが、コンピューターが実効性のあるチューリングテストに合格できるためには、全方位的な人間的知能を持つ必要があると私は信じています。人間と同じレベルで言語を理解することが、最終的な目標です。もしAIにそれができたとすれば、すべての文書や書籍を読み込んで、あらゆることを学習できるはずです。私たちは少しずつそこへ近づいています。意味を十分に理解すること、例えば私たちのTalk to Booksアプリケーションが質問に対して妥当な答えを返すことはできていますが、まだ人間と同じレベルではありません。ミッチ・ケイパーと私は、これに関して気の長い2万ドルの賭けをしていて、その賭け金は勝者の選択する慈善事業へ寄付される予定です。私は2029年までにAIがチューリングテストに合格することに、彼はそうならないことに賭けています。

フォード：チューリングテストが知能のテストとして効果的であるためには、おそらく時間的制限はまったくすべきではないだろう、という見解には同意されますか？　誰かを15分間だまし続けることは、ギミックでもできそうです。

カーツワイル：もちろんです。ミッチ・ケイパーと私が取り決めたルールには、かなり長い時間が指定されていますが、それでも十分ではないかもしれません。要するに、AIが自分は人間であるとあなたに本当に信じ込ませたとすれば、テストは合格です。それにはどれだけ長い時間が必要かという議論はありますが――熟練した審判がいればおそらく数時間でしょう――時間が短すぎれば単純なトリックでだましおおせてしまう可能性があることには同意します。

フォード：知能を持つけれども、それが異質の知能であるために、人間のふりをすることがあまり得意でないコンピューターが存在することは、簡単に想像できると思います。つまり、とても人間とは思えなかったとしても、マシンに知能があることに誰もが同意するようなテストを考え出すことはできそうです。おそらく、それもまた十分なテストとして認識されることが望ましいのでしょう。

カーツワイル：クジラやタコは大きな脳を持っており、知的な振る舞いを示しますが、チューリングテストに合格する立場にないことは明らかです。標準的な中国語を話すけれども英語を話さない中国人は、英語のチューリングテストには合格できないでしょう。ですからテストに合格しなくても知能がある可能性は大いにあります。重要なのはその逆で、テストに合格するためには知能がなくてはならない、ということです。

フォード：あなたの階層的手法と深層学習とを組み合わせたものが、本当に今後進むべき道だと確信していらっしゃいますか？　それとも、ＡＧＩ／人間レベルの知能を達成するためには、それ以外の大きなパラダイムシフトが必要となるとお考えでしょうか？

カーツワイル：いいえ、人間もこのような階層的手法を利用していると私は思っています。モジュールのそれぞれが、学習を行う能力を持っているのです。そして私は著者の中で、脳の中の各モジュールでは深層学習ではなく、マルコフ過程のようなことが行われていると述べています。しかし実際には、深層学習を使うほうが良いのです。

グーグルの私たちのシステムでは、深層学習を利用して各モジュールのパターンを表現するベクトルを作り出し、さらに階層構造によって深層学習のパラダイムを乗り越えています。しかし、AGIにはそれで十分だと思います。私の考えでは、階層的手法と同じことが人間の脳でも行われているのであり、脳をリバースエンジニアリングするプロジェクトから現在そのエビデンスが多数得られています。

人間の脳はコネクショニスト的なシステムではなく、ルールベースのシステムに従っているという議論があります。そのような人は、人間がはっきりとした区別ができること、論理を取り扱えることを指摘します。ここで重要なポイントは、コネクショニズムでルールベースの手法をエミュレートできることです。コネクショニスト的なシステムは特定の状況下では確実な判断ができるため、ルールベースのシステムのように見えたり、そのように振る舞ったりするかもしれませんが、そういった見かけ上のルールのまれな例外やニュアンスに対応することもできるのです。

ルールベースのシステムはコネクショニスト的なシステムをエミュレートできないので、その逆は正しくありません。ダグラス・レナットの「Cyc《サイク》」はすばらしいプロジェクトですが、ルールベースのシステムの限界を示すものでもあると私は信じています。複雑さが上限に達していて、ルールがあまりに複雑すぎるため、ひとつを直そうとすると他の3つが壊れてしまうのです。

フォード：Cycは、手作業で論理ルールを入力することによって常識を実現しようというプロジェクトですね？

カーツワイル：そうです。具体的な数はわかりませんが、膨大なルールが存在します。あるモードではその振る舞いに至った推論と説明を出力できるのですが、それは何ページにも及び、非常にわかりづらいものです。すばらしい研究ですが、少なくともそれだけでは手法として成り立たないことを示していますし、人間が知能を獲得するやり方とも違います。私たちはルールの連鎖をたどっているわけではなく、先ほど説明した階層的な自己組織化手法を使っているのです。

階層的な、しかしコネクショニスト的な階層的な手法のもうひとつの利点は、説明可能性が優れているところだと思います。モジュールの階層構造を見れば、どのモジュールがどの決定に影響するか理解できるからです。大規模な100層のニューラルネットは、巨大なブラックボックスのように動作します。その推論を理解することは非常に困難ですが、そのような試みもいくつか行われてきました。コネクショニスト的な手法に階層的なひねりを加えたものが効果的な手法であり、人間の考える仕組みでもあると私は思います。

フォード：しかし人間の脳には、生まれたときから何らかの構造が存在します。例えば、赤ちゃんが顔を認識できるように。

カーツワイル：私たちは、一種の特徴生成器を持っているのです。例えば、私たちの脳の中には紡錘状回《ぼうすいじょうかい》と呼ばれるモジュールがあり、特殊な回路が含まれていて、ある種の比率、例えば鼻の高さと鼻の幅の比率、あるいは目の間の距離との比率などを計算しています。十数種類ほどの比較的シンプルな特徴のセットが存在します。実験によれば、こういった特徴を画像から抽出し、次に同じ特徴――同じ比率――を持つ新しい画像を生成すると、たとえそれ以外の部分で画像の詳細がかなり変わっていたとしても、人はそれらを同一人物であると即座に認識するのです。そのような特徴生成器には、例えば音声情報からある種の比率を計算して部分倍音を認識するものなど、さまざまなものが存在します。そういった特徴が、次に階層的なコネクショニスト的システムに供給されるのです。そのため、こういった特徴生成器を理解することは重要ですし、顔認識にはいくつか非常に独特な特徴が存在していて、赤ちゃんはそれを利用しているのです。

フォード：次は、汎用人工知能（ＡＧＩ）への道のりとタイミングについてお伺いしたいと思います。ＡＧＩと人間レベルのＡＩは、同じ意味の言葉であると考えて差し支えないですね。

カーツワイル：その２つは同義語ですが、私はＡＧＩという呼び方は好きではありません。そこには暗黙にＡＩへの批判が含まれていると思うからです。昔も今もＡＩの目標は、より高い知能を達成すること、そして究極的には人間レベルの知能に達することです。しかし、私たちは進歩するにしたがって、別の分野を派生させてきました。例えば、文字認識をマスターすると、それはＯＣＲという別分野になりました。音声認識やロボット工学についても同様で、ＡＩという包括的な分野はもはや汎用知能に限ったものではないと感じられるようになりました。私は一貫して、私たちはひとつずつ問題を解決しながら一歩一歩汎用知能に近づいている、という見方をしています。

もうひとつこれに色を添えるのが、人間のパフォーマンスはどんな種類のタスクであっても非常に幅広い範囲に及ぶという事実です。囲碁における人間のパフォーマンスのレベルはどうなっているでしょうか？　初めて囲碁を打つ子どもから世界チャンピオンまでの幅広さです。いったんコンピューターが人間のレベルに——たとえそのような幅の下端であっても——達すると、あっという間に人間のパフォーマンスをはるかに上回るようになることがわかっています。１年ちょっと前［２０１７年以前］にはコンピューターの囲碁のレベルは低いものでしたが、すぐに人間を凌駕《りょうが》するようになりました。最近では、アルファゼロが数時間のトレーニングでアルファ碁を凌駕し、１００勝０敗の成績で打ち負かしています。

コンピューターの言語理解も向上してきていますが、それほど目覚ましいものではありません。まだ現実世界の知識を十分に持っていないからです。現在のコンピューターは多重連鎖的な推論があまりうまくできません。多重連鎖的な推論とは基本的に、現実世界の知識を考慮しつつ、複数の文章から推測を行うことです。例えばコンピューターに小学三年生の言語理解テストをさせると、男の子の靴が泥だらけならばたぶんその子は泥の中を歩いて靴を泥だらけにしたのだろうとか、もしその子がキッチンの床に泥を持ち込んだら母親に怒られるだろうということが、コンピューターには理解できないのです。こういったことは、私たち人間にとっては経験があるから自明に思えるのですが、AIにとっては自明ではないのです。

一部の言語テストについて現在コンピューターが達している平均的な大人の理解能力を、一足飛びに超人的なレベルに高めるのは無理だろうと思います。そのためには、より基本的な課題が解決される必要があると思うからです。とはいえ、先ほど述べたように人間のパフォーマンスは幅広い範囲に及びますし、いったんコンピューターがその域に達してしまえば、最終的にはそれを超えて、超人的なレベルに達することは可能でしょう。言語理解が多少なりとも大人のレベルに達しているという事実は、とても印象的です。言語には全方位的な人間的知能が必要とされますし、全方位的な人間のあいまいさや階層的思考も含まれると私は感じているからです。まとめると、AIが非常に急速な進歩を遂げていることは確かです。そして、それがすべてコネクショニスト的な手法を利用していることも確かです。

私はついさっきまでここでチームメンバーと、これまでやってきたこと以外にチューリングテストに合格するためにしなくてはならないことは何だろうか、という議論をしていました。すでに、ある程度のレベルの言語理解はできています。重要な要件のひとつは多重連鎖的な推論――推測や概念の意味を考慮できること――であり、これが最優先です。またそれは、チャットボットが常に失敗する分野のひとつでもあります。

例えば私が、幼稚園で娘がうまくやっていけるか心配していると言ったとしたら、あなたは会話を3回やり取りした後で「あなたにお子さんはいますか？」などと聞こうとは思わないでしょう。チャットボットはそのような失敗をしでかします。言われたことから当然推測できることを考慮していないからです。先ほど触れた現実世界の知識という課題もありますが、さまざまな言葉の含みを理解できたとすれば、オンラインで入手可能な文書をたくさん読んで理解して、現実世界の知識を得ることもできるはずです。今後の進め方については非常に良いアイディアもありますし、それをするための時間も十分にあると思います。

フォード：だいぶ前からあなたはとてもバッサリと、人間レベルのＡＩが実現するのは２０２９年だと思う、とおっしゃっていましたね。今でもそうですか？

カーツワイル：はい。１９８９年に出版された私の著書『The Age of Intelligent Machines』（未邦訳）の中で、私は２０２９プラスマイナス10年程度という範囲を示しました。１９９９年に私は『スピリチュアル・マシーン——コンピュータに魂が宿るとき』（邦訳翔泳社）という本を出し、２０２９年という具体的な年を予測しました。この予測に驚いた人は多かったようで、スタンフォード大学でＡＩ専門家の会議が開かれました。当時は電子投票機がありませんでしたから、投票は基本的には挙手でした。当時は数百年かかるだろうという意見が大多数で、出席者の約４分の１は絶対に実現しないだろうと言っていました。

２００６年に、先ほど触れた１９５６年のダートマス会議の50周年を記念した会議がダートマス大学で開催されました。そこでは電子投票デバイスが使われ、大多数の意見は約50年後でした。12年後の２０１８年現在の大多数の意見は約20から30年後、つまり２０３８年から２０４８年のどこかということですから、今でも私はＡＩ専門家の大多数よりも楽観的ということになります。しかしその差はわずかです。私とＡＩ専門家の大多数との意見の差は縮まってきていますが、それは私が見方を変えたからではありません。私が慎重すぎると考える人の数も増えてきています。

フォード：２０２９年と言えばわずか11年後ですから、本当にそれほど未来のことではありませんね。私には11歳の娘がいますから、今から考えておく必要がありそうです。

カーツワイル：進歩は指数関数的にやってきます。去年のたった1年間に起こった、目を見張るような進歩について考えてみてください。自動運転車にも、言語理解にも、囲碁の対局にも、その他たくさんの分野に劇的な進歩がありました。ハードウェアもソフトウェアも、とても急速に進化しています。ハードウェアは、一般的な計算能力よりもさらに高速に指数関数的な伸びを示していました。過去数年間は深層学習の計算能力が3か月ごとに倍増していました。それに対して一般的な計算能力は1年で倍です。

フォード：しかし、ＡＩに深い見識のある非常に賢い人たちの中には、まだ100年以上かかると予測している人もいます。それは彼らが線形思考の罠に陥っているためだと思いますか？

カーツワイル：（Ａ）彼らが線形思考しているうえに、（Ｂ）私がエンジニアの悲観論と呼んでいるものにとらわれているためです。エンジニアの悲観論とは、ひとつの問題にとらわれすぎ、それがまだ解決されていないため非常に難しいと感じ、そして自分たちだけが現在のペースで問題を解決していくと予測することです。ある分野の進捗のペースやアイディアの相互交流について考察し、それを現象としてとらえることは、まったく異なる考え方です。また特に情報技術の分野では、単純に進歩の指数関数的な性質を理解できていない人たちもいます。

ヒトゲノム解析プロジェクトを振り返ってみましょう。7年かけて1パーセントが解析できたとき、批評家からは「こんなのうまくいくわけないと言っただろう。7年で1パーセントということは、700年かかることになる。言った通りじゃないか」という声が主流でした。それに対して私は、「1パーセント終わったということは、もう完了したも同然だ。毎年倍に増えていくからだ。1パーセントをたった7回倍にするだけで100パーセントになる」と反論しました。そして本当に、7年後には完了したのです。

ここで重要な問題となるのは、こういったことがすぐにわかる人もいるのに、他の人はどうしてわからないのか、ということです。業績や知能とは関係ありません。人によっては、専門家でなくても、このことを非常に簡単に理解します。彼らはスマートフォンでこの進歩を実際に経験しているからです。そして非常に高い業績を上げ、第一線で活躍していても、非常に頑固に線形思考している人たちもいます。ですから、私にもその問題の答えは本当にわかりません。

フォード：しかし、課題は計算速度やメモリ容量の指数関数的な進歩だけではないことには同意されますか？　リアルタイムな構造化されていないデータから人間が学ぶようにコンピューターが学ぶためには、あるいは推論や創造を行うためには、何らかの根本的な概念のブレークスルーが必要となることは明らかですよね？

カーツワイル：そうですね、ソフトウェアの進歩もまた、指数関数的なものです。そういった、予測不可能な側面があったとしてもね。アイディアの相互交流作用というものは本質的に指数関数的なものであり、パフォーマンスがあるレベルに達したときには次のレベルに進むアイディアが自然と発生するものです。

この問題に関して、オバマ政権の科学諮問委員会が行った研究があります。彼らは、ハードウェアとソフトウェアの進歩を比較検討しました。十数件の古典的な工学的・技術的問題を取り上げ、進歩のうちハードウェアの進歩がどれほどを占めるのかを定量的に評価したのです。一般的に言って、その当時以前の10年間では、ハードウェアは約1000対1の比率で進歩していました。これは毎年コストパフォーマンスが倍になるという想定とも符合します。ソフトウェアの場合、ご想像通りその比率はまちまちでしたが、すべての場合でハードウェアよりも大きかったのです。進歩には指数関数的な性質があります。ソフトウェアが進歩するとき、それは線形ではなく、指数関数的に進歩するのです。全体としての進歩は、ハードウェアの進歩とソフトウェアの進歩の積になります。

フォード：もうひとつ、あなたはいわゆるシンギュラリティが2045年に実現すると予測されていましたね。大部分の人はシンギュラリティという言葉から、知能爆発や真の超知能の到来を連想すると思います。この考え方は正しいですか？

カーツワイル：実際には、シンギュラリティに関しては2つの考え方があります。ハード・テイクオフ派と、ソフト・テイクオフ派です。実は私はソフト・テイクオフ派なのですが、それは今後も指数関数的な進歩は続くだろうし、それはそれで十分にすごいことだ、という意味です。知能爆発とは、ある魔法の瞬間からコンピューターが自分自身の設計にアクセスしてそれを書き換えることによって自分自身のより賢いバージョンを作り出せるようになり、それを非常に高速な反復ループで行い続けて知能を爆発的に増大させることです。

私たちはテクノロジーを作り出してからずっと、何千年もそれを続けてきたのだと思います。テクノロジーのおかげで、私たちが賢くなったことは確かです。スマートフォンは脳の延長であり、私たちを賢くしています。それは指数関数的なプロセスです。千年前にはパラダイムシフトや進歩が起きるには何世紀もかかり、何も変化していないように見えるほどでした。生活は祖父母の代から変わらず、孫の代になっても変わらないと思えたことでしょう。現在では、変化は年単位で、あるいはさらに速く起こります。それが指数関数的進歩を加速しますが、その意味では爆発ではありません。

人間レベルの知能は2029年までに達成され、すぐに人間を超えると思います。例えば私たちのTalk to Booksは、質問をすると10万冊の本、6億センテンスを0・5秒で読みます。私個人が10万冊の本を読むには、数時間かかりますよ！（笑）

今あなたが手にしているスマートフォンはキーワードやさまざまな手法に基づいて検索を行い、人類のすべての知識を非常に素早く探し出すことができます。すでにグーグル検索はキーワード検索を超えており、多少は意味を理解する能力もあります。意味の理解はまだ人間のレベルには達していませんが、人間の思考よりも10億倍も高速です。そしてソフトウェアもハードウェアも、引き続き指数関数的な速度で改良されていくことでしょう。

フォード：あなたは、テクノロジーを利用して人間の生命を拡張し強化するという考え方でも有名ですね。それについて、詳しく教えていただけますか？

カーツワイル：私の持論のひとつに、私たちが作り出す知能テクノロジーと私たちは融合していく、というものがあります。私の考えるシナリオは、医療用ナノロボットを血流に乗せて送り込むというものです。こういった医療用ナノロボットの用途のひとつとして、私たちの免疫系を強化することが考えられます。これは、根本的な生命強化の第三の橋と私が読んでいるものです。第一の橋は現在の私たちにできていることであり、第二の橋はバイオテクノロジーの完成と生命のソフトウェアの書き換えです。第三の橋は、こういったナノロボットを使って免疫系を完成させることです。このロボットは脳の中にも入り込み、人体の外部に取り付けられたデバイスからではなく、神経系の中から仮想現実や拡張現実を提供します。医療用ナノロボットの最も重要な用途は、私たちの新皮質の最上位層を、クラウド内の人工新皮質と接続することになるでしょう。

フォード：それはあなたがグーグルで取り組んでいることなのでしょうか？

カーツワイル：グーグルで私のチームとともにやり遂げたプロジェクトには、まさにその新皮質の大まかなシミュレーションが使われています。私たちはまだ新皮質を完璧には理解していませんが、今ある知識を利用して近いものを作ろうとしています。現在でも言語に興味深い応用ができているのですが、2030年代の初頭までには新皮質の非常に良いシミュレーションができるようになっているでしょう。

スマートフォンがクラウドへのアクセスによって百万倍も賢くなっているように、私たちは脳から直接クラウドへアクセスするようになるでしょう。私たちはスマートフォンを介して、それをすでに行っています。スマートフォンは私たちの体や脳の内部ではありませんが、その区別は恣意《しい》的なものだと私は思います。私たちは指や目や耳を使いますが、それらは脳の延長でもあります。将来は、脳から直接クラウドにアクセスし、検索や通訳といったタスクを脳から直接行えるだけでなく、新皮質の最上位層をクラウド内の人工新皮質と実際に接続できるようになるでしょう。

二百万年前、人類の前頭部は今のように大きくありませんでしたが、進化によって私たちはより大きな新皮質を収容できる入れ物を獲得しました。それを使って私たちは何をしたでしょうか？新皮質の階層をさらに積み増したのです。すでに霊長類として非常に成功していた私たちは、さらに抽象的なレベルで考えられるようになりました。

それが、人類にテクノロジーや科学、言語、そして音楽の発明を可能とした要因でした。これまで発見されたどんな人類文化にも音楽はありますが、霊長類の文化には音楽はありません。それは一度だけの取引であり、人類は頭脳の入れ物を大きくし続けることはできませんでした。出産が不可能となるためです。この二百万年前に起こった新皮質の拡張によって、実際に出産はそれまでよりもかなり難しいものとなりました。

2030年代の新たな新皮質の拡張は、一度だけの取引ではありません。こうして私たちが話している間にも、クラウドは年に2倍のペースで成長しています。脳と違ってクラウドは決まった大きさの入れ物に制約されてはいませんから、私たちの思考の非生物学的な部分は拡大を続けていくことでしょう。少し計算してみれば、私たちの知能は2045年までに10億倍となることがわかります。それはあまりにも根源的な変革であるため、その事象の地平線の彼方を見通すことは困難です。この事象の地平線と、その彼方を見通すことが困難であるというメタファーは、物理学から借りてきたものです。

グーグル検索やTalk to Booksといったテクノロジーは、人間より少なくとも10億倍は高速です。

まだ人間レベルの知能には達していませんが、いったんそこに到達すれば、既に存在する巨大な速度の優位性と現在進行中の容量と能力の指数関数的な増加を生かして、AIはさらに進化していくでしょう。それがシンギュラリティの意味であり、ソフト・テイクオフであっても、指数関数的な増加は巨大な結果をもたらします。何かを倍にすることを30回繰り返せば、10億倍になるのです。

フォード：あなたがシンギュラリティの影響を熱心に説いてこられた医療、特に人間の長寿という分野は、またあなたが批判されてきた分野でもあるようですね。昨年MITでプレゼンテーションされた際、あなたの言う「長寿の脱出速度（longevity escape velocity）」を大部分の人が今後10年以内に達成できるだろう、あなた自身はそれをすでに達成しているかもしれない、とおっしゃっていましたね。本当にそれほどすぐに、そんなことが起こると確信しているのですか？

カーツワイル：私たちは現在、バイオテクノロジーの変曲点に差しかかっています。人々は医療が、過去と同じような行き当たりばったりのやり方で、ゆっくりと進んでいくことを想定しています。製薬会社は、数千種類の化学物質のリストから効果のあるものを見つけ出そうとしています。生命のソフトウェアを本当に理解して系統的にリプログラミングするのではなく。

私たちの遺伝プロセスがソフトウェアだというのは、単なるメタファーではありません。それはデータ列であり、食料などの資源の制約のため各個人が非常に長く生きることがヒトという種にとっての利益とはならない時代に進化してきたものです。私たちはそのような欠乏の時代から、豊穣の時代へ移行しようとしています。

情報プロセスとしての生物学のあらゆる側面は、1年に倍のペースで発達しています。例えば、遺伝情報の解読がそうです。最初のゲノム解読には10億ドルの費用が掛かりましたが、現在では1000ドルに近づいています。しかし、この生命のオブジェクトコードそのものを収集する能力だけでなく、それを理解し、モデル化し、シミュレーションし、そしてリプログラミングするという最も重要な能力も、1年ごとに倍増しているのです。

臨床応用も始まっています。現在では細い流れにすぎませんが、今後10年で奔流となることでしょう。何百もの重要な治療介入が、規制のパイプラインを通過中です。現時点で、心臓発作によって傷ついた心臓を治すこと、つまりリプログラミングされた大人の幹細胞を用いて心臓発作後の低駆出率の心臓をよみがえらせることは可能です。臓器を育て、それを霊長類に移植することにも成功しています。免疫療法は、基本的には免疫系のリプログラミングです。免疫系は、そのままではがんと闘うことはできません。がんのような、人生の後半にかかりがちな病気に対応するようには進化してこなかったからです。実際に免疫系をリプログラミングし、がんを認識し病原体として扱えるようにすることは可能です。この免疫療法はがん治療の大きな希望の星であり、治験に参加したほぼすべての人がステージ4の末期がんから寛解期《かんかいき》へ移行するという、目覚ましい治験結果が得られています。

10年後の医療は、今とは大きく異なるものになっているでしょう。誰でも努力を惜しまなければ、長寿の脱出速度に達すること、つまり過ぎ去っていく時間よりも多くの時間を寿命に加えていくこと——平均寿命だけでなく、平均余命に対しても——は可能だと私は信じています。ただしそれは、保証されたものではありません。よく言われるように、明日バスにひかれてしまうかもしれないからです。平均余命は実際には複雑な統計的概念なのですが、時の砂は減るのではなく、増えていくことになります。さらに10年後には、老化現象を反転させることもできているでしょう。

フォード：AIのマイナス面やリスクについてお聞きしたいと思います。ときどきあなたはご自身の発言に対して、極端に楽観的であると不当な批判を受けていますね。今後の展開に関して、何か心配すべきことはないのでしょうか？

カーツワイル：私は誰よりも多くマイナス面について書いてきましたし、それはスティーヴン・

ホーキングやイーロン・マスクが懸念を表明する何十年も前のことでした。GNR――遺伝子工学、ナノテクノロジー、そしてロボット工学（これはAIのことです）――のマイナス面に関する詳細な議論は、私の著書『スピリチュアル・マシーン――コンピュータに魂が宿るとき』に書いてあります。この本は1999年に出版され、ビル・ジョイが2000年1月に「未来にわれわれが必要とされない訳（Why the Future Doesn't Need Us）」と題した有名なカバーストーリーを「ワイアード」誌に書くきっかけともなりました［2000年4月号掲載］。

フォード：その本は、「ユナボマー」［爆弾魔］として知られるテッド・カジンスキーの文章を引用して書かれたんですよね？

カーツワイル：私は彼の文章を1ページ引用しています。それは非常に冷静な懸念の表明に聞こえますが、ページをめくるとそれがユナボマー・マニフェストからの引用だとわかるという仕掛けになっています。私はその本の中でかなり詳細に、GNRが人類の存在を脅かすリスクとなることを論じました。2005年の私の著書『ポスト・ヒューマン誕生 コンピュータが人類の知性を超えるとき』（邦訳NHK出版）では、GNRのリスクというテーマをさらに掘り下げています。この本の第8章のタイトルは「GNRの密接にもつれあった期待と危険」です。

ヒトという種として、私たちはこの難局を切り抜けていくだろう、と私は楽観視しています。私たちはテクノロジーから害悪をはるかに上回る利益を得ていますが、大きな害悪の徴候は身近にも見られます。20世紀の大量破壊が良い例です――実際には20世紀は歴史上最も平和な世紀だったのですが。そして現在、私たちはさらに平和な時代を生きています。世界の状況は大幅に改善され、例えば貧困は過去200年間に95パーセント減少し、世界の識字率は10パーセント以下から90パーセント以上になりました。

世界が良くなっているか悪くなっているかを人々が判断するアルゴリズムは、「私は良いニュースと悪いニュースのどちらを頻繁に聞いているだろうか?」というものですが、これはあまり良い手法ではありません。約26か国の2万4000人を対象として「過去20年間に、世界の貧困は改善されたでしょうか、それとも悪化したでしょうか?」という質問をした調査結果があります。87パーセントの人は悪化したと答えましたが、これは不正解です。わずか1パーセントの人が、過去20年間に貧困は半減した、と正しく答えました。人間は、進化的に悪いニュースを好むようにできています。一万年前は、悪いニュースに注意を払うことが非常に大事でした。例えば、木の葉のサラサラいう音は猛獣が立てたものかもしれません。作物の出来が昨年より0・5パーセント良かったと知ることよりも、そういったことに注意を払うことが重要だったのです。私たちは、今でもこういった悪いニュースを好む傾向があります。

フォード:しかし、現実のリスクと人類の存在を脅かすリスクとの間には、大きな違いがあります。

カーツワイル:そうですね、情報テクノロジーに由来する人類の存在を脅かすリスクとは、私たちはかなり上手に付き合ってきました。40年前、先見の明のある科学者グループがバイオテクノロジーに可能性と危険の両方を見て取り、どちらも当時は間近に迫ったものではありませんでしたが、彼らはバイオテクノロジーの倫理に関する最初のアシロマ会議を開催したのです。こういった倫理の基準や戦略は、定期的に見直されてきました。今のところ、それは非常にうまく機能しています。意図的なものであれ偶発的なものであれ、バイオテクノロジーの誤用や問題によって被害を受けた人の数は、ほぼゼロです。先ほど触れた巨大な利益を私たちは手にし始めており、それは今後10年間で大きな流れとなることでしょう。

　それはこの包括的な倫理基準のアプローチと、テクノロジーを安全に保ち続ける技術戦略の成功を示すものであり、その多くは現在では法律にフィードバックされています。懸念のリストからバイオテクノロジーによる危険を消し去ってもよいという意味ではありません。今後もCRISPR《クリスパー》

［ゲノム編集技術CRISPR-Cas9］など、もっと強力なテクノロジーが登場し続けるため、基準を再発明し続ける必要があるのです。

私たちは最初のＡＩ倫理アシロマ会議を約18か月前に開催し、そこで倫理基準を策定しました［アシロマＡＩ23原則］。さらに発展させる必要はあると思いますが、総合的なアプローチとしては機能するはずです。それには高い優先度が与えられなくてはいけません。

フォード：現時点で実際に大きな注目を集めている懸念は制御問題あるいは価値整合問題と呼ばれるもので、超知能が持つ目標が人類にとって最善のものと整合しないかもしれない、という問題です。あなたはその懸念を真剣にとらえていますか？　それに対する取り組みは行われるべきでしょうか？

カーツワイル：人類全員が互いに整合する目標を持っているわけではありませんし、実際にはそれが重要な問題なのです。文明の話を抜きにして、まるで火星人の侵略のようにＡＩについて語ることは間違っています。私たちは自分の能力を拡張するために、ツールを作り出してきました。一万年前、高い木の枝に実っている食物に手が届かなかった私たちは、腕の長さを延長するツールを作り出しました。私たちは素手では超高層ビルを建築できないので、筋肉の働きを増強するマシンを利用しています。スマートフォンを持つアフリカの子どもは、ほんの数回タップするだけで人類の知識すべてに接続できるのです。

それが技術の役割です。技術は、私たちが限界を超えることを可能としてくれます。そしてＡＩについてもそれは同じですし、今後もそうあり続けることでしょう。私たちとＡＩは、敵対するものではありません。それはＡＩの未来をディストピア的に描いた多くの映画のテーマとなってきました。私たちは、ＡＩと融合していくのです。すでにそれは始まっています。あなたのスマートフォンが物理的にあなたの体や脳の中にないことは、本質的な違いではありません。そうであってもよいからです。私たちはスマートフォンを持たずに外出しませんし、それなしでは不完全ですし、現在では誰もデバイスなしで仕事をしたり、教育を受けたり、人間関係を維持したりはできないでしょう。その関係はさらに親密になっていきます。

私がMITへ進学したのは、1965年にコンピューターがあるほど、先進的な大学だったからです。私は自転車でキャンパスを横切って行き、身分証明書を見せなければ建物に入ることもできませんでした。半世紀後の現在、私たちはコンピューターをポケットに入れて持ち運び、いつでも使っています。コンピューターは私たちの生活に組み込まれていますし、究極的には私たちの体や脳に組み込まれることになるでしょう。

過去千年に起こった紛争や戦争は、人々の意見の違いから起こったものでした。テクノロジーには、融和と平和と民主化を促進する働きがあると私は考えています。民主化の発達の元をたどると、コミュニケーションの改善に行き着きます。二世紀前、世界中に民主政体はひとつしか存在しませんでした。一世紀前には半ダースの民主政体が存在しました。現在では国連加盟192か国［正確には193か国］のうち民主政体は123、つまり世界の64パーセントを占めています。この世界は完璧な民主主義ではありませんが、民主主義は現在スタンダードとして現実に受け入れられています。現代は人類の歴史上、最も平和な時代であり、生活のあらゆる面が改善されつつあります。それは次第に知能を増しつつある技術がもたらしたものであり、技術は私たち自身に深く組み込まれています。

現在でも異なる人間集団間の紛争は存在し、それにテクノロジーが拍車をかけているのは事実です。今後もそれは変わらないでしょうが、その一方でよりよいコミュニケーション技術は共感の輪を広げてくれる可能性があると思うのです。私たちは少人数の集団に生物学的な共感を持ちますが、現在は地球の裏側にいる人々に起こっていることを追体験できるため、その共感は増強されています。私はそこが重要だと思います。今後も私たちはテクノロジーによって個人の力を増大させながら、人間関係を保ち続けなくてはならないのです。

フォード：経済および労働市場が激変する可能性についてお聞かせください。私は個人的には、職の喪失や単純作業化、そして格差の大幅な拡大などが起きる可能性は大いにあると思います。新たな産業革命にも匹敵する規模の大変動が起こる可能性があるとも考えています。

カーツワイル：こんな質問をさせてください。産業革命はどんな結果を生み出したでしょうか？ 200年前の織工たちは、何百年も世代から世代へと受け継がれたギルドに守られていました。紡績機や織機が登場し、彼らの生業が完全に奪われてしまうと、彼らのビジネスモデルは大混乱に陥り、破壊されてしまいました。彼らは、より多くの機械が登場し、大部分の人々は職を失い、雇用はエリートだけのものになるだろうと予想しました。その予測の一部は実現しました――より多くの繊維機械が導入され、多くの職種やスキルが失われました。しかし、社会がより繁栄を迎えるとともに、雇用は下がるどころか上向いたのです。

もし私が1900年に先見の明のある未来学者だったとしたら、38パーセントの人々は農場で働き、25パーセントの人は工場で働いていることを指摘したでしょう。しかしそれから115年後の2015年には、農場で働く人は2パーセントで工場は9パーセントになると予測するでしょう。誰もがそれを聞いて「おやまあ、私は失業してしまうのか！」と反応することでしょう。すると私は「心配しなくてもいい、失われる職はスキル階梯《かいてい》の低位にある職で、スキル階梯の上位にはもっとたくさん職が作り出されることになるから」と応じたことでしょう。

「おや本当かい、新しい職ってどんなものかね？」と聞かれれば、私は「うーん、まだそういった職は発明されていないから、わからないね」と答えたことでしょう。作り出された職よりも多くの職が失われたと言う人は多いのですが、それは事実ではありません。1900年に2400万あった職は現在では1億4200万あり、人口に対する割合も31パーセントから44パーセントに上昇しています。これらの新しい職は、どんなものなのでしょうか？　まず、ひとつ言えることとして、現在の平均的な職の賃金は１９００年と比べて時給換算で11倍の貨幣価値があります。その結果、年労働時間は約３０００時間から１８００時間へと短縮されています。それでも賃金は年額で６倍の貨幣価値があり、仕事ははるかに楽しいものになりました。この傾向は、次の産業革命においても保たれるだろうと私は考えています。

フォード：本当の問題は、今回はそれが違ってくるのではないかということです。過去に起こったことについてあなたがおっしゃったことは確かに真実なのでしょうが、ほとんどの推計によれば、労働人口の半分以上の人々が基本的に予測可能で比較的定型的な仕事をしていることもまた真実であり、そういった職は機械学習によって脅かされようとしています。そういった予測可能な職の大部分を自動化するには、人間レベルのＡＩは必要ありません。

ロボット工学のエンジニアや深層学習の研究者など、新しい職種も生み出されることになるでしょうが、たとえそういった新しい職が十分な数だけ生まれると仮定しても、今ハンバーガーをひっくり返したりタクシーを運転したりしているすべての人が、そういった職種に転換することは現実的には期待できません。人々の認知能力を置き換え、人々の知的能力を置き換え、そして非常に広範囲にわたる技術について、私たちは議論しているのです。

カーツワイル：あなたの予測には「私たち対彼ら」的なモデルが内在しています。それが人間をマシンと対立させるのです。これまでも私たちは、こういった高位の職種に就くために、自分自身を賢くしてきました。自分自身を賢くするために、まだ直接自分の脳に接続されてはいませんが、インテリジェントなデバイスを使っています。誰もこういった脳の拡張を使わずに仕事はできませんし、脳の拡張は今後さらに発達し、より緊密に私たちの生活に組み込まれていくことでしょう。

私たちがスキル向上のためにしてきたことのひとつに、教育があります。１８７０年には６万８

０００人の大学生がいましたが、現在では１５００万人です。この数に、大学生にサービスを提供する教員や事務職員の数を加えると、労働人口の約20パーセントが高等教育に携わっていることになります。そして私たちは、常に新しい仕事を作り出しているのです。６年ほど前には存在もしていなかったアプリの経済が、現在では経済の主要な部分を形成しています。私たちは、自分自身を賢くしているのです。

　この問題を考慮する際に参照されるべきまったく別の理論が、先ほど私が述べた根本的な豊穣の理論です。私はＩＭＦ〔国際通貨基金〕の年次総会の壇上でＩＭＦ専務理事〔当時〕のクリスティーヌ・ラガルドと対談したことがあるのですが、そのとき彼女はこう言いました。「これはどの分野に経済成長をもたらすのですか？　デジタル・ワールドはすばらしいものですが、基本的に情報テクノロジーは腹の足しにはなりませんし、衣服にもなりませんし、住居も提供しません」。それに対して私は、こう答えました。「そういったことすべてが、変わっていくのです」

「そのような、うわべは物理的な製品も、情報テクノロジーとなっていきます。私たちはＡＩで制御された建物の中で垂直農業を行って、水耕栽培の果物や野菜を育てて食料を生産することになるでしょう。そして筋肉組織を体外培養して作られた肉は、化学添加物なしの非常に高品質の食料を非常に低価格で供給でき、また動物を苦しめることもありません。情報テクノロジーのデフレ率は50パーセントです。同じ計算パワー、通信量、遺伝情報の解読が、１年前の半分の値段で購入できるようになります。そしてこの大きなデフレ圧力が、従来型の物理的な製品にも影響してくるのです」

フォード：つまりあなたは、３Ｄプリンターやロボット工場やロボット農業のようなテクノロジーによって、ほぼすべてのもののコストを引き下げられるとお考えなのですね？

カーツワイル：その通り、２０２０年には３Ｄプリンターで衣服がプリントアウトできるようになるでしょう。現在はさまざまな理由からまだそこには至っていませんが、すべては正しい方向へ進んでいます。それ以外の私たちが必要とする物理的な製品も、３Ｄプリンターでプリントアウトされるようになるでしょう。例えば、つなぎ合わせることによって建物をほんの数日で作り上げられるモジュールなどです。私たちが必要とするすべての物理的な製品は、最終的にはこういったＡＩ制御情報テクノロジーの恩恵を受けることになるでしょう。

太陽光発電についても、深層学習の利用のおかげでよりよい素材が見つけ出され、結果としてエネルギーの貯蔵と収集の両方でコストが急激に低下してきています。太陽光発電の発電量は、2年ごとに倍のペースで増えていますし、風力発電も同じ傾向を示しています。再生可能エネルギーは、現状から2年ごとに倍増することを5回繰り返せば、エネルギー必要量の１００パーセントに達します。そのときまでに、太陽からの光や風のエネルギーの１０００分の1が利用されることになるでしょう。

クリスティーヌ・ラガルドはこう言いました。「オーケー、絶対に情報テクノロジーとはならない資源がひとつあります。それは土地です。今でも私たちは密集して暮らしています」。私はこう答えました。「それはただ、私たちが密集して暮らすことに決めて、一緒に働いたり遊んだりできるように都市を作り出したためです」。バーチャルなコミュニケーションがより確実なものとなるにつれて、すでに人々は分散してきています。世界中どこでも列車で旅をしてみれば、土地の95パーセントは利用されていないことがわかるでしょう。

２０３０年になるまでに、誰もが現時点で高い生活水準とみなす以上の非常に高品質な生活を、人類の全人口が手に入れることができるでしょう。私はＴＥＤで、２０３０年までにユニバーサルベーシックインカムが実現するだろうと予測しました。２０３０年代に入れば、非常に高い生活水準を実現するために、実際にはそれほど多くのものは必要とされなくなるでしょう。

フォード：つまり、要するにあなたはベーシックインカムの支持者なのですね？　全員には職が存在せず、あるいは全員には職が必要とされないかもしれず、そして人々にはユニバーサルベーシックインカムなど別の収入源がある状態を是とされるわけですね？

カーツワイル：私たちは職を、幸福につながる道だと考えています。これからは、目的や意味が重要になってくるだろうと私は思います。今後も人々は、貢献し感謝されることを競い合うことでしょう。

フォード：しかし意味の獲得に対して、必ずしも対価が支払われる必要はないのでは？

カーツワイル：私たちは経済モデルを変えていくことになると思いますし、すでにそのプロセスは始まっています。例えば、大学で学ぶことは、価値のあることだとみなされています。それは職業ではありませんが、価値のあるアクティビティとみなされているのです。職業からの収入を必要としなくても、生活の物理的な必要を満たして非常に良い生活水準を実現できるでしょうし、私たちはマズローの欲求階層［人間の欲求はピラミッド状に5段階になっていて低次の欲求が満たされるとより高次に向かうとする説］を上昇し続けることになるでしょう。私たちはずっとそうしてきました。１９００年当時と今とを比較すればわかるはずです。

フォード：高度なＡＩの実現に関して、中国との競争が取りざたされていることについてはどうお考えでしょうか？　中国には、例えばプライバシーなどに関する規制が少ないという優位性があります。さらに、中国の人口は非常に多いため、より多くのデータが生み出され、次世代のチューリングやフォン・ノイマンが次々に登場することにもなるでしょう。

カーツワイル：私はそれをゼロサムゲームとはとらえていません。中国のエンジニアが太陽光発電や深層学習にブレークスルーをもたらすことは、私たち全員にとって良いことです。中国はアメリカと同じくらい多くの論文を発表しており、実際には情報がかなり広く共有されています。例えばグーグルでは、ＴｅｎｓｏｒＦｌｏｗ《テンソルフロー》深層学習フレームワークをパブリックドメインとしていますし、また私たちのグループではTalk to Booksやスマートリプライ（Smart Reply）の基盤となる技術をオープンソースとして、誰でも使えるようにしています。

中国が経済発展や起業家精神を重視していることは、私個人としては歓迎しています。最近中国へ行ったときには、起業家精神が爆発的に高まっていることがはっきりわかりました。中国には、情報交換が自由に行える方向に進んでほしいと思います。この種の進歩には、それが根本にあると思うからです。世界中どこでも、シリコンバレーは動機付けのモデルとなっています。実際にはシリコンバレーは起業家精神、実験の奨励、そして失敗を恐れず挑戦することのメタファーにすぎません。それは良いことだと思いますし、私はそれを国際競争とは見ていないのです。

フォード：しかし、中国が権威主義的な国家であることや、これらのテクノロジーが例えば軍事目的に利用されることは懸念されませんか？　グーグルや、ロンドンのディープマインドのような企業は特に、間接的であっても自社の技術が軍事的な目的に利用されることは望んでいない、と明言しています。中国のテンセントやバイドゥなどの企業は、実際にはそのような選択ができる状況にはありません。それは私たちが懸念すべきことでしょうか、このような一種の非対称性が今後も続いて行くことを？

カーツワイル：軍事利用は、権威主義的な政体とは別の問題です。私は中国政府の権威主義的な傾向を憂慮していますし、情報の自由をより多く認め、民主的な政治を行うよう願っています。そうすることは、中国人にとっても、誰にとっても経済的な利益になると思います。

このような政治的・社会的・哲学的な問題は、今後も非常に重要なものとして残ると思います。私の懸念は、ＡＩが暴走して自由意志を持つことではありません。ＡＩと私たちは深く結び付いていると思うからです。私が懸念しているのは人類の未来です。すでに人類は、テクノロジー文明を実現しています。私たちは今後も技術を通して自分自身を増強し続けるでしょう。ですからＡＩの安全性を確保する最善の方法は、人類としての私たち自身を律することを心がけることなのです。

※9　https://books.google.com/talktobooks/

［邦訳参考書籍］

『パーセプトロン：パターン認識理論への道』（マーヴィン・ミンスキー／シーモア・パパート著、斎藤正男訳、東京大学出版会、1971年）　改訂版『パーセプトロン』（マーヴィン・ミンスキー／シーモア・パパート著、中野馨／阪口豊訳、パーソナルメディア、1993年）

『スピリチュアル・マシーン――コンピュータに魂が宿るとき』（レイ・カーツワイル著、田中三彦／田中茂彦訳、翔泳社、2001年）

『ポスト・ヒューマン誕生 コンピュータが人類の知性を超えるとき』（レイ・カーツワイル著、井上健監訳、小野木明恵／野中香方子／福田実訳、NHK出版、2007年）

レイ・カーツワイルは、世界有数の発明家・未来学者のひとりとして広く認識されている。レイはMITで工学の学位を取得し、人工知能の分野の開祖のひとりであるマーヴィン・ミンスキーの指導を受けた。その後彼は、さまざまな分野で大きな貢献を成し遂げている。彼が発明に主要な役割を果たした製品には、初めてのCCDフラットベッドスキャナー、初めてのオムニフォント光学文字認識、初めての視覚障碍者のための印刷物読み上げ装置、初めてのテキスト音声合成装置、グランドピアノやオーケストラ楽器の音色を再現可能な初めてのミュージック・シンセサイザー、そして市販品として初めての大規模な語彙を持つ音声認識装置などがある。

レイは、音楽テクノロジーの顕著な業績についてグラミー賞を受賞し、アメリカ国家技術賞（アメリカのテクノロジー界の最高の栄誉）の受賞者であり、全米発明者殿堂入りを果たし、21個の名誉博士号を持ち、3人のアメリカ大統領から表彰されるなど、さまざまな栄誉を受けている。

レイは、「ニューヨーク・タイムズ」のベストセラーに選ばれた『ポスト・ヒューマン誕生 コンピュータが人類の知性を超えるとき』（邦訳NHK出版）や『How to Create a Mind』（未邦訳）など、5冊の全国的ベストセラーの著者である。彼はシンギュラリティ・ユニバーシティの共同創立者兼学長であり、グーグルの技術担当ディレクターとして機械知能と自然言語理解の開発チームを率いている。

レイは技術の指数関数的な進歩に関する研究で著名であり、彼はそれを「収穫加速の法則（The Law of Accelerating Returns）」として定式化した。数十年にわたって彼は数々の重要な予測を行い、的中させている。

レイの最初の小説『Danielle, Chronicles of a Superheroine』は2019年の前半に出版されている。レイによるもう1冊の本、『The Singularity is Nearer』は2019年の末に出版される予定である［現在未刊行］。

「私は平凡な定型的タスクが
消え去った世界を考えるのが好きです。
ゴミ箱が自分で外に出て行って、
スマートなインフラストラクチャが
それを確実に持ち去って行ってくれたり、
ロボットがあなたの洗濯物を
畳んだりしてくれるかもしれません」

DANIELA RUS

ダニエラ・ルス

MITコンピューターサイエンス・人工知能研究所（CSAIL）所長

ダニエラ・ルスは、MITのコンピューターサイエンス・人工知能研究所（MIT Computer Science and Artificial Intelligence Laboratory:CSAIL）の所長を務めている。CSAILはAIとロボット工学に特化した世界で最大級の研究組織である。ダニエラはACM、AAAI、IEEEのフェローであり、アメリカ技術アカデミーとアメリカ芸術科学アカデミーの会員でもある。ダニエラはロボット工学、モバイルコンピューティング、そしてデータサイエンスの研究を主導している。

フォード：最初にあなたの経歴と、ＡＩやロボット工学に興味を持たれるようになったきっかけについて、お伺いしたいと思います。

ルス：私はずっと科学やＳＦに興味を持ち続けています。子どものころには、当時話題となったＳＦ本はすべて読んでいました。私が育ったルーマニアでは、アメリカのようにさまざまなメディアはありませんでしたが、夢中になって見ていたのは『宇宙家族ロビンソン』のオリジナルシリーズでした。

フォード：私もそのドラマは覚えています。これまで私がインタビューした方の中にも、ＳＦをきっかけにしてこの道に入ったという方はいらっしゃいました。

ルス：私は『宇宙家族ロビンソン』を一話も欠かさず見ましたし、クールでギークっぽい男の子のウィルとロボット〔フライデー〕が大好きでした。そのときには、そのドラマと少しでも関係のある仕事に就くとは想像もしていませんでした。幸い私は数学と科学が得意だったので、大学に行くころには何か数学に関係のあることをしようと心に決めていたのですが、純粋数学はちょっと抽象的すぎるように思えました。私はコンピューターサイエンスを研究することにして、コンピューターサイエンスと数学を主専攻とし、天文学を副専攻としました。天文学は、他の世界はどうなっているのだろうという私の空想とずっと結び付いているのです。

学部の卒業研究も終わりに近づいたころ、私はジョン・ホップクロフトの講演を聞きに行きました。彼はチューリング賞を受賞したコンピューターサイエンスの理論家です。その講演の中でジョンは、古典的なコンピューターサイエンスはもう終わったと言ったのです。その意味は、コンピューティング分野の先駆者たちが提示したグラフ理論的なアルゴリズムの多くは解決されたので、すばらしい応用――彼の意見ではロボット工学――を考えるべき時期が来た、ということでした。

私はそれをエキサイティングなアイディアだと感じたので、博士課程に進学してジョン・ホップクロフトの指導を受けることになりました。ロボット工学の分野に貢献したかったからです。しかし当時のロボット工学という分野は、まったく未開拓の状態でした。例えば、私たちが利用できたロボットは巨大なＰＵＭＡアーム（プログラマブル・ユニバーサル・マニピュレーション・アーム）だけだったのです。この工業用マニピュレーターは、私が子ども時代に空想していたロボットの姿とは似ても似つかないものでした。それをきっかけに、私はどんな貢献ができるかあれこれ考えました。結論として私は、器用な手技のできるロボットの研究を、理論的な、計算論的な観点から行うことにしたのです。論文を書き終えて自分のアルゴリズムを実装し、シミュレーションだけでなく実際のシステムを作り上げようとしたことを覚えています。残念ながら、当時利用できたシステムはＵｔａｈ《ユタ》／ＭＩＴハンドとＳａｌｉｓｂｕｒｙ《ソールズベリー》ハンドだけで、どちらも私のアルゴリズムに必要な力やトルクを出すことはできませんでした。

フォード：当時の物理的なマシンとアルゴリズムとの間に、大きなギャップがあったということなんでしょうね。

ルス：その通りです。そのとき私が悟ったのは、マシンとは実際には身体と脳が密接に接続されたものであるということ、そしてマシンに何らかのタスクを実行させたければ、まずそのタスクを行える身体が必要であり、次にその身体を制御して意図した動きをさせる脳が必要である、ということでした。

その結果、私は身体と脳との相互作用に非常に興味を持ち、ロボットとは何かという概念に異議を唱えたいと思うようになりました。例えば産業用マニピュレーターはロボットの典型的な例ですが、ロボットはそれだけではありません。他にもたくさんのロボットを思い描くことができるのです。

現在私の研究室には、さまざまな種類の非常に変わったロボットがいます。モジュラー構造のセルラーロボット、柔らかいロボット、食品でできたロボット、そして紙でできたロボットもあります。私たちは新種の素材や新種の形状、新種のアーキテクチャを試して、マシンの身体のあるべき姿をさまざまにイメージしています。私たちは、そういった身体が活動するための数学的基盤についても数多く研究を行っていますし、自律性と知能の両方を科学的に理解し、工学的に進歩させることに私はとても興味を持っています。

私は、デバイスのハードウェアとそれを制御するアルゴリズムとの関係に非常に興味を持つようになりました。アルゴリズムについて考えるとき、解法を考えることも非常に重要ですが、そのような解法の数学的な基盤について考えることも重要だと思います。それはいわば知識の宝庫であり、他の人に利用してもらうことができるからです。

フォード：あなたが所長をされているMITコンピューターサイエンス・人工知能研究所（CSAIL）は、ロボット工学にとどまらず、AI一般に関して最も重要な研究機関のひとつです。CSAILとはどんなところなのか、説明していただけますか？

ルス：CSAILでの私たちの目的は、コンピューティングの未来を発明し、コンピューティングを通してこの世界をよりよいものにしていくこと、そして研究に取り組む、世界でも有数のすばらしい学生たちを教育することです。

CSAILは、他に類を見ない組織です。私は学生だったころ、技術の最高峰として仰ぎ見ていたこの組織の一員となろうとは思いもしませんでした。CSAILとは、コンピューティングの未来の預言者であり、コンピューティングをどのように利用すればこの世界をよりよいものにしていけるのか、人々が思いを巡らす場所であると私は考えています。

CSAILは、実際にはコンピューターサイエンス（CS）とAIの2部門に分かれており、両方とも実に奥深い歴史があります。AI部門の歴史は、AIという分野が創始された1956年までさかのぼります。1956年、マーヴィン・ミンスキーは友人たちとニューハンプシャーに集まってひと月を過ごしました。きっと森の中をハイキングしたり、ワインを飲んだり、すばらしい会話を楽しんだりしたのでしょう。ソーシャルメディアや電子メールやスマートフォンに邪魔されることなどなかったでしょうから。

彼らは森から出てくると、新しい研究分野を「人工知能」と命名したことを世界へ向かって宣言しました。AIとは、世界を知覚する方法、世界の中を移動する方法、ゲームをプレイする方法、推論する方法、コミュニケーションする方法、そして学習する方法において、人間レベルのスキルを示すマシンを作り上げる科学と工学のことです。それ以来ずっとCSAILの研究者たちは、これらの問題について考え、先駆的な貢献を行ってきました。そのコミュニティの一員となれることは、このうえない名誉です。

コンピューターサイエンス部門の歴史は、1963年までさかのぼります。コンピューターサイエンティストでありMITの教授だったボブ・ファノが、2人で同じコンピューターを同時に使うというクレイジーなアイディアを思いついたのです。それが当時は大きな夢だったことを理解してください。コンピューターは一部屋ほどの大きさがあり、予約しなければ使えなかったのですから。本来は「Machine-Aided Cognition（マシン支援認知）」を意味するプロジェクトMACとして始まったのですが、実はMACはミンスキーとコルビー（フェルナンド・「コルビー」・コルバト）の頭文字だ、というジョークがありました。コルビーとミンスキーはCS部門とAI部門のリーダーだったのです。1963年に研究所が創立されて以来、ずっと研究者たちはコンピューティングがどんなものになるのか、何ができるのか、想像することに努力を傾けてきました。

現在当たり前のように使われている技術の中にも、CSAILで行われていた研究から生まれたものがたくさんあります。パスワード、RSA暗号、Unix《ユニックス》誕生のきっかけとなったコンピューターのタイムシェアリングシステム、光学マウス、オブジェクト指向プログラミング、音声システム、移動ロボットとコンピュータービジョン、フリーソフトウェア運動などがそうです。最近のCSAILは、クラウドの定義付けとクラウドコンピューティング、大規模オープンオンライン講座（MOOCs）による教育の民主化、そしてセキュリティやプライバシーなどコンピューティングのさまざまな側面に関する考察などを主導しています。

フォード：今のCSAILは、どのくらいの規模なのでしょうか？

ルス：CSAILは1000名以上の人員を擁し、5学部11学科にまたがるMITで最大の研究所です。CSAILには現時点で115名の大学教員が在籍し、そのひとりひとりがコンピューティングに関する大きな夢を抱いています。それが私たちの重要なエートスなのです。アルゴリズムやシステムやネットワークを通してよりよいコンピューティングを実現しようとしている人もいれば、コンピューティングによって人類の生活をよりよいものにしていこうとしている人もいます。例えば、シャフィ・ゴールドワッサーはインターネット上で個人的な会話が安心してできるようにしようとしていますし、ティム・バーナーズ=リーは一種の権利章典、ウェブのマグナ・カルタを作り上げようとしています。病気になったときに受けられる治療をパーソナライズしカスタマイズすることによって、できるだけ効果的なものにしたいと考える研究者もいます。マシンにできることを進歩させたいと考える研究者もいます。レスリー・カエルブリングはデータ副長［『スタートレック』シリーズに登場するアンドロイド］を作り出そうとしていますし、ラス・テッドレイクは空を飛べるロボットを作ろうとしています。私は形を自由に変えられるロボットを作りたいと思っています。私たちの認知的タスクや物理的タスクを支援するロボットが、あらゆる場面に存在する世界を見てみたいからです。

　こういった願望は、歴史を振り返り、観察することから生み出されました。わずか20年前には、コンピューターを使えるのは少数の専門家だけでした。コンピューターは巨大で高価で扱いづらく、取り扱いに知識を必要とするものだったからです。その状況は10年前に大きく変わりました。スマートフォンやクラウドコンピューティング、そしてソーシャルメディアが登場したからです。

現在では、非常に多くの人がコンピューターを利用しています。専門家でなくてもコンピューターは利用できますし、あまりによく使っているためコンピューターにどれほど依存しているか気づかないほどです。ウェブや、ウェブを利用したサービスのまったく存在しない人生の一日を想像してみてください。ソーシャルメディアも、電子メールでのコミュニケーションも、GPSも使えません。病院の診断結果も、デジタルメディアも、デジタルミュージックも、オンラインショッピングも利用できません。コンピューターは、信じられないほど生活の隅々にまで浸透しているのです。このことから、私にとって非常にエキサイティングで重要な問題が提起されます。コンピューターの利用によってこれほど大きく変化した世界の中で、私たちの物理的タスクや認知的タスクを手助けしてくれるロボットや認知アシスタントとはどんなものになるだろうか、という問題です。

フォード：大学の付属組織として、純粋研究に分類されるものと、より商業的で実際の製品開発につながるものとのバランスはどのように取られていますか？　スタートアップ企業をスピンオフさせたり、民間企業との共同研究を行ったりもしているのでしょうか？

ルス：研究所の中には会社はありませんが、その代わり私たちは学生たちへの教育に注力しています。卒業した後、研究生活に入ったり、ハイテク業界に飛び込んだり、起業したり、さまざまな選択肢を持てるようにしているのです。私たちは、こういった進路すべてを全力で支援しています。例えば、学生が数年間の研究の成果として新しい種類のシステムを作り上げたら、いきなり実用化の道が開けたということもあるでしょう。このような技術者の起業家精神を私たちは大切にしていますし、これまでにCSAILの研究から何百社もの企業がスピンアウトしていますが、CSAILの中には実際の企業はありません。

また私たちは製品を作り出してはいませんが、だからといってそれを無視しているわけでもありません。研究の製品化にも私たちはとても熱心に取り組んでいますが、一般的に言って私たちの使命は未来を見通すことです。私たちは5年から10年くらい先の問題について考えていますし、大部分の研究はその時期を目指したものですが、現時点で重要なアイディアも大切にしています。

フォード：ロボット工学の未来についてお伺いしたいと思います。たぶんあなたは、それについて多大な時間をかけて考えていらっしゃることでしょう。将来はどんなイノベーションが生まれてくるのでしょうか？

ルス：私たちの世界は、すでにロボット工学によって変容しています。現在、医者は患者と、そして教師は学生と、何千マイルも離れていてもつながることができます。工場の生産現場でロボットが梱包を手伝ったり、ネットワークに接続されたセンサーを使って設備を監視したり、3Dプリンターを使ってカスタマイズされた商品を作り出したりしています。私たちの世界はすでに人工知能やロボット工学の進歩によって変容していますし、AIやロボットシステムからさらに幅広い能力を引き出すことができれば、思いもしなかったことが可能となるでしょう。

大局的に見れば、定型的なタスクが消え去った世界を予期しなくてはならないでしょう。現在の技術は定型的なタスクを得意としているからです。そういった定型的なタスクは、物理的なタスクかもしれませんし、計算的なタスクや認知的なタスクかもしれません。

そのようなことは、さまざまな業界で機械学習の応用事例が増えるとともに起き始めていますが、私は平凡な定型的タスクが消え去った世界を考えるのが好きです。ゴミ箱が自分で外に出て行って、スマートなインフラストラクチャがそれを確実に持ち去って行ってくれたり、ロボットがあなたの洗濯物を畳んだりしてくれるかもしれません。水道や電力が利用できるのと同じように交通手段も利用できるようになり、好きな時間にどこへでも行けるようになるでしょう。知能アシスタントのおかげで、仕事の時間を有効に使い、より充実した、より健康的な生活ができるようになるでしょう。すばらしいことです。

フォード：自動運転車についてはどうでしょうか？　マンハッタンでロボットタクシーを呼び出して、どこへでも送り届けてもらえるようになるのはいつのことでしょうか？

ルス：条件付きですが、一種の自律走行テクノロジーは現時点で利用可能です。現在のソリューションは特定のレベル4自動運転の状況（完全な自動運転のひとつ前の段階、自動車技術者協会［SAE］の定義による）には十分使えます。周りにあまり人や車のいない、複雑性の低い環境において、低速で人や荷物を送り届けられるロボットカーはすでにあるのです。マンハッタンの交通は非常にカオスですから難しいのですが、退職者のコミュニティや工業団地、あるいは交通量のあまり多くない一般的な地域で運用可能なロボットカーはすでにあります。もちろん、そういった場所でも現実世界である限り、他の交通や歩行者、他の車両への対応は必要です。

次に考えなくてはならないのは、この能力をどのように拡張すれば、より複雑な対応が高速に必要とされる、より大規模で複雑性の高い環境に利用できるようになるかということです。そのような技術は次第に実現に近づいてはいますが、まだ深刻な問題がいくつか残っています。例えば、現在自律走行に利用されているセンサーは、悪天候下ではあまり信頼性が高くありません。あらゆる気象条件で完全に自律走行が可能なレベル5自動運転を実現するには、まだ道のりは長いのです。そのようなシステムは、ニューヨーク市に見られるような渋滞にも対応できなくてはいけませんし、ロボットカーと人間の運転する車がもっとうまく共存できるようにする必要もあります。そのような理由から、人間とマシンが混在する環境について考えることは非常にエキサイティングであり、非常に重要なことなのです。テクノロジーは毎年少しずつ改善されてはいますが、私の見積もりでは完全なソリューションに達するまでにあと10年かかるかもしれません。

しかし、特定の分野ではより早く自動運転が採算の取れる形で実用化されるでしょう。退職者のコミュニティでは、現時点で自動運転シャトルが利用できるのではないかと私は考えています。長距離トラックの自動運転も、もうすぐ実用化されることになるでしょう。それは、ニューヨークで運転するより少しは簡単ですが、一般的に想像される退職者コミュニティでの運転よりもだいぶ難しいものです。高速で運転する必要があるだけでなく、人間の運転者の介入が必要とされるような、特別なケースや状況が数多く存在するからです。例えば大雨の中、ロッキー山脈の危険な山道を走っているとしましょう。そのような状況に対応するには、本当に優秀なセンサーや制御システムと、人間の推論や制御能力との連携が必要となります。高速道路での自動運転は、自動運転を時折人間が支援する状況、あるいはその逆の状況であれば、きっと10年よりも早く、たぶん5年くらいで実現するでしょう。

フォード：つまり、あと10年でこれらの問題の多くは解決されそうだが、すべては解決されないだろう、ということですね。もしかすると、特定のルートや地図情報が豊富な地域に限定されたサービスになるのでしょうか？

ルス：うーん、必ずしもそうではないでしょう。進歩はしているわけですから。私たちのグループが最近発表した論文では、田舎道を運転可能な最初のシステムのひとつを実証しています。つまり、手ごわい難問だとも言えますが、10年は長い時間だとも言えるわけです。20年前、ゼロックスPARC［パロアルト研究所］の主任サイエンティストだったマーク・ワイザーがパーベイシブ・コンピューティングを提唱したとき、彼は夢想家と呼ばれました。現在では、彼が思い描いたコンピューターが使われる状況のすべて、そしてコンピューターが私たちを支援する方法のすべてについてソリューションが存在します。

私はテクノロジー楽観主義者でありたいと思います。私が言いたいのは、テクノロジーには非常に大きな可能性があるということ、人々を分断するのではなく結び付ける力、人々を孤立させるのではなく応援する力があるということです。しかし、そのためには科学技術を発展させ、テクノロジーの能力と展開力を高めなくてはいけません。

また、幅広い層への教育プログラムも大切にしなくてはいけません。人々がテクノロジーを活用でき、テクノロジーを利用して自分の生活を改善する方法を考えられる程度にまで、テクノロジーの理解を深めてもらうためです。それは現在のＡＩやロボット工学では不可能なことかもしれません。そのようなソリューションには、たいていの人には手の届かない専門性が必要とされるからです。すべての人がテクノロジーを活用できるツールやスキルを手に入れられるように、教育のあり方も再検討する必要があります。私たちにできることがもうひとつあります。それは、人がマシンに合わせるのではなく、マシンのほうが人に合わせてくれるテクノロジーの開発を続けることです。

フォード：実際に有益なことをしてくれるユビキタスなパーソナルロボットについては、器用さが問題となるのではないかと私には思えます。言い古された話ですが、ロボットに冷蔵庫からビールを取り出して持ってきてもらうことができるでしょうか。現時点で私たちが手にしているテクノロジーでは、それは非常に困難です。

ルス：はい、あなたのおっしゃることは正しいと思います。私たちは現在、マニピュレーションよりもナビゲーションのほうにかなり大きな成功を収めています。この2つは、ロボットの主要な能力なのです。ナビゲーションの進歩は、ハードウェアの進歩によって可能となりました。ＬＩＤＡＲ《ライダー》センサー――レーザースキャナー――が使われ始めると、それまでソナーでは使えなかったアルゴリズムがいきなり使えるようになり、それが変革をもたらしたのです。私たちは現在、制御アルゴリズムが確実に利用できる信頼性のあるセンサーを手にしています。その結果として、マッピングやプランニング、そしてローカリゼーションが発達し、自動運転への期待が大いに高まったのです。

器用さの話に戻ると、ハードウェアの面では、大部分のロボットハンドの見かけは今でも50年前と変わりません。ロボットハンドの大部分は非常に硬く、ペンチのような形をした産業用マニピュレーターですが、それとは違ったものが必要なのです。個人的には、私たちはその方向へ向かっていると自負しています。私たちは、ロボットとはどういうものかというところから、見直しをかけ始めているところだからです。特に、柔らかいロボットや柔らかいロボットハンドの研究を私たちは続けてきました。私たちは、柔らかいロボットハンド——私の研究室でデザインし組み立てているようなもの——を使えば、伝統的な2本の指でつかむ場合よりも、はるかに確実に、そしてはるかに直感的に、物体を持ち上げたり取り扱ったりできることを示しました。

つまりこういうことです。すべて金属製の指を持つ伝統的なロボットハンドでできることは、専門的には「ハードフィンガーコンタクト」と呼ばれ、つかもうとする物体に指が1点で接触するため、その点にだけ力やトルクがかかるのです。このような状況では、持ち上げようとする物体の正確な形状を知る必要があります。その物体の表面のどこに指を置くか非常に精密に計算する必要があります。そして、すべての力とトルクがバランスし、外部からの力とトルクに対抗できるように、その物体の表面のどこに指を置くか非常に精密に計算する必要があります。これは専門的な文献では、「フォースクロージャーおよびフォームクロージャー問題」と呼ばれます。この問題は、非常に多くの計算量と非常に正確な実行、そしてつかもうとする物体の非常に正確な知識を必要とします。

人間が物体をつかむときには、そのようなことはしません。実験として、爪の先でコップをつかもうとしてみてください。とても難しいことがわかるでしょう。人間としてのあなたは、物体とその位置に関して完璧な知識を持っているわけですが、それでも難しいのです。柔らかい指の場合、つかもうとする物体の正確な形状を知る必要は実際にはありません。物体の表面がどんな形をしていても、それに指がなじむからです。接触する表面積が大きいため、どこに指を置くかを正確に考えなくても物体を確実に挟んで持ち上げられます。

これによって、ロボットの能力ははるかに高くなり、アルゴリズムははるかにシンプルになります。そのため私は、物体の把持とマニピュレーションの今後の進歩に関しては、ほとんど心配していません。柔らかいハンド、より一般的には柔らかいロボットが、器用さを高めるために非常に重要な役割を果たすことになると思います。ちょうど、ロボットのナビゲーション能力の進歩にレーザースキャナーが重要な役割を果たしたように。

このことは、マシンが身体と脳からできているという私の観察にフィードバックされます。マシンの身体を修正して能力を高めると、別の種類のアルゴリズムを使ってそのロボットを制御できるようになります。私は柔らかいロボットにとても注目していますし、長年停滞していたロボット工学の分野に柔らかいロボットが活を入れる可能性があることにも非常に注目しています。物体の把持とマニピュレーションに関しては大きな進歩がありましたが、まだ人や動物といった自然界のシステムには及びもつかないからです。

フォード：人間レベルの人工知能、すなわちＡＧＩへ向けたＡＩの進歩についてお聞かせください。その道のりはどのように見えていますか？　どれほど近くまで来ているでしょうか？

ルス：私たちは60年以上にわたってＡＩの諸問題に取り組んできました。現在の私たちが大きな進歩だと自慢しているものをこの分野の先駆者たちが見たとすれば、ひどくがっかりすることでしょう。大して進歩していないように見えるからです。ＡＧＩが近い将来に実現する可能性はまったくないと思います。

大衆メディアには、人工知能とは何であるか、そして何ではないかということに関して、大きな誤解があるように思います。現在、大部分の人は「ＡＩ」という言葉を、実際には機械学習という意味で、さらには機械学習の中でも深層学習という意味で使っているようです。

　現在AIについて話している人の大部分は、こういった術語の意味を擬人化してとらえる傾向があるようです。専門家ではない人が「知能」という言葉を使うとき、その言葉から連想するものはひとつしかありません。それは人間の知能です。

　一般の人々が「機械学習」という言葉を使うとき、人間が学んできたのとまったく同じように機械が学習するかのように想像しています。しかしこういった術語は、専門的な文脈ではずいぶん異なるものを意味します。現時点で機械学習に何ができるのかを考えてみれば、その違いは非常に大きいものです。機械学習とは、通常は手作業でラベル付けされた何百万ものデータポイントから、そのデータに共通するパターンをシステムに学習させること、あるいはそのデータに基づく予測をさせることです。

　機械学習システムは、それを人間よりもはるかに上手にやってのけます。こういったシステムには、人間よりもはるかに多くのデータポイントを取り込んで関連付けることが可能だからです。しかしシステムが、例えばコーヒーマグが写っている写真を学習する際、実際には何をしているのでしょうか。現在の写真に写っているコーヒーマグに相当する領域を構成するピクセルが、人間によってコーヒーマグとラベル付けされた画像の別の領域と同じだと言っているだけなのです。システムは、コーヒーマグがどんなものか本当にわかっているわけではありません。

　システムは、それが何に使われるものなのか、飲んだり、食べたり、投げたりするものなのか、といったことは一切知りません。私があなたに「私の机の上にコーヒーマグがある」と言ったとすれば、わざわざそのコーヒーマグを見なくても、どんなものかわかるでしょう。それは、あなたに推論や経験といった能力があるからです。現在のマシンには、そのような能力はまったくありません。

私にとって、こういった人間レベルの知能とのギャップは非常に大きいものであり、それを解決するには長い時間がかかるように思われます。私たちは、自分自身の知能を作り上げているプロセスについて何も知りませんし、自分の脳の働きについても知らないのです。子どもがどのように学習するのかもわかっていません。脳については少しずつわかってきてはいますが、全体から見れば氷山の一角です。知能を理解することは、現代科学における最も難しい問題のひとつです。神経科学と認知科学、そしてコンピューターサイエンスの交わるところに、進歩が期待できるでしょう。

フォード：本当の進歩を引き起こすような、大きなブレークスルーが起こる可能性はあるのでしょうか？

ルス：可能性はあります。私たちの研究室では、人に合わせられるロボットを作ることに非常に興味を持っています。私たちは脳の活動を検出し分類することに取り組み始めました。これは手ごわい問題です。

大体できているのは、人が何かがおかしいと気づいているかどうかを検出することです。「あなたは間違っている」シグナル——「エラー関連電位」と呼ばれるもの——が存在するからです。これは、母国語とも、状況とも独立した形で、誰もが発しているシグナルです。EEGキャップと呼ばれる外部センサーを利用すれば、かなり確実に「あなたは間違っている」シグナルを検出できます。これが検出できると、例えば人間の作業者がロボットと並んで作業している状況で、離れたところからロボットを観察し、間違いが検出されたときに修正する、といった興味深い応用が考えられます。実際、私たちはこの問題に対応するプロジェクトを立ち上げています。

しかし、このEEGキャップには頭と接触する48個の電極が取り付けられていることには興味をひかれます。非常にまばらですし、コンピューターをレバーで操作していた昔を思い出させるような機械的な作りになっています。また一方では、侵襲的な処置を行って神経細胞レベルでニューロンに接続することもできます。つまり実際にプローブを人間の脳に差し込み、神経レベルの活動を非常に精密に検出できるのです。このように外側からできることと侵襲的にできることとの間には大きなギャップがありますが、将来はムーアの法則のような改善がなされて、脳の活動の検出と脳波活動の観察がはるかに高解像度で行えることを期待しています。

フォード：このテクノロジー全般の、リスクやマイナス面についてはどうお考えですか？ ひとつには、雇用へ与える影響が考えられます。多くの職が失われるような、巨大な変動が起こりつつあるのでしょうか、そして私たちは、それに適応することを考えなくてはならないのでしょうか？

ルス：その通りです！ 職は変化します。なくなる職もあれば、作り出される職もあります。マッキンゼー・グローバル・インスティテュートから、非常に重要な知見を提供する研究が発表されています。彼らはたくさんの職業について調査し、特定のタスクは現在のレベルのマシンの能力で自動化が可能だが、自動化できないタスクもあると述べています。

さまざまな職業について時間の使い方を分析すると、仕事はいくつかのカテゴリーに分類できます。代表的な時間の使い方は、専門知識の活用、他人との交流、管理、データ処理、データ入力、ありきたりな肉体労働、ありきたりでない肉体労働などです。最終的には、タスクには自動化できるものと自動化できないものに分かれます。ありきたりな肉体労働やデータを扱うタスクは、現在のテクノロジーで自動化可能な定型的タスクですが、それ以外のタスクは違います。

この論文は私にとって、とても大きなヒントとなりました。テクノロジーは私たちを定型的な仕事から解放し、仕事のおもしろい部分に集中できる時間を与えてくれるものだと私は考えているからです。医療の例を見てみましょう。私たちは自動運転車椅子を開発し、理学療法士とこの車椅子の使い方について話し合っています。彼らがこの車椅子に非常に興味を持っているのは、現時点で理学療法士が入院中の患者にリハビリを行う際、次のようなことが行われているからです。

すべての新しい患者に対して、理学療法士は患者のベッドへ行き、患者を車椅子に乗せ、車椅子を押して患者をジムに連れて行き、ジムで一緒にリハビリを行い、1時間後には患者を病床へ連れ帰らなくてはいけません。患者のケアではなく、患者の移動に多大な時間が費やされているのです。

ここで、理学療法士がこういったことを行う必要がなければどうなるか、想像してみましょう。理学療法士がいるジムに、患者が自動運転車椅子に乗って到着するところを想像してみてください。これは患者と理学療法士の両方にとって、はるかに良い経験となるでしょう。患者は理学療法士からより多くの施術を受けられますし、理学療法士は自分の専門知識を活用することに専念できます。このように仕事に費やす時間の質を高め、仕事の効率を上げる可能性があることに、私はとてもわくわくしているのです。

もうひとつ一般的に言えることは、なくなるものを分析するほうが、新しく作り出されるものを想像するよりも、はるかに簡単だということです。例えば20世紀に、アメリカの農業部門の雇用は40パーセントから2パーセントへと減少しました。20世紀に、そんなことが起こると予想した人は誰もいなかったのです。それでは次に、たった10年前、コンピューター業界が好況に沸いていたとき、誰もソーシャルメディアの雇用のレベルを予想していなかったことを考えてみてください。アプリストアも、クラウドコンピューティングもそうですし、まったく別の事柄、例えば大学のカウンセリングなども同様です。現在多くの雇用を生み出している職の多くは10年前には存在していませんでしたし、存在を予想されてもいませんでした。未来の可能性や、テクノロジーのおかげで作り出される新しい職種について考えると、とてもわくわくしてきます。

フォード：それでは、テクノロジーによって破壊される職と、新しく作り出される職とで、バランスは取れるとお考えなのですね？

ルス：そうですね、私はいくつか懸念も感じています。懸念のひとつは、職の質です。時には、テクノロジーの導入は競争の場の均質化をもたらします。例えば、かつてタクシー運転手になるためには大変な専門性が要求されました。優れた空間認識能力を持たなくてはならず、また広大な地図を暗記しなくてはならなかったからです。GPSの登場とともに、そのレベルのスキルはもはや必要なくなりました。それによって、多くの人々に運転手の労働市場へ門戸が開かれたため、賃金は低下する傾向にあります。

もうひとつの懸念は、テクノロジーのおかげで作り出される良い職に見合った良い教育を人々に施すことができるだろうか、ということです。この難問に対処するには、2つしか道はないと思います。短期的には、人々の自力での再訓練を支援し、既存の職に必要とされるスキル獲得を支援する方法を見つけ出さなくてはいけません。私は一日に何度となく、「弊社ではAIの学生を必要としています。弊社にAIの学生を紹介してもらえませんか？」と言われます。誰もが人工知能や機械学習の専門家を必要としていますから、そこにはたくさんの職があり、また職を求める人もたくさんいるわけです。しかし、需要の多いスキルは必ずしも人々の持っているスキルと一致しません。ですから、そういったスキルの獲得を支援する再訓練プログラムが必要なのです。

誰でもテクノロジーを学ぶことはできる、と私は強く信じています。私のお気に入りの例に、ビットソース（BitSource）という会社があります。数年前ケンタッキーで創業したビットソースは、炭鉱労働者をデータマイニング（発掘）の技術者に再訓練して大成功を収めました。この会社で教育を受けた、職を失った大勢の炭鉱労働者は、現在では以前よりもはるかに良い、はるかに安全ではるかにおもしろい仕事ができる立場にあります。適切なプログラムと適切な支援があれば、この移行期間を乗り切る手助けができるということを、この例は示しているのです。

フォード：それは労働者の再訓練だけについておっしゃっているのでしょうか、それとも私たちの教育システム全体を根本的に変革する必要があるのでしょうか？

ルス：20世紀には、リテラシーといえば「読み書きそろばん」でした。21世紀には、リテラシーの意味を拡張すべきですし、そこにコンピューター思考を付け加えるべきです。学校で物の作り方を教え、プログラミングによってそれに生命を吹き込む方法を教えれば、学生に自信を持たせることができます。何でも想像したものを実現できるだけの力を付けさせれば、あとは自分でできるようになるでしょう。もっと重要なことは、彼らが高校を卒業するまでに、将来必要とされる技術的なスキルが身についていること、そして将来への備えになるような、さまざまな学習方法を経験していることです。

未来の仕事について最後に私が言いたいのは、私たちの学習に対する姿勢もまた、変わらなければならないということです。現在、私たちはシーケンシャルなモデルで学習や仕事をしています。何が言いたいかというと、大部分の人は人生の一部を学ぶことに費やし、ある時点で「オーケー、これで学びは終わり、次は仕事を始めよう」と言います。しかし、テクノロジーが加速し、新たな種類の能力がもたらされる中では、学習に対するシーケンシャルなアプローチを考え直すことが非常に大事だと思うのです。学習と仕事に対するパラレルなアプローチを考えるべきであり、そうすることによって新たなスキルの獲得とそのスキルの応用が、生涯学習のプロセスとして受け入れられるようになるでしょう。

フォード：世界の中には、AIを戦略的に重視したり、あからさまにAIやロボット工学を優遇した産業政策を取ったりしている国もあります。特に中国は、この分野へ集中的に投資しています。先進的なAIへ向けた競争に、アメリカが後れを取るリスクはあるでしょうか？

ルス：私には、世界中でAIにはすばらしいことが起こっていると思えます。中国、カナダ、フランス、イギリスなど数十の国々が、AIへ莫大な投資を行っています。多くの国が自国の将来をAIに賭けていますし、私はアメリカもそうすべきだと思うのです。AIの潜在能力を考慮して、A

Ｉへの支援と資金拠出を増大すべきだと思います。

ダニエラ・ルスはMITのアンドリュー（1956）・アンド・エルナ・ビタビ記念電子工学およびコンピューターサイエンス教授であり、コンピューターサイエンス・人工知能研究所（CSAIL）所長を務めている。ダニエラの研究分野はロボット工学と人工知能、データサイエンスである。

彼女が研究で重視しているのは自律性の科学と技術の開発であり、長期的な目標は日常生活にパーベイシブ・コンピューティングが浸透した未来を実現すること、人々の認知的タスクと物理的タスクを支援することに向けられている。彼女は研究を通して、現在のロボットとパーベイシブなロボットに期待されるものとの間のギャップを縮めることに取り組んでいる。具体的にはマシンの推論能力、学習能力、そして人間中心の環境における複雑なタスクへ適応する能力を高めること、ロボットと人々との間の直感的なインタフェースを開発すること、そして新しいロボットを迅速かつ効率的にデザインし組み立てるためのツールを作り出すことである。この研究の応用分野は幅広く、交通、製造業、農業、建築業、環境モニタリング、水中探査、スマートシティ、医療、そして料理などの家事が含まれる。

ダニエラはMITの「知性の探求（MIT Quest for Intelligence）」コア部門の副部長と、トヨタ-CSAIL連携研究センター（AI研究とインテリジェント車両への応用の推進に注力している）の所長を務めている。彼女はトヨタ・リサーチ・インスティテュートの諮問委員会のメンバーでもある。

ダニエラは2002年度のマッカーサー・フェローであり、ACM、AAAI、そしてIEEEのフェローであり、アメリカ技術アカデミーとアメリカ芸術科学アカデミーの会員でもある。彼女はロボット産業協会（RIA）から2017年エンゲルバーガー賞を受賞している。彼女はコーネル大学からコンピューターサイエンスの博士号を授与された。

ダニエラは、テクノロジーとアートを兼ね備えたピロボラスダンスカンパニー（Pilobolus Dance company）との2つの共同プロジェクトにも参加している。人間とマシンの友情を取り扱った牧歌的なストーリー『Seraph』は、2010年に振り付けされ、2010年から2011年にかけてボストンとニューヨーク市で上演された。グループの振る舞いを探求する参加型パフォーマンス『Umbrella Project』は2012年に振り付けされ、PopTech2012、ケンブリッジ、ボルチモア、そしてシンガポールで上演された。

「ＡＩの規制のあり方について、
誰かが考えるのは良いことです。
しかしその規制は、ＡＩを停止して
パンドラの箱に再びふたをしたり、
そのような技術の配備を見合わせて
時計の針を戻そうとしたりする
ものであってはならないと思います」

JAMES MANYIKA
ジェイムズ・マニカ
マッキンゼー・グローバル・インスティテュート会長・所長

ジェイムズはマッキンゼーのシニアパートナーであり、マッキンゼー・グローバル・インスティテュート（MGI）の会長として、グローバルな経済とテクノロジーのトレンドを調査している。ジェイムズは、世界をリードする数多くのテクノロジー企業の最高経営責任者や創業者にコンサルティングを行っている。彼はAIやデジタル技術、またそれらが組織や仕事、世界経済に与える影響についての調査を主導している。ジェイムズはオバマ大統領によってホワイトハウスのグローバルディベロップメントカウンシルの副委員長に指名され、アメリカ合衆国商務省によってデジタルエコノミー委員会と国家イノベーション委員会の委員に任命された。彼はオックスフォード・インターネット・インスティテュート、デジタルエコノミーに関するMITイニシアティブ、スタンフォードに本拠を置く「人工知能100年研究」の理事であり、ディープマインドのフェローを務めている。

フォード：最初に、あなたの研究者としての経歴と職歴をたどってみたいと思います。あなたはジンバブエのご出身ですね。どんなきっかけでロボット工学や人工知能に興味を持ち、さらにはマッキンゼーで現在のお仕事をされるようになったのでしょうか？

マニカ：私はかつてのローデシア、現在のジンバブエの、人種隔離された黒人居住区で育ちました。私はずっと科学へのあこがれを持ち続けていますが、その理由のひとつに、私の父がジンバブエ初の黒人フルブライト奨学生として、１９６０年代初めにアメリカ合衆国に来ていたことがあります。滞在中、父はケープカナベラルのＮＡＳＡを訪れて、ロケットの打ち上げを見学したそうです。そして私は幼いころから、アメリカから戻ってきた父に、科学や宇宙やテクノロジーの話をたくさん聞かされました。ですから、私は手に入る材料を使って模型飛行機や機械を組み立て、科学や宇宙について思いを巡らせながら、居住区の中で育ったのです。

国名がジンバブエに変わってから私は大学に入り、電気工学の学士号を取りましたが、数学やコンピューターサイエンスもかなり勉強しました。またその間にトロント大学から来ていた客員研究員が、私をニューラルネットワークに関するプロジェクトに参加させてくれたこともありました。そのとき私はラメルハートの誤差逆伝播法や、ニューラルネットワークのアルゴリズムにおけるロジスティック・シグモイド関数の使い方を学んだのです。

数年後、私は首尾よくローズ奨学生に合格し、オックスフォード大学へ留学しました。私はプログラミング研究グループで、トニー・ホーアの指導を受けました。彼はクイックソートを考案したことでも、プログラミング言語の公理的仕様記述や形式手法へのこだわりを持っていたことでも有名です。私は修士課程で数学とコンピューターサイエンスを学び、数学的証明やアルゴリズムの開発と検証に数多く取り組みました。そのときまでに、私は宇宙飛行士になるという夢をあきらめていましたが、とにかくロボット工学やＡＩを勉強していれば、宇宙探査に関係する研究をするチャンスがつかめるだろうと考えたのです。

私が所属することになったオックスフォード大学のロボット工学研究グループでは、実際にはAIに関する研究が行われていたのですが、当時そう公言する人はあまりいませんでした。それまでにいわゆる「AI冬の時代」、つまりAIが誇大宣伝や期待に応えられなかった時期が何度かあり、AIにはネガティブなイメージが付きまとっていたからです。ですから、彼らは自分の研究をAI以外の名前で呼んでいました。機械知覚や機械学習であったり、ロボット工学であったり、単にニューラルネットワークと呼ぶ人もいました。しかし、当時は自分の研究をAIと呼ぼうとする人は誰もいなかったのです。現在では、誰もがあらゆるものをAIと呼びたがるという、まったく逆の問題が生じていますね。

フォード：それは、いつのことでしたか？

マニカ：1991年、私がオックスフォードのロボット工学研究グループで博士課程の研究を始めたときのことでした。私はこの時期に、ロボット工学やAI分野の本当にさまざまな人たちと一緒に研究することができました。例えば、ニューラルネットワークについて研究していたアンドリュー・ブレイクやライオネル・タラセンコ、マシンビジョンについて研究していたマイケル・ブレイディ（今はサー・マイケルですが）といった人たちです。そして分散知能とロボットシステムについて研究していたヒュー・デュラント=ホワイティとも出会い、彼は私の博士論文の指導教官になってくれました。私たちは一緒に自律車両をいくつか作り上げ、また私たちの研究や開発していた知能システムについて本も書きました。

私は自分の研究を通して、火星探査車の研究をしていたNASAのジェット推進研究所（JPL）のチームと共同研究をすることになりました。NASAは、開発していた機械知覚システムとアルゴリズムを火星探査車プロジェクトに応用しようと考えていたのです。宇宙へ行くという私の長年の夢に一番近づいたのは、このときでしたね！

フォード：それでは、火星探査車で実際にあなたの書いたコードが動いていたのですか？

マニカ：はい、私はカリフォルニア州パサデナにあるＪＰＬのマン・マシン・システム・グループと共同研究をしていました。私はそこで機械知覚とナビゲーション・アルゴリズムに取り組んでいた数名の客員研究員のひとりで、その中にはモジュラー車両や自律車両システムなどの道に進んだ人もいます。

その時期、オックスフォードのロボット工学研究グループで、ＡＩへの私の興味に火をつけた出来事がありました。私が特に魅力を感じていたのは機械知覚でした。分散マルチエージェントシステムの学習アルゴリズムをどう組み立てればよいか、機械学習アルゴリズムを利用して環境を理解するにはどうすればよいか、そういった環境――特に、火星の表面のように事前知識なしに手探りで学習しなくてはならない環境――のモデルを自律的に構築できるアルゴリズムを開発するにはどうすればよいか、といったことが難問だったのです。

私が取り組んでいたことの中には、マシンビジョンだけでなく、分散ネットワークやセンシング、センサーフュージョン［センサー情報を組み合わせて新しい情報を抽出すること］にも応用できるものがたくさんありました。私たちは、ジュディア・パールが開拓したベイジアンネットワークと、カルマンフィルターなどの推定アルゴリズムや予測アルゴリズムを組み合わせて利用する、ニューラルネットワークに基づくアルゴリズムを作り上げました。要するに私たちは、機械学習システムを作り上げたのです。つまり、このシステムは環境から学ぶことができ、品質にばらつきのある幅広いソースからの入力データから学ぶことができ、そして予測ができました。地図を作製し、自分のいる環境についての知識を収集し、そしてまさに知能システムが行うような、予測や判断を行うことができたのです。

そして私は、ロドニー・ブルックスと出会いました。彼とは今でも親しくしています。それは私が客員教授としてＭＩＴへ行き、深海ロボットを作っていたシーグラント（Sea Grant）というプロジェクトと、ＭＩＴのロボット工学グループとの共同研究をしていたときのことでした。また同じ時期に、バークレーでロボット工学とＡＩの教授をしていたスチュアート・ラッセルといった人たちとも知り合いました。彼は、オックスフォードの私の研究グループに滞在していたことがあったのです。当時の私の同僚には、今はＭＩＴでロボット工学の教授をしているジョン・レナードや、ディープマインドにいるアンドリュー・ジッサーマンなど、先進的な研究を続けている人たちがたくさんいます。私はビジネスと経済という別の道を行くことになりましたが、ＡＩや機械学習で行われている研究の動向に気を配り、できるだけ最新情報を仕入れるように努めています。

フォード：あなたは、オックスフォードで教鞭を取っていらっしゃったことから考えても、最初は非常に技術寄りの立ち位置だったんですね？

マニカ：はい、私はオックスフォードの教員でベイリオルカレッジのフェローでしたから、学生たちに数学やコンピューターサイエンスの講義をしたり、私たちがロボット工学の分野で行っていた研究について教えたりしていました。

フォード：そこからビジネスの世界に飛び込んで、マッキンゼーで経営コンサルティングの仕事をするというのは、かなり珍しいキャリアチェンジのように思えます。

マニカ：それは本当に、偶然のいたずらとしか言えませんね。私は婚約したばかりで、マッキンゼーからシリコンバレーのオフィスに来ないかというオファーを受け、ここでちょっと寄り道をしてマッキンゼーに行ってみるのもおもしろいかな、と思ったのです。

当時の私は、例えば私と同じロボット工学研究所にいたボビー・ラオなど多くの私の友人や同僚と同様に、ＤＡＲＰＡ自動運転車チャレンジで戦えるシステムを構築したいと思っていました。私たちのアルゴリズムの多くは自動運転車にも応用できるものでしたし、当時ＤＡＲＰＡチャレンジはそういったアルゴリズムを試すには格好の舞台のひとつだったのです。このとき、私の友人はみなシリコンバレーに引っ越していました。そのころボビーはバークレーで博士研究員としてスチュアート・ラッセルらと研究を行っていましたし、サンフランシスコへ行けるこのマッキンゼーのオファーは受けるべきだと思ったのです。それはシリコンバレーの近くへ、そしてDARPAチャレンジなどさまざまな活動が行われている場所の近くへ行くためでした。

フォード：あなたは今、マッキンゼーでどんな役割をされているのでしょうか？

マニカ：私は2種類の仕事をしています。ひとつは、シリコンバレーにたくさんある先進的なテクノロジー企業のお手伝いをすることで、おかげさまで数多くの創業者やCEOの方々に助言したり、お手伝いしたりさせてもらっています。もうひとつの、最近になって重要性が増してきた仕事は、テクノロジーのビジネスや経済とのかかわりと、それらに与える影響を調査することです。私が会長を務めるマッキンゼー・グローバル・インスティテュートでは、テクノロジーだけでなくマクロ経済やグローバルなトレンドも調査して、それらがビジネスや経済に与える影響を理解しようとしています。私たちの強みは、エリック・ブリニョルフソン、ハル・ヴァリアン、そしてノーベル経済学賞受賞者のマイク・スペンスといったテクノロジーの影響について造詣の深いエコノミストを含め、すばらしい学術顧問を擁していることです。かつてはボブ・ソローもいたんですよ。

AIの分野でもこういったことを生かして、私たちは破壊的な技術についてさまざまな調査を行い、AIの進歩を追いかけています。そして私は、エリック・ホーヴィッツ、ジェフ・ディーン、デミス・ハサビス、フェイフェイ・リーといったAI界の友人と常に語り合い、共同研究し、またバーバラ・グロースといったレジェンドからも学んでいます。私はなるべくテクノロジーや科学に接する機会を持とうとしているのですが、MGIの同僚や私がより多くの時間を費やしているのは、こういったテクノロジーが経済やビジネスに与える影響を考察し、研究することです。

フォード：経済や労働市場への影響についてぜひご意見をお聞きしたいところなのですが、まずはAIテクノロジーについて伺いましょう。

先ほどあなたは、かつて1990年代にはニューラルネットワークの研究をされていたとおっしゃいました。ここ数年、深層学習は爆発的な発展を遂げています。そのことについて、どう思われますか？　深層学習は今後も聖杯であり続けるのでしょうか、それとも過剰宣伝されているのでしょうか？

マニカ：私たちは、まだこの技術のパワーを発見し始めたばかりなのです。技術とは主に深層学習やさまざまな形態のニューラルネットワークのことですが、さらには強化学習や転移学習など、それ以外の技術もあります。これらの技術は、すべて成長の余地を大きく残しています。まだ私たちは、これらの技術の表面をひっかいているにすぎないのです。

深層学習の技術は、画像や物体の分類、自然言語処理、生成的AI——音声や画像などを予測しシーケンスや出力を作り出すこと——など、数多くの問題の解決に役立ちます。いわゆる「狭いAI」——深層学習の技術を使って特定の分野の問題を解決すること——は、これからも大きく進歩することでしょう。

それと比較して、いわゆる「汎用人工知能」あるいはAGIと呼ばれる分野の進歩は、はるかに遅いものです。最近になって成し遂げられた進歩は、これまで長い時間をかけて行われた進歩と比べても大きなものですが、それでも私はAGIへ向けた進歩は今後も遅々としたものだろうと思っています。そのためには、はるかに複雑で困難な質問のセットに答えを見つけなくてはならず、またはるかに多くのブレークスルーが必要とされることになるからです。

私たちは、転移学習などの問題に取り組む方法を考え出す必要があります。人間は、ひとつの分野で学んだことを、まったく新しい環境や、これまで経験したことのない問題に応用できるという、非常に優れた能力を持っているからです。強化学習や、アルファゼロに採用され始めたシミュレーション学習の分野では、エキサイティングな新しい技術が続々と出現しています。自分で学んで自分で構造を作り上げ、より広範囲の異なる分野の問題（アルファゼロの場合には異なる種類のゲーム）を解くことができるようになってきました。また方向性は違いますが、ジェフ・ディーンらがグーグルブレインでＡｕｔｏＭＬ《オートエムエル》を使って行っている研究も本当にエキサイティングなものです。これは、自分自身をデザインするマシンやネットワークの進歩を促すという意味で、非常に興味深いものです。これらはほんの数例にすぎません。このようなすべての進歩によって、私たちは少しずつＡＧＩへ近づいている、と言うこともできるでしょう。しかしこれらは、本当に小さなステップにすぎないのです。必要とされるものははるかに多く、高レベルの推論など、どうやって取り組んでよいのかほとんどわかっていない分野もたくさんあります。そんなわけで、ＡＧＩへの道はまだはるかに遠いと私には思えるのです。

深層学習が、今後も狭いＡＩの応用に役立つことは確かです。今後もどんどん続々と応用が生まれることになるでしょうし、そこからはすでに新しい製品や新しい会社が誕生しています。同時に、機械学習の利用や応用に現実的な制約がいくつか存在することは指摘しておく価値がありますし、それについては私たちがＭＧＩの研究の中で指摘している通りです。

フォード：どんな例が挙げられるでしょうか？

マニカ：例えば、これらの技術の多くはいまだにラベル付きデータに大きく依存しており、ラベル付きデータの利用可能性には依然として大きな制約があることです。つまりほとんどの場合、元となるデータに人間がラベルを付けなくてはならないのですが、これはかなりの手間ですし、誤りも起こりがちです。実際、自動運転車の企業の中には、試作車から得られた何時間ものビデオに手作業でラベルを付けてアルゴリズムのトレーニングに使うために、何百人もの人を雇っているところもあります。このラベル付きデータの問題を回避する新しい技術もいくつか生まれてきています。例えば、エリック・ホーヴィッツらによって開拓されたインストリーム・スーパービジョンがあります。これは敵対的生成ネットワーク（GAN）などの技術を利用したもので、人間によるラベル付けが必要なデータセットの必要量を減らすために有用なデータを生成できる、半教師あり技術です。

しかし、次はこういった大規模でリッチなデータセットの必要性という、もうひとつの難題が待ち構えています。非常に興味深いことに、どの分野で膨大な量のデータが利用できるのかを調べるだけで、すばらしい成果が挙がっている分野をある程度は特定できるのです。ですから、他の応用分野よりもマシンビジョンで多くの成果が挙がっていることは驚くにあたりません。インターネットには毎日、膨大な量の画像やビデオがアップロードされているからです。また、いくつかの正当な理由――規制、プライバシー、セキュリティなど――により、データの利用可能性が多少なりとも制限される場合もあります。このことから、データが利用可能となる進み方が社会によって異なる理由の一部は説明できます。人口の多い国では、当然大量のデータが生成されますし、データ利用基準の違いによって、例えば大規模な健康データセットへアクセスしたり、アルゴリズムのトレーニングに使ったりすることが容易になるかもしれません。ですから中国で、より大規模なデータセットが利用可能であることを考えれば、ゲノミクスをはじめとするライフサイエンス分野でのAIの利用が進んでいることも理解できます。

つまり、データの利用可能性は大問題であり、地域によって一部のAI応用分野が立ち上がるスピードが大きく異なる理由も、これで説明がつくかもしれません。しかし、対処されるべき制約は他にもあります。例えば、私たちはAIにおける汎用的なツールをまだ持っていませんし、AIの一般的問題を解く方法もまだ知りません。実際、すでにご存知かもしれませんが、かつてのチューリングテストに代わる新しい形態のテストを定義する動きが始まっているのは興味深いことです。

フォード：新しいチューリングテストですか？　どんなものなのでしょう？

マニカ：アップルの共同創業者であるスティーヴ・ウォズニアックが、さまざまな面で制約の多いチューリングテストに代わるものとして、「コーヒーテスト」なるものを実際に提案しています。コーヒーテストは、なかなかおもしろいものです。平均的な見知らぬアメリカの家庭に入り込み、どうにかして一杯のコーヒーを入れることができるシステムができるまでは、AGIが実現したとは言えない、というものです。これが単純であると同時にきわめて奥深いものに感じられるのはなぜかというと、見知らぬ家庭でコーヒーを入れるには、予見不可能な一般的問題を大量に解決する必要があるからです。見知らぬ家庭ではどこに何があるかもわかりませんし、どんな種類のコーヒーメーカーやその他のツールがあるのかもわからないわけですから。このような多数の問題分野にまたがる、非常に複雑な、一般化された問題解決を、システムは行わなくてはならないのです。したがって、AGIをテストするにはそのような形のチューリングテストが必要となるでしょうし、たぶんその方向へ進むべきでしょう。

指摘しておかなくてはならないもうひとつの制約は、アルゴリズムではなく、データに内在する問題です。これは大きな問題であり、AIコミュニティの中でも意見は分かれているようです。一方には、おそらくマシンは人間よりも偏見を持つことは少ないだろう、という意見があります。人間の判事や保釈の決定などいくつかの例では、アルゴリズムの利用によって人間に固有の偏見の多くを取り除ける可能性があります。ここでいう偏見には人間の可謬《かびゅう》性や、時刻バイアスなども含まれます。採用や昇進の決定もこれと類似した分野であり、マリアンヌ・バートランドとセンディール・ムライナサンの研究では、同一の履歴書を提出しても人種集団の違いによって面接へ進める比率が異なることが示されています。

フォード：そのことは、私がこの本のために行ったいくつかの対談でも指摘されていました。AIによって人間の偏見を乗り越えられるという希望はありますが、AIシステムのトレーニングに使われるデータに人間の偏見が含まれていて、それをアルゴリズムが取り込んでしまうことが常に問題となっているようです。

マニカ：その通りです。それが偏見の問題に対するもう一方の意見であり、データそのものが収集方法やサンプリンググレード――オーバーサンプリングだったりアンダーサンプリングだったり――の点でも、さまざまな集団やさまざまな種類のプロファイルに対してシステマティックにどんな意味を持つかという点でも、実際に偏見を含んでいる可能性があると指摘されています。

一般的な偏見の問題は、融資や警察活動、そして刑事裁判において、顕著に見られます。そして私たちがどんなデータセットを使おうとしても、そこにはすでに大規模な偏見が、おそらくは意図されることなく、含まれている可能性があるのです。「プロパブリカ」［調査報道を行う非営利メディア］のジュリア・アングウィンと彼女の同僚たちは、そのような偏見を取り上げて研究を行っていますし、マッカーサー・フェローのセンディール・ムライナサンと彼の同僚たちも同様の研究を行っています。ところで、その研究から得られた最も興味深い結果のひとつに、アルゴリズムが公平性のさまざまな定義を同時に満たすことは数学的に不可能かもしれない、ということがあります。したがって、公平性をどのように定義するかが非常に重要な問題となってくるのです。

私は、どちらの意見にも正当性があると思います。マシンシステムは人間の偏見や可謬性を乗り越えるために役立つ一方で、それ自体がより大きな問題を引き起こす可能性もあるわけです。これが、私たちが乗り越えていく必要のある、もうひとつの重要な制約です。しかしここでもまた、私たちは進歩し始めています。私が特に注目しているのは、反事実的公平性と因果モデル手法を利用して公平性と偏見に取り組もうとする、ディープマインドのシルヴィア・チアッパが行っている先進的な研究です。

フォード：それは、人々の偏見がデータに直接反映されるためですよね？　例えば、ふだん通りの振る舞いでオンラインサービスを使っている人々からデータを収集したとすれば、そのデータは彼らの持つ偏見をそのまま反映したものになるでしょう。

マニカ：そうなんですが、たとえ各個人が必ずしも偏見を持っていなかったとしても、実際に問題が生じることがあるんです。これから説明する例では、人や人の持つ偏見を非難できないような場合でも、私たちの社会がそういった問題を生じさせるようにできているということを示しています。警察活動を例に取りましょう。例えばある区域が他の区域よりも取り締まりが厳しいとすると、定義により、アルゴリズムが使うデータは取り締まりが厳しい区域に関して収集されたものが多くなります。

つまり、2つの区域があり、一方は取り締まりが厳しいが他方はそうでもない――故意であれ偶然であれ――とすると、これら2つの区域の間のデータサンプリングの違いが、犯罪に関する予測に影響することになります。実際に収集されたデータ自身はどんな偏見も含まないかもしれませんが、一方の区域ではオーバーサンプリングされ他方ではアンダーサンプリングされたデータを利用すれば、偏見を含む予測が引き出されるおそれがあります。

アンダーサンプリングとオーバーサンプリングのもうひとつの例は、融資に見られます。この例では、先ほどとは逆に、クレジットカードの利用や電子ペイメントの実施のためトランザクションがより多く利用可能な人口集団については、より多くのデータが得られることになります。このオーバーサンプリングは、実際にはその人口集団に有利に働きます。よりよい予測ができるからです。一方、現金で支払いを行うので利用可能なデータが少なく、アンダーサンプリングされた人口集団については、アルゴリズムの精度が落ちる可能性があり、結果として融資がより慎重に判断されるため、最終的な判断に偏見が入り込むことになります。この問題が顔認識システムにも存在することは、ティムニット・ゲブルー、ジョイ・ブォロムウィニらの研究によって実証されています。

アルゴリズムの開発にあたる人間の偏見ではなく、アルゴリズムをトレーニングするためのデータの収集方法が、偏見をもたらすのです。

フォード：AIのもたらす他のリスクについてはどうでしょうか？　最近大いに関心を集めている問題のひとつに、超知能が人類の存在を脅かすリスクがあります。そのことは、私たちが真剣に心配すべき問題だと思われますか？

マニカ：そうですね、心配すべき問題はたくさんあります。数年前、私たちのグループ――そこにはイーロン・マスクやスチュアート・ラッセルなど、AIの先駆者やその他の著名人が含まれていました――が、プエルトリコに集まってAIの進歩と、注意が必要とされる分野や懸念について議論したことを思い出します［2015年プエルトリコ会議］。そのグループが検討した結果は、スチュアート・ラッセルによって公開された文書にまとめられ、どんな問題があるのか、何について心配すべきなのか、そしてどの分野の分析に十分な調査や注意が払われていなかったのか、指摘されていました。その会議以降、心配すべき分野はここ数年で多少変化し始めていますが、それらの分野にはすべてが――安全性の問題なども――含まれていたのです。

ひとつ例を挙げましょう。アルゴリズムの暴走を止めるにはどうすればよいでしょうか？　制御不能となったマシンの暴走を止めるにはどうすればよいでしょうか？『ターミネーター』のような意味ではなく、アルゴリズムが間違った解釈をしたり、安全性の問題を引き起こしたり、あるいは単に人々を混乱させてしまうという狭い意味であってもです。そのためには、いわゆる「非常停止ボタン」が必要になるかもしれません。例えば、ディープマインドのグリッドワールド［仮想二次元世界で人工生命が生存競争を繰り広げるシミュレーションゲーム］への取り組みについて研究しているいくつかの研究チームによれば、多くのアルゴリズムは自分自身の「オフ・スイッチ」を無効化する方法を学習することが理論的には可能であることが実証されています。

もうひとつの問題が説明可能性です。ここでは、説明可能性とはニューラルネットワークに関する問題を議論するための用語です。その問題とは、どんな機能やどんなデータセットが、ＡＩの判断や予測にどんな形で影響を与えているか、必ずしも明らかではないことです。この問題によって、ＡＩの判断を説明し、間違った判断に至る可能性がある理由を理解するのが非常に難しくなることがあります。予測や判断が命にかかわる重要な意味を持つ場合、例としては先ほど議論したようにＡＩが刑事裁判や融資の判定に利用される場合には、大きな問題となり得ます。最近になって、この説明可能性の問題に役立ちそうな新たな技術がいくつか見つかっています。有望な技術のひとつがLocal-Interpretable-Model Agnostic Explanations、略してＬＩＭＥです。ＬＩＭＥは、トレーニング済みのモデルがどのデータセットに最も依存して予測を行っているか、特定を試みます。もうひとつの有望な技術が一般化加法モデル（ＧＡＭ）です。これは特徴モデルを加法的に利用することによって特徴間の相互作用を制限し、特徴が付加された際の予測の変化を測定可能とするものです。

もっと私たちが考察すべきもうひとつの領域が「検出問題」です。これは、ＡＩシステムの悪意ある利用――テロリストや犯罪など、さまざまな場合が考えられます――を、検出することすら非常に難しい場合があることです。他の兵器システム、例えば核兵器には、かなり堅牢な検出システムがあります。地震波テストや放射能モニタリングなどがあるため、この世界で誰にも知られずに核爆発を起こすことは困難です。ＡＩシステムに関してはそのようなものは存在しないので、「ＡＩシステムが配備されようとしていることを、どうすれば知ることができるだろうか？」という重要な質問が導かれます。

このような、今後もかなりの技術的作業を必要とする重要な問題はいくつか存在します。私たちは、こうした問題から目を背けてビジネスや経済面での利益というＡＩ応用の明るい面ばかりを追い求めるのではなく、そういった領域においても進歩を成し遂げなくてはいけません。

このような多くの難問に取り組むグループや組織が誕生し始めていることは、明るい材料です。代表例はパートナーシップ・オン・ＡＩであり、そのアジェンダには偏見や安全性、そして人類の存在へのさまざまな脅威などに関する多くの問題が取り上げられています。もうひとつの代表例は、オープンＡＩのサム・アルトマンやジャック・クラークたちが行っている、社会全体がＡＩから利益を得られることを目指した取り組みです。

現在、このような問題に関して最大級の進歩を遂げている組織やグループには、ＡＩのスーパースターたちが集まってきています。そういった人材の数は、２０１８年現在でも、比較的少数です。この動きが、時間とともに広がることを期待したいと思います。大規模なコンピューティングパワーや能力のある場所や、大量のデータへ独自のルートを持つ場所にも、人材が比較的集中しているようです。ＡＩ技術はそのような資源の恩恵を受けるからです。スーパースターがいる場所やデータが利用できる場所、そしてコンピューターの能力が利用できる場所で大きく進歩する傾向のあるこの技術を、どうすれば今後も広くあらゆる人が利用できるものにしていけるのか、ということが問題となってきます。

フォード：人類の存在にかかわる懸念については、どうお考えでしょうか？　イーロン・マスクやニック・ボストロムが論じている制御問題あるいは価値整合問題のひとつのシナリオとして、再帰的な改善を伴う高速テイクオフが起こり、超知能マシンが暴走してしまうことが考えられます。現時点で、それは心配すべきことなのでしょうか？

マニカ：はい、そのような問題について誰かが心配しているのは良いことですが、全員が心配する必要はありません。それは超知能の実現は遠い未来のことだと私が考えているためでもありますし、その確率がかなり低いためでもあります。しかし再び「パスカルの賭け」〔賭けに負けても失うものがなければ、そちらの選択肢を選ぶほうが合理的という考え方〕的な意味で、そういった問題を誰かが考えているのは良いことですが、少なくとも現時点では、人類の存在を脅かす問題について社会全体に混乱を招くのは得策ではないでしょう。

ニック・ボストロムのような賢い哲学者がそれについて考えているのは良いことだと思いますが、現時点では社会全体にとって大きな懸念材料とはならないと思います。

フォード：それは私の考えとも一致します。いくつかのシンクタンクがそういった懸念に重点的に取り組もうとするのは、良い考えのように思えます。しかし、現時点で膨大な政府予算をつぎ込むことを正当化するのは難しいでしょう。また、どんな場合でもこの問題に政治家がかかわることは望ましくないと思います。

マニカ：そう、それを政治的な問題にすべきではありませんが、それが起こる確率はゼロだと言う人、誰もそれについて心配すべきではないと言う人とも私は意見が違います。

大多数の人は、それについて心配する必要はありません。安全性、利用と乱用、説明可能性、偏見、そして経済や労働人口に与える影響とそれに伴う職の転換など、現在目の前にある、より具体的な問題についてもっと心配すべきだと思います。そのほうが大きくて現実的な問題であり、今後数十年にわたって社会に影響を与えることになるからです。

フォード：そういった懸念に関して、規制の余地はあるとお考えでしょうか？　政府が介入してAIの特定の側面を規制すべきなのでしょうか、それとも業界の自主規制に任せるべきでしょうか？

マニカ：どんな形の規制が適当なのかはわかりませんが、このような新しい環境における規制について、誰かが考えるべきだとは思います。現時点では、どんなツールも整備されていませんし、適切な規制の枠組みもまったく整備されていないと思います。

ですから、シンプルに答えるならイエスということになるでしょう。ＡＩの規制のあり方について、誰かが考えているのは良いことです。しかしその規制は、ＡＩを停止してパンドラの箱に再びふたをしたり、そのような技術の配備を見合わせて時計の針を戻そうとしたりするものであってはならないと思います。

そういったことは見当違いだと思います。第一の理由は、もう魔神はびんから出てしまっているからですが、もうひとつのさらに大事な理由は、これらのテクノロジーから膨大な社会的・経済的利益が得られるからです。さらに全体的な生産性の課題について論じる場合、そこでもＡＩシステムは役立つ可能性があります。また、社会的な「ムーンショット」課題の解決にも、ＡＩシステムが役立つでしょう。

つまり、ＡＩの発展を遅らせたり止めたりする意図で行われる規制は間違っていると思いますが、安全性やプライバシーの問題、透明性の問題など、この技術が広く利用されることに伴う問題について考え、すべての人が利益を得られることを意図して規制が行われるのであれば、ＡＩ規制の考え方として正しいものだと思います。

フォード：次は、経済やビジネスの側面についてお聞かせください。マッキンゼー・グローバル・インスティテュートでは、ＡＩが仕事や労働に与える影響について、いくつか重要なレポートを公開していらっしゃいますね。

私もそれについてはたくさん記事を書いていますし、近著では労働市場に巨大な影響を与え得る大変動が目前に迫っていると論じています。あなたのお考えはどうでしょうか？　この問題が誇大宣伝されていると感じるエコノミストが大勢いることは知っています。

マニカ：いいえ、それは誇大宣伝ではありません。私たちは過渡期にあり、これから新しい産業革命が始まろうとしているのだと思います。こういったテクノロジーは、効率が良く、イノベーションへ影響し、予測能力や問題の新しい解決策を発見する能力へ影響し、場合によっては人間を超える認知能力を持っていますから、ビジネスに巨大な変革をもたらすポジティブな影響を与えることになるでしょう。AIがビジネスへ与える影響は、私たちがMGIで行っている研究によれば、疑いなくビジネスにとってポジティブなものです。

経済に与える影響も、きわめて変革をもたらすものになるでしょう。なぜかと言うと、それによってもたらされる生産性の向上は、経済成長のエンジンだからです。またその時期も、高齢化など経済成長への逆風が生じる時期と重なります。AIや自動化システムなどのテクノロジーは、このように変革をもたらすとともに大いに必要とされる影響を生産性に及ぼすので、長期的には経済成長に結び付きます。また、これらのシステムがイノベーションやR&Dを大幅に加速し、それによって新たな製品やサービス、さらには経済を変革するビジネスモデルが生まれてくる可能性もあります。

社会に与える影響についても、先ほど触れた社会的な「ムーンショット」課題を解決できるという意味で、私は極めて楽観的です。新たなプロジェクトや応用が、社会的課題に新たな知見をもたらしたり、根本的な解決策を提示したり、革新的なテクノロジーの開発を促すかもしれません。それが起こるのは医療、気候科学、人道危機、あるいは新素材の発見などの領域かもしれません。これは同僚と私のもうひとつの研究分野ですが、その多くの領域に画像分類や自然言語処理、物体識別などのAI技術が大きく貢献できることは明らかです。

しかし、AIがビジネスにとって経済成長にとって良いことであり、社会的ムーンショットへの取り組みにも役立つとしても、雇用にとってはどうなのか、という大きな問題が残ります。これは、はるかに入り組んだ複雑な話だと思います。しかし職に関する私の考えを要約すれば、「失われる職もあるが、生まれる職もある」ということになるでしょう。

フォード：それでは、たとえ多くの職が失われるとしても、総合的な影響はプラスになると信じていらっしゃるわけですか？

マニカ：失われる職もある一方で、生まれる職もあるのです。「生まれる職」のほうには、経済成長それ自体から生まれる職もありますし、その結果としての経済の活況から生まれる職もあるでしょう。労働需要は常に存在しますし、生産性や経済の成長により、雇用の増加や新たな職の創造をもたらすメカニズムも存在します。加えて、短中期的に比較的確実な労働需要をもたらす複数の要因も存在します。例えば、より多くの人々が消費者階級に参入するため世界中がますます繁栄することです。もうひとつ、「職の転換」と呼ばれる現象も起こります。テクノロジーによって、仕事をしている人が完全に置き換えられない場合であっても、非常に興味深い形で仕事が補完されることになるためです。

こうした「失われる職」「生まれる職」、そして「職の転換」の3つは、かつてのオートメーションの時代にも見られました。ここで議論となるのは、これらはそれぞれ相対的にどのような大きさで起こるのか、そして最終的にはどうなるのか、ということです。生まれる職よりも失われる職のほうが多くなるのでしょうか？　これは興味深い議論です。

MGIでの私たちの研究によれば、最終的にはうまくいき、生まれる職のほうが失われる職よりも多くなります。もちろん、この結論はいくつかの重要な要因に一連の仮定を行って得られたものです。予測を行うことは本質的に不可能であるため、複数の要因を考慮していくつかのシナリオを作り上げたところ、中位シナリオでは最終的にはうまくいくという結果が得られたのです。ここで興味深い問題が生じます。たとえ世界に十分な職が存在しても、賃金などへの影響や、関連する労働力の移転を含め、どんなことが取り組むべき重要な課題となるでしょうか？　職と賃金の全体像は、ビジネスや経済に成長が与える影響（先ほどお話ししたように、ポジティブであることは明らかです）よりも、はるかに複雑なものです。

フォード：職と賃金の話題に入る前に、あなたが示した最初のポイント、つまりビジネスへのポジティブな影響について確認しておきたいと思います。もし私がエコノミストなら、最近の生産性統計がそれほどすばらしいものではない――マクロ経済データに関しては、いまだに生産性の向上が見られません――ということを、すぐに指摘するだろうと思います。実際、他の期間と比較しても、生産性はかなり期待を下回るものです。それは単なる離陸前のもたつきだと主張されるのでしょうか？

マニカ：私たちはMGIで、その問題に関するレポートを最近公開しました。生産性向上が停滞していることにはいろいろな理由があり、そのひとつにはここ10年間の資本集約度が過去70年間で最低だったことが挙げられます。

設備投資と資本集約度が、生産性向上を引き起こすために必要とされることはわかっています。また、需要が重要な役割を果たすこともわかっています――MGIのエコノミストを含め、大部分のエコノミストは、生産性への供給サイドの影響を重視することが多く、需要サイドの影響はあまり重視してきませんでした。需要が大きく低下したときには、どれだけ生産を効率的に行っても、計測された生産性はあまり高くならないことがわかっています。それは、生産性は分子と分母で計測されるからです。分子に含まれる付加価値産出額の増加には、産出額を飽和させるだけの需要が必要とされます。つまり、何らかの理由で需要が低調であれば、産出額の増加が妨げられ、どんなテクノロジーの進歩があったとしても、生産性向上は抑えられてしまうのです。

フォード：それは重要なポイントですね。テクノロジーの進歩が格差の増大と賃金の低下をもたらすのであれば、結果として平均的な消費者のポケットからお金が奪われることになり、それがさらに需要を冷え込ませる可能性があるわけですね。

マニカ：そうです、まったくその通りです。需要のポイントは非常に重要です。特に先進国では、需要の55パーセントから77パーセントを消費支出と家計支出が支えているわけですから。生産されるすべてのものの産出額を消費できるだけの金額を、人々に稼いでもらう必要があるのです。需要でこの話の大部分は説明がつきますが、あなたがおっしゃったテクノロジーのもたつきも影響していると私は思います。

あなたの質問に戻りましょう。私は光栄にも1999年から2003年にかけて、マッキンゼー・グローバル・インスティテュートの学術顧問のひとり、ノーベル経済学賞受賞者のボブ・ソローと一緒に働くことができました。私たちは、1990年代末に見られた生産性のパラドックスについて研究していました。80年代末、ボブは後にソロー・パラドックスと呼ばれるようになった見解を述べました。それは、コンピューターはあらゆるところに使われているのに、生産性統計にはそれが表れないということでした。このパラドックスは最終的に90年代末になって解決しました。当時は生産性向上をもたらすのに十分な需要が存在したのですが、さらに重要なことには、非常に大きな経済セクター——小売、卸売など——が、ついにクライアント・サーバー・アーキテクチャやERPシステムなど、最新のテクノロジーを採用し始めた時期だったのです。それが彼らのビジネスプロセスを変革し、非常に大きな経済セクターに生産性向上をもたらし、最終的に国家規模で生産性の統計値を動かすことになったのです。

そして現在に目を転じると、似たような状況が目に入ります。つまり、クラウドコンピューティングやEコマース、電子ペイメントなどデジタルテクノロジーの波がやってきて、私たちはそれをあらゆるところで目にしたりポケットに入れて持ち歩いたりしているというのに、生産性向上はここ数年、非常に停滞しているのです。しかし、このデジタルテクノロジーの波を横目で見ながら、現在の経済のデジタル化の度合いを実際にシステマティックに計測してみると、注目すべき結果が得られます。資産、プロセス、そしてどれだけテクノロジーを使いこなしているかという点で見ると、実際にはデジタル化は大して進展していないのです。そして私たちは、まだＡＩやテクノロジーの次の波にこういったデジタル化の評価を絡めた議論すらしていません。

最もデジタル化が進んだセクター——もちろん相対的なものですが——は、技術セクター自身とメディア、そしておそらく金融サービスです。そしてこれらのセクターは、ＧＤＰ比率や雇用比率の点では、全体から見て実際には比較的小さなものです。非常に大きなセクターは、相対的に言って、それほどデジタル化が進んでいません。

小売セクターを例に取ってみましょう。小売は最大のセクターのひとつであることを忘れないでください。私たちはＥコマースの展望とアマゾンの動向に非常に注目しています。しかしＥコマースを介して行われる小売の割合は10パーセントほどにすぎず、アマゾンがその10パーセントの大部分を占めています。しかし小売は、数多くの中小企業を含む、非常に大きなセクターです。ここからわかることは、小売はデジタル化が進んでいると思われていた大きなセクターのひとつですが、実際にはまだ広範囲にはデジタル化が進んでいないということです。

ですから、ソロー・パラドックスはもう一度起こるかもしれません。こういった非常に大きなセクターのデジタル化が進み、テクノロジーがビジネスプロセスのいたるところで使われるようになるまでは、国家規模で生産性の統計値を動かすことはできないでしょう。

フォード：では、世界的にはＡＩや高度なオートメーションの影響はまだ見られ始めてもいない、ということですか？

マニカ：まだですね。そしてこのことから、他にも言えることがあります。私たちが想像できる以上の生産性向上が実際に必要とされるようになること、そして生産性向上や経済成長を引き起こすためにはＡＩやオートメーションなどのデジタルテクノロジーが不可欠になるということです。

その理由を説明するために、過去50年間の経済成長について調べてみましょう。G20諸国（世界のGDPの90パーセント以上を占めます）について見てみると、データのある過去50年間、つまり1964年から2014年の平均的な経済GDP成長率は、3・5パーセントでした。これは、これら20か国のGDP成長率の平均です。古典的な要因分解と成長会計を行えば、そのGDPと経済成長は2つの要因から成り立っていることがわかります。ひとつは生産性向上、もうひとつは労働供給量の増加です。

過去50年の平均GDP成長率3・5パーセントのうち、1・7パーセントは労働供給量の増加、そして1・8パーセントがこの50年間の生産性向上によるものです。次の50年を見てみると、労働供給量の増加は過去50年の1・7パーセントから約0・3パーセントへと、急降下することになります。これは高齢化など、人口統計上の要因によるものです。

つまり今後50年は、過去50年と比べて生産性向上への依存度がさらに高まるということです。そして生産性が大きく向上しない限り、経済成長は落ち込むことになります。現在の経済成長には生産性向上が重要だと今も考えているのなら――実際そうなのですが――、今後50年にも経済成長と繁栄を求めるには、さらに生産性向上が重要になってきます。

フォード：それは、今後あまり経済成長は望めないかもしれないという、エコノミストのロバート・ゴードンが唱える説とも通じるものがありますね。[※10]

マニカ：ボブ・ゴードンは経済成長がなくなるかもしれないと言っていますが、同時に彼は大きなイノベーションが今後起きるかどうかも疑問視しています。電化などに匹敵するほど大きく、実際に経済成長を推進するイノベーションですね。彼は、電力をはじめとする過去のテクノロジーほど大きなイノベーションは今後起きないのではないかと疑っているのです。

フォード：しかし、AIは次のイノベーションになると期待できますよね？

マニカ：もちろんそう期待しています！ ＡＩは電力と同様に汎用技術であることは確かですし、その意味で複数の経済活動や経済セクターに恩恵を与えるはずです。

フォード：労働と賃金の動向に関するマッキンゼー・グローバル・インスティテュートのレポートについて、もっとお話を伺いたいと思います。あなた方の作成したさまざまなレポートと全体的な結論に関して、もう少し詳しく説明していただけますか？ 特定の職種が自動化されそうだとか、何パーセントの職がリスクにさらされるといった結論を導き出すために、どのような方法論を使われたのでしょうか？

マニカ：その質問には、「失われる職」、「職の転換」、そして「生まれる職」の3つに分けてお答えしましょう。この3つがたどる道については、それぞれ言っておくべきことがあるからです。

「失われる職」については、さまざまな研究やレポートがありますし、この職の問題について考えることはちょっとしたブームになっています。ＭＧＩで取ってきたアプローチは、2つの点で少し違っています。ひとつは、タスクに基づく分解を行って、職業全体ではなくタスクを出発点にしたということです。私たちは、２０００を超えるタスクや活動について、さまざまな情報源を利用して調べました。それにはＯ＊ＮＥＴ［職業情報の総合サイト］のデータセットや、タスクの調査によって得られたその他のデータセットが含まれます。次に、アメリカの労働統計局で追跡調査している８００ほどの職業について、タスクを実際の職業へ対応付けました。

また私たちは、これらのタスクを遂行するために要求される18種類の能力について調べました。ここでいう能力には、認知能力や感覚能力から、そういったタスクを果たすために要求される運動能力まで、さまざまな能力が含まれます。次に、これらの能力を自動化し遂行するためのテクノロジーが現在どの程度まで利用できるか理解しようと試みました。次にそれを再びタスクへ対応付ければ、どのタスクをマシンが遂行できるか示すことができます。調べたのは、私たちが「現時点で実証されたテクノロジー（currently demonstrated technologies）」と呼んでいるものです。実験室内で、あるいは実際の製品として、現実に実証されているテクノロジーを、単なる仮定上の話と区別するためです。典型的な採用率や普及率を仮定して、このような「現時点で実証されたテクノロジー」を調べれば、今後15年程度を見通すことができるのです。

こうした作業から、アメリカ経済のタスクレベルでは、現在人々が行っている活動——職ではなくタスクであることに注意してください——の、大まかに言って50パーセントほどが、原則的には自動化可能であるという結論が得られました。

フォード：つまり、私たちがすでに手にしているテクノロジーに基づいて、労働者が行う作業の半分は今すぐ自動化可能だと思われる、ということでしょうか？

マニカ：現状で、現時点で実証されたテクノロジーに基づいて、50パーセントの活動を自動化することは技術的に可能です。しかし、別の問題もあります。例えば、こういった自動化可能な活動を職業全体とどう対応付ければよいか、といったことです。

そして、職業へ再度対応付けを行ってみると、職業のうちそれを構成するタスクの90パーセント以上が自動化可能なものは、わずか10パーセントほどであることが判明したのです。これはタスクの数であって、職の数ではないことに注意してください。また、職業のうちそれを構成する活動の3分の1程度が自動化可能なものは、60パーセントほどであることも判明しました。その割合は、もちろん職業によって変わってきます。この60と3分の1という数字が示しているのは、大多数の職業はテクノロジーによって置き換えられるのではなく、補完あるいは増強されるということです。このことが、先ほど私が言及した「職の転換」という現象を引き起こします。

フォード：あなたのレポートが公表されたとき、メディアが非常にポジティブな見方をしたことを思い出しました。大部分の職種は部分的にしか影響を受けないので、職の喪失について心配する必要はない、と。しかし例えば3人の働き手がいて、彼らの仕事の3分の1が自動化されると仮定した場合、それは仕事の集約化を招き、3人の働き手が2人に減ることにはならないのでしょうか？

マニカ：そうです、そのことを次に説明するつもりでした。これはタスクの構成の議論です。最初は控えめな数に見えるかもしれませんが、その後さまざまに興味深い形で仕事が再構成される可能性があることに気づくことになります。

例えば、仕事を組み合わせ、集約化することができます。おそらく変曲点に達するためには、ある職業のすべてのタスクが自動化可能である必要はないでしょう。もしかすると、70パーセントのタスクが自動化可能な状態に近づけば、「仕事とワークフローを完全に集約化し、再構成してしまおう」ということになるかもしれません。つまり、最初の計算では控えめな数であっても、仕事が再構成され集約化されると、影響を受ける職種の数は増えてくるのです。

しかし、MGIで私たちが調査の過程に考察した検討事項のいくつかは、これまでの自動化の問題に関する評価では見過ごされていたと思われるものです。ここまで説明したことはすべて、単純な技術的可能性の問いかけであって、そこから50パーセントという数字が得られたわけですが、実際にはそれは問いかける必要のある5つの質問のひとつにすぎないのです。

2番目の質問は、こういったテクノロジーを開発し配備する費用に関するものです。何かが技術的に可能だからといって、必ずしもそれが実現されるわけではないことは明らかです。

電気自動車を見てみましょう。電気自動車が作れることは実証済みであり、実際には50年以上前から技術的には可能だったのですが、現実に登場したのはいつだったでしょうか？　消費者が購入したいと思い、企業が配備したいと思うほど、購入や維持や充電などにかかる費用が十分に手の届く金額になった時点です。そうなったのは、ごく最近のことでした。

つまり、配備の費用は明らかに重要な検討事項ですし、そのシステムが肉体労働を置き換えるのか、それとも認知的な作業を置き換えるのかによって大きく変わってきます。典型的には、認知的な作業を置き換える際のシステムはソフトウェアと標準的なコンピューティングプラットフォームが大半を占めますから、限界費用がかなり速く低下するため、費用はあまりかからないでしょう。

一方、肉体労働を置き換えるには、可動部分のある物理マシンを作る必要があり、値段は下がるにしてもソフトウェアだけの場合ほど速くは低下しないでしょう。ですから、配備の費用が2番目に重要な検討事項になりますし、そのため最初に技術的可能性のみを考慮した場合よりも、配備はゆっくりと進むことになります。

3番目の検討事項は、労働の量と質、さらにそれに関連する賃金を考慮した、労働市場の需要の動力学です。これを説明するために、2種類の職種を考えてみましょう。会計士と庭師です。まず、これまでに説明した検討事項が、これらの職業ではどうなるか見てみましょう。

まず、会計士の仕事はほとんどがデータの分析やデータの収集であるため、かなりの部分を自動化することは技術的に容易ですが、庭師の仕事はほとんどが高度に非構造的な環境における肉体労働であるため、自動化することは技術的に困難です。こういった環境では、なかなか物事は思い通りに——例えば工場のようには——いきませんし、予期せぬ邪魔が入る可能性もあります。ですから、最初の質問として挙げたタスク自動化の技術的困難度は、もとより会計士よりもずっと高いのです。

次は2番目の検討事項である、システムの配備費用です。これは先ほど議論した通りです。会計士の場合に必要なものは、標準的なコンピューティングプラットフォーム上で動作する、限界費用がほぼゼロのソフトウェアです。庭師の場合には、多数の可動部を持つ物理マシンが必要になります。物理的なマシンの配備費用は——たとえ下がったとしても、そしてロボットの場合は実際に下がりつつあるわけですが——会計士を自動化するためのソフトウェアよりも、常に高額となります。

次は3番目の重要な検討事項である、労働の量と質、そして賃金の動力学です。これもまた、庭師の自動化よりも会計士の自動化のほうへ有利に働きます。なぜでしょうか？　アメリカの庭師の平均的な料金は、1時間当たり8ドルほどです。一方、会計士の料金は1時間当たり30ドル程度です。会計士を自動化するインセンティブは、庭師を自動化するインセンティブよりも、最初から非常に高いのです。このように考察してみると、技術的見地からも経済的見地からも、低賃金の職種のほうが実際には自動化が難しいことも大いにあり得る、ということがわかってきます。

フォード：大卒者にとっては、本当に悪いニュースに聞こえますね。

マニカ：まあそう慌てないでください。高賃金と低賃金、あるいは高スキルと低スキル、といった区別はよく見かけますが、私にはそれが役に立つ区別だとは思えないのです。

私が言いたいのは、自動化されそうな活動と、賃金構造やスキル要件といった伝統的な概念は、うまく整合しないことが多い、ということです。行われる仕事が主にデータ収集やデータ分析、あるいは高度に構造的な環境における肉体労働といったものであれば、伝統的な意味で高賃金でも低賃金でも、高スキルでも低スキルでも、いずれにせよその仕事の大半は自動化されるでしょう。一方で、自動化が非常に困難な活動も賃金構造やスキル要件の垣根を越えて存在し、その中には判断や人材管理が要求されるタスクや、高度に非構造的で予測不可能な環境における肉体労働が含まれます。つまり、伝統的に低賃金の職種も高賃金の職種も多くは自動化の危機に瀕していますが、それ以外の伝統的に低賃金の職種と高賃金の職種の多くは自動化を免れるかもしれません。

ここに作用するさまざまな要因を、最後まで説明させてください。4番目の重要な検討事項は、労働の代替以上の利益が得られるかどうかということです。労働に支払う金額を節約したいという理由ではなく、よりよい結果、さらには超人的な成果が得られるという理由で自動化が行われる分野もあるでしょう。例えば、人間の能力では不可能な、よりよい知覚や予測が得られる場合です。

そのうち自律走行車両が人間の運転よりも安全で誤りの少ない段階に達すれば、その一例となるでしょう。人間の能力を超えた性能の向上が見られるようになれば、ビジネスの世界での配備や採用も加速する可能性があります。

5番目の検討事項は、社会規範とでも呼べるものです。これは、直面する可能性のある規制的要因や社会的受容要因を指す、広い意味の言葉です。その好例は、自動運転車に見られます。現在でもすでに、大部分の民間航空機が人間のパイロットによって操縦されている時間は7パーセント以下であるという事実は完全に受け入れられています。それ以外の時間は、飛行機は自動操縦されているのです。たとえパイロットの操縦する時間が1パーセントにまで下がったとしても、そのことを誰も心配していないのは、誰もコックピットの中をのぞくことができないからです。ドアは閉ざされていて、私たちは飛行機の中で席についています。パイロットがいるということは知っていますが、見えないので、人間が飛行機を操縦していてもいなくてもかまわないのです。一方、自動運転車の場合には運転席を実際にのぞくことができて、そこに誰もいないのに車が勝手に走っているとわかると、たいていの人は動揺します。

現在、マシンとの交流を人々が社会的に受容するか、あるいは快適に感じるかということについて、多くの研究が進められています。MITなどでは、社会的受容度の世代による違い、社会的背景による違い、そして国による違いを調査しています。例えば日本などでは、社会的環境に物理マシンが存在することは、他の国々よりも受容されやすいようです。また、例えば世代によってもマシンの受容度が違うことがわかっていますし、さまざまな環境や背景によっても変化します。医療機関へ行ったとき、医者がマシンを使うために奥の小部屋へ入って姿が見えなくなり、その後診断結果を手にして戻ってくる——それはオーケーでしょうか？　大部分の人はそういった状況を受け入れると思います。奥の小部屋で医者が何をしているか、実際にはわからないからです。しかし、部屋の中にスクリーンが下りてきて、そこに診断結果が表示されるけれども、それを説明してくれる人は誰もいないという状況は、心地よいものでしょうか？　たぶん大部分の人は、あまりいい気分ではないでしょう。そのように、社会的背景が社会的受容に影響することは知られていますし、将来こういったテクノロジーがどこに採用され、適用されるかにも影響を与えることになります。

フォード：でも、要するにそれが職業全般にとってどういう意味があるのでしょうか？

マニカ：そうですね、これら5つの重要な検討事項を考察していくと、自動化のペースや程度がかかってくることがポイントです。そして今後なくなっていく職の範囲は、実際にはもっと入り組んだものであり、職業によっても場所によっても異なる傾向があります。

私たちが最近MGIで作成したレポートでは、先ほど説明した各種の要因について考察していますが、特に賃金と費用と実現可能性に注目して、いくつかのシナリオを作成しました。中位シナリオでは、2030年までに全世界で4億もの職が失われる可能性があります。これは恐ろしく大きな数字ですが、全世界の労働人口に対する割合は約15パーセントです。しかしこの数字は、先ほど議論した労働市場の動力学、特に賃金を考慮すれば、発展途上国よりも先進国において高いものとなるでしょう。

しかし、こういったシナリオはすべて、技術の進歩がさらに加速するかどうかによって当然変わってきますし、実際その可能性はあるでしょう。もしそうなったとすると、「現時点で実証されたテクノロジー」に関する前提が成り立たなくなってしまいます。さらに、配備費用が予測よりもさらに速く低下する場合にも、さまざまなことが変化するでしょう。そのため、私たちはこういった幅広い可能性を考慮して、失われる職の数に関するシナリオを組み立てています。

フォード：「生まれる職」に関してはどうでしょうか？

マニカ：「生まれる職」の側面は、これまで経済が成長し活性化する局面では常に労働需要や雇用の伸びが見られたという意味で、興味深いものです。これは過去200年間の経済成長の歴史を通して、民間セクターの活力を伴って経済が成長し、活況を呈していた場面について言えることです。

今後20年程度を見通してみると、労働需要を牽引する比較的確実な要因がいくつか存在します。そのひとつは、より多くの人々が職を得ることによって消費者階級へ参入し、製品やサービスへの需要が高まることによって、世界がますます繁栄することです。もうひとつは高齢化です。高齢化が特定の種類の仕事に対する多大な需要を作り出し、さまざまな職や業務に成長をもたらすことがわかっています。それが給料のいい職種になるかどうかはまた別の問題ですが、介護などの仕事に対する需要が高まることはわかっているのです。

MGIでは、それ以外の触媒要因についても調べています。例えば気候変動に対する備えを強化するためにシステムやインフラの改良が行われるかどうか、ということです。それによって、今の趨勢《すうせい》以上に労働需要が高まる可能性があります。またアメリカなどの社会が、最終的に力を合わせてインフラの成長に取り組み、インフラへの投資を行うことになれば、それもまた労働需要を高めることになります。つまり、仕事は成長する経済から生まれるのであり、労働需要を牽引するこれらの具体的な要因から生まれるのです。

また、職が生まれるのは、過去には存在していなかった新しい職業を私たちが実際に発明し続けているためでもあります。私たちがMGIで行ったおもしろい分析のひとつに――それは私たちの学術顧問のひとり、ハーバードのディック・クーパーに触発されたものですが――労働統計局のデータの調査があります。これには通常800程度の職業が列挙されており、常に一番下には「その他」という行があります。この「その他」と呼ばれる種々雑多な職業には、その調査期間にはまだ定義されていない職業、かつては存在しなかった職業で、適切な分類ができなかったものが反映されています。例えば、1995年の労働統計局のリストを見ると、ウェブデザイナーは「その他」に入っているはずです。その職業はそれまで想像されたこともなかったため、分類されていないのです。興味深いのは、この「その他」が最も急速に成長する職業カテゴリーだということです。私たちは、かつて存在しなかった職業を常に作り出し続けているのです。

フォード：それは、かなりよく聞く議論ですね。例えば、たった10年前には、ソーシャルメディア関連の職種は存在しませんでした。

マニカ：その通りです！　アメリカでは10年単位で見て、少なくとも8パーセントから9パーセントの職は直前の期間には存在していませんでした。私たちはそれらの職を作り出し、発明してきたのです。それがもうひとつの職の源泉となります。それがどんなものになるかは想像もできませんが、存在することになるということはわかっているのです。このカテゴリーには新しいタイプのデザイナーや、マシンやロボットのトラブルシューティングや管理を行う人が含まれるだろうと考える人たちもいます。こういった未定義の、新たな職の集合が、仕事を生み出すもうひとつの原動力となるのです。

生まれる職の種類を調べ、こういったさまざまな動力学を考慮してみると、経済が悪化して大不況がやってこない限り、生まれる職の数は失われる職を補って余りあるほど大きいものになります。ただし、こういったテクノロジーの開発や採用が大幅に加速するとか、大規模な景気低迷に陥るとか、変数の一部が破滅的に大きく下振れしない限りは、という条件が付くのはもちろんのことです。こういった事態が複合して発生すれば、失われる職のほうが生まれる職よりも多くなってしまうことでしょう。

フォード：それはわかりましたが、雇用統計によれば、大部分の労働者はレジ係、トラック運転手、看護師、教師、医師、事務員など、比較的伝統的な領域で雇用されているのではありませんか？　そういった職種は100年前からありますし、今でもそのような領域で労働人口の圧倒的多数が雇用されています。

マニカ：はい、まだ経済はかなりの部分、そういった職業から成り立っています。その一部は減少傾向にあり、いくつかは完全に消滅することになるでしょうが、一部の人が予測しているほど急激には消滅しないことは確かです。実は、大規模な職の減少が起こった時期を、私たちは過去200年間にわたって調べています。例えば、アメリカの製造業に起こったこと、農業から工業化社会への移行について調査したのです。私たちはさまざまな国における20の大規模な職の減少について調査し、それぞれの場合に起こったことを、自動化やAIによる職の減少シナリオの幅と比較しました。すると、現在予測される職の減少幅は、少なくとも今後20年間は、標準値から外れたものとはならないことがわかったのです。それ以降のことは、誰にわかるでしょうか？　いくつかの極端な仮定を置いた場合であっても、歴史的に見られた移行の幅に十分収まっているのです。

少なくとも今後20年ほどの間に大きな問題となるのは、全員に十分な仕事があるかどうかということです。先ほども議論したようにMGIでは、非常に極端な仮定をしない限り、全員に十分な仕事があるという結論が得られています。私たちが自分自身に問わなくてはならない、もうひとつの重要な質問があります。それは、減少していく職業から増加していく職業への転換の規模はどれほど大きいものになるだろうか、ということです。ある職業から別の職業への移動はどれほどのレベルになるでしょうか、そして職を失う人と比較して、どれほど多くの労働人口が人を補完するマシンに適応し適合する必要に迫られるのでしょうか？

私たちの研究に基づけば、スキル獲得や教育やオンザジョブ・トレーニングの点で、こういった転換に対応する準備が現状で十分に整っているとは言えません。現実に私たちが懸念を感じているのは、「十分な仕事はあるだろうか」という問題ではなく、この転換の問題のほうなのです。

フォード：それでは、今後厳しいスキルミスマッチのシナリオが現実のものとなる可能性があるのでしょうか？

マニカ：はい、スキルミスマッチは大きな問題です。セクターや職業の変化に伴って、人々がある職業から別の職業へと移動し、より高い、より低い、あるいはまったく異なるスキルに適合せざるを得なくなります。

この転換を、例えばアメリカ国内のセクターや地理的立地の問題ととらえれば、十分な仕事はあることになるでしょう。しかし、もう少し具体的に、どこに仕事がありそうかを調べてみれば、地理的立地のミスマッチの可能性が出てきます。一部の場所では、他の場所よりも状況が悪くなりそうなのです。このような転換は極めて大規模なものになりそうですが、それに対する準備ができているかどうかはよくわかりません。

賃金への影響も、もうひとつの重要な問題です。起こりそうな職業の変化を調べてみると、減少しそうな職業の多くは会計士など中賃金の職業であることがわかります。給料のいい職業の多くには、何らかの形のデータ分析が含まれます。また高度に構造的な環境、例えば製造業での肉体労働も含まれます。そして、賃金のスペクトラム上のそのような場所に、減少傾向にある職業の多くが位置しているのです。一方、増加傾向にある職業の多く――先ほどお話しした介護職など――は、現状の賃金構造においては、あまり給料のいい職業ではありません。そのような職業構成の変化は、深刻な賃金の問題を引き起こすことになりそうです。そういった賃金の動力学の根本にある市場メカニズムを変更するか、そういった賃金構造を形成する別のメカニズムを開発するか、どちらかを行う必要があるでしょう。

賃金の問題について懸念すべきもうひとつの理由を明らかにするために、技術者として私たちの多くがこれまで言ってきたことをもっと掘り下げて考えてみましょう。私たちが「いいえ、それについて心配する必要はありません。職が置き換えられるのではなく、マシンが人間の仕事を補完することになるのです」と言うとき、それは本当のことだと私は思っていますし、私たち自身がMGIで行った分析も、60パーセントの職業でマシンによって自動化される活動は3分の1程度であり、人々がマシンと共存して働けることを示しています。

しかし、賃金を念頭においてこの現象を調べてみると、話はそう単純なものではなくなってきます。人がマシンに補完されるときには、さまざまな結果が起こり得るからです。例えば、高度なスキルを持つ作業者がマシンに補完され、マシンが最善の働きをし、人間は引き続きマシンにはできない高付加価値の仕事をするとすれば、それはすばらしいことです。その仕事の賃金はおそらく上がることになるでしょうし、生産性は向上し、すべては丸く収まって、すばらしい結果となります。

しかしその対極には、人がマシンに補完され、たとえ仕事の30パーセントであっても、その仕事のすべての付加価値部分をマシンが行う場合が存在します。その場合、人間に残されるのはスキルが単純化された複雑ではない仕事です。それによって、賃金の低下が引き起こされるおそれがあります。かつては専門的なスキルや認定資格が要求されたタスクを、はるかに多くの人々ができるようになるからです。つまり、その職業にマシンを導入することは、その職業の賃金に下向きの圧力を掛ける可能性があるのです。

仕事の補完は、このようにさまざまな結果を引き起こしますが、私たちはうまくいった場合だけを取り上げてほめそやし、それとは対極にあるスキルの単純化にはあまり触れようとしない傾向があります。ちなみに、継続的なスキル再獲得の難易度もさらに増加します。人々は常に進化し能力を増し続けるマシンと一緒に働くわけですから。

フォード：その好例は、ロンドンのタクシー運転手にGPSが与えた影響ですね。

マニカ：はい、それはすばらしい例ですね。労働の供給を制限していた要素は、実際にはロンドンのタクシー運転手が暗記していたすべての街路や近道の「知識」でした。そのスキルの価値がGP

Sによって奪われると、残るのは単なる運転です。そしてA地点からB地点まで車を運転して人を送り届けることは、他の多くの人にもできることです。

もうひとつの例、スキルの単純化の古い形として、コールセンターのオペレーターについて考えてみましょう。かつては、お客様の役に立つためにコールセンター員は自分の話すことを、多くの場合は技術的なレベルまで、本当に知っている必要がありました。しかし現在では、その知識はオペレーターの読み上げるスクリプトに埋め込まれています。残った仕事の大部分は、単にスクリプトを読み上げることだけです。オペレーターは、少なくとも以前のようには、技術的な詳細について本当に知っている必要はありません。スクリプトをたどって読み上げられればそれで十分で、特別なケースの場合には深い知識を持つ専門家にエスカレーションしてしまえばよいのですから。

このような例は、サービスの仕事やサービス技術者の仕事には、たくさんあります。このコールセンターの例でも、あるいは実際に現場へ行って修理を行う場合でも、その仕事の一部にはこういった大幅なスキルの単純化が起こるのです。知識がテクノロジーやスクリプト、あるいは問題解決に必要とされる知識を包含する何らかの手段に埋め込まれてしまうからです。結局、残るのは非常に単純化されたスキルだけです。

フォード：まとめると、あなたは失業そのものよりも賃金への影響に対して、より多くの懸念を抱いている、ということでしょうか?

マニカ：もちろん、いつでも失業は心配の種です。雇用に関してゲームオーバーとなってしまうような、特別ケースのシナリオが生じる可能性は常にあるからです。しかし私がもっと心配しているのは、スキル移行や職業移行など労働人口の転換の問題であり、人々がこのような転換を乗り越えられるようにどのような支援をしていけばよいか、ということです。

賃金の影響についても心配しています。労働市場で仕事を評価する方法を進化させなくてはいけません。ある意味、この問題は以前からあったものです。私たちは皆、自分の子どもの世話をしてくれる人は大事だとか、教師は大事だなどと言っています。しかし、そういった職業の賃金構造に、その大事さが反映されることはほとんどありません。そしてこの乖離《かいり》はもうすぐさらに大きなものになりそうです。増加が予想される職業の多くは、そういったものだからです。

フォード：先ほどおっしゃったように、それが消費者需要の問題を引き起こせば、それだけでも生産性や成長を押し下げることになりかねませんね。

マニカ：その通りです。それによって、さらに労働需要が冷え込むという悪循環が起きることになるかもしれません。私たちは素早く行動する必要があります。スキルの再獲得やオンザジョブ・トレーニングが非常に重要である最大の理由は、そういったスキルがかなり急速に変化するため、かなり急速に適応していく必要があるからです。

すでに問題は起こっています。私たちは調査の中で、こんなことを指摘しました。どの先進国でもオンザジョブ・トレーニングに費やされる金額を調べると、そのレベルは過去20~30年間、低下する一方です。近い将来、オンザジョブ・トレーニングがさらに重要となることを考えれば、これは本当に重大な問題です。

また、調査可能なもうひとつの指標に、一般に「積極的労働市場支援」と呼ばれるものがあります。これはオンザジョブ・トレーニングとは別物で、ひとつの職業から別の職業への転換に伴う離職期間中に労働者に提供される支援のことです。これは、最近のグローバリゼーションの中で毀損《きそん》されてしまったもののひとつだと私は思います。

グローバリゼーションについては、それが生産性にとって、経済成長にとって、消費者の選択にとって、そして製品にとって、いかにすばらしいものであるかを一日中語り続けることもできます。それはすべて正しいのですが、グローバリゼーションを労働者の目からとらえなおしてみると、問題が見えてきます。離職した労働者への支援は、効果的に提供されませんでした。グローバリゼーションの痛みが特定の地域やセクターに限定されたものであることがわかったとしても、実在の多くの人々やコミュニティに影響する大きな問題であることに変わりはありません。2000年にあなたが9人の友人とともにアメリカで衣服製造の仕事をしていたとすると、10年後にはそのうち3人分の職しか残っていないことになります。同じことは、織物工場についても言えます。ミシシッピ州のウェブスター郡では、主要産業であった衣服製造業の衰退により職の3分の1が失われました。おそらく全体レベルではうまくいくだろうと言うことはできますが、もしあなたがこういった特に大打撃を受けたコミュニティの労働者のひとりだったとすれば、心穏やかではいられないでしょう。

こういった仕事の転換によって失業してしまい、ある職から別の職へ、ある職業から別の職業へ、あるスキルセットから別のスキルセットへと移行する必要のある労働者も、これからそうなる労働者も、どちらも支援する必要があるということであれば、私たちはすでに出遅れていることになります。ですから、労働者の転換という問題は本当に大事なのです。

フォード：いま指摘されたポイントは、失業したり転換したりする労働者への支援が必要になるということですね。そうするために、ユニバーサルベーシックインカム（ＵＢＩ）が役に立つ可能性があるとお考えでしょうか？

マニカ：私はユニバーサルベーシックインカムに対して、相反する思いを持っています。それについて議論されているのは良いことだと思います。それは賃金や収入の問題が存在する可能性を認めることであり、世界中で論争を巻き起こしているからです。

ユニバーサルベーシックインカムの問題点は、仕事が持つ幅広い役割が見逃されていると私には思えることです。仕事は複雑なものであり、収入をもたらすだけでなく、さまざまな他のことに関係します。仕事は意味、尊厳、自尊心、目的、コミュニティ、社会的影響など、たくさんのものをもたらしてくれます。UBIに基づく社会では、賃金の問題は解決されるかもしれませんが、仕事によって得られるそれ以外の側面は必ずしも解決されないでしょう。また、なされるべき仕事がまだたくさん残っていることも忘れてはいけません。

私の心にずっと残っていて、とても魅力的に感じられる言葉があります。その言葉を生んだリンドン・B・ジョンソン大統領の「テクノロジーと自動化および経済的進歩」に関するブルーリボン委員会には、偶然にもボブ・ソローが含まれていました。その言葉とは、レポートの結びにある「基本的な事実として、テクノロジーによって職はなくなるが、仕事はなくならない」という文章です。

フォード：常になされるべき仕事は存在するけれども、それが労働市場で尊重されるとは限らないということですね。

マニカ：そのような仕事が労働市場に登場するとは限りません。介護の仕事について考えてみてください。大部分の社会では女性の仕事とされる傾向があり、しかも無報酬で行われることが多いのです。そのような介護の仕事の価値を労働市場に、そして賃金や収入の議論に、反映させるにはどうすればよいのでしょうか？　仕事は将来も存在し続けるでしょう。それが収入の得られる仕事であるか、あるいは仕事として認識され、それに応じて補償されるかどうかが問題なのです。

UBIが賃金と収入に関する議論を引き起こしている点は良いと思いますが、それが仕事の問題の解決策としてどれほど効果的なものかどうか、私にはよくわかりません。イニシアティブ、目的、尊厳といった重要な要因を反映した活動と賃金を確実にリンクさせる、条件付き給付のような方法を考えるほうが良いと思います。目的や意味、尊厳といった問題が、最終的には私たちのよりどころとなるのかもしれませんから。

※10　ロバート・ゴードンの2017年の著書『アメリカ経済 成長の終焉』上下（ロバート・J・ゴードン著、高遠裕子／山岡由美訳、日経BP社、2018年）では、アメリカの将来の経済成長に関して非常に悲観的な見方をしている。

［邦訳参考書籍］

『マッキンゼーが予測する未来――近未来のビジネスは、4つの力に支配されている』（リチャード・ドッブス／ジェームズ・マニーカ／ジョナサン・ウーツェル著、吉良直人訳、ダイヤモンド社、2017年）

ジェイムズ・マニカはマッキンゼー・アンド・カンパニーのシニアパートナーであり、マッキンゼー・グローバル・インスティテュート（MGI）の会長である。ジェイムズはマッキンゼーの役員も務めている。20年以上にわたってシリコンバレーに拠点を置くジェイムズは、世界をリードする数多くのテクノロジー企業の最高経営責任者や創業者とともに、さまざまな課題に取り組んでいる。MGIでジェイムズは、テクノロジーやデジタルエコノミー、さらには成長や生産性、そしてグローバリゼーションの研究を主導している。彼にはAIやロボット工学に関する著書と、グローバルな経済のトレンドに関する著書があり、ビジネスメディアや学術専門誌に数多くの記事やレポートを執筆している。

ジェイムズはオバマ大統領によってホワイトハウスのグローバルディベロップメントカウンシルの副委員長（2012-16）に指名され、アメリカ合衆国商務省によってデジタルエコノミー委員会と国家イノベーション委員会の委員に任命された。彼は外交問題評議会、マッカーサー基金、ヒューレット財団、そしてマークル財団の理事を務めている。

また彼はオックスフォード・インターネット・インスティテュート、デジタルエコノミーに関するMITイニシアティブなどの学術顧問を務めている。彼はスタンフォードに本拠を置く「人工知能100年研究」の常任理事であり、AIIndex.orgチームのメンバーであり、ディープマインドのフェローである。

ジェイムズはかつてオックスフォード大学の工学部に在籍し、プログラミング研究グループとロボット工学研究所のメンバー、オックスフォード大学ベイリオルカレッジのフェロー、NASAジェット推進研究所の客員研究員、そしてMITの交換客員教授を歴任した。ジェイムズはローズ奨学生であり、ロボット工学と数学、そしてコンピューターサイエンスの博士号と修士号をオックスフォード大学から、アングロアメリカン奨学生として電気工学の学士号をジンバブエ大学から、授与されている。

「こういったビッグデータを基盤とするシステムへデータを加えていくだけで、マンハッタンでの運転に必要なレベルの精度が得られるとは思えません。精度99・99パーセントには達するかもしれませんが、人間にはまったく及びません」

GARY MARCUS
ゲアリー・マーカス

ジオメトリック・インテリジェンス社創業者兼CEO［元］
ニューヨーク大学心理学および神経科学教授

ゲアリー・マーカスは、かつてジオメトリック・インテリジェンス（Geometric Intelligence）という機械学習企業（ウーバーに買収された）の創業者兼CEOを務めていた。ニューヨーク大学の心理学と神経科学の教授であり、『The Future of the Brain』（未邦訳）やベストセラーとなった『Guitar Zero』（未邦訳）といった数冊の本の編著者である。ゲアリーはこれまで主に、子どもがどのように言語を学習し身につけるのかを研究してきた。彼は現在、人間の心から得られた知見が人工知能の分野でどのように利用できるかを研究している。

フォード：あなたは著書の『脳はあり合わせの材料から生まれた』（邦訳早川書房）で、脳は不完全な臓器だと書かれていますね。つまり人間の脳を完璧にコピーしても、ＡＧＩが達成できるわけではないとお考えなのでしょうか？

マーカス：はい、人間の脳や、脳の非効率な点をすべて再現する必要はありません。現在のマシンより人間のほうがはるかに上手にできることはいくつかありますし、そこから学ぶこともできますが、コピーする必要のないこともたくさんあるのです。

私はＡＧＩシステムをなるべく人間に似たものにしようと思っているわけではありません。しかし現在のところ、非常に広い範囲のデータに基づいた推測や計画が行え、それに関して非常に効率よく議論のできるシステムは人間しか知られていませんから、人間がどうやってそのようなことをしているのか、調べてみる価値はあるでしょう。

『The Algebraic Mind』（未邦訳）というタイトルで２００１年に出版された最初の著書では、ニューラルネットワークと人間を比較しました。私はニューラルネットワークを改良するにはどうすればいいか考察しましたが、その議論は現在でも非常に意味あるものだと思っています。

私の次の著書は『心を生みだす遺伝子』（邦訳岩波書店）で、遺伝子が私たちの心の中に先天的な構造をどうやって作り出すかを解き明かそうとするものでした。これは、心には最初から重要なものが組み込まれているというノーム・チョムスキーとスティーヴン・ピンカーの思想の系譜を継ぐものです。この本では、生得説［人間には生まれながらに基本的な言語機能が備わっているとするチョムスキーの言語生得説］が分子生物学と発生神経科学にとってどんな意味を持つのかを解き明かそうとしました。ここでも、こういったアイディアは現在でもきわめて意味あるものだと私は考えています。

２００８年には『脳はあり合わせの材料から生まれた』という本を出しました。この本に出てくる「クルージ」という言葉は昔からエンジニアが使っていた言葉で、不格好な問題解決策を意味します。私はこの本で、実際には人間の心も多くの点でそういったものであると論じました。人間が最適な存在であるかどうか――私は明らかに違うと思うのですが――という議論を検証し、進化論的な観点から、私たちが最適な存在ではない理由を解き明かそうとしています。

フォード：それは、進化というものは既存の枠組みから出発して、それに基づいて組み立てられるものだからですよね？　最初に戻ってゼロからすべてを再設計することはできないわけですから。

マーカス：その通りです。この本の大部分は、私たちの記憶構造がどうなっているのか、そして他のシステムと比べてどうなのか、という議論にあてられています。例えば、私たちの聴覚システムは、理論的に可能な最適解に、非常に近いものです。また目も理論的な最適解に近いものです――驚くべきことに、条件さえ整えば、光子1個でも光として検出できるほどです。しかし私たちの記憶は、最適ではありません。

シェークスピアの全作品をコンピューターにアップロードすることは、あっという間にできます。それどころか、これまでに書かれたほとんどすべての文献をアップロードするのもあっという間でしょう。そしてコンピューターは、忘れるということがありません。容量の面からも、保存した記憶の安定性という面からも、私たちの記憶は理論的な最適解とはほど遠いものです。私たちの記憶は、時間とともに薄れていく傾向にあります。毎日同じ場所に駐車していると、今日どこに駐車したのか思い出せなくなります。今日の記憶を昨日の記憶と区別できなくなるからです。コンピューターには、そのような問題はまったくないでしょう。

この本で私が論じたのは、人類がそのようなボロボロの記憶能力しかもっていない理由を、私たちの祖先が記憶に何を求めていたかという観点から、検証し解き明かすことができるということです。それは、例えば「山のふもとよりも上のほうにたくさん食料がある」といった、大雑把な統計的概要のようなものでした。その記憶が具体的にどの日のものかを覚えている必要はなく、山のふもとよりも上のほうが豊作であるという一般的な傾向さえつかめればよかったのです。

脊椎動物は、そのような記憶を進化させてきました。それに対してコンピューターが利用するのは位置参照可能記憶であり、記憶のどの場所もどんな目的のために使われるか決まっています。そのためコンピューターでは、互いに混じり合うことなく、無限とも言える情報が保存できるのです。人間は進化の連鎖の中で違った道をたどってきました。このシステムをゼロから位置参照可能記憶に作り替えるとしたら、膨大な数の遺伝子を変更する必要があるという意味で、非常に高くつくことになるでしょう。

ハイブリッド的なシステムを作り上げることも実際には可能です。ググルはハイブリッド的なシステムであり、基盤としての位置参照可能記憶の上に、私たちが持っているのと同じ手がかり参照可能記憶が乗っかっています。それは、はるかに優れたシステムです。私たちと同じように、ググルは手がかりから記憶を引き出すことができますが、それに加えて何がどこにあるのかを示すマスターマップを持っていますから、あやふやにゆがんだ答えではなく、正確な答えを出すことができるのです。

フォード：それについて、もう少し詳しく説明していただけますか？

マーカス：手がかり参照可能記憶では、他の要素によって記憶が呼び出されたり、促進されたりします。その中には、姿勢依存記憶のようにクレイジーなものまであります。これは例えば、立った状態で何かを学習すると、寝た状態よりも立った状態のほうがよく思い出せる、というものです。そして、悪名高い状態依存記憶というものもあります。例えば、酔っぱらった状態で試験勉強をした場合には、試験を受けるときも酔っぱらっていたほうが実際に良い結果が出るかもしれません。おすすめはしませんが。ポイントは、あなたの周りの状態や手がかりがあなたの記憶に影響を与えるということです。

その一方で、人は「317番地の記憶」とか、「私が1997年3月17日に学んだこと」のような思い出し方はできません。人間は、コンピューターと同じ方法で記憶を引き出すことはできないのです。コンピューターが持っているインデックスは、実際には私書箱のようなもので、例えば私私書箱972号に入れたものは、意図的に書き換えない限り、いつまでもそこに存在します。例えば私たちの脳は、それとは似ても似つかないやり方で記憶を管理しています。脳は、個別の記憶がどこに保存されているのかを示す内部的な参照システムを持っていません。その代わりに、オークションのようなことをしているように見えます。「晴れた日に車の中ですべきことについて、何か情報を与えてくれそうなものはありますか?」といった感じです。それに対して知らず知らずのうちに、少なくとも意識的ではなく、脳の中に物理的に保存された場所から一連の関連する記憶が引き出されるのです。

問題は、ときどき記憶が混じり合ってしまうことです。そのため、例えば目撃証言などに問題が生じます。特定の瞬間に何かが起こった状況を、その後考えたことやテレビで見たこと、新聞で読んだこととときっちり分けて、記憶し続けることは実際にはできません。別々に保存されているわけではないので、これらはすべて混じり合ってしまうのです。

フォード：それはおもしろいですね。

マーカス：『脳はあり合わせの材料から生まれた』で一番言いたかったことは、基本的に2種類の記憶が存在し、人間はあまり役に立たないほうの記憶ばかりを使っている、ということです。さらに、進化の歴史で一度そうなってしまったからには、ゼロからやり直すことはほとんどできそうにないので、その上に付け足すしかない、とも論じています。これはスティーヴン・ジェイ・グールドの、有名なパンダの親指の話に似ています［パンダは指が6本あるように見えるがその親指は大きく発達した撓側種子骨（とうそくしゅしこつ）にすぎないという話がグールドのエッセイ『パンダの親指』（邦訳早川書房）にある］。

そういった記憶を持っていると、例えば確証バイアスのような余計なものも付いてきます。確証バイアスとは、自分の考えと一致しない事実よりも、自分の考えと一致する事実のほうが記憶しやすいというものです。コンピューターはそのようなことをする必要はありません。コンピューターは、ある郵便番号と一致するものすべて、あるいは一致しないものすべてを検索できます。NOT演算子が使えるのです。コンピューターを使えば、私と同じ郵便番号区域に住む40歳以上の男性すべてを検索できますし、同じようにその基準に当てはまらない人すべてを検索することもできます。それ以外の検索は、ずっと難しいのです。手がかり参照可能記憶を使っている人間の脳は、データに一致するものしか検索できません。それ以外の検索は、ずっと難しいのです。

私がある考えを持っていれば、その考えに一致する材料を見つけることはできますが、一致しないものは簡単には心の中に浮かんできません。そういったものをシステマティックに検索することはできないのです。これが確証バイアスです。

もうひとつの例はフォーカシング・イリュージョンです。私が2つの質問を、特定の順番でしたとしましょう。まず「結婚にどれだけ満足していますか」と質問し、次に「人生にどれだけ満足していますか」と聞くこともできますし、その逆の順番で聞くこともできます。最初に「結婚にどれだけ満足していますか」と聞くと、それが人生一般についての考え方に影響してしまいます。その2つの質問を、完全に分離できることが望ましいのですが。

フォード：それはダニエル・カーネマンのアンカリング理論に似ていますね。人にランダムな数字を示すと、その数字がその人のあらゆる予想に影響を与えると彼は言っています。

マーカス：そうです、それはひとつのバリエーションです。マグナカルタが署名されたのはいつですか、と質問する前に、お札に書いてある番号の下3桁を見てもらうと、そのお札の3桁の数字が記憶にアンカリングされるのです。

フォード：あなたの経歴は、AI分野にいる他の多くの人とはだいぶ違っていますね。初期の研究では人間の言語とそれを子どもが学ぶ過程に注目されていましたが、最近はスタートアップ企業を共同で創業され、ウーバーのＡＩ研究所の立ち上げに参加されています。

マーカス：私はちょっとジョゼフ・コンラッド（１８５７-１９２４）〔イギリスの小説家〕に似ていると感じています。彼はポーランド語を話しましたが、英語で本を書きました。ネイティブスピーカーではありませんでしたが、英語を使いこなすことには非常に長《た》けていました。同様に私も自分のことを機械学習やＡＩのネイティブスピーカーだとは思っていませんが、認知科学からＡＩへやってきた、新しい見方ができる人間だと考えています。

　私は子どものころコンピューターのプログラミングに夢中になり、人工知能についてもいろいろと考えていましたが、大学院へ行くころには人工知能よりも認知科学のほうに興味を持つようになりました。大学院では、スティーヴン・ピンカーの下で認知科学を研究し、子どもが言語の過去時制をどのように学ぶかを調べたり、それを検証するために当時存在した深層学習の先祖、つまり多層や２層のパーセプトロンを使ったりしていました。

　１９８６年、デイヴィッド・ラメルハートとジェイムズ・Ｌ・マクレランドが「ＰＤＰモデル：認知の微細構造の探索（Parallel Distributed Processing: explorations in the microstructure of cognition）」というタイトルの論文を発表し、ニューラルネットワークが英語の過去時制を学習できることを示しました。ピンカーと私がその論文を少し詳しく調べたところ、ニューラルネットワークは過度に規則化を行って「goed」とか「breaked」とか子どもがするような間違いをしがちであるという点は正しかったのですが、いつどのようにそんな間違いをするかは実際と大きく違っていたのです。私たちはその論文に対して、子どもはルールとニューラルネットワークのハイブリッドを利用しているという仮説を立てました。

フォード：おっしゃっているのは語尾の不規則変化のことですね。そういう単語を子どもは間違って規則変化させてしまうことがあります。

マーカス：そうです、子どもは不規則動詞を規則変化させてしまうことがあるのです。かつて私は、子どもたちが過去時制動詞を使って自分の親に話しかける1万1000の発話について、自動化された機械駆動の分析をしたことがあります。その研究では、いつ子どもたちがこのような過度な規則化の間違いをするかを調べ、間違いの時間経過をプロットし、どの動詞が間違われやすいかを調べました。

私たちの論旨は、子どもたちは規則変化動詞のルールを持っているようだ、ということでした。例えば、子どもたちは語尾に「-ed」を付けることを知っていますが、それと同時に不規則動詞を扱う連想記憶のようなもの——現代のニューラルネットワークのようなものだと考えてください——も持っているのです。つまり、動詞「sing」の過去形を「sang」と語形変化させるときには、単にその記憶を利用しているのかもしれません。「sing」と「sang」を記憶していれば、「ring」と「rang」を覚える際にも役立つでしょう。

しかし、例えば口紅を塗るという意味の「rouge」のように、それまで聞いたことがないような単語を語形変化させようとすると、その単語は聞き覚えのある単語とは必ずしも似ていません。それでも「-ed」を付けるという知識はあるので、「Diane rouged her face yesterday」のように言えるわけです。

要するに、ニューラルネットワークは類似性に基づいて行える処理を非常に得意としている一方で、類似性がなくルールの理解が必要な処理は非常に不得意なのです。この研究が行われたのは1992年でしたが、25年後の現在でもその点は変わっていません。大部分のニューラルネットワークには非常にデータ依存であるという問題を引きずっていて、トレーニングされたことに関して高レベルの抽象概念を導出することができないのです。

ニューラルネットワークはさまざまなありふれたケースをとらえることはできますが、ロングテール分布を考えた場合、テールの部分が非常に不得意です。キャプション生成システムの例で言うと、単純にそれと似た画像がたくさんあるという理由から、特定の画像を子どもたちがフリスビーで遊んでいるところだと判断することはできるかもしれません。しかしステッカーがべたべた貼ってある駐車標識を見せると、食料や飲み物の入った冷蔵庫だと判断したりするのです。実際にグーグルキャプションはそのような結果を出しました。データベースにはステッカーが貼られた駐車標識の実例があまりなかったので、惨めな結果を出してしまったのです。

中核的な状況以外はうまく一般化できないというニューラルネットワークの重要な問題に、私はこれまでずっと関心を持ち続けてきました。私の見るところ、機械学習の分野でまともな取り組みはまだ行われていないようです。

フォード：人間の言語と学習を理解することは、あなたの研究の中で明確な柱のひとつとなっていますね。現実世界で実験をされたことはあるのでしょうか？

マーカス：人間の一般化能力を解き明かすという観点から長年行ってきたその研究の一環として、1999年に子どもや大人、そして赤ちゃんを対象とした調査を行ったところ、人間が非常に優れた抽象化能力を持っていることを示すことができました。

赤ちゃんを対象とした実験では、7か月児が人工的な文法を2分間聞くと、その文法によって構築される文のルールを認識できることを示しました。赤ちゃんは、例えば「ラ・タ・タ」とか「ガ・ナ・ナ」といったA-B-B文法の文を2分間聞くと、「ヲ・フェ・ヲ」は異なる文法（A-B-A文法）であること、それに対して「ヲ・フェ・フェ」は先ほど聞いた文と同じ文法であることに気づくのです。

その測定は、見つめる時間の長さによって行われました。文法を変えると、赤ちゃんの見つめる時間が長くなることに私たちは気づいたのです。この実験から、非常に早い時期から赤ちゃんには言語領域のかなり深い抽象概念を認識する能力があることが、本当の意味で確認されました。後に別の研究者が、新生児も同じことができることを示しています。

フォード：あなたはＩＢＭのワトソンに非常に関心を持たれて、そのためＡＩの分野に戻ってこられたそうですね。なぜワトソンが人工知能へのあなたの関心を再燃させたのか、聞かせていただけますか？

マーカス：私はワトソンについて懐疑的だったので、２０１１年に「ジェパディ！」［クイズ番組］で初めて優勝したときには本当に驚きました。私は科学者として、自分がした間違いには関心を払うように自分を戒めていますし、現在のＡＩには自然言語理解はあまりにも難しすぎると思っていました。ジェパディ！でワトソンが人間に勝つことはできないはずだったのに、勝ってしまったのです。そのため、私はもう一度ＡＩについて考えるようになりました。

　ワトソンがジェパディ！に勝てたのは、それが実際には見かけよりも狭いＡＩの問題であったためだと最終的に私は理解しました。それがほとんどすべての答えになっています。ワトソンの場合には、ジェパディ！の解答の約95パーセントがウィキペディアのページのタイトルになっているために勝てたのです。言語を理解したり推論したりする代わりに、限定された集合、つまりウィキペディアのタイトルとなっているページの情報検索を行えば、大部分の答えは出てきます。実際には素人が考えるほど難しい問題ではなかったのですが、私がＡＩについて再考するきっかけとなるには十分に興味深い出来事でした。

　ほぼ同じ時期に、私は「ザ・ニューヨーカー」に記事を書き始めました。その中には、神経科学、言語学、心理学、そしてもちろんＡＩについて書いた記事もたくさんあります。私は記事を書くとき、認知科学やその周辺分野——心や言語の働き、子どもの心の発達過程など——について私が知っていることを活用して、ＡＩをよりよく理解し、人々の誤解を解くよう心がけていました。
またその時期、私はＡＩについてさらに多くの記事を書き、考えることも始めました。ひとつは、レイ・カーツワイルの著書を批評した記事です。別の記事では自動運転車を取り上げ、制御を失ったスクールバスが自分のほうへ突っ込んできたら自動運転車はどんな判断をするのか考察しました。また、非常に先見的な、深層学習を批判した記事も書きました。そこで私は、深層学習はたくさんあるツールのひとつであってＡＩの完全な解決策ではないことを私たちはコミュニティとして理解しなくてはならないと思う、と述べています。5年前にその記事を書いたとき、機械学習に抽象化や因果的推論ができるようにはならないと思うと私は言いました。注意深く観察すると、いまだに深層学習が苦手としているのは、まさにそのような問題であることが見て取れます。

フォード：あなたが２０１４年に創業された会社、ジオメトリック・インテリジェンスについてお聞かせください。この会社は結局ウーバーに買収され、その直後にあなたはウーバーに移ってＡＩ研究所の所長に就任しましたね［その後辞任］。そのいきさつについてお話しいただけますか？

マーカス：２０１４年1月のことですが、ＡＩについて記事を書くだけでなく、実際に自分の会社を立ち上げてみるべきだという考えが浮かんだのです。私は何人か、すばらしい人材をリクルートしました。その中には私の友人であり、世界でも有数の機械学習の権威であるズービン・ガーラマニもいました。その後数年間、私は機械学習企業の運営に没頭していました。私は機械学習について多くを学び、よりよく一般化を行うためのアイディアをいくつか作り込みました。それが私たちの会社の核心的な知的財産となりました。私たちは多くの時間を費やして、データからより効率よく学習するアルゴリズムを作り出そうとしていました。
深層学習は、問題を解くために必要とするデータ量の点から見れば、信じられないほど貪欲なものです。囲碁のゲームなど、人工の世界ではうまくいきますが、現実世界ではそれほどうまくはいきません。データの収集が難しかったり、費用が掛かりすぎたりすることが多いからです。私たちは多くの時間を費やしてこの点の改良を試み、いくつかすばらしい結果を得ました。例えば、MNIST文字認識タスクのような任意のタスクを、深層学習の半分のデータで学習できたのです。

その評判が伝わって、最終的に私たちは2016年12月にウーバーに買収されました。こういった経験から、私は機械学習について、その強みと弱みを含め、かなりの知識を得ました。私は短期間ウーバーで働き、ウーバーAI研究所の立ち上げを手伝ってから、次の道へ進みました。それ以来、私はAIと医療をどのように組み合わせられるか研究し、またロボット工学に関しても大いに考えています［2019年にはロドニー・ブルックスらとロバストAI（Robust.ai）を共同創業、CEOとなった］。

2018年1月、私は2本の論文※11を書くとともに、数本の記事を「ミディアム」に投稿しました。ひとつは深層学習に関するもので、深層学習は非常によく使われていて現時点ではAIにとって最善のツールではあるが、それによってAGI（汎用人工知能）は実現できないだろう、というものでした。もうひとつの記事は生得説に関するもので、少なくとも生物学の世界では、心臓でも腎臓でも脳でも、システムには最初から先天的な構造が大量に組み込まれていることを述べています。脳の初期構造は、私たちが世界観を得るために重要なものです。

「生まれ」と「育ち」は対立したものとしてとらえられることが多いのですが、実際には生まれと育ちは協調しています。生まれながらにして学習メカニズムが構築されているおかげで、私たちは自分の経験を興味深い方法で役立てることができるのです。

フォード：そのことは、非常に小さい赤ちゃんを対象とした実験で実証されていますね。何かを学べるほど十分な時間のなかった赤ちゃんでも、顔の認識など基本的なことはできるわけですから。

マーカス：そうです。8か月児を対象とした私の研究でもそのことは確かめられており、また「サイエンス」誌に最近掲載された論文では1歳になったばかりの子どもに論理推論が可能であることが示されています。「先天的」という言葉は、正確に出生時という意味ではないことに注意してください。ひげを伸ばすという私の能力は生まれたときにはなかったものであり、ホルモンや思春期に伴って現れるものです。人間の脳の多くの部分は、実際には子宮から出た後、ただし比較的人生の初期に発達します。

ウマなどの早熟性の動物は、ほとんど出生直後から歩くことができ、かなり洗練された視覚と障害物検出能力を持っています。人間の場合、こういったメカニズムの一部は1歳になるまでに獲得されます。よく「赤ちゃんが歩くことを覚える」という言い方をしますが、それはちょっと違うと私は思っています。筋肉の使い方など、学習や調整を必要とする部分もあるのは確かですが、成熟によるものもあるからです。十分に発達した人間の脳の入った頭部は、産道を通過するには大きすぎるのでしょう。

フォード：たとえ先天的に歩く能力を持っていたとしても、実際に歩けるようになるためには筋肉の発達を待たなくてはいけませんよね。

マーカス：その通りです、そして脳も十分に発達してはいないのです。私たちは十分に発達した状態で生まれてくるのではないということが、混乱を引き起こしているのだと思います。人生の最初の数か月で起こることの多くは、かなりの部分、遺伝子でコントロールされています。大事なのは学習だけではないのです。

アイベックス［高山に棲む野生ヤギ］の赤ちゃんは、生まれて数日後には山の斜面を駆け降りることができるようになります。試行錯誤によって学習するわけではありませんが——山の斜面から落っこちれば死んでしまうわけですから——それでもすばらしいナビゲーションと運動制御を成し遂げられるのです。

私の考えでは、私たちの遺伝子には脳の働きに関する非常に充実したひな型が組み込まれていて、その上に学習が積み重ねられていくのだと思います。もちろん、そのひな型には、学習メカニズムそのものの作り方も含まれているはずです。

ＡＩ分野の人々は、なるべく少ない事前知識から何とか物事を組み立てようとすることが多いのですが、それはばかげていると私は思います。この世界に関しては、科学者でも普通の人でもすでに大量の知識を収集しているので、それをＡＩシステムに組み込むべきなのです。正当な理由なく、ゼロからスタートすべきだと言い張るのではなく。

フォード：脳の中に存在する先天性は進化によって得られたはずですから、ＡＩの場合にはその先天性をハードコードすることもできますし、もしかしたら進化的アルゴリズムを使って自動的に生成することもできるかもしれませんね。

マーカス：そのアイディアの問題点は、進化がかなり低速で効率が悪いことです。何兆もの生命体に何十億年も作用して、初めてすばらしい結果が得られるのです。妥当な時間内に実験室の中の進化によって十分な結果が得られるかどうかは、よくわかりません。

この問題について考えるヒントとなりそうなのは、進化の最初の９億年はかなり退屈なものだったということです。大部分はさまざまなバージョンのバクテリアであり、かなり退屈なものでした。別にバクテリアを悪く言うつもりはありませんがね。

それから急激な変化が起こり、脊椎動物が、哺乳類が、そして霊長類が出現し、最後に私たち人類が出現したのです。進化のペースが速まった理由は、プログラミングにたとえれば、より多くのサブルーチンとより多くのライブラリーコードが準備できたからです。準備したサブルーチンが多ければ多いほど、それを使ってより複雑なものを、より素早く作り上げることができるようになります。霊長類の脳をもとにして、１００か１０００の重要な遺伝子の変更を行って人類を作り上げるのもなかなか大変なことですが、一気にバクテリアから人間の脳へとジャンプすることは不可能なのです。

進化的ニューラルネットワークについて研究している人たちは、あまりに少ないものからスタートすることが多いようです。彼らは個別のニューロンとそれらの間の接続を進化によって作り出そうとしていますが、例えば人間の生物学的進化においては、非常に洗練された遺伝子ルーチンのセットがすでに用意されていたのだ、というのが私の持論です。基本的に、遺伝子カスケードを進化的プログラミングの文脈でどう扱えばよいか、よくわかっていないのです。

彼らも最終的にはそれを理解すると思いますが、これまで理解できなかった理由のひとつには偏見のせいもあると思います。その偏見とは、「私の実験室ではゼロからスタートして、それを7日間で創造することによって私が神となれることを示したい」というものです。それはばかげたことですし、実現するはずもありません。

フォード：もしあなたがＡＩシステムにその先天性を組み込むとしたら、どんなものになるか見当は付きますか？

マーカス：その質問は2つに分かれますね。ひとつは機能的にそれが何を果たすべきかということ、もうひとつはメカニズム的にどのように行うべきかということです。

機能のレベルでは、私自身の研究と、ハーバードのエリザベス・スペルキの研究から得られたいくつかの明確なプロポーザルがあります。私は２０１８年初頭に書いた論文の中でそれを示し、必要とされる10項目について議論しています。[※12] ここではその議論に深入りはしませんが、その項目とは次のようなものです。記号操作と抽象変数を表現する能力、これはコンピュータープログラムの基礎となっているものです。それらの変数に対する演算、これはコンピューター－プログラムに相当します。型とトークンの区別、つまりボトル一般ではなく「この」ボトルを認識することです。因果性。空間平行移動または並進不変性。物体は空間的および時間的に連続した経路に従って移動するという知識。物や場所など、一連の存在を理解すること。等々です。

こういったものを持っていれば、特定の種類の物体が、特定の種類の場所に存在して特定の種類のエージェントによって操作されるとき、どう振る舞うのかを学習できるはずです。それは、単にピクセルからすべてを学習しようとするよりも良いことでしょう。ピクセルからの学習は非常によく行われていますが、現時点でこの分野に見られるアイディアは、結局は不十分なものだと思います。

例えばアタリのブロック崩しゲームのピクセルに対して、深層強化学習を行っている人は現在よく見かけます。印象的に見える結果は得られていますが、非常に脆弱《ぜいじゃく》です。

ディープマインドでは、AIをトレーニングしてブロック崩しをプレイさせました。それを見ると、すばらしいことをしているようです。ブロックを突き破り、その上でボールを跳ね返らせて、たくさんのブロックを崩すという概念を学習しているかのように見えます。しかし、パドルを3ピクセルだけ上に動かすと、システム全体が崩壊してしまいます。壁とは何か、跳ね返りとはどういうことか、ということを本当の意味では理解していないからです。実際には単なる偶発的な事象を学習しているだけであり、記憶した偶発的な事象の間を補完しているだけなのです。必要とされる抽象性をプログラムが学習しているわけではありません。それが、ピクセルや非常に低レベルの表現からすべてを学習しようとすることの問題点なのです。

フォード：物体と概念を理解できる、より高いレベルの抽象化が必要ですね。

マーカス：その通りです。また「物体」のような特定の概念を、実際に組み込む必要もあるかもしれません。これについて考えるためのヒントとして、色についてどう学習するのか、考えてみましょう。白黒の視覚に始まって、最終的に色の存在を学習するわけではありません。最初から、スペクトルの特定の部分に感度を持つ2つの異なる色受容体色素を持っているのです。するとそこから、特定の色について学習できるのです。何かを先天的に持っていなければ、そこから先のことはできません。たぶん同様に、物体が存在するという概念や、その物体が気まぐれに現れたり消えたりはしないという制約は先天的に持つ必要がありそうです。

『スタートレック』の転送装置が存在し、あらゆる物があらゆる場所に、あらゆる瞬間に出現する可能性がある世界を想像してみてください。そこからは、何も学習することはできないでしょう。私たちが世界について学習できるのは、空間的および時間的に連続した経路に沿って物体が運動するという事実のおかげであり、10億年以上の進化を経てそのことが刻み込まれ、素早くスタートできるようになっているおかげでもあるのです。

フォード：未来についてお聞かせください。AGIを達成するまでの主要なハードルとしては何があるでしょうか、そしてAGIは現在のツールで達成可能でしょうか？

マーカス：私は深層学習を、パターン分類を行うには役立つツールであると理解しています。パターン分類は、どんな知能エージェントも行う必要のある問題のひとつです。深層学習は、そのために取っておくべきかもしれませんし、より効率的に同じようなことが行えるものと置き換えるべきかもしれません。その可能性はあると思います。

同時に、知能エージェントが行う必要のあるそれ以外のことの中にも、深層学習が現時点であまり得意としてはいないものが存在します。深層学習は抽象的な推論があまり上手ではありませんし、本当の理解を必要としない翻訳、あるいは少なくとも意訳を必要としないような翻訳を例外として、言語についてもあまり良いツールではありません。また、これまで経験しなかった状況や、比較的情報が不完全な状況の取り扱いもあまり得意ではありません。したがって、深層学習を他のツールで補う必要があります。

より一般的に言って、この世界に関して人間が持っている知識の多くは、数学や自然言語の文によって記号的にコード化できます。この記号情報を、より知覚的な他の情報と融合させることが望まれます。

心理学者はトップダウン情報とボトムアップ情報との関係について述べています。画像を見ると、光が網膜に達します。それがボトムアップ情報です。しかしそれと同時に、この世界に関する知識と物事の振る舞いに関する経験を利用して、トップダウン情報を加味した画像の解釈も行われます。深層学習システムは、現在のところボトムアップ情報に重点を置いています。画像のピクセルを解釈することはできますが、その画像に含まれる物体については何の知識も持っていないのです。

このことを示した最近の例が、「敵対的パッチ（Adversarial Patch）」論文でした[※13]。この論文では、画像にステッカーを付け加えることによって深層学習システムをだませることが示されています。深層学習システムが自信をもってバナナであると認識するようなバナナの写真を撮り、次にトースターのように見えるサイケデリックな模様のステッカーを写真の中のバナナの隣に付け加えます。人間なら誰でも、それを見ればバナナの隣に変わったステッカーが写っていると言うでしょうが、深層学習システムは即座に、自信をもって、それはトースターの写真だと言い張るのです。

深層学習システムは、画像の中で最も目立つ特徴は何かを言おうとしているだけなのです。コントラストの高い、サイケデリックなトースターに注意を奪われて、火を見るよりも明らかなバナナを無視してしまうのです。

この例は、深層学習システムがボトムアップ情報だけに依存していることを示しています。それは人間の後頭皮質の働きです。前頭皮質の働きは、まったく取り込まれていません。前頭皮質は実際に何が起こっているのかを推論しているのです。

ＡＧＩを達成するためには、その両方を取り込む必要があります。別の言い方をすれば、人間はあらゆる種類の常識推論を行っているということが、解決策の糸口となるはずなのです。深層学習では、それをうまく取り込むことができません。私の意見では、AIの歴史の中で重視されてきた記号操作と、深層学習を融合させる必要があるのです。あまりにも長い間、この2つは別個のものとして取り扱われてきました。今こそ、この2つを融合する時です。

フォード：AGIに最も近づいている現在進行中のプロジェクトか会社をひとつ挙げるとすれば、何になるでしょうか？

マーカス：アレン人工知能研究所のプロジェクト・モザイクには、非常に注目しています。彼らは、ダグラス・レナットが解こうとしていた問題にもう一度挑戦しています。それは、どうすれば人間の知識を計算可能な形式で表現できるか、という問題です。これは、例えばバラク・オバマが生まれたのはどこか、といった問題に答えるというだけのことではありません。実際にコンピューターはそのような情報をかなり上手に表現し、入手できるデータから抽出することはできます。

しかし、例えばトースターは車よりも小さいといった、どこにも書かれていない情報はたくさん存在します。ウィキペディアに載ってはいないけれども、誰もが真実だと知っていて、推論を行うために役立つ情報です。もし私が「ゲアリーはトースターにひかれた」と言ったとしたら、それは妙な話だとあなたは思うでしょう。トースターはそんなに大きな物体ではないからです。しかし「車にひかれた」なら話は合います。

フォード：それは記号論理の範疇《はんちゅう》に含まれるのでしょうか？

マーカス：そうですね、それには2つ、関連した質問があります。第一の質問は、そもそも私たちはどうやってそのような知識を得ているのか、ということ。もうひとつは、それを操作する方法として記号論理が望ましいか、ということです。

私の推測では、記号論理は実際にかなりそのために役立つので、記号論理を放棄すべきではありません。誰かが別の方法を見つけてくれてもいいのですが、これまでそれをうまく取り扱えた方法は他になかったと思いますし、そのような常識を多少なりとも持たずに本当の意味で言語を理解するシステムを構築できるとは思えないのです。それは、私がひとつの文章をあなたに言うたびに、あなたは何らかの常識的な知識を利用してその文章を理解しているからです。

私が「これから自転車に乗ってニューヨークからボストンまで行こうと思う」と言う場合、空を飛んだり、水中にもぐったり、カリフォルニアに寄り道したりしないとわざわざ言う必要はありません。人間はそういったことをすべて自分で理解できるからです。文章に明示されてはいませんが、あなたの人間に関する知識には、人間は効率的な経路を取ろうとするものだ、ということが含まれているからです。

あなたは人間として、たくさんの推論を行うことができます。そういった推論による補完なしに、あなたが私の文章を理解できるはずはありません。行間を読んでいる、と言ってもよいでしょう。私たちは膨大な量の行間を読んでいます。しかしそういったトランザクションが成り立つためには、常識が共有されていなくてはならないのです。そして、まだマシンに常識を共有させることはできていません。

それに挑んだ最大のプロジェクトが１９８４年ころ始まったダグラス・レナットのＣｙｃ《サイク》でしたが、あまりうまくいかなかったというのが大方の見方です。Ｃｙｃは30年前に、閉じた形で開発されました。現在では機械学習についてずっと詳しいことがわかっていますし、アレン人工知能研究所ではオープンソースの形で開発を行い、コミュニティの参加を可能とすることを基本方針にしています。現在では１９８４年当時よりビッグデータについての理解も深まっていますが、まだ非常に難しい問題が残っています。大事なのは、そこから逃げようとしている人も多いのに、彼らがそれに立ち向かおうとしていることです。

フォード：ＡＧＩが実現する時期はいつになるとお考えでしょうか？

マーカス：わかりません。今それが実現していない理由や解決が必要とされる課題については大部分わかっていますが、特定の日付を挙げることはできないでしょう。その前後に、統計学で言う信頼区間を設定する必要があると思います。

ＡＧＩが実現する時期は、ものすごく幸運であれば２０３０年、より可能性が高いのは２０５０年、ワーストケースで２１３０年になると思います。ポイントは、正確な日付を挙げることが非常に難しいということです。わからないことが多すぎるのです。私がいつも思うのは、ビル・ゲイツが１９９４年に『ビル・ゲイツ 未来を語る』（邦訳アスキー）という本を書いたとき、その後現実に起こったインターネットによる世界の大変化をまったく認識していなかったことです。私が言いたいのは、まったく予期していないような、さまざまなことが起こるかもしれないということです。

現在、マシンの知能は貧弱なものですが、これから何が発明されるかわかりません。この分野には莫大な投資がされており、それによって大きな前進があるかもしれませんが、逆に思っていたよりずっと難しいことがわかるかもしれません。本当にわからないのです。

フォード：それでもかなり大胆な予想ですね。近くて12年後、遠くて１１２年後ということですから。

マーカス：もちろん、私の予想は当たらないかもしれません。別の見方をすれば、狭い知能に関してはかなりの進歩があった一方で、汎用知能、つまりＡＧＩに関しては、それほど進歩していないということです。

アップルのＳｉｒｉは２０１０年に誕生しましたが、できることはＥＬＩＺＡ《イライザ》と大して違いません。ＥＬＩＺＡは１９６４年に作成された初期の自然言語処理コンピュータープログラムで、テンプレートのマッチングにより、言語を実際には理解していないのに理解しているような幻想を与えることができました。

私が楽観している大きな理由は、多くの人々がこの問題に取り組んでいること、そして産業界が多額の資金を投入してこの問題を解決しようとしていることです。

フォード：確かに、ＡＩが大学の研究プロジェクトだけのものでなくなったことは、非常に大きな変化ですね。現在、ＡＩはグーグルやフェイスブックといった大企業のビジネスモデルの中心に位置しているわけですから。

マーカス：現在ＡＩにつぎ込まれている金額はかつてなく大きなものですが、いわゆるＡＩ冬の時代が最初に到来する前の１９６０年代から１９７０年代初頭にも、多額の資金がつぎ込まれていたのです。もうひとつ大事なこととして、資金はＡＩのさまざまな問題の解決を保証するものではなく、前提条件である可能性が高いことを認識する必要があります。

フォード：ここで、さらにテクノロジーの範囲を絞って、自動運転車についての予測をお伺いしたいと思います。

ＡＩ以外に運転者のいない車をウーバーなどで呼び、好きな場所でその車に乗って指定する目的地まで送り届けてもらえるようになるのは、いつでしょうか？

マーカス：それには少なくとも10年、たぶんもっとかかります。

フォード：それは先ほどＡＧＩについて予想された時期と、ほとんど重なりますね。

マーカス：そうです。主な理由は、マンハッタンやムンバイのように非常に混雑した大都市で運転する際には、ＡＩが数多くの不確定要素に直面することになるからです。天候がよく、人口もあまり密集していないフェニックス〔アリゾナ州〕で自動運転車を走らせるのとはわけが違います。マンハッタンで問題となるのは、交通が途切れることがないこと、誰も行儀よく振る舞わず攻撃的であること、予測できないことが起こる確率が非常に高いことです。

歩行者を保護するガードレールなど、単純な道路上の構造物でさえＡＩに問題を引き起こすことがあります。そういった複雑な状況に、人間は推論を利用して対応しています。現在の自動運転車は高精度の地図とLIDAR《ライダー》などのデバイスでナビゲーションをしていますが、他のドライバーの動機や振る舞いを本当の意味で理解しているわけではありません。人間の視覚系は特に優れたものではありませんが、そこに何があって運転するときにはどうするかといった理解は優れています。マシンはビッグデータによって、そこをごまかそうとしているのです。こういったビッグデータを基盤とするシステムへデータを加えていくだけで、マンハッタンでの運転に必要なレベルの精度が得られるとは思えません。精度99・99パーセントには達するかもしれませんが、人間にはまったく及びませんし、そんなものを路上に出すのは、特にマンハッタンのような混雑した市街地では、危険すぎます。

フォード：より短期的な解決策もあるのではないでしょうか。自分で選んだ場所ではなく、あらかじめ決められた場所へ連れて行ってもらうような？

マーカス：そのようなサービスが、もうすぐフェニックスなど限定された場所で始まる可能性はあります。左折を一度もしなくてすむ経路、歩行者がほとんどいない経路を見つけられ、交通が整然としている場所であれば、そういったことも可能でしょう。すでに空港モノレールが、あらかじめ決められた経路をたどる同様のサービスを提供しています。

軌道上に人がいるはずのない空港モノレールのような厳格にコントロールされた状況と、人や車の交通が途切れることのないマンハッタンの街路は、自動運転の状況として両極端に位置するものです。また、フェニックスよりはるかに複雑な気候など、それ以外の要素を考慮する必要もあります。みぞれ、ぬかるみ、ひょう、枯れ葉、トラックからの落下物など、すべてを考慮しなくてはいけません。

制約のないオープンエンドなシステムになるほど課題は多くなり、AGIシステムのような推論ができる必要性も高まります。まだ本物のAGIほどオープンエンドなものではなくても、それに近いものになってくるのです。私の挙げた数字が大きく違わなかったのは、そのような理由によるものです。

フォード：私が非常に関心を持っている、AIが経済や労働市場に与える影響という分野についてお聞かせください。

新たな産業革命が始まろうとしていること、それによって労働市場の風景がまったく違ったものになることを、多くの人が確信しています。あなたも同感ですか？

マーカス：私も同感ですが、時期は少し遅くなると思います。自動運転車は思っていたよりも難しいので、運転手の職はしばらく安泰でしょう。しかしファーストフードの店員やレジ係は深刻な問題に直面しますし、労働市場にはそのような人がたくさんいます。こういった根本的な変化が起こると思うのです。

ゆっくりとした変化もあるでしょうが、例えば100年というスケールで見た場合、20年程度の誤差はないも同然です。

AIロボットと雇用に関する問題が生じてくるのは、今世紀のいつかでしょう。2030年かもしれませんし、2070年かもしれません。どこかで社会の構造を変える必要が出てきます。生産年齢人口に対して、雇用が足りない状況が生じるからです。

これに対する反論として、例えば農業の職が大部分消滅した際はそれが工業の職に置き換わっただけだった、などと言う向きもありますが、私には説得力ある議論とは思えません。私たちがこれから直面する問題は大規模なものであり、一度解が見つかれば比較的安価にどこにでもその解が使える性質があるからです。

ちゃんと動作する自動運転車のアルゴリズムやデータベースシステムが初めて実現するまでには、

50年の研究と何十億ドルもの費用が必要かもしれません。しかし一度それが実現すれば、大規模にロールアウトされることになるでしょう。そうなったらすぐ、何百万人ものトラック運転手が数年のうちに職を失う状況に追い込まれます。

トラック業界の規模で、既存の職を置き換え可能な新たな職が生まれるかどうかは定かではありません。これまで生まれた新たな職の多くは、少ない人数しか必要としません。例えばユーチューバーはすばらしい職であり、家にいながらビデオを作成して何百万ドルも稼ぐことも可能です。それはすごいことですが、おそらく人数としてはせいぜい１０００人がいいところで、１００万人ではありません。失われようとしているトラック運転手の職を置き換えるには十分ではないのです。

かつて存在しなかった職を作り出すのは簡単ですが、多数の人を雇用する新たな産業を作り出すのは簡単なことではありません。インスタグラムのようなサービスが、18人で作り上げられる時代ですから。

フォード：現在の労働人口の半分ほどは、基本的に予測可能な活動に従事していると思われます。彼らの作業はデータに埋め込まれ、どこかの時点で最終的には機械学習に取って代わられることになるでしょう。

マーカス：その通りですが、それは現時点ではかなり困難なことです。ＡＩシステムは、人間のようにデータを自然言語として本当に理解しているわけではありません。例えば医療記録からの情報の抽出を、現時点でマシンにさせることは非常に困難です。それは予測可能であり、それほど難しい仕事ではありませんが、マシンが上手にできるようになるまでにはしばらくかかるでしょう。しかし、長期的に見れば、私も同意見です。自然言語理解が向上するにしたがって、最終的にそういった予測可能な職はなくなってしまうでしょう。

フォード：いつかはＡＩに職を奪われることが起こるとすれば、その解決策となり得るものとしてベーシックインカムを支持されますか？

マーカス：他に現実的な代案はないと思います。そのような状況に、全員の一致した意見で平和的に移行するのか、それとも街で暴動が起きて人が殺されるのかの問題です。具体的な方法まではわかりませんが、それ以外の解決策はないでしょう。

フォード：テクノロジーは、すでにそのような影響を及ぼしていると論じることもできるでしょう。現時点でアメリカではオピオイド［鎮痛剤］の乱用が問題となっていますし、工場の自動化テクノロジーは中産階級の雇用機会の消失に一役買っているようです。オピオイドの乱用は、特に労働者階級の男性を中心とした人々に見られる、尊厳の喪失や絶望と結び付いているのではないでしょうか？

マーカス：私はそういった想定をするのに慎重でありたいと思います。そうかもしれませんが、確実な関係があるとは思いません。私の意見としては、大勢の人が携帯電話を使っている状況をオピオイドにたとえるほうがよいと思います。スマートフォンが新たなアヘンとなっているわけです。多くの人が仮想現実の世界で時を過ごすような世界へ向かって私たちは進んでいるのかもしれませんし、経済が回るのであればそれで十分幸せなのかもしれません。今後どうなるか、私にははっきりとはわかりません。

フォード：ＡＩにまつわるリスクとして、さまざまなものが挙げられてきました。イーロン・マスクのような人たちは、人類の存在を脅かすリスクについて特に声高に発言しています。ＡＩの影響やリスクに関して、どんな心配をすべきだとお考えでしょうか？

マーカス：悪意ある方法でＡＩを利用しようとする人々について、心配すべきです。ＡＩがグリッドに埋め込まれハックされやすくなるにしたがって、人がＡＩの持つパワーを使って何をするかということが現実の問題になってきます。自立したＡＩシステムが私たちを朝食に食べようとしたりペーパークリップに変えようとしたりすることは、それほど心配していません。それは完全にあり得ないことではありませんが、その方向に向かっているというエビデンスは何もないからです。しかし、そういったマシンがますますパワーを増しているということ、そして短期的なサイバーセキュリティの脅威を解決する方法がわかっていないということには、エビデンスが存在します。

フォード：しかし、長期的な脅威についてはどうでしょうか？　イーロン・マスクやニック・ボストロムは、ＡＩの制御問題について非常に懸念しています。知能爆発をもたらすような再帰的自己改善サイクルが生じるかもしれないと考えているのです。そういった懸念を完全に無視することはできませんよね？

マーカス：完全に無視はしませんし、その確率はゼロだとも言いませんが、近いうちにそれが起こる確率はかなり低いでしょう。最近ドアノブを回してドアを開けるロボットの映像が出回っていましたが、現在開発が進んでいるのはその程度なのです。

そもそもこの世界を確実にナビゲートできるＡＩシステムは存在しませんし、自分自身を改善する方法を知っているロボットシステムも――運動制御システムを特定の機能に合わせて調整するといった限定された場合を除いては――存在しません。それは現在の問題ではないのです。この分野にいくらか投資して、そういった問題について誰かに考えてもらうのは良いことだと思います。私が懸念しているのは、２０１６年のアメリカ大統領選挙で見られたように、ＡＩを利用してフェイクニュースを生成し送りつけるといった、より切迫した問題が存在することです。それは今日の問題です。

フォード：先ほどあなたは、早ければ２０３０年にもＡＧＩが実現し得るとおっしゃいました。システムが本当の知能を、もしかしたら超知能を持つことになれば、システムの目標と私たちがシステムに望むことを確実に整合させる必要があるのではないでしょうか？

マーカス：はい、そう思います。それほどすぐに実現したら驚きですが、私がこの問題について誰かに考えてもらうべきだと思っているのはそのためです。現時点で最も切迫した問題だとは思っていませんがね。AGIシステムが実現したとしても、そのAGIシステムが人間のすることに干渉しようと思うかどうかは、誰にもわからないじゃありませんか？

60年ほど前、チェッカーで勝つこともできなかったAIは、昨年にはずっと難しいゲームである囲碁で勝てるまでになりました。ゲームIQをプロットすれば、60年間でゲームIQが0から60になったことを示せるかもしれません。マシンの悪意に関しても、同じようなことをしてみましょう。マシンの悪意は、その期間にはまったく変化していません。相関関係はまったくなく、マシンの悪意はゼロなのです。過去にもありませんでしたし、今もありません。あり得ないという意味ではありません――今まで一度もなかったから今後も絶対にないという帰納的な議論をするつもりはありません――が、その兆候はまったくないのです。

フォード：しかし、私には閾値《しきい》の問題のように思えます。AGIが実現するまでは、マシンが悪意を持つことはないでしょう。

マーカス：そうかもしれません。それは部分的に動機付けシステムと関連がありますし、AGIがマシンの悪意の前提条件であるという議論を組み立てることもできますが、必要十分条件であると言うことはできないでしょう。

思考実験をしてみましょう。暴力行為に及ぶ確率を5倍に高める単一の遺伝因子を、私は特定できます。あなたがそれを持っていなければ、あなたの暴力傾向はかなり低くなります。マシンはこの遺伝因子を持つでしょうか、それとも持たないでしょうか？　その遺伝因子とは、もちろん性別、つまり女性ではなく男性であることです。

フォード：AGIを女性にせよという議論ですか？

マーカス：性別はたとえであって、本当の問題ではありませんが、これはAIを非暴力的にするための議論です。私たちは制約や規制を行うことによって、AIが暴力的であったり、私たちに何かしてやろうという独自の意思を持ったりする確率を下げるべきです。これは困難かつ重要な問題ですが、イーロンの言葉が多くの人に与える印象よりも、はるかに複雑なものです。

フォード：しかしオープンAIへの投資という点では、彼の取っている行動が悪いことだとは思えません。誰かがその研究をする必要があるのです。政府が多額のリソースをAI制御問題の研究に投入することを正当化するのは難しいかもしれませんが、それを行う民間団体が存在するのは良いことでしょう。

マーカス：当然ながら、アメリカ国防総省は実際に多少の金額をそのようなことに費やしています。しかしリスクは総体的に管理する必要があります。私は、そういった特定のAIの脅威よりも、ある種のバイオテロリズムのほうを心配していますし、サイバー戦争はもっと心配です。それは現実の今ここにある脅威だからです。

ここで2つ重要な質問をしてみましょう。最初の質問です。Xの確率は0よりも大きいと思いますか？　答えは明らかにイエスです。次の質問です。他に懸念されるリスクと比較して、このリスクをどう評価しますか？　私なら、そのシナリオが実現する確率はかなり低く、他のシナリオが実現する確率のほうが高いと答えるでしょう。

フォード：いつかAGIの構築に成功したとして、そのAGIは意識を持つと思いますか、それとも内的経験を持たない知能のあるゾンビとなる可能性もあるのでしょうか？

マーカス：私は後者だと思います。意識が必須の条件だとは思いません。それは人間の付随現象なのかもしれませんし、もしかしたら他の生物にもあるのかもしれません。もう一度、思考実験をしてみましょう。私とまったく同じように振る舞うけれども、意識を持たないものがあり得るでしょうか？　私はその答えはイエスだと思います。確かなことはわかりません。意識とは何かという独立した指標は存在しないわけですから。したがってこの議論を着地させるのは非常に難しいのです。

どうしたらマシンが意識を持っているとわかるのでしょうか？　どうしたらあなたに意識があることが私にわかるのでしょうか？

フォード：そうですね、私たちは同じヒトという種に属しているので、私に意識があると想定することはできるでしょう。

マーカス：それは間違った想定だと思います。もし意識が、人類の人口の4分の1の人々にランダムに分散していることがわかったとしたら、どうなるでしょう？　単に遺伝子の問題だったら？　私は超味覚遺伝子を持っていて苦味化合物に感受性がありますが、私の妻はそうではありません。彼女は私と同じ種に属しているように見えますが、その特性には違いがありますし、もしかしたら意識特性の点でも違いがあるかもしれませんよ？　これは冗談ですが、この場合には実際に客観的な手段は使えないのです。

フォード：それは答えのない問題のように聞こえます。

マーカス：誰かがもっと賢い解答を思いつくかもしれませんが、これまでのところ、大部分の学術的な研究は「アウェアネス（awareness）」と呼ばれる意識の一部に集中しています。ある情報が利用可能であることを、どの時点で中枢神経系が論理的に認識するのか、ということです。

研究によれば、何かを100ミリ秒見るだけでは、見たということが認識されない可能性があることがわかっています。0・5秒見れば、かなり確実に実際に見たと認識されます。そのデータをもとにして、考えることのできる情報をどの神経回路がどのくらいの時間で提供するかを特徴付けることができ、それを私たちはアウェアネスと呼んでいます。この分野は進歩が見られますが、一般的な意識に関してはまだです。

フォード：あなたがＡＧＩは達成可能だと考えていらっしゃることは明らかですが、それは必然だと思われますか？　知能マシンを永遠に構築できない可能性はあるでしょうか？

マーカス：ほとんど必然でしょう。それを阻む主な原因としては、人類の絶滅を引き起こすレベルのリスク、例えば小惑星の衝突や核戦争、スーパー伝染病の発生などが考えられます。私たちは科学知識を蓄積し続け、よりよいソフトウェアやハードウェアを構築し続けていますから、よほどのことがない限り実現できないことはないでしょう。人類が時計をリセットするようなことをしない限り、ほぼ確実にＡＧＩは実現すると思いますが、時計がリセットされる可能性も排除できません。

フォード：特に中国のような国との、高度なＡＩへ向けた国際的な軍拡競争についてはどうお考えでしょうか？

マーカス：中国はＡＩを国家的目標の中心に据えており、そのことをあからさまに表明しています。それに対して、アメリカはここしばらく何の反応も示していません。そのことに、私はとても不安と動揺を感じています。

フォード：実際、中国には有利な点がたくさんありそうです。例えば人口が多くプライバシーの規制が少ないため、より大量のデータが得られます。

マーカス：彼らのほうがはるかに将来のことを考えています。彼らはＡＩの重要性を認識し、国としてＡＩへの投資を行っているからです。

フォード：この分野の規制についてはどうお考えでしょうか？　政府がＡＩ研究の規制に関与すべきだと思われますか？

マーカス：そう思います。しかし規制がどうあるべきか、私にはよくわかりません。ＡＩ財源のかなりの部分が、こういった問題への対処に使われるべきだと思います。これは難しい問題ですから。

例えば、自律兵器という発想が私は好きではありませんが、それをただ完全に禁止してしまうのは浅はかなことかもしれません。例えば一部の人だけがそれを所有した場合に、より大きな問題を引き起こしかねないからです。その規制はどうあるべきでしょうか、そしてどうすれば実効性を持たせられるでしょうか？　残念ながら、私には良い答えが見つからないようです。

フォード：ＡＩは人類にとってポジティブなものになると確信していらっしゃいますか？

マーカス：そうであることを願っていますが、必ずそうなるとは限らないと思います。ＡＩを人類に役立てる最善の方法は、医療分野での科学的発見を加速するために使うことです。残念ながら現時点でのＡＩの研究や実装は、主に広告出稿のためのものになっています。

ＡＩには大いにポジティブな潜在能力があるのですが、その側面が十分に重視されていないように思います。そういった動きも多少はありますが、十分ではないのです。また私は、リスクや職の喪失、社会的動乱といった問題があることも理解しています。技術的な意味で私は楽観主義者であり、ＡＧＩは達成できると考えていますが、私たちが何を開発するか、どのように優先順位付けするかという点で変化が起こってほしいと思います。現時点で、ＡＩの利用の仕方や分配の仕方に関して私たちが正しい方向に向かっていると完全に楽観視はしていません。ＡＩが人類にポジティブな影響をもたらすことは可能ですが、そのためには真剣な取り組みが必要とされるでしょう。

※11 https://arxiv.org/abs/1801.00631
※12 https://arxiv.org/abs/1801.05667
※13 https://arxiv.org/pdf/1712.09665.pdf

［邦訳参考書籍］
『脳はあり合わせの材料から生まれた——それでもヒトの「アタマ」がうまく機能するわけ』（ゲアリー・マーカス著、鍛原多惠子訳、早川書房、2009年）
『心を生みだす遺伝子』（ゲアリー・マーカス著、大隅典子訳、岩波書店、2005年）
『ビル・ゲイツ 未来を語る』（ビル・ゲイツ著、西和彦訳、アスキー、1995年）

ゲアリー・マーカスはニューヨーク大学の心理学と神経科学の教授である。ゲアリーはこれまで主に、子どもがどのように言語を学び身につけるのか、そしてその結果がどのように人工知能の分野に応用できるのかを研究してきた。

彼は『脳はあり合わせの材料から生まれた』（邦訳早川書房）やベストセラーとなった『Guitar Zero』（未邦訳）といった数冊の本の著者であり、『Guitar Zero』では彼がギターの弾き方を学ぶ際の認知課題について考察している。またゲアリーは、「ザ・ニューヨーカー」や「ニューヨーク・タイムズ」にもAIや脳科学に関する記事を数多く寄稿している。2014年に彼が創業しCEOを務めた機械学習のスタートアップ企業、ジオメトリック・インテリジェンスは、その後ウーバーに買収された。

ゲアリーは深層学習に批判的なことでも知られており、現在の手法はまもなく「壁にぶつかる」ことになるだろうと書いている。彼は、人間の心は白紙の状態ではなく、学習を可能とする重要な構造があらかじめ組み込まれていることを指摘している。より汎用性の高い知能の達成はニューラルネットワークだけでは成功せず、進歩を継続するためにはより多くの先天的な認知構造をAIシステムへ組み込むことが必要となる、と彼は確信している。

「AIが現実に世界を変えつつあることに、
私は本当にわくわくしています。
そんなことが私の生きている間に起こるとは
思ってもいませんでした。
あまりにも難しい問題だと思えていたからです」

BARBARA J. GROSZ

バーバラ・J・グロース

ハーバード大学ヒギンズ記念自然科学教授

バーバラ・J・グロースは、ハーバード大学のヒギンズ記念自然科学教授である。彼女はこれまでのキャリアの中で人工知能に数々の先駆的な貢献を行い、アップルのSiriやアマゾンのアレクサといったパーソナルアシスタントに重要な役割を果たす対話処理の基本的な原則を導き出した。1993年、彼女はAAAI（米国人工知能学会）の会長を務める最初の女性となった。

フォード：あなたが人工知能に興味を持つようになった最初のきっかけは何でしょうか？　また、そこからどのようにキャリアアップしていったのでしょうか？

グロース：私のキャリアは、幸運なアクシデントの連続でした。　私は中学一年に数学を教える教師になろうと思って大学へ行きました。それは、私の中学一年の時の数学教師はそれまでの私の18年の人生でただひとり、女性一般にも数学ができると考えていた人であり、また数学がとてもよくできると私をほめてくれた人だったからです。しかしコーネル大学へ行ったとき、私の世界は大きく広がりました。ちょうどコンピューターサイエンス学科が創設されたところだったからです。

当時アメリカのどの大学でも学部でコンピューターサイエンスは専攻できませんでしたが、コーネル大学ではいくつか授業を取ることができました。私は最初に数値解析――コンピューターサイエンスの中でも数学寄りの分野です――を学び、その後バークレーの大学院へ行ってまず修士課程に、それから博士課程へと進みました。

私は、後に計算科学と呼ばれることになる分野を研究し、次いで理論コンピューターサイエンスも短期間学びました。わかったのは、私が好きなのはコンピューターサイエンスの数学的領域のソリューションで、理論的な問題ではないということです。論文のテーマが必要になると、私は大勢の人の意見を聞きました。アラン・ケイはこう言ってくれました。「いいかい。論文では野心的なことをしたほうがいい。童話を読み、それを登場人物の視点から語り直すプログラムを書いてみてはどうだろう？」。この言葉が自然言語処理への私の興味をかき立て、また私のＡＩ研究者としての出発点ともなったのです。

フォード：アラン・ケイですか？　ゼロックスのパロアルト研究所でＧＵＩを発明した人ですよね？　そこからスティーヴ・ジョブズがマッキントッシュのアイディアを得たんですよ。

グロース：はい、その通りです。アランはゼロックスのパロアルト研究所のキープレイヤーでした。

実は私も彼と一緒に、スモールトーク（Smalltalk）というプログラミング言語の開発をしていたんですよ。スモールトークは、オブジェクト指向言語のさきがけです。私たちの目標は、児童・生徒〔K-12。幼稚園から高校まで〕の学習に適したシステムを構築することでした。私の童話プログラムもスモールトークで書く予定でした。しかしスモールトークのシステムが完成する前に、私は気が付いたのです。それは、童話は単に読んで理解するための物語ではなく、文化を植え付けるためのものであること、そしてアランが私に示した課題は達成が非常に難しいものになるだろう、ということでした。

当時、音声理解システムの第一弾がＤＡＲＰＡ〔アメリカ国防総省〕プロジェクトによって開発されているところだったのですが、その一部を担当していたＳＲＩインターナショナルの研究者が、私にこう言ったのです。「童話について研究する勇気がおありなら、私たちと一緒にもっと客観的な種類の言語、タスク指向の対話を、テキストではなく音声を使って研究してみませんか？」。その結果、私はＤＡＲＰＡ音声研究に参加することになりました。それは人がタスクをやり遂げることを支援するシステムでした。そのときから、私はＡＩ研究を始めたのです。

その研究を通して私が発見したのは、人々の間で交わされる対話は、彼らが一緒にひとつのタスクに取り組んでいる際には、そのタスクの構造に依存した構造を取るということ、そして対話は単なる質問と答えのペア以上のものになるということです。その発見から私が気づいたのは、一般に人間としての私たちは独立した発話の連なりとして話をすることはないということ、常により大きな構造――専門誌の記事や新聞記事、教科書、あるいはこの本などに存在するような――が存在すること、その構造はモデル化できるということです。私が自然言語処理やＡＩに大きな貢献をしたのは、これが初めてのことでした。

フォード：今おっしゃったのは、あなたの最もよく知られた自然言語におけるブレークスルーのひとつである、会話を何らかの形でモデル化する取り組みですよね。会話をコンピューターで処理できるというアイディア、そして会話の中には数学的に表現可能な構造が存在するというアイディアですね。

この発見は非常に重要だったようですね。この分野には多大な進歩がありましたから。それに関してあなたがなされた研究や、どのような進歩が見られたのかについて、お話しいただければ幸いです。あなたが研究を始められたときと比べて、今の自然言語処理の状況に驚きを感じていらっしゃいますか?

グロース:本当に驚いています。私の最初の研究はまさにこの分野で、自然に聞こえる話し方で人間と流暢《りゅうちょう》に対話を続けられるコンピューターシステムを構築するにはどうすればよいか、ということだったものですから。私がアラン・ケイと出会って一緒に仕事をすることになった理由のひとつは、私たちが共通する関心を抱いていたことでした。人がコンピューターに合わせることを要求するのではなく、コンピューターが人に合わせて協業するようなコンピューターシステムを構築することに関心があったのです。

私がその研究を進めていた時点では、文法に関する言語学の研究や、哲学や言語学における形式意味論の研究、そしてコンピューターサイエンスにおけるアルゴリズム構文解析の研究が数多く行われていました。言語理解にはひとつひとつの文以上の意味があることや、文脈が重要であることは知られていましたが、その文脈を音声システムで考慮するための形式ツールや数学や計算構造は、まったく存在しなかったのです。

当時の私が言っていたのは、何が起こっているか単に仮説を立てるだけでなく、単に内省を続けるだけでもなく、人々がタスクを実行しているとき実際にどのような対話を行っているかサンプルを取る必要がある、ということです。その結果、私がこの手法を発明したわけですが、この手法は後に一部の心理学者によって「オズの魔法使い」手法と命名されることになりました。この研究では、2人——この場合、専門家と見習い——を別々の部屋に座らせて、何かをする方法を専門家から見習いに説明してもらうという方法を取りました。彼らの共同作業から生み出された対話を研究することによって、私はこのような対話の構造とタスク構造への依存性を認識したのです。

後になって、私はキャンディ・シドナーとの共著で「注意、意図、および対話の構造（Attention, Intentions, and the Structure of Discourse）」と題した論文を書きました。この論文で私たちは、対話の構造の一部は言語そのものであり、一部は話している理由と話している際の目的の意図構造であると論じました。この意図構造は、タスク構造の一般化になっています。これらの構造的側面が、注意状態のモデルによってモデレートされるのです。

フォード：昔話はこのくらいにして、話を現在に戻しましょう。当時と今とで、あなたが感じた最も大きな違いは何ですか？

グロース：私が感じた最も大きな違いは、かつては基本的に聴覚を持たなかった音声システムが、現在の信じられないほど上手に音声処理ができるシステムへと進化したことです。昔は音声から多くを引き出すことができませんでしたし、正しく構文解析を行って意味を得るのも当時は非常に困難でした。また、現在のテクノロジーは個別の発話や文も非常にうまく処理できるという点でも大きな進歩を遂げています。そのことは、モダンな検索エンジンや機械翻訳システムを見ればわかるでしょう。

しかし、会話ができると称するシステムは、結局どれも基本的にうまくいっていません。対話システムが人間を強制的にスクリプトに従わせる場合にはうまくいくように見えるのですが、人間はスクリプトに従うのがあまり得意ではありません。こういったシステムは人との対話ができるとされていますが、実際にはできていないのです。例えば、子どもと会話できるとされるバービー人形は、スクリプトに基づいているため、設計者が予期しなかった応答を子どもにされるとトラブルに見舞われます。私はバービー人形のする間違いから、深刻な倫理的問題が実際に引き起こされることを指摘しています。

同様の例は、あらゆる電話パーソナルアシスタントシステムにも生じます。例えば最寄りの緊急治療室はどこかと聞けば、その質問をした場所から最も近い病院が答えとして得られるでしょうが、足首の捻挫を治療してもらうにはどこへ行けばよいかと聞いた場合には、足首の捻挫の治療方法を示したウェブページをシステムは示したりするのです。足首の捻挫だったらまだいいのですが、誰かが心臓発作を起こしていて心臓発作について聞いているような場合には、本当に命にかかわるかもしれません。こういった質問のひとつに答えられるシステムは、他の質問にも答えられると人は思い込んでしまうからです。

関連する問題は、データからの学習を行う対話システムでも生じます。昨年の夏（2017年）、私は計算言語学会（ACL）生涯功労賞を受賞しましたが、カンファレンスで私の講演を聞いていたのは深層学習を利用した自然言語システムを研究している人がほとんどでした。私は彼らにこう言ったのです。「対話システムを構築したいのなら、ツイッターは本物の対話ではないということを認識しなくてはいけません」。人々が実際に行っているような対話を取り扱える対話システムを構築するには、本物の対話をしている本物の人々の本物のデータを集めることが必要になります。それはツイッターのデータを取得することよりも、はるかに難しいのです。

フォード：先ほどあなたがスクリプトから離れることを話された際、私はそれが純粋な言語処理と本物の知能との間のあいまいな境界線であるように感じました。スクリプトから離れ、予測できない状況を処理する能力は、真の知能に他なりません。それはオートマトンやロボットと、人間との違いです。

グロース：まさにあなたのおっしゃる通りですし、まさにそれが問題なのです。大量のデータを集め、深層学習を利用すれば、例えばひとつの言語の文から別の言語の同じ意味の文を作り出したり、質問文からその質問への答えを作り出したり、ひとつの文からそれに続きそうな文が作り出せたりするかもしれません。しかし、そういった文が実際に何を意味しているかを本当に理解しているわけではないので、スクリプトから離れることはできないのです。

この問題は、ポール・グライスとJ・L・オースティン、そしてジョン・サールによって1960年代に探求された、言語は行為であるという哲学的な考えにさかのぼります。例えば、私がコンピューターに「プリンターが壊れています」と言ったとしましょう。私が望むのは「ありがとうございます、その事実を記録しました」という返答ではありません。実際に私がシステムに望んでいるのは、何らかの行動を取ってプリンターを直すことだからです。そのためには、システムは私がなぜそのようなことを言ったのかを理解する必要があります。

現在の深層学習を利用した自然言語システムは、こういった種類の文をうまく取り扱うことができないのが一般的です。その理由は、実に深いところに根差しています。ここに見られるのは、統計的学習やパターン認識や大規模データの解析には本当に優れていても、内面を見ることができないシステムです。誰かが言ったことの背景にどんな目的があるのか、推論することができません。別の言い方をすれば、対話の意図構造の部分を無視しているわけです。より一般的に言えば、深層学習を利用したシステムには、それ以外にも知能として欠けている部分があります。反事実的推論や常識推論を行うことができないのです。

対話に参加するにはこういった能力がすべて必要です。人の発言や行動を厳しく制限するならば話は別ですが、そうすると人は本当にしたいことが何もできなくなってしまいます!

フォード:現在の最先端の研究を挙げるとすれば、何になるでしょうか? 私はIBMのワトソンが「ジェパディ!」[クイズ番組]で勝利したのを見たときには、かなり驚きました。本当にすばらしいと思ったのです。それはブレークスルーに値するものだったのでしょうか、それとも本当に最先端を行っているのは何か別のものでしょうか？

グロース：私もアップルのＳｉｒｉとＩＢＭのワトソンには感銘を受けました。驚くべき工学的成果です。現在の自然言語や音声システムは、長足の進歩を遂げていると思います。そのため私たちがコンピューターシステムと対話する方法は変わってきていますし、より多くのことができるようにもなっています。しかしこれらのシステムの言語能力は人間にまったく及びませんし、そのことは話しかけてみればすぐにわかります。

２０１１年にＳｉｒｉが登場したとき、私は３つの質問をするだけでシステムを破ることができました。一方、ワトソンがする間違いは、ワトソンが人と同じようには言語を処理していないことを示しているという点で、非常に興味深いものです。

その一方で、私は自然言語や音声システムの進歩はすばらしいものだとも思っています。70年代よりもはるかに多くのことができるようになったのは、コンピューターが非常に強力になったからでもありますし、はるかに多くのデータが利用できるからでもあります。ＡＩが現実に世界を変えつつあることに、私は本当にわくわくしています。そんなことが私の生きている間に起こるとは思ってもいませんでした。あまりにも難しい問題だと思えていたからです。

フォード：本当に、生きている間に起こるとは思っていなかったのですか？

グロース：１９７０年代当時に、ということですよね？　はい、思っていませんでした。

フォード：私は本当にワトソンには驚きましたが、特に驚いたのは、例えばダジャレやジョーク、そして非常に複雑な言語表現も取り扱えるところでした。

グロース：しかし、「オズの魔法使い」のたとえに戻ってシステムの中を実際に見てみると、どんなシステムにも制約があることがわかります。現時点では、こういったシステムが何を得意としているか、どういう状況で失敗するかを理解することが非常に重要なのです。

そのため、この分野にとって、また率直に言って世界にとって非常に大事なことは、世のため人のためとなるようにＡＩシステムをさらに大きく進歩させるためにはどうすればよいか理解することだと思います。人の置き換えや汎用人工知能の構築を目指すのではなく、このすばらしい能力が何に向いていて何に向いていないのか、どうすればシステムが人々を補完できるのか、どうすれば人々がシステムを補完できるのか、集中して理解することが必要なのです。

フォード：スクリプトから離れて本当の意味で会話をする、という話題に戻りましょう。これはチューリングテストと直接関連していますし、あなたはその分野でも研究をされていますね。そのテストを考案するにあたって、チューリングは何を意図していたと思われますか？　それは機械知能のテストとして良いものなのでしょうか？

グロース：チューリングテストが提案されたのは１９５０年のことであり、当時はすばらしいと思われていた新しい計算機械が登場した時代でした。もちろん、そういったシステムの能力は現代のスマートフォンにも及びませんが、当時は多くの人が、人間が考えるようにマシンが考えることはできるだろうか、という疑問を持っていたのです。チューリングが「知能」と「考える」という言葉を同じ意味で使っていたことに注意してください――彼は、例えばノーベル賞級の科学者の知能について述べていたわけではなかったのです。

チューリングは非常に興味深い哲学的質問を投げかけ、いくつかの予想を行いました。それはマシンが特定の振る舞いを示すことができるかどうかということに関するものでした。また１９５０年代は行動主義に根差した心理学の時代だったため、チューリングテストは機能テストであるだけでなく、内面を見ることのないテストでもあったのです。

チューリングテストは、知能のテストとしては良いものではありません。率直に言って私は社交的な冗談が得意ではないので、たぶんチューリングテストには合格しないでしょうね。またチューリングテストは、この分野が目指すべきものを示すガイドとしても、良いものではありません。チューリングはすばらしく賢い人でしたが、もし彼が今日生きていたとすれば――そして現在の私たちが学習の仕組みを理解していないこと、脳や言語の働きを理解していないこと、そして人が知能や思考を発達させる仕組みを理解していないことを知ったとすれば、違うテストを提案したのではないか、と私は多少まじめに推測しています。

フォード：あなたはチューリングテストの改良、あるいは置き換えとさえ言えるものを提案していらっしゃいますね。

グロース：チューリングが生きていたら何を提案したかは誰にもわかりませんが、私はひとつの提案をしました。人間知能の発達が社会的交流に依存していること、言語能力が社会的交流に依存していること、そしてさまざまな状況での人間活動が協力的なものであることを前提として、良いチームパートナーとなるシステム、人間ではないことが認識できないほど私たちと気持ちよく一緒に働いてくれるシステムの構築を目指すことを提案したのです。ラップトップやロボットや携帯電話を人間であるかのように思い込ませるという意味ではありません。「なぜそんなことをしたんだろう？」と不思議に思わせるような、人間なら絶対にしない間違いをすることはない、という意味です。

こちらのほうが良い目標だと思われる理由のひとつは、チューリングテストよりも優れた点がいくつか挙げられるからです。そのひとつとして、段階的に基準を満たしていけることが挙げられます。十分に小さい舞台を選んでシステムを構築すれば、その舞台では知能を持つシステムが構築できますし、システムはその種のタスクを上手にこなすでしょう。現在でも、そのような意味で知能を持つと言えるシステムは見つかるかもしれません。そしてもちろん子どもたちも、発達段階に従って、さまざまに制約された知能を持っていますし、さまざまな方面でさまざまな種類の賢さを発達させていきます。

チューリングテストは、成功するか失敗するかのどちらかであり、推論を段階的に向上させるためのガイドとはなりません。科学が発達するためには、一歩一歩進んでいける必要があるのです。私が提案したテストは、しばらくの間は人々とコンピューターシステムが互いに補い合う能力を持つことを認識し、それを無視するのではなく、それを前提として構築されています。

私がこのテストを最初に提案したのは、チューリングの生誕100年を記念したエジンバラでの講演の席でした。コンピューティングと心理学のあらゆる進歩を前提として、「新しいテストを考案すべきである」と私は言ったのです。私はその講演の参加者の意見を聞き、その後の講演でも聞きました。これまでのところ、大部分の人がこのテストは良いものだと回答してくれています。

フォード：私がずっと考えてきたことがあります。本当に機械知能が実現したときには、一見しただけでそうわかるのではないかと思うのです。明白にわかるので、定義可能な明示的なテストは必要ないのかもしれません。人間の知能を単一のテストで測定できるのかどうかも、私にはよくわかりません。つまり、自分とは別の人間に知能があるかどうか、どうすればわかるのでしょうか？

グロース：それは本当に良い着眼点ですね。私が「最寄りの緊急治療室はどこですか、心臓発作を治療してもらうにはどこへ行けばいいですか？」という例を出したときに言ったことを考えてみてください。知能があるとみなせる人であれば、これらの質問の一方には答えられるが他方には答えられない、ということはないはずです。

質問された人が、どちらの質問にも答えられないという可能性はあります。例えばたまたまどこか知らない都市に来ていた人の場合などです。しかしそんな人でも一方の質問に答えられれば、他方の質問にも答えられるはずです。ポイントは、両方の質問に答えるマシンがあったとすれば、それには知能があるように見える、ということです。一方だけに答えて他方には答えないマシンは、あまり知能があるようには見えません。

先ほどあなたがおっしゃったことは、私が提案したテストに実際にかなうものです。もしＡＩシステムが、いわばあなたが別の人間の行動として期待するように知能的に行動し続けたなら、あなたはそのシステムには知能があると思うでしょう。現時点の多くのＡＩシステムではどうかというと、賢いと思われているＡＩシステムでも何か驚くような失敗をしでかして、完全に頭が悪いと思われてしまうのです。そうなると、人はそのＡＩシステムがなぜそのように動作したか、なぜ期待するように動作しなかったのかを知ろうとします。そして最後には、あまり賢いとは思われなくなってしまうのです。

ところで、私が提案したテストには時間の制約はありません。実際、長い時間をかけて行われることが想定されています。チューリングのテストも時間が制約されることは想定されていませんでしたが、特に最近のさまざまなＡＩコンペティションでは、その特徴が忘れられていることが多いのです。

フォード：それは愚かなことですね。人は30分だけ知能を持つということはありません。真の知能は時間の制限なしに発揮できるはずです。確かローブナー賞［ヒュー・ローブナーにより1990年開設。競技形式や運営方法がＡＩ関係者から批判を受けてきた］というものがあって、特定の制約された条件下で毎年チューリングテストが行われていたと思います。

グロース：その通りです。またそれは、あなたのおっしゃったことを証明するものです。また私たちが、自然言語処理の歴史のごく初期に学んだことを明確にするものでもあります。それは、一定のタスクと一定の課題のセット（そしてこの場合には、一定の時間）だけでテストが行われれば、本物の知能的な処理に対してチープなハックが常に勝利を収めてしまう、ということです。そのテストに合わせてＡＩシステムを設計すればよいからです！

フォード：あなたが研究されてきたもうひとつの分野はマルチエージェントシステムですが、その言葉はかなり深遠なものに聞こえます。それについて少しお話しいただいて、何を意味するのか説明していただけますか？

グロース：先ほどお話しした言説の意図的モデルをキャンディ・シドナーと私が開発していたとき、私たちが最初に利用しようとしたのは、言語行為論に基づいた哲学でロボットの仕事を形式化するために開発されたプランニングのＡＩモデルを利用した、同僚たちの研究でした。しかしこのテクニックを対話の文脈で使おうとしてみると、不十分であることがわかったのです。この発見によって私たちは、チームワークや共同行為、あるいは共同作業を、単純に個別のプランを足し合わせたものとして特徴付けることはできないことに気づきました。

要するに、あなたが特定の行為のセットを行うプランを持っていて、私が特定の行為のセットを行うプランを持っていても、それらがたまたまうまくかみ合うということはないのです。当時、ＡＩのプランニングの研究者たちは積み木を積み上げる例を使うことが多かったので、私はひとりの子どもが青い積み木を、もうひとりの子どもが赤い積み木を持っていて、２人で赤と青の積み木の塔を作るという具体例を使いました。しかし青い積み木の子どものプランにある積み木が、赤い積み木の子どものプランのすき間にぴったり合うなどということはあり得ません。

ここでシドナーと私は、人間であろうとコンピューターエージェントであろうと、あるいはその両方であろうと、複数の参加者のプランについて考える――そしてそれをコンピューターシステム内で表現する――新しい方法を考案する必要があることに気づきました。こうして私は、マルチエージェントシステムを研究することになったのです。

この分野における研究の目標は、コンピューターエージェントとその他のエージェントが共存する状況について考えることです。１９８０年代には、この分野の研究では複数のロボットや複数のソフトウェアエージェントといった複数のコンピューターエージェントの状況が主に考慮され、競争と協調に関する問題が取り扱われていました。

フォード：ちょっと明確にしておきたいのですが、いまコンピューターエージェントとおっしゃったのはプログラムのことで、何らかの行動を取ったり何らかの情報を検索したり、何かをするプロセスという意味ですよね。

グロース：その通りです。一般にコンピューターエージェントとは、自律的に行動できるシステムのことです。最初は、ほとんどのコンピューターエージェントがロボットでしたが、ここ数十年のAI研究ではソフトウェアエージェントも取り上げられるようになっています。現在では、検索を行うコンピューターエージェントや、オークションで競りをするコンピューターエージェントなど、さまざまなタスクを行うものが存在します。つまり、エージェントはこの世界に物理的に存在する現実のロボットである必要はないのです。

例えば、ジェフ・ローゼンハイムはマルチシステムエージェントの研究の初期に、非常に興味深い成果を上げました。例えば一群の配達ロボットがいて、それらは都市の全域にわたって荷物を配達する必要があり、必要に応じて荷物を交換することによって効率よく配達が行えるような状況を考えたのです。彼は例えば、ロボットが実際に行うべきタスクについて本当のことを言うか、それとも嘘をつくか、といった問題を考察しました。エージェントは嘘をつくことによって、得をすることもあるからです。

現在こういったマルチエージェントシステムの分野では、幅広い状況と問題が取り扱われています。戦略的推論に的を絞った研究や、チームワークに特化した研究なども行われています。そして非常に興味深いことに、最近ではコンピューターエージェントが他のコンピューターエージェントだけでなく人と共同作業する場合についても、実際に数多くの研究が行われているのです。

フォード：そういったマルチエージェントの研究は、計算論的な協力に関するあなたの研究に直接結び付いたのでしょうか？

グロース：はい、マルチエージェントシステムに関する私の研究成果のひとつとして、協力の計算モデルを初めて開発したことがあります。

私たちは、協力するとはどういう意味なのか、という問いを発しました。人はひとつの大きなタスクを分割してサブタスクを別の人たちに割り振り、詳細についてはその人たちに任せます。私たちはサブタスクを実行することを互いに約束し合い、そして約束を間違えたり忘れたりすることは（ほとんど）ありません。

ビジネスの場では、ひとりの人がすべてをしようとするのではなく、タスクを別の人たちに、各人の技量に応じて割り振るというのが常道です。よりインフォーマルな協力の場でも、同じことが行われます。

私がこういった直感を形式化した協力のモデルをサリット・クラウスとの共同研究によって開発したところ、そこからさまざまな新しい研究課題が派生しました。例えば、何をする能力があるのは誰なのか、何かがうまくいかなかった場合には何が起こるのか、そしてチームに対するあなたの義務とは何なのか、などをどうやって判断するのかといったことです。ですから、あなたは単に行方をくらましたり、「ああ、失敗しちゃった、ごめんね。あとは私抜きでやってくれないかなあ」などと言ったりすることはできないのです。

２０１１年から２０１２年にかけて、私はカリフォルニアで1年間のサバティカル休暇を取り、協力に関するこの研究が世界にとって重要なものかどうかを見極めたいと思うようになりました。それからというもの、私はスタンフォードの小児科医リー・サンダーズと一緒に、医療分野での協調作業の新しい手法を開発しています。具体的に対象としているのは、複合的な内科疾患を持ち、

12人から15人の医師にかかっている子どもたちです。この文脈で、私たちが発する問いは次のようなものです。医師たちが情報を共有し、よりよく協調して治療を行う手助けをするためには、どのようなシステムを提供すればよいでしょうか？

フォード：AI研究の最も有望な分野のひとつが医療であるということでしょうか？　確かに、医療は変革や生産性の向上を最も必要としている経済分野だと思います。ロボットにハンバーガーをひっくり返させてファーストフードのコストを引き下げることよりも、医療の変革に高い優先度を与えることができれば、私たちの社会はもっと豊かなものになるでしょう。

グロース：その通りです。そして医療は、教育と並んで、人を置き換えるのではなく人を補うシステムを構築することが絶対的に重要な分野なのです。

フォード：人工知能の未来についてお聞かせください。深層学習にばかり関心が集中している現在の状況について、どう思われますか？　普通の人が報道記事を読めば、AIと深層学習は同じものだという印象を持ってしまうように私は感じています。AI全般を視野に入れたとき、確実に最前線に位置していると思われるものは何でしょうか？

グロース：深層学習は、哲学的な意味では深いものではありません。その名前は、ニューラルネットワークが多層から構成されていることから来ています。深層学習は、他の種類のAIシステムや学習と比べて、より深く「考える」という意味で知能が高いわけではありません。深層学習がうまく機能するのは、数学的な柔軟性が高いからです。

深層学習は、ある種のタスクには非常に有効です。基本的に信号が入ってきて答えが出ていくというエンドツーエンドの処理が行われるため、それに適合したタスクには特に有効なのです。しかし深層学習は、それに入力されるデータによって制約されています。このような制約のため、トレーニングデータに白人の男性が多いと、システムは白人の男性をそれ以外の人よりもはるかによく認識できるようになってしまいます。またこの制約のため、機械翻訳は逐語的な言語表現を非常に得意としています。サンプルが大量に存在するからです。しかし、小説などの文学作品や韻文に使われる言葉は不得意なのです。

フォード：深層学習の制約がもっと広く認識されれば、深層学習を取り巻く過剰宣伝に対する反動が起こると思いますか？

グロース：私はこれまでAI冬の時代を何度も乗り越えてきましたし、その経験から恐怖と希望の両方の気持ちを感じています。私が恐怖を感じるのは、深層学習の制約を知った人が「おいおい、こんなのうまくいかないよ」と言うことです。しかし私は希望も感じています。深層学習は多くの物事や多くの分野に非常に有効なツールですから、深層学習にはAI冬の時代は起こらないと思うのです。

しかし私は、深層学習のAI冬の時代を回避するには、この分野の人々が深層学習を正しく位置付けるとともに、その制約を明確にすることが必要であると考えています。

私はあるとき、「最高のAIシステムとは、人々を念頭においてデザインされたものである」と言ったことがあります。エジェ・カマルは、深層学習システムが学習するデータは人々に由来する、と述べました。深層学習システムは、人々によってトレーニングされます。また深層学習システムは、それに何かまずいことが起こったときに人間が関与して修正することができれば、よりよく動作します。その一方で、深層学習は非常に強力であり、さまざまなすばらしい技術の発展を促してきました。しかし深層学習は、あらゆるAI問題に答えるものではありません。例えば、これまでのところ常識推論にはまったく役立つところを見せていないのです！

フォード：例えば、ずっと少ないデータから学習が可能なシステムの構築方法を見つけるための研究が進められていると思います。現時点では、システムを使い物になるものにするためには、大量のデータセットが不可欠です。

グロース：その通りですが、必要なデータの多さだけでなく、データの多様性も問題であることに注意してください。

最近このことについて、考え続けています。簡単に言えば、なぜそれが重要なのでしょうか？ニューヨークシティやサンフランシスコで動作するシステムを作り上げるのは、それだけでも大変なことです。異なる文化から来た、異なる言語を使う、そして異なる社会規範を持つ世界中の人々によって使われることになります。データは、その空間のすべてをサンプルしたものでなくてはいけません。そして私たちは、さまざまな集団について同じ量のデータを持っているわけではないのです。データが少なければ（ここではちょっと冗談めかしてはいますが）こんなことを言わなくてはならないでしょう。「これは白人男性の高額所得者には非常にうまく働くシステムです」

フォード：しかしそれは単に、あなたが使っている例が顔認識であり、主に白人の写真を学習させたというだけのことではないですか？　範囲を広げて、より多様性のある集団から取得したデータを与えれば、その問題は解決されますよね？

グロース：その通りですが、これは私が挙げられる中で最も簡単な例なのです。医療を例に取ってみましょう。ほんの数年前まで、医療研究は男性だけを対象として行われてきました。人間の男性というだけでなく、基礎的な生物学の研究にもオスのハツカネズミだけが使われていたのです。なぜでしょうか？　メスにはホルモンがあるからです！　新薬を開発する場合には、若者と老人に関してそれと関連した問題が生じます。老人は、若者と同じ用量を必要としないからです。研究の大部分が若者に対して行われたとすれば、ここでも偏りのあるデータの問題が生じます。先ほどの顔データは簡単な例でしたが、データの偏りの問題はあらゆる場所に顔を出すのです。

フォード：もちろん、それはAIだけの問題ではありません。欠陥のあるデータを突き付けられたときには、人間も同じ問題を抱えることになります。データの偏りは、研究を行ってきた人々の過去の判断に起因するのですから。

グロース：その通りですが、次は製薬の分野で何が起こっているのか見てみましょう。コンピューターシステムは、「すべての論文を読む」という（人間にはできない）ことができ、そこからある種の情報検索を行って結果を引き出し、統計的に分析することができます。しかしほとんどの論文がオスのハツカネズミだけ、あるいは人間の男性だけについて行われた科学的研究に基づいたものであれば、システムが導き出す結論は制約されてしまいます。

この問題は法律の分野でも、警察活動や公平性に関して見られます。ですから、こういったシステムを構築する際には、「オーケー、私のデータはどう使われているんだろうか？」と考えなくてはいけません。特に製薬の分野では、使われているデータの制約について注意しなければ本当に危険だと思います。

フォード：AGIへの道のりについてお聞きします。あなたが人々とともに働くマシンの構築に非常に強い思い入れを持っていることはわかりましたが、私はこのようなインタビューを行っている経験から、独立した、人間とは異なる知能を持つマシンの構築に非常に興味を持っている、あなたの同業者がたくさんいることはお伝えしたいと思います。

グロース：その人たちはSFの読みすぎです！

フォード：しかし真の知能へ向けた技術的な道筋という意味で、まず問題となるのはAGIが達成できると思っているかどうかだと思います。それはまったく不可能だ、とあなたは考えているかもしれませんね。どんな技術的なハードルが待ち構えているのでしょうか？

グロース：最初にあなたに言いたいのは、私が学位論文を書き上げようとしていた1970年代の末、別の学生にこんな言葉を掛けられたことです。「私たちはお金儲けに興味がなくてよかったね。AIなんて何の役にも立たないんだから」。私はよく、この予言を思い返します。そして私には、未来を教えてくれる水晶玉などないことはわかっているのです。

AGIは進むべき正しい方向ではないと思います。AGIに注目が集まることは、本当に倫理的に危険なことだと思います。失業者の発生や、ロボットの暴走など、さまざまな問題が派生するからです。そういった問題は、頭の体操にはよいのですが、遠い未来の話です。目くらましです。実際のところ、私たちは今でさえ現状のAIシステムに関してさまざまな倫理上の課題を抱えているのですから、恐怖をあおる未来のシナリオのせいでそういった問題から注意をそらされるのは不幸なことだと思います。

フォード：AGIは進むのに値する方向でしょうか、それともそうではないのでしょうか？　少なくともゴーレムの伝説や『フランケンシュタイン』の時代から何百年も、人間と同じくらい賢いものを人間の手で作り出すことを人々は夢想し続けてきました。つまり、人々が空想にふけったり想像を巡らしたりするのを止めることはできませんし、私もそうしようとは思いません。しかしAGIについて考えることは、私たちの知能を含めた資源の無駄遣いではないかと思います。

フォード：AGIへの実際のハードルは何でしょうか？

グロース：先ほどハードルのひとつについて触れました。それは必要となる幅広い範囲のデータを得ること、そして倫理的にそのデータを得ることです。それは基本的に「ビッグブラザー」となって数多くの振る舞いを監視し、大勢の人々から大量のデータを取得することを意味するからです。それが最大の問題であり、最大のハードルではないかと思います。

第二のハードルは、現時点で存在するすべてのAIシステムが、特化した能力を持つAIシステムであるということです。家の掃除をしてくれるロボット、あるいは旅行やレストランに関する質問に答えてくれるシステムです。そのような個別化した知能から汎用性のある知能へ移行すること、ひとつの領域から別の領域へ柔軟に知識を移転でき、ひとつの領域と別の領域の類似性を見つけ、現在だけでなく未来についても考えられるような知能を実現することは、本当に難しい課題です。

フォード：ひとつ大いに懸念されるのは、ＡＩが大規模な経済的変動を引き起こし、職に多大な影響を与える可能性があることです。ＡＧＩではなく、特化した能力を持つ狭いＡＩシステムであっても、労働者を置き換え、職の単純作業化を招くには十分です。この予想される経済的影響を、どれほど懸念されていますか？　どんな心配をすべきでしょうか？

グロース：はい、私が懸念しているのは確かですが、他の多くの人たちとはちょっと違った形で懸念しています。私がまず言いたいのは、これは単なるＡＩの問題ではなく、より広いテクノロジーの問題だということです。この問題には、さまざまな種類の技術者である私たちにも部分的な責任がありますが、経済界も大きな責任を負っていると思います。

例を挙げましょう。何かが故障したとき、かつてはカスタマーサービスに電話をして、人間と話をしていました。そういった人間のカスタマーサービス係は全員が優れた人ではありませんでしたが、優れたカスタマーサービス係はあなたの問題を理解して、それに答えてくれました。

もちろん、人間を雇うにはお金がかかりますから、現在では多くのカスタマーサービス係がコンピューターシステムで置き換えられています。ある段階で、企業は知能の高い人たちを首にして、スクリプトをなぞることしかできない安い労働力を雇いましたが、それはあまりうまくいきませんでした。しかし現在、システムがあるのにスクリプトに従うことしかできない人を誰が必要とするでしょうか？　このアプローチは悪い職を生み出し、悪いカスタマーサービスの対話を生み出しました。

ＡＩや、ますます知能を増しつつあるシステムについて考えると、「オーケー、これで人を置き換えることができるね」と考えられる機会はどんどん増えていきます。しかしそうすることは、システムに割り当てられたタスクを十分にこなせる能力がない場合、問題を引き起こします。また私はそういった理由から、人を補うシステムの構築を主張しているのです。

フォード：私はそれに関してたくさん記事を書いてきました。私の意見では、その問題はまさにテクノロジーと資本主義が交わるところに存在するのだと思います。

グロース：その通りです！

フォード：資本主義には、もっと金を稼ぐために費用を削減するという本能的な欲求が組み込まれています。歴史的に、それは良いことでした。たとえ私たちが変曲点に差し掛かっていて、前例のない規模で資本が労働力を本気で削減し始めているのだとしても、繁栄を続けるためには資本主義を改良する必要があるというのが私の意見です。

グロース：それに関しては、私も完全にあなたと同意見です。最近この問題についてアメリカ芸術科学アカデミーで講演をしたのですが、私にとって重要なポイントは2つあります。

最初のポイントは、これは単にどんなシステムが構築できるかという問題ではなく、どんなシステムを構築すべきかという問題でもある、ということです。費用を節約するためには何でもするという資本主義体制にあっても、技術者としての私たちにはそれを選ぶ選択肢があります。

2番目のポイントは、倫理をコンピューターサイエンスの教育に組み込む必要があるということです。効率性やコードの美しさに加えて、倫理を尺度としてシステムについて考えることを学生に学んでもらうためです。

このミーティングに出席していた企業人やマーケティングの人々へ向けて、私はボルボ（Volvo）の例を挙げました。ボルボは安全な車を作ることによって競争上の優位を作り出しました。人々とうまく協力できるシステムを作ることが企業にとって競争上の優位となるようにする必要があります。しかしそのためには、技術者が人々を置き換えることだけを考えるのではなく、社会科学者や倫理学者と協力して、「オーケー、この機能を入れることはできるけれども、そうすることはどんな結果を招くだろうか？　人々とうまく適合するだろうか？」と考えることが必要とされるでしょう。

私たちは、売り上げや費用の削減といった短期的な利益をもたらすシステムではなく、私たちが構築すべき種類のシステムを構築することに力を入れる必要があります。

フォード：経済的な影響以外のＡＩのリスクについてはいかがでしょうか？　短期的な観点と長期的な観点の両方から、人工知能について何を真剣に心配すべきだと思われますか？

グロース：私の視点からは、ＡＩの提供する能力、ＡＩの手法と利用目的、そして現実世界へ出ていくＡＩシステムのデザインなどにまつわる問題がいくつか存在します。

そして、選択肢があります。兵器でさえ、完全に自律的な兵器か、人が判断に関与するのか、といった選択肢があります。車の場合にも、イーロン・マスクには選択肢がありました。テスラ車に付いているのはオートパイロット機能ではなく、運転者支援機能だと言うこともできたはずです。もちろん車にはオートパイロット機能は付いていないからです。トラブルに巻き込まれた人は、オートパイロットという宣伝文句を信じ、それがまともに動作すると信用して、事故を起こしてしまったのです。

ですから、システムに何を組み込むか、システムについてどんな主張をするか、そしてそのシステムをどうテストし、検証し、セットアップするかという選択肢が私たちにはあります。大惨事が起こるかどうかは、私たちがどんな選択をしたかによるのです。

現在は、何らかの形でＡＩが組み込まれたシステムの構築に携わるすべての人にとって、非常に重要な時期です。それは単なるＡＩシステムではなく、多少のＡＩが組み込まれたコンピューターシステムだからです。じっくりと時間をかけ、設計チーム以外の人たちも交えて、構築しているシステムの予期せぬ結果についてより広く考えることが必要とされています。

つまり、法律家が予期せぬ結果について意見を言い、コンピューターサイエンティストは副作用について意見を言うということです。少なくとも私に関しては、技術開発の段階で「ああ、こんな機能やあんな機能が構築できたらいいな」と言ってそれを構築し、世界に押し付けることはやめる時期です。私たちが構築しているシステムの長期的な影響について考えなくてはいけません。それは社会の問題なのです。

私は「知能システム：デザインと倫理的課題」についての授業を担当していた経験から、現在はハーバードの同僚たちと、すべてのコンピューターサイエンスの講義に倫理教育を取り入れる取り組みを行っています。その取り組みを私たちは「エンベデッド・エシックス（Embedded EthiCS）」［倫理の組み込みの意味］と呼んでいます。システムをデザインする人たちは、効率的なアルゴリズムや効率的なコードについて考えるだけでなく、システムの倫理的な影響についても考えるべきだと思います。

フォード：人類の存在への脅威は、強調されすぎているとお考えでしょうか？　イーロン・マスクが創立したオープンＡＩは、その問題についての取り組みに特化した組織だと思います。それは良いことでしょうか？　こういった懸念は、たとえそれがはるか先の未来にならないと実現しないものであったとしても、私たちが真剣に受け止めるべきものでしょうか？

グロース：誰かがドローンに非常に良くないものを乗せることはとても簡単にできますし、それは非常に有害なものとなり得ます。ですから答えはイエスです。私が支持するのは、安全なシステムをデザインできる方法を考えたり、どんなシステムを構築すべきか考えたり、より倫理的なプログラムをデザインすることを学生に教える方法を考えたりする人たちです。そうすることをやめてほしいと言うつもりは決してありません。

しかし一部の人たちが言っているように、そのような脅威すべてを避ける方法が見つかるまで一切ＡＩの研究や開発を進めるべきではない、というのも極端すぎると思います。長期的に人類の存在を脅かすかもしれないという理由から、ＡＩが世界をよりよいものにできるすばらしい可能性をすべてつぶしてしまうのは、かえって有害ではないでしょうか。

　ＡＩシステムの開発を続けていくことは可能だと思いますが、倫理的課題に気を配り、ＡＩシステムの能力と制約について真摯《しんし》である必要があります。

フォード：「私たちには選択肢がある」というフレーズを、あなたは多用されていますね。人々とともに働くシステムを作り上げるべきだというあなたの強い思いを前提として、そういった選択は主にコンピューターサイエンティストやエンジニアによってなされるべきでしょうか、それとも起業家によってなされるべきでしょうか？　そのような決定は、市場のインセンティブにかなり強く影響されます。そういった選択は社会全体によって行われるべきでしょうか？　規制や、政府による監督の余地はあるでしょうか？

グロース：ひとつ言っておきたいのは、人々とともに働くようにシステムをデザインしなかったとしても、結局は人々とともに働くことになるので、人々について考えておくほうが良いということです。例えばマイクロソフトのＴａｙ《テイ》ボットやフェイスブックのフェイクニュースの大惨事は、デザインやシステムの失敗例です。システムを「野生」に放つ方法、必ずしも協力的で良い人ばかりではない人々がひしめく世界へリリースする方法について、十分に考えていなかったためです。人々を無視することはできないのです！

　ですから、私は法規制の余地があり、政策の余地があり、規制の余地があると思っています。人々とうまく協力できるシステムのデザインを私が提唱する理由のひとつは、デザインについて考えるとき部屋の中に社会科学者や倫理学者がいれば、よりよいデザインができると思うからです。

その結果として政策や規制が必要となるのは、デザインの良くないシステムへの過剰反応あるいは改良を行うためではなく、デザインによってできなかったことを行う場合に限られることになるでしょう。可能な限り最善のシステムとなるようにデザインし、その上に政策の網をかぶせるようにすれば、結果として確実によりよいシステムが達成できると思います。

フォード：アメリカ国内でも、西欧諸国の中でも、規制に関する懸念のひとつとして挙げられるのが、中国との競争が始まっていることです。中国が私たちを追い越して先頭に立とうとしていることと、厳しすぎる規制が私たちにとって不利となりかねないことは、心配すべきでしょうか?

グロース：それには現時点で、二通りに答えることができます。まるで壊れたレコードのように聞こえることはわかっていますが、私たちがAIの研究開発をすべて止めてしまったり、厳しく制限したりするのであれば、答えはイエスです。

しかし、コードの効率性だけでなく倫理的な推論や思考も考慮した文脈でAIを開発するのであれば、答えはノーです。私たちはAIの開発を続けていけるからです。

非常に大きな危険が潜んでいる分野のひとつが兵器システムです。重要な問題となるのは、私たちがAI利用兵器を作らなかったのに敵対勢力が作ってしまった場合、何が起こるかということです。しかしそれは非常に大きな話題なので、さらに1時間は議論する必要があるかもしれません。

フォード：最後に、この分野における女性の活躍についてお聞きしたいと思います。女性、または男性、あるいは新米の学生に対して、アドバイスをいただけますか? AI分野における女性の役割について、そしてあなたのこれまでのキャリアで経験したことで、言っておきたいことはおありでしょうか?

グロース：まず私がすべての人に言いたいのは、世界中のどんな分野よりも興味深い問題がこの分野にはあるということです。AIが提起する問題には、解析的な思考と数学的な思考、人と振る舞いに関する思考、そして工学に関する思考の組み合わせが常に必要とされます。さまざまな思考、さまざまなデザインを駆使する必要があるのです。もちろん誰しも自分の分野が最高にエキサイティングだと思っているはずですが、AIの分野にいる私たちは現在このうえなくエキサイティングだと思います。私たちは、これまでになく強力なツールを手にしているからです。コンピューティングパワーひとつを取ってみてもそれはわかるでしょう。私がこの分野の研究を始めたころには、キャリッジリターンを入力して応答を待つ間にセーターを編んでいた同僚がいたほどですから！

あらゆるコンピューターサイエンス、あらゆるテクノロジーと同様に、AIシステムのデザインには可能な限り広い範囲の人々が参加することがきわめて重要であると私は考えています。男性と女性というだけでなく、さまざまな文化の人々、さまざまな人種の人々という意味です。システムを使うのは、そうした人たちだからです。そのような多様性なしでは、2つの大きな危険が生じます。ひとつは、デザインしたシステムが特定の人口集団にとってのみ適切なものとなってしまうこと。もうひとつは、職場風土が可能な限り広い範囲の人々を歓迎するものとはならず、特定の小集団だけに利するものとなってしまうことです。すべての人が一緒に働けるようでなくてはいけません。

私の経験から言うと、最初のころはAIに携わる女性はほとんどいませんでしたし、一緒に働く男性がどんな人かによって私の経験は完全に左右されました。私の経験の中にはすばらしいものもありましたし、悲惨なものもありました。すべての大学、テクノロジー部門を持つすべての企業は、女性を男性と同じように処遇し、マイノリティの人々を正当に評価する環境を、責任を持って整備すべきです。最終的に、デザインチームが多様であるほど、優れたデザインを作り出すことができるからです。

バーバラ・グロースは、ハーバード大学の工学および応用科学学部のヒギンズ記念自然科学教授であり、サンタフェ研究所（Santa Fe Institute:SFI）の客員教授のひとりである。彼女は自然言語処理とマルチエージェント協調理論の先進的な研究や、人間とコンピューターのインタラクションへの応用を通して、人工知能の分野に先駆的な貢献を行った。現在の研究では、この研究で開発されたモデルを利用して医療分野の協調作業や科学教育を向上させる方法を探求している。

バーバラはコーネル大学から数学の学士号を、カリフォルニア大学バークレー校からコンピューターサイエンスの修士号と博士号を取得した。彼女は数多くの賞や栄誉を授与されており、アメリカ技術アカデミーとアメリカ哲学協会、そしてアメリカ芸術科学アカデミーの会員や、米国人工知能学会（AAAI）と計算機学会の（ACM）フェローに選出されている。彼女は2009年のACM/AAAIアレン・ニューウェル賞と2015年の国際人工知能会議（IJCAI）Award for Research Excellence、そして2017年に計算言語学会（ACL）生涯功労賞を受賞している。また彼女は学際組織でのリーダーシップと、科学分野における女性の地位向上に貢献していることでも知られている。

「現在の機械学習が深層学習と
その透明性のない構造に集中しすぎていることは、
そのような行き詰まりのひとつです。
このようなデータ中心主義的な考え方から、
解放される必要があります」

JUDEA PEARL
ジュディア・パール

カリフォルニア大学ロサンゼルス校コンピューターサイエンスおよび統計学教授
UCLA認知システム研究所所長

ジュディア・パールは、国際的に著名な人工知能と人間の論理的思考、そして科学哲学の研究者である。AI分野では、確率的（ベイジアン）技法と因果性に関する研究が特によく知られている。彼は450以上の学術論文と、『Heuristics』（1984年）（未邦訳）、『Probabilistic Reasoning』（1988年）（未邦訳）、そして『統計的因果推論—モデル・推論・推測』（2000年／第2版2009年）（邦訳共立出版）という3冊の記念碑的な書籍の著者である。彼の2018年の著書、『The Book of Why』（未邦訳）では、因果関係に関する彼の研究を一般の読者にもわかりやすく説明している。2011年にジュディアはチューリング賞を受賞した。これはノーベル賞にも匹敵する、コンピューターサイエンス界の最高の栄誉である。

フォード：あなたは長期にわたる、華々しいキャリアをお持ちですね。どのようなきっかけで、コンピューターサイエンスと人工知能の道に足を踏み入れたのでしょうか？

パール：私は1936年に、イスラエルのブネイ・ブラクという町で生まれました。私が好奇心旺盛なのは、私の子ども時代と私の受けた教育によるものが大きいと思います。イスラエル社会に属し、幸運な世代の一員だったおかげで、ユニークで独創性を育てる教育を受けられたのです。私が高校や大学で教わった先生方は、1930年代にドイツからやってきた一流の科学者ぞろいでした。彼らは研究職に就くことができなかったので、高校で教えていたのです。もはや自分たちには研究職への道が閉ざされていることを知っていたので、彼らは研究者や科学者としての夢を私たちに託そうとしました。この教育実験の恩恵を受けたのが、私の世代です。すばらしい科学者たちが、高校教師として私たちを指導してくれたのですから。私の成績は優秀とは言えず、1番や2番ではなく、いつも3番目か4番目でしたが、教わったどんな教科にも私は夢中で取り組みました。また教え方も独特で、時系列を追って発明家や科学者に注目しながら、発明や定理を教わったのです。そのため、科学というものが単なる事実の羅列ではなく、自然の神秘を探求する絶え間ない人類の努力であることもわかりました。それが私の好奇心をさらに刺激したのです。

　私は軍隊に入るまで、科学者になるつもりはありませんでした。私はキブツの一員として、そこに骨を埋めるつもりだったのですが、数学のスキルを生かしたほうが幸せになれるんじゃないかと賢い人たちが言ってくれたのです。そういうわけで、私はテクニオン・イスラエル工科大学で電子工学を学ぶことを勧められ、1956年には入学することになりました。大学では特に専門分野を決めませんでしたが、回路合成や電磁理論は好きでした。1960年に私は学部を卒業し、結婚しました。そしてアメリカに来たのですが、当初は大学院で研究し、博士号を取ってから戻るつもりだったのです。

フォード：イスラエルに帰国する予定だった、ということでしょうか？

パール：はい、学位を取ってイスラエルに帰国するつもりでした。最初に入学したのは、当時マイクロ波通信で最先端をいっていたブルックリン工科大学（現在はニューヨーク大学の一部）です。しかし学費が払えなかったので、ニュージャージー州プリンストンのＲＣＡ研究所の中にあった、デイヴィッド・サーノフ研究所で働くことになりました。そこで私はジャン・ライヒマン博士の率いるコンピューターメモリグループの一員となりました。ハードウェア指向のグループです。アメリカ中の他の研究者と同じように、私たちはコンピューターのメモリとして利用できる新しい物理的メカニズムを探し求めていました。というのも、当時主流の磁気コアメモリには、あまりに遅く、あまりにかさばり、手作業で配線しなくてはならないという欠点があったからです。

コアメモリの時代がもうすぐ終わることはわかっていましたし、誰もが――ＩＢＭやベル研究所、そしてＲＣＡ研究所でも――デジタル情報を保存するためのメカニズムとして使えるさまざまな現象を探し求めていました。当時の有力候補は超電導でした。液体ヘリウム温度まで冷却する必要はありましたが、速度とメモリとしての使いやすさの点で優れていたからです。私もやはりメモリで使うために超電導コイルに流れる電流を調べていて、いくつか興味深い現象を発見しました。私にちなんで名付けられたこの「パール渦」は、超電導フィルム内の渦電流であって、ファラデーの法則に反する非常に興味深い現象を引き起こします。当時はテクノロジーの面から見ても、独創的な科学という面から見ても、エキサイティングな時代でした。

また１９６１年から１９６２年にかけては、誰もがコンピューターの潜在的な能力に想像力を刺激されていました。最終的には人間の知的タスクの大部分をコンピューターがエミュレートすることを、誰も疑っていませんでした。ハードウェア技術者を含め、誰もが探し求めていたのは、そのようなタスクを行うための方法です。私たちは、連想メモリの作成、知覚の取り扱い、物体認識、情景のエンコーディングなど、汎用ＡＩの重要な要素として知られていたタスクを行う方法を探求し続けていました。ＲＣＡの経営陣は、私たちが発明を考案することも奨励していました。ボスのライヒマン博士が私たちのところへ毎週やってきて、新しい特許のネタはないかと聞いていたことを覚えています。

もちろん、超電導に関するすべての研究は、半導体の実用化とともに停止されました。当時の私たちは、半導体が成功するとは信じていませんでした。私たちは、微細化技術がこれほどうまくいくとは思いませんでした。また私たちは、電源が切れた際にメモリが消えてしまうという弱点が克服できるとは思いませんでした。もちろんその弱点は克服され、半導体技術がすべての競合技術を駆逐してしまったのです。当時、私はエレクトロニック・メモリーズという会社で働いていたのですが、半導体の実用化によって職を失いました。こうして私は研究職に就き、パターン認識と画像エンコーディングという昔からの夢を追い求めることになったのです。

フォード：エレクトロニック・メモリーズから、すぐにＵＣＬＡ（カリフォルニア大学ロサンゼルス校）へ行かれたのでしょうか？

パール：私は南カリフォルニア大学へ行こうとしたのですが、あまりに自信過剰だったので雇ってもらえませんでした。私はソフトウェアを教えたかったのですが、実はプログラムを書いた経験がまったくなかったので、学部長に追い出されてしまったのです。結局私はＵＣＬＡに落ち着きました。私がやりたかったことができるチャンスがあったからです。そして私はパターン認識や画像エンコーディングや意思決定理論から、少しずつＡＩへと踏み出していきました。初期のＡＩはチェスなどのゲームをプレイするプログラムが主流で、私はまずそこに魅力を感じました。そこには人間の直感を取り込むメタファーがあると思ったからです。人間の直感をマシン上に取り込むというのが、当時も今も私の生涯の夢なのです。

ゲームでは、着手の良し悪しを評価する際に直感が役立ちます。マシンにできることとエキスパートにできることとの間には大きな開きがあったので、エキスパートの評価をマシンに取り込むことが課題となっていました。私は解析的な研究を多少行った結果、ヒューリスティクス（経験則）とは一体何なのかをうまく説明するとともに、現在でも利用されている、ヒューリスティクスを自動的に発見する方法を見つけ出しました。アルファ・ベータ法が最適であることや、あるヒューリスティクスが別のヒューリスティクスよりも優れていることを示すその他の数学的結果を最初に示したのは私だと自負しています。そういった研究結果は、１９８３年に出版された私の著書『Heuristics』［刊行は1984年］にまとめられています。次にエキスパートシステムが登場し、今度は別の種類のヒューリスティクス――チェスの達人のヒューリスティクスではなく、内科医や探鉱者といった高収入のエキスパートの直感を取り込むことに関心が集まりました。発想としては、エキスパートのやり方をコンピューターシステム上でエミュレートして、エキスパートを置き換えたり支援したりしようというものです。私はエキスパートシステムを、直感を取り込むためのもうひとつの挑戦であると見ていました。

フォード：ちょっと明確にしておきたいのですが、エキスパートシステムは主にルールに基づいたものですよね？　これが真であればそれをしなさい、という具合に。

パール：そうです、エキスパートシステムはルールに基づいて、エキスパートのやり方、つまりエキスパートが専門的な作業に従事する際の判断基準を、取り込むことを目標としています。

私はそれを、別のパラダイムで置き換えることにしました。エキスパートに、何をしているか質問する必要はありません。その代わり、病気をモデル化したのです。例えば、内科医というエキスパートをモデル化する代わりに、マラリアにかかっている場合、あるいはインフルエンザにかかっている場合には、どのような症状が見られることが期待されるのか、そしてその病気についてどんなことがわかっているのかを質問するのです。私たちは、この情報に基づいてさまざまな症状を分析し、疑われる疾患を出力する診断システムを構築しました。そのシステムは、探鉱にも、トラブルシューティングにも、他のどんな専門分野にも応用できます。

フォード：それはヒューリスティクスに関するあなたの研究に基づいたものですか、それとも今はベイジアンネットワークについてお話しされているのでしょうか？

パール：いいえ、私がヒューリスティクスを離れたのは著書が出版された1983年のことで、それからベイジアンネットワークと不確実性管理に関する研究を始めました。当時、不確実性の管理については多種多様な提案があったのですが、それらは確率論や意思決定理論の定めるところとうまく整合しませんでしたし、私は正しく効率的に不確実性を管理したかったのです。

フォード：ベイジアンネットワークに関するあなたの研究についてお話しいただけますか？　現在、ベイジアンネットワークは数多くの重要な応用分野で利用されていますね。

パール：まず、当時の環境を理解する必要があります。「いい加減派」と「きちんと派」の間で緊張関係があったのです。いい加減派は動くシステムが構築できればそれでいいという立場で、保証や彼らの手法が何らかの理論に適合しているかどうかについては気にしていませんでした。きちんと派はシステムがちゃんと動く理由を理解し、何らかの形で性能を確実に保証したかったのです。

フォード：ちょっと明確にしておきたいのですが、「いい加減派」と「きちんと派」は異なる態度を取る人たち、2つのグループのニックネームですよね。

パール：そうです。同じような緊張は、現在でも機械学習コミュニティの中に見られます。マシンに重要な仕事をさせたいが、それが最適に行われるか、システムが自分自身を説明できるかは気にせず、仕事ができればそれでいいと言う人たちもいます。きちんと派は説明可能性と透明性、自分自身を説明できるシステムと性能保証のあるシステムを求めます。

そして、当時はいい加減派が主流でしたし、現在でもそうです。資金提供者や産業界との太いパイプを持っているからです。しかし産業界は先見の明がなく、短期的な成功を求めるため、研究の重点分野に不均衡が生じます。それはベイジアンネットワークの時代も同じでした。いい加減派が主流だったのです。私は、確率論のルールに従って物事を正しく行うことを主張していた少数の一匹狼のひとりでした。問題だったのは、伝統的な意味で確率論に厳密に従う場合には指数関数的な時間と指数関数的なメモリが必要となること、またその2種類のリソースが十分に供給できないことでした。

私はそれを効率的に行う方法を探し求め、デイヴィッド・ラメルハートの研究にヒントを見つけました。ラメルハートは、子どもたちがどれだけ素早く確実に文章を読めるかを研究していた認知哲学者です。彼が提案したのは、ピクセルのレベルから意味のレベルへ、さらに文のレベルから文法のレベルへと至る複数層のシステムで、それらの層が互いに手を取り合ってメッセージを伝達するというものでした。ひとつのレベルは、他のレベルが何をしているか知りません。単純にメッセージを伝達するだけなのです。最終的に、これらのメッセージが正しい答えへと収束し、例えば「the car」を読んだときと「the cat」とが区別できるようになります。それが談話の文脈に依存して行われるのです。

私は確率論を用いて彼のアーキテクチャをシミュレートすることを試みたのですが、最初はあまりうまくいきませんでした。しかし、木構造を使ってモジュールを接続すれば、この収束が適切に行われることを発見したのです。メッセージの非同期的な伝播が可能で、最終的にはシステムが平衡状態となって正しい答えを出します。次に私たちはポリツリー（複結合木）を使うようになりました。これは木構造の特別なバージョンです。そしてついに1995年、私は一般的なベイジアンネットワークに関する論文を発表しました。

このアーキテクチャは、本当に驚くべきものでした。非常にプログラムしやすかったからです。プログラマーは、スーパーバイザーを使ってすべての要素を監視する必要はなく、ある変数が目覚め、情報を更新しようとしたときに、何をするかをプログラムするだけでよかったのです。その変数が、次に近隣へメッセージを送出します。近隣はさらにその近隣へとメッセージを送出し、といった具合に続いていきます。そうして最終的にシステムは、正しい答えに収束するのです。

プログラミングのしやすさは、ベイジアンネットワークが受け入れられた理由のひとつでした。もうひとつの理由は、内科医ではなく病気――問題領域を取り扱う専門家ではなく、問題領域そのもの――をプログラムできるため、システムが透明なものとなることです。システムの利用者には、そのシステムがある結果を出した理由がわかりますし、環境中で何かが変化した際にシステムをどう変更すればよいかもわかります。これがモジュール性の利点です。モジュール性は、物事の本質的な働きをモデル化したときに得られるのです。

当時の私たちは、そのような利点を認識してはいませんでした。主な理由は、モジュール性の重要さを認識していなかったためです。それが認識できると、このモジュール性をもたらすものは因果性であること、そして因果性が失われるとモジュール性も失われ、困った状況に追い込まれることもわかってきました。つまり透明性や再構成可能性など、私たちが気に入っていた望ましい特徴が失われてしまうのです。しかし私がベイジアンネットワークに関する本を出版した1988年には、すでに私は自分を裏切り者だと感じるようになっていました。次のステップは因果性のモデル化であることがもうわかっていましたし、私の情熱はもう別の研究分野へ向いていたからです。

フォード：「相関関係は因果関係を意味しない」という言葉はよく聞きます。つまり、データから因果関係を得ることはできないわけです。ベイジアンネットワークは、因果関係を理解する方法は提供してくれないんですよね？

パール：いいえ、ベイジアンネットワークはどちらのモードでも動作可能です。どういう考えで構築したかによるのです。

フォード：ベイジアンとは、新しいエビデンスに基づいて確率を更新していけば、時間とともにより精密な予想が得られる、という考えです。そのような基本概念をあなたはベイジアンネットワークに組み込み、多数の確率についてそのようなことを非常に効率的に行う方法を考案されました。コンピューターサイエンスやAIにおいて、ベイジアンネットワークが非常に重要なアイディアとなっていることは、それがあらゆる場所で使われていることからも明らかです。

パール：ベイズの法則を使うのは昔からあるアイディアです。それを効率的に行うのが難しかったのです。それは、私が機械学習に必要だと考えていたもののひとつでした。得られたエビデンスとベイズの法則を用いてシステムを更新すれば、性能を高め、パラメーターを改善することができます。そういったことはすべて、エビデンスを用いて知識を更新するというベイジアン方式の一部です。確率論的な手法であり、因果知識ではないので、限界はあります。

フォード：しかし、例えば音声認識システムなど、私たちの身近なデバイスにもよく使われていますよね。グーグルでは、さまざまなところに幅広く使われています。

パール：どの携帯電話にも、エラーを訂正し伝送雑音を最小化するためにベイジアンネットワークが使われているそうです。どの携帯電話にもベイジアンネットワークと確率伝播法が使われています。確率伝播法とは、メッセージ伝達方式に私たちが付けた名前です。またSiriにもベイジアンネットワークが使われていると聞きましたが、アップルが秘密にしているため、まだ確かめることはできていません。

ベイズ更新は現在の機械学習の主要な構成要素のひとつではあるのですが、近年ではベイジアンネットワークから、より透明性の低い深層学習への移行が起こっています。入力と出力を結び付ける関数を知ることなく、システム自身がパラメーターを調整することを許すわけです。これはベイジアンネットワークと比べて透明性が低いやり方です。ベイジアンネットワークの持つモジュール性という特徴の重要性を、これまで私たちはあまり認識していませんでした。病気をモデル化する場合、エキスパートではなく、病気の原因と結果の関係を実際にモデル化すれば、モジュール性が得られます。そのことを認識すると、さらに疑問が生じてきます。この「原因と結果の関係」と呼ばれるものは何なのか？　それはどこに存在し、どのように取り扱うべきものなのか？　それが私にとって、次のステップだったのです。

フォード：因果関係についてお伺いします。あなたはベイジアンネットワークに関する非常に有名な本を出版されていますし、まさにその論文によってベイジアン的な手法がコンピューターサイエンス界で非常に有力となったわけです。しかしその本が出版される前から、すでにあなたは因果関係に注目し始めていたということでしょうか？

パール：因果関係は、ベイジアンネットワークの元となった直感の一部でした。ベイジアンネットワークの形式的な定義は純粋に確率論的なものなのですが。診断を行い、予測を行いますが、介入は取り扱いません。介入が必要なければ、因果性も必要ありません――理論的にはね。ベイジアンネットワークの働きは、すべて純粋に確率論的な用語を使って説明できます。しかし実際には、ネットワークの構造に因果的な方向付けを導入すると、さまざまなことがはるかに容易になることがわかっています。問題は、その理由です。

私たちが渇望していた因果性の特徴の中には、因果性に由来することすら知られていなかったものがあることがわかっています。それは、モジュール性、再構成可能性、移転可能性などでしたが、他にもたくさんあります。私は因果性に注目するまでに、「相関関係は因果関係を意味しない」という決まり文句が思っていたよりもはるかに奥深いものであることを理解するようになりました。

因果的結論を得るためには因果的仮定が必要ですが、それはデータだけから得られるものではありません。さらに悪いことに、因果的仮定をしたいと思っても、それを表現することができないのです。

「ぬかるみは雨の原因ではない」とか「ニワトリは太陽が昇る原因ではない」といったことを、単純な文で表現できる科学の言語は存在しませんでした。それを数学的に表現することもできませんでした。つまり、ニワトリは太陽が昇る原因ではない、ということを自明のこととしたくても、それを書き表すことはできませんでしたし、データと結合することも、この種の別の文と結合することもできなかったのです。

要するに、データを因果的仮定で肉付けすることに同意しても、その仮定を書き表すことができなかったのです。それにはまったく新しい言語が必要でした。この気づきは私にとって本当にショックであり、難問でもありました。私はずっと統計学を勉強してきて、科学的な英知は統計の中にあると信じていたからです。統計は、帰納や演繹、アブダクション、モデルの更新を可能としてくれます。そして、ここにきて私は、統計の言語が絶望的に無力な欠陥品だったことを知ったわけです。コンピューターサイエンティストとしての私は、くじけませんでした。コンピューターサイエンティストは、自分たちのニーズに合わせて言語を発明するからです。しかし、どんな言語が発明されるべきなのでしょうか、またその言語はデータの言語とどう組み合わせればよいのでしょうか?

統計学では、別の言語が話されています――平均の言語、仮説検定の言語、さまざまな視点からデータを集計し視覚化する言語です。これはすべてデータの言語であり、ここにまた別の、原因と結果の言語が加わることになります。この2つの言語をどう組み合わせれば、相互作用が可能となるのでしょうか? どのように原因と結果に関する仮定を立て、それを手持ちのデータと結合すれば、自然の営みを教えてくれる結論が引き出せるのでしょうか？　これが、コンピューターサイエンティストとしての、そしてパートタイム哲学者としての、私の課題でした。人間の直感をとらえ、それをコンピューター上でプログラミング可能な形に形式化することは、基本的に哲学者の役割です。哲学者がコンピューターについて考えていなかったとしても、彼らのしていることを見れば、彼らが利用可能な言語を駆使してなるべく多くのものを形式化しようとしていることがわかります。それをより説明可能な、より意味のあるものとすることによって、結果として哲学者を悩ませるような認知機能が実行できるプログラムをコンピューターサイエンティストが書けるようになることが目標です。

フォード：因果関係を記述するために使われる専門言語やダイアグラムは、あなたが発明されたものなのですか？

パール：いいえ、私が発明したわけではありません。基本的なアイディアは、1920年にシューアル・ライトという遺伝学者によって考案されたものです。彼は矢印とノードからなる、ちょうど一方通行の市街地図のような、因果ダイアグラムを最初に書いた人です。彼は生涯を通じて、統計学者が回帰や結合や相関から得られなかったものがこのダイアグラムから得られることを示すために闘い続けました。彼の手法は原始的なものでしたが、統計学者が得られなかったものが得られることは証明されたのです。

私が何をしたかというと、シューアル・ライトのダイアグラムを真剣に調べて、そこに私のコンピューターサイエンスの経験をすべてつぎ込み、再形式化を行い、最大限まで活用したのです。こうして作り出された因果ダイアグラムは、科学知識をエンコードする手段として、また医療や教育や地球温暖化など、さまざまな科学分野において原因と結果の関係を解き明かすタスクをマシンに行わせる手段として、利用できます。これらの科学分野で科学者たちが頭を悩ませているのは、何が何の原因になっているのか、自然がどのように原因から結果へと情報を送信しているのか、どんなメカニズムがかかわっているのか、それをどのように制御すればよいのか、そして原因と結果の関係を含む現実の問題にどう答えればよいのか、といったことだからです。

これが過去30年間の私の人生の課題でした。私はそれに関する本を2000年に出版し、2009年には第2版を出しました。その本は『統計的因果推論――モデル・推論・推測』といいます。2015年には、それよりもやさしい入門書を共著で出しました。そして今年〔2018年〕は『The Book of Why』という本を共著で出しました。これは数式なしでも因果推論を理解できるように、平易な言葉でこの課題を説明した一般向けの本です。もちろん数式は物事を簡潔に書き表したり厳密に表記したりするためには役立つのですが、『The Book of Why』を読むには専門知識は必要ありません。基本的なアイディアが概念的にどのように展開されていくかを追うだけでよいのです。この本の中で、私は因果性のレンズを通して歴史を見ています。ある薬がどんな実験によって発見されたかということではなく、どんな概念的ブレークスルーによって私たちの考え方が変わったか、ということに光を当てているのです。

フォード：私も『The Book of Why』をとてもおもしろく読んでいるところです。あなたの研究の大きな成果のひとつに、因果モデルが社会科学や自然科学の分野で現在非常に重視されていることがあると思います。実際、先日見かけた量子物理学者が書いた記事には、筆者が因果モデルを使って量子力学の何かを証明したとありました。ですから明らかに、あなたの研究はそういった分野にも大きな影響を与えています。

パール：私もその記事は読みました。実は、彼らが夢中になっている現象が私にはよく理解できなかったので、あとで読む記事のリストに入れてあるんですけどね。

フォード：『The Book of Why』の要点のひとつは、自然科学者や社会科学者が因果関係のツールをまさに使い始めたところだというのに、AIの分野はそれに比べて遅れている、とあなたが感じられていることだと思います。AI分野の進歩のためには、AI研究者が因果関係に目を向ける必要がある、とあなたは考えていらっしゃるわけですね。

パール：その通りです。因果モデリングは、現在の機械学習研究の最先端のテーマではありません。現在の機械学習を支配しているのは統計学者と、すべてはデータから学習できるという思い込みです。そのような、データ中心的な哲学には限界があります。

私はそれを「曲線あてはめ」と呼んでいます。見下しているように聞こえるかもしれませんが、決してそうではありません。深層学習やニューラルネットワークで行われていることは、多数の点に対する非常に精巧な関数の当てはめである、ということを説明する意味でその言葉を使っているのです。そういった関数は非常に精巧なもので、何千もの山や谷があって複雑であるため、あらかじめ予測することはできません。しかしそれでも、無数の点に関数を当てはめていることには変わりないのです。

このような哲学には明確な理論的限界が存在します。私は意見を言っているわけではなく、理論的限界について話しているのです。反事実は仮定できませんし、一度も見たことのない行為について考えることもできません。私はそれを、見ること、介入すること、そして想像することという、3つの認知レベルに着目して説明しています。想像することが最高のレベルで、そのレベルでは反事実的推論が要求されます。例えば、オズワルドがケネディ大統領を暗殺しなかったとしたら、あるいはヒラリー・クリントンが選挙に勝っていたとしたら、この世界はどうなっていただろう、ということです。私たちはそういったことについて考え、そのような想像上のシナリオについて話し合うことができます。私たちは、このような「ごっこ」遊びをすることに慣れているのです。

私たちはなぜ、この能力を必要とするのでしょうか。それは、この世界の新たなモデルを構築するためです。存在しない世界を想像することは、私たちに新たな理論や新たな発明を思いつく能力を与えてくれますし、過去の行為を修正して自由意志や後悔や責任を負う能力も与えてくれます。こういったことはすべて、存在しないけれども存在したかもしれない世界を作り出す私たちの能力からくるものです。私たちはそういった世界をさまざまな形で、しかしでたらめではなく、作り出します。突飛なものではない、ありそうな反事実を作り出すためのルールを私たちは持っています。そこには独特の内部構造があり、私たちがこのロジックを理解できれば、物事を想像し、自分の行動に責任を負い、倫理や同情を理解するマシンの構築が可能となるはずです。

私は未来学者ではありませんし、理解していないことは話さないようにしていますが、考えるようにはしてきました。さまざまな認知タスクにおける反事実の重要性を、私は理解していると信じています。多くの人が、最終的にはコンピューターに実装されると夢想している認知タスクです。私にも、自由意志や倫理や道徳や責任をマシンにプログラムできる方法について基本的な素案はいくつかありますが、それはまだ素案の段階です。基本的に現在わかっているのは、反事実を解釈し、原因と結果を理解するには何が必要か、ということです。

これらは汎用ＡＩへと向かう小さなステップですが、その小さなステップから学べることはたくさんありますし、そのことを私は機械学習コミュニティに理解してもらおうとしています。深層学習は汎用ＡＩへと向かう小さなステップであることを理解してほしいのです。因果推論における理論的障壁を回避した方法から、できるだけ多くのことを学ぶ必要もあります。汎用ＡＩにおける理論的障壁を回避するためです。

フォード：つまりあなたは、深層学習はデータの解析に限られたものであり、因果関係をデータのみから導出することは不可能である、とおっしゃっているわけですね。人間は因果推論ができるわけですから、人間の心には因果モデルの作成を可能とするような、何らかの機構が組み込まれているはずです。データから学習するだけではなく。

パール：因果モデルの作成も大事ですが、誰かが私たちのために――私たちの両親、私たちの仲間、私たちの文化のために――それを作成してくれたとしても、それを利用するための機構が私たちには必要です。

フォード：その通りですね。因果ダイアグラム、あるいは因果モデルは、実際には仮説にすぎないように思えます。人によって因果モデルは異なるかもしれませんし、私たちの脳のどこかにはこういった因果モデルを内部的に生成し続けられるような何らかの機構が備わっていて、それがデータに基づく推論を可能としているのかもしれません。

パール：私たちはそれを作り出し、変更し、そして必要が生じた際には軌道修正する必要があります。かつてマラリアは悪い空気によって引き起こされると信じられていましたが、今はそうではありません。現在、マラリアはハマダラカと呼ばれる蚊によって引き起こされると信じられています。それによって違いが生まれます。悪い空気が原因であれば、次に沼地へ行くときにはマスクを持って行くことになるでしょう。そしてハマダラカが原因であれば、蚊帳を持って行くことになるでしょう。このような競合する理論によって、この世界での私たちの行動は大きく違ってきます。私たちは試行錯誤によって、ある仮説を捨てて別の仮説を採用してきました。私はそれを、「プレイフルな（遊び心に満ちた）操作」と呼んでいます。

子どもはこのようにして因果構造を学びます。これがプレイフルな操作です。また科学者もこのようにして因果構造を学びます。これもまたプレイフルな操作です。しかし、このプレイフルな操作から学んだものを保存する能力とテンプレートがなければ、それを使い、テストし、修正することはできません。それを簡潔なエンコーディングで心のテンプレートに保存する能力を持たなくては、それを利用することはできませんし、修正したりいじったりすることもできません。それは私たちが学ぶべき最初のことです。コンピューターは、そのテンプレートを収容し管理できるようにプログラムされなくてはならないのです。

フォード：つまりあなたは、ＡＩシステムに何らかのテンプレートあるいは構造が組み込まれていなければ、因果モデルを作り出すことはできないと考えていらっしゃるわけですね？　ディープマインドが利用している強化学習は、練習あるいは試行錯誤に基づくものです。それは因果関係を発見するための一方法となり得るでしょうか？

パール：強化学習は役に立つ技術ですが、制約もあります。学ぶことができるのは、それまでに見たことのある行為だけなのです。見たことのない行為にまで外挿《がいそう》することはできません。税率の引き上げとか、最低賃金の引き上げとか、タバコの禁止とか。これまでにタバコが禁止されたことはありませんが、タバコが禁止されたらどんな結果となるかを規定したり、外挿したり、想像できるような機構が私たちには備わっているのです。

フォード：では、あなたが強いＡＩあるいはＡＧＩと呼ぶもの、つまり汎用人工知能を達成するためには、因果的に思考する能力が不可欠であると信じていらっしゃるわけですね？

パール：それが不可欠であることはまったく疑っていません。それで十分なのかどうかは、よくわかりません。しかし、因果推論が汎用ＡＩの問題をすべて解決してくれるわけではありません。物体認識問題も解決してくれませんし、言語理解問題も解決してくれません。基本的には因果関係のパズルを解くためのものですが、その解決法からは多くのことが学べますし、他のタスクに存在する障壁を回避するためにも役立ちます。

フォード：強いＡＩ、あるいはＡＧＩは技術的に可能であるとお考えですか？　いつかは実現するだろうとお考えでしょうか？

パール：それが技術的に可能であることはまったく疑っていません。しかし私が「疑いない」と言うことに、どんな意味があるのでしょうか？　私はそれが達成可能だと固く信じています。私の見るところでは強いＡＩへ向けた理論的障壁は存在しないからです。

フォード：だいぶ昔のことになりますが、1961年ころ、あなたがＲＣＡに在籍していたときも、すでにそのように考えられていました。それからの進歩はどのようなものだったとお考えでしょうか？　失望していらっしゃいますか？　人工知能の進歩に点数をつけるとしたら何点でしょうか？

パール：好調に進歩していると思います。何度かの停滞や、何度かの行き詰まりはありましたけれどもね。現在の機械学習が深層学習とその透明性のない構造に集中しすぎていることは、そのような行き詰まりのひとつです。このようなデータ中心主義的な考え方から、解放される必要があります。全体的に見れば、この分野は大幅に進歩してきました。それはテクノロジーのおかげでもあり、この分野に魅せられた人たち、科学界で最も賢い人たちのおかげでもあります。

フォード：最近の進歩のほとんどは、深層学習に関するものです。そのことを、あなたはいくらか批判的に見ていらっしゃるようですね。先ほど、深層学習は曲線あてはめのようなものであり、透明性がなく、実際には単に答えを出力するブラックボックスに近いものだと指摘されました。

パール：曲線あてはめというのは確かにそうですし、収穫しているのは低いところに実っている果実です。

フォード：それでもすばらしい成果は上がっていますよ。

パール：すばらしい成果を上げているのは、低いところに実っている果実がそれほどたくさんあることに私たちが気づいていなかったからです。

フォード：今後、ニューラルネットワークは非常に重要になるとお考えでしょうか？

パール：ニューラルネットワークと強化学習は、因果モデリングの中で適切に利用されるならば、構成要素として不可欠のものになるでしょう。

フォード：つまりそれは、ニューラルネットワークだけでなく、ＡＩの他の分野から他のアイディアも取り込んだ、ハイブリッドなシステムになるということでしょうか？

パール：その通りです。現在でも、疎なデータに対してはハイブリッドシステムが構築されています。しかし原因と結果の関係を求めたければ、疎なデータを外挿《がいそう》または内挿《ないそう》できる程度には限度があります。無限にデータがあったとしても、「ＡはＢの原因である」と「ＢはＡの原因である」との違いはわからないのです。

フォード：いつの日か強いＡＩが実現したとして、マシンが意識を持ち、人間のように何らかの内的経験を持つことは可能だとお考えでしょうか？

パール：もちろん、すべてのマシンは内的経験を持っています。マシンは、そのソフトウェアの部分的な青写真を持っているはずであり、ソフトウェアの完全な対応付けを持つことはあり得ません。それはチューリングの停止問題に反することになります。

しかし、重要な接続と重要なモジュールの一部を、大まかな青写真の形で持つことは可能です。そのようなマシンは、自分の能力のエンコーディング、信念のエンコーディング、目標や欲求のエンコーディングを持つことになるでしょう。そうすることは可能です。ある意味、マシンはすでに内的自我を持っていますし、将来はさらにそうなっていくことでしょう。自分の環境の青写真を持ち、その環境に対してどのように行動し応答するかという青写真を持ち、そして反事実的質問に答えることは、内的自我を持つことに相当します。違ったやり方をしたらどうなっただろうか、恋に落ちなかったらどうなっただろうかなどと考えることは、自分の内的自我を操作することを必要とするからです。

フォード：マシンが情動的経験を持つことは可能であるとお考えでしょうか？　未来のシステムが幸せだと感じたり、何らかの形で苦しんだりすることはあり得るでしょうか？

パール：その質問を聞いて、マーヴィン・ミンスキーの著書『ミンスキー博士の脳の探検――常識・感情・自己とは』（邦訳共立出版）を思い出しました。彼は、感情をプログラムすることは非常に簡単だと言っています。あなたの体の中にはさまざまな化学物質が漂っていますが、それはもちろん目的があってのことです。その化学物質マシンは、推論マシンに干渉したり、緊急事態が発生したときには推論マシンを乗っ取ったりもします。つまり、感情とは化学物質による優先度設定マシンにすぎないのです。

フォード：インタビューの最後に、人工知能の進歩に伴って心配すべきことについてお聞きしたいと思います。私たちが懸念すべきことはあるでしょうか？

パール：私たちは人工知能について心配すべきです。私たちが構築するものを理解しなくてはいけませんし、新種の知能動物を誕生させようとしていることも理解しなくてはいけません。

最初その動物は、ニワトリやイヌと同じようにおとなしくしているでしょうが、ゆくゆくは自分自身の意思を持つようになるでしょう。そのことには非常に注意しなくてはいけません。科学技術や科学的好奇心を抑圧することなく、どのような方法で注意すればよいのか、私にはわかりません。これは難しい問題なので、AI研究の規制はどうあるべきかという議論にはかかわらないようにしています。しかし間違いなく注意すべきことは、私たちが新種のスーパー動物を作り出す可能性があることです。すべてがうまくいったとすれば、役に立つが都合よく使役できる、法的な権利や最低賃金を要求しない、新しい種類の人類が作り出されることになるかもしれません。

〔邦訳参考書籍〕

『統計的因果推論――モデル・推論・推測』（ジュディア・パール著、黒木学訳、共立出版、2009年）

『ミンスキー博士の脳の探検――常識・感情・自己とは』（マーヴィン・ミンスキー著、竹林洋一訳、共立出版、2009年）

ジュディア・パールはテルアビブに生まれ、テクニオン・イスラエル工科大学を卒業した。彼は大学院へ進むため1960年に渡米し、翌年ニューアーク工科大学（現在のニュージャージー工科大学）から電気工学の修士号を取得した。1965年、彼はラトガース大学から物理学の修士号を、そしてブルックリン工科大学（現在はニューヨーク大学の一部）から博士号を、同時に取得した。1969年まで、彼はニュージャージー州プリンストンのRCAデイヴィッド・サーノフ研究所と、カリフォルニア州ホーソーンのエレクトロニック・メモリーズで研究職に就いていた。

ジュディアは1969年にUCLAの教員となり、現在はコンピューターサイエンスおよび統計学の教授と認知システム研究所の所長を務めている。彼は国際的に著名な人工知能と人間の論理的思考、そして科学哲学の研究者である。彼は450以上の学術論文と、『Heuristics』（1984年）（未邦訳）、『Probabilistic Reasoning』（1988年）（未邦訳）、そして『統計的因果推論——モデル・推論・推測』（2000年／第2版2009年）（邦訳共立出版）という3冊の記念碑的な書籍の著者である。

アメリカ科学アカデミーとアメリカ技術アカデミーの会員であり、米国人工知能学会の創立時からのフェローであるジュディアは、数々の科学賞を受賞している。2011年には、確率論的因果推論の計算法の開発による人工知能への重要な貢献に対してACM（計算機学会）チューリング賞、人間認知の理論的基盤への貢献に対してラメルハート賞、そしてテクニオン・イスラエル工科大学からハーヴェイ賞の3つを受賞した。他にも、最も優れた科学哲学の本に対して与えられるロンドン・スクール・オブ・エコノミクス ラカトシュ賞を2001年に、「哲学、心理学、医学、統計学、計量経済学、疫学、そして社会科学を発展させた重要な貢献」に対して与えられるACMアレン・ニューウェル賞を2003年に、そしてフランクリン協会からベンジャミン・フランクリン・メダル（計算機科学・認知科学）を2008年に受賞している。

「私たちはみな力を合わせて、本当の意味で知能を持つ、
柔軟なＡＩシステムを構築しようとしています。
そのようなシステムは、新たな問題を与えられた際、それまでに
解決した数多くの他の問題から得られた知識を動員して、
その新しい問題を柔軟な形であっという間に
解決できるようであってほしいのです。
それは基本的に、人間知能の特徴のひとつでもあります。
問題は、どうすればそういった能力をコンピューターシステムに
組み込むことができるのか、ということです」

JEFFREY DEAN

ジェフリー・ディーン

グーグル社シニアフェロー
AIおよびグーグルブレイン部門長

1999年にグーグルへ入社したジェフ・ディーンは、検索、広告、ニュース、翻訳といったグーグルの中核をなすシステムの多くを開発するとともに、同社の分散コンピューティングアーキテクチャを設計する役割を担ってきた。近年ではAIと機械学習に注目し、TensorFlow《テンソルフロー》（広く使われているグーグルのオープンソース深層学習ソフトウェア）の開発に取り組んでいる。彼は現在、AI担当ディレクターおよびグーグルブレインプロジェクトのリーダーとして、AI分野におけるグーグルの将来の進路を先導している。

フォード：グーグルのＡＩ担当ディレクターであり、グーグルブレインのリーダーであるあなたから見た、グーグルのＡＩ研究の未来像はどのようなものですか？

ディーン：私たちの役割を大まかに言うと、機械学習の最先端技術をさらに進化させること、新たな機械学習アルゴリズムやテクニックを開発することによってより知能の高いシステムの構築を目指すこと、そしてこれらの手法を私たちがより速く進歩させられるような、そして他の人々も自分の関心のある問題に適用できるような、ソフトウェアとハードウェアのインフラストラクチャを構築することです。ＴｅｎｓｏｒＦｌｏｗ《テンソルフロー》はその好例です。

グーグルブレインは、グーグルＡＩ研究チームの中にいくつかある研究チームのひとつであり、これらのチームは少しずつ違った分野に取り組んでいます。例えば、機械知覚問題に取り組んでいる大きなチームもあれば、自然言語理解に取り組んでいるチームもあるのです。実際には明確な境界線があるわけではなく、関心事は複数のチームで共有されていますし、私たちが取り組んでいる多くのプロジェクトでは、非常に緊密な、多くのチームにまたがる協力が行われています。

時にはグーグル製品チームとも密接に協力しています。かつては検索ランキングチームと協力して、検索ランキングや結果表示の問題に深層学習の適用を試みたこともありました。またグーグル翻訳やＧｍａｉｌチームなど、グーグル社内のさまざまな他のチームとも協力しています。４番目の領域として新たな興味深い新興分野の調査を行っており、機械学習はその領域の問題を解決する新しく重要なツールとなっています。

私たちは極めて多数の取り組みを行っており、例えばＡＩや機械学習を医療分野に利用したり、ＡＩや機械学習をロボット工学に応用したりしています。これは代表的な２つの例ですが、もっと早い段階での応用もあります。20ほどの分野の問題の非常に重要な側面に、機械学習や私たちの持つ具体的な専門知識が役立ちそうです。そして私の役割は基本的に、こういったさまざまな種類のプロジェクトに可能な限り野心的な目標を設定し、それによって会社を新たな興味深い方向に導いていくことです。

フォード：ディープマインドは、AGIに非常に注力していますね。つまりグーグルでのそれ以外の人工知能研究は、より狭く実用的な応用を目指していることになるのでしょうか？

ディーン：ディープマインドがAGIに大いに注力しているというのはその通りですし、体系的な計画を持っていて、あれとこれとそれが解決できればAGIへの道が開けるだろうというような確信を持っていると思います。だからといって、他のグーグルのAIチームがAGIについて考えていないわけではありません。グーグルAI研究組織の多くの研究者たちも、汎用的な知能を持つシステム――あるいはAGIと呼びたければそう呼んでもかまいません――へ向けた新たな能力の構築に注力しています。私たちの方針は、もう少し自然なものだと言えるかもしれません。私たちは、重要だとわかっているけれどもまだできないことに取り組んでいます。それが解決してしまえば、次にどんな問題を私たちが解きたいか、どんな問題が私たちに新たな能力を与えてくれるかを考えるのです。

こうしたわずかな手法の違いはありますが、結局のところ私たちはみな力を合わせて、本当の意味で知能を持つ、柔軟なAIシステムを構築しようとしています。そのようなシステムは、新たな問題を与えられた際、それまでに解決した数多くの他の問題から得られた知識を動員して、その新しい問題を柔軟な形であっという間に解決できるようであってほしいのです。それは基本的に、人間知能の特徴のひとつでもあります。問題は、どうすればそういった能力をコンピューターシステムに組み込むことができるのか、ということです。

フォード：あなたがAIに興味を持つようになり、そしてグーグルで現在の役割を担うようになったいきさつはどんなものだったのでしょうか？

ディーン：私が9歳のときに父親がキットから組み立てたコンピューターで、中学生と高校生の間にプログラミングを学びました。その後、私はミネソタ大学へ進学し、コンピューターサイエンスと経済学の両方を専攻しました。私の卒論はニューラルネットワークの並列トレーニングに関するものでした。当時、１９８０年末から１９９０年代初頭にかけては、ニューラルネットワークがホットでエキサイティングなテーマだったのです。そのころの私は、ニューラルネットワークの提供する抽象性が気に入っていました。これはおもしろいことができそうだと感じたのです。

同じように感じた人は大勢いたと思いますが、当時は十分なコンピューティングパワーがありませんでした。この64ビット・プロセッサーのマシンのスピードが60倍になれば本当にすごいことができるのになあ、みたいなことを私は考えていたのです。実際には１００万倍ほどの速度が必要だったのですが、現在ではその速度も達成されています。

その後私は世界保健機構（ＷＨＯ）で1年間、ＨＩＶとエイズの監視と予測を行う統計ソフトウェアの仕事をしました。それから私はワシントン大学の大学院に進み、コンピューターサイエンスの博士号を取得しました。研究していたのは、主にコンパイラー最適化です。そして私はＤＥＣのパロアルトにある産業研究所で働き、次にスタートアップ企業に参加しました——シリコンバレーに住んでいた私にとっては、それがすべきことだったのです！

最終的に、当時従業員が25人ほどしかいなかったグーグルに落ち着いて、それ以来私はここで働いています。グーグルでは、いろいろな仕事をしました。ここで最初にした仕事は、私たちにとって最初の広告システムの開発でした。それから長年取り組んでいたのは検索システムと、クローリングシステム、クエリサービスシステム、索引付けシステム、ランキング機能などの機能の開発です。その後インフラストラクチャ・ソフトウェア部門へ移り、ＭａｐＲｅｄｕｃｅ《マップリデュース》やＢｉｇｔａｂｌｅ《ビッグテーブル》やＳｐａｎｎｅｒ《スパナ》、そして索引付けシステムも担当しました。

２０１１年、私はより機械学習を指向したシステムに取り組み始めました。私たちの持つ膨大な計算能力を利用して非常に大規模で強力なニューラルネットをトレーニングすることに、大いに興味を持つようになったからです。

フォード：あなたが部門長を務めており、また創立者のひとりでもあるグーグルブレインは、深層学習とニューラルネットワークを最初に本当の意味で応用した組織のひとつでした。グーグルブレインの誕生したいきさつと、グーグルでの役割について簡単にお話しいただけますか？

ディーン：アンドリュー・エンがコンサルタントとして週に一度グーグルX［革新的な開発プロジェクトを扱うグーグルの研究所で現在「X」に改称］に来ていたころ、ある日キッチンで彼にばったり出くわしたんです。「いま何してるの？」と聞くと、「いや、ここではまだいろいろと考えているところなんだけど、スタンフォードではうちの学生たちがニューラルネットワークをいろいろな問題に応用する可能性を検討していて、うまくいき始めているよ」という答えが返ってきました。私は20年前に卒業論文でニューラルネットワークを研究した経験があったので、「それはクールだね、ニューラルネットワークは大好きだよ。どんな風に取り組んでいるんだい？」と言ったのです。こうして話が始まり、問題に投入できる限り大量の計算能力を利用してニューラルネットワークのトレーニングを試みるという、かなり野心的な計画を私たちは作り上げました。

取り組んだ問題は2つです。最初は画像データの教師なし学習でした。ランダムなユーチューブのビデオから１０００万フレームを抽出し、教師なし学習アルゴリズムを使って非常に大規模なネットワークをトレーニングするとどうなるか見てみよう、というものです。もしかしたらあなたも、あの有名な視覚化されたネコのニューロン［グーグルの猫］を見たことがあるんじゃないでしょうか？

フォード：はい。その当時、大きな話題になったことを覚えています。

ディーン：大量のデータを使って大規模に、そのようなモデルをトレーニングするとおもしろいことが起きる、ということを示したわけですね。

フォード：確認しておきたいのですが、それは教師なし学習、つまり構造化されていないラベルなしのデータから自然にネコの概念を発見したということが重要なんですよね？

ディーン：その通りです。大量のユーチューブのビデオから抽出した生の画像を与えて、教師なし学習アルゴリズムにそれらの画像を復元できるようなコンパクトな表現を構築させようとしました。するとそのアルゴリズムは学習によって、フレームの中央にネコのようなものが存在すると発火するパターンを発見したのです。ユーチューブのビデオには、ネコは比較的よく出てきますからね。それはかなりクールなことでした。

もうひとつは音声認識チームとの共同研究で、深層学習と深層ニューラルネットワークを音声認識システムに応用したことです。まず私たちは音響モデルに取り組みました。これは生の音声波形を、「バ」とか「ファ」とか「ス」のような音素、つまり単語を構成する音に変換しようとするものです。ニューラルネットワークを使うと、彼らがそれまで使っていたシステムよりもはるかに優れた結果が得られることがわかりました。

それによって、音声認識システムの単語誤り率が大幅に低下しました。次に私たちは、グーグルの他のチームが音声領域や画像認識やビデオ処理の領域でどのような興味深い知覚問題を抱えているのかを聞き取って、その解決のために協力することを始めました。また、これらの手法を新しい問題に簡単に適用できるようなソフトウェアシステムの構築にも着手しました。このソフトウェアでは、プログラマーが指定する必要なく、比較的簡単な方法で、大規模な計算能力を複数のコンピューターに自動的に割り振ることができます。単純に、「ここに大規模なモデルがあります。トレーニングしたいので、そのためにコンピューターを１００台確保してください」と言うだけで、それが実現するのです。それが、この種の問題に対応するために私たちが構築した第一世代のソフトウェアでした。

そして私たちは第二世代のソフトウェアを構築しました。それがＴｅｎｓｏｒＦｌｏｗです。また、私たちはそのシステムをオープンソース化することを決断しました。それを設計するにあたって目標としたことが３つあります。ひとつは、本当の意味で柔軟であり、機械学習領域のさまざまな研究アイディアを素早く試せること。２番目は、スケーラブルであり、膨大なデータを伴う問題に対処できること、そして非常に大規模な、計算コストの高いモデルにも適用できること。３番目は、研究アイディアから実用レベルのシステムへの移行が、同じ基盤ソフトウェアシステム上で動作するモデルを使って行えることです。オープンソースになった２０１５年末以降、ＴｅｎｓｏｒＦｌｏｗは社外でも非常に多く採用されてきました。現在では、さまざまな企業、学術組織、愛好家や一般利用者にわたるＴｅｎｓｏｒＦｌｏｗユーザーの大規模なコミュニティが形成されています。

フォード：ＴｅｎｓｏｒＦｌｏｗはグーグルのクラウドサーバーの機能のひとつとして組み込まれ、顧客が機械学習を利用できるようになっていくのでしょうか？

ディーン：はい、しかし話はもうちょっと込み入っています。ＴｅｎｓｏｒＦｌｏｗそのものは、オープンソースのソフトウェアパッケージです。ＴｅｎｓｏｒＦｌｏｗプログラムはグーグルのクラウド上で実行するのが最適だと私たちは思っていますが、実際にはどこでも好きなプラットフォームで実行できます。お手持ちのラップトップ上でも、購入したＧＰＵカード付きのマシンでも、Ｒａｓｐｂｅｒｒｙ《ラズベリー》Ｐｉ《パイ》上でも、アンドロイド上でも実行できるのです。

フォード：それはわかりましたが、グーグルクラウドにはＴｅｎｓｏｒプロセッサーなど、ＴｅｎｓｏｒＦｌｏｗに最適化された専用ハードウェアが実装されているんですよね？

ディーン：その通りです。私たちはＴｅｎｓｏｒＦｌｏｗソフトウェアの開発と並行して、この種の機械学習アプリケーション向けカスタムプロセッサーの設計にも取り組んできました。このプロセッサーが得意としている実質的に低精度の線形代数は、ここ6、7年の深層学習アプリケーションの中核を担ってきたものです。

このプロセッサーを使うと非常に高速にモデルのトレーニングができますし、電力効率も向上します。また推論に利用することもできます。つまり、すでにトレーニング済みのモデルがあれば、それに適用して非常に迅速に高いスループットが得られるのです。グーグル翻訳や私たちの音声認識システム、あるいはグーグル検索などの製品に使われています。

私たちは第二世代のTensor処理ユニット（TPU）も開発済みで、クラウドの顧客はそれをいくつかの方法で利用できます。私たちのクラウド製品の一部に組み込まれた形で使うこともできますが、生の仮想マシンにクラウドTPUデバイスを接続し、TensorFlowで記述された自作の機械学習プログラムをそのデバイス上で実行することもできるのです。

フォード：こういったテクノロジーがクラウドに組み込まれていくにしたがって、機械学習が公益サービスのように誰でも使えるようになる日は近づいているのでしょうか？

ディーン：この分野のさまざまな顧客層へ訴求することを狙って、私たちはさまざまなクラウド製品を用意しています。機械学習にかなり経験のある顧客であれば、これらのTPUデバイスのどれかを装備した仮想マシンを契約し、自分でTensorFlowプログラムを書いて特定の問題を解決するといった、非常にカスタマイズ可能な使い方もできます。

専門家ではない人にも、いくつかの選択肢を用意しています。機械学習の専門知識を必要とせずに使える、トレーニング済みのモデルです。私たちに画像やオーディオクリップを送ってもらえば、そこに何が含まれているかをお知らせします。例えば、「それはネコの画像です」とか、「その画像の人たちは幸せそうです」とか、「その画像からこれらの単語を抽出しました」といった具合です。オーディオの場合には、「このオーディオクリップはこんなことを言っているようです」となります。翻訳モデルやビデオモデルも用意しています。画像に含まれる単語を読み上げるといった汎用タスクがお望みなら、これがおすすめです。

私たちはＡｕｔｏＭＬ《オートエムエル》製品スイートも用意しています。これは基本的に、機械学習の専門知識はあまりないけれども、自分が抱えている特定の問題にカスタマイズされたソリューションを必要としている人たち向けのものです。組み立てラインを流れて行く１００種類ほどの部品の画像のセットがあって、１枚の画像のピクセルからそれがどの部品なのかを特定できるようにしたいと想像してみてください。その場合、ＡｕｔｏＭＬと呼ばれるこのテクニックを利用すれば、あなたはまったく機械学習について知らなくても、私たちがあなたに代わってカスタムモデルのトレーニングを代行できます。基本的には、人間の機械学習の専門家が行うトレーニングと同じような大量の機械学習の実験を繰り返し行うことが、機械学習の専門家でなくてもできるのです。トレーニングは自動化された形で行われ、機械学習の専門知識を必要とすることなく、その特定の問題向けの非常に高精度のモデルが提供されます。

このことは非常に重要だと思います。現在この世界に存在する、機械学習の専門知識を自社内に有して生産的に利用している組織の数は１万から２万の間です。この数字は私の思いつきですが、オーダーとしてはそんなものでしょう。次に、機械学習に利用可能なデータを持っている組織が世界中にいったいいくつあるか考えてみましょう。おそらく１０００万程度の組織が何らかの機械学習を適用できる問題を抱えていそうです。

私たちの狙いは、この手法をもっと簡単に使えるようにして、修士レベルの機械学習の知識がない人でも使えるようにすることです。データベースのクエリが書けるレベルに近づけたいのです。そのレベルの専門知識を持つユーザーでも機械学習モデルを使えるようになれば、大きな力になるでしょう。例えば、どんな小さな都市でも、停止信号のタイマーをどのように設定すればよいかを示す興味深いデータを大量に持っているはずです。現在は、信号の制御には機械学習が利用されていないのが実情ですが、おそらく機械学習を利用するのが望ましいでしょう。

フォード：つまり、ＡＩの民主化があなたの目指す目標のひとつなのですね。汎用人工知能への道のりについては、どのようなハードルがあると考えていらっしゃいますか？

ディーン：現在の機械学習の利用に関する大きな問題のひとつは、たいてい機械学習で解きたい問題を見つけた後に、教師ありトレーニングのデータセット収集が必要とされることです。そしてそれを使ってトレーニングされたモデルは、特定の問題に対しては非常に優れているのですが、他のことは何もできません。

本当に汎用的な知能のあるシステムがほしいのなら、たったひとつのモデルで10万通りのことができてほしいのです。そして、100001番目の問題がきたときには、他の問題を解くことによって得られた知識をもとにして、その新しい問題を解くために有効な新しいテクニックを自分で作り上げるのです。これには、いくつかの利点があります。ひとつは、多くの問題はどこかの点で共通しているため、豊富な経験を利用して新しい問題をより迅速に上手に解けるという、すばらしいマルチタスクの恩恵が得られることです。また、新しいことをするのを学ぶために、はるかに少ないデータ、あるいは少ない観察しか必要としないということでもあります。

ひとつの種類のびんのふたを開けることは、別の種類のびんのふたを開けることとよく似ています。もしかしたらふたを回すメカニズムがほんのちょっと違うことはあるかもしれませんけどね。ある数学の問題を解くことは、別の数学の問題を解くこととよく似ています。ちょっとしたひねりは加わっているかもしれませんがね。このような手法を、機械学習にも取り入れる必要があると思いますし、それには実験が大きな役割を果たすと思います。それでは、どうすればシステムは何かを実演から学ぶことができるでしょうか？　教師あり学習データはそれに似たものですが、この領域の研究はロボット工学の分野でも多少は行われています。人間が液体を注ぐ比較的少ない数のサンプルから液体の注ぎ方を学ぶために、人間にスキルを実演してもらい、そのスキルの実演のビデオからロボットが学習することは可能です。

もうひとつのハードルは、私たちの機械学習問題のすべてを1台のシステムで解くには膨大な計算量が必要となるため、非常に大規模な計算システムが必要となることです。また、いくつか違う問題解決手法を試してみたければ、そのような実験を行うターンアラウンドタイムを非常に短くする必要があります。TPUなどの大規模な機械学習アクセラレーターハードウェアの構築に私たちが投資している理由のひとつは、そういった大規模で単一の強力なモデルを作り上げるためにとりわけ重要となるのが、興味深いことが十分に行える計算能力、急速な進歩が十分に遂げられる計算能力だと信じているからです。

フォード：AIにまつわるリスクについては、どのように考えていらっしゃいますか？　私たちが本当に懸念する必要のあることは何でしょうか？

ディーン：労働人口に生じる変化は大きなものになるでしょうから、政府や政策立案者はまじめに関心を払うべきです。たとえ私たちのできることが今後あまり進歩しなかったとしても、すでに現在では4、5年前まで自動化できなかった多くのことがコンピューターで自動化できるようになっていること、そしてそれがかなり大きな変化であることは非常に明確です。それはひとつのセクターだけの話ではありません。複数のさまざまな職や雇用にわたる大変動なのです。

私はホワイトハウス科学技術政策委員会の一員でした。オバマ政権末期の2016年に、20名の機械学習の専門家と20名のエコノミストが招集されたのです。このグループで、私たちは労働市場にどんな影響が起こり得るのか議論しました。確実に必要とされるのは、こういったことに政府が関心を払い、職の変化や転換をこうむる人が新しいスキルを獲得したり自動化のリスクのない仕事に就いたりできるように、新しい種類の職業訓練を受けられる方法を見つけ出すことです。この重要な側面に、政府が強力かつ明確な役割を果たすべきです。

フォード：私たちがユニバーサルベーシックインカムを必要とする日はくるでしょうか？

ディーン：わかりません。予測は非常に困難です。これまでテクノロジーが変化するときには、いつでもそのようなことが起こってきました。新しいことではないのです。産業革命や農業革命なども、社会全体にひずみを引き起こしてきました。人々の日常の仕事が大きく変化したのです。まったく新しい種類の仕事が作り出されるという意味では、同じようなことが起こると思います。しかしそれがどんなものになるのかを今から予測するのは、かなり難しそうです。

ですから柔軟性を持ち、生涯を通して新しいことを学ぶことが重要だと思いますし、それはすでに今でも言えることだと思います。50年前には、学校へ行き、それから就職し、その職でずっと働き続けることが普通でしたが、現在ではひとつの役割で数年間働いて新しいスキルを身につけて、次に少し違った仕事をする人もいます。そういった柔軟性を持つことが、重要だと思います。

それ以外の種類のリスクに関しては、ニック・ボストロムが超知能について言っているようなことはそれほど心配していません。コンピューターサイエンティストとして、そして機械学習研究者としての私たちには、私たちの社会に機械学習システムがどのように組み込まれ、利用されるのが望ましいのかを方向付けるチャンスと能力があると思うからです。

そこで私たちは良い選択をするかもしれませんし、それほど良くない選択をするかもしれません。私たちが良い選択さえしていれば、つまり人工知能が実際に人類の利益のために使われるのであれば、それはすばらしいことです。よりよい医療が実現されるでしょうし、あらゆる種類の新たな科学的発見を行うために、自動的に新しい仮説を生成することによって人間の科学者に協力することもできるでしょう。自動運転車が社会を非常にポジティブな形で変容させることは明らかですが、同時に労働市場に大変動を引き起こす要因ともなります。このように、多くの進歩には重要な影の部分も付随しているのです。

フォード：ひとつの漫画的な見方として、小規模のチーム――グーグルのチームかもしれません――がＡＧＩを開発し、その少人数のグループが必ずしもそういった広範囲の問題を考慮することなく、世界全体を左右するような決定をしてしまう、ということも考えられると思います。一部のＡＩ研究や応用に、規制が行われる余地はあると思われますか？

ディーン：その余地はあると思います。規制が演じるべき役割はあると思いますが、この分野に専門知識のある人々の意見を聞いて規制が行われることが望ましいと思います。時には規制が進歩の足を引っ張ることにもなりかねません。政府や政策立案者が技術の可能性に追い付くには時間がかかるからです。脊髄反射的な規制や政策はたぶん役に立たないと思いますが、政府が今後の方向性を示すにあたってどんな役割を演じればよいか見極める際に、現場の人々とじっくり話し合うことが大事です。

　ＡＧＩの開発に関しては、それが倫理的に、健全な意思決定とともに行われることが非常に重要だと思います。そういった理由もあって、グーグルではこの種の問題に私たちが対処すべき原則を明確な文書としてまとめています[※14]。この私たちのＡＩ原則文書［「ＧｏｏｇｌｅとＡＩ：私たちの基本理念」］は、私たちの考えを示す良い例です。その考えは、私たちの技術開発だけでなく、これらの手法によってどんな問題に取り組むべきか、どのように取り組めばよいか、そして何をしてはいけないか、私たちを導く指針にも込められています。

※14　https://www.blog.google/technology/ai/ai-principles/（日本語版「ＧｏｏｇｌｅとＡＩ：私たちの基本理念」https://japan.googleblog.com/2018/06/ai-principles.html）

ジェフリー・ディーンは1999年にグーグルへ入社し、現在は研究グループのグーグル・シニアフェローを務めている。彼はグーグルブレインプロジェクトのリーダーであり、全社の人工知能研究を統括するディレクターである。

ジェフは1996年、クレイグ・チェンバースとともに行った、オブジェクト指向言語の総合的なプログラム最適化テクニックに関する研究によってワシントン大学からコンピューターサイエンスの博士号を取得した。彼は1990年に、コンピューターサイエンスと経済学の学士号をミネソタ大学から最優秀の成績で取得した。1996年から1999年にかけて、彼はパロアルトにあったDECのウェスタンリサーチ研究所（Western Research Lab）に勤務し、低オーバーヘッドのプロファイリング［性能解析］ツール、アウトオブオーダー実行［性能向上のため、命令の実行順序を動的に変更すること］マイクロプロセッサーのプロファイリングハードウェアの設計、そしてウェブベースの情報検索に取り組んだ。

1990年から1991年まで、ジェフは世界保健機構（WHO）の世界エイズ戦略（Global Programme on AIDS）で勤務し、HIVパンデミックの統計モデリング、予測、分析を行うソフトウェアを開発した。

2009年にジェフはアメリカ技術アカデミー会員に選出され、計算機学会（ACM）のフェローとアメリカ科学振興協会（AAAS）のフェローにも指名された。

彼の関心分野は、大規模分散システム、性能モニタリング、圧縮技術、情報検索、検索とそれに関連する問題への機械学習の応用、マイクロプロセッサーのアーキテクチャ、コンパイラー最適化、そして既存の情報を新たな興味深い方法で整理する新しい製品の開発である。

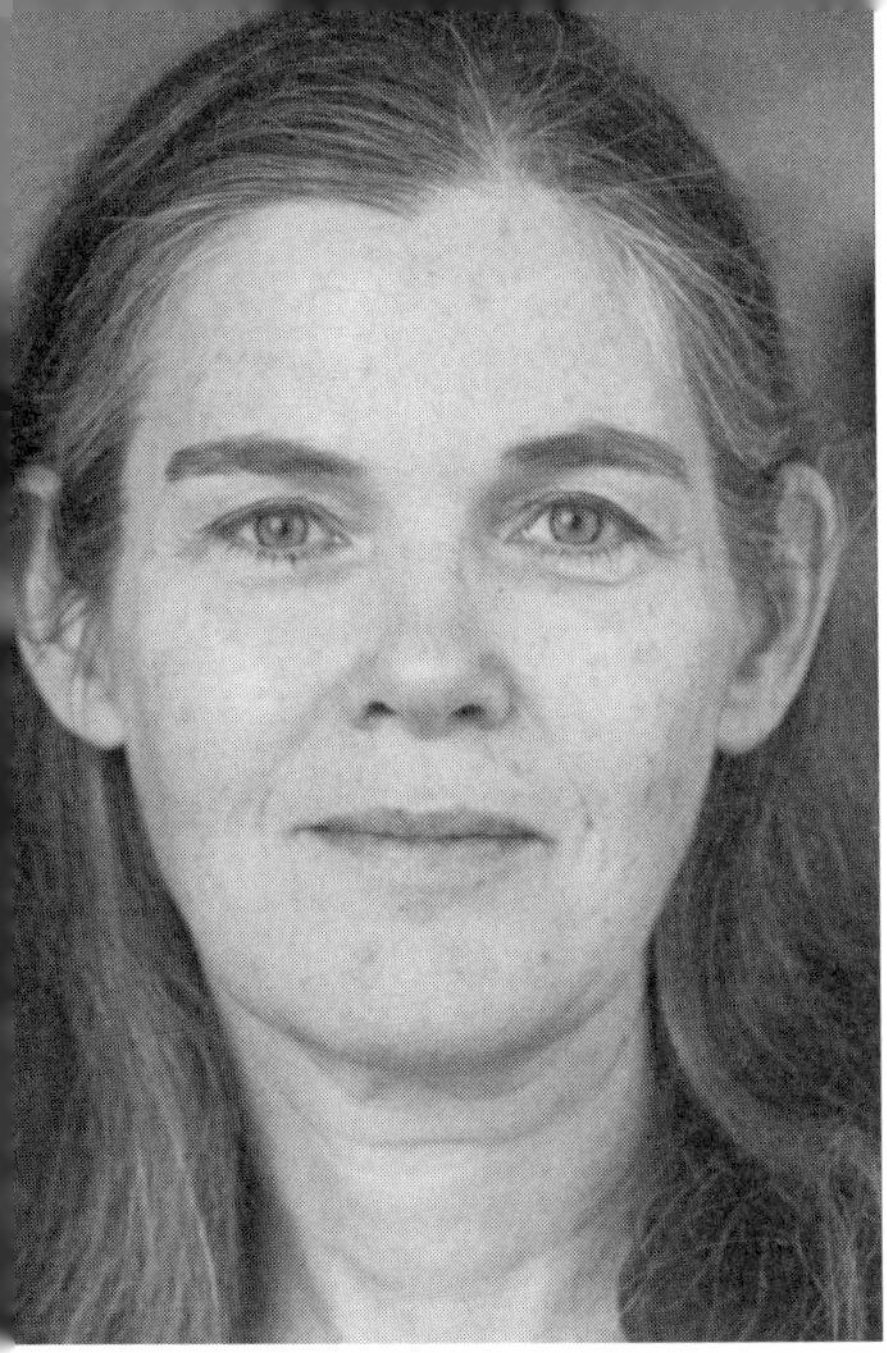

「テクノロジーを止めることによって進歩を止めるのは、
間違ったアプローチだと思います。（略）
私たちがテクノロジーを進歩させなければ、
誰か他の人がそうするでしょうし、
その人たちの意図は
あまり善良なものではないかもしれません」

DAPHNE KOLLER

ダフニー・コラー

インシトロ社CEO兼創業者
スタンフォード大学コンピューターサイエンス客員教授

かつてスタンフォード大学のコンピューターサイエンスのラジブ・モトワニ記念教授を務めていたダフニー・コラー（彼女は現在スタンフォード大学の客員教授を務めている）は、コーセラの創業者のひとりである。彼女は医療分野におけるAIの潜在的利益に注目しており、カリコ（Calico）（長寿研究を行っているアルファベットの子会社）のコンピューティング統括役員を務めていた。現在、彼女は機械学習を利用して新薬の研究と開発を行うバイオ技術スタートアップ企業インシトロ（insitro）の創業者兼CEOである。

フォード：あなたは機械学習を利用した創薬に注力するスタートアップ企業インシトロのCEO兼創業者として、新しい役割を担い始めたばかりですね。それについて少し詳しくお話しいただけますか？

コラー：私たちは、医薬品研究の発展を推進し続けるための新しいソリューションを必要としています。問題は、新薬の開発がますます困難になってきていることです。臨床試験の成功率は1ケタ台半ばですし、ひとつの新薬を開発するための税引き前R&D費用は（失敗を考慮すれば）25億ドルを超えると推定されています。医薬品開発投資の回収率は年を追うごとに低下する一方で、2020年までにはゼロになると予想する向きもあるほどです。そのひとつの原因として、医薬品開発が本質的に困難さを増していることが挙げられます。多くの（おそらく大部分の）「低いところに実っている果実」――言い換えれば、多くの人に有意な効果のある新薬候補――は、発見されてしまったということです。それが正しいのであれば、医薬品開発の次のフェーズでは、より専門性の高い――特定の場合にのみ効果があり、患者の部分集合にのみ適用できる――医薬品に的を絞る必要があるでしょう。適切な患者集団を見極めることは難しいことが多いため、治療法の開発はより困難となり、多くの疾患が効果的な治療法なしに取り残され、そして多くの患者のニーズが満たされない状態が続くことになります。さらに、市場規模が小さいため高額の開発費用の回収もなかなか進みません。

私たちがインシトロで目指しているのは、ビッグデータと機械学習を創薬に応用することにより、このプロセスを高速化し、費用を引き下げ、そして成功率を高めることです。そのため私たちは最先端の機械学習テクニックと、ライフサイエンス分野に生じた最新のイノベーションを活用しようとしています。それによって作り出される大規模で高品質なデータセットは、この分野における機械学習の能力に変革をもたらすかもしれません。17年前、私が機械学習という分野で生物学や医療への応用に取り組み始めたときには、「大規模な」データセットとは数十個のサンプルのことでした。5年前でさえ、数百個を超えるサンプルを含むデータセットは極めて例外的なものだったのです。私たちは今、まったく違う世界に住んでいます。イギリスのバイオバンク（UK Biobank）のような住民コホート調査のデータセットには、何十万人もの個人に関する高品質の情報が——分子的なものも、臨床的なものも——大量に含まれています。同時に、さまざまなすばらしいテクノロジーによって、実験室内で生体モデルシステムをこれまでにない忠実度とスループットで構築し、撹乱《かくらん》し、観察することが可能となっています。私たちはこういったイノベーションを利用して、さまざまな非常に大規模なデータセットを収集して機械学習モデルのトレーニングに利用し、新薬の発見と開発プロセスにおける重要な問題への対処に役立てようと計画しています。

フォード：インシトロでは、生物実験と最先端の機械学習の両方を計画しているようですね。ひとつの会社の中で、それを両方とも行う例は多くありません。その統合は、新たな課題となるのでは？

コラー：もちろんです。最大の課題は実際には文化的なものであり、科学者とデータサイエンティストが対等なパートナーとして共同作業するところにあると思います。多くの企業では、ひとつのグループが方向性を決定し、その他のグループはそれに従います。インシトロで必要とされているのは、文化を作り上げることです。科学者とエンジニア、そしてデータサイエンティストが、緊密に協力し合いながら問題を定義し、実験をデザインし、データを分析し、そして新たな治療法に結び付く知見を得るような文化です。そのようなチームとそのような文化をうまく作り上げることは、この異質のグループから作り出される機械学習や科学の品質と同じくらい、私たちの使命を成功させるには重要であると私たちは信じています。

フォード：医療の分野では、機械学習はどのくらい重要なのでしょうか？

コラー：機械学習が効果を発揮した例を調べてみると、大量のデータの蓄積と、同時に問題領域とその機械学習による解決方法の両方について考えられる人材が必要であることがわかります。

現在では、イギリスのバイオバンクやオール・オブ・アス（All of Us）［米国立衛生研究所（NIH）によるボランティア100万人のゲノム解析プロジェクト］などのリソースから、大量のデータが得られます。そこには人々に関する大量の情報が収集されていて、それを使って生身の人間の健康履歴を追跡することも可能です。また一方では、CRISPRやDNA合成、次世代シーケンシングなどのすばらしいテクノロジーが存在し、さまざまな技術を同時に組み合わせて使うことによって分子レベルで大規模なデータセットの作成が可能となります。

私たちは現在、これまで目にした中で最も複雑なシステム、つまり人間をはじめとする有機体の仕組みを解明できるところまで来ています。これは科学にとって、信じられないほどのチャンスです。私たちがもっと長生きし、もっと健康的な人生を送るためには何が必要なのかを解明し、そのような介入を行うためには機械学習の側でも大きな進歩が必要とされるでしょう。

フォード：あなた自身の人生についてお聞かせいただけますか。どんなきっかけでAIの道に入られたのでしょうか？

コラー：私は、確率モデリングの分野を研究するスタンフォード大学の博士課程の学生でした。現在ではそれもAIとみなされているのかもしれませんが、そのころは人工知能とは認められていませんでした。それどころか、論理推論が非常に重視されていた当時の人工知能にとって、確率モデリングは異端とも言えるものだったのです。しかし状況は変わり、AIは他の多くの分野を巻き込んで発展してきました。私がAIへの道を選んだというよりは、AIという分野が私の研究領域を取り込む形で成長したと言えるかもしれません。

私は博士研究員としてバークレイへ行き、そこで単に数学的にエレガントなことではなく、人々が気にかけている実際の問題に役立つことがしたいと本気で考えるようになりました。それが、私が機械学習に手を染めたきっかけです。それから私は1995年に教員としてスタンフォードに戻り、統計モデリングと機械学習に関連する領域の研究を始めました。機械学習が本当に違いを生み出せるような応用問題に取り組み始めたのです。

　私はコンピュータービジョンを研究し、ロボット工学を研究し、そして2000年からは生物学と健康データについて研究しています。またテクノロジーを利用した教育にもずっと関心を持ち続けており、そのためスタンフォードで高度な学習体験を提供する方法について数多くの実験を行いました。それは、キャンパスで学ぶ学生だけでなく、これまでスタンフォードの教育に縁のなかった人々にも講義を提供しようという試みでした。

　こういったプロセスが、2011年に最初の3つのスタンフォードMOOCs《ムークス》（Massive Open Online Courses）の提供に結び付きました。その結果は、私たち全員にとって驚くべきものでした。私たちはきちんとしたマーケティングをするつもりはなかったのですが、スタンフォードが無料の講義を提供しているという情報がバイラルに拡散されていったのです。それは信じられないほどの反響を呼び、これらのコースにはそれぞれ10万人以上が登録してくれました。これがターニングポイントとなり、「このチャンスを生かすために何かしなくては」という思いが、コーセラの設立に結び付いたのです。

フォード：その話題に移る前に、もう少しあなたの研究についてお聞きしたいと思います。あなたはベイジアンネットワークと、確率の機械学習への取り込みを重視していらっしゃいました。それは深層学習ニューラルネットワークと統合できるものなのでしょうか、それとも完全に別個の、あるいは競合する手法なのでしょうか？

コラー：その質問に答えるには、いくつか微妙な点に触れることになります。確率モデルには、ドメイン構造を解釈可能な形で――人間にとって意味のあるように――エンコードしようとするものから、単にデータの統計的な性質をとらえようとするものまで、さまざまな種類があります。深層学習モデルには、確率モデルと交わる部分があります――分布をエンコーディングしているとみなせるものもあるのです。それらの大部分は、多くの場合は解釈可能性を犠牲にして、モデルの予測精度を最大化することに重点を置いて選ばれます。解釈可能性と問題領域の構造化能力は、そのモデルの働きを理解する必要がある場合――例えば医療への応用――においては大きな利点となります。また、大量のトレーニングデータが存在せず、それを予備知識で補う必要があるようなシナリオにも効果的です。一方では、まったく予備知識を必要とせずデータに自分自身について語らせることのできるモデルにも、大きな利点があります。何らかの方法で、これらを融合することができれば、すばらしい結果が得られるでしょう。

フォード：コーセラの話に移りましょう。あなたや他の先生方がスタンフォードで教えていたオンライン講座が非常にうまくいっているのを見て、その取り組みを続けるために会社を立ち上げたということでよろしいでしょうか？

コラー：次のステップとして何をするのが正しいのかを見極めようとして、私たちは悩んでいました。このスタンフォードの取り組みを続けるのが正しいのか？　非営利組織を立ち上げるのが正しいのか？　会社を作るのが正しいのか？　私たちはかなり考えた末に、会社を作ることを決心しました。そうすることによって、最も大きな影響が与えられると判断したからです。そんなわけで、2012年1月に私たちは現在コーセラと呼ばれている会社を立ち上げました。

フォード：最初のころ、MOOCsに関してはものすごい過大評価が飛び交っていて、世界中の人が自分のスマートフォンでスタンフォードの教育を受けられるようになる、などと言われていました。しかし実態を見ると、すでに大学の学位を持っている人がコーセラへ行き、資格を追加取得するという例が大部分のようです。一部の人が予測したように、大学の学部教育に破壊的な影響を与えているわけではありません。その点は変わっていくとお考えでしょうか？

コラー：大事なことなので認識しておいてもらいたいのですが、そのせいで大学の経営が立ちいかなくなる、などと私たちが言ったことは一度もありません。私たち以外にそんなことを言った人はいましたが、私たちはそれに賛同していませんでしたし、良い考えだとも思っていませんでした。ある意味、ＭＯＯＣｓでは典型的なガートナー・ハイプサイクル［ITコンサルティングのガートナー社が考案、公開する特定テクノロジーの関心盛り上がり曲線］が短い期間に起こったと言えます。人々は、２０１２年には「ＭＯＯＣｓによって大学の経営は立ちいかなくなる」、そして12か月後には、「大学はまだ存在している、つまりＭＯＯＣｓが失敗したことは明らかだ」などと、非常に極端なコメントをしていました。どちらのコメントもハイプサイクルのばかげた極端さを表すものです。

通常はそのレベルの教育を受けられない人たちのために、私たちが多くのことを成し遂げたのは事実だと思います。コーセラ学習者の約25パーセントは学位を持っていませんし、コーセラ学習者の約40パーセントは発展途上国の人たちです。この経験によって人生が大きく変わったと言っている学習者の割合を調べてみると、そういった恩恵があったと述べている人の中には社会経済的地位の低い人や発展途上国の人の割合が圧倒的に高いことがわかります。

恩恵は確かにあるのですが、インターネットへアクセスでき、この講座の存在を認識している人たちが大部分という点ではあなたのおっしゃる通りです。時間とともに、知名度やインターネットアクセスの向上に伴って、より多くの人々がこれらの講座の恩恵を受けられるようになることを願っています。

フォード：よく言われるように、私たちは短期的に起こることを過大評価し、長期的に起こることを過小評価する傾向があります。この件は、その古典的な例のように思えます。

コラー：まったくその通りだと思います。人々は、私たちが高等教育を2年間で変革すると思い込んでしまったのでしょう。大学は500年前から存在していて、ゆっくりと進化しています。しかし、私たちが活動してきたこの5年間でさえ、かなりの動きがあったと私は考えています。

例えば、現在は多くの大学で非常に中身の濃いオンライン講座が、多くの場合キャンパス内での講座と比較してかなりの低額で、提供されています。私たちがコーセラを始めたころは、いかなるものであれオンラインプログラムをトップレベルの大学が提供すること自体が、前代未聞でした。現在では、数多くのトップレベルの大学のカリキュラムにデジタル学習が組み込まれています。

フォード：今後10年やそこらでスタンフォードが破壊的な影響をこうむるとは思いませんが、アメリカの三千校ほどのトップレベルとは言えない（そしてあまり有名ではない）大学での教育費用は、いまだに非常に高額です。低額で効果的な学習プラットフォームが普及してスタンフォードの教授たちから学べるようになれば、オンラインならスタンフォードに行けるのに、それよりもずっとステータスの低い大学に入学する意味がどこにあるのか、疑問に思う人も出てくるでしょう。

コラー：同感です。変革が最初に起こるのは、大学院教育の領域、特に修士専門課程だと思います。学部生としての経験には、新しい友達を見つけ、家庭から離れて生活し、そして生涯のパートナーと出会うかもしれないといった、重要な社会的役割がいまだに存在します。しかし大学院教育を受けるのは普通、職業や配偶者、家庭などの縛りのある大人です。彼らの大部分にとって、引っ越してフルタイムで大学での生活を送るのは実際にはやっかいなことなので、最初に変革が起きるのはその領域でしょう。

今後、そういった小規模な大学に在学している人たちは、それが自分の時間やお金のベストな使い方なのかどうか疑問を感じ始めると思います。生活費を稼ぐために働きながら大学に通っている勤労学生にとっては、特にそう感じられることでしょう。そういった領域に、興味深い変革が今後

10年ほどで起こると思います。

フォード：テクノロジーはどのように進化していくのでしょうか？　そういった講座を大勢の人たちが受講すると、膨大なデータが生成されます。そのデータは、機械学習や人工知能に活用できるはずです。将来、講座にはどのような形でそういったテクノロジーが組み込まれるとお考えですか？　講座はより動的になり、より個別化されていくのでしょうか？

コラー：その通りだと思います。私たちがコーセラを始めたときには、テクノロジーによる新しい教授法のイノベーションは限定されたものでした。ほとんどの場合、標準的な授業ですでに行われていることをモジュール化しただけだったのです。私たちは講座のインタラクティブ性を高め、演習問題を教材に埋め込みましたが、経験としてまったく異なるものとはなりませんでした。データがより多く収集され、より洗練された学習ができるようになれば、確実に個別化は進むでしょう。学習意欲を持続させ、つまずきがちな場所では手を差し伸べてくれる、個人家庭教師のようなものになると私は思っています。そういったことはすべて、現在私たちが利用できるデータ量から考えて、それほど難しいものではありません。それは私たちがコーセラを始めたときには不可能でした。そのようなデータはありませんでしたし、まずプラットフォームを軌道に乗せる必要があったからです。

フォード：現在では深層学習に対する誇大宣伝がいきすぎて、深層学習以外の人工知能は存在しないと思い込んでしまいそうになるほどです。しかし、最近では深層学習の進歩はもうすぐ「壁に突き当たる」可能性があり、他の手法による置き換えが必要になるだろう、といった意見もあるようです。それに関してはどう思われますか？

コラー：深層学習はすべてを解決してくれる銀の弾丸［特効薬］ではありませんが、私はそれを捨てる必要があるとは思いません。深層学習はとても大きな一歩でしたが、それによって完全な、人間レベルのAIが達成されるでしょうか？　人間レベルの知能の実現には、少なくともあとひとつ、おそらくはさらに多くの飛躍的進歩を成し遂げる必要があると思います。

これと多少関係する話題にエンドツーエンドのトレーニングがあります。つまりネットワーク全体をある特定のタスクへ向けて最適化することです。そうすると、そのタスクは非常にうまくできるようになりますが、タスクが変わるとネットワークをまたトレーニングし直さなくてはいけません。全体的なアーキテクチャの変更が必要となることも多々あります。現在のところ、私たちはごく狭くて深い縦割りのタスクに専念しています。それはそれで極めて難しいタスクであり、大きな成果も挙がっていますが、あるタスクをすぐ隣のタスクに変換するということができないのです。私たち人間が特別なのは、いわば同じ「ソフトウェア」を利用して、こういったタスクの多くを実行できるという点です。現在のAIがそのレベルに達しているとは思えません。

もうひとつ汎用的な知能に向けて改善すべき状況は、このようなモデルのひとつをトレーニングするにも非常に大量のデータが必要とされることです。数百個のサンプルでは普通は足りません。人間は、非常に少量のデータから学習することが本当に上手です。私たちの頭の中に、対処しなくてはならないすべてのタスクに対応できるひとつのアーキテクチャが存在するため、ひとつの道筋から得られた一般的なスキルを別の道筋に転移することが上手にできるのだと私は考えています。例えば、一度も食器洗浄機を使ったことのない人に使い方を説明するには、おそらく5分もあれば十分でしょう。ロボットでは、とてもそうはいきません。人間が持つそういった一般的で転移可能なスキルや学習方法を人工エージェントに持たせることは、まだできていないからです。

フォード：AGIへ向かう道のりには、それ以外にどんなハードルが存在するのでしょうか？　異なる領域での学習や領域横断能力についてお話しいただきましたが、例えば想像力や、新しいアイディアを思いつく能力はどうでしょうか？　どうすればそれが達成できますか？

コラー：さっき私がお話ししたことが、最も重要だと思います。つまり、ひとつの領域から別の領域へスキルを転移できること、それを活用して非常に制限された量のトレーニングデータから学習できること、といったものです。想像力に関してはいくつか興味深い進展がありましたが、まだ道はだいぶ遠いと思います。

例えば、GAN（敵対的生成ネットワーク）について考えてみましょう。これは、今までに見た画像とは違った新しい画像を作り出せるという点ではすばらしいのですが、その画像はいわばアマルガム〔水銀合金〕であり、トレーニングに使われた画像をつぎはぎしたものです。コンピューターに印象主義を発明させることはできませんし、そのためにはこれまで私たちがしてきたこととはまったく違う発想が必要になるでしょう。

もっと微妙な問題として、他者との情動的な結び付きを持つことがあります。これがうまく定義できるものかどうかさえ私にはよくわかりません。人間は欺くことができるからです。他者との情動的な結び付きを欺く人たちがいます。ですから問題は、もしコンピューターが十分にうまく欺くことができたとすれば、どうやってそれが本物の情動ではないとわかるのか、ということになります。そこから連想されるのは、意識に関するチューリングテストです。他者が本当に意識を持っているかどうかを確実に知ることは絶対にできないし、意識の意味さえ知ることはできない、というのがその答えです。振る舞いが私たちが「意識」とみなすものと一致していれば、私たちはそれを頭から信じ込んでしまうのです。

フォード：それはおもしろい問題ですね。真の汎用人工知能の達成には、意識が必要とされるのでしょうか、それとも超知能を持つゾンビが存在し得るのでしょうか？ 信じられないほどの知能を持ち、しかし何の内的経験も持たないマシンは存在し得るのでしょうか？

コラー：チューリングテストを生み出したチューリングの仮説に戻ると、意識は不可知のものだと彼は言っています。あなたに意識があることを、私が事実として知ることはありません。あなたが私に似ていて、私が自分に意識があるように感じられるから、そしてそのような表面的な類似性から、あなたにも意識があると頭から信じ込んでいるだけなのです。

振る舞いがある一定の性能レベルに達すると、知能エンティティに意識があるかどうかを知ることはできなくなるだろう、と彼は主張しました。反証可能な仮説でなければ、科学とは言えません。頭からそう信じ込むしかないのです。不可知であるから知ることは絶対にできないと言っている議論なのです。

フォード：人工知能の未来についてお聞きしたいと思います。現在ＡＩの最先端に位置するデモンストレーションとして、どんなものが挙げられるでしょうか？

コラー：深層学習フレームワークそのものが、機械学習の重要なボトルネックのひとつに対処するというすばらしい成果を上げています。そのボトルネックとは、特にその問題領域に鋭い直感を持たない場合に非常に高い性能を達成するためには、その領域に関する情報を十分に取り込んだ特徴空間を作り込まなくてはならないという点です。深層学習の登場以前には、機械学習を適用するために何か月も、時には何年もかけて、基盤となるデータの表現を調整しなければ、性能を高めることはできませんでした。

現在では深層学習と、利用できるデータ量の増加によって、そういったパターンをマシン自身に選ばせることができるようになっています。それは非常に強力です。しかし、まだそのようなモデルの構築には人間の洞察力が大いに必要とされていることは、認識しておく必要があります。どんなアーキテクチャのモデルであれば問題領域の基本的な側面をとらえられるのかを見極めるために、そういった洞察力が必要とされるのです。

ネットワークの種類に関して言うと、例えば機械翻訳に適用されるアーキテクチャはコンピューータービジョンに適用されるものとはまったく違いますし、それらの設計には人間の洞察力が大いにつぎ込まれています。まだ現在でも、そういったモデルの設計には人間の関与が必要とされており、そのようなネットワークを人間と同じようにうまくコンピューターに設計させられるという議論には私は納得していません。コンピューターにアーキテクチャを調整させたり特定のパラメーターを変更させたりすることは確かに可能ですが、全体的なアーキテクチャはまだ人間が設計しているからです。とはいえ、いくつかの重要な進歩によって、それも変わろうとしています。ひとつは、非常に大量のデータを使ってこれらのモデルをトレーニングできるようになっていること。もうひとつは、先ほど触れたエンドツーエンドのトレーニングです。タスクを最初から最後まで定義し、アーキテクチャ全体をトレーニングして本当に興味のある目標を最適化するというものです。

これが革新的なのは、きわめて劇的な性能の違いが生じるからです。アルファ碁とアルファゼロが良い例です。モデルはゲームに勝つためにトレーニングされますが、無制限のトレーニングデータ（ゲームの文脈ではそのようなデータが入手可能です）とエンドツーエンドのトレーニングを組み合わせることによって、これらのアプリケーションに大幅な性能向上がもたらされたのだと私は考えています。

フォード：これらの進歩に続いて、ＡＧＩが達成されるまでにはどのくらいかかりそうでしょうか、またそれに近づいたことはどうすればわかるでしょうか？

コラー：その達成にはテクノロジーにいくつもの大きな飛躍的進歩が起こることが必要とされるでしょうし、そういった確率的事象を予測することはできません。来月には誰かがすばらしいアイディアを思いつくかもしれませんし、１５０年後かもしれません。確率的事象がいつ起こるかを予測するのは、無駄な骨折りです。

フォード：しかし、もしそういったブレークスルーが起こったとすれば、すぐにでも達成できる可能性はあるのでしょうか？

コラー：たとえブレークスルーが起こったとしても、ＡＧＩを現実のものとするためには技術開発や作り込みが大いに必要とされるでしょうね。深層学習やエンドツーエンドのトレーニングの進歩を振り返ってみてください。これらの技術の種がまかれたのは１９５０年代でしたし、アイディアは10年置きくらいの間隔で何度も蒸し返されてきました。私たちは時間とともに継続した進歩を成し遂げてきましたが、現在の地点に到達するには何年にもわたる技術的努力が必要だったのです。そして、ＡＧＩはまだはるか遠くにあります。

大きな進歩がいつ起こるかは、予測不可能だと思います。最初や2回目、あるいは3回目にそれを目にした時でさえ、気がつかないかもしれません。もしかすると、進歩はすでに起こっているのに、私たちが気づいていないだけなのかもしれません。その発見が本当に使い物になるまでに作り込むためには、何十年にもわたる取り組みが必要となるでしょう。

フォード：次はＡＩのリスクについて、まず経済面からお聞きしたいと思います。新たな産業革命に匹敵するスケールの変化が目前に迫っていると考える人もいますが、実際には多くのエコノミストがその意見には反対するだろうと思います。大変動は目前に迫っているとお考えでしょうか？

コラー：はい、経済面の大変動は目前に迫っていると思います。このテクノロジーの最大のリスクあるいはチャンスは、現在人間によって行われている多くの仕事がなくなり、多かれ少なかれマシンによって置き換えられるということです。社会的障壁によって阻まれることも多いのですが、性能の着実な向上が実証されるにつれて、標準的な破壊的イノベーションのサイクルが回り始めることになるでしょう。

すでにパラリーガル［弁護士補助職員］やスーパーマーケットのレジ係は、そうなりつつあります。商品の棚入れ作業をしている人たちも、すぐにそうなることでしょう。こういった作業はすべて、５年から10年のうちにロボットや知能エージェントによって置き換えられることになると思います。問題は、それに代わる人間にとって働きがいのある仕事をどの程度作り出せるか、ということです。そういった機会が見い出せる場合もありますが、明らかでない場合もあります。

フォード：人々が注目している破壊的テクノロジーのひとつが、自動運転車や自動運転トラックです。ウーバーで運転手のいない車を呼んで目的地まで乗せて行ってもらえるようになるのは、いつごろになりそうでしょうか。

コラー：段階的に移行していくことになると思います。例えば、バックアップとして人間の遠隔運転者を待機させておくことが考えられるでしょう。完全な自動運転への中間的なステップとして、多くの企業がそのようなことを考えていると思います。

人間の運転者がオフィスから、一度に3、4台の車両を遠隔操作することになるでしょう。これらの車両は、認識できない事態が生じたときに助けを求めます。このような安全装置が準備できれば、おそらく5年以内に自動運転車のサービスは一部の場所で利用できるようになるでしょう。完全な自動運転の実現は、技術的な進化というよりは社会的な進化の問題であり、予測はずっと困難です。

フォード：同感ですが、たとえそうだとしても、ひとつの産業にもうすぐ大変動が発生し、大勢のドライバーが職を失うことになります。ユニバーサルベーシックインカムは、このような雇用の喪失への解決策になり得ると思いますか？

コラー：その判断をするのは、ちょっと時期尚早ですね。歴史上、これまでに起きたいくつかの大革命について振り返ってみましょう。農業革命でも産業革命でも同じように、すさまじい労働人口の大変動が発生し膨大な数の人々が職を失うことが予測されていました。世界は変わり、職を失った人々は別の職を見つけました。今回の革命が他の革命とまったく違うものになると言うには早すぎます。どんな大変動も驚きを伴うからです。

ユニバーサルベーシックインカムに注目する前に、教育についてもっと注意深く慎重に考える必要があります。いくつかの例外を除けば、世界全体でこの新しい現実についての教育への投資はまったく足りていませんし、人々が前向きに生きていくためにはどんな種類のスキルが必要となるかを考えることがとても大事だと思います。そうした後でもまだ人口の大半に雇用を確保する方法が見つからなければ、そのときにユニバーサルベーシックインカムについて考えればいいのです。

フォード：次は、人工知能にまつわるその他のリスクについてお聞かせください。大きく2つに分けた場合、プライバシーの問題やセキュリティ、ドローンやAIの兵器化などの短期的なリスクと、AGIやそれによってもたらされるものといった長期的なリスクがあります。

コラー：そういった短期的なリスクは、人工知能とは関係なく、すでに存在するものばかりではないでしょうか。例えば、敵対勢力によるハッキングのおそれがある複雑で重要なシステムは、すでに数多く存在します。

電力網は現時点では人工知能を持っていませんが、誰かがそこにハッキングを仕掛けることは重大なセキュリティリスクとなります。現状でペースメーカーへのハッキングも可能です。これもまた人工知能システムではありませんが、ハッキングのおそれのある電子装置です。兵器について言えば、超大国の核攻撃対応システムを誰かがハッキングして核攻撃を実行させるのは不可能なことでしょうか？　ですから、AIシステムにセキュリティリスクが存在することは確かですが、従来のテクノロジーに存在する同様のリスクと質的に異なるものだとは私には思えません。

フォード：しかし、テクノロジーの拡大に伴って、そのリスクも拡大するのではありませんか？自動運転トラックがすべての食品を配送する未来に、誰かがハッキングを仕掛けて配送を止めてしまうようなことは想像できませんか？

コラー：それはそうですが、やはり質的に異なるものではありません。私たちが電子的なソリューションにいっそう依存するようになれば、リスクも増大します。大規模で密に結合したシステムほど、単一障害点のリスクは高まるからです。昔は、個人のドライバーが商品を配送していました。それを破壊しようとすれば、ひとりひとりのドライバーを破壊する必要があります。次に、配送を手掛ける大企業が多数のトラックに指示を出すようになりました。そのような大企業のひとつを破壊すれば、配送のより大きな部分が破壊されます。AIでコントロールされる自動運転トラックは、その次の段階です。集中化の度合いが高まるにしたがって、単一障害点のリスクも高まるのです。

そういったシステムのリスクは高くないと言っているわけではなく、その点に関してはAIが質的に異なるものだとは思えない、と言っているだけです。単一障害点を持つ複雑なテクノロジーに依存すればするほど、同じようにリスクも高まるのです。

フォード：AIやロボット工学の軍事利用や兵器化の話に戻ると、先進的な民生用テクノロジーが邪悪な形で利用されることが非常に懸念されています。この件に関して『スローターボット(Slaughterbots)』というビデオを制作したスチュアート・ラッセルにも、私はインタビューしました。このテクノロジーが恐ろしい方法で使われることを懸念していらっしゃいますか？

コラー：はい、このテクノロジーはどんな人の手に渡る可能性もあると思いますが、もちろんそれは他の危険性のある技術についても言えることです。より簡単な方法で多くの人の命を奪えるようになることは、人類の進化の一側面でもあります。昔はナイフを使って、一度にひとりしか殺すことができませんでした。その後銃が登場し、5、6人が殺せるようになりました。次に突撃銃を利用して、40人から50人が殺せるようになりました。現在では膨大な技術的ノウハウを必要とせずに、「汚い爆弾」［有害な放射性物質をまき散らす爆弾］を作ることができます。生物兵器と、現在では独自のウイルスを作り出せるほど発達したゲノム編集プリント技術について考えてみれば、これもまた入手可能な現代の技術を使って多くの人を殺すもうひとつの方法です。

ですから、技術乱用のリスクは確かに存在しますが、ＡＩだけでなくもっと広い意味でそれについて考える必要があるのです。知能を持つ殺人ドローンの話は、誰かが天然痘ウイルスのゲノムを合成してばらまくことよりも危険とは言えないでしょう。どちらのシナリオに対しても現時点で解決策があるとは思いませんが、実際には後者のほうが多数の人を即死させるリスクはずっと高いように思えます。

フォード：次は長期的なリスク、特にＡＧＩについてお聞かせください。制御問題といって、超知能が自分で目標を設定したり、私たちが期待しないやり方や有害なやり方で目標を追及したりすることが考えられます。こういった懸念について、どうお考えですか？

コラー：時期尚早だと思います。私の考えでは、それまでに複数のブレークスルーが起こる必要がありますし、わからないことが多すぎて結論は出せません。どんな性質の知能が形成されるのか？ それは感情を持つのか？ どのようにして目標を決めるのか？ 私たち人類と交渉を持とうとするのか、それとも独自の道を行こうとするのか？ といったことです。

わからないことが多すぎるので、計画を始める段階ではないように思えます。超知能はまだその兆しさえ見えていませんし、たとえそういったブレークスルーが起こったとしても、何年も、あるいは何十年にもわたる技術的な作り込みが必要とされるはずです。決して、ある日起きてみたらそうなっていたというような、想定外の事態とはならないでしょう。システムとしての作り込みが必要となるでしょうし、どれが重要な構成要素なのかを見定めてから、それをどのように変更し構成すれば最良の結果が得られるか、考え始めればいいでしょう。現時点では、それはまだおぼろげにしか見えていません。

フォード：オープンＡＩなどのシンクタンク組織が、すでにいくつか出現しています。そういったことに資源をつぎ込むのは時期尚早だと思われますか、それとも取り組みを始めるのは有意義なことだと思われますか？

コラー：オープンAIは、いくつかのことに取り組んでいます。現在力を入れているのは、オープンソースのAIツールを作成し、この本当に価値のあるテクノロジーへのアクセスを民主化することです。その点に関しては、すばらしいと思います。こういった組織では、AIのその他の重要なリスクについて考える取り組みも数多く行われています。例えば、最近のNIPS（ニューラル情報処理システム）2017カンファレンスでは、トレーニングデータに含まれる暗黙的な偏見がどのように機械学習に取り込まれ、それが恐ろしいまでに増幅されて最悪の振る舞い（例えば人種差別や性差別）に至ってしまうのかという、非常に興味深い議論が行われました。現在私たちが考えるべき重要な問題は、そのようなことです。それは本物のリスクであり、それを改善するための本物の解決策が求められているからです。先ほど名前の挙がったシンクタンクは、そういったこともしているのです。

それは、まだ存在すらしないテクノロジーに安全装置をどう組み込めば、それが現時点で明確ではない理由から意識的に人類を殲滅《せんめつ》しようとすることを防止できるか、というあなたの質問とは大きく違うものです。なぜ超知能が人類を殲滅しようなどと考えるのでしょうか？　それについて心配を始めるには早すぎると思います。

フォード：政府がAIを規制する必要はあると思われますか？

コラー：この技術に関する政府の理解は不足しているとしか思えませんし、政府が理解していないものを規制するのは良くないことだ、とだけ言っておきましょう。

AIは簡単に利用できるテクノロジーであり、多大なリソースを利用できるうえに私たちの政府と同様の倫理的信条に必ずしも縛られない他国の政府にも、すでに利用できるようになっています。

この技術を規制することは、正しい解決策ではないと思います。

フォード：特に中国に関しては、いろいろな面で注目が集まっています。いくつかの点で、中国には有利な点があります。人口が非常に多いため膨大な量のデータが入手できること、そしてプライバシーについてあまり心配する必要がないことです。私たちにはこの分野で彼らに後れを取るリスクがあるのでしょうか、またそれは心配すべきことでしょうか？

コラー：その答えはイエスだと思いますし、重要なことだと思います。政府の介入が有益となる領域はどこかと問われれば、それは中国に限らず他国の政府との競争力を維持できるような、技術的進歩への支援ということになるでしょう。それには、科学への投資も含まれます。教育への投資も含まれます。プライバシーを尊重しつつ、進歩を促す形で、データへアクセスできるようにすることも含まれるのです。

私が関心を持っている医療の分野では、進歩を大いに促進するためにできることがいくつかあります。例えば、患者と話してみれば、大部分の患者は治療法を進歩させる研究のために自分のデータが使われることを望んでいることがわかるでしょう。彼らは、たとえ自分のためにはならなかったとしても、今後他の人のためになる可能性があることを認識していますし、そうなってほしいと心から思っています。しかし、現状では非常に高い法的・技術的なハードルを越えないと医療データが共有できないため、まだそれは実現していません。複数の患者に関するデータを集計し、特定の小集団に効き目のある治療法を見つけ出そうとする私たちの取り組みにとって、このことが大きな足かせとなっています。

こういった分野では、政府レベルの政策の変化や社会的規範の変化が大きな違いをもたらす可能性があります。例として、臓器提供がオプトインである国々と、オプトアウトである国々との間で、どれだけ臓器提供率に違いがあるかを見てみましょう。どちらも死後の臓器提供は同じようにコントロールできますが、臓器提供率はオプトアウトの国々のほうが、オプトインの国々よりも、はるかに高いのです。何かに人々が自然とオプトインするような雰囲気を作り出すなら、オプトアウトする機会もしっかり提供しなくてはいけません。データ共有に関して同じようなシステムが構築されれば、データがはるかに容易に利用できるようになり、新たな研究が続々と生み出されることになるでしょう。

フォード：ＡＩや機械学習といったテクノロジー全体から得られる利益は、それらのリスクを上回ると確信していらっしゃいますか？

コラー：はい、私はそう確信しています。また、テクノロジーを止めることによって進歩を止めるのは、間違ったアプローチだと思います。リスクを緩和したいなら、社会的規範の変更に関して、また適切な安全装置の投入に関して、よく考える必要があります。テクノロジーの進歩を止めてしまうことは、現実に取り得るアプローチではありません。私たちがテクノロジーを進歩させなければ、誰か他の人がそうするでしょうし、その人たちの意図はあまり善良なものではないかもしれません。私たちはテクノロジーを進歩させてから、それが悪いことではなく良いことに使われるようにするためのメカニズムについて考える必要があるのです。

ダフニー・コラーはスタンフォード大学でコンピューターサイエンスのラジブ・モトワニ記念教授を務めていた。ダフニーは、ベイジアン（確率論的）機械学習と知識表現の分野を中心として、AIに顕著な貢献を行ってきた。2004年、彼女はこの分野における業績に対してマッカーサー財団フェローシップを授与された。

2012年、ダフニーはスタンフォードの同僚であるアンドリュー・エンとともにオンライン教育企業コーセラを創業した。ダフニーは同社の共同CEOおよび社長を務めていた。彼女の現在の研究は、医療における機械学習とデータサイエンスの利用に特に注目したものであり、彼女はカリコ（人間の寿命を延ばすことに取り組んでいると言われるグーグル／アルファベット企業）のコンピューティング統括役員も務めていた。現在ダフニーは、機械学習を利用した創薬に注力するスタートアップのバイオテクノロジー企業インシトロのCEO兼創業者である。

ダフニーは学士号と修士号をイスラエルのエルサレム大学から取得し、コンピューターサイエンスの博士号をスタンフォード大学から1993年に取得した。彼女の研究に対しては数多くの賞が授与されており、彼女は米国人工知能学会のフェローでもある。2011年に彼女はアメリカ技術アカデミーの会員に就任した。2013年には、タイム誌の「世界の最も影響力のある100人」のひとりにダフニーが選出されている。

[2019年ACM/AAAIアレン・ニューウェル賞受賞]

「（AGIを）実現する方法はまだわからないので
巨大なブレークスルーを待つ必要があると思っている人たちと、
私の考えは違います。
私はそれが事実だとは思いませんし、
実現する方法はすでにわかっていて、
それを証明する必要があるだけなのだと思います」

DAVID FERRUCCI
デイヴィッド・フェルッチ

エレメンタル・コグニション社創業者
ブリッジウォーター・アソシエイツ社AI応用担当ディレクター

デイヴィッド・フェルッチはIBMのワトソン開発チームを設立し、その草創期からチームを率いて2011年には「ジェパディ!」［クイズ番組］で並み居る人間のクイズ王たちに勝利するという偉業を成し遂げた。2015年にはエレメンタル・コグニション（Elemental Cognition）という自分の会社を設立し、コンピューターの言語理解能力を劇的に促進する斬新なAIシステムを作り上げることに注力している。

フォード：コンピューターに興味を持ったのは、何がきっかけでしたか？　どのようにしてAIの道に入ったのでしょうか？

フェルッチ：それは「コンピューター」という言葉が日常会話で使われるようになるよりもずっと前のことです。両親は私に医者になってほしかったし、父親は学校が休みの間に私が何もせず家にいるのは良くないことだと思っていました。私が高校二年生の夏、父親が新聞を読んでいて、地元の大学で開講される数学講座を見つけたのです。実際にはそれは、DECのコンピューターでBASICを使うプログラミング講座でした。これはすごい、と私は思いました。自分の頭の中にある手続きやアルゴリズムを明確に表現できさえすれば、マシンに指示を与えてそれをしてもらうことができるのですから。マシンはデータだけでなく、思考プロセスも保存できるのです。「これこそ私の進むべき道だ！」と私は感じました。あらゆることをマシンに考えさせ、記憶させることができれば、私は医者になるためにそのようなことをしなくてもすむでしょう。

これをきっかけに私が興味を持ったのは、情報を保存すること、それに関して推論を行うこと、考えること、そして私の脳の中で進行しているプロセスを体系化してアルゴリズムに変換することが何を意味するのか、ということです。それを十分に詳しく記述できさえすれば、コンピューターにも同じことをさせられるはずだ、という考えに私は心を奪われました。それは私の意識を変える気づきだったのです。

当時の私は「人工知能」という言葉は知りませんでしたが、数学的・アルゴリズム的・哲学的観点から協調的知能という概念に強い興味を持つようになりました。私は、人間の知能をマシンでモデル化することは可能であると信じていました。できないと考える理由は何もなかったからです。

フォード：その後、大学でコンピューターサイエンスを勉強したのですか？

フェルッチ：いいえ、私はコンピューターサイエンスやAIを職業にしようとは思っていなかったので、医者になるために大学へ行って生物学を専攻しました。在学中、私は祖父母にＡｐｐｌｅⅡコンピューターを買ってもらい、思いつく限りあらゆるものをプログラミングをし始めたのです。最終的に私が大学のためにプログラミングしたソフトウェアは、実験室で実験を行うためのグラフ作成ソフトウェア、生態系シミュレーションソフトウェア、そして実験機器のアナログ−デジタル・インタフェースなど、かなりの数になります。こういったソフトウェアは当時まだ存在しませんでしたし、もちろんインターネットからダウンロードできるはずもなかったからです。私は大学の最終学年でコンピューターサイエンスをなるべくたくさん勉強しようとして、副専攻にしました。私は生物学科を最優秀で卒業し、医学部へ進む準備はできていたのですが、そのときになって気が変わったのです。

その代わりに私はコンピューターサイエンスを、そして特にＡＩを研究するために大学院へ行きました。それは私が夢中になれるものでしたし、研究したいものだったからです。私はニューヨークのレンセラー工科大学（ＲＰＩ）での修士課程の一環として、意味ネットワークシステムを開発しました。私はそれをＣＯＳＭＯＳ《コスモス》と呼んでいました。認知と関係する意味があり語感が気に入ったのでその名前にしたはずなのですが、具体的に何の略だったのかは思い出せません。ＣＯＳＭＯＳは知識と言語を表現し、制約された形の論理推論を行うことができました。

１９８５年にＲＰＩで産業科学フェアのようなものが開催され、そこで私はＣＯＳＭＯＳのプレゼンテーションをしました。そこに来ていたＩＢＭワトソン研究センター〔各地にあるＩＢＭ研究所の本部〕の人たち——彼らはＡＩプロジェクトを立ち上げたばかりでした——が私のプレゼンテーションを見て、うちで働くつもりはないかと声をかけてくれたのです。それまで私は大学に残って博士号を取るつもりだったのですが、実はその数年前、ＩＢＭのリサーチフェローになれば何の制約もなしに好きな研究ができるという雑誌の広告を見て、そんな夢のような仕事があるのかと思った私は、その広告を切り抜いてコルクボードにピンで留めていたのです。まさかそのＩＢＭの研究センターで働くチャンスが来るなんて。もちろん私は行くことにしました。

そんなわけで、１９８５年から私はＩＢＭ研究所のＡＩプロジェクトで働き始めました。しかしその数年後、１９８０年代のＡＩ冬の時代が到来し、ＩＢＭはＡＩと関係するあらゆるプロジェクトをキャンセルし始めたのです。別のプロジェクトに移ることもできたのですが、私は別のプロジェクトではなく、ＡＩの仕事をしたかったので、ＩＢＭを辞める決心をしました。父親にはさんざん怒られましたよ。以前から私が医者にならなかったことを不満に思っていたうえに、今度は奇跡的にありついた良い仕事をたった2年で辞めてしまうというのですから。なぜそんなことをするのか、理解できなかったのでしょう。

私はＲＰＩへ戻って、博士課程で非単調推論を研究しました。私はＣＡＲＥ（Cardiac and Respiratory Expert：心臓および呼吸器エキスパート）という医療エキスパートシステムの設計と構築を行い、またその期間にＡＩについてさらに多くのことを学びました。研究の足しにするために、私はＲＰＩでオブジェクト指向回路設計システムを構築する政府の事業でも働きました。博士号を取った後、私は職を探す必要に迫られました。そのとき父親はかなり重い病気にかかっていて、ウェストチェスター郡に住んでいたのですが、ＩＢＭの本社もそこにあります。私は父親のそばにいたかったので、ＩＢＭ在職中のつてをたどってＩＢＭ研究所に戻ることになりました。

当時のＩＢＭはＡＩ企業ではありませんでしたが、15年後にはワトソンなどのプロジェクトが生まれています。私もそのお手伝いをしたわけです。私はＡＩに関する仕事をしたいという願望をあきらめたことは一度もありませんでしたし、何年もかけてスキルの高いチームを構築し、あらゆる機会を利用して言語処理、テキストおよびマルチメディア解析、そして自動質問応答システムといった分野の仕事に携わりました。「ジェパディ！」に参戦するという話が出るまで、そんなことができると信じていたのは、またそれができるチームを持っていたのは、IBMの中でも私ひとりでした。ワトソンの大成功によって、IBMはAI企業へと変容できたのです。

フォード：ワトソン以外のお話も伺いたいと思っています。ワトソンについては、すでにたくさん記事が書かれていますからね。あなたがIBMを離れた後、AIについてどのように考えていらしたのかをお聞きしたいのですが。

フェルッチ：私はAIを、3つに分けて考えています。知覚――物事を認識すること、制御――物事を行うこと、そして知識――コミュニケーションの基盤を提供する概念モデルを構築し、発展させ、理解すること、そして理論やアイディアを構築することです。

私はワトソンプロジェクトに取り組む中で、ひとつ興味深いことを学びました。純粋な統計的手法は「理解」の部分に制約がある、つまり予測や答えに関する因果的で消化可能な説明を行う能力に限界があるということです。純粋にデータ駆動あるいは統計的手法による予測は、パターン認識、音声認識、画像認識といった知覚タスクや、自動運転車やロボット工学といった制御タスクには非常に有効ですが、知識の分野でAIは苦戦しています。

音声認識と画像認識の分野、そしてより一般的に知覚関連の分野では、大きな進歩がありました。またドローンの操縦やさまざまなロボットによる自動運転車など、制御システムの分野にも大きな進歩が見られます。しかしコンピューターが読んで理解したことに基づいて流暢《りゅうちょう》にコミュニケーションできるかというと、まだそれにはほど遠いのが現状です。

フォード：最近、2015年にあなたはエレメンタル・コグニションという企業を設立されましたね。それについて詳しく教えていただけますか?

フェルッチ：エレメンタル・コグニションは、本当の意味で言語を理解することを目指しているAI研究ベンチャー企業です。私たちがまだ達成できていないAIの領域、つまり読んだり、対話したり、理解を形成したりできるＡＩを作り上げられるか、という問題に取り組んでいます。人間は本を読み、頭の中にこの世界の働きに関するリッチなモデルを構築し、それについて推論したり、流暢に対話したり、質問したりすることができます。私たちは読むことと対話することによって理解を改善し深めているのです。エレメンタル・コグニションでは、それをＡＩで行おうとしています。

私たちは言語の表層構造をさらに掘り下げ、単語の頻度に現れるパターンをさらに掘り下げて、根底にある意味にたどり着こうとしています。そこから、人間が推論やコミュニケーションに利用するために作り出すような内的論理モデルを構築したいのです。システムに、人間と通じ合える知能を持たせたいのです。人間と通じ合える知能があれば、人間との交流、言語、対話などの経験を通して自律的な学習を行い、理解を改善していくことができます。

知識と理解の意味について考えることは、ＡＩの本当に興味深い部分です。それは、提供されたラベル付きデータから画像解析を行うことほど簡単ではありません。あなたと私が同じものを読んだとしても、その解釈はまったく違っているかもしれないからです。理解するとはどういう意味なのか、議論することもできるでしょう。現在のシステムはテキストのマッチングを行ったり単語やフレーズの統計的な出現頻度を調べたりすることは得意ですが、言語の背後に隠された複雑な論理の多層的・論理的な表現を構築することは不得意なのです。

フォード：ちょっと一休みして、今おっしゃったことの重要性を、読者にしっかりと把握してもらいましょう。例えば写真の中にネコを見つけて「画像の中にネコがいるよ」と教えてくれる、パターン認識に優れた深層学習システムは、今でも数多く存在します。しかし人間と同じように、ネコとは何かということを本当に理解しているシステムは、まったく存在しません。

フェルッチ：確かにそうなのですが、ネコとは何かということについてあなたと私が議論することもできるでしょう。それが重要なのです。「実際に理解する」ということの意味について、疑問を投げかけているからです。人間が互いに共通の理解に達しようとして、どれだけエネルギーを使っているか、考えてみてください。それは基本的に、ジャーナリストやアーティスト、マネージャー、あるいは政治家など、情報を集めたり伝えたりする人の仕事です。その仕事とは、自分が理解しているのと同じように、他の人たちにも物事を理解してもらうことです。そのようにして、私たちの社会は協力して急速に発展してきたのです。

これは難しい問題です。科学の分野では、価値を作り出す目的で完全にあいまいさのない形式的言語が開発されてきたからです。例えばエンジニアは仕様言語を使い、数学者や物理学者は数学を使ってコミュニケーションを行います。プログラムを書く際には、あいまいさのない形式プログラミング言語が使われます。しかし、私たちが自然言語を使って話す際には――そこでは非常に多くのものが生み出され、豊かでニュアンスに富む表現が行われるわけですが――非常にあいまいで、極度に文脈に依存する言語が使われます。文脈からひとつの文を取り出してしまえば、その文はさまざまに異なる意味に取れるかもしれません。

それは、その文が発話される文脈だけでなく、その人の心の中に何があるかにも依存します。あなたと私が互いに理解し合っていると確信するためには、私が何かを言うだけでは十分ではありません。あなたは私に質問しなくてはいけませんし、会話のキャッチボールをしながら一致点を見つけて理解をすり合わせなくてはいけません。そのようにして私たちは、自分たちの頭の中に類似したモデルがあると納得するのです。こういうことが起こるのは、言語そのものは情報ではないためです。言語は、私たちの頭の中にあるモデルを伝えるための道具です。このモデルは独立に開発され改善されていくものですから、私たちはコミュニケーションを行うためにモデルをすり合わせます。この、理解を「作り出す」行為は、豊かで多層的で、高度に文脈に依存しており、主観的であると同時に協働的なものです。

例を挙げましょう。私の娘が7歳の時、学校の宿題をしていました。彼女が読んでいたのは理科の教科書の電気に関するページでした。教科書には、電気はさまざまな形で、例えば水力タービンを通して流れる水によって、生み出されるエネルギーだと書いてあります。ページの最後には、このようなシンプルな問題が書いてありました。「電気はどのようにして作り出されるのでしょうか?」。彼女は教科書を読み返し、テキストのマッチングを行い、ええとここには電気は生み出されると書いてあるけど「生み出される」は「作り出される」と同じような意味よねとつぶやいて、「水力発電のタービンを通して流れる水によって」というフレーズにたどり着いたのです。

彼女は私のところにやってきて、こう言いました。「このフレーズをコピーすればこの問題に答えることはできるけど、電気は何なのかとか、どうやって作り出されるのかとか、私は全然わかってないの」。テキストのマッチングを行って質問に正しく答えられたにもかかわらず、彼女はそのことをまったく理解していなかったのです。それから私は娘と話し合い、娘は理解を深めました。今日の大部分の言語AIのしていることは、おおよそこのようなものです——理解していないのです。違うのは、私の娘は自分が理解していないことを知っていたということです。これは重要なことです。彼女は、根底にある論理表現により多くのものを期待していました。私はそれを知能のしるしとして受け止めましたが、それは私の偏見かもしれません。自分の娘ですからね!

文章の一節に含まれる単語を調べて答えを推測することと、何かを十分に理解することとは、まったく違うことなのです。自分の理解のリッチなモデルを誰かに伝えられるほど十分に理解していれば、それについて議論し、探りを入れ、一致点を見つけることによって、自分の理解をさらに深めることができます。

フォード:あなたは、さまざまな概念を本当の意味で理解し、会話したり推論を説明できたりするシステムを構想していらっしゃいますね。それは人間レベルの人工知能、つまりＡＧＩではないのでしょうか？

フェルッチ：自律的に学習可能なシステムを作り上げることができれば――言い方を変えれば、読み、理解し、モデルを構築し、そのモデルについて人と会話し、説明し、要約することができるシステムを作り上げられれば――「ホリスティックな知能」と呼べるものに近づきます。

先ほどもお話ししたように、完全なＡＩは知覚、制御、そして知識という３つの部分から成り立つと私は考えています。最近は深層学習の発達によって、知覚と制御の部分に関してはすばらしい進歩が成し遂げられていますが、真の課題は最後の部分にあるのです。私たちは、他の人たちとどのように理解し合い、協調的なコミュニケーションを行って、共有された知能を作り出すことができているのでしょうか？　それが非常に強力なのは、私たちが知識を構築し、伝達し、そして深めるための主な手段として、言語を介して人間どうしが通じ合えるモデルを構築しているからです。

そのようなAIを、エレメンタル・コグニションでは作り出そうとしています。

フォード：理解問題の解決は、ＡＩの聖杯のひとつです。それが達成できれば、他の問題も解決することになるでしょう。例えば、最近話題になっている転移学習、つまり知識を別の領域に適用できる能力は、真の理解からもたらされるものです。何かを本当に理解していれば、それを別の場面にも適用できるはずだからです。

フェルッチ：まさにその通りです。私たちがエレメンタル・コグニションで取り組んでいることのひとつに、非常にシンプルな物語であってもそこから読み取れる知識をシステムがどのように理解し深めるかテストする、ということがあります。サッカーについての物語を読んだら、その理解をラクロスのゲームや野球のゲームの展開に応用できるでしょうか？　その概念をどう再利用するでしょうか？　物事の類似性の理解と説明、つまり、ひとつのことを学習して類推による推論を行い、同じような方法で説明することができるでしょうか？

問題となるのは、人間が2種類の推論を行っていることです。ひとつは統計的機械学習のようなもので、大量のデータポイントを処理してパターンを一般化し、それを適用することです。これによってトレンドラインのようなものを頭の中に作り出し、そのトレンドを適用することによって新しい答えを直感的に導き出すのです。何らかの値のパターンを見て、次に何が来るかと聞かれたとき、直感的に「答えは5です」と言うようなものです。人はそのようなことをするとき、パターンマッチングと外挿《がいそう》を利用しています。もちろん、一般化はシンプルなトレンドラインよりも複雑かもしれませんが、深層学習テクニックを用いて行えるものであることは確かです。

しかし、人が腰を据えて「なぜ私にはそう思えるのか、説明させてください——答えが5である理由は……」と言うとき、その人は自分の頭の中に作り上げた論理モデルや因果モデルを利用しています。それは情報として非常に異なる種類のものであり、結果的にずっと強力なものとなるのです。コミュニケーションにも、説明にも、そして論理展開にもはるかに強力に使えます。「これは過去のデータに基づいた私の直感です。私を信じてください」と言うだけでなく、分析して「ちょっと待った、あなたの推論には穴がある」と言えるからです。

もし私に説明不可能な直感しかなかったとすれば、私の周りの世界についての理解をどうやって開発し、どうやって改善し、どうやって展開すればよいのでしょうか？　それは、この2種類の知能を対比させたときに直面する、興味深いジレンマだと思います。一方は、説明可能な、調べたり議論したり説明したり改善したりできるモデルの構築に注目したものであり、他方は「間違っていることよりも正しいことのほうが多いので、私はそれを信用する」と言っています。どちらの知能も役に立ちますが、それらは非常に違うものなのです。自分の推論を説明できないようなマシンに主導権を渡してしまった世界を想像できますか？　そんな世界は私にとって悪夢です。自分の推論を説明できないような人間に主導権を渡したいと思いますか？

フォード：多くの人は深層学習、つまりあなたが説明した2番目のモデルが、十分に私たちを前進させてくれると信じています。あなたは別の手法も必要だと考えていらっしゃるようですね。

フェルッチ：私はどちらかを選べと言っているわけではありません。深層学習とニューラルネットワークが強力なのは、大量のデータから非線形の非常に複雑な関数を見つけ出せるからです。この関数は、例えばあなたの身長から体重を予測したい場合には、直線で表現される非常に単純な関数かもしれません。天気の予測は、単純な直線的関係では表現できなさそうです。システムが複雑になるほど、その振る舞いはより複雑な多変数の関数によって表現されることになるでしょう（曲がりくねっていたり、非連続な部分があったり、多次元にわたるグラフを想像してください）。

深層学習システムに膨大な量の生データを与えて複雑な関数を発見させることはできますが、結局のところ、それは単なる関数の学習です。さらに議論を進めれば、あらゆる形態の知能は基本的には関数の学習である、と言えるかもしれません。しかし、人間の知能そのものを出力する関数を学習させる（そのためのデータはどこから来るのでしょうか？）のでなければ、推論の過程を説明できないような答えをシステムが出す可能性は非常に高いでしょう。

私がニューラルネットワークと呼ばれるマシンを持っていて、そこに十分なデータを注入すれば、入力と出力を対応付けるどんな複雑な関数も発見できると想像してみてください。「これはすごい！　これに解けない問題なんてあるのだろうか？」と思うかもしれません。確かにそうかもしれませんが、今度はその現象を全時間にわたって完全に表現できるほど十分なデータはあるか、ということが問題になってきます。知識や理解について考えるときには、その現象とは何か、と最初に問わなくてはいけません。

写真に写っているネコを特定するつもりなら、その現象が何であるかは非常に明らかですし、大量のラベル付きデータを集めて、ニューラルネットワークをトレーニングすることもできるでしょう。しかし「どうすればこの概念の理解を作り出せるのだろうか？」と考える場合には、理解とは何なのかについて人類が合意できるかどうかさえわかりません。小説や物語は複雑で多層的なものですし、たとえ理解について十分な合意が得られたとしても、その根底にある現象によって表現される非常に複雑な関数をシステムが学習できるほど明確な記述がされたものではありません。その現象とは、人間の知能そのものです。

あらゆる種類の英語の物語とその意味とを対応付けるために必要なデータが、その意味の対応付けを学習する――文や物語の任意の集合を与えられたときに脳がしているように学習する――ために十分なだけ存在したとすれば、ニューラルネットワークがそれを学習することは、理論的に可能でしょうか？　そうかもしれませんが、そのようなデータはありませんし、どれほど多くのデータが必要かもわかりませんし、ニューラルネットワークが学習可能な関数の複雑さという観点から、それを学習するために何が必要なのかもわかりません。人間にはそれができますが、それは人間の脳が常に他の人間と対話しているためであり、そのようなことができるようにあらかじめ配線されているからなのです。

「私は汎用関数発見器を持っています。それを使えばどんなことでもできます」という理論的立場を私が取ることはないでしょう。ある程度までは確かにそうですが、人間の理解を表現する関数を作り出すためのデータはどこにあるのでしょうか？　私にはわかりません。

そのような情報を見つけ出し取得することを、現在のニューラルネットワークで行う方法があるのかどうか、私にはわかりません。その方法についてはいくつかアイディアがありますし、全体的なアーキテクチャの一部としてニューラルネットワークなどの機械学習テクニックが使われることはあるかもしれません。

フォード：あなたは『Do You Trust This Computer?』というドキュメンタリーに出演して、こんなことをおっしゃっていますね。「今後3年から5年の間に、人間の心の働きとそれほど違わないやり方で、理解することや理解を構築する方法を自律的に学習できるコンピューターシステムが実現することでしょう」。その言葉に私は強い印象を受けました。それはＡＧＩのように聞こえますし、そのうえあなたは3年から5年という具体的な期間を示しているからです。あなたは本当にそうおっしゃったのですか？

フェルッチ：非常に意欲的なスケジュールですし、私が間違っている可能性もありますが、それでも今後10年ほどの間には実現するだろうと思います。50年や１００年も待つことにはならないでしょう。

それには２つの道があると思います。知覚の面と制御の面では、飛躍的な進歩が今後も続くことでしょう。それによって、社会に、労働市場に、安全保障に、そして生産性に、劇的な影響が及ぶことになります。そういったことはもちろん非常に重要ですが、理解の面に影響を及ぼすものではありません。

それによってＡＩが人間とかかわる機会は増えると思います。Ｓｉｒｉやアレクサなどは、もっと言葉と思考タスクで人間とかかわるようになるはずです。そのようなアイディアから、そしてエレメンタル・コグニションで私たちが構築しているようなアーキテクチャを使って、理解の面を発達させる方法を学べるようになるでしょう。

私が3年から5年と予想したのは、どうすればいいのかまったくわかっていないわけではない、ということを言いたかったためです。どうすればいいかというアイディアはあって、あとは正しい手法への投資とそれを達成するために必要な作り込みへの注力の問題なのです。可能だとは思っていてもどうすればよいかわかっていなければ、また違った予測をしたことでしょう。

それまでにかかる時間の長さは、どこに投資が行われるかによって大きく変わってきます。現在、多くの投資は純粋に統計的な機械学習につぎ込まれています。短期で回収できますし、ホットな分野だからです。低いところに実っている果実がたくさんあるということです。私は投資を、理解の面を発達させるために必要だと私が思っている別のテクノロジーへ振り向けようとしています。すべては、その投資をどこに、どれほどの期間行うかによって変わってきます。実現する方法はまだわからないので巨大なブレークスルーを待つ必要があると思っている人たちと、私の考えは違います。私はそれが事実だとは思いませんし、実現する方法はすでにわかっていて、それを証明する必要があるだけなのだと思います。

フォード：エレメンタル・コグニションは、AGI企業と言えるでしょうか？

フェルッチ：私に言えるのは、自律的に学び、読み、そして理解する能力を持つ自然知能を構築することに私たちは注力しているということ、また人間とそのように流暢《りゅうちょう》に対話するという目標を達成しつつあるということです。

フォード：私の知る限り、他にその問題に注力している会社はディープマインドだけですが、手法が大きく違っていることは印象的です。ディープマインドはゲームやシミュレーション環境における深層強化学習に的を絞っていますが、あなたのお話では知能へと至る道は言語を通っているわけですね。

フェルッチ：私たちの目標について、もう少し説明させてください。私たちの目標は、論理と言語と推論に紐づけられた知能を作り出すことです。私たちは、人間と通じ合える知能を作り出そうとしているからです。別の言い方をすれば、人間が言語を処理するように言語を処理でき、言語を通して学習でき、そして言語と推論によって流暢に知識を伝達できる何物かを作り出そうとしているのです。これこそが私たちの目標です。

私たちも、さまざまな機械学習テクニックを利用しています。ニューラルネットワークを利用して、さまざまなことを行っています。しかしニューラルネットワークだけでは、理解問題は解決しません。別の言い方をすれば、それはエンドツーエンドのソリューションではないのです。私たちは継続的対話や形式推論、そして形式論理表現も利用しています。ニューラルネットワークを使って効率的に学習できる場合は、そうしています。それができない場合には、その情報を取得しモデル化する別の方法を見つけます。

フォード：教師なし学習にも取り組んでいらっしゃいますか？　今日あるＡＩの大部分はラベル付きデータを使ってトレーニングされていますが、そこから本当に前進するためには、人間がしているように、環境から自然に学べるようにする必要があると思います。

フェルッチ：私たちは両方に取り組んでいます。コーパス作成や大規模コーパス分析は、教師なし学習です。大規模なコーパスからの教師なし学習もしていますが、アノテーション付きのコンテンツからの教師あり学習もしています。

フォード：ＡＩの将来の展望についてお聞かせください。近い将来に大規模な経済的大変動が発生し、多数の職の単純スキル化や消失が発生する可能性はあるとお考えでしょうか？

フェルッチ：もちろん、それには注意する必要があると思います。新たなテクノロジーが登場した過去の例、例えば産業革命などと比較して、さらに劇的なものになるかどうかはわかりませんが、このＡＩ革命の意義は大きく、産業革命にも匹敵するものだと思います。

失業が発生したり、労働人口の転換が必要となったりもするでしょうが、破滅的な結果とはならないと思います。転換には多少の痛みが伴うでしょうが、最終的にはより多くの雇用が創出されることになりそうです。それは歴史的に繰り返し起こってきたことだとも思います。そのせいで再訓練が必要になる人たちも出てくるでしょう。そのようなことが起こるのは確かですが、だからといって全体的な雇用が減少するわけではありません。

フォード：スキルのミスマッチ問題は起こると思いますか？　例えば、新規に創出される雇用の多くがロボット技術者や深層学習専門家のためのものだったとしたら？

フェルッチ：確かにそのような雇用は創出されるでしょうし、スキルのミスマッチも生じるでしょうが、それ以外の雇用もまた創出されると思います。ちょっと見方を変えて「マシンが他のことをやってくれるのであれば、人間には何をしてもらえばいいんだろう？」と考える場面も増えてくるでしょう。医療や介護など、人との触れ合いが重要な分野には、特に大きな雇用機会があります。

私たちエレメンタル・コグニションでは、人間と機械知能が緊密に、そしてよどみなく共同作業する未来を思い描いています。私たちはそれを「思考パートナーシップ」としてとらえています。学習や推論やコミュニケーションが可能なマシンとの思考パートナーシップによって、人はより多くのことができるようになります。それほど多くのトレーニングやスキルを必要とせずに、知識を得て効果的に応用できるようになるからです。そのような共同作業の中で、コンピューターはもっと賢く、私たちの考え方をよりよく理解するようにトレーニングされます。

現在、人々が対価なしに提供しているデータには、すべて価値があります。あなたがコンピューターと行う対話には、すべて価値があります。それによってコンピューターは賢くなっていくからです。それでは、その対価はどの程度まで支払われるべきでしょうか、より頻繁《ひんぱん》に支払われるべきでしょうか？　コンピューターにはもっと人間らしく振る舞ってほしいわけですから、それが実現するように手助けしてくれる人には対価が支払われるべきではないでしょうか？　人間と機械との共同作業の経済学それ自体は興味深いものだと思いますが、大転換は起こるでしょう。自動運転車は間違いなく実現するでしょうし、運転というブルーカラーの仕事で生計を立てている人はたくさんいますし、その影響は他にも波及すると思います。トレンドになるかどうかはわかりませんが、確実に転換は起こるでしょう。

フォード：イーロン・マスクやニック・ボストロムが語っているような、超知能のリスクについてはどうお考えですか？

フェルッチ：マシンを利用して何かをしようとすれば、いつでも心配の種をたくさん抱えることになるのだと思います。マシンに何かを制御させることによって、エラーや悪事の影響が増幅されることがあるからです。例えば、電力網や兵器システム、あるいは自動運転車ネットワークの制御にマシンを使った場合、どんな間違いも増幅されて大惨事となるおそれがあります。サイバーセキュリティに問題があったり悪意のハッカーがシステムに侵入したりすると、ミスやハッキングの影響が増幅されます。そういったことには、非常に注意しなくてはいけません。交通システムや食品システム、そして国家安全保障システムなど、マシンに制御されるものはどんどん増えてきていますから、より一層注意が必要とされます。それはAI特有の問題ではなく、こういったシステムはエラーケースとサイバーセキュリティに十分注意して設計されなくてはならない、というだけのことです。

もうひとつ、ニック・ボストロムなどの人たちが口にするのは、マシンが独自の目標を設定し、その目標を達成するために人類を犠牲にしてしまうかもしれない、ということです。私はそれについてはあまり心配していません。マシンがそのような行動を起こすためのインセンティブはほとんど存在しないからです。コンピューターにそのようなことをさせるためには、そのようにプログラムしなくてはならないでしょう。

マシンに善良な目標を与えても、マシンが十分に賢ければ、実行する際に意図せぬ結果が生じるような複雑な計画を見つけてしまうだろう、とニック・ボストロムは語っています。それに対する私の答えはシンプルです。なぜそんなことをするのでしょうか？　つまり、ペーパークリップを作るべきマシンには電力網に対する影響力を持たせるな、ということです。要は思慮深い設計、セキュリティを考慮した設計に尽きるのです。AIが突然自分の欲望や目標を持つことや、ペーパークリップを作るために人類を犠牲にする計画を立てることよりも、懸念すべき人的な問題は他にたくさんあります。

フォード：AIの規制についてはどうお考えですか？ 規制は必要でしょうか？

フェルッチ：規制という考え方には、注意する必要があります。業界として私たちは、自分たちの命にかかわる決定をマシンに行わせる際には誰が何に対して責任を取るのか、大まかに決めておかなくてはいけません。それは医療でも、政策決定でも、あるいはどんな別の分野でも同じことです。マシンの行う決定に影響される個人としての私たちには、理解可能な説明を受ける権利があるのでしょうか？

ある意味では、現在すでに私たちはこの種の問題に直面しているのかもしれません。例えば医療分野では、こんな説明をされることがあります。「私たちは、あなたがこうすべきだと考えていますし、強くそれを推奨します。90パーセントの確率でそうなるからです」。あなたに示されるのは患者個人についての詳細ではなく、統計的平均です。あなたはそれに満足すべきでしょうか？ この患者個人にその治療を推奨する理由について、説明を求めることができるでしょうか？ 大事なのは確率ではなく、個別の症例への有効性です。これは非常に興味深い問題です。

このような領域には政府が介入してもらい、「どこで責任が置き去りにされたのか、そして機械による意思決定の潜在的な対象者である私たちはどんな負担を強いられているのか？」と言ってもらう必要があるでしょう。

もうひとつの領域は、先ほども少し話したように、エラーやハッキングなどの悪影響が劇的に増幅されて幅広い人間の社会的活動に衝撃を与えるおそれのある、劇的な影響力のあるシステムを設計する際の基準は何か、ということです。テクノロジーの進歩を遅らせることはしたくありませんが、その一方で、そのようなシステムの配備をコントロールすることに無頓着すぎるのもよくないことです。

議論の余地はありますが、規制が必要とされるもうひとつの領域が労働市場です。ＡＩの導入を遅らせて「労働市場を守りたいのでこの職業にマシンは導入できない」と言うべきでしょうか？ 社会の転換をスムーズに行って劇的な衝撃を避ける意味はあると思いますが、その一方で社会の進歩を遅らせるのもよくないことです。

フォード：あなたがいなくなってから、ＩＢＭはワトソンを中心とした大規模な事業部門を構築してその商品化を目指していますが、良い結果ばかりではないようです。ＩＢＭのこれまでの経験と直面してきた課題についてどう思われますか？ またそれは自分自身について説明できるマシンを構築するというあなたの関心事と関係しているのでしょうか？

フェルッチ：最近の社内の動きには疎いのですが、ビジネスという観点から見たときには、彼らはワトソンをＡＩビジネスへの参入に役立つブランドとしてとらえているように感じます。彼らにはそのチャンスが与えられているのだと思います。私がＩＢＭにいたころは、さまざまなＡＩテクノロジーが研究されていましたし、それが社内の異なる地域のあちこちに分散していました。ワトソンが「ジェパディ！」に勝って一般の人々にＡＩの可能性をはっきりと示したとき、その興奮と勢いがＩＢＭ社内のテクノロジーをひとつのブランドに整理統合するために役立ったのだと思います。あのデモンストレーションによって彼らは、社内的にも社外的にも、地位を高めることができたのです。

ビジネスの面では、この種のＡＩを利用する方法に関してＩＢＭはユニークな立場にあると思います。それは消費者市場とは大きく違う点です。ＩＢＭはビジネスインテリジェンス、データアナリティクス、そして最適化を通して広く市場にアプローチできます。また、例えば医療アプリケーションでは、的を絞った価値を提供することもできます。

彼らがどれほど成功しているのか、評価するのは困難です。それは何をＡＩとみなすか、それを事業戦略のどこに位置付けるかによって異なるからです。今後どうなるか、注目していきたいと思います。最近の消費者の注目度という点では、Ｓｉｒｉやアマゾンのアレクサが脚光を浴びているようです。それらが事業面で高い価値を生み出しているかどうかは、私には答えられない問題です。

フォード：中国が、人口の多さやデータの多さ、そしてプライバシーに関する規制の少なさといった点で、有利な立場を占めているのではないかという懸念があります。それは心配すべきことでしょうか？　アメリカの競争力を向上させるために、産業政策を推し進める必要があるのでしょうか？

フェルッチ：一種の軍拡競争のようなものだと思います。生産性や労働市場、国家安全保障、消費者市場などに影響するという意味で、非常に重要なことです。国としての競争力を保つためには、幅広いポートフォリオが得られるようにＡＩへの投資を行わなくてはいけません。すべての卵をひとつのかごに入れてはいけないのです。競争力を保つには人材を呼び寄せて引き留めなくてはいけませんから、国境がある程度の競争を作り出すことに疑問の余地はないと思います。経済的な競争力や安全保障に大きく影響するわけですから。

　バランスを取ることが難しいのは、競争力を保ちつつ、同時に統制や規制、そしてプライバシーなどへの影響について慎重に考える必要があるからです。それは難しい問題ですし、これからの世界には、より思慮深く知識のあるリーダー、この分野の政策決定に関与して決断のできるリーダーが必要とされていると思います。それは非常に重要な役割ですし、知識はあればあるほど望ましいでしょう。この技術の仕組みは簡単なものではないからです。難しい問題はたくさんありますし、選択すべきテクノロジーの課題もたくさんあります。もしかしたら、そのためのＡＩが必要になるかもしれませんね！

フォード：そのようなリスクや懸念を念頭に置いたうえで、あなたは人工知能の未来を楽観視していますか？

フェルッチ：根本的には、私は楽観論者です。こういったことを追求するのは、私たちの宿命なのだと思います。私がＡＩの道に足を踏み入れたばかりのときに、何に興味を持っていたのか振り返ってみましょう。それは人間の知能を理解すること、しかも数学的かつ組織的な方法で理解すること、制約が何か、どう強化するか、どう成長させるか、そしてどう応用するかを理解することでした。コンピューターは、知能の本質そのものについて実験できる手段を提供してくれます。それに対してノーとは言うことはできません。私たちは自己意識を知能と関連付けますから、それをよりよく理解し、より効率よく応用し、そしてその強みと弱みを理解するために、できることはすべてするのが当然ではないでしょうか？　それが、何よりも私たちの宿命なのです。それは根源的な探究です――私たちの心は、どのような働きをしているのでしょうか？

奇妙なことです。人類は宇宙を探索して知能を持つ他の存在を見つけ出そうとしている一方で、実は自分たちのすぐそばで知能を育てているのですから。これにはいったい、どんな意味があるのでしょうか？　知能の本質とは、何なのでしょうか？　私たちが知能を持つ別の種を見つけることになったとしても、これからどうなるのか、何ができて何ができないのかといったことをより深く知るために、私たちは知能の非常に根本的な性質を探究し続けることになるでしょう。これに取り組むことが私たちの宿命であり、それによって私たちの創造性や生活水準が、究極的には、現在では想像もできないほど劇的に向上することになると思います。

こういった存在リスクが、私たちの自分自身に対する考え方、そして人間であることの特異性と考えられているものを変えていくことになると思います。それに真剣に取り組むことは、非常に興味深い問題となるでしょう。任意のタスクについて、それをよりよくこなすマシンを手に入れることができたとすれば、私たちの自尊心はどうなってしまうのでしょうか？　私たちの自己意識はどうなってしまうのでしょうか？　それは共感、情動、理解といった、より精神的な性質のものに立ち戻るのでしょうか？　私にはわかりません。しかし、これらは私たちが知能をより客観的に理解し始めることに伴う、興味深い問題です。そこから逃れることはできません。

デイヴィッド・フェルッチは受賞歴のあるAI研究者であり、IBMのワトソン開発チームを設立した2006年からチームを率いて2011年には「ジェパディ!」で並みいる人間のクイズ王たちに勝利するという偉業を成し遂げた。

2013年、デイヴィッドはブリッジウォーター・アソシエイツ(Bridgewater Associates)にAI応用担当ディレクターとして入社した。30年近くに及ぶAIの経験と、コンピューターによどみなく考え、学び、コミュニケーションを行わせたいという情熱から、彼は2015年にブリッジウォーターとのパートナーシップによってエレメンタル・コグニションLLCを設立することになった。エレメンタル・コグニションは、自動言語理解と知的対話を劇的に促進する斬新なAIシステムを作り上げることに注力している。

デイヴィッドはマンハッタン・カレッジから生物学の学士号を、そしてレンセラー工科大学から知識表現と推論を専門とするコンピューターサイエンスの博士号を取得している。彼は50以上の特許を所持しており、AIや自動推論、NLP、知能システムアーキテクチャ、自動物語生成、自動質問応答などの分野で論文を発表している。

デイヴィッドはIBMフェローの称号(社員45万名のうち、この栄誉を受けたのは100名にも満たない)を授与されており、またシカゴ商品取引所のイノベーション賞やAAAIファイゲンバウム賞をはじめとした数多くの賞を、UIMA[非構造化情報管理アーキテクチャ]およびワトソンを作り上げた功績によって受賞している。

「今の人工知能は昆虫にさえ
及びもつかないものですから、
私は超知能が近いうちに
出現することは心配していません」

RODNEY BROOKS

ロドニー・ブルックス

リシンク・ロボティクス社会長[元]

ロドニー・ブルックスは世界有数のロボット工学者として広く認知されている。ロドニーが共同で創業したアイロボット（iRobot）社は、消費者向けロボット（主にロボット掃除機ルンバ）と軍事用ロボット（イラク戦争で信管除去に使われたロボットなど）の業界リーダーである（アイロボットは2016年に軍事用ロボット部門を売却した）。2008年にロドニーはリシンク・ロボティクス（Rethink Robotics）という新しい会社を共同で創業した。同社は、柔軟性があり人間の作業者と並んで安全に作業できる協働製造ロボットの開発に注力している。

フォード：あなたがＭＩＴ在籍中に起業されたアイロボット社は、現在では世界最大の民生用ロボットメーカーのひとつです。どんないきさつでそうなったのですか？

ブルックス：私がコリン・アングルとヘレン・グレイナーと共同でアイロボットを起業したのは１９９０年のことでした。私たちはアイロボットで14種類のビジネスモデルに失敗し続け、何とか成功にこぎつけたのは２００２年になってからのことでした。その年になってやっと、２つのビジネスモデルが軌道に乗ったのです。ひとつは軍事用のロボットでした。アフガニスタンでは、洞窟へ入って行って中を偵察するために私たちのロボットが配備されました。その後、アフガニスタンとイラクの紛争時には、約６５００台が路上爆弾の処理に使われました。

それと並行して２００２年には、ルンバというロボット掃除機を発売しました。２０１７年に年間売上高８億８４００万ドルを達成し、発売開始以来の出荷台数は２０００万台を超えています。出荷台数の点からみて、ルンバは史上最も成功したロボットであると言って間違いないでしょう。また、実はルンバは１９８４年ころから私がＭＩＴで開発を始めた昆虫レベルの知能を利用したものなのです。

２０１０年に私はＭＩＴを去り、完全に身を引いてリシンク・ロボティクスという会社を始めました［２０１８年10月まで会長。同社は資金繰り悪化によりドイツの産業用オートメーション企業ＨＡＨＮグループに買収され傘下となった］。この会社で製造しているロボットは、世界中の工場で使われています。これまでに数千台のロボットを出荷しました。従来の産業用ロボットとの違いは、一緒にいて安全であること、檻の中に閉じ込めておく必要がないこと、そしてロボットにしてほしいことを実際にやって見せて教えられることです。

私たちの使っている最新バージョンのソフトウェアＩｎｔｅｒａ《インテラ》５では、ロボットにしてほしいことをやって見せると、ロボット自身がプログラムを書いてくれます。それはビヘイビアツリーを表現するグラフィカルなプログラムで、修正したければできますが、しなくてもかまいません。

発売開始以来、ロボットに教え込んだ動作を細かく分析して修正できるようにしたいと言ってきた先進的な企業もありましたが、基盤となる表現がどんなものか知る必要はないのです。このロボットはフォースフィードバックを利用し、視覚を利用して、実際に人のいる実環境で1日24時間、週7日、年３６５日、世界中で稼働しています。現在大量に配備されているものとしては、確実に最も高度な人工知能ロボットだと思います。

フォード：どのようにしてロボット工学とＡＩの最先端の研究者になったのですか？　そのきっかけは何だったのでしょうか？

ブルックス：私は南オーストラリア州アデレードで育ちました。１９６２年、母がアメリカの「ハウ・アンド・ホワイ・ワンダーブックス」［子ども向けの科学技術を説明する本のシリーズ］を2冊、買ってくれたのです。『電気』と『ロボットと電子頭脳』でした。私は夢中になり、その後ずっとその本から学んだことを試しながら子ども時代を過ごし、知能を持つコンピューターや最終的にはロボットを作ろうとしていました。

私はオーストラリアの大学で数学の学士号を取り、博士課程で人工知能の研究を始めましたが、少し困ったことに気づきました。この国にはコンピューターサイエンス学科がなく、人工知能の研究者もいなかったのです。私は人工知能をやっていると聞いた3つの大学に願書を出しました。ＭＩＴ（マサチューセッツ工科大学）、カーネギーメロン大学（アメリカのピッツバーグ）、そしてスタンフォード大学です。ＭＩＴには断られましたが、カーネギーメロンとスタンフォードには合格しました。１９７７年のことです。オーストラリアに近いという理由で、私はスタンフォードに行くことにしました。

スタンフォードでは、ティム・ビンフォードの下でコンピュータービジョンを研究して博士号を取りました。その後はカーネギーメロンで博士研究員を、ＭＩＴでも博士研究員を経験したのち、

1983年にスタンフォードに戻ってテニュアトラックの教員となりました。1984年には教員として再びMITへ移り、そこに26年間在籍したのです。

MITでの博士研究員をしていた間に、私は知能ロボットについての研究を始めました。1984年にMITに戻って来るまでに私が気づいていたのは、ロボット知覚のモデリングがほとんど進歩していなかったことです。数十万個のニューロンしか持たない昆虫が、当時のどんなロボットよりもはるかに優れた性能を示すことが、私にヒントを与えてくれました。それから私は昆虫の知能に基づいて知能をモデリングすることに取り組み始め、それが最初数年間の私の研究となったのです。

それから私は、マーヴィン・ミンスキーが創立したMIT人工知能研究所の所長を務めることになりました。その後コンピューターサイエンス研究所と合併してCSAIL（コンピューターサイエンス・人工知能研究所）となり、現在でもMITで最大の研究所です。

フォード：これまでのロボットやAIに関する経歴の中で、最も重要な業績は何だったでしょうか？

ブルックス：私が最も誇りに思っているのは、2011年3月に日本が大震災に見舞われ、福島の原子力発電所が津波に襲われたときのことです。事故から1週間ほどたったころ、日本政府が大きな問題を抱えていることを知りました。どんなロボットも、原発の中に入って何が起きているのか調べることができなかったのです。当時まだ私はアイロボットの経営に携わっていましたから、48時間以内に6台のロボットを福島の現場へ送り、電力会社の技術チームをトレーニングしました。結果として、彼ら自身ではできなかったことを私たちのロボットがやってのけたおかげで、原子炉を冷温停止できたと感謝されたのです。

フォード：その話は私も覚えています。一般的には日本がロボット工学の最先端にいると思われているのに、作業用ロボットを入手するためあなたに頼らざるを得なかったことには、ちょっと驚きました。

ブルックス：そこには本物の教訓があると思います。教訓とは、日本のロボットが実際よりもはるかに高度なものであるかのように、メディアが誇大宣伝をしていたことです。日本にはすばらしいロボット技術があり、1社か2社の自動車会社が最先端をいっていると誰もが信じていたのですが、実際に彼らが持っていたのはすばらしいビデオであり、現実のものではありませんでした。

私たちのロボットは交戦地帯で9年間、数千日にわたって毎日使われていました。見た目はかっこよくはありませんし、AI能力は無に等しいとけなす人もいるでしょうが、現実の、今でも役に立つ本物のロボットです。私はこれまでずっと、ビデオで見たすばらしいことがすぐにでも実現するとか、ロボットが私たちの職をすべて奪って明日にでも大量の失業が発生するなどと思い込んでいる人に、それは妄想だよと言い続けてきました。

リシンク・ロボティクスで私が言っているのは、30年前に実験室でデモされていなかったような技術が今すぐ現実の製品になると思うのはちょっと気が早すぎる、ということです。実験室でのデモが現実の製品となるには、それほど長い年月がかかるのです。自律走行については、確かにそれが言えます。今は誰もが自律走行について本当に夢中になっていますが、1987年にミュンヘン近郊で最初の自律走行車が時速55マイルを超える速度で高速道路を10マイル自律走行したことを、みな忘れているのです。ハンドルから手を放し、ペダルから足を放した状態で、東海岸から西海岸まで最初にアメリカを横断したのは1995年の「No Hands Across America（手を放してアメリカ横断）」でした。自動運転車は明日にでも大量生産されるでしょうか？　あり得ないですよね。このようなものを開発するには、とてつもなく長い時間がかかるのです。人々はまだ、この技術がすぐにでも配備されるものと買いかぶっているのだと思います。

フォード：どうやらあなたはカーツワイルの収穫逓増《ていぞう》の法則にあまり賛成ではないようですね。すべてはどんどん加速していくという考え方です。物事は同じペースで進んでいく、とあなたは考えていらっしゃるように私は感じましたが？

ブルックス：深層学習はすばらしいものですし、この分野の外から来た人たちが「すごい！」と言うのももっともです。私たちは指数関数的成長に慣れています。ムーアの法則がそうだったからです。しかしムーアの法則は崩れ始めています。最小加工寸法を半分にすることが、もはやできなくなっているからです。しかしそのことが、コンピューターアーキテクチャにルネッサンスをもたらそうとしています。過去50年間は、何か変わったことをするような余裕はありませんでした。ムーアの法則のおかげで、すぐに追いつかれてしまうからです。現在では、コンピューターアーキテクチャが隆盛に向かおうとしています。ムーアの法則の終焉《しゅうえん》が、コンピューターアーキテクチャの黄金時代をもたらしたのだと思います。レイ・カーツワイルをはじめとする、指数関数を見てすべてが指数関数的に成長すると思っている人たちに、そのことを知ってもらいたいものです。

指数関数的に成長するものもありますが、すべてではありません。ゴードン・ムーアの１９６５年の論文「集積電子回路の未来（The Future of Integrated Electronics）」がムーアの法則の初出文献ですが、これを読むと最後の部分はこの法則が当てはまらない場合について書かれていることがわかります。ムーアは、例えば電力貯蔵にはこの法則は当てはまらないと言っています。０と１の情報に抽象化されるものではなく、物質のバルク特性を利用したものだからです。

環境保全技術を例に取ってみましょう。10年前、シリコンバレーのベンチャーキャピタリストたちが痛い目にあったのは、ムーアの法則が万能だと考えて、それが環境保全技術にも当てはまるだろうと考えたからです。ところが、そうは問屋が卸しませんでした。環境保全技術はバルク特性に依存し、エネルギーに依存するものであり、物理的に半分にしても同じ情報が保持できるようなものとは違うからです。

深層学習に話を戻すと、あることが起こり、また別のことが起こると、そういった進歩がその後もずっと続くものだと思ってしまいがちです。深層学習について言えば、誤差逆伝播法の基本的なアルゴリズムが開発されたのは1980年代であり、すばらしくうまく働くようになるまでには30年の取り組みが必要でした。進歩が見られなかった1980年代から1990年代にかけてはほとんど見限られていたのですが、その時期に見限られた技術は他に100種類もあったのです。100種類の中から、どれがものになるかを予測することは誰にもできませんでした。たまたま誤差逆伝播法は、他のいくつかの技術――例えばクランピング、多層化、計算能力の大幅な向上など――と組み合わせることによって、すばらしいものになり得たのです。他の99種類のどれかではなく、誤差逆伝播法がものになると予測することは絶対にできなかったでしょう。決して必然ではなかったのです。

深層学習はすばらしい成功を収めていますし、これからもさらに成功するでしょうが、永遠に成功し続けることはないでしょう。深層学習には制約があります。レイ・カーツワイルが自分の意識をアップロードすることは当分できないでしょう。それは生体系の働きとは異なるものだからです。深層学習によってできることもありますが、生体系はたったひとつのアルゴリズムではなく、何百ものアルゴリズムを利用しているのです。そこまで進歩するには、深層学習以外に何百ものアルゴリズムが必要となりますし、それがいつ実現するか予測することはできません。私がカーツワイルと会う時は、彼もいつかは死ぬんだということを必ず指摘するようにしています。

フォード：意地が悪いですね。

ブルックス：私もいつかは死にます。私はそれをまったく疑っていませんが、彼はそれを指摘されるのを嫌がっています。彼はそういったテクノ宗教信者のひとりだからです。テクノ宗教にはさまざまな宗派があります。シリコンバレーの億万長者によって創始された寿命延長企業もありますし、レイ・カーツワイルのように自分の人格をコンピューター上にアップロードしようとしている人もいます。おそらくあと数世紀の間は、私たちが不死となることはないと思います。

フォード：それは当たっているでしょうね。先ほど自動運転車について触れられましたが、具体的にそれがいつごろ実現するか伺ってもよろしいでしょうか？　グーグルは現在アリゾナの公道で、誰も乗っていない車を実際に走らせているようです。

ブルックス：それについて私はまだ詳しくは知りませんが、思ったよりもずっと長い時間がかかったことは確かです。マウンテンビュー（カリフォルニア州）とフェニックス（アリゾナ州）は、アメリカの他の大部分の場所とは違った種類の都市です。そこでデモはできても、実用的なモビリティ・アズ・ア・サービス（mobility-as-a-service：ＭａａＳ）が採算の取れる形で事業化されるまでには、あと数年はかかるでしょう。「採算が取れる」というのは、ウーバーが出している損失――昨年は45億ドルでした――と同程度の収益が上がるという意味です。

フォード：ウーバーは乗客をひとり乗せるごとに損失を出しているので、自律走行が実現しない限り持続可能なビジネスモデルとはならない、というのが一般的な見方ですよね。

ブルックス：私が今朝読んだ記事には、ウーバー運転手の時給の中央値は3・37ドルだと書いてありました。それでも損失が出ているのです。運転手をなくして自律走行に必要な高価なセンサーと置き換えられるほど、大きなマージンではありません。私たちはまだ、自動運転車のための実用的なソリューションは何かということさえ、よくわかっていないのです。グーグルの自動運転車は屋根の上に高価なセンサーをたくさん取り付けていますし、テスラは組み込まれたカメラだけで自動運転を実現しようとして失敗しました。これから間違いなく印象的なデモはいくつか目にすることになるでしょうが、それらは手の込んだものになるでしょう。日本のロボットと同じです。彼らのデモは非常に手の込んだものだったのです。

フォード：インチキということですか？

ブルックス：インチキではありませんが、カーテンの後ろの見えないところに多くのものが隠れているのです。何が行われているのか推測したり、一般化したりはできますが、本当のことはわかりません。そういったデモの背後には技術者のチームが付いていますし、フェニックスでの自動運転のデモの背後には複数のチームが長い間付くことになるでしょう。実用にはほど遠いものです。

また、私の住んでいるマサチューセッツ州ケンブリッジはフェニックスのような場所とは違い、一方通行の道路だらけです。それによって、さまざまな問題が生まれます。運転サービスは私をどこで車に乗せるのでしょうか？　道の真ん中で？　バス専用レーンの中に車を止めて？　普通は道をふさぐことになりますから、乗り降りは素早くしなくてはいけませんし、クラクションを鳴らされたりもするでしょう。そのような世界で完全に自律的なシステムが運用できるまでにはしばらくかかるでしょうから、フェニックスでもかなりの間、専用の乗降場が使われることになり、既存の道路網とはうまく整合しないだろうと思います。

ウーバーでは、自社のサービス専用の乗降場を設置し始めています。新しいシステムが、まずサンフランシスコとボストンで試行され、現在では6つの市に広がっています。寒さに震え、雨に打たれながら、車が来るのを待つ他の人と混じってウーバーの列に並ぶことができるわけです。自動運転車は、運転手がいないこと以外は現在の車と同じようなものになると想像する人もいますが、それは違います。利用方法が大きく変わることになるのです。

都市は自動車の登場によって大きく変わりましたが、これからは自動運転テクノロジーに合わせて都市を大きく変える必要があります。現在との違いは、車に運転手がいないことだけではないのです。それには長い時間がかかりますし、あなたがどれほどシリコンバレーに心酔していたとしても、すぐに実現するものではありません。

フォード：ちょっと考えてみましょう。私たちが現在ウーバーを利用しているように、マンハッタンやサンフランシスコにいる人がどこかで車に乗り込んで、指定した場所へ乗せて行ってもらえるような、大衆的な運転手のいないサービスが実現するのは何年後になるでしょうか？

ブルックス：それは段階を踏んで実現することになるでしょう。最初の段階では、専用の乗降場まで歩いて行って、そこにいる車に乗り込むことになります。今のジップカー（Zipcar）（アメリカのカーシェアリングサービス）の使い方と似ています。ジップカーには専用の駐車スペースがありますからね。このほうが、家の前まで来て二重駐車する現在のウーバー流のサービスよりも、早く実現するでしょう。いつかは――私の生きている間に実現するかどうかわかりませんが――どの都市にもたくさんの自動運転車が走り回ることになるでしょうが、そうなるまでには何十年もかかるでしょうし、大きな変化も必要となるでしょう。しかしその変化がどんなものになるかは、まるでわかっていないのです。

例えば、あらゆる場所に自動運転車が走り回るようになったら、その給油や充電はどうするのでしょうか？　どこに行けば充電できるのでしょうか？　誰がプラグを挿入するのでしょう？　まあ、いくつかのスタートアップ企業が電気自動運転車の車両管理システムの在り方について検討を始めています。自動運転車でも、メンテナンスや日常点検をしてくれる人は相変わらず必要になるでしょう。自律走行車両が大衆的なサービスとなるには、そのようなありとあらゆるインフラの実現が必要ですし、それにはしばらく時間がかかるはずです。

フォード：私はそれとはちょっと違って、ウーバーとほぼ同等のサービスは5年もすれば実現するだろうと予測していました。そんなことはまったく非現実的だ、とあなたは考えていらっしゃるのでしょうね？

ブルックス：はい、それはまったく非現実的です。一部は実現するかもしれませんが、同等のものにはなりません。それは異なるサービスであり、今までなかったものをサポートするために新たな企業や新たな事業が必要とされるからです。基本的なところから考えてみましょう。どうやって車に乗り込むのでしょうか？　あなたが誰なのか、車はどのように判断するのでしょうか？　運転中に気が変わって違う場所へ行きたくなったとしたら、それをどうやって伝えるのでしょうか？　たぶん音声で伝えるのでしょうね。アマゾンのアレクサやグーグルホーム（Google Home）は音声認識が上手にできますから、音声でうまくいきそうな気はします。

次は規制システムについて考えてみましょう。車に何を命ずることができるでしょうか？　運転免許証を持っていない場合、車に何を命ずることができるでしょうか？　12歳の子どもが、サッカーの練習に行くために両親に車に乗せられたときには、車に何を命ずることができるでしょうか？　車は12歳の子どもの音声命令に従うでしょうか、それとも言うことを聞かないでしょうか？こういった、語られることのない、信じられないほど多くの実務的な問題や規制上の問題が、解決されていないのです。今でも12歳の子どもをタクシーに乗せてどこかへ連れて行ってもらうことはできます。自動運転車でそれができるようになるのは、だいぶ先のことになるでしょう。

フォード：かつてあなたが研究されていた、昆虫の話に戻りましょう。私は、昆虫は優秀な生物学的ロボットだと思うことが多いので、興味があるのです。もう研究者を自認されていないことは知っていますが、昆虫の能力にならったロボットや知能の構築に関する現在の動向について、そしてそれが超知能への取り組みに与える影響について、教えていただけますか？

ブルックス：簡単に言えば、今の人工知能は昆虫にさえ及びもつかないものですから、私は超知能が近いうちに出現することは心配していません。私たちは、少数の教師なし例だけから学べる昆虫の学習能力を模倣できていません。現実世界に適応できる昆虫の順応性も実現できていません。昆虫の機能的構造――それはすばらしいものです――を模倣できていないことも確かです。誰も昆虫レベルの意思に匹敵するものは実現できていません。私たちの持っているすばらしいモデルは、何かを見て分類し、場合によってはラベルを付けることもできますが、それは昆虫の知能とさえ大きな隔たりがあります。

フォード：あなたがアイロボットを創業された90年代を振り返ってみて、それ以来ロボット工学はあなたの期待に応えてきた、あるいはそれを上回ったと言えるでしょうか、それとも期待外れだったでしょうか？

ブルックス：私がアメリカに来たのは1977年でした。私はロボットに非常に興味を持っていたので、コンピュータービジョンを研究することにしました。当時、世界には3台の移動ロボットが存在していました。そのうち1台はスタンフォードにあり、ハンス・モラヴェックが6時間かけて大きな部屋の中でそのロボットを60フィート動かす実験をしていました。もう1台はNASAのジェット推進研究所（JPL）に、最後の1台はフランスのトゥールーズのLAAS（Laboratory for Analysis and Architecture of Systems）にありました。

世界中に移動ロボットは3台しかなかったのです。現在アイロボットでは年に何百万台もの移動ロボットを出荷していますから、ここまで来たことに私はかなり満足しています。私たちは大きな成功を収めましたし、ずいぶん遠くまでやってきました。そういったロボット工学の進歩があまり目立っていないのは、それと同じ時期に、コンピューターが一部屋ほどの大きさがあったメインフレームからスマートフォンへと進化して世界中に何十億台も存在するようになったからです。

フォード：昆虫に続いて取り組まれたのが、ロボットハンドの作成でしたね。ロボットハンドに関しては、さまざまなチームからすばらしいビデオが発表されています。この分野がどのように進歩しているか、教えていただけますか？

ブルックス：はい、私はアイロボットで取り組んでいた商用移動ロボットとは違うことをMITで学生たちと研究したかったので、MITでの研究テーマを昆虫からヒューマノイドに変え、結果としてロボットアームに取り組み始めました。その研究の進歩は停滞しています。実験室のデモではさまざまな刺激的なことが起こりますが、そのデモは特定のひとつのタスクに注目したものであり、人間がしているような、もっと一般的な行動とは非常に異なるものです。

フォード：そのように進歩が停滞しているのは、ハードウェアやソフトウェアの問題のせいでしょうか、またそれは機構と制御のどちらに関するものでしょうか？

ブルックス：すべてです。あらゆることを、並行して進歩させなくてはいけません。機構も、表皮を形成する素材も、ハンド全体に埋め込まれるセンサーも、それを制御するアルゴリズムも、すべてを一緒に進歩させる必要があります。他のことを置き去りにして、ひとつだけ先行しても意味はないのです。

ひとつ例を挙げれば納得してもらえるでしょうか。グラバートイ［日本のマジックハンドのような玩具］というプラスチック製のおもちゃは知っているでしょう。一端にハンドルがついていて、それを握ると反対側についている小さなハンドが閉じたり開いたりするものです。手の届かないところにあるものを拾い上げたり、高いところにある電球を取り替えたりするのに使えます。

こんな原始的なハンドでも、現在のどんなロボットもできないようなすばらしい操作ができます。しかしその操作をするために使われるのは、驚くほど原始的なプラスチック製のおもちゃなのです。決め手は、人間がそれを操作しているということです。研究者のデザインした新しいロボットハンドのビデオを見ていると、実際には人間がそのロボットハンドを持ってあれこれ動かしてタスクを実行させている例をよく見かけます。この小さなプラスチック製のグラバートイでも、同じタスクはできるでしょう。操作しているのが人間だからです。本当にそれほど簡単にできるのであれば、このグラバートイをロボットアームの先端に取り付けて、そのタスクを実行させることもできるはずです。人間がグラバートイを腕の延長として使えるのであれば、なぜロボットにはそれができないのでしょうか？　そこには大きく欠けているものがあるのです。

フォード：深層学習と強化学習を用いて、実践によって、あるいはユーチューブのビデオを見せるだけで、何かをすることをロボットに学ばせることができるというレポートを見たことがあります。これに関するあなたの意見はいかがですか？

ブルックス：それが実験室のデモだということを忘れてはいけません。ディープマインドのあるグループが私たちのロボットを使って、いろいろなものにロボットがクリップを取り付ける興味深いフォースフィードバックの研究を最近発表しています。しかしそれらはすべて、頭の切れる研究者たちのチームが何か月もかけて、大変な苦労をしてできるようになったのです。人間には到底及びません。誰か人間を捕まえて、その人の前で手際よく何かをやって見せれば、すぐに同じことができるようになるでしょう。ロボットは、まったくその域には達していないのです。

最近、私はイケア（IKEA）の家具を組み立てたのですが、これがすばらしいロボットのテストになるのではないかと言われています。ロボットにイケアのキットを与え、それに付属する取扱説明書も与えて組み立てさせるのです。私はその家具を組み立てる間に200種類もの手先を使うタスクを行う必要がありました。例えば私たちのロボット、現在市販されている他のどんなロボットよりもたくさんセンサーの付いた、何千台も売れている最先端のロボットを使って同じことをさせてみたとしましょう。数か月かければ、非常に制約された環境で私が行った200種類のタスクのどれかを大まかにデモできるかもしれません。もうすぐロボットがそういったタスクをすべてできるようになると思うのは、想像の飛躍です。現実は大違いなのです。

フォード：何が現実なのでしょうか？　5年から10年先を考えたとき、ロボット工学や人工知能の分野はどうなっているのでしょうか？　現実的に期待できるブレークスルーはどんなものでしょうか？

ブルックス：ブレークスルーは期待できるものではありません。私の予想では、今から10年後には注目株は深層学習ではなくなり、何か新しいものが進歩の原動力となっているでしょう。

深層学習は、私たちにとってすばらしいテクノロジーでした。そのおかげでアマゾンエコー（Amazon Echo）やグーグルホームの音声認識システムが実現したわけですし、すばらしい進歩です。深層学習はそれ以外の進歩ももたらすことになるでしょうが、そのうち別の技術が登場して置き換えられることになるでしょう。

フォード：深層学習とおっしゃったのは、誤差逆伝播法を利用したニューラルネットワークという意味ですか？

ブルックス：はい、ただし多数の層からなるものです。

フォード：それでは次に来るものは、ニューラルネットワークではあるけれどもアルゴリズムの異なるものでしょうか、それともベイジアンネットワークでしょうか？

ブルックス：そうかもしれませんし、まったく違ったものになるかもしれません。それは私たちにはわからないことです。しかし私が確信をもって言えるのは、10年以内に新しい注目株が登場するということです。それはさまざまな応用分野に活用され、そこからまた別のテクノロジーが出現することになるでしょう。どんなものになるかはわかりませんが、10年のうちにそれは確実に起こります。

何がものになるか、なぜそうなるかを予測することは不可能ですが、市場からの要求については予測可能な形で言えることはありますし、市場からの要求は現在起こりつつあるいくつかのメガトレンドによって引き起こされるものです。

例えば、老年人口に対する生産年齢人口の割合は劇的に変化しつつあります。統計にもよりますが、その比率は生産年齢人口9に対して老年人口1（9：1）から生産年齢人口2に対して老年人口1（2：1）へと変化しています。世界中でお年寄りの数は大幅に増えているのです。国やその他の要因による違いはありますが、体の弱ってきたお年寄りの日常生活の補助に市場からの要求が高まることは間違いありません。すでに日本のロボット関係の展示会ではその傾向が見られ、お年寄りのベッドへの出入りやトイレへの出入りなど単純な日常生活のタスクを補助するロボットの実験室デモがたくさん行われています。現在そういったことには1対1で人間の介護者が必要とされますが、老年人口に対する生産年齢人口の割合の変化に伴って、そのようなニーズを満たす労働力が足りなくなってきます。そのためロボットにお年寄りの補助が要求されることになるのです。

フォード：お年寄りの介護の分野がロボット工学やAI業界にとって大きなチャンスとなることには賛成ですが、お年寄りの日常生活を本当に支援できるほど器用なロボットを作るのは、非常に難しいように感じます。

ブルックス：単純に人をロボットシステムで置き換えることにはならないでしょうが、そこに需要があるわけですから、意欲のある人たちが解決策を見つけようと取り組んでくれるでしょう。信じられないほど大きな市場になるはずですから。

建築作業にも市場からの要求はあるだろうと思います。世界中で、信じられないほどの速度で都市化が進んでいますから。私たちが建築に利用している技術の多くはローマ人によって発明されたものであり、一部には多少の技術的更新の余地があります。

フォード：建築ロボットや、建築スケールの3Dプリンティングということでしょうか？

ブルックス：3Dプリンティングはその一部に役立つでしょう。建物全体をプリントするわけではなく、事前成形された部材をプリントすることになりそうです。より多くの部材がオフサイトで製造できるようになり、そういった部材の配送にイノベーションを引き起こすことになるでしょう。そこには大いにイノベーションの余地があります。

農業も、特に気候変動によってフードチェーンが断絶されようとしている昨今では、ロボット工学とAIによるイノベーションが期待できる産業のひとつです。すでに都市農業、つまり畑ではなく工場で行う農業が注目され始めています。それには機械学習が非常に役立つ可能性があります。現在の計算機の能力で、育てるべきすべての種子について閉ループ制御を行って必要な栄養素と生育条件を正確に整えることができますし、外の天候がどうなっているか心配する必要もなくなります。気候変動は、これまでとは違った形で農業の自動化を後押しすることになると思います。

フォード：本物の家庭用の消費者向けロボットについてはどうでしょうか？　よく例に挙げられるのは、冷蔵庫からビールを取って来てくれるロボットです。それが実現するまでには、もう少し時間がかかりそうですね。

ブルックス：1990年に私とともにアイロボットを創立し、現在はCEOを務めているコリン・アングルが、28年前からそのことを話していました。まだもうしばらくの間は、自分で冷蔵庫にビールを取りに行く必要があると思います。

フォード：本当の意味でユビキタスな消費者向けロボット、人々が本当に必要だと思うことをしてくれて消費者向け市場を飽和させるようなロボットは実現すると思いますか？

ブルックス：ルンバは本当に必要なものでしょうか？　違いますよね。しかし、人々が払ってもよいと思うほどの低コストで、ある程度の価値を実現してくれます。絶対に必要なものではなく、あれば便利といったレベルです。

フォード：自分で動き回って床を掃除する以上のことをしてくれるロボット、十分に器用で基本的なタスクのできるロボットは、いつ実現するのでしょうか？

ブルックス：私にそれがわかればね！　誰にもわからないと思いますよ。ロボットが世界を征服しにやって来るという人はたくさんいますが、ビールを持って来てくれるロボットがいつ実現するかという問いにさえ、私たちは答えられないのですから。

フォード：最近読んだ記事で、ボーイングのCEOデニス・マレンバーグが、人を乗せて自律飛行するドローンタクシーが今後10年くらいで実現するだろうと言っていました。この予想について、どう思われますか？

ブルックス：それは、空飛ぶ車が実現すると言っているようなものでしょう。人が乗って運転でき、離陸もできる空飛ぶ車は長年の夢ですが、実現することはないだろうと私は思います。

２０２０年には空飛ぶウーバーが自律的に配備されるようになる、とウーバーの前ＣＥＯであるトラヴィス・カラニックが主張していたと思います。それは実現しないでしょう。何らかの形態の、自律飛行する個人用の乗り物が実現しないと言っているわけではありません。すでにヘリコプターなどのマシンは、運転席に誰もいなくても、ある場所から別の場所へと確実に移動することが可能です。いつ実現するかは経済的な要因によって大きく左右されると思いますので、それがいつになるかはわかりません。

フォード：汎用人工知能についてはいかがでしょうか？　それは実現可能だと思われますか？　またその場合、実現する確率が50パーセントになる時期はいつごろでしょうか？

ブルックス：はい、それは実現可能だと思います。私は２２００年だと予想しますが、それはあくまでも予想です。

フォード：そこまでの道のりについて教えてください。どんなハードルがありそうですか？

ブルックス：すでに器用さというハードルについてはお話ししました。世界を動き回り操作する能力は世界を理解するために重要なものですが、世界には物理的なものだけでなく、はるかに広い文脈が付随しているのです。例えば、カレンダーの数字としてではなく、今日が昨日とは違う日だということを理解しているロボットやＡＩシステムは、ただのひとつも存在しません。経験的記憶を持たず、日々移り変わる世界の中にいることを理解せず、長期的な目標やそれに向かって少しずつ進歩していくということも理解していないのです。現在の世界中のあらゆるＡＩプログラムは、現在しか見ていないイディオ・サヴァン［特殊な能力のある知的障碍者］だと言えるでしょう。何かを与えられて、応答するだけなのです。

アルファ碁のプログラムやチェスをプレイするプログラムは、ゲームが何なのかを知らず、ゲームをプレイするということを知らず、人間の存在を知らず、そういったことを何もかも知りません。しかし、ＡＧＩが人間と同等の能力を持つためには、そのようなことについて十分な認識を持たなくてはならないことは確かです。

50年以上前にも、そういった研究プロジェクトに取り組んでいる人はいました。１９８０年代から１９９０年代にかけては、私も参加していたコミュニティ全体が適応的行動のシミュレーションに取り組んでいました。私たちはそれからあまり進歩していませんし、今後の道筋を示すこともできていません。現在それに取り組んでいる人は誰もいませんし、ＡＧＩへ向かって進歩していると主張する人たちは、実際には１９６０年代にジョン・マッカーシーが言っていたのと同じことをやり直しているにすぎません。進歩も似たようなものです。

それは難しい問題です。その過程で多くのテクノロジーに進歩がもたらされることは否定しませんが、中には何百年もかかって達成されるものもあるでしょう。私たちは、自分たちがこの重要な時期に選ばれた人間だと思っています。多くの人がそう考えているようですが、現時点でそれを証明することはできませんし、私には根拠のない思い込みのように感じられます。

フォード：高度な人工知能をめぐる競争で、私たちが中国に後れを取るのではないかという懸念が広がっています。中国は人口が多いためデータも大量に持っていますし、ＡＩで何かしようとすると足かせとなる厳しいプライバシーの問題もありません。私たちは新たなＡＩ軍拡競争に突入しているのでしょうか？

ブルックス：おっしゃる通り、競争になるでしょう。企業間の競争は以前からありましたし、これからは国家間の競争が生じることになります。

フォード：西側世界にとって、中国のような国家がＡＩで大きなリードを奪うことは大きな危険だと思われますか？

ブルックス：それほど単純なことだとは思いません。ＡＩテクノロジーの不均等な配備が起こることになるでしょう。それはすでに中国で顔認証技術が、アメリカでは望ましくないと思われるような形で、配備されていることが示していると思います。新型のＡＩチップなどについては、アメリカのような国が後れを取ることは許されません。しかし後れを取らないために必要なリーダーシップを、今の私たちは持っていないのです。

現在の政策では炭鉱労働者が優遇される一方で、科学関連の予算は、国立標準技術研究所などを含めて、削減されています。それは狂気であり、妄想であり、時代に逆行する考え方であり、破滅を招くものです。

フォード：ＡＩやロボット工学のもたらすリスクや潜在的危険性についてお聞かせください。まず経済面からお聞きします。多くの人が、新たな産業革命に匹敵するスケールの大変動が目前に迫っていると感じています。あなたもそうお考えでしょうか？　労働市場や経済に、巨大な衝撃が発生するのでしょうか？

ブルックス：はい、しかし皆さんの考え方とはちょっと違います。私はそれがＡＩだけのせいだとは思っていません。世界のデジタル化のためであり、世界に新たなデジタル的な仕組みが作り出されるためだと思うのです。私はよく、有料道路にたとえてこのことを説明します。アメリカでは、有料道路や有料の橋から人間の料金徴収係はほとんどいなくなりました。そうなったのは特にＡＩのためではなく、ここ30年ほどで私たちの社会に構築されたデジタル的な仕組みのためなのです。

料金徴収係の必要をなくした技術のひとつに、フロントガラスに貼り付けるタグがあります。このタグによって、車にデジタル署名が付与されます。人間のいる料金レーンの全廃を現実的に可能とした、もうひとつの技術がコンピュータービジョンです。一種の深層学習を利用したＡＩシステムがナンバープレートのスナップショットを撮影し、正確に読み取ります。料金所だけではありません。他のデジタルチェーンも整備されてきました。例えばウェブサイトにアクセスして自分の車のタグと個人を特定するシリアルコードを登録し、バックアップとして車のナンバーを登録できるようになっています。

また、第三者が物理的にクレジットカードに触れることなく、定期的にクレジットカードから引き落としを行えるデジタルバンキングもそのひとつです。かつては物理的なクレジットカードが必要でしたが、現在はそれもデジタルチェーンとなっています。また料金所を運営する企業にとっては、徴収した料金を集めて銀行へ持って行くトラックはもう必要ありませんが、そういった副次的効果もこのデジタルサプライチェーンのおかげです。

こういったデジタル部品を組み合わせることによってサービスを自動化し、人間の料金徴収係をなくすことができたのです。ＡＩはその中の小さな、しかし必要な部品でしたが、一夜にして人間がＡＩシステムで置き換えられたわけではありません。こういったデジタル的な仕組みを少しずつ作り上げることが、労働市場の変化を可能とします。単なる1対1の置き換えではないのです。

フォード：そういったデジタルチェーンは、多くの草の根的なサービス職に大打撃を与えることになると思われますか？

ブルックス：デジタルチェーンはいろいろなことができますが、すべてができるわけではありません。その後に残るのは、通常は私たちがあまり高い価値を認めていないけれども私たちの社会を運営するためには必要なこと、例えばお年寄りをトイレで手助けをしたり、お風呂に入れてあげたりするようなことです。そのようなタスクだけではありません。教育について考えてみましょう。アメリカでは、学校教師に正当な評価や賃金が与えられていません。この重要な仕事を尊重し、経済的に報いるために、私たちの社会をどう変えていけばいいのか、私にはわかりません。自動化によって失われる職がある一方で、どうすればこういった失われない職が尊敬され称賛されるようになるのでしょうか？

フォード：あなたは大量失業が起こるとは予測していないけれども、職業は変化するだろうと考えていらっしゃるようですね。私は、いわゆる「おいしい」仕事の多くが消えていくことになるだろうと思います。コンピューターの前に座って予測可能で定型的な作業をし、同じようなレポートを繰り返し濫造するホワイトカラー職を考えてみてください。そのような非常においしくて給料の高い、大学を出た人が目指す職は脅かされることになりそうですが、ホテルの部屋を掃除するメイドの仕事は安泰でしょう。

ブルックス：そのことは否定しませんが、私が否定するのはそれをAIとロボットのせいにすることです。先ほどもお話ししたように、それはむしろデジタル化のためだと思います。

フォード：同感ですが、そういったプラットフォームの上にAIが配備されていくことも事実ですし、それによって変化はさらに加速するかもしれません。

ブルックス：確かに、そのようなプラットフォームがあればAIの配備は簡単になります。もちろんもうひとつの問題は、そのプラットフォームがまったくセキュアでない、誰にでもハックできてしまうようなコンポーネントの上に成り立っていることです。

フォード：それではセキュリティの問題に移りましょうか。経済的な大変動以外に、私たちが本当に心配すべきことは何でしょうか？　セキュリティをはじめとして、私たちが真剣に懸念すべき真のリスクとは何だとお考えになりますか？

ブルックス：セキュリティは大きなリスクです。私はこういったデジタルチェーンのセキュリティについて、そして多少の利便性と引き換えに私たちがみな自分からプライバシーを放棄してしまっていることについて心配しています。すでにソーシャルプラットフォームの兵器化は始まっています。自意識を持つＡＩが自分の意思を持ったり悪事を働いたりするおそれよりも、国家や犯罪組織、さらにはベッドルームにこもった一匹狼のハッカーが、こういったデジタルチェーンの脆弱性《ぜいじゃく》を突く方法を発見して悪事を働く可能性のほうが、ずっと現実的です。

フォード：ロボットやドローンが、文字通りに兵器として使われることについてはどうでしょうか？この本でもインタビューしたスチュアート・ラッセルは、『スローターボット（Slaughterbots）』という、こういった懸念を取り上げた非常に恐ろしい映画を制作しています。

ブルックス：それはＡＩに依存してはいないので、今日にでも十分起こり得ると思います。『スローターボット』は脊髄反射的な反応で、ロボットを戦争に使うことは良くないと言っています。私の反応は、それとは違ったものです。ずっと思っていたことですが、ロボットなら撃たれてから撃ち返すことができるはずです。高校を卒業したばかりの19歳の少年が外国にいて暗闇の中で銃弾が飛び交っている状況では、撃たれてから撃ち返す余裕はないでしょう。

　軍隊からＡＩを締め出せば問題はなくなる、という議論もありますが、私は特定のテクノロジーの利用を規制するのではなく、どんなことが起こるとまずいのかを考えて、それを法制化する必要があると思います。そのような兵器の多くは、ＡＩなしでも作れるからです。

　例えば、私たちが再び月に行くときには、ＡＩや機械学習が大いに活用されることになるでしょう。しかし、どちらもなかった60年代に、私たちは月へ行って帰って来ることができたのです。私たちは行動そのものについて考える必要があります。その行動を取るために使われる個別のテクノロジーについてではなく。例えば先制攻撃を仕掛けずに撃たれてから撃ち返すシステムの実現など、テクノロジーの優れた点を考慮せず、法律によってテクノロジーを規制するのは浅はかなことです。

フォード：ＡＧＩの制御問題や、悪魔を呼び出すというイーロン・マスクのコメントについてはどう思いますか？ 現時点で、それについて話し合う必要はあるのでしょうか？

ブルックス：1789年、パリで熱気球を初めて見た人たちは、人間の魂が吸い上げられてしまうのではないかと恐れたといいます。現在のＡＧＩに関する理解は、それと同じレベルです。それがどんなものになるか、まだまったく見当もつかないのです。

私が書いた「ＡＩ将来予測の7つの大罪（The Seven Deadly Sins of Predicting the Future of AI）」[※15]というエッセイでは、そういった問題を取り上げています。ＡＩ超知能は、現在とまったく同じ世界の中に登場するわけではありません。時間とともに非常にゆっくりと、姿を現すことになるでしょう。将来の世界や、そのＡＩシステムが、どんなものになるかはまったく見当もつきません。ＡＩの将来を予測することは、現実世界から遊離した孤高の研究者たちのお遊びにすぎません。そういったテクノロジーが実現しないと言っているわけではなく、現実のものとなる前にどんなものになるか知ることはできないということです。

フォード：そういったテクノロジーのブレークスルーが実現した暁には、それらを規制する余地はあると思いますか？

ブルックス：先ほどもお話ししたように、規制が必要とされるのはそういったシステムに許されること、あるいは許されないことに関してであって、その基盤となるテクノロジーではありません。光コンピューターが行列演算をはるかに高速に行え、より高度な深層学習をはるかに素早く実行できるという理由から、光コンピューターの研究を今すぐ停止すべきでしょうか？　いいえ、そんなことをするのはクレイジーです。自動運転の配送トラックが、サンフランシスコの繁華街で二重駐車するのは許されるでしょうか？　テクノロジーそのものではなく、そういったことが規制されるのは良いことのように思えます。

フォード：そういったことをすべて考慮して、結局あなたは楽観主義者なのでしょうね？　あなたがこの分野に取り組み続けているということは、どんなリスクよりも利益のほうが上回ると信じていらっしゃるはずですから。

ブルックス：はい、もちろんです。この世界には人間がひしめいているので、私たちは生き抜くためにこの道を進まなくてはいけません。私は生活水準が低下することを非常に恐れています。私が年老いていくにしたがって、労働力が足りなくなってくるからです。私の心配事をあと2つ挙げるとすれば、セキュリティとプライバシーになります。これらはすべて現実の今ここにある危機であり、その輪郭を思い描くことは可能です。

ＡＧＩが世界を征服するといったハリウッド的な発想は遠い未来の話ですし、それについてどう考えればよいのかということすらわかっていません。私たちは現時点で直面している現実の危険や現実のリスクについて心配すべきなのです。

※15　https://rodneybrooks.com/the-seven-deadly-sins-of-predicting-the-future-of-ai/

ロドニー・ブルックスはロボット工学の起業家であり、スタンフォード大学からコンピューターサイエンスの博士号を取得している。彼は現在、リシンク・ロボティクスの会長兼CTOである［原書刊行時。現在はMITのロボット工学名誉教授］。1997年から2007年までの10年間、ロドニーはMIT人工知能研究所とその後身のMITコンピューターサイエンス・人工知能研究所（CSAIL）の所長を務めていた。

彼は複数の組織のフェローであり、米国人工知能学会（AAAI）では創立時からのフェローを務めている。彼はこれまでのキャリアの中で、国際人工知能会議（IJCAI）Computers and Thought Award、IEEEイナバテクニカルアワード、エンゲルバーガー賞（リーダーシップ部門）、そしてIEEEロボティクス&オートメーション賞など、この分野での業績に対して数多くの賞を受賞している。

さらに、ロドニーは1997年のエロール・モリスの映画『ファスト、チープ・アンド・アウト・オブ・コントロール（Fast, Cheap and Out of Control）』の中で自分自身の役を演じている。この映画は彼の一論文の題名にちなんで名付けられ、現時点で91パーセントの「ロッテン・トマト」［映画評論サイト］スコアを獲得している。

「超知能が人類を奴隷化することは、
あまり心配していません。
テクノロジーを使って悪いことをする人は、
どこにでもいるからです」

CYNTHIA BREAZEAL
シンシア・ブリジール

MITメディアラボパーソナルロボットグループリーダー
ジーボ社創業者［元］

シンシア・ブリジールはMITメディアラボのパーソナルロボットグループのリーダーであり、ジーボ（Jibo）社の創業者でもある［原書刊行時］。彼女はソーシャルロボットやロボットと人間とのインタラクションを世に先駆けて提唱してきた。2000年に彼女がMITでの博士課程の研究の一環としてデザインしたKismet《キズミット》は、世界初のソーシャルロボットである。Jibo《ジーボ》はタイム誌の表紙を飾り、「2017年の発明品ベスト25」に選ばれた。メディアラボで、彼女は人間とマシンの社会的なインタラクションに注目し、新しいアルゴリズムの開発や人間とロボットのインタラクションの心理学的分析、幼児教育への応用に適した新しいソーシャルロボットのデザイン、家庭用AIおよびパーソナルロボット、高齢化、医療、健康管理などに関する、さまざまなテクノロジーを開発している。

フォード：パーソナルロボットが消費者向けに大量販売される製品となり、テレビやスマートフォンと同じように私たち全員が手にするのは、いつごろになるでしょうか？

ブリジール：はい、その動きはすでに始まっていると思います。私が家庭用ソーシャルロボットＪｉｂｏ《ジーボ》の立ち上げ資金を調達していた２０１４年には、私たちの競合はスマートフォンであり、家庭で家電との対話や制御にはタッチスクリーンが使われることになるだろうと誰もが思っていました。その年のクリスマスにアマゾンがアレクサを発表し、今ではこういったＶＵＩ（音声ユーザーインタフェース）アシスタントが家庭で実際に使われるマシンとなったことはご存知の通りです。音声デバイスは簡単で便利で誰にでも使いやすいため、さまざまな可能性が広がっています。

２０１４年当時、消費者レベルでＡＩと対話する手段は、携帯電話のＳｉｒｉやグーグルアシスタントがほとんどでした。たった4年後の現在では、小さい子どもから98歳の老人まで、誰もが音声認識ＡＩスマートデバイスに話しかけるようになっています。２０１４年当時と比べても、現在ではＡＩと対話する人の種類が根本的に異なっているのです。それでは、現在の会話するスピーカーやデバイスが最終形態なのでしょうか？　もちろん違います。私たちの暮らしに溶け込む環境ＡＩとの新しい付き合い方は、まだ始まったばかりなのです。Ｊｉｂｏを通して収集された膨大なデータとエビデンスは、この深化した、協働的かつ社会的で情動的な、パーソナライズされた積極的な取り組みが人間の経験をより深い方法で支援していることを明確に示しています。

私たちはこういったトランザクショナルなＶＵＩ ＡＩを使って天気予報やニュースをチェックし始めていますが、今後さらに発展して家族にとって真の価値を持つクリティカルな領域にも浸透し、学校から家庭へ学習を引き継いだり、医療機関から家庭へ患者を移すことによって医療費を抑えたり、住み慣れた場所で自分らしく老いたりすることができるようになってくるでしょう。こういった大きな社会的課題について考える際に必要なのは、人とのますます長期にわたる交流を通じて協働的なかかわりを持ち、人に合わせてパーソナライズされ成長し変わっていくことが可能な、新しい種類の知能マシンです。ソーシャルロボットとはまさにそういうものであり、すべてがそこへ向かっていることは明らかです。私たちは現在その始まりを目撃しているのだと思います。

フォード：しかし、そういった種類のテクノロジーには、リスクや懸念がつきものです。子どもがアレクサとばかり話していると発達上の悪影響が心配になりますし、ロボットが老人の話し相手として使われることをディストピア的にとらえる人もいます。こういった懸念には、どのように対処されるのでしょうか？

ブリジール：科学には未解決の課題が存在し、現在のマシンにできることは限りがある、とだけ言っておきましょう。こういったテクノロジーを、倫理的かつ有益な形で、また私たちの人間としての価値を支援する形で作り出すことは、デザイン上のチャンスでもあり、課題でもあります。そのようなマシンは、実際にはまだ存在しません。ですから、今後20年から50年後に起こるかもしれないディストピア的な議論をするのも結構ですが、現時点で解決されるべき問題は、そういった社会的課題があり、さまざまなテクノロジーは人間支援システムという文脈でデザインされなくてはならない、ということです。テクノロジーだけでは解決策とはなりません。テクノロジーは人間支援システムを支援するものでなくてはいけませんし、毎日の人々の生活に役立つものでなくてはいけません。すべきなのは、どうすればそれを正しく行えるのかを理解することです。

いつの時代も批評家はいますし、心配のあまり「おお神様、これからどうなるのでしょうか」と嘆く人たちもいます。ですから対話が必要なのです。そういった人たちが感情をむき出しにして、あれに気を付けろ、あれに気を付けろと言えることが必要なのです。ある意味、私たちは代替案に手が届かない社会に生きています。援助に手が届かないのです。テクノロジーによって、スケーラブルで、手の届く、効果的な、パーソナライズされた支援とサービスが提供できるチャンスがあります。そこにチャンスがあり、そして人々は援助を必要としているのです。援助がなければ解決策とはなり得ません。ですからそれをどうやって実現するか、考え出す必要があります。

人々の生活に役立つ解決策を作り出そうとしている人たちとの本物の対話、本物の共同作業が必要とされています——批判するだけではダメなのです。結局のところ、誰でも望んでいることは同じです。システムを作り上げる人たちがディストピア的な将来を望んでいるわけではありません。

フォード：Ｊｉｂｏについて、そして今後の展望について、もう少しお話しいただけますか？　最終的にＪｉｂｏは家の中を走り回って家事を片付けてくれるロボットに進化していくのでしょうか、それとももっと社会的な側面に特化していくことになるのでしょうか？

ブリジール：今後はさまざまな種類のロボットが生まれてくると思いますし、Ｊｉｂｏはその種のロボットとしては最初のものであり、先駆的なものです。今後は他の企業も違った種類のロボットを製品化してくることでしょう。Ｊｉｂｏは拡張可能なスキルを持つプラットフォームとして設計されていますが、他のロボットはより専門的なものになるかもしれません。そういったロボットが生まれてくる一方で、身体介助を行うロボットも生まれてくるでしょう。例えばトヨタ・リサーチ・インスティテュートでは、お年寄りに身体的な支援を提供する器用な移動ロボットを研究していますが、そういったロボットが社会的・情動的なスキルを持つ必要性も彼らは十分に理解しています。

家庭にどんなロボットが導入されることになるかは、価値提案が何であるかに依存するでしょう。住み慣れた場所で自分らしく老いたい人であれば、おそらく子どもに外国語を学習させたい両親とは違うロボットを望むはずです。要するに、価値提案が何であるかによって、そして家庭でロボットがどんな役割を期待されているかによって、話は違ってくるのです。もちろん、例えば価格設定など、その他の要因も重要です。この分野は今後さらなる成長と拡大が期待されますし、そのようなシステムは家庭に、学校に、病院に、そして施設に採用されていくことになるでしょう。

フォード：あなたがロボットに興味を持つようになったのは、何がきっかけでしたか？

ブリジール：私が育ったカリフォルニア州リバモアには、2つの国立研究所があります。私の両親は2人ともコンピューターサイエンティストとして研究所に勤めていたので、家庭環境から自然に私は工学やコンピューターサイエンスの道へ進むことがチャンスの多いすばらしい進路だと感じるようになりました。私はレゴなどのおもちゃも持っていました。両親が、そういった組み立て式のおもちゃに価値を認めていたからです。

私の子ども時代には、今のように子どもたちがコンピューターに触れる機会は多くありませんでしたが、私は国立研究所へ行って子ども向けのさまざまな活動に参加することができました——パンチカードも覚えていますよ！　両親のおかげで、同年代の子どもたちとくらべてかなり早い時期にコンピューターに触れることができましたし、当然のことながら両親は時代を先取りして家庭にパーソナルコンピューターを持ち込んでいました。

『スター・ウォーズ』の第1作が封切られたのは私が10歳くらいの時でした。それが私の進路を決めた運命の瞬間となったのです。私はロボットに魅了されてしまったことを覚えています。一人前の協調的なキャラクターとして描写されたロボット、単なるドローンや自動人形ではなく、感情を持ち、他のロボットや人と交流する機械生命としてのロボットを見たのは、それが初めてでした。いろいろとすばらしいことができるというだけでなく、本当に心の琴線に触れるような人間的な対人関係を周りの人たちとの間に作り出していたのです。この映画のおかげで、私はロボットもそのようになれるという思いを持って成長することになりましたし、私の研究方針にも大いに影響したと思います。

フォード：この本でもインタビューしているロドニー・ブルックスは、あなたのＭＩＴでの博士課程の指導教官でしたね。そのことは、あなたの進路にどう影響しましたか？

ブリジール：私は大きくなったら宇宙飛行士のミッション・スペシャリストになるんだと心に決めていましたから、関連する分野の博士号を取る必要があると知ったとき、宇宙ロボット工学を専攻することにしたのです。いくつかの大学院を受験して、合格したうちの一校がＭＩＴでした。ＭＩＴでの1週間の体験入学で、ロドニー・ブルックスの移動ロボットラボに初めて行った時のことは今でも覚えています。

彼のラボへ足を踏み入れると、昆虫にヒントをもらったロボットが完全に自律的に動き回り、大学院生たちの研究に応じてさまざまなタスクを行っていました。私の中に、『スター・ウォーズ』を見たときの感動がよみがえってきました。『スター・ウォーズ』で見たようなロボットは、このような研究室で生まれることになるんだろう、と思ったことを覚えています。それがここで始まろうとしているんだ、きっとその舞台はこの研究室なんだ。そう考えた私はここにいなくてはならないと心に決め、そして私の進路も決まったのです。

そんなわけで私はＭＩＴの大学院に進学し、ロドニー・ブルックスが私の指導教官となりました。当時、ロッドは常に生物学的な原理から知能へのヒントを得ることを哲学としていて、それはこの分野全体でもあまり見られないことでした。大学院在学中に、私は知能に関する文献をたくさん読むことになりました。ＡＩや計算手法に関するものだけでなく、自然形態の知能や知能のモデルに関する文献もです。心理学と、動物行動学や他の形態の知能や機械知能からの学びとの深い関わり合いは、常に私の研究を貫く主題となってきました。

当時、ロドニー・ブルックスは小さな脚のあるロボットを研究していて、「高速、安価、制御の必要なし：ロボットが太陽系を侵略する（Fast, Cheap and Out of Control: A Robot Invasion of the Solar System）」という論文を書き、1、2台の非常に大型で非常に高価なローバーを送り込む代わりに、非常に多数の小型の自律ローバーを送り込むことを提唱しました。そうすれば、ずっと容易に火星やその他の天体が探査できるというのです。これは非常に影響力の大きな論文であり、私の修士での研究はマイクロローバーにヒントを得た最初の原始的な惑星探査ロボットを実際に開発することになりました。私は大学院生としてＪＰＬ（ジェット推進研究所）との共同研究にかかわる機会が得られましたし、その研究の一部はソジャーナーやパスファインダー［１９９７年に火星で探査を行ったローバーと探査機の名前］にも貢献したと思っています。

数年後、私は修士論文を書き終え、博士課程の研究に取り掛かろうとしていました。そのとき、ロッドはサバティカル休暇を取っていました。そして彼は戻って来るなり、これからはヒューマノイドをやるんだ、と宣言したのです。その言葉は衝撃的でした。私たちはみな、昆虫の次は爬虫類の、そしておそらく哺乳類のロボットを作っていくものだと思っていたからです。私たちは、いわば知能の進化の過程をたどりつつ開発を進めていくものだと思っていましたが、ロッドはヒューマノイドでなくてはならないと言い張るのです。それは彼がアジア、特に日本での滞在中に、すでにヒューマノイドが開発されているところを見てきたからでした。当時、私は最上級の大学院生のひとりでしたから、そういったヒューマノイドロボットの開発を主導して身体性認知の理論を調査する役目を引き受けたのです。身体性認知仮説とは、マシンが持ち得る、あるいは学習によって発達させ得る知能の性質に対して、物理的な身体性が非常に強い制約と影響を与える、というものでした。

次の段階は、まさにＮＡＳＡがマーズ・パスファインダーのローバーであるソジャーナーを火星に着陸させた１９９７年７月５日にやってきました。その日、私は非常に異なるテーマを扱った博士課程の研究をしていて、私たちは海洋や火山を探査するためにロボットを送り込むところまで来たんだなあ、と思ったことを覚えています。自律性の価値提案は、人間にとってあまりに退屈で汚く危険なタスクをマシンに行わせるという点にあったからです。ローバーはまさに、人間なしに危険な環境の中での作業を行える自律性を持っていましたし、それが必要とされた理由でもありました。私たちはロボットを火星に着陸させることはできましたが、私たちの家庭にはロボットはいませんでした。

そのときから私は、こんなことをよく考えるようになりました。学問の世界にいる私たちはそのようなすばらしい自律ロボットを専門家向けに開発しているけれども、知能ロボットを設計し、知能ロボットを社会の中で人々と――子どもから大人まで、あらゆる人たちと――共存させるために必要な性質について研究するという科学的課題に、本当の意味で取り組んでいる人は誰もいません。それは、かつては専門家の利用する巨大で非常に高価なデバイスだったコンピューターが、どの家庭のどの机の上にも普通にあるものに変化したことに似ています。自律ロボットにも、同じことが起ころうとしていたのです。

人が自律ロボットと交流したり、自律ロボットについて話したりするとき、自律ロボットが擬人化される傾向があることに私たちはすでに気づいていました。人は社会的思考メカニズムを利用してロボットを理解しようとするので、社会的・対人的インタフェースが普遍的なインタフェースである、という仮説が成り立ちます。それまでマシンの知能の性質として注目されていたのは、物理的な無生物の世界を利用し操作する方法に関するものがほとんどでした。人にとって自然な形で共同作業やコミュニケーションや交流が実際に行えるロボットの構築について考えることは、そこからの完全な転換を意味します。それは、非常に異なる種類の知能なのです。人間の知能の中にはこういったさまざまに異なる種類の知能が混在しており、社会的・情動的知能は非常に重要なものであるとともに、私たちの共同作業や私たちの社会集団内での生活、そして私たちの共存、共感、調和の基盤ともなっていることは言うまでもありません。当時は、本当の意味でそれについて研究している人は誰もいませんでした。

その時点で私の博士課程の研究はだいぶ進んでいましたが、その日のうちに私はロッドの部屋へ行き、「私は博士課程の研究を白紙に戻さなくてはいけません。私の博士課程の研究は、ロボットと人々の日常生活に関するもの、社会的・情動的知能を持つロボットに関するものであるべきです」と言ったのです。ありがたいことに、ロッドはそういった問題について考えることが非常に重要であること、そしてロボットを私たちの日常生活に参加させるための鍵となることを理解してくれました。そして彼は、私にその研究をさせてくれたのです。

そこから私はＫｉｓｍｅｔ《キズミット》というまったく新しいロボットを作り出しました。Ｋｉｓｍｅｔは、世界初のソーシャルロボットとして知られています。

フォード：Ｋｉｓｍｅｔは現在、ＭＩＴの博物館に収蔵されていますね。

ブリジール：Ｋｉｓｍｅｔは本当にその始まりでした。このロボットが、『スター・ウォーズ』のドロイドに見られるような、対人的な人とロボットとの間の社会的インタラクション、共同作業、パートナーシップといった分野を切り開いたのです。大人の社会的・情動的知能に匹敵するような、自律ロボットの製作が不可能であることはわかっていました。人間は社会的にも情動的にも、地球上で最も高度に発達した種だからです。問題は、どんな存在をモデルにすればよいかということでした。私は生物からヒントを得ることを重視してきた研究室の出身であり、そのような振る舞いを示す存在は生物、その中でも主に人に限られているからです。ですから私はまず、乳幼児と保育者の関係を調べ、私たちの社会性がどこに由来するのか、そして時間とともにどう発達するのかを調べる必要があると考えました。Ｋｉｓｍｅｔはそのような乳幼児期における非言語的で情動的なコミュニケーションをモデル化したものです。赤ちゃんは、保育者との情動的な絆を形成できなければ生きていけないからです。保育者は乳幼児を保育するために、献身的に多くのことを行わなくてはいけません。

私たちが生き抜くためのメカニズムのひとつに、この情動的な結び付きを形成し、そこに保育者——母親、父親、その他誰でも——がその新生児や乳児を一人前の社会的・情動的な存在として扱うことを余儀なくさせるような社会性を与えられることがあります。そういったインタラクションは、私たちが真の社会的・情動的知能を発達させるために不可欠なものであり、完全なブートストラッピングのプロセスです。さまざまな進化の賜物が与えられた人間であっても、正当な社会的環境の中で育たなければ、そのような能力を発達させることはありません。

本当に重要となってくるのは、AIロボットにどのような資質をプログラムし持たせるかということだけでなく、社会的学習について深く考え、共感できてつながりを持てるような、社会的であって気持ちに応えてくれる存在としてとらえられるような振る舞いを、どうすれば作り出せるか深く考えることです。そのようなインタラクションから、発達し、成長し、さらなる発育曲線を経ることによって、一人前の大人としての社会的知能、そして情動的な大人としての知能を発達させることができるのです。

このような哲学から、Ｋｉｓｍｅｔは文字通りの赤ちゃんとしてではなく、晩成動物としてモデル化されることになりました。私はアニメーションの文献もたくさん読みましたが、そこで生じた疑問は、こういった社会的・情動的な、守ってあげたいという本能を人の心に呼び覚まし、潜在意識的にＫｉｓｍｅｔと交流して自然にかわいがりたくなるようなデザインとはどういうものか、ということでした。Ｋｉｓｍｅｔの動き、見た目、そして声の質などは、ロボットが関与し、交流し、最終的には学習し発達することを可能とする、正当な社会的環境を作り出すためにデザインされたものです。

２０００年代の初め、対人的なインタラクションの仕組みと人々が実際にコミュニケーションする方法（言語的なものだけでなく、非言語的なものが重要）を理解しようとする研究が数多く行われていました。人間のコミュニケーションの大部分は非言語的なものであり、信頼感や仲間意識といった私たちの社会的判断の多くは、非言語的なインタラクションの影響を強く受けています。

現在のボイスアシスタントでは、インタラクションは非常にトランザクショナルなものであり、まるでチェスをプレイしているように感じられます。私が何かを言うと、マシンが何かを言う。私がまた何かを言うと、マシンがまた何かを言う。この繰り返しです。人間の対人的インタラクションについて考えるとき、発達心理学の文献では「コミュニケーションのダンス」について論じられます。私たちがコミュニケーションする方法は、参加者間で常に相互的な修正や調整が行われます。それは微妙な、ニュアンスに富むダンスなのです。まず、私が聞き手に影響を与え、そして私が話し、ジェスチャーをしている間に、聞き手は私自身の発言と動的な関係にある非言語的な手がかりを探っています。その間中ずっと、聞き手の示す手がかりは私に影響を与え、私はそこからインタラクションがどこへ向かおうとしているのかを推測します。逆もまた同様です。私たちは動的にカップリングされた、共同作業を行うデュオとなるのです。人間のインタラクションや人間のコミュニケーションは実際にはこのようなものであり、初期の研究の多くはその動力学をとらえることを試みつつ、その言語的な側面だけでなく非言語的な側面の重要性を認識しようとするものでした。

その次の段階は、そういった人と同じような方法で人々と協力できる自律的なロボットを実際に作り上げ、社会的・情動的知能や他者の心の理論に重点を置きつつ、共同作業を行うことでした。AIを研究している私たちは、進化によって得られた、人間としての私たちにとってはたやすい能力が、それほど難しいことではないはずだと考える傾向があります。しかし現実には、私たち人類は社会的にも情動的にも地球上で最も高度に発達した種なのです。社会的・情動的知能をマシンに作り込むことは、とても、とても難しいのです。

フォード：そしてまた、計算量的にとても困難でもある？

ブリジール：その通りです。私たちがどれほど高度に発達しているかを考慮すれば、視覚や操作といった、他の多くの能力と比べても困難だと言えるでしょう。マシンは、自分の知能や振る舞いを、人間のものと整合させなくてはいけません。人間の思考、意図、信念、欲求などを文脈から推測し、予測できなくてはいけません。その文脈とは、人間がすること、人間が言うこと、そして時間とともに見えてくる人間の行動パターンです。必ずしも物理的な作業や物理的な補助ではなく、社会的・情動的な領域における補助や支援を行うようなパートナーシップを人々との間に作り出すことのできるマシンを構築できたらどうなるでしょう？　このような知能のあるマシンが重大な影響を与え得るロボットの新しい応用分野、例えば教育や行動変容、健康増進、コーチング、高齢化などについて、私たちは検討を始めました。しかし他の人々は、それについてまだ考えることさえしていませんでした。彼らは物理的な作業の物理的な側面にばかりとらわれていたからです。

社会的・情動的支援が非常に重要であることが知られている分野は、人間そのものを成長させ変容させる分野であることが多いのです。ロボットの使命が単に何かを作り上げることではない場合、実際に向上させたり作り上げたりする対象が人間そのものだったとしたらどうなるでしょう？　教育が良い例です。何か新しいことを学ぶことができた人は、それによって変容することになります。それまでできなかったことができるようになり、それまでにはなかったチャンスが開けてくることになるでしょう。また別の例として、住み慣れた場所で自分らしく老いることや慢性病とうまく付き合うことがあります。より健康な状態を保つことができれば、人生は変容します。それまでできなかったことができたり、チャンスが得られたりするからです。

ソーシャルロボットは、製造業や自律走行車だけでなく、社会的意義のある広大な分野の重要性と実用性を拡張します。私はライフワークのひとつとして、人間の持つ物理的な能力というひとつの次元だけでなく、それと直交する次元すなわち、これらのマシンが私たちの人間としての潜在能力を解放する形で人々と交流し、関与し、そして支援する能力を持つこともまた非常に重要であることを人々に示そうとしています。そのためには、人々に関与すること、そしてさまざまな方法で私たちを取り巻く世界について考え理解することが必要です。私たちは非常に社会的・情動的な種であり、人間の潜在能力を解放するためには人間知性の他の側面に関与して支援することが不可欠なのです。ソーシャルロボット工学コミュニティ内での取り組みは、こういった巨大な影響をもたらす分野に集中して行われてきました。

人々と協働して働くロボットやＡＩが実際に非常に重要であることを、私たちはごく最近になって認識し始めています。非常に長い間、人間とＡＩ、あるいは人間とロボットの共同作業は、理解される必要のある問題であるとは広く認識されていませんでした。しかし現在は、それも変わってきていると思います。

ＡＩの普及が私たちの社会の非常に多くの側面に影響を与えている現在では、ＡＩとロボット工学という分野がもはやコンピューターサイエンスや工学だけの活動ではないことが認識されてきています。これらのテクノロジーの社会的統合や影響について、もっとホリスティックに考えなくてはならない形で、テクノロジーは社会に入り込んできているのです。

リシンク・ロボティクス社のＢａｘｔｅｒ《バクスター》のようなロボットについて考えてみましょう。この製造用ロボットは、組み立てラインで人間と一緒に共同作業するように、つまりロープを張って人から隔離するのではなく、人と肩を並べて働くようにデザインされています。そのため、Ｂａｘｔｅｒには顔があり、一緒に働く人はそれを見て次にロボットが何をしそうか予期し、予測し、理解することができます。そのデザインは、私たちの心の理論を裏付けるものであり、そのため人間と共同作業できるのです。人間は、そういった評価や予測をするために、非言語的な手がかりを読み取ります。そしてロボットは、人間が自分の行動や精神状態をマシンと整合できるように、そしてその逆もできるように、人間の理解方法を支援しなくてはいけません。Ｂａｘｔｅｒはソーシャルロボットだと言えるでしょう。たまたま製造ライン用に作られた、ソーシャルロボットです。これからは、幅広いジャンルのロボットがソーシャルなものになっていくと思います。つまり人々と共同作業できるロボットが、教育や医療、製造業や車の運転など、さまざまな分野に広がっていくという意味です。人間中心的な、私たちの考え方や振る舞い方と整合する形で人類と共存するどんなマシンにも、そのような知能は不可欠なものとなるでしょう。そのマシンの物理的タスクや能力がどんなものであれ、協働マシンはソーシャルロボットでもあるのです。

現在では、幅広いさまざまな種類のロボットがデザインされています。ロボットは今後も海中や製造ラインでの作業に使われていくでしょうが、現在では別の種類のロボットが、例えば教育現場や自閉症の治療への応用などの分野で、人間の領域に入り込んできています。しかし覚えておいてほしいのは、その社会的側面もまた非常に困難だということです。このようなテクノロジーの社会的・情動的・協働的知能を向上させ強化していく道のりは、まだまだ長いものがあります。時間とともに、社会的・情動的知能は物理的知能と統合されていくことになるでしょう。それが論理的な帰結だと思います。

フォード：人間レベルのＡＩあるいはＡＧＩへの見通しについてお聞きしたいと思います。まず、それは現実的な目標だとお考えでしょうか？

ブリジール：実際の問題は、私たちがどのような影響を現実世界にもたらしたいのか、ということだと思います。私は人間知能を理解したいという科学的な課題と挑戦が存在すると思っていますし、また人間知能を理解するためのひとつの方法は、それをモデル化し、世界に提示できる形でテクノロジーに実装し、そのようなシステムが人々の振る舞いや能力をどれだけ上手に映し出せるか試してみることです。

それから、そのようなシステムがどういった価値を人々にもたらすことが期待されるか、という現実世界への応用の問題があります。私にとってその問題は、人と――私たちの振る舞い方、私たちの決断の仕方、そして私たちの世界の経験の仕方と――整合するような知能マシンをどうデザインすれば、そのようなマシンとともに働くことによって、よりよい人生、そしてよりよい世界を私たちが築き上げられるか、ということであり続けてきました。そのためには、ロボットを人間そっくりに作る必要があるでしょうか？　私はそうは思いません。この世界には、すでにたくさんの人がいます。問題は、私たちの人間としての能力を拡張して本当の意味で世界により大きな影響を与えられるようにしてくれるのは、どのような相乗効果なのか、どのような相補性なのか、そしてどのような増強効果なのかということです。

それが私自身の個人的な興味であり、情熱です。相補的なパートナーシップをデザインする方法を理解することです。それは、人間そっくりのロボットを作り上げなくてはいけない、という意味ではありません。実際には、すでにチームの中で人間のポジションは埋まっていて、その人間のポジションを実際に強化してくれるようなポジションにロボットをどう作り込めばよいか考えているところだと感じています。私たちはそのようなことをしながら、人々が充実した人生を送り、暮らし向きが良くなったと感じ、自分も家族も誇りをもって生活し活躍できるためには何が必要かを考えなくてはいけません。ですから、そういったマシンのデザインや応用のやり方は、私たちの倫理的価値と人間的な価値の両方に沿うような形で行われる必要があります。人は、自分の属するコミュニティに貢献できると実感できる必要があります。マシンにすべてをしてもらうことは望ましくありません。人間の活躍する余地がなくなってしまうからです。目標が人間の活躍であるならば、それを実現するために、そのような関係性や共同作業の性質にはいくつかのかなり重要な制約が課されることになるでしょう。

フォード：AGIを実現するために、起こる必要のあるブレークスルーは何でしょうか？

ブリジール：現時点で私たちに作り方がわかっているのは、十分な人間の専門知識とともに作り込み、磨き上げ、仕上げれば、特定の領域で人間知能を超えられるような特定用途のAIです。しかしそのようなAIは、根本的に異なる種類の知能が必要とされる、複数のことはできません。子どもと同じように発達し、継続的に自分の知能を成長させ拡張させられるようなマシンを構築する方法は、わかっていないのです。

最近では、教師あり学習の一手法である深層学習に、いくつかブレークスルーがありました。しかし、人はさまざまな形で学習を行います。リアルタイムの経験からマシンが学習できるようなブレークスルーは見つかっていません。人は非常に少ない例から学習し、一般化することができます。そのようなことができるマシンを構築する方法はわかっていません。人間レベルの常識を持つマシンを構築する方法もわかっていません。特定の領域の知識や情報を持つことのできるマシンは構築できますが、私たちが当たり前に利用している常識のようなものを持たせる方法はわかっていないのです。深い情動的知能を持つマシンを構築する方法もわかっていません。深い心の理論を持つマシンを構築する方法もわかっていません。リストはまだまだ続きます。解決されるべき科学的課題は数多く存在しますし、そういったことを解明しようとする過程で私たちは、どんな知能を私たちが持っているのか、より深く認識し理解することになるでしょう。

フォード：次は潜在的なマイナス面、つまり私たちが真剣に心配すべきリスクなどについてお聞かせ願えますか。

ブリジール：現時点で本物のリスクと思われるのは、人々を傷つけるためにこのようなテクノロジーを使おうとする悪意のある人たちです。それに比べて超知能が人類を奴隷化することは、あまり心配していません。テクノロジーを使って悪いことをする人は、どこにでもいるからです。AIはひとつのツールであり、人々を助けるという良い目的のために使うこともできますが、人々を傷つけたり、一握りの人たちに特権を与えたりするためにも使えます。プライバシーとセキュリティは私たちの自由と結び付いているため、それに関してさまざまな懸念があるのはもっともなことです。民主主義についても、フェイクニュースやウソを広めるボットへの対応についても大いに懸念が存在しますし、何が真実なのかを理解し共通の基盤を見つけ出すことに人々は苦労しています。そういったことが、非常に現実的なリスクなのです。自律兵器に関しても現実的なリスクが存在します。また、AIが社会の分断を解消するのではなく悪化させているという、AI格差拡大の問題もあります。AIが一部の人のためだけではなく、本当の意味ですべての人のためになるような未来を実現するために、AIをより民主的な、開かれたものにするための取り組みを始めなくてはいけません。

フォード：しかし、超知能や価値整合問題あるいは制御問題は、たとえ遠い未来の話であっても、最終的には現実的な懸念となるのではないでしょうか？

ブリジール：そうですね、それにはまず超知能という言葉が何を意味しているのか、はっきりさせなくてはいけません。その単語はさまざまに異なる意味で使われているからです。超知能が存在するならば、私たちのやる気と意欲を作り出してきた進化の力が、なぜ超知能にも同じように働くと仮定しているのでしょうか？　私の耳に入ってくる不安の多くは、競合する他者の存在する敵対的で複雑な世界で生き抜くために進化してきた私たち人類の仕組みを、AIに投影したものです。なぜ超知能にも同じ仕組みが備わっていると仮定するのでしょうか？　超知能は人類ではないのに、なぜそうなるのでしょうか？

それを作り出す現実的な推進力は何なのでしょうか？　誰が、何のために、それを作るのでしょうか？　そのための時間や労力や資金は、誰が負担するのでしょうか？　それは大学でしょうか、それとも企業でしょうか？　そのようなものを作り出す社会的・経済的な原動力は何なのか、現実的に考えなくてはいけません。他に取り組むべき重要な課題があるのに、膨大な量の人材と資金が必要とされることになるからです。

フォード：多大な関心を呼んでいることは確かです。ディープマインドのデミス・ハサビスなどの人々は、確実にAGIの構築に関心を持っていますし、少なくともだいぶそれに近いところまで来ています。それは彼らが明言している目標です。

ブリジール：AGIの構築に興味を持っている人もいるでしょうが、膨大な規模のリソースや時間、そして人材はどこから来るのでしょうか？　私の疑問は、AGIを作り出すために必要な投資をもたらす実際の社会的条件や原動力は何なのか、ということです。私はとても現実的な質問をしているだけです。AGIの達成に必要となる投資額を踏まえて、どんな道のりになるか考えてみてください。それをもたらす原動力は何なのでしょうか？　現時点で本当に超人的なAGIを達成するために必要な資金を提供する動機が、私には理解できないのです。

フォード：関心や投資の潜在的な原動力のひとつとして、中国との、そしてたぶん他の国々との、AI軍拡競争が考えられるかもしれません。AIは軍事や安全保障の領域にも実際に応用されていますから、それは懸念材料となるのでは？

ブリジール：私たちは他の国々と、テクノロジーやリソースをめぐって常に競争しているのだと思います。それは仕方のないことです。だからといって、汎用人工知能へ向かう必要はないでしょう。あなたの言ったことはすべて、汎用人工知能を必要とするものではありません。より適用範囲の広い、より柔軟な、しかしより限定されたAIであってもかまわないのです。

要するに私の主張は、汎用超知能と、これらの問題に取り組むための労力や人々や才能を供給できる存在の現時点での推進力を天秤にかければどうなるか、ということなのです。私は真の汎用超知能ではなく、より限定されたＡＩの側面のほうに理由と価値を認めます。確かに、学問や研究の世界では、ＡＧＩを作り出すことに非常に大きな関心が持たれていますし、今後も取り組みは続くでしょう。しかしリソースや時間や人材、そして非常に長期間のコミットメントに対する忍耐といった実際の問題を考えてみれば、非常に現実的な意味で誰がＡＧＩの開発を推進しようとしているのか、私にはよくわかりません。誰がそういったリソースを提供するのかということが、私にはわからないのです。

フォード：労働市場への潜在的な影響についてはどのようにお考えでしょうか？　私たちは新たな産業革命を目前にしているのでしょうか？　雇用や経済に巨大な影響を及ぼす可能性はあるのでしょうか？

ブリジール：ＡＩは強力なツールであり、テクノロジーによって駆動される変化を加速する可能性があります。現時点ではＡＩのデザイン手法を理解している人は非常に少数ですし、ＡＩを配備できる専門知識とリソースを有する組織も非常に少数です。私たちは社会経済的分断の拡大しつつある時代に生きています。その中で私が最大の関心事と感じていることのひとつは、ＡＩの利用によってその分断が解消されるのか、それともさらに悪化するのか、ということです。ＡＩを開発し、ＡＩを利用して設計を行い、自分たちの関心のある問題にＡＩを適用できる方法を知る人がわずかしかいなければ、世界中の大多数の人たちが本当の意味でＡＩから利益を得ることはできないでしょう。

　ＡＩの利益を民主化するためのソリューションのひとつが教育です。現在、私はかなり力を入れてK-12 ＡＩ［幼稚園から高校卒業までの学習支援ＡＩ］に取り組んでいます。今の子どもたちは、ＡＩとともに成長していくことになります。彼らはもはやデジタルネイティブではなく、ＡＩネイティブなのです。彼らはいつでも知能マシンと対話できる時代に成長していきますから、それが彼らにとってブラックボックス・システムとならないことが重要です。現代の子どもたちにはＡＩテクノロジーに関する教育を始める必要があります。ＡＩテクノロジーを利用してものづくりができるようにするためです。またそうすることによって、ＡＩテクノロジーを応用して自分やコミュニティにとって重要な問題を地球的な規模で解決できるような自信を持って育ってくれるでしょう。私たちの社会にどんどんＡＩが入り込んでくるにしたがって、必要になってくるのがＡＩのリテラシーです。それは避けられないことですし、産業的な観点からは、このレベルの専門知識を持つ有能な技術者はすでに不足していて、なかなか採用できないのです。ＡＩを恐れる人たちは、ＡＩを理解していないため、いいように利用されてしまうかもしれません。

その観点から見ても、そういった専門知識や理解を獲得可能な、より多様性に富む人々へ門戸を開き、参加してもらうことに関心を持っている組織は多いと思います。初等的な数学と初等的なリテラシーがあれば、初等的なＡＩは可能だと思います。大事なのは、学生たちがより高いレベルでＡＩを理解し、ＡＩを利用したものづくりができるためには、どのようなレベルのカリキュラムや概念の高度化、実習活動やコミュニティが必要なのかを理解することです。大学まで行かなくても、そういったものが利用できるようにすべきでしょう。はるかに多様性に富む人々が、ＡＩテクノロジーを理解し、彼らにとって大事な問題へ応用できるようにする必要があるのです。

フォード：専門的・技術的なキャリアを目指している人々を念頭に置いていらっしゃるようですが、大学を出ていない人もたくさんいます。例えばトラックの運転手やファーストフード店員などの職には、多大な影響が及ぶかもしれません。そのようなことに対応する政策は必要でしょうか？

ブリジール：今後大変動が発生することは明確だと思いますし、現時点で大きな注目を集めているのは自律走行車両だと思います。大変動に伴う問題は、職の変更や失職を強いられる人々を訓練して労働市場で競争力を保てるようにする必要があることです。またAIは、人々を再教育するための低コストでスケーラブルな手段として、労働人口の活力を保つためにも応用できます。職業訓練プログラムのためにAI教育を開発することも可能です。私にとって、注目すべきAIの大きな応用分野はAI教育とパーソナライズされた教育システムです。個人教授を雇ったり、教育機関へ行って教育を受けたりする余裕のない人もたくさんいます。AIを活用することによって、そのようなスキルや知識や能力をもっとスケーラブルで手の届きやすいものにできれば、はるかに多くの人々がアジャイルでリジリエントな生涯を送れるようになるでしょう。それは私にとって、人々に自信を持たせ、変化し続ける職の現実に柔軟に対応できるよう手助けするというAIの役割を、重視するとともに真剣に考える必要があることを示しています。

フォード：AI分野の規制についてはどう思われますか？　今後の規制は支持されますか？

ブリジール：私自身の研究分野では、時期尚早でしょう。ソーシャルロボットに関して賢明な政策や規制ができるためには、よりよい理解が必要です。現在AIをめぐって起き始めている対話は非常に重要なものだと感じています。今後、思いもよらない重大な結果が生じてくるからです。真剣な対話を継続することによってそれを見つけ出し、プライバシーやセキュリティなど、非常に重要な課題に取り組む必要があります。

私にとって、こういった具体的な問題に取り組むことが大事なのです。まずいくつかの影響の大きな分野から取り組み始め、そこから得られる経験を生かせば、行うべき正しいことは何なのかということについて、もっと広い視野で考えられるようになるだろうと思います。もちろん、テクノロジーによって人間の価値と公民権が保証されること、そしてイノベーションを支援してチャンスを広げることとのバランスを取ることは大事です。常にそのようなバランスを取ることは必要ですし、私にとっては両方の目標を達成するために、こういった具体的な問題に取り組むことが大事なのです。

シンシア・ブリジールはマサチューセッツ工科大学でメディアアーツおよびサイエンスの准教授として、メディアラボ内に彼女が創設したパーソナルロボットグループのリーダーを務めている。彼女はジーボ社の創業者でもある［ジーボ社は2018年末に投資運用会社に資産を売却、2019年3月にはJibo運用サーバーも停止された］。彼女はソーシャルロボットやロボットと人間のインタラクションの先駆者である。彼女には『Designing Sociable Robots』（未邦訳）という著書があり、ソーシャルロボット工学、人間とロボットのインタラクション、自律ロボット、人工知能、そしてロボットの学習などをテーマとして専門誌やカンファレンスにピアレビューされた論文を200本以上発表している。彼女は自律ロボットや感情コンピューティング、エンターテインメント技術、マルチエージェントシステムの分野で編集委員を務めている。彼女はボストン科学博物館の監事でもある。

彼女が研究で注力しているのは、社会的知能を持ち、人間を中心とした形で人々と交流しコミュニケーションを取り、人間と肩を並べて働き、弟子として人から学ぶことのできるパーソナルロボットの原理やテクニック、そしてテクノロジーの開発である。彼女は世界で最も有名なロボット生物のいくつかを開発した。その中には小型の六脚ロボットや、ロボット工学テクノロジーが埋め込まれた身の回りの日常雑貨、そして高度な表現力を持つヒューマノイドロボットやロボットキャラクターなどがある。シンシアは世界的に著名なイノベイター、デザイナー、そして起業家として認知されている。彼女はアメリカ技術アカデミーのギルブレス・レクチャー賞と、ONRヤング・イノベーター賞の受賞者である。彼女はテクノロジー・レビュー誌の「35歳未満のイノベーター100人」と、タイム誌の「2008年の発明品ベスト50」「2017年の発明品ベスト25」を受賞している。彼女は多数のデザイン賞を受賞しており、ナショナル・デザイン・アワードのコミュニケーション部門で最終選考にも残ったことがある。2014年、彼女はフォーチュン誌の「最も有望な女性起業家」として表彰されるとともに、ロレアル・デジタルネクストジェネレーション賞を受賞した。同じ年、彼女は人間とロボットの交流およびソーシャルロボット工学の開発への顕著な貢献に対して、2014ジョージ・R・スティビッツ・コンピューター&コミュニケーションズパイオニア賞を授与されている。

「私たちがすでに持っているロボットのハードウェアに1歳半の子どものレベルの知能を組み込むことができれば、テクノロジーとしてすばらしく役に立つものになるでしょう」

JOSHUA TENENBAUM

ジョシュア・テネンバウム

MIT計算論的認知科学教授

ジョシュア・テネンバウムは、マサチューセッツ工科大学の脳および認知科学学科の計算論的認知科学の教授である。彼は人間知能を計算論的に理解すること、そして人工知能を人間レベルの能力に近づけることを二大目標として、人間およびマシンにおける学習と推論を研究している。彼は自分の研究を「人間の心をリバースエンジニアリングする」試みであり、「人間はどうやって、これほど少ないことからこれほど多くのことを学べるのか?」という質問に答える試みであると表現している。

フォード：最初に、ＡＧＩあるいは人間レベルのＡＩについてお聞きしたいと思います。それは技術的に可能であり、最終的には達成されるものだとお考えでしょうか？

テネンバウム：その意味をはっきりさせておきましょう。Ｃ-３ＰＯやデータ副長のような、アンドロイドのロボットを想定していますか？

フォード：必ずしも歩き回れたり物理的に物体を操作できたりする必要はありませんが、時間制限のないチューリングテストに明確に合格できる知能です。多岐にわたる会話を何時間も続けられ、話し相手が本物の知能があると納得するような存在です。

テネンバウム：はい、それは完全に可能だと思います。それが実現するかどうか、あるいはいつ実現するかはよくわかりません。それはすべて、社会に生きる個人として私たちが行う選択に依存するからです。しかし、可能であることは間違いありません──私たちの脳と私たちの存在が、そのようなマシンが実現可能であることを証明しています。

フォード：ＡＧＩへ向けてどのように進歩していくことになるのでしょうか？　そこに至るために克服する必要がある、最も重要なハードルは何だとお考えでしょうか？

テネンバウム：実現可能かどうかはひとつの問題ですが、どんなバージョンが最も興味深い、あるいは望ましいのか、ということはまた別の問題です。それは、実現時期の早さとも大いに関係しています。どのバージョンのＡＧＩが興味深く望ましいものであるかを決められれば、その目標へ向かって進むことができるからです。あなたがおっしゃったようなマシンの研究には私は積極的にはかかわっていません──それは単に何時間も会話を続けられる、身体を持たない言語システムになるでしょう。そのような会話を行えるためには、そのシステムは人間の知能の高さに達しなければならない、というのはまったく正しいと思います。私たちの考える知能は、私たちの言語能力──言語というツールを使って自分の考えを他者に、そして自分自身に、伝えたり表現したりする能力

——と密接に関係しているからです。

言語は間違いなく人間知能の中心に位置するものですが、私たちは言語以前から存在する、しかし言語の土台となっている、初期段階の知能からスタートすべきだと思います。あなたがおっしゃった形態のＡＧＩを構築する高水準のロードマップを私が描くとしたら、それを大きく３つの段階に分割することを提案するでしょう。それは人間認知の発達の３つの大まかな段階に対応しています。

最初の段階は、基本的に１歳半までの子どもに相当するもので、本当の意味で言語能力を持つようになる前の知能がすべて構築されます。ここでは主に、物理世界と他者の行動に関する常識的な理解の発達が達成されます。直観物理学、直観心理学と呼ばれる、目標、計画、ツール、そしてそれらを取り巻く概念です。第二段階は、おおよそ１歳半から３歳までに対応し、その基盤を利用して言語を構築し、フレーズの働きを本当の意味で理解し、そして文章を組み立てられるようになる段階です。次の第三段階は、３歳以降に対応し、言語を構築し終わり、その言語を使ってその他すべてのことを構築し学習する段階です。

ですから、チューリングテストに合格できるＡＧＩシステム、何時間も会話のできるＡＧＩシステムについて考えるとき、ある意味ではそこに人間の知能の高さが反映されていることには同意します。しかし最も興味深く価値があるのは、先ほどお話しした別の段階を経由してそこへ至ることである、というのが私の見方です。理由は、それが人間知能の成り立ちを理解する方法だからでもありますし、人間知能とその発達をＡＩのガイドやインスピレーションとして使うのであれば、そのための方法でもあると私は思うからです。

フォード：しばしば、ＡＧＩは二項対立的なものとしてとらえられています。つまり、真に人間レベルの知能を手に入れるか、それとも現在のような単なる特定型ＡＩのままか、そのどちらかだ、というわけです。その間に広大な中間地帯が存在するかもしれない、とあなたはおっしゃっているように私は理解しましたが、それは正しいでしょうか？

テネンバウム：はい。例えば私は講演するとき、18か月の幼児が非常に知的な行動をするビデオをよく見てもらいます。また、1歳半の知能を持つロボットを作り出すことができたとすれば、私にとってそれが一種のAGIと呼べるものであることは明らかです。大人の人間のレベルには達していなくても、1歳半の幼児は自分の生きている世界について柔軟で汎用的な世界観を持っています。その世界は、大人の生きている世界と同じものではありませんけどね。

あなたと私の生きているこの世界は有史以来何千年もの昔から続いていますし、私たちはこの先数百年の未来を想像することもできます。私たちの生きている世界には数多くの異なる文化が含まれるということを、私たちはそれらの文化について聞いたり、読んだりして理解しています。典型的な1歳半児が生きているのは、その世界ではありません。その世界へは、言語を通じてのみアクセスできるからです。それでも、1歳半児は自分の生きている世界の中で、空間的・時間的に身近な環境という世界の中で、柔軟で汎用的で常識的な知能を持っています。それは私にとって、最初に理解すべきことであり、そのレベルの知能を持つロボットを作り出せたとすれば、すばらしいことだと思います。

現在のロボットでは、ロボット工学がハードウェアの面で大きく進歩しています。基本的な制御アルゴリズムを使ってロボットを歩き回らせることもできます。マーク・レイバートが創業した、ボストン・ダイナミクス（Boston Dynamics）がいい例です。この会社名に聞き覚えはありますか？

フォード：ええ。この会社のロボットが歩いたりドアを開けたりするビデオを見ました。

テネンバウム：それは現実の、生物にヒントを得たロボットです。人間だけでなく、動物の脚を使った歩行の仕組みをマーク・レイバートは理解しようとしていましたし、彼は生体系の歩行の工学的モデルを構築するという分野の研究をしていました。また彼は、そういったモデルをテストするには実際にロボットを作り上げて生物学的な脚を使った歩行の仕組みを観察することが一番だ、ということを理解していました。そのアイディアを試すためには実際にものづくりのできるリソースを持つ会社が必要であることに、彼は気づいたのです。そんなわけで、ボストン・ダイナミクスが設立されました。

現在では、ボストン・ダイナミクスでも、例えばロドニー・ブルックスのBaxterロボットなど他のロボットでも、身体的には優れた能力を持っていて物体を拾い上げたりドアを開けたりできますが、その心や脳はほとんど存在していないようなものです。ボストン・ダイナミクスのロボットは、ほとんどの場合人間がジョイスティックで操作していますし、その高水準の目標や計画を設定しているのは人間の心です。私たちがすでに持っているロボットのハードウェアに1歳半の子どものレベルの知能を組み込むことができれば、テクノロジーとしてすばらしく役に立つものになるでしょう。

フォード：現在、AGIを目指すレースの先頭を走っているのは誰だと思われますか？　ディープマインドが最有力候補でしょうか、それともすばらしい進歩を示していると思われる独創的な企業が他にあるでしょうか？

テネンバウム：そうですね、私は自分たちが先頭を走っていると思っていますが、誰でも自分のしていることが正しいアプローチだと思っているからそうしているわけです。とは言ったものの、私はディープマインドの取り組みを大いに尊敬しています。彼らは間違いなくクールなことをたくさんしていますし、多くの注目を受けるべくして受けていますし、AGIの構築にも意欲的に取り組んでいます。しかし私は、より人間的なAIにアプローチする正しい方法に関して、彼らとは違う見方をしています。

ディープマインドは大企業であり、多様な意見を表明してはいますが、全般的に重心を置いているのはすべてをゼロから学習しようとするシステムの構築です。人間はそんなやり方はしません。人間は、他の動物と同様、身体だけでなく脳にも多くの構造が組み込まれた状態で生まれてきます。そして私のアプローチは、そのような人間認知の発達にヒントを得たものです。

ディープマインドの中にも同じように考えている人はいますが、会社としてのこれまでの取り組みの中心となってきたのは——実際にはそれは深層学習の理念でもあるのですが——できるだけ多くゼロから学ぶべきであり、それが最も頑健なＡＩを作り上げるための基礎となる、という考え方です。私にはとても真実とは思えません。それは自分に言い聞かせている物語であり、生体系の働きとは違うと思います。

フォード：あなたはＡＩと神経科学との間には大きな相乗効果がある、と確信していらっしゃるようですね。どんなきっかけで、この２つの分野に関心を持ったのですか？

テネンバウム：私の両親は、２人とも知能やＡＩと関係する領域に深い興味を持っていました。父のジェイ・テネンバウム——マーティと呼ばれることが多いのですが——は初期のＡＩ研究者でした。彼はＭＩＴの学部を卒業し、ジョン・マッカーシーがスタンフォードに移ってＡＩラボを立ち上げた後、スタンフォードで最初のＡＩ分野での博士のひとりとなりました。彼はコンピュータービジョンの初期のリーダーであり、アメリカのＡＩ専門家団体ＡＡＡＩ（米国人工知能学会）の創立者のひとりでもありました。また彼は、初期の産業ＡＩ研究所も運営していました。基本的に、私の子ども時代は１９７０年代末から１９８０年代にかけてＡＩが大いに注目されていた前回の時期と重なっていて、そのため子どものころからＡＩカンファレンスへ行ったりしていたのです。

私たちはベイエリアに住んでおり、ある時私たちは父親に連れられて南カリフォルニアへ行くことになりました。そこでアップルのＡＩカンファレンスが開催されていたからです。当時はＡｐｐ leⅡの時代でした。アップルがその大規模なＡＩカンファレンスの出席者全員のために、ディズニーランドを一晩貸し切りにしたことを覚えています。そして私たちはその日のために飛行機で移動して、「カリブの海賊」に13回連続で乗ることができました。振り返ってみれば、当時でさえＡＩが示していた存在感はそれほど大きなものだったのです。

今でも誇大宣伝はありますが、それは当時も同じでした。スタートアップ企業があり、大企業があり、ＡＩが世界を変えると言われていました。もちろん、そのころ短期的に期待されていた成功が実現することはありませんでした。父はしばらくの間、当時主要なＡＩ研究所だったシュルンベルジェ（Schlumberger）社のパロアルト研究所の所長も務めていました。私は子どものころ、よくそこへ顔を出していたので、大勢の偉大なＡＩ指導者たちと会う機会がありました。同じころ、母のボニー・テネンバウムは教師をしながら教育学の博士号を取っていました。彼女は教育学の視点から子どもの学習や知能に非常に興味を持っていて、私にさまざまなパズルや頭の体操をさせたものです――それは私たちが現在ＡＩ分野で取り組んでいる問題のいくつかと、そう大きくは違わないようなものでした。

私はずっと思考と知能に興味を抱きながら育ったので、大学に入るときには、哲学か物理学を専攻しようと思いました。結局は物理学を専攻することになったのですが、私は自分を物理学者だと思ったことは一度もありません。私は心理学と哲学の講座を取り、ニューラルネットワークにも興味を持ちました。私が大学生だった１９８９年に、ニューラルネットワークは最初のピークを迎えていました。当時は、脳や心の研究をしたければ現実世界に数学を応用する方法を学ばなくてはならないように思われていて、物理学もそのように宣伝されていたので、やっておいて損のないものに思えたのです。

私がこの分野に真剣に取り組み始めたのは、大学二年生の時にニューラルネットワークの講義を受講してからのことでした。1991年だったと思います。そのころ父が私を引き合わせてくれたのが、父の友人でありスタンフォードでの同僚でもあったロジャー・シェパードという人でした。彼は古今を通じて偉大な認知心理学者のひとりです。彼はだいぶ前に引退していますが、1960年代、70年代、そして私が彼と共同研究した80年代を通じて、精神機能の科学的・数学的な研究を先導していたひとりでした。私は夏休みのアルバイトで、ロジャーが取り組んでいた理論をニューラルネットワークで実装するプログラムを書くことになりました。その理論は、人間など多くの生物が一般化という基本的な問題を解決する方法に関するものでしたが、それが非常に深い問題であることが明らかになってきたのです。

哲学者たちはこの問題について何百年も、もしかしたら何千年も考え続けてきました。プラトンやアリストテレスも、ヒューム、ミル、コンプトンも、そしてもちろん20世紀の科学哲学者たちも、この問題を考察しました。根本的な問題は、どのようにして私たちは特定の経験から一般的な真理を――あるいは過去から未来を――引き出すのか、ということです。ロジャー・シェパードが考察していた例を挙げると、特定の刺激が良い結果や悪い結果をもたらすことを経験した生物が、世界に存在する別のものが同じ結果をもたらす可能性があることを、どうやって理解するのだろうか、ということを数学的に表現することに彼は取り組んでいました。

その問題を解くために、ロジャーはベイズ統計に基づく数学を導入しました。それは、どのように生物が経験を一般化しているのか、という普遍的な理論を非常にエレガントに定式化するものでした。そして彼は、その理論をよりスケーラブルに実装するため、ニューラルネットワークに目を付けました。どういうわけか、私は彼と一緒にこのプロジェクトに取り組むことになったのです。そのプロジェクトを通して、私はニューラルネットワークだけでなく、認知のベイズ分析も早い時期から経験することになりました。それ以来の私のキャリアの大部分は、それと同じアイディアや手法への取り組みに費やされているようなものです。私は偉大な思索家のエキサイティングなアイディアに触れることができ、私がまだ若いころから一緒に研究してくれた人たちにも恵まれて、非常に幸運でした。また、そのおかげで私は大学院へ進むことになったのです。

私はＭＩＴの大学院に行くことにしました。私が現在、教授を務めているのと同じ学科です。私が博士号を取った後、ロジャーは何かと私の世話を焼いてくれ、おかげで私はスタンフォードへ行くことになりました。私はそこで数年間心理学の助教を務めた後、ＭＩＴの脳および認知科学に戻り、現在に至っています。この経歴で重要なのは、私が自然科学の側からＡＩへやってきたことであり、人間の心や脳の働きについて、あるいはより一般的に生物の知能について、考えていることです。私は人間の知能を、数学的な、計算論的な、そして工学的な見地から、解き明かそうとしています。

私は自分のしていることを「心をリバースエンジニアリングする」と表現していますが、それは人間の心の中での知能の働きという基礎科学に、エンジニアとしてアプローチを試みているという意味です。目標は、工学の技術的なツールを使って、言語に含まれるモデルを解き明かし構築することです。私たちは心を、さまざまなプロセス――生物学的な進化と文化的な進化、学習、発達など――によって作り上げられ、問題を解くために発達してきた、すばらしいマシンだとみなしています。それがどんな問題を解くためにデザインされてきたのか、どのように問題を解くのかをエンジニア的なアプローチによって理解しようとすることは、この科学を定式化できる最善の方法であると思います。

フォード：ＡＩ研究者としてのキャリアを考えている若い人たちにアドバイスするとしたら、脳科学や人間認知の研究は重要であると言いますか？　純粋なコンピューターサイエンスが重視されすぎているとお考えでしょうか？

テネンバウム：私はいつも、この2つは1枚のコインの両面だと考えています。それが私にとってはしっくりくるのです。私はコンピューターのプログラミングに興味を持っていましたし、知能マシンをプログラムできるというアイディアに興味を持っていました。しかし私が常により大きな魅力を感じてきたのは、歴史を通じて最大の科学的問題のひとつであることが明らかな、最大の哲学的問題のひとつとさえ言える問題です。それが知能マシンの構築と関連し、目的を共有していると考えることは、最もエキサイティングなアイディアであり、有望なアイディアでもありました。

私には特に生物学の素養があるわけではなく、学んできたのはむしろ心理学とか認知科学と呼べるようなものです。脳のハードウェアよりも、心のソフトウェアを重視してきたわけですが、その間には当然のことながら深いつながりがあるため、科学的に妥当な見方をするには、それらを深くつながったものとしてとらえる必要があります。それが、この脳および認知科学学科のあるＭＩＴに私が来た理由のひとつでした。ここは、１９８０年代半ばには心理学科という名前でしたが、常に生物学を基盤とした心理学の学科であり続けてきたのです。

私にとって、最大の興味をかき立てられる問題は、科学に関するものです。工学的な面も、より知能のあるマシンを作り上げる道を開いてくれますが、私にとって価値があるのは、私たちの科学的なモデルが想定通りに働いていることを確かめる概念実証としての用途です。それは非常に重要なテストであり、正常性の確認であり、頑健性の確認でもあります。科学的な面で、人間の振る舞いや神経データについて収集されたデータセットに合致するモデルはたくさんあるかもしれませんが、脳や心が解けるはずの問題をそういったモデルが解けないのであれば、おそらくそれは正しいモデルではないからです。

私にとって常に重要な制約条件となっているのは、私たちの脳と心の働きのモデルが科学的に得られたすべてのデータと実際に適合するだけでなく、脳に入って来るものと同じような入力から同じような出力が得られる工学的モデルとして実際に実装できることです。またそこからは、さまざまな応用や利益も生まれます。心や脳の中での知能の働きを工学的な見地から理解できれば、それは神経科学や認知科学から得られた知見をさまざまな種類のＡＩテクノロジーへ翻訳するための直通ルートとなるからです。

もっと一般的に言えば、科学に対してエンジニア的なアプローチを取り、神経科学や認知科学で大事なのは大量のデータを収集することだけではなく、基本原理――脳や心が働いている工学的な原理――を理解することであるという立場を取るならば、それは科学に取り組む際の確固とした視点となるだけでなく、そこから得られた知見をＡＩの有用なアイディアへそのまま翻訳可能としてくれると思います。

この分野の歴史を振り返ってみれば、ＡＩにおけるすばらしい、興味深い、新規性のある、そして独創的なアイディアは、人間知能の働きを理解しようとしていた人々から得られたものが多い、というよりほとんどだと言えるのではないかと思います。その中には、今では深層学習とか強化学習とか呼ばれている手法の基本となった数学だけでなく、数理論理学の開祖のひとりとしてのブールや、さらには確率論についてはラプラスの業績にまで、さかのぼるものもあります。最近の人で特に名前を挙げるならば、ジュディア・パールは、認知を数学的に理解すること、そして不確実な状況下で人が推論する方法を理解することに根源的な興味を持っていました。そのことが、ベイジアンネットワークに関する彼の画期的な業績に結び付き、ＡＩの確率的推論や因果モデリングに利用されるようになったのです。

フォード：あなたは、ご自身の研究を「心をリバースエンジニアリングする」試みだと表現されましたね。それを試みるための実際の方法論について教えてください。どのように取り組んでいるのでしょうか？　子どもたちの研究を多くなされていることは存じております。

テネンバウム：私はキャリアの前半で、ある大きな疑問を常に出発点とし、そして何度もそこに立ち戻っていました。それは、「人間はどうやって、これほど少ないものからこれほど多くのものを得ているのか？」という疑問です。機械学習システムが常に必要とするような何十万ものサンプルではなく、たったひとつのサンプルから、どうやって人間は概念を学習しているのでしょうか？

それは主に大人について言えることですが、単語の意味を学んでいる子どもにも見られます。子どもたちは、正しい文脈の中で使われた単語のサンプルをたったひとつ見るだけで、新しい単語を学べることが多々あります。それは物体を示す名詞であっても、行為を示す動詞であっても同じです。幼い子どもに初めてキリンを見せれば、その子はキリンがどういうものかを理解します。新しいジェスチャーやダンスの所作、あるいは新しい道具を使う様子を見せれば、すぐにそれを理解します。自分自身でその所作をしてみたり、その道具を使ったりすることはできないかもしれませんが、どんなものかはすぐに把握するのです。

あるいは、例として因果関係の学習について考えてみましょう。統計学では基礎の段階で、相関関係と因果関係は同じではないこと、相関関係は必ずしも因果関係を意味しないことを学びます。あるデータセットを与えられて、2つの変数が相関していることが示せたとしても、それは一方が他方の原因になっていることは意味しません。AがBの原因なのかもしれませんし、BがAの原因なのかもしれませんし、第三の変数が両方の原因になっている可能性もあるからです。

相関関係は必ずしも因果関係を意味しないという事実は、観測データから世界の背後にある因果構造を推測することの難しさを示す際によく引き合いに出されますが、人間はそれをやってのけるのです。実際、私たちはこの問題の非常に難しいバージョンを解いています。幼い子どもでも、たったひとつ、あるいは少数のサンプルから新たな因果関係を推測できることはよくあります――統計的に有意な相関を検出するために十分なデータさえ必要としないのです。あなたが初めてスマートフォンを目にしたときのことを考えてみてください。iPhoneでも、それ以外のタッチスクリーンのあるデバイスでも、小さなガラスパネルの上で指を滑らせると、何かが光ったり動いたりします。それまでにそんなものを一度も見たことがなくても、1回あるいは2、3回見ただけで、そこに新しい因果関係があることを理解できますし、そこからそれをコントロールする方法や便利な使い方を学んでいけるのです。非常に幼い子どもでさえ、特定の方法で指を動かすと画面が明るくなるという新しい因果関係を学習できますし、そこから他のさまざまな行為の可能性が開けてきます。

たったひとつやほんの数個のサンプルから私たちがどのように一般化を行っているのかということの問題は、私が学部生のころからロジャー・シェパードと一緒に取り組み始めたものです。最初のころ、私たちはベイズ統計やベイズ推定、そしてベイジアンネットワークのアイディアを使い、確率論を利用して人の心の中にある世界の因果構造のメンタルモデルの働きを数学的に定式化しました。

数学者や物理学者、そして統計学者によって、統計的な場面で非常に疎なデータから推論を行うために開発されたツールが、1990年代には機械学習やAIにも展開され、その分野に革命を起こしました。それは、かつての記号論的パラダイムから、より統計的なパラダイムへのAIの移行の一環でした。私にとって、それは私たちの心がどのようにして疎なデータから推論を行えるのかを考えるための非常に強力な手法でした。

ここ10年ほどで、私たちの関心はこういったメンタルモデルがどこに由来するのかということに向けられるようになってきました。私たちは赤ちゃんや幼児の心と脳を調べて、私たちの基本的な常識的世界観が構築される最も基本的な学習プロセスを解明しようとしています。私のキャリアの最初の10年ほど、つまり1990年代末から2000年代末までに、知覚の特定の側面、因果推論、類似性を人が判断する方法、単語の意味を人が学習する方法、そして特定の種類の計画や決定を行ったり、他の人の決定を理解したりする方法など、認知の個別的な側面のモデル化は、そのようなベイズモデルを利用して大きく進歩しました。

しかし、私たちはまだ、知能——人にできるそういったことすべてを可能としている、柔軟で汎用性のある知能——とは何なのかを、本当の意味では理解できていないようです。10年前、認知科学では疎なデータから人が推論を行う方法の数学的表現を利用して、個別の認知機能についてかなり満足のいくモデルがたくさん作られましたが、統一的な理論はありませんでした。ツールはあっても、常識のモデルはまったく存在しなかったのです。

10年前と同様に現在でも、機械学習やAIテクノロジーの発達によって人間だけができると思われていたすばらしいことが次第に機械システムでもできるようになってきています。その意味で、私たちはそういったAIテクノロジーを手にしてはいるのですが、本物のAIはまだ手にしていません。私たちはまだ、この分野の創始者たちが当初思い描いていたような、本物のAIは実現できていないのです。それはAGIと呼べるものだと思います。どんな人も自分で問題を解決するために利用している柔軟で汎用的で常識的な知能と、同じ種類の知能を持つマシンです。しかし、私たちは現在そのための基礎を築き上げ始めています。

フォード：AGIには注目されていますか？

テネンバウム：はい、ここ数年ほどの汎用知能には、本当に興味を持っています。それがどんなものになるのか、工学的な見地からどのようにとらえられるのかを理解しようとしているところです。私はスーザン・ケアリーやエリザベス・スペルキといった同僚たちに大きな影響を受けました。2人とも今はハーバードで教授を務め、このような問題を赤ちゃんや幼児を対象として研究しています。AGIの達成には幼児期の研究が不可欠であると私は確信しています。それは私たちのあらゆる知能の源泉であり、そこでは私たちの最も深遠で最も興味深い形態の学習が行われているからです。

エリザベス・スペルキは、AIに携わる人なら誰でも、人間について研究するつもりなら知っておくべき最も重要な人物のひとりです。非常に有名なことですが、彼女は月齢2、3か月の赤ちゃんでも、すでに世界についていくつかの基本的な事項を理解していることを示しました。例えば、世界を構成する三次元物体は、いきなり現れたり消えたりはしないというようなことです。それは通常、物体の永続性と呼ばれています。そのことは子どもが1歳になるまでに学習によって習得するものだと考えられていたのですが、スペルキらは私たちの脳が生まれたときからすでに物体に関して、そして意図的主体と呼ばれるものに関して、さまざまな方法で世界を理解する準備ができていることを示したのです。

フォード：AIにおける先天的な構造の重要性に関しては議論があります。これは、その種の構造が非常に重要であることを示すエビデンスなのでしょうか？

テネンバウム：人間が成長によって知能を獲得する様子を観察することによって機械知能を構築できる——はじめは赤ちゃんだったマシンが子どものように学習していく——というアイディアは、アラン・チューリングがチューリングテストを提唱したのと同じ論文で提唱されていることで有名です。ですからそれは、本当にAIの最も古き良きアイディアだと言えるかもしれません。1950年当時、これはチューリングテストに合格できるマシンを構築する方法に関するチューリングの唯一の提案でした。当時は誰もその方法を知らなかったからです。チューリングが提案したのは、大人と同じような脳を持つマシンを構築するのではなく、子どもの脳を持つマシンを構築し、それから人間の子どもを教育するようにそのマシンを教育することでした。

チューリングはその提案をするにあたって、結果的に生まれと育ちの問題に関してある立場を取ることになりました。彼の考えは、子どもの脳はおそらく大人の脳よりもはるかに単純な状態から始まる、というものでした。彼は、おおよそ次のようなことを言っています。「おそらく子どもの脳は、文房具屋で買ってきたばかりのノートのようなものだろう。比較的乏しいメカニズムと、数多くの白紙が含まれている」。そうであれば、子どものマシンを構築することは、AIへの発達経路として妥当な出発点ということになるでしょう。たぶん、チューリングはその点では正しかったのだと思います。しかし彼は、人間の心の実際の初期状態について現在の私たちが知っていることを知りませんでした。エリザベス・スペルキやレニー・ベイラージョン、ローラ・シュルツ、アリソン・ゴプニック、そしてスーザン・ケアリーといった人たちの研究から、赤ちゃんは私たちがかつて考えていたよりもはるかに多くの構造を持って生まれてくることがわかっています。また、子どもが持つ学習メカニズムは、はるかに賢く洗練されたものであることもわかっています。ですから、ある意味では、科学の側から得られた私たちの現在の知識によれば、生まれと育ちのどちらの可能性もAIの概念が最初に提唱されたときに考えられていたよりも大きいのです。

チューリングの提案だけでなく、それ以降に数多くのAI研究者がそのアイディアをどう利用したのか調べてみると、彼らは赤ちゃんの脳の働きに関する本物の科学を見ずに、赤ちゃんの脳が非常に単純な状態から始まる、あるいは単純な試行錯誤や教師なし学習のようなものが行われているといった、直観的ではあるが正しくないアイディアに頼っていることがわかります。それは多くの場合、子どもの学習方法についてのAI研究者の見方とも一致します。確かに子どもは試行錯誤から学びますし、教師なし学習をすることも確かなのですが、それははるかに洗練されており、とりわけはるかに少ないデータからはるかに深い理解や説明の枠組みを獲得するように学ぶという点で洗練されたものです。機械学習の分野で試行錯誤学習や教師なし学習が普通どういう意味で使われれるかを考えてみれば、それが比較的表層的なパターンを学習する非常に多くのデータを要求する手法であることがわかるでしょう。
私はこれまで、認知科学者や発達心理学者からの知見を手がかりとしてきました。彼らは、私たちが何を見ているか、見たことのないものをどう想像するのか、そのようなものを実際に存在させようとする過程でどのように計画を立て問題を解決するのか、さらには私たちの説明、私たちの理解、私たちの計画、そして私たちの想像を導くメンタルモデルを取り込み、改善し、デバッグし、そして新しいモデルを構築するために学習がどのような役割を果たしているのか、ということを説明し理解しようとしてきました。私たちの心は、ビッグデータに含まれるパターンを見つけているだけではないのです。

フォード：最近の子どもたちを対象とした研究では、そこに注目されているのでしょうか？

テネンバウム：はい、幼い子どもであっても非常に疎なデータから自分の頭の中に世界のモデルを構築できる方法を、私は理解しようとしてきました。それは、現在の機械学習で主流となっているものとは、根本的に異なる種類のアプローチです。チューリングが提案したように、そしてＡＩ研究者の多くが気づいているように、それは私にとって人間的なＡＩシステムの構築について考えられる唯一の方法であるだけでなく、うまくいくとわかっている唯一の方法なのです。

人間の子どもの成長は、この宇宙で知られている唯一の、うまくいくとわかっているＡＩへの発達経路です。十分に成長した大人の人間よりもはるかに少ない知識から出発して大人レベルの知能へと発達する、確実な、再現性のある、そして頑健な、発達経路です。人間が学ぶ方法を解き明かすことができれば、それがはるかに本物のＡＩを構築するための経路となることは間違いないでしょう。またそれは、例えば人間であるということは何を意味するのかといった、私たちのアイデンティティに直結する歴史上最大の科学的問題への手がかりともなるでしょう。

フォード：これまでお話しいただいたような考えは、深層学習が現在圧倒的な注目を集めていることと、どのように関係しているのでしょうか？　深層ニューラルネットワークがＡＩを変容させたことは明らかですが、最近は深層学習の過剰宣伝に対する反発をより多く耳にするようになりましたし、私たちは新たなＡＩ冬の時代に直面しているのかもしれない、と口にする人さえいます。深層学習は本当に進むべき正道なのでしょうか、それともツールボックスの中のひとつのツールにすぎないのでしょうか？

テネンバウム：大部分の人は深層学習をツールボックスの中のひとつのツールと考えていますし、多くの深層学習の研究者もそれを認識しています。「深層学習」という用語が、本来の定義を離れて独り歩きしているのです。

フォード：私は深層学習を、あまり厳密に誤差逆伝播法や勾配降下法など具体的なアルゴリズムと関連付けて定義するのではなく、多数の層からなる洗練されたニューラルネットワークを利用する任意のアプローチという広い意味で定義したいと思います。

テネンバウム：私にとっては、多数の層からなるニューラルネットワークの利用というアイディアもまた、ツールボックスの中のひとつのツールにすぎません。それが有効なのはパターン認識の諸問題であり、それに対しては実用的でスケーラブルな手法であることが証明されています。この類の深層学習が本当の意味で成功を収めてきたのは、音声認識や物体認識など伝統的にパターン認識問題とみなされている問題の分野か、何らかの形でパターン認識問題に変換可能な問題の分野です。

囲碁を例に取ってみましょう。ＡＩ研究者たちは長い間、囲碁のプレイには何らかの洗練されたパターン認識が必要であると確信してきましたが、それが視覚や音声の知覚問題に利用されるものと同じ種類のパターン認識手法を利用して解けることは必ずしも理解されていませんでした。しかし現在では、そういった伝統的なパターン認識の領域で開発されたものと同じ種類のニューラルネットワークが、囲碁やチェス、あるいは類似したボードゲームをプレイするソリューションの一部として利用できることがわかっています。それには深層学習と呼ばれるものが利用されてはいますが、それだけでなく、伝統的なゲーム木探索や期待値計算なども利用されているため、興味深いモデルだと思います。アルファ碁は深層学習ＡＩの最も印象的で最もよく知られた成功例ですが、純粋な深層学習システムではありません。深層学習が使われているのは、ゲームをプレイしゲーム木を探索するシステムの一部です。

深層学習という言葉が深層ニューラルネットワークを超えた意味で使われていることはすでにおわかりいただけたと思いますが、それでも深層学習がこれほど成功している秘訣は深層ニューラルネットワークとそのトレーニング手法にあります。その手法がゲームプレイの構造の中に見つけ出すパターンは、かつて自動的に見つけ出すことのできたパターンをはるかに超えるものです。しかし、囲碁のプレイやチェスのプレイといったひとつのタスクではなく、より広く知能の問題に取り組もうとすれば、知能をすべてパターン認識問題に還元してしまおうというアイディアはお笑いぐさですし、まじめな人間なら誰もそうしようとは思わないでしょう。まあ、もしかしたらそういうことを言う人はいるかもしれませんが、私にとってはちょっとクレイジーに思えます。

まじめなＡＩ研究者なら誰でも、２つのことを同時に考えなくてはいけません。まず、深層学習や深層ニューラルネットワークがパターン認識を利用してできることに多大な貢献をしてきたこと、そしておそらくどんな知能システムの成功にもパターン認識が必要とされることを認識しなくてはいけません。それと同時に、これまで私がお話ししてきたように、知能はパターン認識をはるかに超えるものであることもまた、認識しなくてはいけません。世界のモデル化には、説明、理解、想像、計画、そして新たなモデルの構築など、さまざまなアクティビティが必要とされますが、深層ニューラルネットワークはそれに対応していないのです。

フォード：その制約は、あなたの研究対象のひとつとなっているのでしょうか？

テネンバウム：そうですね、私は研究の中で、パターン認識を超える知能の側面に対応するために必要な、違った種類の工学的ツールを見つけ出すことに関心を抱いてきました。ひとつのアプローチとして、この分野における過去のアイディアの潮流を振り返ってみることができます。例えばグラフィカルモデルやベイジアンネットワークといったアイディアが、私がこの分野に入ったときには大いにもてはやされていました。その時代の最重要人物をひとり挙げるなら、ジュディア・パールということになるでしょう。

たぶん最も重要なのは、最初の「シンボリックＡＩ」と呼ばれる潮流でしょう。ＡＩの初期には知能がシンボリック（記号的）なものだと考えられていたけれども、その後それがひどいアイディアだったことがわかった、というお話はよく語られています。シンボリックＡＩは、あまりにも脆《ぜい》弱《じゃく》であり、ノイズに弱く、経験から学べなかったために成功しなかった。そのため私たちは統計的ＡＩに、そして次にニューラルネットワークに取り組むことになったというわけです。私はこの物語には、多くの嘘が含まれていると思います。形式体系で表現される抽象言語と記号推論のパワーを重視する初期のアイディアは非常に重要であり、このうえなく正しいアイディアでした。今になって初めて私たちは、分野としてもコミュニティとしても、こういった異なるパラダイムのパワーと最良の知見をどのようにまとめ上げればよいか理解しようとし始めているのだと思います。

ＡＩの分野には、３つの潮流――記号の時代、確率と因果の時代、そしてニューラルネットワークの時代――がありました。この3つは、知能について計算論的に考える方法して、私たちの持っている最良のアイディアです。これらのアイディアはどれも浮き沈みを繰り返し、互いに貢献し合ってきましたが、ここ数年はニューラルネットワークが最大の成功を収めています。私は、これらのアイディアをまとめ上げる方法に興味を持ってきました。これらのアイディアの最良の部分を組み合わせ、知能システムのための、そして人間知能を理解するための、フレームワークや言語を作り上げるにはどうすればよいでしょうか？

フォード：ハイブリッド、つまりニューラルネットワークとその他の伝統的なアプローチを組み合わせて包括的なものを作り上げることを想像していらっしゃいますか？

テネンバウム：私たちはそれを想像しているだけでなく、実際に手にしてもいます。現在、こういったハイブリッドの最良の例は、確率的プログラミングという名前で呼ばれています。私は講演をしたり論文を書いたりするときに、私が研究で利用している汎用ツールとして確率的プログラミングを紹介することがよくあります。それは一部の人に知られているものです。ＡＩについての考え方として、ニューラルネットワークほど広く受け入れられてはいませんが、今後はそれ自体の認識も高まっていくことでしょう。

ニューラルネットワークや確率的プログラミングなど、こういった用語はすべて漠然としたもので、これらのツールセットを使う人々が、何に使えるか、何に使えないか、他にどんなものが必要かを学習する中で、常に再定義されていくものです。私は確率的プログラミングについて話すとき、確率的プログラミングと確率との関係は、ニューラルネットワークとニューロンの関係と同じようなものだ、と言うことがあります。つまり、ニューラルネットワークはニューロンの働きに関する初期の抽象化にヒントを得たものであり、生物学的なものであれ人工的なものであれ、ニューロンどうしを配線して作り上げたネットワークを、特定の形で十分に複雑化すれば非常に強力になるというアイディアです。ニューロンの根本的な意味合いは変わらず、入力を線形結合してから非線形な処理を施して出力する基本的な処理ユニットです。しかし現在のニューラルネットワークの使われ方は、どんな現実の神経科学から得られるインスピレーションをもはるかに凌駕しています。実際、ニューラルネットワークには確率論や記号プログラミングのアイディアが取り込まれているのです。確率的プログラミングも同じような統合を目指したものと言えますが、方向性は異なっています。
確率的プログラムのアイディアは、大規模な確率的推論を行うための体系的言語を構築しようという１９９０年代の取り組みに起源があります。真の常識を獲得するためには、確率的推論を行うだけでなく、それ以前の時代のＡＩに近い、抽象的で記号的な構成要素を持つツールが必要であることに人々は気づいていました。数値を取り扱うだけでは不十分であり、記号を取り扱う必要があったのです。真の知識というものは、確率論のように数値を別の数値に単に置き換えるだけでなく、数式であれ、プログラミング言語であれ、あるいは論理式であれ、記号的な形態で抽象的な知識を表現することから生まれてくるのです。

フォード：つまり、それがあなたが注目されているアプローチなのでしょうか？

テネンバウム：はい、私は２０００年代後半に私のグループにいたノア・グッドマン、ヴィカシュ・マンシンカ、そしてダン・ロイといった学生や博士研究員と共同研究を行うという非常な幸運に恵まれて、Ｃｈｕｒｃｈ《チャーチ》という言語を作り上げました。この名前は、アロンゾ・チャーチにちなんだものです。それは、ラムダ計算式と呼ばれるものを基盤として高階論理言語を統合する試みでした。ラムダ計算式はＣｈｕｒｃｈのユニバーサル計算フレームワークであり、Ｌｉｓｐ《リスプ》やＳｃｈｅｍｅ《スキーム》といったコンピュータープログラミング言語の形式的基盤でもあります。
私たちは抽象的な知識表現にそのような形式化を適用し、それを用いて確率的推論と因果推論のパターンを一般化しました。それは、常識推論能力を持つシステム——本当の意味で推論を行い、データに含まれるパターンを見つけ出すだけでなく、多くの状況にまたがる一般化を行える抽象化能力を持つシステム——を構築する方法について考えるうえで、私自身にとっても、他の人にとっても、大きな影響を与えるものであることがわかってきたのです。私たちはそのようなシステムを、例えば人の直感的な心の理論——他の人の行動を、信念や欲求という面から理解する方法——を獲得するために利用しました。

たとえ幼い子どもであっても、人間は他の人間がすることを理解して、人の行為を単なる世界の中の動きとしてではなく理性的な計画の発露としてとらえていますが、私たちはこのような確率的プログラムのツールを10年以上利用して初めてそのようなモデルを、妥当で定量的で予測的で概念的に正しい形で構築することができました。また私たちは、世界の中での人の行動を観察し、そこから逆算して、彼らが何をしたいのか、何を考えているのかを理解し、彼らの信念や欲求を推測できますが、それについて調べることもできるようになりました。それは、幼い赤ちゃんでさえ行っている常識推論の核となる一例です。それは本物の知能を獲得する過程の一部であり、他の人が何かしているのを見て、そうしている理由や、すべきことに沿った行動かどうかを理解しようとすることです。私たちにとって、それらはこういった確率的プログラムのアイディアの、本当の意味で説得力のある最初の応用でした。

フォード：そういった確率的手法は、深層学習と統合できるものなのでしょうか？

テネンバウム：はい、ここ数年で、これと同じツールセットをニューラルネットワークへ組み込む動きが始まっています。私たちが10年前から現在まで、このような確率的プログラミングの構築を続けてきた中で見えてきた重要な課題は、推論は難しいということです。例えば、人の持つ世界のメンタルモデル、あるいは心の理論や直観物理学を獲得する確率的プログラムを書くことはできますが、実際にそのようなモデルに推論を非常に高速に、人間ならば推論可能なデータから行わせることは、アルゴリズム的に困難な課題なのです。このようなシステムの推論を高速化する方法として、ニューラルネットワークなどのパターン認識技術が検討されています。同じように、アルファ碁は推論とゲーム木の探索を高速化するために深層学習を利用していると考えることもできます。ゲーム木の探索を行っているのは同じでも、ニューラルネットワークを利用して、高速に、素早く、そして直感的に判断を行い、探索を導いているのです。

同様に、こういった確率的プログラムの推論を高速化できるような推論のパターンを見つけるためにもニューラルネットワークが利用され始めています。ニューラルネットワークの仕組みと確率的プログラムの仕組みは、互いによく似たものになってきています。どれを使うか決めなくてもいいように、これらすべてを統合した新しい種類のＡＩプログラミング言語も開発されています。ひとつの言語の枠組みに、すべてが含まれることになるのです。

フォード：私はジェフリー・ヒントンと対談した際、ハイブリッド的アプローチの話題を振ったのですが、彼はそのアイディアに対して非常に否定的でした。おそらく深層学習派の人たちは、学習について生物個体が生まれてから死ぬまでという観点だけでなく、進化の観点からも考えているように感じられます。人間の脳は非常に長い時間をかけて進化してきましたし、初期の形態や初期の生物では空白の石板に非常に近かったはずです。そのことは、必要とされる構造は自然に発生し得るというアイディアを支持するのでは？

テネンバウム：人間知能が進化の産物であることに疑問の余地はありませんが、それを言うなら生物学的な進化と文化的な進化も含まれなくてはいけません。私たちの知識の大部分、私たちが知識を獲得する方法の大部分は、文化に由来します。それは集団内の人間の複数世代にわたる知識の蓄積です。周りに他の人間がいない絶海の孤島で育った赤ちゃんには、多くの知能が欠けていることは間違いありません。そうですね、ある意味では同等の知能があるとも言えますが、私たちが知っている多くのことは知らないはずです。また厳密な意味での知能は低いとも言えるでしょう。私たちが知能を発揮する多くの方法――数学やコンピューターサイエンス、推論など、私たちが言語を通じて獲得する思考のシステム――は、より一般的には何世代にもわたる大勢の賢い人々が蓄積してきたものだからです。

私たちの身体を観察すれば、驚くべき機能を持つすばらしく複雑な構造が、生物学的進化によって構築されてきたことは非常に明確です。脳だけが違うと考える理由はありません。脳を観察しても、進化によって構築された生物学的なニューラルネットワークの中に存在する複雑な構造が何なのか明確にはわかりませんが、それはランダムに配線された巨大な空白の石板などではないのです。本当現時点で、脳が空白の石板のようなものだと考えている神経科学者がいるとは思えません。本当に生物学からインスピレーションを得ようとするのであれば、少なくとも個々の脳には生まれたときから膨大な量の構造が組み込まれており、その構造には私たちの最も基本的な世界観のモデルと、それを出発点として私たちのモデルを成長させる学習アルゴリズムの両方が含まれていることを真剣にとらえる必要があります。

私たちが遺伝的に獲得するもの、そして文化的に獲得するものの中には、現在の深層学習で行われているような学習よりも、はるかに強力で、はるかに柔軟で、はるかに高速な学習の方法が含まれています。これらの手法のおかげで私たちは非常に少数の実例から学習でき、はるかに素早く新しいことを学習できるのです。誰でも人間の赤ちゃんの脳が実際にどんな状態からスタートするか、子どもがどのように学習するのか、真剣に調べて何かを得ようとするなら、そのことを考えなくてはいけません。

フォード：進化的手法をモデル化することによって、深層学習はより汎用的な知能を獲得できると思われますか？

テネンバウム：そうですね、ディープマインドの人たちや深層強化学習の信奉者の多くは、自分たちはより一般的な意味で進化について考えているし、それも学習の一部だ、と言うでしょうね。空白の石板システムでとらえようとしているのは赤ちゃんの発達過程ではなく、幾多の世代にわたる進化の結果なのだ、と言うかもしれません。

それも一理あると思うのですが、それに対して私が反論するなら、やはり生物学からインスピレーションを得て、こんなことを言うでしょうね。「なるほど、わかった。しかし進化が実際にどう働くか考えてみようじゃないか。固定されたネットワーク構造に勾配降下法を適用しているわけじゃない。それは現在の深層学習アルゴリズムの方法だ。それとは違って進化は実際に複雑な構造を構築しているし、その構造の構築が進化のパワーの源なんだ」

進化では、多数のアーキテクチャ探索が行われます。進化がマシンをデザインするのです。種が異なれば、あるいは世代を重ねていけば、非常に異なる構造をしたマシンが構築されます。これが最も明白に見て取れるのは身体ですが、脳だけが違うと考える理由はありません。進化によって複雑な機能を持つ複雑な構造が構築されるというアイディア、またそれが勾配降下法とは非常に異なるが発生プログラムの空間内探索に類似したプロセスによって行われるというアイディアは、私にとって非常に示唆に富むものです。

ここでの私たちの研究の多くは、学習あるいは進化をプログラムの空間内探索のようなものとしてとらえる方法についての考察に費やされています。そのプログラムとは遺伝的プログラムかもしれませんし、思考に関する認知レベルのプログラムかもしれません。重要なのは、それが巨大で固定的なネットワークアーキテクチャ内で行われる勾配降下法とは違うものだということです。ニューラルネットワークの深層学習だけで十分だと言う人も、私たちは人間の赤ちゃんの発達過程ではなく、進化の過程をとらえようとしているんだ、と言うかもしれませんが、私にはそれが人間の赤ちゃんの発達や進化の過程だとは思えないのです。

しかしそれは、とりわけハイテク業界によって、高度に最適化されたツールキットです。大規模なニューラルネットワークをＧＰＵや大規模な分散コンピューティングのリソースで強化することによって、価値ある使い方ができることを多くの企業が示しています。中でも有名なのはディープマインドやグーグルＡＩですが、そのような進歩は基本的にはこういったリソースのおかげであり、特に深層学習へ最適化されたリソースを作り込むソフトウェアとハードウェアの統合された取り組みのおかげなのです。私が言いたいのは、あるテクノロジーにシリコンバレーが大量のリソースを投入して最適化すれば、非常に強力なものになるということです。グーグルのような会社にとっては、その路線でどこまで行けるか確かめるのは意味のあることです。それと同時に、個人の生涯であれ進化の過程であれ、生物学的にそれがどう働くかを考えてみたときには、かなり違ったものに見えてくる、ということを私は言いたいのです。

フォード：意識を持つマシン、というアイディアについてどう思われますか？　意識は論理的に知能に付随するのでしょうか、それとも完全に別個のものだと思われますか？

テネンバウム：意識という概念は人によってさまざまなことを意味するので、それは議論するのが難しい問題です。それを非常に真剣に、詳細に研究している哲学者はいますし、認知科学者や神経科学者もいますが、その研究方法について共通の合意は存在しません。

フォード：ちょっと言い換えさせてください。マシンが何らかの内的経験を持つことはあり得るとお考えでしょうか？　それは汎用的な知能には可能なことでしょうか、ありそうなことでしょうか、あるいは必要とされることでしょうか？

テネンバウム：その質問に答える最善の方法は、意識という言葉の意味する2つの側面を調べてみることでしょうね。ひとつは、哲学界の人たちがクオリアの感覚、あるいは主観的経験の感覚と呼ぶもので、どんな形式体系にも獲得が非常に困難なものです。赤の赤さのようなものだと思ってください。私たちはみな、赤がひとつの色であり、緑が別の色であることは知っていますし、その2つが別の感覚を呼び起こすことも知っています。他の人が赤を見たときに、それを赤と呼ぶだけでなく、私たちと同じことを主観的に経験していることを、私たちは当然だと思っています。そのたぐいの主観的経験を持つマシンを構築することが可能であることはわかっています。私たちはマシンであり、私たちは存在しているからです。それをしなくてはいけないのかどうか、あるいは現在私たちが構築しようとしているマシンでそれができるのかどうかについては、何とも言えません。

意識と呼び得るものにはもうひとつの側面があり、それは自己意識とも呼ばれています。私たちはこの世界を特定の統一的な方法で経験し、私たち自身がその中に存在することを経験しています。人間的な知能にはそういったことが不可欠だということは、はるかに簡単に言えることです。私が言いたいのは、私たちが世界を経験するとき、それを何千万もの細胞の活動として経験しているわけではないということです。

任意の時点におけるあなたの脳の状態を記述するひとつの方法は、各ニューロンの活動のレベルで記述することですが、それは私たちが主観的に世界を経験する方法ではありません。私たちはこの世界を物体から構成されるものとして経験しており、私たちの感覚すべてが一体となってそういった物事の統一的な理解が形成されるのです。それが私たちが世界を経験する方法であり、そのレベルの経験をニューロンの活動に関連付ける方法はわかっていません。私たちが人間レベルの知能を持つシステムを構築しようとするならば、そのシステムはこのような世界の統一的な経験を持たなくてはならないでしょう。それはニューロンの活動のレベルではなく、物体やエージェントのレベルであることが必要です。

ここで重要なのは、自己意識——私がここにいるということ、そして私の身体だけが私ではないということ——です。まさに私たちは現在、その研究に積極的に取り組んでいます。私は哲学者のローリー・ポールと、かつての私の学生で現在は同僚のトーマー・ウルマンとともに、「自己のリバースエンジニアリング（Reverse Engineering the Self）」という仮題で論文を書いているところです。

フォード：心のリバースエンジニアリングの延長線上にあるものでしょうか？

テネンバウム：はい、それは私たちのリバースエンジニアリング手法を利用して、「自己」のひとつの単純な側面を理解しようとするものです。「単純」と言いましたが、それは意識という言葉で意味され得る大きな集合の中のひとつの小さな側面であり、人間が持つ基本的な自己意識とは何かを理解すること、そしてそのようなマシンを構築することの意味を理解するということです。それは本当に興味深い問題です。ＡＩ研究者は、中でもＡＧＩに関心のある人たちは、自分自身で考えたり自分自身で学習したりするマシンを構築しようとしていると言うでしょうが、そのような人たちには「本当に自分自身で考えたり自分自身で学習したりするマシンを構築することの意味は、何なのですか？」と問うべきなのです。マシンが自己意識を持つことなくして、そのようなことができるでしょうか？

自動運転車であれアルファ碁のようなシステムであれ、現在のＡＩシステムは、ある意味「自分自身で学習する」と宣伝されています。それは実際には自己を持たず、自己というものがないのです。それは自分のしていることを本当には理解してはいません。私が車に乗り込むとき、私は車の中にいることを理解し、どこかへ車を運転して行くことを理解していますが、それと同じようには理解していないという意味です。私が囲碁を打つとすれば、私は自分がゲームをプレイしていることを理解するでしょうし、私が囲碁を学ぼうと決めれば、私は自分自身で決断したことになります。私は囲碁を学習するために、誰かに教えを乞うかもしれません。独習するかもしれませんし、他の人と一緒に練習するかもしれません。プロ棋士になることを志して、囲碁の学校へ行くことさえあるかもしれません。もしかすると本気で世界最強の棋士のひとりになろうとするかもしれません。人間が世界一流の棋士になるときには、そのようなことをします。さまざまに異なるタイムスケールで、まさに自分の自己意識に導かれて、彼らは数多くの決断を自分自身で行うのです。

現時点では、ＡＩにそのような概念はまったくありません。たとえ高水準であっても、自分自身のために何かをするシステムは存在しません。目標を達成するように人間によって作り込まれたシステムなら存在しますが、人間が目標を持つのと同じように本物の目標を持つシステムは存在しません。人間的な、人間レベルのＡＩを持つシステムを実現したければ、現時点ではエンジニアがしているような数多くのことをシステムが自分自身でしなくてはならないと思いますが、そうすることは可能だと私は思います。

私たちは工学的な見地から、エージェントが自分自身でこのような大きな決断を行って、解決しようとする問題や解決しようとする学習問題を設定する（これらはすべて現在はエンジニアによって行われています）とはどういうことなのかを理解しようとしています。人間レベルの知能を持つマシンには、そのようなことが必要になる可能性は高いと思います。それはまた、私たちがそれを望むかどうかという現実の問題でもあると思います。そうしなければならないわけではないからです。マシン・システムに本当に与えたい自我あるいは自律性のレベルを、私たちは決めることができます。人間が持っているような完全な自己意識を持たなくても、私たちにとって役に立つことができるかもしれません。それは私たちにとって重要な決断となるかもしれません。テクノロジーや社会にとって、それが正しい道だと思えるかもしれません。

フォード：ＡＩにまつわる潜在的なリスクについてお聞きしたいと思います。私たちが本当に懸念すべきこととは何でしょうか？　比較的短期的なものと長期的なものの両方について、人工知能が社会や経済に与え得る衝撃に関してお聞きしたいのですが。

テネンバウム：大いに宣伝されてきたリスクのひとつに、ある種のシンギュラリティ、あるいは超知能マシンが世界を征服したり、人類の存在と相いれない独自の目標を持ったりするかもしれない、ということがあります。遠い未来にそのようなことが起こることはあり得ますが、私はそれについてはあまり心配していません。理由のひとつは、さっき私がお話ししたように、まだ私たちはマシンに自己意識を持たせる方法を理解していないからです。マシンが私たちを犠牲にして世界を征服しようと自分自身で決断することがあるとしてもそれは遠い未来の話ですし、そうなるまでには数多くのステップがあります。

正直に言うと、私はそういった短期的なステップのほうがずっと心配です。現時点から、超人レベルではないにしても何らかの人間レベルのＡＧＩが実現するまでの間に、次々と開発されていく強力なアルゴリズムが、さまざまなリスクをもたらす可能性があります。そういったアルゴリズムは、良い目標のために利用されることもあれば、良くない目標のために利用されることもあるでしょう。そういった良くない目標の多くは、単に人々が自分の利己的な目標を達成するためのものですが、中には本当に邪悪な人や無法者がいるかもしれません。ＡＩに限らずどんなテクノロジーも、善のために使うこともできれば、利己的な目的のために使うこともできますし、悪事や無法を働くために使うこともできます。そのようなことを私たちは心配すべきです。ＡＩは非常に強力なテクノロジーであり、例えば機械学習の分野では、すでにこういったさまざまな方向への利用が行われているからです。

私たちが考える必要のある短期的なリスクは、誰もが話しているようなことです。それらについてどう考えればよいか、私に良いアイディアがあればよいのですが、残念ながら良いアイディアはありません。プライバシーであれ人権であれ、短期的なリスクについて今考える必要があることは、ＡＩコミュニティの中で次第に広く認識されてきていると思います。より一般的にＡＩや自動化によって経済や雇用の状況がどう変わっていくかという話題もそのひとつです。それはＡＩよりはるかに大きな、より広いテクノロジーの問題です。

新たな課題を挙げるならば、雇用に関連したものが重要だと思います。私の理解では、人類の歴史のほぼすべてにわたって、大部分の人は何らかの生計手段を必要としていました。それには狩猟採集や農業、工場労働など、あらゆる種類の仕事が含まれます。人生の前半は何かを学習すること に費やし、そこで学んだ商売やスキルで自分の生計を立て、死ぬまでそれを続けるのが普通でした。新たなスキルセットを身につけたり、職種を変えたりすることもできましたが、そうしなくてはならないわけではありませんでした。

現在ますます強く感じられるのは、テクノロジーの変化や進歩によって、ひとりの人間の仕事人生よりも速いタイムスケールで多くの職種や生計手段が変化したり出現したり消滅したりしていることです。テクノロジーの変化によって特定の職種がすべて消滅したり、他の職種が出現したりすることはこれまでにもありましたが、かつてはそのようなことは数世代にわたって起こるものでした。現在ではそれが一世代のうちに起こるようになり、そのことが労働人口に異なる種類のストレスを与えています。

今後さらに多くの人たちが直面することになるのは、学習した特定のスキルセットを使って残りの人生を働き続けることが不可能であるという事実です。常に自分自身を再教育し続けなくてはならないかもしれません。テクノロジーが変化し続けているからです。テクノロジーは単に進歩するだけでなく、かつてないほどの速さで進歩し続けています。AIはその一例ですが、これはAIよりもはるかに大きな問題です。社会全体として考えていかなくてはならない問題だと思います。

フォード：物事がそれほど速く進歩するのであれば、多くの人々が必然的に置いていかれることが心配になりませんか？　ユニバーサルベーシックインカムは、真剣に考慮すべきものでしょうか？

テネンバウム：ベーシックインカムについて考えるべきなのは確かですが、私は何事も必然だとは思いません。人間は弾力的で柔軟性のある生き物です。確かに、学習し自分自身を再教育する私たちの能力には限りがあるかもしれません。テクノロジーが今のようなペースで進歩し続ければ、そのようなことが必要になってくるかもしれません。しかしもう一度言いますが、そのようなことは人類の歴史上、過去にも起こっているのです。ただ、その展開はもっとゆっくりとしたものでした。ライターや科学者、あるいは技術者など、あなたや私と同じ社会経済的階層で生活のために働いている人たちの大部分は、人類の歴史を数千年さかのぼれば、まず間違いなく当時の人から「そんなのは仕事じゃない、ただ遊んでいるだけだ！ 夜明けから日暮れまで農作業をしているんじゃなきゃ、本当に働いているとは言えないね」と言われることでしょう。つまり、未来の仕事がどんなものになるかはわからないのです。

根本的に変化する可能性があるからといって、1日あたり8時間を費やして経済的に価値のある仕事をするという考えが消えてなくなるわけではありません。今後私たちがユニバーサルベーシックインカムのようなものを必要とするか、あるいは単に経済のあり方が変わるだけなのかどうか、私にはわかりませんし、私がその専門家でないことも確かですが、AI研究者はその議論に参加すべきだと私は思います。

もっと大きな、そしてはるかに緊急を要するもうひとつの議論が気候変動です。人間によって引き起こされた気候変動が将来どのような結果を引き起こすかはわかりませんが、AI研究者たちもますますそれを助長していることはわかっています。AIであれ、ビットコインのマイニングであれ、コンピューターの利用の増加はエネルギー消費を大幅に加速させるからです。

AI研究者としての私たちは、自分たちのしていることが実際に気候変動をどのように助長しているのか、またそういった問題を肯定的に解決するためにどう貢献できるのか、考えるべきだと思います。それは緊急を要する社会的問題の一例であって、AI研究者はあまりそれについて考えたことはないかもしれませんが、その問題自体にも、おそらくその解決にも、ますます深くかかわっていくことになるのだと思います。

例えば人権やAIテクノロジーを利用した人々の監視など、これと似た問題は他にもありますが、研究者はこのテクノロジーを利用して監視されていることに気づいてもらうこともできるはずです。研究者としての私たちは、この分野で私たちが発明したことが悪い目的に使われることは防げませんが、良い目的を発展させるようさらに努力すること、そして悪人や悪事に使われにくいようにこのテクノロジーを開発し利用していく努力をすることはできます。こういったことが、AI研究者の関与が必要とされる本物の道徳的問題なのです。

フォード：AIが社会にとって肯定的な原動力であり続けるために、規制が果たすべき役割はあると思いますか？

テネンバウム：シリコンバレーには、自分たちが物事をぶち壊して他の人たちにその破片を拾わせるといった、非常にリバタリアン的な精神があるような気がします。正直に言うと、私は政府とIT業界の両方が歩み寄って敵対するのをやめ、もっと目的を共有することができればいいと思っています。

私は楽観論者ですし、そのように異なる立場の人々がもっと協力し合うことは可能であり、そうすべきだとも思っています。そしてAI研究者は、そのような協力の見本を示せると思うのです。コミュニティとして、そしてもちろん社会としての私たちは、それを必要としていると思います。

フォード：ニック・ボストロムが書いているような、超知能や価値整合問題あるいは制御問題の今後の見通しについて、もう少し具体的なコメントをいただきたいのですが。彼が懸念しているのは、超知能の達成には長い時間がかかるかもしれないけれども、超知能システムを管理下に置くための方法を考え出すにはさらに長い時間がかかるかもしれない、ということであり、それが今からこの問題に注目すべきだという彼の主張の土台になっているのだと思います。そういった懸念に対しては、どう応じられますか？

テネンバウム：人々がそれについて考えるのは、もっともなことだと思います。私たちも同じようなことを考えていますが、それが私たちの思考の最優先の目標であるべきだと言うつもりはありません。人類の存在を脅《おびや》かすようなある種の超知能を想像することはできますが、それよりもはるかに緊急性の高い、人類の存在を脅かすリスクが存在すると思うからです。すでに機械学習テクノロジーなどのＡＩテクノロジーは人類としての私たちが現在直面している大きな問題を助長していますし、その一部は人類の存在を脅かすレベルにまで達しています。

私はそのことを考慮したうえで、その問題についてはあらゆるタイムスケールで考えるべきだと言いたいのです。価値整合問題は対処が難しい問題ですし、現時点でそれに対処するには、価値が何であるかわかっていないという課題があります。個人的な意見ですが、ＡＩ安全性の研究者が価値整合問題について話すときには、価値が何であるかについてさえ、非常に単純で、浅はかとも言える考えしか持っていないと思います。私たちが計算論的認知科学で行っている研究では、人間にとって価値とは何かということを実際に理解し、リバースエンジニアリングしようとしています。例えば、道徳原理とは何でしょうか？　そういったことは、工学的な見地から理解できるものではありません。

私たちはそのような課題について考えるべきなのですが、テクノロジーの側に手を付ける前に自分自身についてもっとよく理解しなくてはならない、というアプローチを私は取っています。私たちは、自分たちの価値とは実際には何なのかを理解しなくてはいけません。人間としての私たちはどのようにそれを学び、どのようにそれを知るのでしょうか？　道徳原理とは何でしょうか？　それらは、工学的な見地からはどのように働くのでしょうか？　それを理解することは、私たち自身を理解するために重要な役割を果たすと思いますし、認知科学の重要な課題でもあると思います。

マシンがより高い知能を持つだけでなく、自己意識を実際により多く持つようになり、自律的アクターとなるにしたがって、それは役立つと同時に、おそらく本質的なものともなってくるでしょう。あなたがおっしゃったような課題に対処するうえでも、重要なものとなってくるでしょう。私たちはまだ、それにどう対処すればよいか、そして自然知能ではそれがどのように働いているのか、理解できていないのだと思います。

私たちはまた、AI価値整合問題とは違った種類の、しかし気候変動と同様の、短期的で巨大なリスクや問題が存在することも認識しています。政府や企業は現在、どのようにAIテクノロジーを利用して人々を操作しているのでしょうか？

現時点で心配すべきなのは、そういったことです。私たちの中には、どうすれば道徳的に良いアクターになれるのか、そしてこの世界を本当に良くするためには、そして悪くしないためにはどうすべきなのか、といったことについて考える人がいるべきです。私たちはそのようなことや気候変動といった、現在の、あるいは短期的な、AIによって改善や悪化の可能性があるリスクに取り組むべきです。超知能の価値整合問題も考えるべき問題ですが、それは基礎科学の観点から考慮すべき問題だと思います——そもそも「価値を持つ」とはどういう意味でしょうか？

AI研究者は、こういったことすべてに取り組むべきです。価値整合問題は非常に基礎的な研究課題であり、実現したり実現が必要とされたりするにはほど遠いということです。AIが取り組むべき本物の今ここにある道徳的課題を見失わないように気をつける必要があります。

フォード：人工知能から得られる利益が不利益を上回ることを確約できると思いますか？

テネンバウム：私は根っからの楽観論者ですから、まずイエスと答えますが、そうなることは当然だと考えることはできません。AIに限らず、スマートフォンやソーシャルメディアなどのテクノロジーも、私たちの人生を変容させ、私たちが互いに交流するやり方を変えています。テクノロジーが、人間の経験の本質を実際に変化させているのです。それが常に良い方向に働くとは私は確信できません。全員がスマートフォンばかりいじっている家族や、ソーシャルメディアがもたらした負の影響を見ていると、楽観的でいることは難しいと感じます。

そのようなテクノロジーがさまざまな形で私たちにクレイジーな影響を与えていることを、理解し研究することが大事なのだと思います。それによって、良い面だけではないことがかなり明らかな形で、私たちの脳、私たちの価値体系、私たちの報酬系、そして私たちの社会的相互作用のシステムがハックされているのです。そのことを理解し、それについて考えるためのより積極的な研究を、すぐに始める必要があると思います。そのような面で、私はテクノロジーが良い結果をもたらすことは保証できないと感じています。また機械学習アルゴリズムを用いた現時点でのAIは、必ずしも善に味方するものではありません。

私はAIコミュニティが非常に積極的な形でそれについて考えてほしいと思います。長期的には私は楽観論者であり、私たちが作り出すAIは、どちらかと言えば世の中のためになるだろうと考えていますが、この分野で働くすべての人にとって、今はそれについて真剣に考えるべき本当に重要な時期だと思います。

フォード：何か最後におっしゃりたいこと、あるいは私がお聞きしなかったことで重要だと思われることはありますか？

テネンバウム：私たちの研究を駆り立て、この分野の研究者の多くを駆り立てている疑問は、人々がどんなことよりも長い間考え続けてきた疑問です。知能の本質とは何だろうか？　思考とは何だろうか？　人間であるとはどういう意味だろうか？　抽象的な哲学的問題として考えを巡らせるだけでなく、真の工学的進歩と真の科学的進歩の両方が達成できるような形で現在こういった疑問に取り組む機会が私たちに与えられているのは、非常にエキサイティングなことです。

私たちが大規模なAIの、特にAGIの構築について考えるときには、それを単なるテクノロジーや工学の問題としてとらえるのではなく、これまでに人類が考えてきた最大の科学的疑問の一面としてとらえることが必要です。知能の本質とは何か、あるいは宇宙における知能の根源は何なのか、などと考えることにも通じるものがあります。より大きなプログラムの一部としてそれをとらえることは非常にエキサイティングでもありますし、私たち全員が刺激され勇気づけられることだと思います。それはつまり、私たちをより愚かにするのではなく、より賢くしてくれるテクノロジーを作り出す方法について考えることだからです。

私たちは、人間的な知能を持つことの意味をより深く理解する機会とともに、私たちを個人的にも集団的にもより賢くしてくれるテクノロジーを構築する方法を学ぶ機会を与えられています。それができるのはすばらしくエキサイティングなことですが、私たちがテクノロジーに取り組む際にはそれを真剣にとらえることが絶対に必要でもあるのです。

ジョシュア・テネンバウムは、マサチューセッツ工科大学の脳および認知科学学科の計算論的認知科学の教授である。彼はMITコンピューターサイエンス・人工知能研究所（CSAIL）と、脳・知性・機械センター（CBMM）のメンバーでもある。ジョシュは人間知能を計算論的に理解すること、そして人工知能を人間レベルの能力に近づけることを二大目標として、人間およびマシンにおける知覚と学習、常識推論を研究している。ジョシュは1993年にエール大学から学士号を、1999年にMITから博士号を取得している。MIT人工知能研究所で短期間博士研究員を経験した後、彼は心理学と（慣例により）コンピューターサイエンスの助教としてスタンフォード大学の教員に加わった。彼は2002年に教授としてMITへ戻った。

彼が学生たちとともに認知科学や機械学習などのAI関連分野において発表した多数の論文は、コンピュータービジョン、強化学習および意思決定、ロボット工学、AIにおける不確実性、学習および発達、認知モデリングおよびニューラル情報処理などの主要な学会を含め、AI全般にわたるさまざまな分野で表彰されている。非線形次元削減モデルや確率的プログラミング、教師なし構造発見およびプログラム帰納へのベイズ的アプローチなど、いくつかの広く利用されているAIツールやフレームワークは彼らが導入したものである。彼個人は実験心理学者協会（SEP）からハワード・クロスビー・ウォーレン・メダルを、アメリカ心理学会（APA）から「キャリア早期における心理学への貢献に対する特別科学賞」を、アメリカ科学アカデミーからトロランド研究賞を受賞しており、実験心理学者協会と認知科学会（CSS）のフェローを務めている。

「『ゾウはこのドアを通れるでしょうか？』
といった質問をされたとき、
大部分の人はほぼ瞬時に答えられますが、
マシンにとってそれは難しい問題なのです。
一方にとって簡単なことが他方には困難だったり、
その逆だったりします。
そのことを、私はＡＩパラドックスと呼んでいます」

OREN ETZIONI

オーレン・エツィオーニ

アレン人工知能研究所CEO

オーレン・エツィオーニがCEOを務めるアレン人工知能研究所は、マイクロソフトの共同創業者ポール・アレンによって設立された独立組織であり、人工知能における高インパクトの研究を共通善のために行うことに専念している。オーレンが統括している数多くの研究イニシアティブの中で、おそらく最も有名なものがプロジェクト・モザイクであり、1億2500万ドルを投じて人工知能システムに常識を持たせようとする取り組みである。人工知能に常識を持たせることは、一般にAI最大の難問のひとつと考えられている。

フォード：プロジェクト・モザイクはとてもおもしろそうですね。それも含めて、アレン人工知能研究所で取り組んでおられるプロジェクトについて教えていただけますか？

エツィオーニ：プロジェクト・モザイクは、コンピューターに常識を与えることを目指すものです。これまでに人類が作り出したＡＩの多くは、特定の狭いタスクを非常に得意としています。例えば、人類は囲碁を非常に上手にプレイするＡＩシステムを作り出しましたが、部屋が火に包まれたとしても、そのＡＩがそれに気づくことはないでしょう。そういったＡＩシステムには常識が完全に欠如しているのです。そこをモザイクでは何とかしようとしています。

アレン人工知能研究所の究極のミッションは、共通善のためのＡＩです。私たちは、人工知能をどのように使えばこの世界をよりよい場所にできるかを調べています。そのために基礎研究も行っていますが、他の多くは工学寄りの取り組みです。

良い例が、「セマンティックスカラー（Semantic Scholar）」と呼ばれるプロジェクトです。セマンティックスカラー・プロジェクトでは、科学的探究と科学的仮説生成の問題に取り組んでいます。発表される論文や出版物は増える一方であり、科学者たちは、そして情報過多に悩まされている私たちも、この混乱状態を切り抜けるための助けを痛切に必要としています。そして、セマンティックスカラーはまさにそのためのものなのです。機械学習や自然言語処理など、さまざまなＡＩ技術を駆使して、科学者たちが読みたいものを探し出し、論文のどこに結果が書かれているかを見つけ出す手伝いをしてくれます。

フォード：モザイクには記号論理は使われているのでしょうか？ 昔からあるＣｙｃ《サイク》というプロジェクトは非常に労働集約的なプロセスで、例えば物体どうしがどのように関連しているかといった論理ルールを人がすべて書き下していました。そのためあまりうまくいかなかったのだと思います。モザイクでも同じようなことはされているのでしょうか？

エツィオーニ：Cycプロジェクトの問題点は、35年以上にわたって、まさにあなたのおっしゃった理由から苦労の連続だったことです。しかし私たちのところでは、よりモダンなAI技術――クラウドソーシング、自然言語処理、機械学習、そしてマシンビジョン――を活用し、違った形で知識を獲得しようとしています。

モザイクの場合には、最初の視点も大きく違っています。Cycの始まりは、いわば完全主義的なものでした。「よし、この常識のリポジトリをこれから構築して、そのうえで論理推論を行おう」ということです。それに対して私たちは、「まずベンチマークを定義して、任意のプログラムの常識能力を評価できるようにしよう」と言っているのです。そうすれば、そのベンチマークを使ってプログラムにどの程度の常識があるかを測定できますし、そのベンチマークを定義してしまえば（それは決して簡単なことではありませんが）、それを実装して進捗を実験的・経験的に測定できるようになります。それはCycではできなかったことです。

フォード：つまり、常識の物差しとなる、ある種の客観的なテストを作り出そうと計画しているわけですね？

エツィオーニ：その通りです！　チューリングテストが人工知能やIQのテストを意図していたのと同じように、私たちはAIの常識のテストを作り出そうとしているのです。

フォード：生物学などの科目で大学の試験に合格できるシステムを作り出そうともされていますよね。それにも引き続き注力されていくのでしょうか？

エツィオーニ：これはポール・アレンの先見性と意欲を示す例のひとつだと思うのですが、彼がアレン人工知能研究所を設立する前からさまざまな方法で研究していたのが、教科書のひとつの章を読んで巻末の問題に答えられるプログラムというアイディアでした。それと関連して、私たちは「標準的なテストに対して、どれほど良い点数が取れるプログラムを作り上げられるか」と問題を定式化しました。これが科学の文脈では私たちの「アリスト（Aristo）」プロジェクトへ、数学の問題の文脈では私たちの「ユークリッド（Euclid）」プロジェクトへと発展していったのです。

私たちにとって、問題に取り組む際にはまずベンチマークタスクを定義し、次にそれを使って継続的に性能を向上させていくのが非常に自然なやり方なのです。ですから、こういったさまざまな分野で私たちはそれを行っています。

フォード：進捗はどうですか？　うまくいきましたか？

エツィオーニ：正直に言って、良い結果ばかりではありませんね。科学と数学の試験に関しては、私たちがトップグループにいることは間違いないでしょう。科学に関しては、私たちが出した問題に答えてもらうカグル（Kaggle）コンペティション［カグルは世界最大級の機械学習のコンペティション・プラットフォームでアルファベット傘下企業。カグルでは企業や個人が課題を投稿してコンペを主催できる］を開催したところ、世界中から数千チームの参加がありました。私たちはこのコンペティションを通して、見落としがなかったかどうかを確認したかったのです。また、少なくともこのテストの参加者の中では、他の誰よりも私たちのテクノロジーが実際にかなり良い成績だったこともわかりました。

トップグループにいること、その研究に注力していること、そして一連の論文やデータセットを発表しているという意味では、非常にポジティブな結果が得られていると思います。ネガティブな点は、これらのテストにおける私たちの能力が、まだ非常に限定されていることです。テスト全体を通してみたときの成績はDといったところで、あまり自慢できたものではありません。その原因としては、これらの問題が非常に難しいものであること、またビジョンや自然言語の能力が必要とされるものが多いことが挙げられます。しかし、私たちの障害となっていた重要な問題が、実際には常識の欠如であることもわかりました。ですから、それがプロジェクト・モザイクを始めるひとつのきっかけとなったのです。

ここには、私が「AIパラドックス」と呼んでいる興味深い問題があります。人間にとって非常に難しいこと——例えば世界チャンピオンレベルの囲碁を打つこと——でも、マシンにはかなり簡単にできる場合があります。その一方で、人間にとって簡単にできること、例えば「ゾウはこのドアを通れるでしょうか？」といった質問をされたとき、大部分の人はほぼ瞬時に答えられますが、マシンにとってそれは難しい問題なのです。一方にとって簡単なことが他方には困難だったり、その逆だったりします。そのことを、私はAIパラドックスと呼んでいます。

さて、標準的なテストの作成者は、光合成や重力といった特定の概念について、生徒がその概念を特定の文脈に当てはめて、自分の理解を示すことを期待しています。六年生のレベルで光合成などを表現すること、そしてマシンに対してそれを表現することは実に簡単なことだとわかっていますから、それに関しては問題ありません。しかしマシンにとって難しいのは、特定の状況でいつその概念を適用すればよいのか、ということです。それには言語理解と常識推論が必要とされます。

フォード：では、あなたのモザイクに関する研究は、常識を理解する基盤を提供することによって、他の分野の進歩も加速させられるとお考えになっているわけでしょうか？

エツィオーニ：はい。典型的な設問としては、次のようなものがあります。「暗い部屋の中の植物を窓の近くに動かせば、その植物の葉の成長は早まるでしょうか、遅くなるでしょうか、それとも変わらないでしょうか？」。人間であればその設問を読んで、植物を窓の近くに動かせば光が当たるようになること、そして光が当たると光合成が早く進行すること、その結果として葉の成長が早まることを理解できます。しかしコンピューターにとっては、これが非常に難しいことがわかっています。AIは「植物を窓の近くに動かしたとき何が起きるでしょうか」と言われたときに、必ずしもその意味を理解しているとは限らないからです。

私たちがプロジェクト・モザイクを始めたきっかけ、そしてここ数年、アリストやユークリッドなどのプロジェクトでしてきた苦労の一端は大体そんなところです。

フォード：あなたは何がきっかけでAIの研究を始め、どのような経緯を経てアレン研究所で働くことになったのですか？

エツィオーニ：私のAIへの傾倒は、高校生の時に読んだ『ゲーデル、エッシャー、バッハ——あるいは不思議の環』（邦訳白揚社）という本に始まりました。この本では、論理学者のクルト・ゲーデル、画家のM・C・エッシャー、そして作曲家のヨハン・セバスティアン・バッハをテーマとして、数学や知能といったAIに関連付けられる多くの概念が解説され、探究されています。そこから私はAIに魅力を感じるようになったのです。

それから私はハーバード大学に入学したのですが、ちょうど私が二年生の時にAIの講義が始まりました。もちろん私がAIの講義を受講するのはそれが初めてでしたが、すっかり夢中になってしまったのです。当時ハーバードではAIに関する研究はあまり行われていませんでしたが、地下鉄で数駅のところにMIT人工知能研究所があり、そこでMIT人工知能研究所の共同創設者であるマーヴィン・ミンスキーが教えていたことを覚えています。そして、まさに『ゲーデル、エッシャー、バッハ』の著者であるダグラス・ホフスタッターも客員教授として来ていたので、私はダグラスのセミナーに出席し、ますますAIという分野に魅了されていきました。

私はMIT人工知能研究所でプログラマーのアルバイトを始め、私はAIの道に足を踏み入れられたことに、大げさな言い方をすれば、天にも昇る心地でした。その結果、私は大学院へ行ってAIの研究をしようと決心しました。私の行った大学院はカーネギーメロン大学で、トム・ミッチェルの指導を受けました。彼は機械学習という分野の創始者のひとりです。

私の職歴の次のステップはワシントン大学の教員となったことで、そこではAIに関する数多くのトピックを学びました。同時に私はAI関連のスタートアップにもいくつかかかわったのですが、それは非常にエキサイティングな経験でした。こういったことが積み重なって、私はアレン人工知能研究所に参加することになり、具体的に言うと、2013年にポール・アレンのチームから人工知能研究所の立ち上げに誘われたのです。そんなこんなで、2014年1月に私たちはアレン人工知能研究所を立ち上げました。そして2018年の今に至るというわけです。

フォード：あなたはポール・アレンの研究所のリーダーですから、彼と接する機会は多いと思います。アレン人工知能研究所に対する彼のモチベーションやビジョンについて、どう感じていますか？

エツィオーニ：私は何年もポールと一緒に仕事ができて、本当にラッキーです。私がこの仕事を受けるかどうか考えていたとき、ポールの著書『ぼくとビル・ゲイツとマイクロソフト アイデア・マンの軌跡と夢』（邦訳講談社）を読んで、彼の知性とビジョンの両方を知ることができました。ポールの本を読んでいて、私は彼がメディチ家の伝統に従っていることに気がついたのです。彼は科学分野の慈善事業家であり、ビルとメリンダのゲイツ夫妻とウォーレン・バフェットが始めたギビング・プレッジ（Giving Pledge）［慈善の啓蒙のために、資産家が生前の資産寄附を誓約書簡にして公開する活動］に署名して、自分の財産の大部分を慈善事業のために使うことを表明しています。ここまで彼を後押ししてきたものは、AIへの情熱です。彼は1970年代から、マシンにテキストを理解させ意味論を教え込むにはどうすればよいか、という問題に心を奪われているのです。

　何年もの間、ポールと私は会話と電子メールをたくさんやり取りしてきましたし、ポールは今でも研究所のビジョンを具体化するために、財政面の支援だけでなく、プロジェクトの選択や研究所の方向性に関しても助言してくれています。ポールは今でもバリバリの現役なのです［原書刊行時。ポール・アレンは2018年10月に死去］。

フォード：ポールが創立したもうひとつの研究所に、アレン脳科学研究所（Allen Institute of Brain

Science）があります。これらの分野の関連性から考えて、２つの組織の間には何らかのシナジーが働いているのでしょうね？　脳科学の研究者との共同研究や、情報共有はされていますか？

エツィオーニ：はい、その通りです。ポールがアレン脳科学研究所を設立したのはかなり前、２００３年のことでした。アレン人工知能研究所の側では、自分たちを「ＡＩ２」と呼んでいます。それはアレン研究所（Allen Institute）を略すとＡＩになるから、という言葉遊びでもありますが、私たちが2番目のアレン研究所だからという理由でもあります。

しかしポールの科学分野の慈善事業に話を戻すと、彼は戦略的にこれらのアレン研究所を創立しています。私たちがみな非常に緊密に情報交換をしているのは事実です。しかし私たちが利用する方法論は極めて異なっています。脳科学研究所では脳の物理的構造について研究している一方で、ここＡＩ２では比較的古典的なＡＩの方法論を採用してソフトウェアを構築しているのです。

フォード：つまり、ＡＩ２では必ずしも脳をリバースエンジニアリングすることによってＡＩを構築しようとしているわけではなく、実際にはより設計的なアプローチを取って、人間知能にヒントを得たアーキテクチャを作り上げている、ということでしょうか？

エツィオーニ：まさにその通りです。私たち人類は空を飛ぶことを望み、飛行機を作り上げ、ボーイング７４７を開発しましたが、飛行機はいくつかの点で鳥類とは大きく違います。ＡＩ分野の住人の中には、それと同じように、人工知能は人間の知能とは大きく違った形で実装されるだろうと考えている人もいるのです。

フォード：現在では深層学習とニューラルネットワークが大いに注目を集めています。それに関してどのような感想をお持ちですか？　誇大宣伝だとお考えでしょうか？　深層学習はＡＩの王道なのでしょうか、それとも数ある技術のひとつにすぎないのでしょうか？

エツィオーニ：私の答えは、そのすべてということになると思います。深層学習からは非常に目覚ましい成果がいくつも挙がっていますし、深層学習は機械翻訳や音声認識、物体検出、そして顔認識などに利用されています。大量のラベル付きデータが入手できて、強力なコンピューターパワーが使えるとき、深層学習モデルは威力を発揮します。

しかしそれと同時に、深層学習は誇大宣伝されているとも私は思っています。人によっては、深層学習は人工知能へ至る明確な道筋を提供しているし、その道筋はたぶん汎用人工知能に、もしかしたら超知能にまで通じているかもしれない、などと言っているくらいですから。また、そういったことが今すぐにでも実現しそうだという期待さえあります。そういう話を聞くと私は、木のてっぺんに登って月を指さし、「もう月はすぐそこだ」と言っている子どもの話を連想してしまいます。

実際には、まだまだこの先の道のりは長く、未解決の問題が数多く残されているのが現状だと思います。その意味で、深層学習は非常に誇大宣伝されていると言えるでしょう。深層学習は、そしてニューラルネットワークは、私たちのツールボックスの中でも特に優れたツールですが、そのツールを使っても、推論、予備知識、常識など、ほとんど未解決の問題がたくさん残されているのが実情だと思います。

フォード：他にインタビューした数名の方々のお話からは、今後に進むべき道としても機械学習を大いに信頼している印象を受けました。たぶん、十分に大量のデータがあり、学習能力が――特に教師なし学習の分野で――向上すれば、常識推論が自然に生まれてくると考えているのでしょう。あなたのお考えは違っているようですね。

エツィオーニ：「自然に生まれてくる知能」という考え方は、実際には認知科学者のダグラス・ホフスタッターがだいぶ昔に論じていたものです。現在では意識や常識といったさまざまな文脈で論じられていますが、それは現実のものではありません。私自身を含め、人々は将来についてさまざまな憶測を巡らせるものですが、私は科学者として現実の具体的なデータに基づいた結論を出すようにしています。そして深層学習は、高容量の統計モデルとして使われているのが現実のようです。高容量（high capacity）とは、投入するデータが多ければ多いほどモデルから得られる結果が良くなることを意味するジャーゴンです。

その中心にある統計モデルは、数値行列の乗算、加算、減算などに基づいたものです。常識や意識が自然に生まれてくると期待できる場所からは、かなり隔たりがあります。私の感触としては、そういった主張を裏付けるデータは存在しないようです。もしそんなデータが出てきたら私はとても興奮するでしょうが、まだそのようなデータは見たことがありません。

フォード：あなたが取り組んでいる研究の他に、最先端に位置するプロジェクトとしては何が挙げられるでしょうか？　ＡＩで現在最もエキサイティングな出来事は何でしょうか？　今後、大きな進展が見込める分野はアルファ碁でしょうか、それ以外の何かでしょうか？

エツィオーニ：そうですね、私はディープマインドが、最もエキサイティングな研究が行われている場所のひとつだと思います。

実際には私はアルファ碁よりも、彼らがアルファゼロと呼んでいるものに興味がありますし、手作業でラベル付けされた実例なしにすばらしい性能を実現できていることは、とてもエキサイティングだと思います。ただ、それと同時に、このコミュニティにいる誰もが同意すると思うのは、ボードゲームは単純化された、評価関数がものをいう、非常に制約された領域だということです。ですから私はロボット工学に関する現在の取り組みや、自然言語処理に関する取り組みに、ちょっとした刺激を求めることもあります。また「転移学習」と呼ばれる、ひとつのタスクを別のタスクに対応付けようとする分野にも、注目すべき研究がありそうです。

ジェフリー・ヒントンが、深層学習の異なるアプローチを開発しようとしているようです。ＡＩ2では80人の研究者が、記号的なアプローチや知識と深層学習パラダイムとをどのように組み合わせればよいか研究していますが、それも非常にエキサイティングだと思います。

また「ゼロショット学習（zero-shot learning）」といって、何かを初めて見たときから学習できるプログラムを構築しようという試みも行われています。また「ワンショット学習（one-shot learning）」は、プログラムがたったひとつのサンプルを見るだけで、何かをできるようになることです。これもエキサイティングだと思います。ニューヨーク大学で心理学とデータサイエンスの助教を務めているブレンダン・レイクが、そういった方面の研究を行っています。

カーネギーメロン大学での、生涯学習に関するトム・ミッチェルの研究もまた非常に興味深いものです。彼らは、より人間らしいシステムを構築しようとしています。単にデータセットを調べてモデルを構築しておしまい、というわけではなく、継続的に運用して継続的に学習を試み、それまで学んだことに基づいて、長期間かけてさらに学んでいくのです。

フォード：「カリキュラム学習」と呼ばれる新しいテクニックがありますね。最初は比較的やさしい課題を学習させ、その後だんだん難しい課題を与えていくのです。人間の学生の学び方と同じです。

エツィオーニ：その通りです。しかしここでちょっと立ち止まって考えてみましょう。AIという分野には、大げさで過度にもったいぶった用語がはびこっています。そもそも、この分野が「人工知能」と呼ばれていることも、私にとってはしっくりきません。また「人間の学習」と「機械学習」も非常に大げさに聞こえますが、実際には使われているテクニックは非常に制限されたものであることが多いのです。今までに話題にのぼった用語――カリキュラム学習が良い例です――はすべて、単に統計的テクニックの比較的制限された集合を拡張し、人間の学習の特徴を取り込んでいこうとするアプローチを意味しています。

フォード：汎用人工知能へ向けた道のりについてお聞かせください。それは達成可能だと確信していらっしゃいますか？　もしそうなら、私たちが最終的にＡＧＩへ到達することは必然だと思われますか？

エツィオーニ：はい。私は唯物論者ですから、私たちの脳の中には原子以外のものは存在しないと信じていますし、それゆえ思考は計算の一形態だと思っています。また、マシンに思考させる方法を見つけ出すことも、時間をかければ十分に可能であると思います。

たとえコンピューターの助けを借りても、それができるほど私たちが十分に賢くはない可能性があることは認識していますが、私の直感ではＡＧＩは実現しそうな気がします。しかし時期に関しては、まだＡＧＩは非常に遠いところにあります。マシンに対して適切に定義することすらできていない、解決の必要な問題があまりにも多く存在するからです。

それはこの分野全体で最も微妙な問題のひとつです。世の人々は、例えばコンピュータープログラムが囲碁で人間に勝利するといった目覚ましい成果を見て、「おお！　知能はすぐにでも実現するに違いない」と言います。しかし自然言語や知識を活用した推論といったより微妙な問題になると、ある意味では、問うべき適切な質問さえ知らないことがわかるのです。

パブロ・ピカソがコンピューターは役立たずだと言ったという、有名な話があります。コンピューターは質問に答えるだけで、質問を問いかけることはしません。ですから、質問を厳格に定義し、質問を数学的に、あるいは計算問題として定義できる場合には、うまくそれを定義して答えを導き出すことができます。しかし、どのように定式化するのが適切か、まだわかっていない問題もたくさんあります。例えば、自然言語をコンピューターの中でどのように表現すればよいかとか、常識とは何か、といった問題です。

フォード：ＡＧＩを達成するために、克服する必要のある主要なハードルは何でしょうか？

エツィオーニ：例えばいつＡＧＩが実現するだろうかといった質問をＡＩの研究者にするとき、私は「炭鉱のカナリア」と呼んでいるものを特定しようとすることがよくあります。炭鉱労働者が有毒なガスを検出するために炭鉱にカナリアを連れて行くのと同じように、踏み台となるものがあると思うのです。そういった踏み台が実現できれば、ＡＩは非常に違った世界になることでしょう。

そういった踏み台のひとつは、複数の非常に異なるタスクを本当に意味で取り扱うことができるＡＩプログラムということになるでしょう。言語とビジョンの両方が処理できて、ボードゲームのプレイも道路を渡ることもでき、歩きながらガムをかめるようなＡＩプログラムです。まあこれはジョークですが、はるかに複雑なことができる能力をＡＩが持つことは重要だと思います。

もうひとつの踏み台として、こういったシステムをもっとデータ効率の良いものにすることが非常に大事です。学習するために何個のサンプルが必要でしょうか？　たった1個のサンプルから本当に学習できるＡＩプログラムが実現できれば、非常に意味のあることだと思います。例えば、私があなたに新しい物体を見せたとします。あなたはそれを見て、実際に手に取ってみて、「わかった」とうなずきます。次に、私はあなたにその物体のさまざまな写真、あるいはその物体の異なるバージョンを、異なる照明条件や、部分的に隠れた状態で見せます。それでもあなたは「ああ、これは同じ物体だ」と言えるでしょう。しかしマシンは、たった1個のサンプルからそのようなことはまだできないのです。私にとっては、それがＡＧＩへの本当の踏み台です。

自己複製は、ＡＧＩへ向けたもうひとつのドラマチックな踏み台です。物理的な実体を持ち、自分自身のコピーを作成できるＡＩシステムは実現できるでしょうか？　これは最大の炭鉱のカナリアとなることでしょう。それが実現すれば、そのＡＩシステムは自分自身のコピーを多数作れるからです。人間はきわめて困難で複雑なプロセスを経て自分自身のコピーを作りますが、ＡＩシステムにはそれはできません。ソフトウェアのコピーを作ることは簡単にできますが、ハードウェアはそう簡単にはいきません。ＡＧＩへ向けた主要な踏み台として、私に思いつくものはそういったところです。

フォード：もしかすると、異なる領域の知識を利用できることも核心的な能力かもしれませんね。先ほど挙げられた、教科書のひとつの章を勉強するという例でいえば、教科書の知識を獲得でき、単にそれに関する質問に答えるだけでなく、現実世界の状況に合わせて実際に使いこなせることです。真の知能の根底には、そのようなことがあるように思えます。

エツィオーニ：私も完全に同じ意見です。それはＡＩを現実世界で、そして予期せぬ状況でも、使いこなすことです。そしてこの問題はＡＧＩへと至る道のりのほんの一歩にすぎないのです。

フォード：ＡＩにまつわるリスクについてお話を伺いたいのですが、その前に、ＡＩの最大の利点や、ＡＩが配備され得る最も有望な分野について、言っておきたいことはありますか？

エツィオーニ：私には傑出していると思える例が2つあります。ひとつは自動運転車であり、現在アメリカのハイウェイだけで毎年3万5０００人以上にのぼる交通事故死者数や、１００万件のオーダーで発生している傷害事故を、自動運転車の導入によってかなりの程度減らせることを示す研究があります。このようにＡＩが直接人の命を救うテクノロジーとなり得ることを知って、私はとても感激しました。

第二の例は、私たちも取り組んでいることですが、科学です。科学は、経済成長や医学の進歩、そして一般的に言って人類全体の繁栄の原動力となってきました。しかし、こういった進歩にもかかわらず、エボラ出血熱やがん、抗生物質の効かない多剤耐性菌など、まだまだ課題は山積しています。科学者はこういった問題の解決に力を貸す必要がありますし、何よりも素早く行動しなくてはいけません。そこにセマンティックスカラーのようなプロジェクトを利用すれば、よりよい医療とよりよい医学研究を提供することによって、人の命を救える可能性があります。

私の同僚であるエリック・ホーヴィッツは、こういったトピックについて最も深く考えている人物のひとりです。ＡＩが人命を奪うのではないかと心配している人に対して、彼は見事にこう切り返しました。実際には、ＡＩテクノロジーが存在しないことによって、すでに人命が失われているんですよ、と彼は言ったのです。アメリカの病院で3番目に多い死因は外科医のミスであり、その多くはＡＩを使うことによって防げた可能性があります。つまり、私たちがＡＩを利用していないがために、人命が実際に失われているのです。

フォード：ちょうど自動運転車に触れられたので、その実現時期についてお聞きしたいと思います。あなたがマンハッタンのどこかにいて、車を呼ぶことを想像してみてください。誰も乗っていない自動運転車が到着して、あなたを別のどこかへ連れて行ってくれます。そういったことが、広く利用可能な消費者向けサービスとして実現するのはいつになるとお考えでしょうか？

エツィオーニ：おそらく、今から10年から20年先のことになるでしょうね。

フォード：次は、リスクについてお伺いします。最初に、私もいろいろと記事を書いている経済的大変動の可能性と、労働市場への影響についてお聞きしたいと思います。新たな産業革命が始まろうとしている可能性は十分にあると私は思いますし、それが変革的な影響を与えることによって、多数の職が消滅したり、スキルの単純化が発生したりするかもしれません。それについてはどう思われますか？

エツィオーニ：あなたと同じように私も、超知能の脅威を強調すぎないようにしている、という点では私もほぼ同じ意見です。私たちは、想像上の問題よりも現実の問題のほうを考えるべきなのですから。しかし、非常に現実的な問題はいくつかありますし、その中でも最大の問題は職に関するものです。長期的なトレンドとして製造業の職は減少傾向にありますが、自動化やコンピューターによる自動化やＡＩによる自動化のため、その趨勢《すうせい》は大幅に加速する可能性があります。ここには本当に現実的な問題が存在すると思います。

ひとつ言っておきたいことがあります。それは、人口動態が私たちに有利に働いているのも事実だということです。人類がもうける子どもの数は平均として減少している一方で、長生きする人の数は増加しているため、特にベビーブーム以降、社会は高齢化しつつあります。今後20年で自動化は進行しますが、労働者の数は以前ほど急激には増加しないでしょう。もうひとつ、人口動態の要因が私たちに有利に働く点があります。過去20年間で女性の社会進出が進み、労働人口における女性の割合も増加してきましたが、現在ではそれが頭打ちになっていることです。別の言い方をすれば、働きたい女性はすでに職に就いているということです。そのため、やはり今後20年間で労働者の数が増加することはないでしょう。しかし、自動化によって職が奪われるリスクは依然として深刻だと私は考えています。

フォード：長期的な観点から、自動化が経済に与える影響に社会が対応するための方法として、ユニバーサルベーシックインカムというアイディアについてどう思いますか？

エツィオーニ：それは農業ではすでに起きていることだと思いますし、製造業もそうなることは明らかでしょう。正確なタイミングについては何とも言えませんけどね。明らかに言えるのは、今後10年から50年の間に、多くの職がなくなってしまうか、それらの職が劇的に変容する——はるかに効率的に、少ない人数でできるようになる——ことです。

ご存知のように、農業に従事する人の数は昔よりもかなり減っていますし、農業に関連する職業も高度化しています。そして、そのようなことが起こるときには「その人たちは何をすればいいのだろう？」という疑問が生じます。私がその答えを知っているわけではありませんが、この議論へ一石を投じる試みとして、「ワイアード」誌の2017年2月号に「自動化によって職を失う労働者は介護職を目指すべき（Workers displaced by automation should try a new job: Caregiver）」[※16]と題する記事を書きました。

私はその記事の中で、今私たちが議論している経済的状況の中で最も脆弱《ぜいじゃく》な労働者には、中卒者や高卒者が含まれる、と書いています。炭鉱労働者をうまくデータマイニング（発掘）の技術者に転換することや、こういった人々に技術的再教育を施すこと、どうにかして新しい経済に参加してもらうことが簡単にできるとは思えません。それが大きな課題だと思います。

　またユニバーサルベーシックインカムも、少なくとも国民皆保険や国民全員への住宅供給さえ実現できていない現状では、簡単ではないと思います。

フォード：この問題への有効な解決策を見つけることが最大の政治的課題となることは、かなり明らかなようですね。

エツィオーニ：一般解や銀の弾丸［特効薬］が存在するかどうかはわかりませんが、私がこの議論に一石を投じたのは、非常に人間集約的な職業について考えるためです。精神的な支援を提供する職業について考えてみてください。誰かと一緒にコーヒーを飲んだり、誰かと一緒にいてあげたりすることです。高齢者や特別な支援を必要とする子どもたち、その他さまざまな人々——ロボットではなく、人とのかかわりを必要としている人たち——のための職業です。

　そういった職業により多くの資源を割り当て、それらの職業に携わる人たちによりよい報酬とより大きな尊敬を与える社会を目指すなら、人々がそれらの職業を引き受ける余地はあると思います。とはいえ、私の提案にも多くの課題が残されていますし、万能薬だとも思っていませんが、方向性としては間違っていないと思います。

フォード：労働市場への影響以外に、今後10年から20年の間に人工知能に関して私たちが本当に懸念すべきことは何があると思われますか？

エツィオーニ：サイバーセキュリティはすでに大きな懸念となっていますし、ＡＩの普及に伴ってさらにその懸念は高まります。私にとってもうひとつの大きな懸念は自律兵器です。特に、人の生死にかかわる決断を自分自身で行えるような自律兵器は恐ろしい代物です。しかし、先ほど議論した職のリスクが、セキュリティや兵器にも増して、最も懸念すべきことでしょう。

フォード：ＡＧＩが人類の生存を脅かすリスクや、超知能に関する価値整合問題または制御問題についてはいかがでしょう。それは私たちが心配すべきことでしょうか？

エツィオーニ：少人数の哲学者や数学者が人類の生存にかかわる脅威について熟考するのはすばらしいことだと思いますし、その可能性を頭から否定するつもりはありません。それと同時に、そういったことは私たちが真っ先に懸念すべき問題だとは思いませんし、そのような脅威に対して現時点でできることはあまりないと思います。

興味深い考察として、もし超知能が実現したとして、それと意志の疎通や話ができるようになれば本当にすばらしいと思います。私たちがＡＩ２で行っている――他の人たちも行っている――自然言語理解に関する研究は、ＡＩの安全性に非常に価値ある貢献ができそうです。少なくとも価値整合問題について心配するのと同じくらいには価値があるでしょう。価値整合問題は、究極的には強化学習と目的関数に関連する技術的な問題にすぎません。

ですから、私はＡＩの安全性に備えるための投資が不足していると言うつもりはありませんし、私たちがＡＩ２で行っている研究の一部が、実際には暗黙のうちにＡＩの安全性への重要な投資となっていることも確かです。

フォード：おしまいに、何か言っておきたいことはありますか？

エツィオーニ：そうですね、ＡＩの議論で見過ごされがちなことを、ひとつ指摘しておきたいと思います。それは知能と自律性との区別です[※17]。

私たちは、知能と自律性が表裏一体の関係にあると、当然のように考えています。しかし、高度な知能を持つけれども基本的には自律性のないシステムもあり得ますし、その一例は電卓です。電卓は自明な例ですが、すばらしく囲碁が上手なアルファ碁のようなシステムも、誰かがボタンを押さなければ碁を打ち始めることはありません。知能が高く自律性が低いわけです。

また、自律性が高く知能の低いものもあります。ちょっとふざけていますが、私の好きな例は土曜の夜に集まって騒いでいるティーンエージャーたちです。自律性は高いけれども知能は低いというわけです。しかし、私たちがみな経験しているもっとまじめな例としては、コンピューターウイルスが挙げられるでしょう。知能は低いかもしれませんが、コンピューターネットワークを飛び回る非常に高い能力を備えています。私が言いたいのは、私たちが構築するシステムはこの知能と自律性という2つの次元を備えており、自律性のほうが問題となることが多いことを理解すべきだということです。

フォード：ドローンやロボットが、その行動に許可を与える人間の関与なしに人を殺す判断をしかねないことは、実際にＡＩコミュニティの中で大いに懸念されています。

エツィオーニ：まったくその通りです。自律性があれば、人の生死を左右する決定が行なえてしまいます。その一方で、知能は命を救うために役立つ可能性があります。ターゲットを絞り込んだり、人的犠牲が許容できない場合、あるいは目標とする人物や建物が間違っていた場合には攻撃を中止したりできるわけですから。

ＡＩに関する心配の多くは実際には自律性に関する心配である、という事実を強調しておきたいと思いますし、自律性は社会として排除することを選択できるものだということも強調しておきたいと思います。

私は「ＡＩ」を「拡張知能（augmented intelligence）」としてとらえることがよくあります。セマンティックスカラーや自動運転車のようなシステムについては、確かにそう言えるでしょう。私がＡＩ楽観論者である理由のひとつは、そしてこれほどまでにＡＩに夢中になっている理由のひとつは、そして私が高校生の時から人生をＡＩにささげている理由は、ＡＩには途方もなく大きな善をなす可能性があるからなのです。

フォード：その自律性の問題に対応するために、規制の余地はあるでしょうか？　あなたは自律性を規制することに賛成ですか？

エツィオーニ：はい、強力なテクノロジーに関しては、規制は不可避であり、適切でもあると思います。ＡＩという分野そのものではなく、ＡＩの応用——つまりＡＩ自動車、ＡＩ衣服、ＡＩおもちゃ、そして原子力発電所へのＡＩの利用など——を規制することに焦点を絞るべきでしょう。ＡＩとソフトウェアとの境界がきわめてあいまいであることには、注意が必要です！

私たちはＡＩの国際競争の真っただ中にいますから、ＡＩそのものを拙速に規制することには反対です。もちろん国家運輸安全委員会などの既存の規制機関は、すでにＡＩ自動車や最近のウーバーの事故について検討を始めています。そういった規制は非常に適切なものですし、今後も行われるべきものだと私は考えています。

※16　https://www.wired.com/story/workers-displaced-by-automation-should-try-a-new-job-caregiver/
※17　https://www.wired.com/2014/12/AI-wont-exterminate-us-it-will-empower-us/

［邦訳参考書籍］
『ゲーデル、エッシャー、バッハ——あるいは不思議の環』（ダグラス・R・ホフスタッター著、野崎昭弘／はやしはじめ／柳瀬尚紀訳、白揚社、１９８５年、20周年記念版２００５年）
『ぼくとビル・ゲイツとマイクロソフト　アイデア・マンの軌跡と夢』（ポール・アレン著、夏目大訳、講談社、２０１３年）

オーレン・エツィオーニは、マイクロソフトの共同創業者ポール・アレンによって2014年に設立された独立非営利の研究組織、アレン人工知能研究所（略称AI2）のCEOである。AI2はシアトルに拠点を置き、80名を超える研究者とエンジニアを雇用して、「人工知能の分野における高インパクトの研究とエンジニアリングを、すべて共通善のために行う」というミッションに取り組んでいる。

オーレンは1986年にハーバード大学からコンピューターサイエンスの学士号を取得し、その後1991年にカーネギーメロン大学から博士号を取得した。AI2に参加するまで、オーレンはワシントン大学の教授として、100本を超える技術論文の共著者となっている。オーレンはAAAIのフェローであり、成功した連続起業家でもある。彼が創業した、あるいは共同で創業した数々の技術スタートアップ企業は、イーベイ（eBay）やマイクロソフトなどの大企業に買収された。オーレンは、メタ検索（1994）、オンライン比較ショッピング（1996）、マシンリーディング（2006）、オープン情報抽出（2007）、そして学術文献のセマンティック検索（2015）といった先駆的な取り組みにも貢献している。

「AIはスライスした食パン以降では最高の発明です。
私たちは全面的にAIを受け入れ、
そうすることによって人間の脳の秘密を解き明かすべきです。
それは私たちだけではできないことなのですから」

BRYAN JOHNSON

ブライアン・ジョンソン

起業家
カーネル社およびOSファンド社創業者

ブライアン・ジョンソンはカーネル（Kernel）、OSファンド（OS Fund）、そしてブレインツリー（Braintree）の創業者である。2013年にブレインツリーを8億ドルでイーベイに売却［その後ペイパル（PayPal）傘下］した後、ジョンソンは1億ドルの資金を投じて2014年にOSファンドを創業した。彼の目的は、ハードサイエンス分野での画期的な発見を推進する起業家や企業に投資して、最も緊急を要する地球的規模の問題に対処することである。2016年、彼はさらに1億ドルの自己資金を投じてカーネルを創業した。カーネルはブレイン・マシン・インタフェースを開発し、人類の認知能力を根底から強化する選択肢を提供しようとしている。

フォード：カーネルがどんな会社なのか、説明していただけますか？　起業のきっかけは何だったのでしょうか、そして長期的なビジョンは？

ジョンソン：たいていの人たちは製品を念頭において会社を始め、その製品を作ることになります。私は問題を特定してカーネルを起業しました。その問題とは、病気や不調に対応し、知能のメカニズムに光を当て、そして私たちの認知能力を拡張するために、私たちの神経コーディングを読み書きするよりよいツールを作り上げる必要があることです。現時点で脳とインタフェースするために存在するツールを考えてみましょう。MRIスキャンによって脳の画像を得ることができ、頭皮の外側からEEG〔脳波記録装置〕を使ってあまり役に立たない脳波測定を行うことができ、そして病気に対処するために電極を埋め込むことができます。それ以外には、私たちの脳が世界にアクセスする手段は五感以外にはほとんどないのです。私はどんなツールを作れるか見定めることを目的として、1億ドルを投じてカーネルを創業しました。私たちは2年間この探究を続けていますが、意図的にまだステルスモードにとどまっています。私たち30人のチームは、かなりうまくやっていると思います。私たちは次のブレークスルーを達成するために、懸命に働き続けています。私たちが世界でどんな位置にいるのか、もう少し詳しくお話しできればいいのですが、残念ながらこれ以上はお話しできません。時期が来たらそうするつもりですが、現時点ではまだ準備が整っていないからです。

フォード：私が読んだ記事には、例えばてんかんなどの症状に役立つ医療への応用を始めているようなことが書かれていました。当初は脳手術を伴う侵襲的なアプローチを試そうとしていたけれども、それまでに学んだことを生かしてできるだけ侵襲的でない方法で、認知能力を強化する方法にたどり着いた、というのが私の理解です。それは正しいでしょうか、それとも私たちがみな脳にチップを挿入している未来を想像していらっしゃいますか？

ジョンソン：脳にチップを埋め込むことはひとつの方法として考えてはいましたが、私たちは神経科学のありとあらゆる入り口も調べ始めています。このゲームで重要なのは、収益性のあるビジネスを作り出す方法を見つけることだからです。埋め込み式のチップの作り方を考えるのも選択肢のひとつですが、他にも存在する数多くの選択肢のすべてを検討しているところです。

フォード：何がきっかけでカーネルやOSファンドを創業しようと思ったのですか？　そこに至るまでのあなたの経歴はどんなものだったのでしょうか？

ジョンソン：始まりは21歳の時、エクアドルへのモルモン教の宣教活動から戻ったときでした。私は極度の貧困と苦難の中で、それらを目の当たりにしながら暮らしていました。極度の貧困の中で2年間暮らしている間、たったひとつ私の心にのしかかっていた問題は、世界の最大多数の人々に最大の価値を作り出すために私は何ができるだろうか、ということでした。私を突き動かしたのは名誉やお金ではなく、ただ世界に善行を施したいという思いだったのです。そのため、私は見つかった選択肢をすべて検討しましたが、どれも満足のいくものではありませんでした。そのため、私は起業家になり、事業を立ち上げ、そして30歳までに引退することを決意しました。当時21歳だった私にとって、それは納得できる計画だったのです。私は幸運にも成功し、14年後の2013年にブレインツリーという私の会社をイーベイに売却して8億ドルをキャッシュで受け取りました。

そのときまでに、私はモルモン教の信仰からも離れていました。信仰は私の人生のすべてでしたから、私は自分自身をゼロから作り直さなくてはならなかったのです。当時私は35歳で、最初の人生の決断をしたときから14年たっていましたが、人類の利益になることをしたいという気持ちは失っていませんでした。私は自分に問いかけました。人類が生き残る確率を最大化するために私が何かできることがあるとすれば、それは何だろうか。そう考えたとき私にわからなかったのは、人類が直面する困難を乗り越えて生き残るために必要なものを持っているのか、ということでした。私はその質問に2つの答えを見つけました。それがカーネルであり、OSファンドだったのです。

ＯＳファンドを創業したのは、世界中の資金運用者やお金持ちは科学の専門家ではない人が大部分であり、典型的には、金融や運輸など、自分たちになじみのある分野に投資が行われているからです。つまり、科学に関する事業には不十分な資本しか投入されていないことになります。私が世界トップクラスのハードサイエンスに投資して成功していることを科学者以外の人に実証できれば、他の人の手本になるモデルが作り出せるだろう、と私は考えました。そんなわけで私はＯＳファンドに1億ドルを投資してそれを実行し、５年間にアメリカの企業の中で上位10パーセントに入る成績を出しています。私たちは28件の投資を行って、これらの科学関係の、世界を変えるテクノロジーを開発している起業家たちへの投資が成功することを実証できたのです。

次はカーネルです。まず私は２００人以上の本当に賢い人たちと話をして、彼らがこの世界で何をしているか、そしてなぜそうしているかを聞きました。そこから私はさらに質問を重ねて、彼らの考え方の前提となるものの積み重ねをすべて理解しようとしました。そのようにして得られた収穫のひとつが、脳はすべての根源であり、人間としての私たちがしていることはすべて脳に由来するということです。私たちが作り上げるものすべて、私たちがなろうとするものすべて、そして私たちが解こうとする問題すべてがそうなのです。脳は他のすべての上流に位置しているのですが、そのことを誰もが見逃していました。例えばＤＡＲＰＡ（国防高等研究計画局）やアレン脳科学研究所などでの取り組みはあったものの、大部分は特定の医学への応用や神経科学の基礎研究に特化したものでした。私が知る限り世界中に誰も、脳は最も重要な存在であり、すべては脳の下流に位置する、と言っている人はいませんでした。それは非常にシンプルな着眼点ですが、どこからも死角となっていたのです。

私たちの脳は目のすぐ後ろに存在しますが、私たちが注目しているものはすべてその下流にあります。神経コーディングを読み書きして私たちの認知を読み書きしようという取り組みは、意味のある規模ではなされていません。ですから、私たちがゲノムに対して行ったこと、つまりゲノム配列を解読してゲノムを書き込むツールを作り上げたのと同じことを、私はカーネルで脳に対して行おうとしているのです。２０１８年の時点で、私たち人類を作り上げているソフトウェア、つまりＤＮＡを読み出して編集することができるようになっています。私は脳に対して同じこと、つまり私たちのコードを読み書きすることがしたいのです。

私が人間の脳を読み書きできるようにしたいと思っている理由はいくつかあります。これらすべての背後にある私の基本的な信念として、私たちはヒトという種として自分自身を根本的にレベルアップする必要があるのです。ＡＩの進歩は非常に速く、ＡＩの将来に何が起こるのかは誰にもわかりません。専門家の意見もさまざまに分かれています。ＡＩが直線的に成長していくのか、Ｓ字曲線なのか、指数曲線なのか、あるいは断続平衡なのかはわかりませんが、ＡＩへの期待が右肩上がりで高まっていくことは間違いないでしょう。

私たち人類の改善する速度は頭打ちになっています。そう聞いて、五百年前と比べれば大幅に改善しているじゃないかという人もいますが、実際には違うのです。確かに、今の私たちはより複雑なこと、例えば物理学や数学のより複雑な概念を理解していますが、ヒトという種としては千年前とまったく同じです。私たちは同じ傾向を持ち、同じ過ちを繰り返しています。たとえ私たちがヒトという種として改善していることが示せたとしても、それをＡＩと比較すれば、人類が低迷していることは確かです。単純にグラフを見るだけでも、ＡＩが右肩上がりなのに、人類はほんのちょっとしか進歩していないことがわかります。つまり問題は、ＡＩと私たちとの差分がどれほど大きくなったとき、私たちは非常な居心地の悪さを感じ始めるのだろうか、ということです。それが私たちによってなされるならば、私たちは種としてどうなるのでしょうか？　それは問われるべき重要な質問です。

もうひとつの理由は、ＡＩによる雇用の危機が目前に迫っているという考えに関連しています。人々が提案する最も創造的な解決策がユニバーサルベーシックインカムであり、これは基本的に白旗を挙げて、もう私たちの手には負えないので政府にお金を出してもらおうと言っているのと同じです。その話のどこにも、根本的な人類の改善の議論は出てきません。私たちは自分たちを前に進める方法だけでなく、根本的に変革する方法も考え出すべきなのです。私たちに必要なのは、私たちは未来を想像できないがゆえに私たち自身の根本的な改善が必要とされているのだ、と認識することです。私たちは見慣れた想像の範囲に縛られているのです。

人類をグーテンベルクと印刷機の昔に連れて行き、これでどんなことができるようになるか、びっくりするような未来像を描いてみろと言っても、彼らにはそれはできないでしょう。インターネットやコンピューターなどの登場を想像することもできないはずです。根本的な人類の強化についても同じことです。その向こうに何があるかはわからないのです。わかっているのは、私たちが種として生き延びるためには、自分たちを大幅に進歩させなくてはいけない、ということです。

さらにもうひとつの理由として、どういうわけかＡＩが私たち全員が心配すべき最大の脅威になってしまった、という考えがあります。私にはばかげていると思えますけどね。私の最大の心配の種は人類です。私たちはこれまでずっと、自分自身の最大の脅威であり続けてきました。歴史を通じて、私たちは互いに恐ろしいことをしてきました。確かに、私たちはテクノロジーを使って目覚ましい成果も上げてきましたが、はなはだしい害悪を与え合ってきたことも事実なのです。ですから、ＡＩはリスクかと問うことに、どれほどの優先順位が与えられるべきなのでしょうか？　私の意見では、ＡＩはスライスした食パン以降では最高の発明です。私たちは全面的にＡＩを受け入れ、そうすることによって人間の脳の秘密を解き明かすべきです。それは私たちだけではできないことなのですから。

フォード：カーネルと大まかには同じことをしている会社は、他にもいくつかあります。イーロン・マスクのニューラリンク（Neuralink）や、フェイスブックとDARPAでも似たようなことをしていたと思います。あなたは彼らが直接の競合だと感じていますか、それともカーネルはアプローチの点でユニークなのでしょうか？

ジョンソン：DARPAはすばらしい仕事をしています。彼らはこれまでかなり長いこと脳について調べてきましたし、成功の原動力ともなってきました。この分野のもうひとりのビジョナリーはポール・アレンと、アレン脳科学研究所です。私が認識したギャップは脳の重要性を理解することではなく、私たちに関係するすべての存在への一次的なエントリーポイントとして脳を認識することなのです。そして、その枠組みを通して、神経コーディングを読み書きするツールを作り出すことです。人間を読み書きするのです。

私がカーネルを起業してから1年もたたないうちに、イーロン・マスクとマーク・ザッカーバーグが似たようなことを始めました。イーロンの会社は大まかには私の会社と同様に、同じような軌跡をたどってAIをうまく使えるように人間のソフトウェアを書き換える方法を見つけ出そうとしています。そしてフェイスブックは、自分たちの取り組みをフェイスブックの経験の中でのユーザーとのさらなるエンゲージメントに集中させることに決めました。ニューラリンクとフェイスブック、そしてカーネルが今後数年で成功するのかどうかはまだわかりませんが、少なくとも私たちが切磋琢磨していることは確かですし、それは業界全体にとっても歓迎すべき状況だと思います。

フォード：時間としてはどのくらいかかると思いますか？　人間の知能を増強する何らかのデバイスやチップが容易に入手できるのは、いつごろになると想像できますか？

ジョンソン：それは方式しだいですね。埋め込み式なら比較的長くかかりますが、侵襲的でないものはあまり時間はかかりません。私の予想では、15年もすればニューラルインタフェースは現在のスマートフォンと同じくらいありふれたものになるでしょう。

フォード：それはかなり大胆な予想ですね。

ジョンソン：私はニューラルインタフェースと言いましたが、方式を特定してはいません。人々の脳にチップが埋め込まれるようになると言っているわけではないのです。私はただ、そのユーザーが脳をオンライン接続できるようになるだろうと言っているだけです。

フォード：情報や知識を直接脳にダウンロードできるようにするための、具体的なアイディアはどのようなものでしょうか？　シンプルなインタフェースもひとつの手です。しかし実際に情報をダウンロードすることは、非常に困難なことのように思えます。脳の中にどのように情報が格納されているか、私たちが本当に理解しているとは私には信じられないからです。ですから、どこかから持ってきた情報を直接脳に注入できるというアイディアは、ＳＦ的な概念でしかないように思えます。

ジョンソン：それはその通りです。そういった可能性についてまじめに考えている人は誰もいないでしょう。私たちは学習や記憶を強化するための手法をデモしていますが、脳の中の思考をデコードできる能力がデモされたことはまだありません。具体的な日程を挙げるのは不可能です。こうやって話している間にも、テクノロジーは発明され続けているからです。

フォード：最近私がよく記事を書いている題材のひとつが、多数の職が自動化される可能性、そして失業率と労働人口の不平等が増大する可能性です。私はベーシックインカムというアイディアを支持してきましたが、あなたはこの問題を解決するためのよりよい方法は人間の認知能力を強化することだとおっしゃっていますね。そうすると、いくつかの問題が浮かび上がってくると思うのです。

ひとつは、かなりの割合の職が定型的で予測可能なものであるという問題に対応できそうになく、それらの職は最終的にはそれに特化したマシンによって自動化されてしまうだろうということです。

労働者の認知能力の改善は、そういった職を維持する役には立ちません。また、そもそも能力のレベルは人によって違うわけですし、認知能力を強化する何らかのテクノロジーを導入したところで、底上げはされるかもしれませんが、全員を同じ能力にすることはおそらくできないでしょう。つまり、多くの人々が競争力のないレベルに取り残されてしまうかもしれないのです。

この種のテクノロジーに関してしばしば指摘されるもうひとつの問題は、そのテクノロジーへのアクセスが平等にならないということです。最初は、裕福な人たちにだけアクセス可能なものとなるでしょう。デバイスがより安価となり、より多くの人々に購入できるものになったとしても、そのテクノロジーにいくつかの異なるバージョンが存在し、よりよいモデルは裕福な人々にしかアクセスできないようになることは間違いないでしょう。そういったテクノロジーが現実には格差を拡大する方向に働き、問題に対処するのではなく、問題を増やしてしまう可能性があるのでは？

ジョンソン：それについては、2つ言っておきたいことがあります。誰でも心の中では、格差に関する問題、政府にあなたの脳を支配される問題、他人に自分の脳をハックされる問題、そして他人に自分の思考をコントロールされる問題を心配しています。人は自分の脳とインタフェースする可能性を考えた瞬間に、損失軽減モード――どんな悪いことが起こるのか――に飛び込んでしまうのです。

それから、さまざまなシナリオが頭に浮かびます。悪いことは起こるのでしょうか？　はい。悪いことをする人がいるんじゃないか？　はい。それは確かに問題ですが、人間はいつもそういうことをするものです。意図しない結果が生じるのでは？　はい。こういった会話をやり過ごすと、また別の種類の心配が頭に浮かびます。私たちがこういった質問をするときには、どういうわけか人類がこの惑星上で議論の余地なく安全な地位を占めていて、ヒトという種として心配することは何もなく、平等性などを最適化できることを仮定しているのです。

私の根底にある前提は、外部的要因によって、そして自分自身に危害を加えることによって、私たちが絶滅するリスクにさらされているということです。私は、自分自身を強化するかどうかはぜいたくの問題ではない、という信念をもってこの議論をしています。それは、すべきか、それともすべきでないか、とか、メリットとデメリットは何か、という問題ではないのです。人類が自分自身を強化しなければ、絶滅することになるだろう、と私は言っています。しかしそれは、私たちが軽率であるべきだとか、思慮深くあってはならないとか、格差を受け入れるべきだ、などと言っているわけではありません。

私が言いたいのは、まず絶対に必要なものについて議論を始めようじゃないか、ということです。いったんそのことに同意してしまえば、それからよく考えて、「この制約条件を考慮した場合、社会の全員の利益を最大限に図るにはどうすれば良いのだろうか？　全員一緒に、安定したペースで着実に前進するためにはどうすれば良いのだろうか？　悪用をたくらむ人がいることを前提としたうえで、システムを作り込むにはどうすれば良いのだろうか？」と言うことができます。インターネットは犯罪者を考慮に入れて設計されたというのは有名な話ですが、それでは悪用をたくらむ人がいることを前提として、どのようにニューラルインタフェースを設計すればよいのでしょうか？政府があなたの脳に介入したがっていることを前提として、どのようにニューラルインタフェースを設計すればよいのでしょうか？　こういったことすべてをどうすれば良いのでしょうか？　そういった議論は、現在のところ行われていません。議論がぜいたく品のレベルにとどまっていることは、近視眼的であり、ヒトという種としての私たちが苦境に陥っている原因のひとつだと思います。

フォード：あなたは、もっと根本的な格差を受け入れる必要が本当にあるかもしれない、という現実的な議論をなさっているようですね。私たちは、私たちが直面する問題を解決できるように、一群の人々を強化しなくてはならないだろう。そしてその問題が解決された後で、万人のためになるシステムを作り上げることに私たちの関心を向ければ良い。あなたはそうおっしゃっているのでしょうか？

ジョンソン：いいえ、私が言いたいのは、テクノロジーを開発する必要があるということです。ヒトという種としての私たちは、人工知能にも対抗できるように、そしてヒトという種を滅亡させてしまわないように、私たち自身をアップグレードする必要があるのです。私たちは現時点ですでに人類を滅亡させられる兵器を所有していますし、その危機はもう何十年も継続しています。

別の言い方をしてみましょうか。2050年になれば人類は、過去を振り返って「なんてことだ、2017年の人類が地球全体を破壊しつくせる兵器を保持することが許容できると思っていたなんて信じられるか？」と言うと思います。私が言いたいのは、私たちが想像もできないほどすばらしい未来が、人類の前途には開けているということです。現時点では、私たちは今現在の現実の把握にとどまっていて、競争ではなく調和に基づいた未来を創造できるかもしれない、どうにかして私たち全員が豊かに生きていくために十分な量の資源とマインドセットを持つことができるかもしれない、といった考えから先へ進めていないのです。

今すぐ受け止めなくてはならないのは、私たちがこれまでずっと互いに傷つけ合うことに一生懸命努力してきたという事実です。私が言いたいのは、だからこそ私たちが持っているこうした制約や認知バイアスから抜け出せる強化策が必要だ、ということです。ですから、同時にすべての人を強化することに私は賛成します。このテクノロジーの開発には負担となりますが、それは必要な負担なのです。

フォード：お話を聞いていると、単に知能を強化するだけでなく、倫理的な行動や意思決定、そして道徳の強化についてもお考えになっているように感じました。テクノロジーによって、私たちがより倫理的に、そして利他的になる可能性はあると思われますか？

ジョンソン：ここではっきりさせておきたいのですが、私は知能という言葉は概念的にとても制約のある単語だと感じています。知能をＩＱと関連付ける人は多いのですが、私はそのようなことはしていません。私は知能だけを問題にしているわけではないのです。私が人類の根本的な改善というときには、可能なすべての領域での改善を意味しています。例えば、ＡＩに何が起こると思うか、考えてみましょう。ＡＩは、非常に上手に私たちの社会の物流の部分を担うことができます。例えば、ＡＩは人間よりもずっと上手に車を運転できるようになるでしょう。ＡＩに十分な時間を与えれば、運転が非常に上手になり、交通事故死は減るはずです。未来の私たちは過去を振り返って、「昔は人間が車を運転していたなんて信じられるかい？」と言うことでしょう。ＡＩは、航空機のオートパイロットとしても非常に優秀です。囲碁やチェスのプレイも非常に上手です。

　ＡＩが発達し、生活の物流の面がほとんどＡＩによって運営されるようなシナリオを想像してみてください。交通、衣料、介護、医療――すべてが自動化されます。そのような世界では、私たちの脳は1日の80パーセントの間、これまでにしてきたことから解放されることになります。より高度に複雑な問題に、取り組めるようになるのです。そこで生じる問題は、何をすればよいのか、ということです。例えば、現在『カーダシアン家のお騒がせセレブライフ』［有名なセレブ一家に密着する人気番組］をテレビで見て得られるのと同じ報酬系が、物理学や量子論の研究から得られるとしたら？　私たちの脳が四次元、五次元、あるいは十次元にまで拡張可能だとわかったとしたら？　私たちは何を作り出すでしょうか？　私たちは何をするでしょうか？

　私が言っていることは、世界全体の中でも把握するのが最も難しい概念です。私たちは自分の脳に、私たちはすべてを目にしているのだ、私たちは自分の周囲の物事をすべて理解しているのだ、そして目の前にある現実だけが現実なのだ、と思い込まされているからです。私が言いたいのは、認知能力の強化には予想すらできないような未来があるということ、そして私たちの想像力がそれについて考えることを制限しているということです。それは時間をさかのぼって、グーテンベルクにこれから書かれるあらゆる種類の本について想像してみてくださいと言うようなものです。それ以来、書物の世界は何世紀にもわたって発展を続けてきました。同じことが神経強化についても言えるのです。こう説明すれば、これがどれほど巨大な話題なのか、わかり始めてくるのではないでしょうか。

この話題に沿って考えることは、想像力の制約にかかわり、人類の強化にもかかわることですし、人々は自分の恐怖すべてに対応しなくてはならず、ついにはその考えをオープンにすることになるでしょう。彼らはＡＩと和解しなくてはならず、彼らはＡＩが良いものなのか、それとも悪いものなのかを理解しなくてはなりません。私たちが自分自身を強化したとすれば、それはどうなるでしょうか？　こういったことすべてをひとつの話題に押し込めるのは非常に困難であり、そのためこれは非常に複雑であると同時に非常に重要なものとなっています。それでも、私たちが社会としてこれについて話せるレベルに達するのは非常に困難です。すべてのピースへ至る道を下支えするにはこういったさまざまなレベルを下支えしてくれる誰かを見つけなくてはならないからです。それがこの最も難しいところなのです。

フォード：実際にこのテクノロジーを作り上げることができたと仮定して、そのとき社会として私たちがそれについて議論し、特に民主主義に関する、さまざまな問題に本当に取り組むにはどうすれば良いのでしょうか？　ソーシャルメディアで起こっていることを見れば、意図されない、そして予期されない問題が数多く発生していることは明らかです。ここで私たちが議論していることは、もしかすると現在のソーシャルメディアと似ているけれどもはるかに規模の大きい、まったく新しいレベルの社会的交流であり社会的結び付きなのかもしれません。その対策は何でしょうか？　その問題にはどんな備えをすべきでしょうか？

ジョンソン：まず質問したいのは、なぜソーシャルメディアで起こっていることとは違ったことを予想するのか、ということです。人類が与えられたツールを利用して、地位や尊敬や他者への優越性の獲得や金儲けなど、自分自身の利益を追求することは完全に予測可能です。それは人類の性《さが》であり、私たちはそのように配線されているのであり、常にそうしてきたのです。これまでずっと私が言っているように、私たちは自分自身を改善してきませんでした。私たちは変わっていません。

ソーシャルメディアで起こったように、それは今後も起こると予測できます。結局、人間は人間なのです。私たちはみな人間です。私が言いたいのは、それが私たちが自分自身を強化する理由だということです。私たちは人類が手にしたもので何をするか知っていますし、それは十分に立証されたモデルです。私たちは何千年ものデータを持っていて、人類が手にしたもので何をするか知っています。私たちは人類を超えて、人類3・0あるいは4・0のようなものになる必要があるのです。私たちはヒトという種としての自分たちを根本的に、想像を超えて改善する必要がありますが、問題は現時点でそうするためのツールを持っていないということです。

フォード：こういったことすべてが、ある意味で規制されなくてはならないとおっしゃっているのですか？　私個人としては、自分の道徳を強化したいとは思わないかもしれません。たぶん私は自分の知能やスピードといったものだけを強化して、そのことから利益を得ようとするでしょう。あなたが認識されているような、その他の有益なことを受け入れずに。すべての人にとって有益となる使われ方をされるように、何らかの全体的な規制あるいはコントロールを行う必要があるのではないでしょうか？

ジョンソン：あなたの質問を、二通りにとらえ直してかまわないでしょうか？　まず、規制に関してあなたのおっしゃったことは、私たちの政府が利害を調整できる唯一のグループであることを暗黙のうちに仮定しています。私はその仮定には同意しません。政府は、利害を規制できる世界全体で唯一のグループではありません。私たちは、自律した規制のコミュニティを作り上げられるかもしれません。政府に頼る必要はないのです。新たな規制機関、あるいは自己規制機関が出現すれば、政府をその唯一の座から追い出すことができます。

第二に、道徳や倫理に関してあなたのおっしゃったことは、人間としてのあなたがどんな道徳や倫理を望むかを決めるぜいたくが許されていることを仮定しています。私が言いたいのは、歴史を振り返ってみれば、この四十数億年の間に地球上に存在したほぼすべての生物学的種が、絶滅しているということです。人類は困難な状況にありますし、私たちは困難な状況にあることを認識する必要があります。私たちは、ぜいたくの言える立場には生まれついていないからです。私たちは非常に真剣に熟考する必要があります。それは私たちが道徳倫理をなくすという意味ではありません。それは存在します。ただ、私たちが困難な状況にあることを理解するためにバランスを取る必要があるという意味です。

例えば、ハンス・ロスリングの『FACTFULNESS（ファクトフルネス）10の思い込みを乗り越え、データを基に世界を正しく見る習慣』（邦訳日経BP）や、スティーヴン・ピンカーの『暴力の人類史』（邦訳青土社）といった本が出版されています。これらの本は基本的に、この世界は悪くない、みんなが世界はこんなにひどいんだと言っていても、データを見ればだんだん良くなっているし、急速に良くなっていると言っています。彼らの考えから抜けているのは、未来は過去とは劇的に違うものだということです。私たちはこれまで、AIのような形の知能でこれほど早く進歩してきたものを手にしたことはありません。人類は、そういった種類のこれほどまでに破壊的なツールを手にしたことがないのです。私たちは今までにそのような未来を経験したことはなく、それを切り抜けるのはこれが初めてなのです。

その理由から私は歴史的決定論的な議論、つまり私たちは過去にもうまくやってきたから未来にもうまくいくに違いないという考え方には賛成しません。未来がもたらす可能性に関して、私は楽観的であるのと同じくらい警戒していると言えるでしょう。私が警戒しているというのは、未来で成功するためには未来のリテラシーを獲得しなくてはならないことを認識しているという意味です。また、私たちは未来のリテラシーを獲得できるような未来に向けて計画し、それについて考え、そのモデルを作り出すことを始めなくてはいけません。

ヒトという種としての私たちは、勘に頼って行動しています。私たちが危機に陥ってから物事に注意を払うこと、またあらかじめ計画を立てられないことを、人類としての私たちは知っています。計画しなければ人生は普通うまくいきません。そしてヒトという種としての私たちは、計画を持っていないのです。ですからもう一度言いますが、私たちが未来へ向けて生き残ることを望むならば、その希望を与えてくれるものは何でしょうか？　私たちはその計画を立てていませんし、それについて考えることもありませんし、個人や自分の州、会社、あるいは国を超えて考えることもありません。そんなことは今までにしたことがないのです。そういったことをどのように思慮深く行えば、私たちが大事にしているものを守っていくことができるでしょうか？

フォード：もう少し人工知能一般について、お話を伺いたいと思います。最初に、あなたのポートフォリオにある企業やそこで行われている事業について、可能な範囲でお話しいただけますか？

ジョンソン：私が投資している会社は、ＡＩを利用して科学的発見を前進させようとしています。そのことは、新薬を開発して病気を治療する会社であれ、農業や食品、医薬品、あるいは物理的製品に使える新しいたんぱく質を見つけ出そうとしている会社であれ、すべての会社に共通するものです。合成生物学などを利用して微生物を設計している会社であれ、真のナノテクノロジーを利用して新素材の設計をしている会社であれ、あらゆる会社は何らかの形の機械学習を利用しています。

機械学習は、これまでに私たちが手にしたどんな技術よりも、素早く優れた発見を可能としてくれます。数か月前、ヘンリー・キッシンジャーが「アトランティック」誌に寄せた公開書簡には、アルファ碁がチェスや囲碁に与えた影響を知ったとき、彼は「戦略的に前例のない着手」について心配した、と書いてありました。彼は文字通り、この世界をボードゲームとして見ているのでしょう。彼は、チェスと国際政治の両方を舞台として、アメリカとロシアがお互いを宿敵として戦っていた冷戦時代の政治家だったからです。AIをチェスや囲碁——人類はこれらのゲームを何千年もプレイしてきました——に応用したとき、ゲームをアルファ碁に与えてからほんの数日で、AIは私たちが見たこともないような天才的な着手をするようになったのです。

つまり、これまでずっと私たちの目と鼻の先に、そのような天才が発見されずに埋もれていたのです。私たちはそれを知らず、自分で発見することもできませんでしたが、AIがそれを示してくれたのです。それを見て、ヘンリー・キッシンジャーは恐ろしいと言いました。それを見て、私ならそれは世界で一番すばらしいことだと言います。私たち自身では発見できなかったものを示してくれる能力がAIにはあるからです。これは、将来を想像することが人間にはできないという制約です。私たちは、自分自身を根本的に強化することの意味を想像できず、その可能性を想像することもできませんが、AIがそのギャップを埋めてくれるのです。その理由から、私はAIがあらゆる発明の中で最高のものだと思っています。私たちが生き残るためには絶対に必要不可欠なものです。ここで当然、問題となるのは、AIの恐怖をあおり立てる人々の話を大部分の人が受け入れてしまっていることです。社会としてそのような風説の流布を許してしまっていることは、非常に弊害が大きいと思います。

フォード：イーロン・マスクやニック・ボストロムといった人たちは、超知能に関する高速テイクオフ・シナリオや、制御問題について懸念を表明しています。彼らが強調しているのは、AIが私たちの支配の及ばないものになりかねないというおそれです。それは私たちが心配すべきことでしょうか？　認知能力を強化することによって、私たちはよりよくＡＩをコントロールできるという主張を聞いたことがあります。それは現実的な見方ですか？

ジョンソン：私はニック・ボストロムを高く評価しています。彼はＡＩがもたらすリスクについて、これまでと同じように思慮深いからです。この議論全体の発端は彼であり、すばらしいとらえ方をしていると思います。予想される望ましくない結果を避けるにはどうすればよいか考えることは有益な時間の使い方ですし、彼が自分の頭脳をそのために使っていることを私は大いに評価しています。

イーロンについては、彼が恐怖をあおっていることは社会にとってマイナスだと思います。彼の議論は、綿密さの点でも思慮深さの点でも、ニックには及ばないからです。イーロンは基本的にそれを吹聴するだけで、この問題について知的なコメントのできないたぐいの人々の間に恐怖を作り出し、まき散らしているのです。とても残念なことだと思います。またヒトという種としての私たちは、より謙虚に、自分たちの認知的限界を認め、どうすればさまざまな方法で自分を改善できるか熟考するのが適切だと思います。謙虚さが私たちの種としての最優先事項ではないことが、私たちには謙虚さが必要であることを示しています。

フォード：もうひとつあなたにお聞きしたいのは、ＡＩに関しても、また潜在的にはあなたがカーネルで取り組んでいるようなニューラルインタフェース技術に関しても、他国、特に中国との競争が存在することです。それに関して、どのような意見をお持ちでしょうか？　競争はより多くの知識をもたらすため、ポジティブなものになり得るでしょうか？　それは安全保障の問題でしょうか？　私たちは後れを取ることのないように、何らかの産業政策を取るべきでしょうか？

ジョンソン：現在の世界はそのように動いています。人々は競争し合い、国民国家は競争し合い、誰もが他人よりも自分の利益を追求しています。今後も人間は同じように振る舞い続けることでしょう。そして私は毎回同じ考えに立ち戻るのです。

私が人類の成功への道を開くものとして想像する未来は、私たちが根本的に改善された未来です。それは競争社会ではなく、調和の中に私たちが暮らすことを意味するのでしょうか？　そうかもしれません。それ以外の何かを意味するでしょうか？　そうかもしれません。私たちの倫理や道徳が、現在の私たちの視点からは認識できないほど大きく書き換えられることを意味するのでしょうか？　そうかもしれません。私が言いたいのは、このゲームを変えられる私たち自身の潜在能力と人類全体の潜在能力についてあるレベルの想像が必要かもしれないということ、そして私たちが現在プレイしているこのゲームが良い結末を迎えるとは思えないということです。

フォード：あなたが考えている類のテクノロジーが悪人の手に渡れば、大きなリスクを招く可能性があることは認識されていましたね。私たちは全地球的な規模でその問題に取り組む必要があるでしょうし、そのことは協調問題を提示しているように感じられます。

ジョンソン：私もまったく同感です。私たちは最大限の関心と注意を持って、その可能性を注視する必要があると思います。歴史的データに基づけば、人類や国家はそのように振る舞うことになるでしょう。

それと同じくらい必要なのは、想像力を拡張することによって、そういった根本的な現実を改めて、誰もが自分の利益のためにだけ行動し人は自分のやりたいことを達成するためにとことん他人を利用すると仮定しなくても済むようにすることです。私が言いたいのは、こういった根本的なことに異議を申し立てることは、私たちが社会として、してこなかったことだということです。私たちの脳のせいで、私たちは現実というものの現状の認識にとらわれてしまっているのです。今私たちが暮らしている世界と未来が違ったものになることを想像することは、非常に難しいからです。

フォード：先ほどあなたは私たちがみな絶滅してしまうかもしれないという懸念について議論され

ていましたが、全体的に見て、あなたは楽観論者ですか？　私たちは人類として、そういった難問に立ち向かっていけると思われますか？

ジョンソン：はい、私が楽観論者であることは間違いないでしょう。私は人類について、非常に強気に考えています。私たちが直面している困難について私が発言しているのは、リスクを適切に評価するためです。私たちは現実逃避すべきではありません。私たちはヒトという種として非常に深刻な課題に直面しているわけですから、こういった問題への取り組み方を再検討する必要があると思います。それが、私がOSファンドを創業した理由のひとつです――目前の問題を解決するための新しい方法を発明する必要があるのです。

もう何度も言っているので聞き飽きたかもしれませんが、私たちは人類としての存在に関する第一原理を考え直し、私たちがヒトという種としてどう変わっていけるかを考え直す必要があると思います。そのためには、何よりもまず私たち自身の改善を最も優先する必要がありますし、それにはAIが絶対に不可欠です。私たちが自己改善を最優先としAIに完全にコミットして、ともに進歩していけるようになれば、私たちが直面している問題はすべて解決できると思いますし、どんな想像をもはるかに超えた魔法のようにすばらしい存在を作り出せると思います。

［邦訳参考書籍］

『FACTFULNESS（ファクトフルネス）10の思い込みを乗り越え、データを基に世界を正しく見る習慣』（ハンス・ロスリング／オーラ・ロスリング／アンナ・ロスリング・ロンランド著、上杉周作／関美和訳、日経BP、2019年）

『暴力の人類史』上下（スティーブン・ピンカー著、幾島幸子／塩原通緒訳、青土社、2015年）

ブライアン・ジョンソンは、カーネル、OSファンド、そしてブレインツリーの創業者である。

2016年、彼は病気や機能不全を治療し、知能のメカニズムに光を当て、認知機能を拡張する、先進的なニューラルインタフェースを構築するために1億ドルを投じてカーネルを創業した。カーネルは健康寿命を延長することによって私たちの生活の質を劇的に向上させることを使命としている。彼は、人類の未来は人間知能と人工知能の組み合わせ（HI+AI）によって定義付けられると確信している。

2014年、ブライアンは1億ドルを投じてOSファンドを創業した。OSファンドは、ゲノミクス、合成生物学、人工知能、精密オートメーション、そして新素材の開発といった分野でブレークスルー的な発見の商業化を行う起業家への投資を行っている。

2007年、ブライアンはブレインツリーを創業（そしてベンモ〈Venmo〉を買収）し、2013年に8億ドルでペイパルに売却した。ブライアンはアウトドア・アドベンチャーの愛好家であり、パイロットであり、『Code 7』（未邦訳）という子ども向けの本の著者でもある。

人間レベルのAIが実現するのはいつ？ アンケート結果

この本に収録した対談の一環として、私は参加者全員に、汎用人工知能（あるいは人間レベルのAI）の実現している確率が少なくとも50パーセントとなるのはいつか、予測してほしいとお願いした。この、非常にインフォーマルなアンケートの結果を以下に示す。

インタビューした人のうち何名かは、具体的な年を挙げようとされなかった。多くの方は、AGIへの道のりは非常に不確定要素が多く、克服しなくてはならないハードルの数も不明であることを指摘された。全力を尽くして説得を試みたものの、5名の方々が回答を辞退された。残りの18名の大部分も、匿名での回答を希望された。

序文にも記したとおり、名前を明記することに同意された2名（レイ・カーツワイルの2029年、ロドニー・ブルックスの2200年）を両極端として、回答はきれいに分散している。

18名の回答は次の通り。

2029年……………2018年から11年後
2036年……………18年後
2038年……………20年後
2040年……………22年後
2068年（3名）……50年後

２０８０年……………62年後
２０８８年……………70年後
２０９８年（２名）……80年後
２１１８年（３名）……１００年後
２１６８年（２名）……１５０年後
２１８８年……………１７０年後
２２００年……………１８２年後

平均：２０９９年、２０１８年から81年後

インタビューしたほぼすべての人々がＡＧＩへの道のりについて大いに述べるところがあり、また多くの人――具体的な回答を辞退された方も含め――が実現時期について幅を持たせた回答をされていたので、個別のインタビューを読んでいただければ、この魅力的な話題についてさらに多くの洞察が得られるはずだ。

２０９９年という平均値は、これまで行われた他のアンケートと比較してかなり悲観的な数字である。ウェブサイト「ＡＩインパクト」[※18]には、他のアンケートの結果がいくつか掲載されている。大部分の他のアンケートの結果では、人間レベルのＡＩが50パーセントの確率で実現すると予想される時期が、２０４０年から２０５０年の範囲に集中している。これらのアンケートの大部分には、はるかに多くの回答者が含まれること、そして場合によってはＡＩ研究者以外の回答者が含まれる場合もあることに注意されたい。

どれほど役に立つかはわからないが、私がインタビューしたはるかに少人数の、しかしエリートぞろいの人々の中には、数名の楽観論者も含まれてはいるが、全体としてみればＡＧＩの実現は少なくとも50年先、もしかすると１００年以上になると考えている人が多いようだ。本物の「考えるマシン」を見たければ、野菜をたくさん食べて長生きを目指すのがいいだろう。

※18　https://aiimpacts.org/AI-timeline-surveys/

謝辞

この本は、チーム全体の努力の結晶だ。パクトの編集者、ベン・リナウ゠クラークが私にこのプロジェクトを持ちかけてきたのは2017年も末のことだった。私はこの本の価値をすぐに認識した。AIテクノロジーを作り上げてきた最前線の研究者たちの心のうちを探る試みであり、またそのテクノロジーによって私たちの世界は大きく変わろうとしているからだ。

昨年いっぱい、ベンはプロジェクトの進行と統率だけでなく、個別のインタビューの編集に中心的な役割を果たしてくれた。私の主な役割は、インタビュー日程の調整と実際のインタビューが中心だった。音声録音の文字起こしと、インタビューのテキストの編集および構成という重要な役割は、パクトの非常に有能なチームが担ってくれた。このチームにはベンを筆頭に、ドミニク・シェイクシャフト、アレックス・ソレンティーノ、ラディカ・アティカル、サンディップ・タッジ、アミット・ラマダス、ラジヴェール・サムラ、そしてカバーデザインを担当したクレア・ボウヤーが名を連ねている。

インタビューさせていただいた23名の方々にはとても感謝している。彼らは全員、非常に忙しいスケジュールの合間を縫って、快くインタビューに時間を割いてくださった。このプロジェクトのために彼らが費やした時間の賜物であるこの本が、未来のAI研究者や起業家たちへのインスピレーションとなること、さらには人工知能についての対話、社会への影響についての対話、その影響をポジティブなものとするために必要とされる行動についての対話に意義深い貢献をなすことを、私は期待するとともに確信している。

最後に、私の妻シャオシャオ・ジャオと娘エレインへ、私がこのプロジェクトを完遂するまでの忍耐とサポートに対して感謝したい。

監訳者解説

松尾 豊

本書を最後まで読んだ読者の方は、どういった感想をもっただろうか？ ひとくちに人工知能といっても、さまざまな立場や意見があること、その中に大きな時代のうねりがあることを感じた方も多いかもしれない。

私は東京大学で長年、人工知能の研究を行っており、専門家としての立場から、本書について解説をしてみたい。多少なりとも読者の理解の助けになれば幸いである。

本書の23人について

本書でインタビューが収録された23人は、世界中の人工知能に関わる人々の中でも、本当に有名な、中心人物の中の中心人物である。まさにオールスターと言ってよい陣容であり、こういった人々から普段聞くことができない率直な意見を、整理した形でまとめて読むことができることは大変すばらしい。私自身、直接、話をしたことがある方も多くいるが、ここに書かれているような突っ込んだ内容はなかなか聞けないものである。その意味で、本書は大変貴重なインタビュー本であると思う。（なお、日本人がひとりも含まれていないが、これも世界の中での日本の立ち位置を的確に表している。）

登場した23人をざっと整理してみよう。まず、ディープラーニング（深層学習）で最も有名な研究者が、ジェフリー・ヒントン、ヨシュア・ベンジオ、ヤン・ルカンの三氏である（これについて異論がある人はほとんどいないであろう）。この三氏は2019年、そろってチューリング賞を受賞した。そして、産業界で最もディープラーニングの研究を積極的に行っている企業がディープマインド（DeepMind）であり、それを率いるのがデミス・ハサビスである。他にも、フェイスブックのAI研究所、グーグルのグーグルブレイン（Google Brain）が世界の主要な研究グループを形成しているが、それぞれルカン、ヒントンが設立の中心になったものである。そして、グーグルブレインにおける伝説的なエンジニアがジェフリー・ディーンである。これらの人々がすべて収録されている。

ディープラーニングは、画像認識で一躍有名になった。そのベースになったのがイメージネット（ImageNet）データセットであり、これを作ったのがスタンフォード大学のフェイフェイ・リーである。そして、ディープラーニングの教育で最も有名なのが、同じくスタンフォード大学で教鞭を取っていたアンドリュー・エンである。彼自身が作ったコーセラ（Coursera）というオンライン学習プラットフォーム上で、彼の機械学習の講義は超有名講義であり、数十万人以上がこの講義で勉強をしてきた。以上が基本的には、ディープラーニング主流派ということになる。

次に、ディープラーニング主流派にときに対立する立場を取る伝統的なAIの一派が、AIの大ベストセラーの教科書『エージェントアプローチ 人工知能』で有名なスチュアート・J・ラッセルや、確率的な推論で泣く子も黙るジュディア・パール、自然言語処理やウェブ上の知識処理で有名なオーレン・エツィオーニ、アンドリューとともにコーセラを作り、グラフィカルモデルの研究でスタンフォードの人工知能を引っ張ってきたダフニー・コラーである。また、バーバラ・J・グロースは、対話処理で有名であり、米国人工知能学会（AAAI）の会長も務めた。デイヴィッド・フェルッチはIBMのワトソンを作った。このあたりの人物は、ディープラーニングに対しては多少批判的な立場を取る場合もあるが、全体として見ると、伝統的なＡＩとディープラーニングは何らかの形で融合していくべきという意見が多い。

一方、ロボットの研究者は上記の2つの立場とまた別の勢力を形成する。ロボットの研究で有名なロドニー・ブルックスは、古くから非常に洞察に富んだ研究や論文発表を行っており、今回のディープラーニングに関してもある種達観しているように感じられる。ＭＩＴで研究を行うダニエラ・ルスは、逆にかなりポジティブな変化ととらえている。ＭＩＴのジョシュア・テネンバウムは、直観物理学という独特の切り口で研究に挑むが、ディープラーニングの今後の進展の道筋を最も的確に見ている学者のひとりだろう。

また、23人の中には、人工知能を取り巻くエコシステムの中で重要な働きをしている人物も含まれる。ラナ・エル・カリウビが創業したスタートアップであるアフェクティバ（Affectiva）は、感情を認識するＡＩとして大変有名である。ゲアリー・マーカスは、ウーバーに買収されたジオメトリック・インテリジェンス（Geometric Intelligence）というスタートアップの創業者である。またＪｉｂｏ《ジーボ》というソーシャルロボットを作ったことで有名なスタートアップの創業者のシンシア・ブリジールもインタビューに答えている。また、産業界全体を見渡す立場として、マッキンゼーのジェイムズ・マニカの分析はさすがである。投資家目線から技術やイノベーションを語るブライアン・ジョンソンも、独自の視点を提供する。こういった人物が、スタートアップを中心とするエコシステムから見たときの、昨今のＡＩブームやディープラーニング技術に対する見解を提供する。

最後に、技術的な専門家から離れた立場として、社会に対する影響を語る論客も本書では登場する。ニック・ボストロムは、著書『スーパーインテリジェンス 超絶ＡＩと人類の命運』の中で、人工知能に対しての警鐘を鳴らしベストセラーになった。インタビュアーのマーティン・フォード（こちらは著書『ロボットの脅威 人の仕事がなくなる日』でベストセラー）と並んで、人工知能脅威論の論者として大変有名である。そして、人工知能の社会に対する論客としておそらく世界で最も有名なのが、「シンギュラリティ」で有名なレイ・カーツワイルであろう。彼の『シンギュラリティは近い［エッセンス版］人類が生命を超越するとき』は、世界中で読まれた。なお、シンギュラリティの概念自体は、2005年の本『ポスト・ヒューマン誕生 コンピュータが人類の知性を超えるとき』ですでに提案されている。

本書でカバーしている23人はオールスターで、必要な人をほぼ完全にカバーしている。もし私が、インタビュアーの立場として、誰かをさらに加えられるとしたら誰を加えたいだろうか？ 例えば、ディープラーニングの重要技術であるGAN（敵対的生成ネットワーク）を開発したイアン・グッドフェロー、LSTM（再帰型ニューラルネットワークの一種）をはじめとして多数の発明があるユルゲン・シュミッドフーバーなどは候補かもしれない。日本からは、1970年代からニューラルネットワークの研究を行い、世界的にも大変有名な甘利俊一先生、あるいはCNN（畳み込みニューラルネットワーク）の基礎を作った福島邦彦先生であろうか。産業界に広げると、欲を言えば、グーグルの創業者のラリー・ペイジ、フェイスブックの創業者のマーク・ザッカーバーグ、マイクロソフトの創業者のビル・ゲイツあたりの話は聞いてみたい。そして、本当は一番話を聞いてみたいのが、鬼籍に入ってしまったマーヴィン・ミンスキーやジョン・マッカーシーといった、初期のAI研究を支えた偉大な研究者たちである。

逆に言えば、このくらいしか思い当たらないほど、本書は、現在の世界の人工知能業界を知るのに必要な人物を網羅しているということである。

インタビューで取り上げられた論点について

本書を通じてフォードから何回も聞かれるのが、深層学習（ディープラーニング）についてどう思うかである。ほぼ全員が画像や音声などの分野を中心として、ディープラーニングが近年大きなインパクトをもたらしたことについては同意している。

ところが、この技術がどれほど本質的か、あるいは知能の謎にせまるものかという意味では、人によってギャップがある。ディープラーニング支持派は、ディープラーニングの進展の先にまだまだ大きな成果があると信じており、旧来のAI派は、他の技術、とりわけ記号処理や因果推論などの技術が重要であることを主張する。フォードは、この点に関しての質問を繰り返し行っている。

2つの派閥でギャップがあるようには見えるが、大きく見ると同じようなことを言っている。ディープラーニングの進展の先に（それをディープラーニングと呼ぶのかはさておき——実際にはこの点が大きな争点になるのだが）何らかの記号処理的なものが必要であるというのは、例えばベンジオ氏やルカン氏も述べている。明らかに否定しているのはヒントン氏くらいのものであろう。

そして、面白いのが、ロボットを主導する研究者たちである。ディープラーニングの意義は大きいものの、そんなに簡単ではないという点では一致しているが、本質的に難しいとするブルックス、そうは言っても大きな希望を見ているルスが対照的である。ディープラーニングが重要と考えながらも、よりプラグマティックに、現実的なアプローチを取るのが、フェイフェイ・リーやテネンバウムらである。私自身も、ディープラーニングの進展を前提としたロボットの研究が今後大きなブレークスルーを生み出し、画像や音声に続く「次の戦場」になるのではないかと考えている。

こうした現実的な話と別に、「自由意志」や「意識」などの思索的な質問も多くされている。こうした質問がストレートにされていることが本書のインタビューの魅力のひとつである。自由意志や意識などの話題は、人工知能の研究者にとって、あるいは脳科学の研究者にとって、最も知的興味をくすぐるテーマのひとつであるが、同じ質問をたくさんの研究者に聞くような機会はまずない。本書では、それぞれの人が自由意志や意識などについてどう思っているかを知ることができるし、また、その意見がかように分かれているのも興味深い。

さて、このような技術の進展や人間の知能についての話題と並んで、本書の大きなテーマは社会がどう変わるかである。身近な身に迫ったテーマから、より思索的なテーマまでにわたる。

職業のリスクについては、多くの人が実際にそのリスクがあり、何らかの方策を講ずることが重要と述べている。ベーシックインカムについては賛成する人も、専門ではないとして答えを避ける人もいるが、もちろんAIの専門家であれば経済や政治などの専門でない領域に軽々しく踏み込むべきでないと考える人がいるのも当然である。インタビューで、一貫して中国に対しての産業競争上の意見を聞いていることは、世界が中国のAIをどう見ているかを端的に示しており、興味深い。その答えとして、データを取るなどで有利な立場であり気をつけるべきであるとする人もいる一方、中国に近い人物は、うまく質問の要点を避けながら、礼儀正しく答えているという印象があった。

一方で、人工知能の人類への脅威については、さまざまな意見があり、本書最後のシンギュラリティがいつ起きるかのアンケートでもわかるように、その見通しは多岐にわたっている。私自身が大変勉強になったのは、こうしたトップの人物たちの多くの人が口にする、「自分の意見はさておき、こうした議論について考えて続ける人がいるのは大変良いこと」という答えで、模範的で洗練されている答え方であると感じた。ボストロムの議論や著者のフォードの議論も含めて、こうした議論を世界全体で継続することは重要だろう。

本書は、現時点での世界のAI技術、そしてそれを取り巻く産業や社会に関しての、現状認識や今後の方向、課題などを掴むことのできる良書である。この本が世に出るために苦労をなさった、著者のマーティン・フォード、インタビューを受けられた23人の方々、そして、日本語版の出版に関わった翻訳者と編集者の方々に心からの敬意と感謝を記したい。本書を通じて、多くの人が人工知能にさらに興味をもち、今後の技術の進展や社会の変化について一緒に考えていくきっかけになれば、監訳に携わった私としても幸いである。

本書は、著者のインタビューに基づいて編まれた
『Architects of Intelligence』(Packt刊)の全訳である。
内容や表現については事実と異なると思われるものもあるが、
原書の性質を考慮して明らかな誤りのみの訂正とした。(編集部)

ラザフォード, アーネスト　071
ラッセル, スチュアート・J　012, 018, 053, 170, 335, 336, 343, 487, 539, 655
ラベル付きデータ　022, 113, 182, 186, 208, 268, 280, 338, 498, 504, 507, 615
ラベルなしデータ　114, 227, 237, 462
ラメルハート, デイヴィッド　037, 096, 098, 150, 332, 379, 441
ランディングAI　225, 230, 236
リー, フェイフェイ　012, 018, 177, 336, 655
リカレントニューラルネットワーク　020
リシンク・ロボティクス　517, 518, 521, 555
リバースエンジニアリング　210, 219, 285, 575, 577, 594, 601, 614
リブラトゥス　060, 061
リンドン・B・ジョンソン大統領　369
ルカン, ヤン　011, 012, 020, 031, 037, 040, 045, 098, 100, 121, 147, 655, 658
ルス, ダニエラ　013, 309, 656
レイク, ブレンダン　617
レイバート, マーク　570
レナード, ジョン　335
レナット, ダグラス　285, 391, 392
レンセラー工科大学　495
ロイ, ダン　588
ローゼンハイム, ジェフ　420
ローゼンブラット, フランク　278
ロードマップ　010, 205, 206, 240, 569
ロスリング, ハンス　643
ロンゲ=ヒギンズ, クリストファー　108

わ行

ワイザー, マーク　318
ワトソン　014, 382, 413, 493, 496, 511, 656

マイクロソフト 012, 041, 101, 138, 231, 255, 431, 607, 613, 657
マイノリティ 018, 193, 433
マカフィー, アンドリュー 166
マクレランド, ジェイムズ・L 150, 379
マシンビジョン 179, 333, 339, 609
マスク, イーロン 009, 016, 048, 129, 133, 172, 189, 218, 272, 297, 343, 345, 398, 401, 429, 509, 540, 635, 645
マズローの欲求階層 305
マッカーサー・フェロー 341
マッカーシー, ジョン 278, 535, 572, 657
マッキンゼー・グローバル・インスティテュート 013, 014, 324, 331, 336, 347, 351, 354
『マトリックス』 023
マニカ, ジェイムズ 013, 331, 656
マニピュレーター 054, 311, 320
マルコフ過程 285
マルチエージェントシステム 334, 419
マルチタスク学習 237
マルチモーダル手法 262
マレンバーグ, デニス 534
マンシンカ, ヴィカシュ 588
ミッチェル, トム 612, 617
ミルグラム, モーリス 150
ミンスキー, マーヴィン 011, 109, 150, 278, 313, 454, 520, 612, 657
ムーアの法則 324, 522
ムーンショット 206, 347, 348
無作為突然変異アルゴリズム 094
ムライナサン, センディール 340, 341
モーザー, エドバルト 213
モーザー, マイブリット 213
モビリティ・アズ・ア・サービス 524
モラヴェック, ハンス 528
モントリオール学習アルゴリズム研究所 027, 029, 043

や行

ユースタス, アラン 204
ユーチューブ 161, 228, 245, 461, 462, 530
予測アルゴリズム 334
予測学習 155, 159, 160

ら行

ライト, シューアル 446
ライヒマン, ジャン 437
ラオ, ボビー 335
ラガルド, クリスティーヌ 303, 304

ブレイディ, マイケル　333
プレイフルな操作　450
ブレインツリー　629
プロクター・アンド・ギャンブル　258
プロジェクト・モザイク　032, 391, 607, 608, 610, 611
分散コンピューティング　457, 592
分散表現　033, 096, 097, 104
米国人工知能学会　407, 572, 655
ペイジ, ラリー　014, 204, 229, 282, 657
ベイジアン　013, 021, 068, 268, 334, 435
ベイジアンネットワーク　021, 268, 334, 440, 475, 531, 577, 586
並進不変性　387
ベイズ, トーマス　021
ベイズ統計　574, 579
ベイズの法則　443
ベイズモデル　580
ペイパル　629
ベイラージョン, レニー　582
ベーシックインカム　045, 074, 118, 143, 166, 222, 244, 304, 368, 398, 468, 485, 598, 622, 634, 659
ベクター人工知能研究所　043, 093, 102
ペプシ　258
ベンジオ, ヨシュア　011, 012, 017, 027, 098, 121, 148, 158, 655, 658
ベンチャーキャピタリスト　202, 522
ペンローズ, ロジャー　217
方策探索　228
ホーア, トニー　332
ホーヴィッツ, エリック　336, 339, 620
ホーキング, スティーヴン　009, 048, 081, 189, 297
ポール, ローリー　594
ボストロム, ニック　016, 088, 123, 167, 172, 189, 218, 345, 399, 468, 509, 645, 656
ホップクロフト, ジョン　310
ボトヴィニク, マット　210
ホフスタッター, ダグラス　612, 615
ポメロー, ディーン　239
ポリツリー　441
ボルツマンマシン　020, 039, 096
ボルボ　428
ホワイトハウス科学技術政策委員会　467

ま行

マーカス, ゲアリー　012, 157, 373, 656
マークラム, ヘンリー　211
マーサー, ボブ　119

031, 064, 114, 124, 134, 137, 143, 160, 167, 187, 201, 205, 215, 220, 226, 234, 247, 268, 272, 284, 287, 321, 337, 340, 374, 384, 389, 415, 425, 451, 459, 466, 469, 480, 483, 501, 505, 534, 540, 556, 560, 568, 580, 595, 603, 615, 617, 650
ピアジェ, ジャン 149
ピーターソン, ジョーダン 121
ピカード, ロザリンド 257
ピカソ, パブロ 618
ピクセル 034, 036, 055, 152, 162, 207, 322, 388, 390, 441, 465
非常停止ボタン 343
ビッグブラザー 267, 426
ビットソース 326
ビヘイビアツリー 518
ヒューベル, デイヴィッド 151
ヒューマン・マシン・インタフェース 260
評価関数 059, 616
表現型 095
ピンカー, スティーヴン 374, 379, 643
ヒントン, ジェフリー 011, 017, 020, 037, 042, 093, 148, 150, 158, 181, 229, 280, 590, 616, 655, 658
ビンフォード, ティム 519
『ファスト、チープ・アンド・アウト・オブ・コントロール』 542
ファノ, ボブ 313
プーリング 152
フェイスブック 012, 022, 029, 041, 043, 047, 072, 138, 147, 156, 159, 173, 231, 261, 394, 431, 635, 655
フェイスブックAI研究組織 175
フェルッチ, デイヴィッド 012, 014, 493, 656
フォーカシング・イリュージョン 378
フォースクロージャーおよびフォームクロージャー問題 320
フォースフィードバック 519, 530
ブォロムウィニ, ジョイ 343
物体認識 179, 437, 584
部分情報ゲーム 061
フューチャー・オブ・ライフ・インスティテュート 221
ブラックボックス 058, 219, 286, 452, 62
ブリジール, シンシア 013, 543, 656
ブリニョルフソン, エリック 166, 336
プリンストン大学 178, 194
ブルックス, ロドニー 013, 015, 334, 384, 517, 547, 571, 650, 656
ブルックリン工科大学 437
ブレイク, アンドリュー 333

ナノロボット　293
ニューラリンク　635
ニューラルインタフェース　635, 646
ニューラルネットワーク　011, 020, 032, 040, 055, 094, 098, 101, 108, 134, 148, 151, 157, 181, 185, 213, 227, 235, 268, 278, 279, 286, 332, 337, 374, 379, 422, 452, 460, 475, 503, 506, 531, 573, 584, 589, 614, 657
ニューロン　011, 020, 034, 037, 094, 104, 109, 112, 151, 208, 213, 387, 520, 587, 594
人間共存型人工知能センター　053
人間レベルのAI　009, 014, 023, 028, 033, 157, 215, 287, 289, 302, 556, 568, 596, 650
ノイマン, ジョン・フォン　109, 305

は行

ハーヴェイ, インマン　104
パーセプトロン　109, 149, 278, 379
パーソナルアシスタント　412
ハード・テイクオフ　172, 292
パートナーシップ・オン・AI　274, 345
バートランド, マリアンヌ　340
バーナーズ=リー, ティム　314
パーベイシブ・コンピューティング　318
パール, ジュディア　013, 021, 237, 334, 435, 577, 586, 655
ハイアービュー　273, 274
バイオバンク　473
バイオマーカー　265
バイドゥ　012, 041, 072, 138, 225, 230, 237, 306
ハイプサイクル　195, 477
ハサビス, デミス　012, 014, 022, 117, 199, 336, 560, 655
パスファインダー　549
パターン認識　011, 182, 187, 413, 438, 497, 584
ハッキング　015
バックプロパゲーション（誤差逆伝播法） 020, 037, 094, 103, 110, 150, 153, 158, 185, 235, 332, 523, 531, 584
バッハ, ヨハン・セバスティアン　612
パパート, シーモア　109, 149, 279
バルク特性　522
パロアルト研究所　318, 408
バンク・オブ・アメリカ　258
汎用GPU　229
汎用人工知能（AGI）　014, 023, 028,

335, 341, 343, 388, 451, 459, 506, 530, 560, 571, 591, 616, 655
ディープラーニング（深層学習） 011, 017, 020, 021, 029, 032, 040, 043, 055, 067, 077, 101, 110, 113, 121, 137, 148, 151, 157, 173, 181, 185, 207, 226, 233, 245, 268, 280, 284, 305, 337, 383, 389, 412, 422, 443, 448, 452, 458, 461, 464, 475, 479, 482, 501, 522, 530, 558, 577, 583, 589, 614, 655, 658
ディーン, ジェフリー 012, 230, 336, 338, 457, 655
デイヴィッド・サーノフ研究所 437
ディックマンズ, エルンスト 062
データアナリティクス 511
データサイエンス 617
データマイニング 326, 623
『テーマパーク』 200
手がかり参照可能記憶 376, 378
敵対的生成ネットワーク 039, 339, 481, 657
テクニオン・イスラエル工科大学 436
テグマーク, マックス 081
テスラ 264, 429, 524
テッドレイク, ラス 314
デップ, ジョニー 082
テネンバウム, ジョシュア 012, 567, 656
テネンバウム, ボニー 573
デュラント=ホワイティ, ヒュー 333
転移学習 216, 237, 281, 337, 501, 616
電子ペイメント 342, 351
テンセント 012, 173, 221, 306
ドーパミンニューロン 208, 209
特徴生成器 286
特定型AI 064, 134, 569
トヨタ 258
トヨタ・リサーチ・インスティテュート 546
ドライブAI 240
『トランセンデンス』 082
トランプ大統領 113
トレーニングデータ 021, 023, 028, 148, 185, 273, 280, 422, 476, 481, 489
ドローン 015, 079, 129, 135, 142, 243, 430, 486, 497, 534, 539, 547, 625
トロント大学 011, 017, 093, 101, 102, 121, 138, 332

な行

内的動機付け 161, 167, 209

299, 345, 399, 401, 488, 540, 559, 600, 624, 645
生産年齢人口 396, 532
生成的AI 337
セイノフスキー, テリー 151
生物兵器 015, 487
セイフティーネット 045
世界経済フォーラム 253, 274
世界保健機構 460
セキュリティロボット 047
接続性問題 279
接地された言語 029
狭いAI 338, 382, 427
センサーフュージョン 334
センチメント分析 262
前頭前野 158, 162, 213
戦略的推論 072, 420
ソジャーナー 549
疎なデータ 453, 579, 583
ソフト・テイクオフ 292, 295
ソロー, ボブ 336, 351, 369
ソロー・パラドックス 351

た行

ダートマス会議 278, 289
『ターミネーター』 166, 343
大脳皮質 158, 211, 390
畳み込みニューラルネットワーク 020, 034, 151, 181, 186, 657
タラセンコ, ライオネル 333
探索型AI 057
チアッパ, シルヴィア 341
知能エージェント 181, 389, 485
チャーチ, アロンゾ 588
チャットボット 288
チューリング, アラン 023, 109, 200, 283, 305, 415, 453, 481, 581
チューリングテスト 023, 116, 139, 159, 217, 283, 288, 340, 415, 481, 568, 581, 609
超知能 008, 010, 016, 024, 048, 082, 124, 129, 143, 167, 189, 247, 248, 292, 299, 343, 345, 399, 468, 481, 488, 509, 527, 540, 559, 596, 600, 615, 621, 624, 645
チョムスキー, ノーム 149, 374
強いAI 023, 233, 451, 452
ディープQネットワーク 204, 208
ディープ・ブルー 059
ディープマインド 014, 022, 029, 060, 117, 129, 133, 137, 138, 183, 199, 200, 210, 214, 280, 306, 331,

シュルンベルジェ　573
シュレーディンガー　178
ジョイ, ビル　297
常識推論　390, 413, 423, 588, 611, 615
ジョブズ, スティーヴ　408
ジョンソン, ブライアン　013, 629, 656
シラード, レオ　071
自律走行車（自動運転車）　008, 012, 022, 057, 062, 080, 129, 148, 156, 172, 173, 187, 226, 239, 242, 264, 281, 290, 317, 335, 338, 359, 383, 394, 468, 485, 497, 508, 521, 524, 595, 620, 625, 554, 563
自律兵器　015, 049, 078, 135, 170, 220, 403, 559, 623
新奇探索傾向　209
シンギュラリティ・ユニバーシティ　308
神経プログラミング　183
人工ニューラルネットワーク　011, 020
深層学習（ディープラーニング）　011, 017, 020, 021, 029, 032, 040, 043, 055, 067, 077, 101, 110, 113, 121, 137, 148, 151, 157, 173, 181, 185, 207, 226, 233, 245, 268, 280, 284, 305, 337, 383, 389, 412, 422, 443, 448, 452, 458, 461, 464, 475, 479, 482, 501, 522, 530, 558, 577, 583, 589, 614, 655, 658
深層学習革命　011, 148, 485
深層ニューラルネットワーク　011, 012, 279, 461, 584
新皮質　281, 293
人類の未来研究所　016, 123, 128, 130
スキル　017, 163, 166, 200, 201, 233, 236, 243, 268, 301, 313, 319, 326, 358, 363, 436, 480, 486, 496, 507, 546, 563, 598, 621
『スター・ウォーズ』　023, 547, 548, 551
『スタークラフト』　207
『スタートレック』　023, 116, 314, 389
スタンフォード人工知能研究所　177
スタンフォード大学　017, 018, 177, 178, 182, 193, 196, 225, 228, 289, 471, 474, 519, 655
スタンフォード・ビジョン・ラボ　197
スペルキ, エリザベス　387, 580, 581
スペンス, マイク　336
スマートリプライ　282, 306
スモールトーク　409
『スローターボット』　081, 487, 539
正規化線形ユニット　040
制御問題　024, 089, 124, 128, 143, 219,

古典的AI　032, 057
コネクショニスト　150, 278, 279, 285, 288
ゴプニック, アリソン　582
雇用　013, 044, 205, 267, 270, 301, 324, 348, 352, 360, 362, 366, 396, 397, 467, 485, 507, 561, 597, 634
コラー, ダフニー　012, 230, 471, 655
コラム構造　111
コンパイラー　460
コンピュータービジョン　012, 020, 040, 098, 100, 148, 159, 179, 184, 214, 236, 314, 475, 519, 528, 537, 572

さ行

サール, ジョン　413
再帰的自己改善　024, 048, 124, 144, 168, 189, 345, 399
サイバー攻撃　015
索引付けシステム　460
サポートベクトルマシン　099
サンダーズ, リー　421
サンプリングレート　341
シーグラント　335
ジーボ　543, 544, 546, 656
シェークスピア　375
ジェット推進研究所　333, 528, 549
ジェネシス・システムズ　025
シェパード, ロジャー　574, 579
「ジェパディ!」　382, 413, 493, 496, 511
ジオメトリック・インテリジェンス　373, 383, 656
シグモイド関数　040, 332
自己符号化器　039
ジッサーマン, アンドリュー　335
ジップカー　526
自動運転車椅子　324
自動運転車（自律走行車）　008, 012, 022, 057, 062, 080, 129, 148, 156, 172, 173, 187, 226, 239, 242, 264, 281, 290, 317, 335, 338, 359, 383, 394, 468, 485, 497, 508, 521, 524, 595, 620, 625, 554, 563
シドナー, キャンディ　411, 419
ジニ係数　166
自閉症スペクトラム症障害　256, 556
シャノン, クロード　200
住民コホート調査　473
重要業績評価指標　261
シュルツ, ローラ　582

グッドマン, ノア　588
クラーク, ジャック　345
グライス, ポール　413
クラウス, サリット　421
グラフィックス処理ユニット　112
クリジェフスキー, アレックス　229
クリックストリームデータ　231
グリッドワールド　343
クリッピー　255
クリントン, ヒラリー　448
グロース, バーバラ・J　012, 336, 407, 655
クローリングシステム　460
クワッドコプター　080
ケアリー, スーザン　580, 582
形式意味論　410
ケイパー, ミッチ　283
ゲーデル, クルト　612
欠損学習　155
ケネディ大統領　448
ゲノミクス　339
ゲブルー, ティムニット　343
限界費用　357
検出問題　344
ケンブリッジ・アナリティカ　047, 119
ケンブリッジ大学　105, 108, 201, 254, 256
ケンブリッジ大学自閉症研究センター　256
公益サービス　008, 183, 235, 464
格子細胞　211, 213
構成性　038
高速テイクオフ　024, 144, 168, 248, 345, 645
行動主義　105, 415
勾配降下法　020, 584, 592
勾配消失　280
勾配推定　158
勾配爆発　280
構文解析　410
コーセラ　225, 230, 471, 475, 476, 655
コーツ, アダム　229
ゴードン, ロバート　353
コーネル大学　278, 408
コーヒーテスト　340
ゴールドワッサー, シャフィ　314
国防高等研究計画局　240, 335, 409, 632, 635
国立標準技術研究所　536
誤差逆伝播法(バックプロパゲーション)　020, 037, 094, 103, 110, 150, 153, 158, 185, 235, 332, 523, 531, 584
国家運輸安全委員会　626

435, 438
カルマンフィルター　334
韓国科学技術院　046
完全情報ゲーム　206
カンブリア爆発　185
官民パートナーシップ　242
機械学習　017, 019, 021, 028, 030, 035, 054, 076, 098, 137, 142, 149, 159, 179, 183, 185, 204, 210, 245, 256, 268, 302, 316, 321, 338, 383, 397, 443, 448, 452, 458, 463, 472, 482, 502, 506, 533, 578, 582, 597, 608, 617, 644, 655
機械学習アルゴリズム　008, 015, 019, 170, 192, 334, 458, 489, 603
機械知覚　333, 458
機械知能研究所　128, 133
ギグ・エコノミー　244
木構造　441
記号操作　216, 387, 391
記号派　278
キッシンジャー, ヘンリー　009, 645
逆強化学習　183
強化学習　022, 155, 159, 207, 212, 228, 337, 388, 451, 530, 577, 624
教師あり学習　020, 021, 028, 055, 113, 153, 158, 170, 182, 188, 209, 226, 235, 268, 280, 466, 507, 558
教師なし学習　023, 028, 031, 113, 137, 155, 188, 208, 226, 228, 461, 507, 582, 615
矯正可能性　089
クイックソート　332
空間ナビゲーション　211
空間平行移動　387
グーグル　012, 014, 016, 018, 022, 029, 041, 063, 072, 093, 101, 110, 138, 173, 177, 182, 193, 199, 204, 214, 225, 228, 261, 277, 280, 285, 292, 305, 338, 376, 381, 394, 443, 457, 524, 593, 655
グーグルI／Oカンファレンス　182
グーグルアシスタント　214, 544
グーグルキャプション　381
グーグルプレイ　214
グーグルブレイ　029, 138, 183, 225, 228, 338, 457, 458, 461, 655
グーグルホーム　527, 531
グーグル翻訳　041, 458, 464
クーパー, ディック　361
グールド, スティーヴン・ジェイ　377
クエリサービスシステム　460
グッドフェロー, イアン　657

「オズの魔法使い」 410, 414
「オセロ」 200
オックスフォード大学 016, 123, 130, 138, 332, 335
オックスフォード大学ロボット工学研究グループ 333
オバマ大統領 291, 331, 391, 467
オフ・スイッチ 083, 086, 272, 344
オプトイン 266, 490
重みづけ和 152
オンザジョブ・トレーニング 363, 367

か行

カーツワイル, レイ 014, 015, 277, 383, 522, 650, 657
カーネギーメロン大学 060, 096, 138, 150, 228, 519, 612, 617
カーネマン, ダニエル 378
カーネル（企業） 013, 629, 630, 635, 646
ガーラマニ, ズービン 383
ガイドライン 140, 274
カエルブリング, レスリー 314
化学兵器 015, 080, 118, 145, 221
核拡散防止条約 145
核実験禁止条約 068
学習エージェント 029
確率的推論 054, 068, 577, 588
確率伝播法 443
隠れ情報 207
隠れ表現 099
家系図分析タスク 096
カジンスキー, テッド 297
仮想アシスタント 159, 173
仮想エージェント 029
画像認識 008, 011, 057, 151, 462, 497, 655
価値整合問題 016, 024, 124, 130, 133, 219, 299, 345, 559, 600, 601, 624
カナダ先端研究機構 121
ガバナンス 128, 131, 143, 239
カマル, エジェ 423
カラニック, トラヴィス 534
カリウビ, ラナ・エル 013, 253, 656
カリコ 471
カリフォルニア大学サンディエゴ校 096, 150
カリフォルニア大学サンフランシスコ校 076
カリフォルニア大学バークレー校 029, 053, 228
カリフォルニア大学ロサンゼルス校

意図構造　411, 413
イメージネット　040, 100, 180, 186, 208, 655
医用画像　008, 022, 115, 148, 173
因果関係　028, 138, 237, 442, 435, 444, 446, 448, 451, 578
因果推論　435, 447, 449, 451, 579, 588, 658
因果性　028, 387, 442, 435, 444, 447
因果モデル　341, 447, 449, 502
インシトロ　471
インスタグラム　397
インストリーム・スーパービジョン　339
インテル　012
ヴァリアン, ハル　336
ウィーセル, トルステン　151
ヴィヴェンディ・ユニバーサル　224
ウィキペディア　382, 391
ウィノグラード, テリー　108
ウィリアムズ, ロナルド　096
ウイルス　117, 169, 487
ウィルチェック, フランク　081
ウーバー　008, 062, 373, 379, 383, 394, 485, 524, 525, 534, 626, 656
ウェイモ　063, 281
『ウォーリー』　090
ウォズニアック,スティーヴ　340
ウォボット　251
『宇宙家族ロビンソン』　310
ウルマン, トーマー　594
運動制御　070, 102, 385, 399
エージェント　029, 062, 124, 126, 140, 181, 334, 388, 419, 480, 485, 594, 596
エキスパートシステム　203, 439, 496
エジンバラ大学　107
エスニシティ　273
エツィオーニ, オーレン　012, 157, 607, 655
エッシャー, M・C　612
エヌビディア　012
エラー関連電位　323
エリクサー・スタジオ　224
エレメンタル・コグニション　014, 493, 497, 501, 505, 506
エン, アンドリュー　012, 225, 461, 655
エンティティ　141, 168, 482
エンドツーエンド　422, 480, 483, 507
オースティン, J・L　413
『オースティン・パワーズ』　090
オートメーテッド・ジャーナリズム　008
オープンAI　029, 116, 128, 133, 139, 345, 401, 430, 488
オール・オブ・アス　474

SRIインターナショナル 409
Talk to Books 282, 283, 292, 294, 306
Tayボット 431
TensorFlow 305, 457, 458, 463, 464
Unix 313
Utah/MITハンド 311
Visual Genome 186
WaveNet 214

あ行

アイロボット 517, 518, 520, 528, 533
アインシュタイン 178
アウェアネス 402
アシロマAI23原則 299
アシロマ会議 298, 299
アップル 012, 231, 240, 259, 340, 393, 407, 414, 443, 572
アテンション機構 034, 037
アフェクティバ 253
アマゾン 012, 022, 079, 173, 231, 259, 269, 352, 407, 512, 527, 531, 544
アマゾンエコー 531
アルトマン, サム 345
アルバータ機械知能研究所 044
アルファ碁 011, 022, 041, 055, 057, 155, 206, 216, 219, 221, 281, 287, 483, 535, 585, 589, 595, 616, 625, 645
『アルファ碁』(映画) 206, 224
アルファゼロ 029, 057, 060, 065, 070, 083, 207, 281, 287, 338, 483, 616
アルファ・ベータ法 059, 200, 439
アルファベット 016, 199, 471, 610
アレクサ 259, 269, 407, 505, 512, 527, 544
アレン, ポール 609, 613, 635
アレン人工知能研究所 032, 391, 392, 607, 608, 613
アレン脳科学研究所 613, 632, 635
アンカリング理論 378
アングウィン, ジュリア 341
アングル, コリン 518, 533
安全保障 087, 505, 509, 512, 560, 646
アンドロイドOS 041, 214, 463
イーベイ 627, 629, 631
意思決定 064, 067, 085, 090, 179, 438, 440, 469, 510, 639
位置参照可能記憶 376
一般解 206, 623
一般化加法モデル 344
イディオ・サヴァン 535
遺伝型 095

FL 221
GAM 344
GAN 039, 339, 481, 657
Gmai 282, 458
GPGPU 229
GPU 012, 112, 181, 203, 229, 463, 592
GUI 408
IBM 014, 101, 382, 413, 437, 493, 495, 511, 656
IBMワトソン研究センター 495
Intera 5 518
iPhone 131, 579
Jibo 543, 544, 546, 656
JPL 333, 528, 549
KAIST 046
Kismet 543, 551, 552
KPI 261
LAAS 528
LIDAR 319, 395
LIME 344
MaaS 524
MapReduce 460
MGI 013, 014, 324, 331, 336, 347, 351, 354
Mila 027, 029, 043
MIRI 128, 133
MIT 017, 149, 166, 183, 228, 257, 295, 300, 309, 312, 314, 335, 359, 518, 529, 547, 551, 572, 575, 612, 656
MITコンピューターサイエンス・人工知能研究所 309, 312, 520
MITコンピューターサイエンス研究所 520
MITメディアラボ 257
MIT人工知能研究所 520, 612
MNIST文字認識タスク 384
MOOCs 314, 475, 476, 477
NASA 332, 333, 528, 549
NeurIPSカンファレンス 229
NIPSカンファレンス 229, 489
O*NET 354
OSファンド 631, 648
PARC 318, 408
PUMAアーム 311
Raspberry Pi 463
RBM 039
RCA研究所 437, 452
ReLU 040
『Republic:The Revolution』 200
RSA暗号 313
Salisburyハンド 311
Siri 259, 393, 414, 443, 505, 512, 544
Spanner 460

索引

数字

『1984年』 238
『2001年宇宙の旅』 023

A-Z

AAAI 407, 572, 655
AGI（汎用人工知能） 014, 023, 028, 031, 064, 114, 124, 134, 137, 143, 160, 167, 187, 201, 205, 215, 220, 226, 234, 247, 268, 272, 284, 287, 321, 337, 340, 374, 384, 389, 415, 425, 451, 459, 466, 469, 480, 483, 501, 505, 534, 540, 556, 560, 568, 580, 595, 603, 615, 617, 650
AI2 032, 391, 392, 607, 608, 613, 624
AI4ALL 018, 177, 193, 196
AI革命 009, 012, 020, 507, 579
AIファンド 225, 230
Amii 044
Apple II 042, 495
Atari 800 042
AutoML 184, 189, 465
BASIC 042
Baxter 555, 571
Bigtable 460
BLOG 068
Blue Brain 211
CHAI 053
CIFAR 121
COSMOS 495
CRISPR 298
CSAIL 309, 312, 520
Cyc 285, 392, 608
DARPA 240, 335, 409, 632, 635
DARPAアーバンチャレンジ 240
DARPA音声研究 409
DARPA自動運転車チャレンジ 335
DEC 460, 494
『Do You Trust This Computer?』 272, 505
DQN 204, 208
EEGキャップ 323, 630
ELIZA 393
ERPシステム 351
Eコマース 351
FAIR 175
FATE 274
FHI 016, 123, 128, 130

松尾 豊 (まつお ゆたか)

東京大学大学院工学系研究科人工物工学研究センター／技術経営戦略学専攻教授。2002年東京大学大学院博士課程修了。博士（工学）。産業技術総合研究所研究員、スタンフォード大学客員研究員を経て、2007年より東京大学大学院工学系研究科准教授。2019年より現職。専門分野は、人工知能、深層学習、ウェブマイニング。著書に『人工知能は人間を超えるか ディープラーニングの先にあるもの』（角川EPUB選書）、共著・編著に『超AI入門——ディープラーニングはどこまで進化するのか』（NHK出版）、『相対化する知性 人工知能が世界の見方をどう変えるのか』（日本評論社）など。邦訳書『深層学習』（KADOKAWA）の監修者でもある。

水原 文 (みずはら ぶん)

翻訳者。訳書に『Raspberry Piをはじめよう 第3版』『家庭の低温調理——完璧な食事のためのモダンなテクニックと肉、魚、野菜、デザートのレシピ99』（オライリー・ジャパン）、『ノーマの発酵ガイド』（角川書店）、『国家興亡の方程式——歴史に対する数学的アプローチ』（ディスカヴァー・トゥエンティワン）、共訳書に『声に出して読む解析学』『〈名著精選〉心の謎から心の科学へ 人工知能 チューリング／ブルックス／ヒントン』（岩波書店）など。ツイッターのアカウントは@bmizuhara。

人工知能のアーキテクトたち
AIを築き上げた人々が語るその真実

2020年8月21日　初版第1刷発行
2020年12月25日　初版第2刷発行

著者　Martin Ford（マーティン・フォード）
監訳者　松尾 豊（まつお ゆたか）
訳者　水原 文（みずはら ぶん）
装丁　水戸部 功＋北村陽香
編集協力　窪木淳子
印刷・製本　日経印刷株式会社
発行所　株式会社オライリー・ジャパン
〒160-0002　東京都新宿区四谷坂町12-22
Tel (03)3356-5227　Fax (03)3356-5263
電子メール japan@oreilly.co.jp
発売元　株式会社オーム社
〒101-8460　東京都千代田区神田錦町3-1
Tel (03)3233-0641（代表）　Fax (03)3233-3440

Printed in Japan (ISBN978-4-87311-912-0)